통섭
統攝

CONSILIENCE : The Unity of Knowledge
by Edward O. Wilson

Copyright © 1998 by Edward O. Wilson
All rights reserved.

Korean Translation Copyright © 2005 by ScienceBooks Co., Ltd.
Korean translation edition is published by arrangement with Alfred A. Knopf, Inc.
through KCC.

CONSILIENCE

THE UNITY OF KNOWLEDGE

지식의 대통합

통섭

에드워드 윌슨 최재천·장대익 옮김

사이언스북스
SCIENCE BOOKS

그래서 나는 그것이 내가 진정으로 알 수 있는

하나의 작은 지식 세계라고 생각했다.

— 프랜시스 베이컨(1605년)

설명한다, 그러므로 나는 존재한다
Enarro, Ergo Sum

진리의 행보는 우리가 애써 만들어 놓은 학문의 경계를 존중해 주지 않는다. 학문의 구획은 자연에 실재하는 것이 아니기 때문이다. 진리의 궤적을 추적하기 위해 우리 인간이 그때그때 편의대로 만든 것일 뿐이다. 진리는 때로 직선으로 또 때로 완만한 곡선을 그리며 학문의 경계를 관통하거나 넘나드는데, 우리는 우리 스스로 만들어 놓은 학문의 울타리 안에 앉아 진리의 한 부분만을 붙들고 평생 씨름하고 있다.

사실 중세에는 우리가 지금 알고 있는 학문들이 존재하지 않았다. 따지고 보면 중세를 끝낸 르네상스기의 상당 기간에도 당시의 전형적인 학자들은 거의 모든 분야에 '전문가다운' 지식을 갖추고 있었다. 그래서 지금도 우리는 여러 분야에 걸쳐 해박한 지식을 갖고 있는 사람을 '르네상스인(Renaissance man)'이라고 부른다.

지식은 대체로 보아 16세기를 기점으로 하여 쪼개지기 시작했다.

엄밀하게 말하면 지식 자체가 쪼개진 것이 아니라 지식을 탐구하는 방법과 사람들이 쪼개졌다고 생각하는 것이 더 옳을지도 모른다. 이 같은 추세를 부채질한 환원주의(reductionism)가 엄청난 양의 지식을 발굴해 내는 데 기여했음을 부인할 수는 없다. 그러나 20세기를 마감하며 우리는 우리가 그토록 열심히 찾아낸 부분들을 한데 묶어도 좀처럼 전체를 이루지 못한다는 사실을 발견했다.

21세기에 들어서며 거의 모든 학문 분야에 통합(integration)의 바람이 거세게 불고 있다. 생물학을 예로 들어보자. 생물학은 생물의 거의 모든 걸 두루 연구하는 박물학, 즉 자연사(natural history)에 대한 연구로 시작됐다. 그러다가 19세기에 이르러 카를 폰 베어(Karl von Baer), 에른스트 헤켈(Ernst Haeckel) 등의 연구로 발생학(embryology)이 생물학의 중요한 한 축으로 자리를 잡았다. 유전학은 20세기에 들어와 멘델의 연구가 재발견되고 분자생물학적 방법론의 도움을 받아 급속도로 발전하게 된다. 그러는 동안 자연사는 꾸준히 넓은 의미의 생태학 또는 야외생물학으로 발전해 왔다. 학자에 따라 견해가 다를 수 있지만, 20세기 생물학은 크게 보아 자연사, 유전학, 실험발생학의 세 분야로 나뉘어 발전했다고 볼 수 있다.

이러던 것이 최근에 들어 사뭇 학제적이고 통합적인 성격을 띤 진화발생생물학(evolutionary developmental biology, 흔히 '이보디보(Evo-Devo)'라는 애칭으로 불린다.)이 등장했다. 이보디보는 표면적으로는 발생생물학과 진화생물학의 만남이지만 실제로는 생화학, 생물물리학, 세포생물학, 유전학, 생리학, 내분비학, 면역학, 신경생물학 등 생명현상의 물리화학적 메커니즘을 밝히는 기능생물학(functional biology) 분야들과, 행동생물학, 생태학, 계통분류학, 고생물학, 개체군유전학은 물론, 세균학, 균학, 곤충학, 어류학, 조류학 등의 개체생물학

(organismic biology)들을 포함하는 진화생물학(evolutionary biology) 분야들이 통합되어 생명 현상을 포괄적으로 이해하려는 노력이다.

이 같은 변화에 가장 민감하게 반응한 대학은 버클리 소재 캘리포니아 주립 대학교였다. 여러 세부 분야들로 나뉘어 있던 기존의 생물학 관련 학과들을 통폐합하여 '통합생물학과(Department of Integrative Biology)'를 출범시켰다. 이에 동참하기를 거부한 소수의 생물학자들은 '세포 및 분자생물학과(Department of Cellular and Molecular Biology)'에 남았다. 이어서 로스앤젤레스에 있는 캘리포니아 주립 대학교와 텍사스 주립 대학교가 발 빠르게 변신을 시도했고 대부분의 명문 대학들이 그 뒤를 따르고 있다. 그동안 환원주의 일변도로 나아가던 생물학이 드디어 종합의 차원으로 접어든 것이다. 생물학은 물리학이나 화학 같은 분야들과 달리 태생적으로 위계 구조를 지닌 학문이기 때문에 언제까지나 환원주의적 분석으로만 일관할 수는 없었다. 가능하면 모든 걸 단순한 시스템으로 만들어 분석하는 물리학과 화학의 접근 방법과 기본적으로 복잡계를 다루는 생물학의 접근 방법은 본질적으로 다를 수밖에 없다는 것을 뒤늦게나마 깨달은 것이다.

통합생물학은 기본적으로 두 가지 개념을 추구한다. 하나는 생물학이란 모름지기 궁극적으로 생명의 다양성을 연구해야 한다는 것이다. 그리고 그러려면 생물계가 본래 위계 구조로 이뤄져 있듯이 그를 연구하는 단위도 같은 구조를 지녀야 한다는 것이 두 번째 개념이다. 그동안 물리학과 화학을 기저에 두고 생화학, 세포학, 유전학, 생리학, 생태학 등 수평적으로 나열되어 있던 생물학 분야들을 수직적으로 쌓아올린 것이 바로 통합생물학이다.

이 같은 변혁에 이론적인 기초를 제공한 사람이 바로 이 책의 저자 에드워드 윌슨이다. 하지만 그의 시계(視界)는 생물학의 범주 안에 머물기를 거부한다. 그는 생물학과 심리학이 인지신경과학 또는 행동신경과학으로 거듭나고 있음을 본다. 그는 또 21세기 학문은 크게 자연과학과 창조적 예술을 기본으로 하는 인문학으로 양분될 것으로 내다본다. 사회과학은 이미 시작된 세분화 과정을 계속하며 궁극적으로는 상당 부분 생물학과 연계되거나 큰 의미의 인문학으로 흡수될 것이라고 예견한다. 그러면서 과학과 인문학을 융합하려는 인간 지성의 위대한 과업은 계속될 것이라고 단언한다.

에드워드 윌슨은 이런 학문의 미래를 설명하기 위해 19세기 자연철학자 윌리엄 휴얼(William Whewell)의 'consilience' 개념을 부활시킨다. 1840년에 출간된 그의 저서 『귀납적 과학의 철학(*The Philosophy of the Inductive Sciences*)』에서 휴얼이 처음으로 사용한 'consilience'라는 용어는 아마 라틴어 'consiliere'에서 온 것 같은데, 여기서 'con-'은 영어로 'with', 즉 '함께'라는 뜻을 갖고 있고 'salire'는 'to leap', 즉 '뛰어오르다' 또는 '뛰어넘다'라는 뜻이다. 그래서 휴얼은 consilience를 한마디로 'jumping together', 즉 '더불어 넘나듦'으로 정의했다. 좀 더 풀어서 설명하면 "서로 다른 현상들로부터 도출되는 귀납들이 서로 일치하거나 정연한 일관성을 보이는 상태"를 의미한다. 휴얼은 우리에게 'scientist', 즉 '과학자'라는 용어를 선사한 사람이기도 하다.

나는 consilience라는 말을 어떻게 번역할 것인가를 놓고 상당히 오랫동안 고민했다. 이 책을 번역하는 데 들인 5년 여 내내 고민했음은 말할 나위도 없지만 내가 원하는 우리말 단어를 참빗으로 이를 잡듯 이른바 '서캐훑이'를 한 기간도 족히 1년은 넘는다. 그동안 적지 않은 번역을 해 왔지만 단어 하나를 두고 이처럼 장고를 해 본 적은 일찍이 없었다. 이 단어가 책의 겉장에서부터 너무나 큼직하게 떡 하니 버티고 섰음은 물론이거니와 이 단어를 제대로 이해하고 나면 책의 절반을 읽었다고 해도 과언이 아닐 만큼 중요했기 때문이다.

처음에는 '통일(統一)', '통합(統合)', '일치(一致)', '합치(合致)' 등의 단어들을 고려해 보았다. 하지만 이 우리말 단어들은 'coherence', 'coincidence', 'conformation', 'integration', 'unification', 'unity' 등 기존의 유사한 영어 단어들과 명확하게 구별되기 어렵다는 생각이 들었다. 윌슨도 용어 선택을 놓고 부심(腐心)했음을 구구절절 본문에 밝히고 있다. 그는 처음에 'coherence(우리말로 흔히 정합, 일치, 조리 등으로 번역된다.)'라는 단어를 심각하게 고려했던 것 같다. 그러나 끝내 consilience를 택하며 단어의 희귀성이 의미의 정확성을 보전했기 때문이라고 그 이유를 밝혔다. 정확하게 같은 이유로 나 역시 우리 귀에 익숙하지 않은 '새로운' 단어를 찾아 나서기로 결심했다.

그 후 1년이 넘는 서캐훑이 끝에 찾은 단어가 바로 '통섭'이다. 윌슨의 consilience와 마찬가지로 웬만한 우리말 사전에는 적혀 있지도 않은 희귀한 단어다. 서로 한자가 다른 두 가지의 통섭(通涉 또는 統攝)을 생각할 수 있다. 전자(通涉)는 "사물에 널리 통함"이라는 의미를 지닌다. 후자(統攝)는 불교와 성리학에서 흔히 사용하는 용어이며 특히 원효의 화엄 사상에 대한 해설에 자주 등장한다. 조선 말기 실학자 최한기의 기(氣)철학에도 자주 등장하는 용어이다. 실제로 인터넷에서 '통섭'을 검색해 보면 수없이 많은 용례들이 쏟아져 나온다. 이런 점에서 보면 사실 그리 희귀한 단어도 아니다. 일반인들의 귀에 익숙하지 않을 따름이다. 휴얼이나 윌슨이 이 같은 동양 사상의 개념을 이해하고 consilience라는 용어를 만들고 사용한 것은 아닌 듯싶지만, 내게는 서양 학문 내에서의 경계들뿐만 아니라 동서양의 경계도 넘나들 수 있는 개념인 듯싶어 적지 않은 감흥을 일으킨다.

용인 대학교 이동철 교수의 도움으로 이웃 나라들에서 이 단어를 어떻게 번역했는가를 살펴보았다. 일본에서는 번역서 제목을 『지의 도전: 과학적 지성과 문화적 지성의 통합(知の挑戰: 科學的知性と文化的知性の統合)』(山下篤子 譯, 角川書店, 2003)으로 하고, consilience는 '統合', '知의 統合', '一體化' 등으로 번역했다. 타이완의 경우에는 consilience를 '융통(融通)'이라고 번역하고 번역서의 서명을 『지식대융통(智識大融通)』(天下文化, 2001)이라고 붙였다. 중국에서는 consilience의 번역어로 '融通'과 '一致性'이 제시되고 있으며 '一致調和'라는 의미로 파악하는 견해도 있다. 중국의 온라인 영중(英中)사전에는 '一致'가 번역어로 실려 있다. 2002년에 출간된 번역서는 『계합을 논하다, 지식적 통합(論契合, 知識的統合)』(北京三聯書店, 2002)이라는 제목을 달고 있지만, 번역의 수준과 정확성에 논란이 일며 '融會貫通, 知識的統一', '一致性: 知識的聯合', '協調: 知識的統一', '一致: 知識的統一'과 같은 제목들이 대안으로 제시되고 있다. 이동철 교수는 개인적으로 중국 번역서에 나온 '계합(契合)'이 아니면 '융섭(融攝)'을 번역어로 제안했다.

용어의 선택을 민주적인 절차에 따라 할 일은 물론 아니겠지만 내 개인적인 선호도 그렇고 문의를 드린 대부분의 동료 학자들의 의견도 대체로 일치하여 결국 '통섭(統攝)'으로 결정했다. 이 과정에서 동국 대학교 불교학과 고영섭 교수와 한양 대학교 국문학과 정민 교수의 도움을 특별히 많이 받았음을 밝힌다. 통섭은 대만 중화 학술원에서 펴낸 『중문대사전(中文大辭典)』과 일본 학자 모로하시 데쓰지(諸橋轍次)가 편찬한 『한화대사전(漢和大辭典)』에 비교적 상세히 설명되어 있는 것처럼 '큰 줄기' 또는 '실마리'라는 뜻의 통(統)과 '잡다' 또는 '쥐다'라는 뜻의 섭(攝)을 합쳐 만든 말로서 '큰 줄기를 잡다.'라는 의미를 지닌다. 또한 "삼군(三軍)을 통섭하다."는 경우와 같이 '통리 (統理)' 즉 '장관'이라는 뜻을 지닌 정치 제도적 용어이기도 하다. 그럴 경우에도 그 뜻은 "모든 것을 다스린다." 또는 "총괄하여 관할하다."이므로 그런대로 잘 들어맞는 것 같다. 사실 윌슨은 "사물에 널리 통하는 원리로 학문의 큰 줄기를 잡고자" 이 책을 저술한 것이니 그의 consilience에는 전자(通涉)와 후자(統攝)의 개념이 모두 들어 있는 것처럼 보인다. 그래서 우리말로 '통섭'이라고 할 때에는 구태여 이 둘을 구별할 필요가 없을지도 모르지만 혼동을 줄이기 위해 나는 후자를 택하기로 했다.

흥미롭게도 이 책이 출간되기 1년 전인 1997년 미국 캘리포니아에서는 새로운 와인 클럽(California Reds Wine Club)이 만들어지고 있었다. 이 와인 클럽을 함께 만든 네 명의 친구들은 곧 출하할 와인의 이름을 짓기 위해 고심하고 있었다. 많은 토론 끝에 네 개의 이름이 결승에 진출했다. 그 네 이름을 놓고 네 사람은 또 많은 토론을 했다. 그리곤 각자 종이에 이름 하나씩을 써서 모자 안에 던졌다. 투표 결과는 뜻밖에도 만상일지였다. 그때 그들이 선택한 와인의 이름이 바로 Consilience다. 그들은 모두 이 이름이 그들의 생각과 활동 전부를 한마디로 아우르는 단어라는 데 동의했다. 그들이 사전에도 나오지 않는 이 단어를 와인 이름으로 정한 데에는 다른 이유도 있었다. 비록 사전에도 없는 단어이기는 하지만 몇 번 부르다 보면 어딘지 모르게 친숙한 음악처럼 혀끝에서 사르르 굴러 흐르기 때문이다. 그저 멋진 말이라는 것이다. 그러나 그들의 홈페이지에는 다음과 같은 설명이 있다.

Consilience는 한마디로 '지식의 통일성'을 뜻한다. 이것은 옛날 어느 교수가 과학과 그 방법론에 관하여 가졌던 철학을 한마디로 표현한 말이다. 그는 그의 동료들이 과학을 이용하여 모든 것을 지극히 작은 단위들로 쪼개는 데 여념이 없어 전체를 보지 못하게 되는 것을 걱정했다. 그는 이 세상 모든 것들은 다른 것들과 조화를 이루며 통합되어 있으며 문맥을 고려하지 않은 채 그들을 분리하면 그들만의 고유한 존재의 이유가 손상될 수밖에 없다고 설명했다. 그는 과학자들에게 이 같은 관점을 잃지 말라고 호소했다. 그래야 모든 과학이 개념적으로 통합될 수 있다고 주장했다. 이는 상당히 무거운 주제이기는 하지만 와인에는 더할 수 없이 어울리는 말이며 우리 네 사람의 뜻을 완벽하게 표현하는 단어다. 와인은 바로 우주와 인간의 통일을 의미하며 와인을 만드는 사람은 이를 결코 잊어서는 안 된다. (http://www.californiareds.com/consilience.html)

어느 논문에 내놓아도 consilience에 대한 해설로 전혀 손색이 없는 멋진 글이다. 나는 한때 윌슨이 이 책의 제목을 결정할 때 이 와인에 대해 알고 있었는지 궁금해 했다. 하지만 그들이 이런 생각을 한 것이 1997년이고 실제로 회사를 정식으로 등록하고 와인을 출하하기 시작한 것은 1999년이다. 어쩌면 윌슨은 책의 출간을 축하하는 연회에서는 Consilience 와인을 마셨을지 모르지만 집필 당시에는 이 와인에 대해 아는 바가 없었을 것 같다. 나는 지금 이 번역서가 출간되는 날을 위해 Consilience 와인을 한 병 구하려 노력하고 있다. 그 맛이 남다를 것 같다. 아마 내가 마셔 본 와인들 중 가장 지적인 와인일 것 같다는 생각이 든다.

이 책은 출간 이후 미국 학계에 많은 논쟁을 불러일으켰다. 이 책의 서평을 쓴 사람들 중 가장 부정적인 견해를 피력한 두 철학자를 꼽으라면 아마 제리 포더(Jerry Fodor)와 리처드 로티(Richard Rorty)일 것이다. 이런 종류의 연구에 거의 어김없이 불평만 늘어놓는 포더는 제쳐놓더라도 로티의 비평도 실망스럽기는 마찬가지다. 로티는 기본적으로 C. P. 스노(C. P. Snow)가 거의 반세기 전에 이미 한탄해 마지않았던 두 문화 간의 장벽을 오히려 합리적인 현실로 인정한다. 그는 "비버의 꼬리와 이빨이 합쳐질 필요가 없듯이 물리학과 정치학의 용어들도 서로 통합될 까닭이 없다."라고 힐난한다. 나는 로티가 스스로 그 자신의 철학이 엄청나게 좁은 학문이라고 고백하는 우를 범하고 있다고 생각한다. 로티가 인용하는 힐러리 퍼트넘(Hilary Putnam)의 '하드웨어·소프트웨어 유비'는 아무리 좋게 생각하려 해도 결국 과학에 대한 몰이해에서 비롯된 것이라는 결론밖에는 내릴 수가 없다. 소프트웨어도 과학의 영역이다. 그것이 바로 윌슨이 이 책에서 설명하려는 핵심 주제이다.

윌슨이 부활시킨 또 하나의 과거는 바로 계몽주의다. 계몽사상은 흔히 "18세기 프랑스 사상의 주류를 이루며 프랑스 혁명에 원리를 제공한 사상"으로 알려져 있다. 프랑스의 계몽사상은 볼테르의 『철학서간』(1734년), 몽테스키외의 『법의 정신』(1748년), 칸트의 『계몽이란 무엇인가』(1784년) 등을 통해 정립된 사상으로 알려져 있지만 레스터 G. 크로커(Lester G. Crocker)가 편집한 『계몽의 시대(*The Age of Enlightenment*)』(1969년)에 따르면 계몽주의는 인류 역사에서 어느 한 시대에만 국한되어 존재했던 것이 아니다. 르네상스나 낭만주의 시대는 역사 속의 뚜렷한 시간적 존재로 인식될 수 있지만 계몽주의는 어쩌면 인류의 지성사와 처음부터 흐름을 같이 하고 있는지도 모른다. 인간이 집단적인 사고를 하기 시작한 시절부터 계몽은 늘 우리와 함께했다. 그런 의미에서 보면 우리는 지금도 여전히 계몽주의 시대에 살고 있다. 학문을 하는 사람이라면 누구나 자연 현상에 대하여 일관성 있는 설명을 도출하여 세상을 계몽하려 한다. 우리가 너무도 쉽게 천박하다고 멸시해버리는 인터넷 세계에도, 그리고 심지어는 '안티'들의 세계에도 계몽주의의 사조는 펄펄 살아 있다.

그럼에도 불구하고 포터와 로티를 비롯한 몇몇 인문·사회과학자들이 윌슨의 통섭 개념을 불편해 하는 까닭은 윌슨의 통섭이 다분히 환원주의적이라는 데 있을 것이다. 윌슨은 이 책의 곳곳에서 분석과 종합을 한데 묶어 통섭을 이룰 것을 주장하지만 기본적으로 환원주의적인 입장을 부인하지 않는다. 미국 라파예트 대학(Lafayette College)의 영문학자 로라 대소 월스(Laura Dassow Walls)의 지적에 따르면 휴얼의 통섭은 환원주의적 통섭(reductive consilience)과는 거리가 먼 가법적 통섭(additive consilience) 또는 융합적 통섭(confluent consilience)이다. 『귀납적 과학의 철학』보다 3년 먼저 저술한 그의 저서 『귀납적 과학의 역사(History of the Inductive Sciences)』(1837년)에서 휴얼은 과학을 강에 비유한다. 여러 갈래의 냇물들이 모여 강을 이루듯이 먼저 밝혀진 진리들은 시간이 흐르면서 하나둘씩 합쳐져 결국 하나의 강령에 포함될 뿐 그어느 것도 다른 것으로 환원되지 않는다는 것이다. 냇물이 강으로 환원되지 않듯 진리는 환원되는 것이 아니라 다른 진리들과 합류된다는 것이다.

그럼에도 불구하고 나는 휴얼의 통섭에는 매력을 느끼지 못한다. 휴얼의 융합적 통섭보다는 윌슨의 환원주의에 입각한 통섭을 선호한다. 휴얼의 강 유비의 합류성에는 동의하지만 강물은 한번 흘러가면 영원히 돌아오지 못한다는 약점을 지닌다. 강 하류나 바다에서 수증기로 증발하여 다시 산야에 흩뿌려졌다 상류로 돌아올 수도 있겠지만 기본적으로 기존의 통섭은 '돌아오지 않는 강(River of No Return)' 이었다. 그래서 우리는 지금까지 한번도 통섭다운 통섭을 해 보지 못한 것이다. 휴얼의 통섭 개념은 각 합류점마다 이른바 창발성(emergent properties)의 가능성을 열어 놓은 점을 장점으로 들고 있지만 창발성은 사실 매우 비겁한 개념이다. 현재의 지식으로 해결할 수 없는 부분을 비겁하게 뭉뚱그리는 행위에 지나지 않는다. 나는 창발성도 언젠가 반드시 설명되어야 할 개념이라고 생각한다.

그러나 환원주의와 통섭은 태생적으로 상반되는 개념이다. 환원주의는 통섭적 연구를 하기 위한 하나의 방법론일 뿐, 그 이하도 이상도 아니어야 한다고 생각한다. 모든 통섭적 연구가 다 환원주의적으로 이뤄질 수는 없을 것이다. 이런 점에서 나는 '강의 유비' 대신 '나무의 유비'를 제안한다. 나무는 줄기를 가운데 두고 위로는 수많은 가지와 이파리로 분화되어 있고 땅 밑에도 역시 많은 뿌리로 갈라져 있다. 하늘을 향해 펼쳐진 수많은 가지들은 현재 우리가 보고 있는 다양한 현상들이다. 이처럼 눈에 보이는 현상들을 관찰하고 기술하며 분류하는 학문들이 있는가 하면 우리 눈에 보이지 않는 부분을 측정하고 이론화하는 학문들도 있다. 땅 밑에 있어 우리 눈에 보이지 않는 뿌리들도 있다는 말이다. 대부분의 분석 과학 분야들이 여기에 속할 것이다. 나는 뿌리와 가지를 연결하는 줄기가 통섭의 현장이라고 생각한다. 줄기를 타고 오르락내리락하는 물관과 체관은 돌아오지 않는 강이 아니다. 나는 통섭이 일방적이 아니라 상호 영향적이기를 바란다. 통섭은 분석과 종합을 모두 포괄하기 때문이다. 나는 이것이 바로 윌슨이 그리고자 한 통섭의 모습이라고 생각한다. 다만 좀처럼 지워지지 않는 환원주의의 흔적이 군데군데 그림을 흐릿하게 하고 있다.

내친 김에 나는 통섭의 개념으로 우리 인간을 재정의하려고 한다. 데카르트는 인간을 생각하는 존재로 구별해 냈다. 어차피 인간을 모든 다른 사물로부터 분리하는 이원론적 사고의 틀을 벗어나지 못했던 데카르트로서는 생각하는 존재로서의 인간 자아밖에는 상상할 수 없었을 것이다. 하지만 이제 우리는 안다. 생물학의 발달 덕택에 신경 세포들이 단순한 망의 구조를 이루고 있다가 드디어 신경절 덩어리(ganglionic mass)를 이루는 플라나리아 같은 편형동물에 이르면 그 작은 원시적인 뇌를 가지고 제가끔 나름대로 생각이라는 걸 한다는 사실을. 플라나리아가 T-미로의 분기점에 다다랐을 때 일정한 방향으로부터 가벼운 전기 자극을 주는 실험을 몇 차례 반복하면 전기 자극이 없더라도 플라나리아는 분기점에 이르기 무섭게 자극의 반대 방향으로 몸을 튼다.

뇌의 진화는 대개 '생존의 뇌(survival brain)', '감정의 뇌(feeling brain)', '사고의 뇌(thinking brain)'의 세 단계로 나뉜다. 인간은 사고의 뇌를 갖춘 대표적인 동물로 간주된다. 하지만 정도와 방법의 차이는 있을지 모르지만 뇌를 가진 동물이라면 누구나 나름대로 사고할 줄 아는 능력을 갖췄다. 특히 영장류, 그중에서도 침팬지나 보노보에 이르면 그들의 뇌는 우리 인간의 뇌와 구조적으로 거의 구별이 되지 않는다. 그래서 나는 여기에 네 번째 단계로 '설명의 뇌(explaining brain)'를 제안하려고 한다. 다른 많은 동물들도 생각하는 뇌는 갖고 있다. 다만 그들은 그들의 생각을 설명하고 구연할 줄 모를 뿐이다. 꿀벌은 꿀이 있는 장소로 동료들을 인도하기 위해 춤이라는 상징적인 기호를 사용하여 방향과 거리에 관한 정보를 전달한다. 그러나 그들의 귀납의 능력은 한 두 영역에 제한되어 나타난다. 우리 인간은 모든 현상을 독립적으로 경험하며 그 인과관계를 익히지 않는다. 서로 다른 현상들의 귀납들을 한데 묶어 의미를 추출한다. 신화를 창조할 수 있는 유일한 동물이 바로 우리 인간이다. 피카소는 예술을 가리켜 "우리로 하여금 진실을 볼 수 있게 해 주는 거짓말"이라 했다. 예술과 종교를 창조할 줄 아는 유일한 동물이 또 우리 인간이다.

그래서 나는 데카르트의 언명 "생각한다, 그러므로 나는 존재한다(*Cogito, Ergo Sum*)"의 대안으로 "설명한다, 그러므로 나는 존재한다(*Enarro, Ergo Sum*)"를 제안하려고 한다. 지금까지의 뇌과학은 '생각하는 뇌'를 들여다보기에 바빴다. 인간이나 다른 동물들이 사고할 때 뇌의 어느 부위가 활성화되는지를 촬영하기에 급급했다. 나는 이제부터 뇌과학자들이 우리의 '설명하는 뇌'를 연구해야 한다고 생각한다. '설명하는 뇌'는 아마 '생각하는 뇌'와 '느끼는 뇌'가 보다 긴밀하게 협조하는 관계 속에 존재하리라 생각한다. 통섭은 바로 이 '설명하는 뇌'의 작용이다. 나는 21세기 뇌과학이 이 두 뇌들의 합주에 귀를 기울여 주기 바란다.

이런 관점에서 나는 윌슨의 주장을 조금 수정하려고 한다. 물론 윌슨 선생님에게 허락을 받고 하는 일은 아니다. 그러나 나는 나의 이 같은 수정을 선생님이 거부하지 않으시리라 믿는다. '설명하는 뇌', 즉 '통섭의 뇌'는 인문학을 절대적으로 필요로 한다. 학문이란 어차피 인문학으로 시작하여 인문학으로 마무리하는 것이다. 분석은 과학적인 방법론을 사용하여 할 수 있지만 통섭은 결국 언어로 하는 것이기 때문이다. 말과 글을 갖고 있지 않은 동물들도 발견과 분석은 할 수 있다. 다만 그들에게는 그들의 발견을 꿸 실이 없을 뿐이다. 과학이 모든 학문을 통합할 것이라고 주장하지만 윌슨이 생각하는 과학은 다분히 인문학적 과학이다.

나는 개인적으로 통섭의 시대로 향하는 문은 이미 활짝 열렸다고 생각한다. 미국의 경우를 예로 들면, 앞에서도 말했듯이 와인은 물론 조각 작품과 음악 등의 예술계에도 consilience라는 이름 아래 통섭의 노력이 진행되고 있다. 충분히 예측할 만하겠지만 환경과 건강 분야에서 통섭을 적극적으로 포용하는 분위기가 역력하며, 경영 분야에는 이미 'Consilience Group'이라는 컨설팅 회사도 생겨났다. 학술계에서는 프린스턴 대학교와 브랜다이스 대학교(Brandeis University)가 이미 강좌 또는 연구 프로그램을 만들어 발 빠르게 움직이기 시작했다. 2003년에는 생물 다양성과 생태계 보전에 관한 책 『통섭적 실험들(*Experiments in Consilience*)』이 출간되기도 했다. 그렇지만 생물학에만 통섭의 바람이 부는 것은 아니다. 다양한 학문들은 물론 사회전반에 통섭의 분위기가 이미 무르익고 있다. 우리 사회에서는 '퓨전(fusion)'이라는 이름으로 이미 오래전부터 벌어지고 있었다.

나는 이제 우리가 진리의 행보를 따라 과감히 그리고 자유롭게 학문의 국경을 넘나들 때가 되었다고 생각한다. 학문의 국경을 넘을 때마다 여권을 검사하는 불편한 과정을 생략할 때가 되었다. 진정한 세계화는 진리를 추적하는 학문의 영역들에서 먼저 일어나야 한다. 진리의 행보들이 마냥 무작위적인 것 같지는 않다. 진리는 철새처럼 어느 정도 정해진 경로를 따라 움직인다. 생물학에서 출발한 문제가 경제학과 정치학을 거쳐 심리학과 수학에 정착한다. 사회학의 문제인 줄로만 알았는데, 알고 보니 행정학과 법학은 물론 기상학과 화학 그리고 음악의 영역까지 그 가지들을 뻗는다. 그동안 우리는 이른바 학제적(interdisciplinary) 연구라는 걸 한답시고 적지 않은 시도들을 해 왔다. 하지만 우리의 노력의 대부분은 단순히 여러 학문 분야의 연구자들이 제가끔 자기 영역의 목소리만 전체에 보태는 다학문적

(multidisciplinary) 유희에 지나지 않았다. 이제는 진정 학문의 경계를 허물고 일관된 이론의 실로 모두를 꿰는 범학문적(transdisciplinary) 접근을 해야 할 때가 되었다. 이것이 바로 통섭의 시대를 맞이하는 길이다.

이 책 한 권으로 학문의 통섭이 마무리되었다고 생각하면 오산이다. 시작일 뿐이다. 내 영역을 침범했다고 해서, 몇몇 미흡한 부분이 있다고 해서, 내 믿음과 다르다고 해서, 그저 기분이 나쁘다고 해서 덮어 버리지는 말기 바란다. 통섭은 누가 뭐래도 좋은 불씨임에 틀림없다. 키워 볼 일이다. 키운다고 해서 집을 불태울 염려는 없다고 생각한다. 통섭의 시대를 준비하는 학생들에게 이제 우리 대학들이 그에 걸맞은 교육을 제공해야 한다. 다른 학문 분야에 있는 학생들이라고 해서 말랑말랑하게 반죽한 강좌를 마련하여 별 어려움 없이 수업을 듣게 해서는 안 된다. '나노과학의 허와 실' 또는 '중국문학의 전망과 수요' 따위의 과목을 듣고 남의 학문을 이해했다며 당당히 대학 문을 나서게 해서는 안 된다. 학부 대학과 같은 제도를 통하여 다른 학문에 입문하기 위한 소개 강좌를 들을 수는 있지만 그걸로 끝나서는 안 된다. 그 학문 분야의 학생들과 당당히 겨루며 공부해야 한다. 10여 년 전 내가 미국에서 강의할 시절 미국 명문 대학의 학생들은 모두 그렇게 하고 있었다.

나는 대학에서 이른바 '교양 과목'을 가르치고 있다는 우리의 현실부터 문제가 있다고 생각한다. 교양 과목은 백화점이나 구민 회관 문화 센터에서나 하는 것이다. 대학은 교양을 쌓는 곳이 아니다. 대학은 전문 교육을 하는 곳이다. 윌슨도 이 책에서 주장했듯이 인간 정신의 가장 위대한 과업은 예전에도 그랬고 지금도 여전히 인문학과 자연과학의 만남이다. 인문학과 자연과학의 성공적인 만남은 결국 모든 학문의 통합으로 이어질 것이다. 문과와 이과를 구분하는 원시적인 제도는 이제 과감히 걷어내자. 21세기를 대비하는 학생들에게 수학과 과학은 어느 분야를 막론하고 기본이 돼야 한다. 하버드 대학교를 비롯한 세계 최고의 대학들은 지금 거의 모든 전공 분야의 학생들에게 자연과학을 필수로 가르치는 방향으로 교과 과정을 개혁하고 있다. 앞에서도 밝혔듯이 나는 인문학이 모든 배움에 기본이 돼야 한다고 생각한다. 인문학적 소양이 결여된 자연과학은 결코 통섭의 경지에 이를 수 없기 때문이다. 인문학의 바탕 위에 수학과 자연과학으로 무장한 다음에야 자신이 전공할 학문에 뛰어들 수 있도록 학제를 개편해야 한다.

아우렐리우스 아우구스티누스(Aurelius Augustinus)는 신을 통해 앎을 얻는다고 했지만 과학은 우리에게 앎을 통해 세계를 이해하고 신도 영접할 수 있다고 가르친다. 나는 기독교 신화 역시 이런 가능성을 열어 놓았다고 생각한다. 왜 하필이면 선악과, 즉 '지혜의 나무'였을까? 언뜻 보면 신화에 발이 묶인 듯 보이는 서양에서 지극히 합리적인 현대 과학이 탄생한 것을 어떻게 이해해야 할 것인가? 인간의 역사는 끊임없이 신으로부터 자유로워지려는 자유 의지의 몸부림과 다시 신에게 돌아가려는 운명적인 믿음 사이에서 벌어지는 서사시다. 나를 에워싸고 있는 세계를 올바로 인식하고 그 속의 나 자신을 이해하려는 인간의 노력은 진정 아름다운 것이다. 그 모든 것을 꿰뚫는 보편적인 진리를 찾아가는 노력 즉 통섭의 노력 역시 아름다울 수밖에 없다. 그래서 나는 늘 "알면 사랑한다!"를 외치고 다닌다.

이 글을 마무리하기 전에 감사해야 할 분들이 있습니다. 누구보다도 먼저 나의 스승 윌슨 선생님께 다시 한 번 머리를 숙입니다. 거의 모든 학문 분야에 적을 만들게 될 것을 뻔히 알면서도 배움의 통일을 위해 이처럼 용감한 책을 집필한 선생님. 선생님의 제자임이 한없이 자랑스럽습니다. 오랜 세월 나와 함께 이 책과 씨름한 장대익 선생님께 진심으로 고마움을 전합니다. 장대익 선생님의 폭과 깊이를 함께 갖춘 철학적 전문성이 없었으면 이 책의 번역은 불가능했을 겁니다. 함께한 작업 내내 나는 무척 많은 걸 배웠고 매우 즐거웠습니다. 고맙습니다. 낯선 용어인 consilience의 번역에 도움을 주신 고영섭, 이동철, 정민, 김태원 선생님께도 감사의 말씀을 전합니다. 선생님들의 조언에도 불구하고 끝내 '통섭'을 고집한 대가는 제가 홀로 지겠습니다. 또 *"Enarro, Ergo Sum"*이라는 새로운 언명을 만들어 내는 과정에서 기꺼이 자문에 응해 주신 하버드 대학교 고전학과의 캐슬린 콜먼(Kathleen Coleman), 크리스토퍼 크렙스(Christopher Krebs), 리처드 토머스(Richard Thomas) 교수님께 큰 은혜를 입었습니다. 마지막으로 좋은 번역을 위해서 시간을 끄는 것이라는 제 궁색한 변명을 가감 없이 받으며 묵묵히 기다려 준 (주)사이언스북스 식구들에게도 고마움을 전합니다. 모두 감사합니다.

2005년

햇살이 유난히 밝은 어느 봄날

최재천

한국 독자들에게

무엇보다도 먼저 한국 독자들을 만날 수 있는 기회를 마련해 준 제자이자 동료인 최재천 교수에게 고마움을 표한다. 이 책의 주제는 한마디로 지식이 갖고 있는 본유의 통일성이다. 지식은 과연 본유의 통일성을 지니는가? 인간으로서 스스로를 이해하는 데 이보다 더 중요한 질문이 있을까 싶다. 나는 이것이 철학의 중심 논제라고 생각한다. 이 세상에는 다수의 진리가 존재하는가? 서로 다른 인간의 마음속에는 진정 둘, 셋, 또는 무한히 많은 진리가 담겨 있는가? 아니면 객관적인 실재에는 궁극적으로 모든 지식과 환상이 그곳에서 나오는 단하나의 기본 진리만이 존재하는가? 지식은 언제까지나 지금 현재 서양 문화가 인식하고 있는 세 갈래의 학문 분과들인 자연과학, 사회과학 그리고 인문학으로 나뉘어 있을 것인가? 그래서 과학과 종교는 영원히 각각의 진리 영역에만 예속되어 있을 것인가?

내가 이 책에서 전개하는 논조는 기본적으로 다음과 같다. 인간 조건을 이해하는 방법은 무척 다양한 것 같지만, 실제로는 단 두 가지밖에 없다. 그 첫째가 자연과학에서 나온다. 자연과학자들은 물질 세계가 어떻게 작동하는지에 대해 점점 더 많이 알게 되었다. 그리고 내가 앞으로 보다 자세히 설명하겠지만 자연과학은 근래에 사회 과학과 인문학의 경계로 그 범위를 확장하며 세 영역을 한데 묶고 있다.

인간 조건을 이해하는 유일한 길은 모든 방법들을 한데 묶는 것뿐 이지만, 그것들 사이의 인식론적 연계를 만드는 데 이렇다 할 진전을 이룩하지 못했다. 그러나 그 누구도 그와 같은 통합이 이룰 수 없는 일이라는 증거를 단 하나도 제시하지 못했다.

지식의 통일은 서로 다른 학문 분과들을 넘나들며 인과 설명들을 아우르는 것을 의미한다. 예를 들면, 물리학과 화학, 화학과 생물학, 그리고 보다 어렵겠지만 생물학, 사회과학, 그리고 인문학 모두를 아우르는 것이다. 이는 현대 자연과학의 진화에 있어서 주된 원동력 이기 때문에 상당한 믿음을 준다. 세상이 어떻게 작동하는가에 대한 물질적인 이해는 현대 문명의 기본인 기술의 발전을 가능하게 했다. 현재 산업 국가들과 세계 경제를 한데 묶어 주는 것이 있다면, 그것은 바로 자연과학의 통합이다. 나를 비롯한 많은 사상가들은 자연과학의 중요성과 그것의 사회과학과 인문학과의 통합을 그 어느 때보다 심각하게 고려해야 할 때가 되었다고 믿는다. 그저 단순한 동반자 관계를 만드는 것이 아니라 지식 체계의 기초를 다지는 통합 말이다.

학문 분과들을 아우르는 통합의 개념은 아직 빈약하다는 사실을 인정한다. 적어도 자연과학 외에는 그 증거가 아직 간헐적이며 모든 경우에 걸쳐 더욱 강화되고 확장되어야 한다. 하지만 궁극적인 결과에 상관없이 이것은 모든 문화권에서 가장 훌륭한 학자들의 관심을 불러 모으는 주제이다.

매사추세츠 주 렉싱턴에서

에드워드 윌슨

차례

1장

이오니아의 마법

나는 내가 통합 학문의 꿈에 사로잡혀 있던 때를 잘 기억한다. 앨라배마 대학교 2학년에 들어가기 위해 모빌에서 터스칼루사로 옮겼던 1947년의 어느 이른 가을 날, 그러니까 18살 때의 일이다. 그때 나는 물불을 못 가리는 애송이 생물학도였지만 열정 하나 만큼은 대단했다. 고향의 산천을 혼자 돌아다니며 내 딴에는 자연사라는 과목을 혼자 이수하고 있었던 것이다. 나는 과학을 개미, 개구리 그리고 뱀에 대한 연구쯤으로 생각했다.(아직도 내 가슴 속에서는 그렇다.) 그 과학은 나를 야외에 머무르게 만든 멋진 것이었다.

내 지적 세계의 틀은 근대 생물분류학을 창시한 18세기 스웨덴의 자연학자 카를 폰 린네(Carl von Linné)에게서 빌려 온 것이었다. 린네의 분류 체계는 믿을 수 없을 정도로 쉽다. 일단 식물과 동물의 표본을 종(種)으로 분리한다. 그러고 나서 서로 닮은 종들을 속(屬)이라는 하나의 집단으로 묶는다. 예컨대 모든 까마귀들과 모든 떡갈나무들은 각각 하나의 속을 이룬다. 그런 다음 종에 두 낱말로 된 라틴 어 이름을 붙여 준다. 예를 들어, 바다까마귀(fish crow)에 대해서는 코르부스 오시프라구스(*Corvus ossifragus*)라는 이름이 붙여져 있는데 이때 코르부스(*Corvus*)는 모든 까마귀 종들을 아우르는 속을 지칭하고 오시프라구스(*ossifragus*)는 그중에서 유독 바다까마귀를 지칭한다. 자 그럼 좀 더 상위의 분류군으로 올라가 보자. 거기에서는 유사한 속들이 하나의 과(科)로 뭉치고 그 과는 목(目)으로, 목은 강(綱)으로 그리고 마침내 강은 분류군의 최정상에 있는 계(界)에 다다른다. 이 계는 다시 식물계, 동물계, 균계, 원생생물계, 모네라계(monerans) 그리고 시원세균계(archaea)로 세분된다. 이러한 생물분류학 체계는 군대와 매우 유사하다. 즉 병사들은 분대로, 분대는 소대로, 소대는 중대로, 중대는 대대로 편입되고 대대는 다시 합동 참모 본부의 지휘를 받는다. 18세의 내 머릿속에 그려진 개념적 세상은 바로 그런 식이었다.

그렇게 나는 1735년 린네의 수준에 이미 도달해 있었다. 아니 좀 더 정확히 말하자면 1934년에 『야외용 조류 도감(*A Field Guide to the Birds*)』이라는 책을 출간한 위대한 자연학자 로저 토리 피터슨(Roger Tory Peterson)의 수준에 이르러 있었다. 왜냐하면 당시 나는 스웨덴의 대가(린네)에 대해 아는 바가 거의 없었기 때문이다. 어쨌든 나의 린네적 연구는 과학을 시작하는 시점에서 좋은 밑거름이 되었다. 중국 격언에 있듯이 사물에 올바른 이름을 지어 주는 데에서부터 지혜가 싹트는 법이다.

그러고 나서 나는 진화를 발견했다. 어느 날 갑자기 나는 세상을 완전히 새로운 방식으로 보게 되었다. 이것은 결코 과장된 표현이 아니다. 이런 경험의 뒤에는 내 스승이었던 랠프 처막(Ralph Chermock)

교수가 있었다. 그는 코넬 대학교에서 곤충학 박사를 받고 앨라배마에 새로 부임한 젊은 조교수였다. 또 엄청난 애연가였다. 앨라배마의 모든 개미를 분류해 보겠다는 나의 엄청난 목표를 잠시 동안 듣던 그는 에른스트 마이어(Ernst Mayr)의 1942년 책인 『계통분류학과 종의 기원(*Systematics and the Origin of Species*)』을 내게 건네주었다. 그리고 "자네가 진정한 생물학자가 되고 싶다면 이 책을 읽어야 하네."라고 말했다.

단조로운 파란색 표지로 덮여 있던 그 얇은 책은 19세기의 다윈 진화론과 현대 유전학을 한데 묶은 새로운 종합(綜合, synthesis)이었다. 자연사에 이론적인 구조를 덧입힌 그 책은 린네의 기획을 넓게 확장시킨 역작이었다. 한 줄기 빛이 내 마음의 한구석을 비추기 시작했고 신세계를 향한 문이 열렸다. 나는 이내 매혹되고 말았다. 생물의 진화가 분류학을 비롯한 다양한 생물학 분야들에 대해 어떤 함의를 지니는지를 생각하고 또 생각해 보았다. 철학은 물론 이 세상 모든 것에 대한 함의도 마찬가지였다. 결국 진화와 다른 모든 것의 관계에 대해 생각하게 되었던 것이다. 고정적인 패턴이 유동적인 과정으로 미끄러지기 시작했다. 유전자를 변화시키는 돌연변이에서 종을 분화시키는 진화에 이르기까지, 그리고 식물상과 동물상을 구성하는 종들에 이르기까지 나의 생각은 현대 생물학자의 생각처럼 인과적 사건의 연쇄를 따라 움직여갔다. 생각의 범위가 확장된 것은 물론, 불연속에서 연속으로 바뀌었다. 마음속으로 시공간을 조절해 가며 나는 세포 내의 미세 입자로부터 산비탈을 뒤덮는 숲에 이르기까지 수많은 생물 조직들을 타고 넘을 수 있었다. 새로운 열의가 파도처럼 밀려왔다. 내가 그렇게도 사랑하는 동식물들이 거대한 드라마의 주연들로 무대에 다시 등장했다. 자연사는 이렇게 내 속에서 진정한 과학으로 거듭났다.

　나는 이오니아의 마법(Ionian Enchantment)에 걸린 것이다. 이 표현은 물리학자이자 역사학자인 제럴드 홀턴(Gerald Holton)이 처음으로 쓴 말로서 통합 과학에 대한 과학자들의 믿음을 뜻한다. 즉 세계는 질서 정연하며 몇몇 자연법칙들로 설명될 수 있다는 믿음이다. 이것은 단지 그럴지도 모른다는 식의 가정이 아니라 그보다 훨씬 더 깊은 확신이다. 이런 확신의 뿌리는 기원전 6세기의 이오니아에 살았던 밀레투스의 탈레스(Thales of Miletus)로 거슬러 올라간다. 2세기 후에 아리스토텔레스는 이 전설적인 철학자를 물리과학의 아버지로 추앙했다. 물론 널리 알려진 바와 같이 탈레스는 모든 물질이 궁극적으로 물로 구성되어 있다고 믿었다. 비록 그의 생각이 종종 고대 그리스의 사유가 가진 소박함을 보여 주는 예로 인용되기는 하지만 정말 중요한 것은 그의 생각이 세계의 물질적 기초와 자연의 통일성에 대한 형이상학을 상정하고 있다는 사실이다.

　이오니아의 마법은 그 후 계속 세련돼지면서 과학 사상을 지배해 왔다. 현대 물리학에서는 자연의 모든 힘(약력, 강력, 전자기력, 중력)을 통합해 보려는 시도로 초점이 모아졌다. 이론들을 합병해 보려는 이런 시도는 과학을 단지 몇몇 증거나 논리로 수정될 수 없는 '완벽한' 사상 체계로 만들어 보겠다는 야망을 담고 있다. 그 마법은 과학의 다른 분야들로도 확장되었다. 어떤 사람들은 그 기세가 자연과학을 넘어서 사회과학에 도달하고 더 나아가 인문학에도 이를 것이라고 생각했다. 이 문제에 대해서는 내가 나중에 다시 설명할 것이다. 과학의 통일성(unity of science)이라는 개념은 근거 없는 것이 결코 아니다. 이 같은 개념은 실험과 논리의 혹독한 시험을 잘 견뎌 여러 차례 그 정당성을 인정받았다. 그리고 아직 결정적인 타격을 입은 적은 없다. 그러나 과학적 방법의 본질에 비춰볼 때 적어도 아직은 이 개념이 비록 중심적이긴 해도 언제든 무너질 수 있는 것이라고 생각해야 한다. 나는 적당한 시점에 이 문제에 대해서도 내 생각을 더 이야기할 것이다.

물리학의 거대한 통합을 시도했던 알베르트 아인슈타인(Albert Einstein)은 골수 이오니아 인이었다. 그런 꿈이야말로 그의 가장 위대한 힘이었을 것이다. 친구였던 마르셀 그로스만(Marcel Grossmann)에게 쓴 초창기 편지에서 아인슈타인은 "직접적인 관찰로는 매우 동떨어진 것처럼 보이는 복잡한 현상들이 실제로는 통합되어 있음을 깨닫게 되는 순간, 나는 황홀함을 느낀다오."라고 적었다. 여기서 그는 브라운 운동을 다루는 미시적인 물리학과 중력을 다루는 거시적인 물리학을 성공적으로 합치시켰던 일을 말하고 있다. 아인슈타인은 말년에 모든 것을 단 하나의 검약적인 체계, 즉 공간을 시간과 운동에, 그리고 중력을 전자기력과 우주론에 묶어 보려고 했다. 그는 가까이 가기는 했지만 성배를 잡지는 못했다. 아인슈타인을 포함한 모든 과학자들은 손에 닿을 것처럼 보이나 결국 잡지 못하고 좌절하고 마는 탄탈로스(Tantalos, 그리스 신화의 등장인물로 배가 고파 과일을 따먹으려고 손을 뻗으면 과일이 손이 닿지 않는 곳으로 도망가 버리는 징벌을 받았다.─옮긴이)의 후예들이다. 그들은 원자가 모든 운동을 멈추는 절대 0도에 근접하기 위해 지난 몇십 년간 온갖 노력을 다해 온 열역학자들과 흡사하다. 열역학자들은 1995년 절대 0도보다 몇십억 분의 1도 정도 높은 온도까지 접근하여 보스아인슈타인 응집물(Bose-Einstein condensate)을 만들어 냈다. 이 응집물은 기체, 액체, 고체를 넘어서는 새로운 물질 상태이다. 온도가 떨어지고 압력이 높아지면 기체는 액체로 응결되고 이내 고체가 된다. 이런 과정이 계속되면 보스아인슈타인 응집물이 나타난다. 많은 원자들이 마치 같은 양자 상태에 존재하는 하나의 원자처럼 행동하는 물질이다. 하지만 아직까지 완전한 절대 0도는 상상 속에서나 존재할 뿐 여전히 도달하지 못하고 있다.

규모를 조금 줄여서 이야기해 보자. 당시에 나는 통합적인 형이상학을 맛보는 것뿐만 아니라 근본주의 종교의 억압으로부터 해방되는 것도 멋지다는 사실을 발견했다. 나는 목사님의 억센 팔에 머리가 물 속에 한 번 잠겼다 나온, 이른바 거듭난 남침례교인으로 자랐다. 나는 구원의 권능을 믿었다. 믿음, 소망 그리고 사랑은 내 뼛속에 절절했고 수백만의 사람들과 함께 나는 구세주 예수 그리스도가 내게 영생을 줄 것으로 알았다. 여느 10대 청소년들에 비해 경건했던 나는 성경을 두 번씩이나 완독했다. 그러나 대학 시절 질풍노도의 청년기에 접어든 나에게 의심의 파도가 밀려오기 시작했다. 나는 우리의 깊은 신앙이 2,000여 년 전 지중해 동부 지방의 농경 사회에서 시작되었다는 점을 받아들이기 힘들었다. 또한 자랑스레 기록되어 있는 그 당시 사람들의 대량 학살 전쟁과 1940년대 앨라배마의 기독교 문명 사이에서 인지적 부조화를 경험해야 했다. 「묵시록」은 고대인이 환각에 빠져 기록한 마술처럼 보였다. 그리고 사랑으로 충만한 인격적인 신은 성경적 우주론에 대한 축자주의(逐字主義)적 해석을 거부하는 사람들을 결코 나 몰라라 하지는 않을 것이라고 생각했다. 오히려 지적인 격려 차원에서도 그들에게 더 후한 점수를 주는 것이 공정하다고 생각했다. 페일리, 멜서스와 함께 천국에 가느니 차라리 플라톤, 베이컨과 함께 지옥에 가는 편이 낫다고 말한 셸리(Shelley)도 있지 않은가! 게다가 침례교 신학은 진화를 수용할 의사가 전혀 없었다. 오호라, 성경의 저자들은 가장 중요한 계시를 놓치고 만 것이다! 그들이 어찌 하나님의 생각을 내밀히 통고받지 못할 수 있단 말인가?

선하고 인정 많던 내 어릴 적의 목사님들도 무지했단 말인가? 어쨌든 이것은 내게 큰 짐이었고 그만큼 자유는 더욱 달콤했다. 결국 나는 교회를 뛰쳐나올 수밖에 없었다. 그렇다고 곧바로 불가지론자나 무신론자가 된 것은 아니었으나 어쨌든 난 더 이상 침례교인일 수는 없었다.

나에게 종교적 영감을 제거하려는 욕망이 있었던 것은 아니었다. 그 종교적 느낌들은 내 속에서 숨쉬고 있었으며 내 창조적 삶의 근원을 이루고 있었기 때문이다. 나에게는 작으나마 상식도 있었다. 즉 사람들은 어떤 집단에 속해야만 한다는 것, 그리고 자신들의 목표보다는 더 커다란 목표를 갖고자 한다는 것이다. 우리는 인간 영혼의 깊숙한 곳으로부터 우리 자신이 단지 살아 있는 먼지가 아니라고 강변할 수밖에 없다. 우리는 도대체 우리가 어디로부터 왔으며 왜 여기에 있는지에 대해 뭔가 말할 수 있어야 한다. 성경은 우주의 섭리를 설명하고 인간을 우주에서 중요한 존재로 부각시키려는 최초의 글쓰기였는지도 모른다. 아마 과학도 이와 동일한 목표를 달성하기 위한 연장선 위에 있을 것이다. 다만 과학은 기존 종교와 달리 수많은 시험들을 견뎌낸 탄탄한 근거의 뒷받침을 받고 있다. 이런 의미에서 과학은 해방되고 확장된 종교이다.

나는 이러한 것들이 이오니아 마법의 원천이라고 믿는다. 계시보다 객관적 실재에 대한 탐구를 선호하는 것은 종교적 갈망을 만족시켜 주는 또 다른 방식이다. 그런 방식은 거의 문명만큼이나 오래된 노력이며 전통적인 종교와도 서로 얽혀 있다. 하지만 종교와는 매우 다른 길을 걸어 왔다. 즉 스토아 강령(자연법이 세계를 지배하고 있다는 사상—옮긴이)을 따랐고 금단의 열매를 맛보았으며 낯선 곳을 여행해 왔다. 이오니아의 마법은 인간의 마음을 포기하는 것이 아니라 해방시킴으로써 영혼을 구하고자 한다. 아인슈타인도 알았듯이 그것의 중심 주장은 지식의 통일이다. 우리가 만일 충분하게 통일된 어떤 지식을 가진다면 우리가 누구이며 왜 여기에 있는지를 이해하게 될 것이다.

만일 누군가가 그런 문제에 천착했다가 실패하더라도 용서받을 것이다. 길을 잃었다면 다른 길을 찾으면 된다. 인본주의의 도덕적 명령은 오직 노력이다. 성공하건 실패하건 간에 그 노력은 존경 받을 만하고 그 실패가 기억할 만한 것이라면 상관없다. 고대 그리스 인들은 이 솟구치는 야심을 신화로 표현했다. 다이달로스(Daedalos)는 그의 아들 이카로스(Icaros)와 함께 크레타 섬을 탈출한다. 이카로스의 날개는 깃털과 밀랍으로 만든 것이었다. 이카로스는 아버지의 경고를 무시하고 태양을 향해 날았고 이내 그의 날개는 녹아 내렸다. 마침내 그는 바다 속에 빠지고 만다. 이것이 신화 속에 나타난 이카로스의 운명이다. 그러나 의문이 남는다. 그는 그저 멍청한 소년이었는가? 신들이 보는 앞에서 잘난 척을 했기 때문에 대가를 치른 것인가? 나는 오히려 그의 대담함이 인간의 고귀함을 구원했다고 생각하고 싶다. 위대한 천체물리학자인 수브라마니안 찬드라세카르(Subrahmanyan Chandrasekhar)는 그의 스승이었던 아서 에딩턴 경(Sir Arthur Eddington)의 정신을 기리면서 다음과 같이 말했다. "태양이 우리 날개의 밀랍을 녹이기 전에 우리가 얼마나 높이 날 수 있는지 알아 보자."

2장

학문의 거대한 가지들

나는 **17~18세기의 계몽주의 사상가들이** 거의 옳았다고 믿는다. 왜 내가 이런 믿음을 갖고 있는지 곧 알게 될 것이다. 법칙을 따르는 물질세계, 지식의 본유적 통일성 그리고 인간 진보의 무한한 잠재력에 대한 그늘의 전제들은 여전히 우리 대부분이 쉽게 받아들일 수 있는 것들이다. 여전히 그것들은 없어서는 안 되는 것들이며 지적인 진보를 통해 최대로 보상받을 수 있는 것들이다. 인간 지성의 가장 위대한 과업은 예전에도 그랬고 앞으로도 그럴 것이지만 과학과 인문학을 연결해 보려는 노력이다. 지식의 계속적인 파편화와 그것으로 인한 철학의 혼란은 실제 세계의 반영이라기보다는 학자들이 만든 인공물일 뿐이다. 계몽사상의 원래 명제는 객관적인 증거들로 인해 점점 더 큰 지지를 얻게 되었다. 특히 자연과학으로부터 그런 증거들이 늘어나고 있다.

통섭(統攝, consilience)은 통일(統一, unification)의 열쇠이다. 나는 이 용어를 '정합(整合, coherence)'보다 더 좋아하는데 왜냐하면 통섭은 정합의 다양한 의미들 가운데 하나만을 뜻할 뿐이기 때문이다. 게다가 통섭이라는 용어는 그 희귀성 때문에 그 의미가 비교적 잘 보존되어 있다. 이 용어는 윌리엄 휴얼이 1840년에 『귀납적 과학의 철학』이라는 책에서 처음으로 사용했는데, 설명의 공통 기반을 만들기 위해 분야를 가로지르는 사실들과 사실에 기반한 이론을 연결함으로써 지식을 "통합"하는 것을 뜻한다. 그는 "귀납의 통섭은 하나의 사실 집합으로부터 얻어진 하나의 귀납이 다른 사실 집합으로부터 얻어진 또 하나의 귀납과 부합할 때 일어난다. 이러한 통섭은 귀납이 사용된 그 이론이 과연 참인지 아닌지를 가리는 시험이다."라고 말했다.

통섭을 입증하거나 반박하는 일은 자연과학에서 개발된 방법을 통해서만 가능하다. 하지만 그것은 과학자들의 노력이나 수학적 추상화에 고정되어 있기보다는 물질 우주를 탐구하는 과정에서 잘 작동해 온 사고의 습관을 충실히 따르려는 것이다.

하지만 과학을 넘어서서 학문의 큰 가지들을 가로지르는 통섭의 가능성에 대한 믿음은 아직 과학이 아니다. 그것은 형이상학적 세계관이고 몇몇 과학자와 철학자만이 공유하는 소수 견해이다. 그것은 제1원리로부터 논리적으로 증명될 수 없다. 또 어떤 경험적 시험에도 뿌리를 두고 있지 않다. 그렇다면 그 세계관을 지지해 주는 것은 무엇인가? 자연과학이 지금까지 지속적으로 성공해 왔다는 사실밖에는 없다. 즉 그런 성공으로부터 추정할 수 있을 뿐이다. 만일 사회과학과 인문학에서도 이 세계관이 힘을 발휘한다면 그것은 아주 확실한 지지 증거로 작용할 것이다. 통섭이 매력적인 가장 큰 이유는 그것이 지적인 모험의 전망을 열어 주고 비록 만족스럽지는 않더라도 인간의 조건을 보다 정확하게 이해하도록 이끈다는 데 있다.

　방금 내가 말한 주장을 예증하는 한 가지 사례를 들어보겠다. 두 선을 교차하도록 그은 후 그때 생긴 네 영역에 이름을 적어 보라. 왼쪽 위에는 환경 정책을, 왼쪽 아래에는 사회과학을, 오른쪽 위에는 윤리학을, 그리고 오른쪽 아래에는 생물학이라고 기입해 보자.

```
환경 정책        │    윤리학
                │
─────────────────┼─────────────
                │
사회과학         │    생물학
```

　우리는 이미 직관적으로 이 네 영역이 서로 밀접히 연관되어 있어서 어느 한 분야의 합리적인 탐구가 다른 세 영역에 영향을 준다는 사실을 알고 있다. 하지만 각 분야는 현재의 학계에서는 의심의 여지 없이 따로따로 확립되어 있다. 즉 그 분야만의 전문가, 언어, 분석 양식 그리고 타당성 기준들을 가지고 있다. 그 결과는 혼란일 뿐이다. 프랜시스 베이컨은 이미 4세기 전에 이 혼란을 정확하게 다음과 같이 규정했다. "혼란이란 논증이나 추론이 하나의 경험 세계로부터 다른 경험 세계로 전달될 경우에 일어나는 실수들 중에 가장 치명적인 실수이다."

　이제 이 그림에 교차점을 중심으로 동심원들을 몇 개 그려 보자.

네 영역의 교차점을 향해 점점 줄어드는 원의 내부에서 우리는 점점 더 불안정해지고 혼란스러워지는 자신의 모습을 발견한다. 실제 세계에서 발생하는 대부분의 문제는 교차점에 가장 가까운 원 안에 존재하기 때문에 그곳에서는 근본적인 분석이 절대적으로 필요하다. 하지만 실제로는 지도가 없다. 또 우리를 인도해 줄 개념과 단어도 거의 없다. 단지 상상에서만 다음과 같은 시계 방향의 여행이 가능할 뿐이다. 환경 문제의 인식, 견고한 기초를 가진 정책의 필요성, 도덕 추론에 근거한 해결책 선택, 그 추론의 생물학적 기초에 관한 탐구, 생물·환경·역사의 산물로서 사회 제도를 이해하는 것 그리고 다시 환경 정책으로 되돌아가기.

이런 예를 생각해 보자. 어느 정부든 계속 줄어드는 산림 보존 지역을 통제하기 위한 정책을 개발하느라 고심한다. 하지만 합의를 끌어낼 만큼 확립된 윤리 지침은 거의 없다. 그리고 그나마 있는 몇 가지는 생태학 지식을 충분히 활용하지 못하고 있다. 게다가 적합한 과학 지식을 동원할 수 있다 해도 숲의 장기적 가치를 파악하기 위한 기초 지식은 여전히 미미한 수준이다. 또한 지속 가능성을 따지는 경제학도 여전히 유치한 수준에 머물러 있으며 자연 생태계가 주는 심리적 이득은 아예 고려 대상도 아니다.

실제 세계로의 여행을 떠날 시점이 다가왔다. 이것은 지식인들의 지적인 만족을 위한 한가한 연습이 아니다. 정책이 얼마나 지혜롭게 선택되었는지는 지식인과 정치인만의 문제가 아니다. 교육받은 대중이 이런 상황을 얼마나 잘 파악하고 있는지도 관건이다.

그렇다면 가장 작은 원의 영역 내에서 통섭이 이루어질 수 있을까? 이런 물음은 확고한 판단이 한쪽 분과에서 다른 쪽 분과들로 쉽게 이동할 수 있는가에 관한 것이며 대답은 결국 각 분야의 전문가들이 공통된 추상적 원리와 경험적 증거를 가질 수 있는가에 달려 있다. 이 문제에 대한 내 대답은 긍정적이다. 통섭에 대한 믿음은 자연과학의 근간이다. 적어도 물질세계에 대해서만큼은 개념적 통일성을 향해 나아가고 있음이 분명하다. 자연과학 분과 사이의 경계들은 혼성 영역들이 계속 생겨나면서 점점 사라져 가고 있으며 그 영역들에서 조용하게 통섭이 이루어지고 있다. 이런 영역들은 물리화학에서부터 분자유전학, 화학생태학 그리고 생태유전학에 이르기까지 다양한 수준의 복잡성을 가로지르며 형성된다. 그렇다고 새로운 전문 분야가 여러 영역들의 단순한 혼합은 아니다. 왜냐하면 그것은 참신한 생각과 발전된 기술의 공장이나 다름없기 때문이다.

인간이 물리적 인과 관계에 따른 사건들에 따라 행동하는 존재라면 사회과학과 인문학은 왜 자연과학과의 통섭에서 면제되어야 하는가? 인문·사회과학이 그런 통섭으로 인해 어떤 이득도 볼 수 없단 말인가? 이런 질문에 대해 인간 행위는 역사적이며 역사는 고유한 사건의 펼침이라고 대답하는 것은 충분하지 않다. 인간의 역사 과정을 물리적 역사 과정에서—그것이 별의 역사든 아니면 생물의 역사든— 분리할 만한 근본적인 차이는 인간의 역사에 존재하지 않는다. 천문학, 지질학 그리고 진화생물학 역시 일차적으로 역사적인 분과들이다. 하지만 그것들은 통섭을 통해 자연과학의 다른 분야들과 연결되어 있다. 오늘날 역사학은 그 자체로 기초 학문 중 하나이다. 하지만 만일 1만 번의 인간 역사를 지구를 닮은 1만 개의 행성에서 추적할 수 있으며 그런 역사들에 대한 비교 연구로부터 경험적 시험과 원리가 진화했다면 어떠하겠는가? 그렇게 되면 역사 기술 방법론(역사의 추세에 대한 설명)은 이미 자연과학일 것이다.

지식의 합일이라는 전망은 몇몇 전문 철학자들과는 궁합이 맞질 않는다. 그들은 내가 언급한 주제를 그들 자신의 언어와 형식적 사고의 틀로 바라볼 것이다. 그러고는 나에게 혼합주의, 단순주의, 존재론적 환원주의 그리고 과학주의와 같은 혐의들을 뒤집어씌울 게 분명하다. 나는 무조건 죄인 취급을 받고 만다. 계속해 보자. 철학은 지식의 종합에서 핵심적인 역할을 수행해 왔고 몇 세기 동안 계승·발전시켜 온 사상을 통해 우리에게 많은 지혜를 제공했다. 철학은 또한 미지의 것을 밝히기 위해 미래를 응시하기도 한다. 이것이 철학의 한결같은 사명이었다. 저명한 철학자인 알렉산더 로젠버그(Alexander Rosenberg)는 최근 철학이 단지 두 가지 질문만을 다룬다고 주장했다. 그중 하나는 과학이 답할 수 없는 질문들이고 다른 하나는 과학이 왜 그런 질문에 답할 수 없는가에 관한 것이다. 그는 "장기적으로는 모든 사실들이 알려져서 결국 과학이 답할 수 없는 물음이 존재하지 않게 될 수도 있을 테지만 적어도 아직까지는 그런 물음들이 분명히 존재한다."라고 결론지었다. 이런 평가는 너무도 분명하고 정직하며 납득할 만하다. 하지만 그는 과학자들도 철학자들이 모르는 문제가 무엇이며 그리고 왜 그들이 그것을 모르는지에 대해 말할 자격이 있다는 사실을 무시하고 있다. 지금처럼 과학자와 철학자 사이의 협동 연구가 결실을 맺을 만한 시기는 없었다. 특히 그들이 생물학, 사회과학 그리고 인문학 간의 경계 지점에서 서로 만날 때에는 더욱 그렇다. 지금 우리는 통섭을 시험해 보는 일을 가장 위대한 지적인 도전으로 간주하고 있는 시대, 즉 종합(synthesis)의 새 시대로 접어들고 있다. 철학, 즉 모르는 것에 관한 숙고는 그 통치권이 점점 약해지고 있다. 우리의 공통 목표 중 하나는 철학을 과학으로 최대한 빨리 전환시키는 것이다.

세계가 정말로 지식의 통섭을 장려하게끔 작동한다면 나는 문화의 영역도 결국에는 과학, 즉 자연과학과 인문학 특히 창조적 예술로 전환될 것이라고 믿는다. 자연과학과 인문학은 21세기 학문의 거대한 두 가지가 될 것이다. 반면 사회과학은 계속해서 세분화되면서 그중 어떤 부분은 생물학으로 편입되거나 생물학의 연장선 위에 있게 될 것이며 그 밖의 부분들은 인문학과 융합될 것이다. 사회과학의 분과들은 계속해서 존재하겠지만 결국 그 형태는 극단적으로 변할 것이다. 그런 와중에 철학, 역사학, 윤리학, 비교종교학, 미학을 아우르는 인문학은 과학에 접근할 것이고 부분적으로 과학과 융합할 것이다. 나는 다음 장들에서 이런 주제들에 대해서 자세히 논의할 것이다.

나는 자연과학자들의 확신이 종종 너무 지나칠 수 있다는 점을 인정한다. 하지만 과학은 그 시대에 가장 대담한 형이상학을 제공한다. 과학도 분명 인간의 행위이다. 과학자들 자신도 좀 더 절박한 심정으로 꿈꾸고 발견하고 설명하기를 거듭한다면 세계를 좀 더 분명하게 파악하게 될 것이며 우주의 오묘함도 이해하게 될 것이라는 믿음을 가지고 연구하고 있다.

영국의 신경생물학자 찰스 셰링턴(Charles Sherrington)은 1941년에 『인간과 인간의 본성(*Man on His Nature*)』이라는 책에서 인간의 뇌를 "요술에 걸린 베틀"이라고 말했다. 그에 따르면 인간은 이 베틀을 통해 외부 세계를 끊임없이 직조해 낸다. 이렇게 본다면 문명사회의 공동 정신(세계 문화)은 훨씬 더 큰 베틀이리라. 인류는 이 공동 지성을 통해 과학의 영역에서는 한 인간이 도달할 수 없는 훨씬 넓은 영역을 가로질러 외부 세계를 그려 낼 수 있었고 예술의 영역에서는 한 명의 천재로는 도저히 감당할 수 없는 다양한 서사, 영상 그리고 리듬을 창조해 냈다. 이렇게 과학과 예술 모두에서 동일한 베틀이 작동하고 있다. 또한 그 베틀의 기원과 본성에 대한 일반적인 설명도 존재한다. 따라서 유전적 진화의 태고 역사에서 현대 문화까지 이어지고 있는 인간 조건에 관한 일반적 설명이 존재하는 셈이다. 인과적 설명의 통섭은 한 사람의 지성이 공동 지성의 한 부분에서 다른 부분으로 가장 신속하고 확실하게 이동할 수 있는 수단이다.

통섭을 추구하는 일은 산산조각 난 교양 교육을 새롭게 하는 길이기도 하다. 사실, 르네상스와 계몽사상이 유산으로 물려준 학문의 통합이라는 이상은 지난 30년 동안 대체로 포기 상태에 있었다. 약간의 예외가 있기는 하지만 미국의 종합 대학과 단과 대학 들은 학과를 잘게 쪼개고 과정을 세분화하여 커리큘럼을 만들었다. 각 기관에서 학부생이 수강하는 과목의 평균 숫자는 두 배가 되었지만 일반 교양 과정의 필수 과목 비율은 반 이상으로 줄었다. 이 시기에 과학도 격리되었다. 내가 이 글을 쓰고 있는 1997년만 해도 학생들에게 자연과학을 반드시 한 과목 이상씩 수강하도록 한 학교는 전체의 3분의 1밖에 되지 않는다. 이런 추세는 억지로 이것저것 들으라고 강요한다고 해서 역전되지 않는다. 진정한 개혁은 과학을 학문적 측면과 교육적 측면에서 인문 · 사회과학과 통섭함으로써 완성될 것이다. 따라서 실패하거나 성공하거나 둘 중 하나이다. 모든 학부생들은 다음과 같은 질문에 답을 할 수 있어야 한다. 과학과 인문학의 관계는 무엇이고 그 관계가 인간 복지에 어떻게 중요한가?

모든 대중 지식인과 정치 지도자도 그런 질문에 답할 수 있어야 한다. 미국 의회에 계류 중인 법률의 절반 정도는 중요한 과학 기술적 요소들을 이미 포함하고 있다. 매일매일 우리를 괴롭히는 이 쟁점들 중 대부분, 예컨대 인종 갈등, 무기 경쟁, 인구 과잉, 낙태, 환경, 가난 등은 자연과학적 지식과 인문 · 사회과학적 지식이 통합되지 않고는 해결할 수 없다. 경계를 넘나드는 것만이 실제 세계에 대한 명확한 관점을 제공할 것이다. 이 실제 세계를 이데올로기와 종교적 독단 그리고 임시방편적 렌즈를 통해서 볼 수는 없다. 이런 의미에서 대부분의 정치 지도자들이 한결같이 인문·사회과학 분야에서 훈련받은 사람들이며 자연과학에 대한 지식이 일천하거나 전혀 없다는 현실은 매우 불행한 일이다. 설상가상으로 이런 열악한 상황은 대중 지식인, 언론인, 평론가, 각종 두뇌 집단에서도 마찬가지이다. 물론, 그들의 분석이 때로는 정확하고 믿을 만할 때도 있다. 하지만 그런 분석의 실질적인 기초는 파편화되어 있으며 한쪽으로 기울어져 있다.

균형 잡힌 관점은 분과들을 쪼개서 하나하나 공부한다고 얻을 수 있는 것이 아니다. 오직 분과들 간의 통섭을 추구할 때만 가능하다. 그런 통합은 쉽게 성취되지 않을 것이다. 하지만 그렇게 할 수밖에 없지 않은가! 지적인 관점에서 보면 그런 통합은 진리의 울림이다. 통합은 인간 본유의 충동을 만족시켜 준다. 학문의 커다란 가지들 사이의 간격이 좁아지는 만큼 지식의 다양성과 깊이는 심화될 것이다. 이것이 가능한 것은 역설적이게도 학문들의 기저에 존재하는 응집력 때문이다. 이런 기획은 다른 이유 때문에도 중요하다. 왜냐하면 지성에 궁극적인 목표를 주기 때문이다. 저 수평선 너머에 넘실거리는 것은 혼돈이 아니라 질서이다. 그곳으로 모험을 떠나는 일을 어찌 망설일 수 있겠는가.

3장

계몽사상

지적인 통일이라는 꿈은 계몽 운동이 일어난 17~18세기에 처음으로 꽃을 활짝 피웠다. 이때는 마음의 이카로스가 하늘로 날아오른 시기라고 볼 수 있다. 세속적인 지식이 인류의 권리와 진보에 기여한다는 비전(vision)은 서양이 인류 문명에 남긴 가장 위대한 공헌이다. 이 비전이 근대를 출발시켰으며 우리 모두는 그 유산을 물려받았다. 하지만 그 비전은 실패했다.

그 비전이 실패한 것은 놀라운 일이다. 그 비전이 살아 있었던 역사적 시대는 언제 끝나고 말았을까? 이유야 어찌 되었건 전쟁과 혁명을 거치면 그 시대의 시대 정신은 대개의 경우 더 이상 지배적이지 않게 된다. 그러면서 그 시대는 끝이 난다. 따라서 계몽사상의 본질적 속성과 그 사상을 파멸로 이끈 약점을 이해하는 것은 대단히 중요하나. 마르키 드 콩도르세(Marquis de Condorcet)의 생애는 이 두 가지를 모두 아우른다. 특히, 1794년 3월 29일의 그의 죽음은 계몽사상의 종말을 가장 잘 나타내는 사건이다. 주위 상황은 절묘하리 만큼 풍자적이었다. 탁월한 지성과 공상가적 기질의 정치적 지도력 덕분에 그는 마치 프랑스의 토머스 제퍼슨(Thomas Jefferson, 1743~1826년. 미국의 정치가. 미국 독립 선언문을 기초했으며, 미국의 제3대 대통령을 지냈다.— 옮긴이)으로서 프랑스 대혁명에 등장하도록 운명지어진 것처럼 보였다. 그러나 계몽사상의 궁극적인 청사진인 『인간 정신의 진보에 관한 역사적 개요(Sketch for a Historical Picture of the Progress of the Human Mind)』를 작성했던 1793년 말에서 1794년 초까지 그는 불법 도망자의 신세로 전락하고 말았다. 그가 그토록 진심으로 지지했던 주장의 대표자들이 내린 사형 선고를 받을 처지에 놓였던 것이다. 그는 일종의 정치범이었다. 예컨대 그는 급진적인 자코뱅파(Jacobin)에 비하면 너무나 온건하며 지나치게 이성적인 당파로 여겨진 지롱드파(Girond)로 알려져 있었다. 게다가 그는 자코뱅파가 주도하는 국민 공회가 제정한 법령을 비판한 바 있었다. 그는 도주 중에 마을 사람들에게 체포되어 혹독한 핍박을 받다가 부르라라인(Bourg-la-Reine)에 있는 감옥 바닥에서 사망하고 말았다. 그는 파리 당국으로 호송되어 재판을 받았어야 했다. 그가 왜 사망했는지는 알려져 있지 않다. 자살은 아니었다고는 하지만 그가 평소에 지니고 다녔던 독약을 먹었다는 설도 있다. 정신적 충격이나 심장 마비로 사망했을 가능성도 있다. 어쨌든 그는 적어도 단두대는 면했다.

프랑스 대혁명은 콩도르세와 같은 남녀들로부터 지적인 힘을 얻었다. 교육 기회의 확대가 대폭발의 밑바탕을 마련했고 인간의 보편적 권리에 대한 생각이 대혁명을 점화시켰다. 계몽사상은 유럽의 정치적 결실을 통해 실현되는 것처럼 보였으나 뭔가 대단히 잘못되어

가고 있었다. 처음에는 사소한 어긋남처럼 보였던 것이 비극적인 재앙으로 확대되었다. 그보다 30년 전에 장자크 루소(Jean-Jacques Rousseau)는 『사회계약론(*Social Contract*)』에서 훗날 "자유, 평등, 박애"라는 슬로건으로 발전된 개념을 소개한 바 있다. 그러나 그는 그러한 목표들을 달성하기 위한 이른바 "일반 의지"라는 매우 추상적인 개념도 고안해 냈다. 그에 따르면 일반 의지는 자유 시민들로 이루어진 의회가 합의한 정의의 규칙이었다. 이 규칙에 복종하는 자유 시민들은 사회의 복지와 그 사회에 속한 개개인의 복지에만 관심을 갖는다. 그러한 일반 의지가 실현되면 "항상 일정하고 변하지 않으며 순수한" 주권 계약이 이뤄진다. "우리 각자는 모두 개인의 신체와 권력이 일반 의지의 최고 지침을 따르도록 한다. 그리고 우리는 법인 자격으로 구성원 각각을 전체의 개별적인 부분으로서 받아들인다." 루소는 일반 의지를 따르지 않는 자들도 의회의 불가항력적인 힘에 종속되는 이탈자들일 뿐이라고 말했다. 그리고 진정으로 평등을 추구하는 민주주의를 성취하고 인간성을 모든 속박으로부터 벗어나게 하려면 이 방법밖에 없다고 생각했다.

　1793년 대혁명을 덮친 공포 정치의 지도자 막시밀리앙 프랑수아 마리 이지도르 드 로베스피에르(Maximilien François Marie Isidore de Robespierre)는 이러한 논리를 너무나 강하게 고수했다. 그와 프랑스 전역의 자코뱅파 동지들은 루소가 말한 불가항력적인 힘을 새로운 질서에 반대하는 모든 이에 대한 즉석 유죄 판결과 처형으로 구현했다. 약 30만 명의 귀족, 성직자, 반체제 정치인 그리고 그 외 시위 주동자들이 투옥되었으며 그 해에 1만 7000명이 처형되었다. 로베스피에르의 세계에서 자코뱅파의 목표는 고귀하고 순수한 것이었다. 그는 단두대에서 처형되기 얼마 전인 1794년 2월에 그 목표를 다음과 같이 차분히 언급했다. "자유와 평등을 평화롭게 향유하는 사회가 목표다. 사람들의 심장에 새겨진 영원한 정의인 법이 통치하는 사회 말이다. 이 법은 심지어 이 법을 알지 못하는 노예의 심장과 이 법을 부정하는 전제 군주의 심장에도 새겨져 있다."

그리하여 평등주의 사상과 야만적인 독재가 쉽게 손을 잡았으며 이후 두 세기 동안 이 병균을 세계에 퍼뜨렸다. 논리적으로 보면, 완벽한 사회에 헌신하고 싶지 않은 이들은 이의를 제기하여 위법을 저지를 위험에 처하느니 조국을 떠나 망명하는 편이 나았다. 선동 정치가에게 필요한 것이 있다면 그것은 덕을 가장한 목표의 일치이다. "친애하는 나의 시민들(동료들, 형제자매들, 민중)이여 오믈렛을 만들려면 달걀을 깨야 합니다. 이 고상한 목표를 달성하려면 전쟁이 불가피할 수도 있습니다." 대혁명이 쇠퇴한 후에 이러한 원칙은 나폴레옹과 그의 대군(grande arm)으로 변모된 혁명군에 의해 시행되었으며 정복을 통해 전파되었다. 그러나 이로 인해 유럽은 이성의 최고 권위를 또 한 번 의심하게 되었다.

사실 이성이 최고의 권위를 가졌던 적은 없다. 계몽사상은 자기 정당화에 계몽사상을 이용한 압제자 때문에 쇠퇴한 것이 아니다. 오히려 많은 경우에 타당했던 지성적 반대 의견이 대두하면서 쇠퇴했다. 처음에는 자유로운 지성으로 세계를 질서 정연하게 만들려는 계몽사상의 꿈은 절대로 깨질 수 없으며 모든 사람들의 본능적인 목표처럼 보였다. 플라톤과 아리스토텔레스 이래 가장 위대한 학자라 할 수 있는 계몽사상의 주창자들은 인간의 정신이 무엇을 성취할 수 있는지 보여 주었다. 이들을 가장 잘 통찰한 역사가인 이사야 벌린(Isaiah Berlin, 1901~1997년. 사상가, 사상사가. 저서로 『칼 마르크스: 그의 생애와 시대』, 『계몽시대의 철학: 18세기의 철학자들』 등이 있다.―옮긴이)은 다음과 같이 그들을 격찬했다. "18세기의 타고난 사상가들이 지녔던 지성,

정직, 명석함, 용기 그리고 진리에 대한 사심 없는 사랑은 오늘날까지도 유례없는 것이다. 그들의 시대는 인류의 전 역사에서 최고의 사건이었으며 가장 희망적인 에피소드였다." 그러나 그들은 너무 지나쳤다. 그리고 그들의 비전이 예견했던 만큼 충분한 성과를 얻지 못했다.

그들의 정신은 마리장앙트완니콜라 카리타 마르키 드 콩도르세(Marie-Jean-Antoine-Nicolas Caritat Marquis de Condorcet)의 비극적인 삶에 압축되어 있다. 그는 프랑스 최후의 계몽사상가(philosophes)였다. 계몽사상가는 당시의 정치적·사회적 쟁점에 매달렸던 18세기의 군중(public) 철학자들이다. 볼테르, 몽테스키외, 달랑베르, 디드로, 엘베시우스 그리고 콩도르세의 스승으로 경제학자이자 정치가였던 안로베르자크 튀르고(Anne-Robert-Jacques Turgot)는 모두 계몽사상가였다. 이 비범한 집단은 1789년 전에 모두 사라졌다. 그중 콩도르세는 살아서 대혁명을 직접 목격한 유일한 사람이었다. 그는 대혁명을 전적으로 받아들이고 그것의 흉포한 위력을 제어하기 위해 노력했으나 헛수고가 되고 말았다.

콩도르세는 1743년에 프랑스 북부 지방인 피카르디에서 태어났다. 그의 가문은 오래된 귀족 가문으로 프랑스 황태자의 칭호인 도핀(dauphin)의 기원이 된 프랑스 남동부 지방 도핀(Dauphin)에서 비롯되었다. "카리타(Caritat)"는 대검귀족(noblesse d'épée)의 후손이었는데, 전통적으로 군에 복무했던 대검귀족은 높은 공직에 있던 관복귀족(noblesse de robe)보다 더 높은 계급이었다.

콩도르세는 아버지처럼 장교가 되지 않고 수학자의 길을 택하여 가족을 실망시켰다. 그는 파리 나바르 대학교의 학생이던 16세 때에 전공에 관련된 첫 논문을 발표했다. 콩노르세는 20세에 전문 과학자의 길로 들어섰지만 일류 수학자는 되지 못했다. 그리고 위대한 동시대인인 레온하르트 오일러(Leonhard Euler)나 피에르 시몽 드 라플라스(Pierre Simon de Laplace)를 따라갈 수 없음을 알게 되었다. 그럼에도 그는 25세라는 예외적으로 젊은 나이에 프랑스 과학 아카데미의 회원으로 선출되었으며, 32세에는 종신 사무관이 되었다. 1780년 그의 나이 38세 때에 그는 위엄 있는 아카데미 프랑세즈의 문어 권위자(arbiter of the literary language)가 되어 프랑스 지식인 세계의 정점에 도달했다.

콩도르세의 주된 과학적 업적은 선구적으로 사회과학에 수학을 적용한 것이다. 그는 라플라스와 함께 이 방면에서 공로를 세웠다. 그는 계몽사상의 중심적인 개념에서 영감을 얻었다. 그것은 수학과 물리학에서 성취된 것이 인간의 집단적 행동으로 확장되어 응용될 수 있다는 착상이었다. 그의 1785년 저서『다수결 확률 해석의 응용에 관한 소론(*Essay on the Application of Analysis to the Probability of Majority Decisions*)』은 현대 결정 이론의 아득한 선구자이다. 그러나 이것은 순수과학으로서 그다지 괄목할 만한 성과를 거두지 못했다. 라플라스가 확률 계산을 발전시켜 물리학에 기막히게 적용한 반면, 콩도르세는 자신이 고안한 수학 기법(약간 진척시킨 것이다.)을 정치적 행위 연구에 사용했다. 어쨌든, 사회적 행동이 양적으로 분석될 수 있으며 예측될 수 있을지도 모른다는 개념의 원조는 콩도르세이다. 이 개념은 1800년대 초반의 사회학자인 오귀스트 콩트(Auguste Comte)와 아돌프 케틀레(Adolphe Quételet)의 연구와 이후 사회과학의 발전에 영향을 미쳤다.

콩도르세는 "귀족 철학자"로 불렸다. 이 말은 그의 사회적 계급뿐 아니라 그의 성격과 품행을 일컫는다. 그의 친구들이 그를 "Le Bon

Condorcet", 즉 "훌륭한 콩도르세"라고 부른 것은 이상한 일이 아니었다. 루 드 벨 샤스(rue de Belle Chasse)에서 그가 즐겨 찾던 살롱을 운영한 줄리 드 레스피나스(Julie de Lespinasse)는 친구에게 보내는 편지에서 그를 다음과 같이 묘사한 바 있다. "그의 인상은 신선하고 차분하다. 천진난만함과 자유분방함이 그의 태도를 특징짓는다. 이것은 그의 영혼의 품격을 반영한다."

그는 타인들에게 끊임없이 친절하고 관대했다. 심지어는 과학을 향한 야망을 이루지 못했으며 아마도 그의 죽음을 반겼을 장폴 마라(Jean-Paul Marat)에게도 그러했다. 그는 사적으로나 공적으로 사회적 정의와 공공의 복지라는 이상에 열정적으로 헌신했다. 상당한 정치적 위험에도 불구하고 그는 프랑스의 식민지 정책에 반대했다. 그는 마리 라파예트(Marie La Payette), 오노레 미라보(Honoré Mirabeau)와 함께 노예 제도 반대 단체인 흑인 친우회(Society of the Friends of the Blacks)를 설립하기도 했다. 그가 도피 생활을 하던 공포 정치 기간에도 그의 주장은 국민 공회가 노예 제도를 폐지하도록 하는 데 기여했다.

영국 철학자 존 로크(John Locke)를 추종하는 철저한 자유주의자로서 콩도르세는 인간의 자연권을 믿었으며, 동시대인인 이마누엘 칸트(Immanuel Kant)처럼 욕망을 따르기보다는 도덕적 정언명령을 추구했다. 그는 토머스 페인(Thomas Paine)과 함께 진보적이고 평등한 공화국에 대한 이상을 고취하는 혁명 잡지인 《르 레퓌블리캥(Le Républicain)》을 만들었다. 후에 그는 "오로지 이성만을 주인으로 섬기는 자유인에게만 햇빛이 비치는 날이 도래할 것"이라고 했다.

콩도르세는 한 번 본 것은 거의 사진처럼 정확하게 기억하는 기억력을 지닌 박식가였다. 그에게 지식은 끊임없이 획득되고 자유로이 공유되어야 하는 보물과 같았다. 그에게 푹 빠진 줄리 드 레스피나스는 그의 이러한 성품을 특히 격찬했다. "그와 대화를 나누고 그가 쓴 글을 읽어 보라. 그와 철학, 문학, 과학, 예술, 정치, 법학에 관해 이야기해 보라. 그의 이야기를 들으면 당신은 하루에도 수백 번씩 그가 전대미문의 놀라운 사람이라고 되뇌게 될 것이다. 그는 자신의 취향과 직업에 생소한 것들이라도 모르는 것이 없다. 그는 관리들의 족보와 도시 행정과 관련된 상세한 사항, 유행하는 모자의 상표까지도 알고 있을 것이다. 사실 그가 관심을 갖지 않는 것은 없으며, 그의 경이로운 기억력으로 말미암아 그 어떤 것도 잊어버리지 못하는 것처럼 보인다."

재능과 성품의 조화로 인해 대혁명 이전의 파리 사교계에서 콩도르세는 이미 최고 수준에 이른 가장 젊은 계몽사상가로 평판이 났다. 종합을 향한 그의 열망은 후기 계몽사조의 주요 개념들——만일 그런 것을 나타낸다고 할 수 있는 어떤 집합이 있다면——과 정합적인 사상 체계를 낳았다. 인간 본성에 관하여 그는 양육론자(nurturist)였다. 그는 환경이 전적으로 마음을 만들며, 따라서 사람들은 원하는 대로 자유롭게 자신과 사회를 만들어 낼 수 있다고 믿었다. 결과적으로 그는 완성이 가능하다고 생각했으며 인간 삶의 질은 끝없이 향상될 수 있다고 주장했다. 그는 정치적으로는 완벽한 혁명가였고 교권 반대파였으며 공화주의자였다. 이것은 "제단은 부수고 왕좌는 보존하자."라는 볼테르 등의 입장과는 다른 것이었다. 사회과학의 측면에서 볼 때 콩도르세는 역사를 통해 현재를 이해하고 미래를 예측할 수 있다고 생각하는 역사가였다. 도덕가로서의 그는 인류의 통일성(統一性, unity)이라는 생각에 헌신했다. 평등주의자였지만 현대적 의미의 다문화주의자는 아니었으며, 오히려 모든 사회가 결국 고도 문명사회인 유럽처럼 진화할 것이라고 생각하는 편이었다. 무엇보다 그는 정치를 권력의 근원이 아니라 고상한 도덕 원칙을 실행하는 수단으로 본 인도주의자였다.

1789년 혁명이 일어나자 콩도르세는 갑자기 학문을 버리고 정치에 입문했다. 그는 위원으로 선출되어 파리 코뮌에서 2년 동안 활동했으며, 1791년에 입법 의회가 설립되었을 때 파리 대의원이 되었다. 그는 동료 혁명가들 사이에서 대단히 평판이 좋았다. 그 후 그는 의회 서기관 중 한 명으로 임명되었으며, 나중에 부의장으로 선출되었다가 마침내 의장이 되었다. 1792년에 의회가 국민 공회로 계승되고 공화정이 설립되었을 때, 콩도르세는 자신의 고향 피카르디 지방 엔(Aisne) 현의 대표로 선출되었다.

콩도르세는 공직에 있는 짧은 기간 동안 당파 정치를 멀리하려 애썼다. 그의 동료들 가운데에는 온건한 지롱드파도 있었으며 좌익 산악파(Montagnard, 산악파의 의원들이 의회에서 높은 곳에 위치한 의석인 '산'에 앉았기 때문에 붙여진 이름이다.)도 있었다. 그렇지만 그는 지롱드파로 간주되었다. 산악파가 파리 자코뱅 클럽의 급진파에 매혹되자 더욱 그렇게 여겨지게 되었다. 1793년 봉기로 지롱드파가 전복된 후, 산악파는 공회를 지배하며 이후 1년간 지속된 공포 정치 기간 동안 프랑스를 통치한 공안 위원회를 통제했다. 이렇게 공인된 살인이 행해지던 기간에 콩도르세는 영웅에서 범죄 용의자로 전락했으며 마침내 국민 공회의 체포 명령이 내려졌다.

콩도르세는 안전하다는 이야기를 듣고 파리 구시가 세르반도니(Servandoni) 가에 있는 마담 베르네(Vernet)의 하숙집으로 피신하여 그곳에서 8개월 동안 머물렀다. 1794년 4월에 도피처가 발각되자 동료들은 그에게 체포가 임박했음을 경고했다. 그는 다시 한 번 도망을 쳐서 며칠 동안 노숙을 하며 방황했지만, 이내 잡혀서 부르라라인의 감옥에 투옥되었다.

세르반도니 가에 머무는 동안 콩도르세는 그의 대표작인 『인간 정신의 진보에 관한 역사적 개요』(이후 『개요』)를 저술했다. 이것은 그의 정신과 의지의 놀라운 성과물이었다. 절망적으로 위태로운 상황에서 아무런 참고 서적도 없이 자신의 경이로운 기억력에만 의지하여 인류의 지성사와 사회사를 구성해 낸 것이다. 그의 글은 낙관적인 논조로 이루어져 있으며 대혁명에 관한 언급은 거의 없다. 파리 시내를 돌아다니는 적들에 대한 언급도 없다. 콩도르세는 사회적 진보는 필연적이며 전쟁과 혁명은 단지 그것을 실현하기 위한 유럽의 방식일 뿐이라고 적었다.

그의 조용한 확신은 문명이 물리 법칙과 같은 법칙에 지배된다는 신념에서 비롯된 것이었다. 콩도르세에 따르면 인류는 과학과 세속 철학이 지배하는 더욱 완벽한 사회 질서를 향해 나아가고 있으며, 우리는 인류로 하여금 그러한 운명적인 길을 걷도록 하는 법칙들을 이해하기만 하면 된다. 그는 과거 역사 연구를 통해 이 법칙들을 예증할 수 있다고 덧붙였다.

콩도르세는 세부적인 사항에서 잘못 판단했으며 인간 본성을 과신하는 실수를 범했다. 그렇지만 역사란 진화하는 물질적 과정이라고 주장함으로써 커다란 사상적 공헌을 했다. 그는 "자연과학적 믿음의 유일한 토대는 우주 현상을 지배하는 일반 법칙이 알려졌든 알려지지 않았든 필연적이며 일정하다는 생각이다. 인간의 지적·도덕적 능력의 발전에서 이러한 원리가 자연의 다른 작용보다 정확하지 못할 이유가 어디 있는가?"라고 단언했다.

책이 저술될 당시 이러한 생각은 이미 널리 퍼져 있었다. 라이프니츠는 내세로 가득 찬 현재를 이야기했지만 파스칼은 인류를 영원히 죽지 않고 항상 지식을 획득하는 인간에 비유했다. 콩도르세의 동료이자 후원자인 튀르고는 콩도르세가 『개요』를 쓰기 40년 전에 "모든 시대는 세계의 상태를 이미 지나간 모든 상태들과 연결시키는 인과의 연쇄로 함께 묶인다."라고 저술한 바 있다. 결과적으로 "그 시초부터 살피는 철학자의 관점에서 볼 때 인류는 거대한 전체로 보인다. 마치 인류에 속하는 개개인이 그러하듯이 이 전체는 나름대로의 유년기와 각자의 성장 조건들을 지닌다." 1784년에 칸트는 인류가 지닌 이성적 특질이 개개인이 아니라 종 전체를 특징짓는다는 관찰을 통해서 똑같은 개념을 싹틔웠다.

콩도르세와 계몽사상을 지탱해 준 것은 진보의 필연성이라는 개념이었다. 이것은 현재까지 여러 시대에 걸쳐 좋든 나쁘든 강력한 영향력을 발휘해 왔다. 『개요』의 마지막 장인 「제10단계 미래의 인간 정신의 진보」에서 콩도르세는 그러한 전망에 관하여 경솔할 정도로 낙관적이었다. 그는 장대한 과정이 진행 중이라고 확신했다. 모든 것이 잘 될 것이라고. 인간의 진보에 관한 그의 비전은 인간 본성에 부정적인 측면이 있음을 완강하게 부인했다. 인류 전체가 고도의 문명을 획득하면 국가들은 서로 평등해질 것이며 그 국가 안의 시민들 역시 평등해질 것이라고 생각했다. 과학이 번성하여 갈 길을 밝힐 것이고 예술은 자유롭게 그 능력과 아름다움을 드러내며 성장할 것이다. 범죄, 빈곤, 인종주의, 성차별은 줄어들 것이다. 과학적인 의술을 통해 인간의 수명이 무제한 연장될 것이다. 콩도르세는 점점 더 짙어지는 공포 정치의 어둠 속에서 다음과 같은 결론을 내렸다.

　　과실, 범죄, 부정이 여전히 지구를 더럽히고 있으며, 종종 철학자들 스스로 그것들의 희생자가 되고 있다. 이러한 현실 속에서 과실과 범죄와 부정을 애석해 하는 철학자들에게 인류가 속박에서 해방되고 운명의 제국과 진보의 적에게서 풀려나 진리, 덕, 행복의 길을 향해 흔들림 없는 발걸음으로 전진한다는 전망은 얼마나 큰 위안이 되는가! 이 전망은 이성의 진보와 자유를 방어하는 모든 노력을 보상해 줄 것이다.

계몽사상은 서양 근대 지성의 전통과 서구 문화 대부분의 출발점이 되었다. 사람들은 이성이 인간을 정의하는 특성이고 그것이 보편적으로 꽃피려면 약간의 교화만 있으면 된다고 생각했다. 하지만 그것만으로는 부족했다. 바로 그 인간은 계몽사상에 관심도 기울이지 않았으며 다르게 생각했다. 오늘날까지도 지속되고 있는 계몽사상 퇴조는 인간 동기의 근원이 미로처럼 얽혀 있음을 드러내 준다. 계몽사상의 본래 정신인 자신감, 낙천주의, 넓은 전망 등을 되찾을 수 있을까? 특히 현재와 같은 문화적 불만의 시대에 이러한 질문은 던질 만할 가치가 있을 것이다. 조심스럽게 다른 질문도 던져 보자. 과연 그러한 정신은 되찾아야만 하는 것일까? 누군가가 말했듯이 이 정신에는 처음부터 치명적인 결함이 있었던 것은 아닐까? 계몽사상의 이상주의 속에는 악몽과 같은 전체주의 국가의 징조가 담겨 있으며 그것이 공포 정치에 공헌한 것은 아닌가? 지식이 통합될 수 있다면 하나의 문화와 하나의 과학을 갖는 '완전한' 사회가 설계될 수 있을지도 모른다. 그것이 파시스트 사회든, 공산주의 사회든, 아니면 신정주의 사회든 간에.

그런데 계몽사상 자체는 통합된 사조가 아니었다. 그것은 거침없이 빠르게 흐르는 물결이 아니라 비틀린 운하를 따라 흘러가는 잔잔한 흐름과도 같았다. 프랑스 대혁명 시기에 계몽사상은 이미 낡은 것이었다. 계몽사상은 17세기 초반의 과학 혁명 시기에 등장하여 18세기 유럽의 지식인 세계에 거대한 영향을 미쳤다. 근본적인 논제에 관하여 계몽사상 창시자들의 의견은 종종 상충됐다. 대부분의 계몽사상가들은 엉뚱하고 지엽적인 문제나 사색에 몰두하고는 했다. 그중에는 성경에 숨겨진 암호나 정신의 해부학적 위치를 찾는 것도 있었다. 그럼에도 불구하고 그들의 공통적인 의견은 광범하고 명확하고 논리적으로 특징지을 수 있었다. 그들은 세계를 계몽하고 비인간적인 힘으로부터 마음을 해방시키려는 열정을 공유했다.

그들을 이끈 것은 발견의 전율이었다. 그들은 질서 정연하고 이해 가능한 우주를 드러내어 자유롭고 논리적인 사고력의 토대를 구축하는 과학의 힘에 동조했다. 그들은 천문학과 물리학이 발견한 천체의 완전함이 인간 사회의 모델이 될 수 있다고 생각했다. 또한 모든 지식의 통일성과 인간 개인의 권리와 자연법칙과 인류의 무한한 진보를 믿었다. 그들은 설명이 불완전하고 결함 있는 것으로 남는다 하더라도 자신들의 설명에서 형이상학을 배제하려 애썼다. 또한 제도화된 종교에 저항했고 계시와 독단을 혐오했다. 그들은 국가를 문명의 질서에 필요한 장치로서 인정했으며 교육과 올바른 이성이 인류에게 엄청난 이득을 줄 것이라고 믿었다. 콩도르세를 비롯한 몇몇 계몽사상가들은 인간이 완전해질 수 있으며 정치적 유토피아를 달성할 수 있다고까지 생각했다.

우리는 그들을 잊지 않는다. 놀랍게도 그들의 선두 대열에는 이름만 들어도 알 수 있는 몇몇 과학자들과 철학자들이 있었다. 영국에는 베이컨, 홉스, 흄, 로크, 뉴턴이 있었고 프랑스에는 데카르트와 볼테르를 필두로 한 18세기 계몽사상가들이 있었다. 그리고 독일에는 칸트와 라이프니츠, 네덜란드에는 그로티우스가, 이탈리아에는 갈릴레오가 있었다.

사람들은 계몽사상이 과거 유럽 남성들 특유의 사조이며, 인류의 역사 속에서 형성된 수많은 주목할 만한 사조 가운데 하나일 뿐이라고 말한다. 물론 그렇다고 할 수 있다. 창조적인 사상은 영원히 값진 것이며 모든 지식은 가치를 갖는다는 점에서는 그렇다. 그러나 기나긴 역사의 행로에서 가장 큰 가치를 지니는 것은 감상(sentiment)이 아니라 생산성(seminality)이다. 이런 관점에서 볼 때 과연 어떤 생각이 당대 인류의 지배 도덕과 공유된 희망의 씨앗이었나? 어떤 생각이 역사상 가장 구체적이고 수준 높은 진보를 일궈 냈으며 현재에도 실행에 옮겨 볼 수 있는가? 이런 질문들에 대해서만큼은 계몽사상이 그 대답이 될 것이다. 물론 본래의 비전이 퇴색되고 몇몇 전제가 흔들리긴 했지만 계몽사상은 서양의 고급 문화뿐 아니라 전 세계에 영감을 불어넣어 주었다.

과학은 계몽 운동의 엔진이었다. 좀 더 과학적인 계몽사상들은 우주가 정확한 법칙들의 지배를 받는 질서 정연한 물질세계라는 점에 동의했다. 우주는 측정될 수 있고 위계와 서열에 따라 정돈될 수 있는 존재자들로 쪼개질 수 있다. 예컨대 사회는 사람들로 구성되고 그 사람의 뇌는 신경 세포들로 구성되며 그 신경 세포는 원자들로 구성된다. 적어도 원칙적으로는 원자들을 모아 신경을 만들고, 신경으로 다시 뇌를, 사람으로 사회를 조직할 수 있다. 그리고 이 전체는 기제와 힘으로 구성된 하나의 체계로서 이해된다. 여전히 신의 간섭을 주장하는 사람이 있다면 계몽사상가들은 그에게 우주를 신의 기계로 생각하면 된다고 말했을 것이다. 물질세계에 대한 우리의 시야를 흐리게 만드는 개념적 제약은 모든 부문에서 인간의 발전과 함께 완화될 수 있다. 콩도르세가 "분석의 빛"을 통한 도덕적이고 정치적인 과학의 계몽이 필요하다고 주장했던 것도 이 때문이다.

이 꿈을 건축한 거장은 콩도르세가 아니었다. 그 꿈을 잘 표현했던 다른 계몽사상가들도 거장은 아니었다. 그 거장은 프랜시스 베이컨(Francis Bacon)이었다. 그의 정신은 계몽사상가들에게 계승되었다. 지난 4세기 동안 그의 사상은 우리에게 인류가 진보하기 위해서는 우리 주변의 자연과 우리 내면의 본성을 이해해야 한다고 가르쳐 주었다. 우리는 운명이 우리 손 안에 있으며 그 꿈을 버렸을 때 남는 것은 야만밖에 없다는 사실을 알아야 한다. 베이컨은 고대 문서와 논리적 부연 설명에 기초한 고전적이고 "난해한" 중세식 학문의 견고함에 의문을 던졌다. 그는 요란한 기교보다는 자신의 용어로 자연과 인간 조건에 대한 연구를 하자고 제안하며 현학적인 철학에 의존하지 말 것을 강력히 주장했다. 그는 "마음은 처음 본 대상을 재빨리 흡수하고 저장하기 때문에 나머지 다른 과정이 어디에서 시작되든 실수는 계속해서 퍼지고 교정되지 않은 채로 지속된다."라고 주장했다. 이것은 인간의 정신에 대한 비범한 통찰이 아닐 수 없다. 따라서 지식은 잘 구성되지 않고 "토대가 없는 장엄한 구조물을 닮는다."

사람은 마음의 그릇된 힘들을 존경하고 확대하여 참이 될지도 모를 것들을 무시하거나 파괴한다. 더 많은 도움을 얻어 이 같은 작업을 새롭게 시작하고, 탄탄하고 견고한 토대로부터 과학, 예술 그리고 인간의 모든 지식을 재건축하는 것 외에는 다른 방도가 없다.

그는 탐구의 모든 방법들을 검토해 본 후에 그중 귀납적 방법이 제일 낫다는 결론을 내렸다. 귀납은 수많은 사실들을 모으고 그 패턴을 간파하는 방법이다. 이 방법을 써서 최상의 객관성을 확보하려면 우리는 선입견을 최대한 버려야 한다. 베이컨은 학문 분야가 피라미드 형태로 되어 있다고 주장했다. 맨 아랫부분에는 자연사가 있고 그 위에는 자연사를 포괄하는 물리학이 있으며 맨 위에는 그 밑의 모든 것들을 설명하는, 그러나 어쩌면 인간의 이해를 넘어서는 힘과 형태로 존재할지도 모르는 형이상학이 자리 잡고 있다는 것이다.

그는 천부적인 과학자도 아니었고("나는 그렇게 어려운 일을 잘할 수 없다.") 수학적인 훈련을 받은 사람도 아니었지만 과학 철학에 토대를 마련한 훌륭한 사상가였다. 르네상스인(전인(全人)에 가까울 정도로 박학다식한 지식과 다양한 재능을 갖춘 사람을 일컫는 말.—옮긴이)이었던 그는 "모든 지식이 내 분야이다."라는 유명한 말을 남겼다. 그리고 그는 과학적 방법들을 최초로 분류하고 잘 전달한 사람으로서 계몽 운동에 동참했다. 그는 새 시대의 선구자였다. 그리고 사람들을 모아서 "이제 서로 평화를 이루고 당신의 눈을 자연으로 돌려 그 자연을 지배하는 통일된 힘을 발견하라. 그리고 자연의 성과 요새에 진격하여 점령하고 인간 제국의 영역을 확장하라."라고 말하던 새로운 시대의 나팔수였다.

오만과 무모함이 넘치는 말투지만 그 시대에는 적절한 것이었다. 베이컨은 니콜라스 경과 앤 베이컨 부인의 둘째 아들로 1561년에 태어났다. 모두 훌륭한 교육을 받은 부모는 예술에 푹 빠져 있었다. 베이컨이 살아 있는 동안 영국은 엘리자베스 1세와 제임스 1세의 통치하에 있었고 봉건 사회에서 민족 국가로 바뀌는 소란스러운 시절이었으며 새로 얻은 자체 종교(영국의 성공회를 가리킨다.—옮긴이)와 점차 강력해지는 중산층에 힘입어 제국주의 국가로 발돋움하고 있었다. 베이컨이 죽은 1626년에 북아메리카 최초의 대의 정부를 가진 식민지 제임스타운이 만들어졌고 순례자들이 플리머스 항구에 도착했다. 베이컨은 영어가 처음으로 활짝 꽃피우는 광경을 보았다. 비록 베이컨 자신은 영어를 조잡한 교구 언어(혹은 지방 언어) 정도로 여기며 주로 라틴 어를 애용했지만, 정작 그는 영어 명문가 중 한 사람으로 평가받고 있다. 그는 산업과 문화의 황금시대에 살았다. 예컨대 그는 프랜시스 드레이크(Francis Drake, 1540~1596년, 영국의 제독), 월터 롤리(Walter Raleigh, 1552~1618년, 영국의 군인 · 탐험가 · 정치가) 그리고 윌리엄 셰익스피어와 같이 세계적인 성공을 거둔 이들과 동시대를 살았다.

베이컨은 평생 동안 엘리트 과정을 밟으며 특권층으로서의 삶을 누렸다. 그는 케임브리지의 트리니티 칼리지에서 교육을 받았는데 그곳은 헨리 8세로부터 땅을 기부받아 이미 몇십 년 전에 부유해진 칼리지였다.(1세기 후에 이 칼리지는 뉴턴의 집으로 사용되었다.) 그는 1582년에 법관이 되었고 그로부터 2년 후에는 의회 의원으로 임명되었다. 실제로 유아 시절부터 그는 왕위와 가까웠다. 그의 아버지는 국새 봉지관(Lord Keeper of the Seal), 즉 고등 법관이었다. 엘리자베스 1세는 그의 재능을 일찌감치 간파했다. 지식 습득이 빠르고 태도가 공손했기 때문에 그녀는 기쁜 마음으로 그에게 젊은 봉지관(The Young Lord Keeper)이라는 별명을 붙여 주기도 했다.

잘 나가는 법조인이었던 베이컨은 자신의 정치적 신념과 운명을 왕과 함께했다. 제임스 1세 때에는 감언과 영리한 조언을 통해 그의 야심에 부합하는 지위까지 올라갈 수 있었다. 제임스가 즉위한 1603년에 드디어 기사 작위를 받았고 계속해서 검사장(Attorney General)과 봉지관을 지냈으며 1618년에는 대법관(Lord Chancellor)에 임명되었다. 마지막 공직으로 그는 최초의 버룰램 남작(Baron of Verulam)이 되었고 곧이어 성앨반 자작(Viscount St. Alban)이 되었다.

왕실 불꽃에서 너무 가까이 그리고 너무 오랫동안 날았기 때문일까? 베이컨은 마침내 그의 실수를 호시탐탐 노리던 정적들에게 책을 잡히고 말았다. 복잡하게 얽혀 있는 재정 문서를 파기했다는 것이 문제가 되었다. 하지만 1621년에 그는 대법관 탄핵을 솜씨 있게 성공적으로 처리했다. 그가 무죄라고 주장하는 혐의는 뇌물 수수였다. 그는 엄청난 벌금을 물었고 역적문(Traitor's Gate, 옛날 국사범을 가두던 런던탑의 템스 강 쪽의 문.—옮긴이)을 통해 호송되었으며 런던탑에 갇혔다. 그는 결코 굴복하지 않고 당장 버킹검 후작에게 다음과 같이 편지를 보냈다. "자비로운 후작님, 제가 무죄임을 보증해 주십시오. 어쨌든 판결은 인정합니다만, 저는 니콜라스 베이컨 시절 이후로 교체된 다섯 명의 대법관들 중에서 가장 공정한 사람이었습니다."

그의 삶은 이것으로 끝나지 않았다. 그는 사흘 만에 풀려났다. 그러나 그는 공직에 대한 야망은 던져 버리고 여생을 학문에 매진했다. 1626년 이른 봄날에 찾아온 그의 죽음은 마치 그가 가장 좋아하는 이상들 중 하나를 시험해 보려고 즉흥적으로 실험하다 생긴 불상사처럼 보인다. 존 오브리(John Aubrey)는 당시 상황을 다음과 같이 기록했다. "위더본 박사와 마차를 타고 하이게이트를 향해 산책을 하고 있을 때였다. 눈이 땅 위에 떨어지는 것을 본 베이컨 경은 왜 고기가 소금에서는 보존되는데 눈에서는 그렇지 않을까 질문했다. 그들은 당장 실험을 해 보자고 의기투합했다. 그들은 마차에서 내려 하이게이트 언덕에 있는 가난한 여인의 집으로 들어가 암탉을 산 후 그 여인에게 그것을 잡도록 했다. 그러고는 베이컨 경은 손수 그 닭의 몸에 눈을 채워 넣었다. 그런데 그만 그 눈이 그의 몸을 너무 차갑게 만들었나 보다. 베이컨 경은 순식간에 앓기 시작했고 다시는 집으로 되돌아갈 수 없었다." 그는 가까이에 있는 어런델 백작(Earl of Arundel)

의 집으로 옮겨졌으나 결국 폐렴 증세로 4월 9일 운명했다.

불명예의 아픔은 그가 야심만만한 학자의 본분으로 되돌아왔을 때 이미 경감되어 있었다. 자주 인용되는 그의 격언인 "무언가를 정직하게 추구하다가 죽는 사람은 피가 철철 나도록 다쳤어도 전혀 아픈 것을 느끼지 않는 사람과 같다."처럼 그는 말년을 보냈다. 그는 그의 인생을 두 가지 야망의 다툼으로 보았다. 하지만 마지막에 가서는 학문 활동에 손해를 보면서까지 공직에 너무 많은 노력을 기울인 것에 대해서 후회했다. 그는 "인생의 순례 여행에서 나의 영혼은 이방인이었다."라고 읊조렸다.

그의 천재성은 종류가 다르기는 하지만 셰익스피어의 그것에 필적했다. 그래서 어떤 이들은 그가 진짜 셰익스피어라고 믿기도 한다. 비록 틀린 이야기이기는 하지만 말이다. 그는 종합을 향한 열정으로 자신의 문학적 재능을 발휘했다. 그의 탁월한 문학적 재능은 『학문의 진보(The Advancement of Learning)』에서 명백히 드러난다. 종합 능력과 문학적 재능은 계몽 시대의 서막에 가장 필요했던 자질이었다. 지식에 대한 그의 위대한 공헌은 박식한 미래 지향적 지식인의 전범을 제시한 것이있다. 그는 고전 문헌으로부터 연역 추론을 하고 기계적인 학습을 해야 하는 학문과 결별하고 세계와 교감하는 학문을 하자고 제안했다. 그리고 문명의 미래가 과학에 있다고 선언했다.

베이컨은 오늘날의 일상적인 개념과는 다른 방식으로 과학을 매우 넓게 정의했다. 그래서 그의 정의에 따르면 사회과학이랄 수 있는 것들과 인문학의 일부가 과학 안에 들어온다. 그는 실험으로 지식을 계속해서 시험해 보는 것이야말로 학문의 최전선이라고 주장했다. 하지만 그가 말한 실험은 현대 과학처럼 통제된 조작만을 의미하지는 않았다. 실험은 인문학이 정보, 농업 그리고 산업을 통해서 세계에 변화를 가져다주려면 꼭 사용해야 할 그런 방법이었다. 그는 학문의 커다란 가지들은 끝이 열려 있어서 계속적으로 진화하는 것이라고 생각했다.("나는 너에게 어떤 것도 약속하지 않는다.") 하지만 그는 기저에 흐르고 있는 지식의 통일성에 초점을 맞추고 있었다. 그는 아리스토텔레스 이후로 유행하게 된 분야들 간의 뚜렷한 구분을 거부했다. 다행히도 그는 이런 문제에 대해 적절하게 말을 아꼈다. 예컨대 학문의 커다란 가지들이 궁극적으로는 어떻게 갈라질 것인지에 대해서는 말하지 않았다.

사실, 고전적이고 중세적인 연역의 대안으로 귀납의 방법을 창안한 사람은 베이컨이 아니다. 그는 단지 그 방법을 정교하게 다듬었을 뿐이다. 그럼에도 불구하고 그는 귀납의 아버지라는 칭호를 충분히 들을 만하다. 다음 세기에 그의 명성은 주로 그 부분에 모여 있었다. 그가 생각했던 귀납의 절차는 단순한 사실들의 일반화를 넘어서는 것이었다. 예를 들어 베이컨은 "식물 종의 90퍼센트가 노랗거나 빨갛거나 흰 꽃이고 곤충이 찾아든다." 같은 관찰 문장을 귀납이라고 말하지 않았다. 그는 현상을 기술하되 편견을 갖지 말고 그것들의 공통된 형질을 모아 중간 단계의 일반성을 가지도록 만들고, 그런 다음 상위 수준의 일반성으로 나아가는 것을 귀납의 절차라고 이야기했다. 따라서 앞의 문장을 베이컨의 귀납법에 따라 바꾸면 다음과 같이 된다. "꽃들은 특정한 종류의 곤충을 유인하도록 설계된 색깔과 구조를 진화시켰으며 그런 곤충들은 꽃을 배타적으로 수분시킨다." 이렇게 베이컨은 르네상스 시대에 팽배했던 기술(記述, description)과 분류에 관한 전통적인 방식을 넘어서는 추론 방법을 제시했지만, 현대 과학의 핵심을 형성하는 개념 형성의 방법, 경합 가설 그리고 이론에 대해서는 별다른 예견을 하지 못했다.

베이컨이 더 깊이 천착한 문제들은 심리학, 특히 창조성의 본질에 관한 것이었다. 비록 그는 심리학이라는 용어를 사용하지는 않았지만(이 단어는 1653년에야 처음으로 사용되었다.), 과학적 연구와 다른 학문 활동에서 심리학이 얼마나 중요한지를 깊이 이해하고 있었다. 그는 발견의 정신 과정에 대해 매우 깊은 직관을 가지고 있었다. 또한 그 과정들을 최고로 체계화시키고 가장 설득력 있게 전달하는 수단들을 이해하고 있었다. 그는 "인간의 이해는 건조한 빛이 아니다. 오히려 의지와 감정이 주입되어야만 '과학이라 부를 만한' 과학으로 발전한다. 그는 감정의 프리즘을 갖다 댄다고 실제 세계에 대한 지각이 왜곡된다고 말하지 않았다. 그래도 실재는 직접적으로 포착되고 있는 그대로 기록된다. 그러나 실재는 발견되었을 때와 거의 똑같은 생생함과 감정의 표현을 지닌 방식으로 가장 잘 전달된다. 자연과 그 비밀은 시나 우화와 마찬가지로 상상의 자극을 받는다. 결국 베이컨은 우리에게 금언, 삽화, 이야기, 우화, 은유 등을 사용하라고 충고한다. 그것들은 발견자가 독자들에게 진리를 그림처럼 분명하게 전달하는 수단인 것이다. 그에 따르면 인간의 마음은 "밀랍으로 만든 서판과 같지는 않다. 시편의 경우 옛 것을 문질러 지우시 않고는 새로운 것을 쓸 수가 없지만, 마음의 경우 새로운 것에 쓰지 않고는 옛 것을 지울 수 없기 때문이다."

그는 정신 과정을 정확히 밝힘으로써 학문의 모든 가지들을 가로지르는 추론 방식을 개혁하고자 했다. 그가 말했던 마음의 우상들을 떠올려 보라. 그는 이것을 통해 훈련받지 않은 사상가들이 빠지기 쉬운 오류를 지적했다. 그 우상들은 실제로 인간 본성을 왜곡하는 프리즘이다. 그것들 중에 종족의 우상은 무질서한 혼돈 상태보다는 좀 더 질서가 잡혀 있는 상태를 나타낸다. 한편 동굴의 우상은 한 개인의 믿음과 열정이 갖는 특이한 성질을, 시장의 우상은 존재하지 않는다는 것에 대한 믿음을 유도하는 말의 힘을, 극장의 우상은 철학적 믿음과 잘못된 증거를 의심 없이 수용하는 것을 상징한다. 그는 이런 우상들로부터 멀찍이 떨어져서 각자의 주위에 있는 세계를 있는 그대로 관찰하고 각자가 경험한 실재를 전달하는 최선의 방법을 혼신을 다해 모색하라고 역설했다.

나는 베이컨이 철저한 근대인인가에 대해서는 그렇게 높은 점수를 주고 싶지는 않다. 사실 그는 전혀 그렇지 않았다. 그의 친구이자 혈액 순환을 발견했던 의사이면서 진짜 과학자였던 윌리엄 하비 (William Harvey)는 베이컨이 마치 대법관처럼 철학을 했다고 차갑게 말했다. 베이컨의 글들은 훌륭한 대리석 비문처럼 화려하게 시작한다. 하지만 그가 염두에 두었던 지식의 통일은 현대의 통섭 개념과는 동떨어져 있다. 즉 분과들을 가로지르는 인과 관계의 체계적이고 계획적인 연결과는 다르다. 대신에 그는 학문의 모든 가지들에 가장 잘 봉사할 수 있는 귀납적 탐구라는 공통 수단에 초점을 맞추었다. 베이컨은 획득된 지식을 가장 잘 전달하는 방법을 모색했으며 결국에는 과학을 발전시키고 표현하는 최선의 방법으로서 인문학(예술과 문학을 포함하는)을 철저히 사용해야 한다고 주장했다. 또한 과학은 넓은 의미에서 시(詩) 혹은 시의 과학이어야 한다고 정의했다. 적어도 이 대목에서는 근대적인 목소리가 들린다.

베이컨은 질서 정연하게 통합된 학문을 인간 조건 향상의 핵심적인 요소라고 생각했다. 그의 펜으로 이룬 저작물들은 자주 인용되는 에세이와 격언에서부터 『학문의 진보』(1605년), 『신기관(Novum Organum, The New Logic)』(1620년), 『새로운 아틀란티스(New Atlantis)』(1627년)에 이르기까지 매우 흥미로운 읽을거리들이다. 이중 『새로운 아틀란티스』는 과학에 기반을 둔 유토피아 사회에 대한 이야기이다. 철학적이고 소설적인 그의 저서 대부분은 지식의 통합이라는 개요를 충족시키도록 구성되어 있다. 여기서 그는 지식의 통합을 인스타우라티오 마그나(*Instauratio Magna*)라고 불렀는데 말 그대로 '위대한 부흥' 또는 '새로운 시작'이다.

그의 철학은 영향력 있는 소수의 대중들을 일깨웠다. 그것은 10년 후에 눈부시게 꽃필 과학 혁명을 준비하는 데 도움을 주었다. 오늘날까지 그의 비전은 과학 기술자의 마음속에 기본 윤리로 남아 있다. 그는 위대한 학자에게게만 겸손함과 때 묻지 않은 오만함이 감동적으로 공존한다는 사실을 입증해 준 훌륭한 인물이었다. 하지만 당시 상황에서는 어쩔 수 없이 혼자일 수밖에 없었다. 『신기관』의 제목 밑에는 출판사가 적은 다음과 같은 글귀가 있다.

버룰램의 프랜시스(FRANCIS OF VERULAM)
여기서 그는 현재와 미래 세대들을 위하고자 한다면 자신의 사상에
친숙해져야 한다고 역설했다.

우리 가슴속에 살아 있는 모든 역사는 신화적 서사의 원형으로 채워져 있다. 내 생각에는 그 때문에 베이컨이 호소력을 지니는 것이고 그의 명성이 지속되는 것 같다. 계몽 운동이라는 그림에서 베이컨은 모험의 고지자(告知者) 역할을 했다. 그는 신세계가 기다리고 있다고 선언했다. 이제 미지의 영역을 향하여 멀고도 험한 행진을 시작해 보자. 대수기하학의 창시자이자 근대 철학자이며 전 시대를 통틀어 가장 위대한 프랑스 학자인 르네 데카르트(René Descartes)는 서사의 선

도자이다. 이전의 베이컨처럼 데카르트는 학자들에게 과학하기를 요구했다. 그의 바로 뒤에는 젊은 아이작 뉴턴(Isaac Newton)이 있다. 데카르트는 명확한 연역을 통해 각 현상의 핵심적인 골격만 남기는 과학적 방법을 보여 주었다. 그는 세계는 3차원이므로 우리가 지각한 것을 세 좌표계의 틀에 맞추라고 했다. 이것이 오늘날 데카르트 좌표계(Cartesian coordinate)라고 불리는 것이다. 세 좌표계를 이용하면 어떤 대상이든 길이, 너비, 높이를 정확히 명시할 수 있다. 이로써 수학적 조작을 통해 본질을 탐구할 수 있게 되었다. 그는 기초 형식에서 대수 기호를 재공식화함으로써 이 방법을 완성했다. 따라서 이것은 복잡한 기하 문제를 풀거나, 나아가서 가시적인 3차원 영역을 넘어서는 수학 영역을 탐구하는 데에도 사용할 수 있다.

데카르트의 가장 소중한 비전은 지식이 궁극적으로 수학으로 추상화될 수 있는 상호 연계된 진리 체계라는 것이었다. 그에 따르면 이러한 비전은 1619년 11월의 어느 날 밤에 일련의 꿈을 통해 다가왔다. 기호들(뇌성, 책, 악령, 달콤한 메론)의 돌풍 속에서 그는 우주가 합리적이며 인과율로 연결된 통일성을 지니고 있음을 깨달았다. 그는 이런 개념을 물리학에서 의학까지, 즉 생물학까지, 심지어는 도덕적 추론에까지 적용할 수 있다고 믿었다. 이런 측면에서 그는 18세기 계몽사상에 깊은 영향을 미친, 학문의 통일성에 관한 믿음에 토대를 놓았다.

데카르트는 학문의 제1원리로 방법론적 회의를 주장했다. 모든 지식은 그의 앞에 노출되어 강력한 논리적 틀을 갖춘 시험을 통과해야 했다. 그는 부정할 수 없는 유일한 전제만을 허락했다. 그것이 바로 "나는 생각한다, 그러므로 존재한다.(Cogito ergo sum)"라는 널리 알려진 경구이다. 데카르트적 회의의 체계는 근대 과학에서 여전히 살아

남아 있다. 이것은 가능한 모든 가정을 체계적으로 제거하여 이성적 사고의 논리적 바탕이 되고 엄격한 실험을 고안할 수 있는 하나의 공리 집합만을 남기는 것이다.

그렇지만 데카르트는 근본적으로 형이상학을 용인했다. 평생 동안 가톨릭 신자였던 그는 신이 절대적으로 완벽한 존재라고 믿었으며, 자신이 마음속에서 그러한 존재에 대해 사고할 수 있다는 사실에서 신의 존재를 증명할 수 있다고 보았다. 그리하여 그는 정신과 물질의 완전한 분리를 주장했다. 이러한 전략은 정신의 문제를 비껴가면서 순수한 기제로서의 물질의 문제에 집중할 수 있도록 했다. 1637~1649년에 발표된 논문들에서 데카르트는 개별적으로 분석될 수 있는 물리적 부분들의 집합으로서의 세계에 관한 연구, 즉 환원주의를 소개했다. 환원주의와 해석적 수학 모형화는 근대 과학의 가장 강력한 지적 도구가 되었다.(1642년은 사상사에서 주목할 만한 해였다. 그해에 데카르트는『성찰(*Meditationes De Prima Philosophia*)』과『철학의 원리(*Principia Philosophiae*)』를 잇따라 출간했으며 갈릴레오가 사망하고 뉴턴이 태어났다.)

계몽사상의 역사 속에서 갈릴레오와 더불어 뉴턴은 베이컨의 요구에 응한 가장 영향력 있는 영웅으로 통한다. 탁월한 재능을 갖고 있었던 그는 끊임없이 한계를 넘어서려 했으며 고트프리트 라이프니츠(Gottfried Leibniz) 이전에 미적분을 발명했다.(하지만 현대 미적분학에서는 더 명확한 라이프니츠의 기호들을 사용하고 있다.) 미적분은 해석기하와 더불어 물리학의 중요한 두 가지 수학 기법이다. 이후에는 화학, 생물학, 경제학에서도 사용되었다. 독창적인 실험가이기도 했던 뉴턴은 과학의 일반 법칙들이 물리 과정의 조작을 통해 발견될 수 있다는 사실을 알아낸 최소의 인물이었다. 그는 프리즘을 연구하다가 빛의 굴절과 색의 관계를 증명했고 이것을 통해 백색광이 여러 색의 빛이 합성된 것이라는 빛의 본질과 무지개 생성의 비밀을 밝혀냈다. 이것도 다른 위대한 과학 실험들처럼 단순해서 누구라도 금방 따라할 수 있다. 프리즘을 통해 태양 광선이 굴절되면 서로 다른 파장이 무지개색 가시광선 스펙트럼으로 나뉜다. 색 있는 빛들을 다시 반대로 굴절시켜 태양 광선 같은 백색광을 생성할 수도 있다. 뉴턴은 자신의 발견을 응용하여 최초의 반사 망원경을 제작했다. 이 망원경은 한 세기 후에 영국 천문학자 윌리엄 허셜(William Herschel)에 의해 완성되었다.

뉴턴은 1684년에는 중력에 관한 질량·거리의 법칙을, 1687년에는 세 가지 운동 법칙을 정식화했다. 이 수학적 정식화들을 통해 그는 근대 과학 최초의 위대한 도약을 성취했다. 그는 코페르니쿠스가 정립하고 케플러가 타원임을 입증한 행성 궤도가 그의 역학 법칙들로부터 유도될 수 있음을 보여 주었다. 그의 법칙들은 정확했으며 태양계에서 모래알까지 모든 무생물에 똑같이 적용할 수 있었다. 물론 20년 전에 그의 법칙을 이끌어 냈다고 여겨지는 떨어지는 사과에도 적용된다.(실제로 뉴턴의 사과 이야기는 사실이 아닐 수도 있다.) 그에 따르면 우주는 질서 정연할 뿐 아니라 이해할 수 있는 것이다. 신의 웅대한 설계 가운데 적어도 일부분은 종이 위에 몇 줄로 적을 수 있다. 그의 성공으로 인해 과학 행위에 있어서 데카르트적 환원주의는 신전에 모셔지게 되었다.

뉴턴은 마술과 혼돈이 지배하던 곳에 질서를 확립했다. 따라서 계몽사상에 미친 그의 영향은 막대하다. 알렉산더 포프(Alexander Pope, 1688~1744년. 영국의 시인.—옮긴이)는 다음과 같은 유명한 시로 그를 칭송했다.

자연과 자연법칙은 어둠에 싸여 있었다.

신이 가라사대 "뉴턴이 있어라!" 그러자 모든 것이 밝아졌다.

아직은 모든 게 다 밝혀진 것은 아니었다. 그러나 중력 법칙과 운동 법칙은 강력한 출발점이 되었다. 그 법칙들은 계몽 운동 학자들을 생각하도록 만들었다. 뉴턴의 해법을 인간 만사에 적용하면 어떨까? 이러한 착상은 계몽 운동의 대들보 중 하나로 성장했다. 1835년이 되자 아돌프 케틀레는 훗날 사회학이라 불리게 되는 "사회물리학"을 학문의 토대로 제안했다. 동시대인인 오귀스트 콩트는 진정한 사회 과학이 반드시 필요하다고 믿었다. 그는 콩도르세를 이어받아 다음과 같이 말했다. "사람들은 화학과 생물학에 관해 자기 멋대로 생각할 수 없다. 그렇다면 정치철학에 관하여 자기 멋대로 생각해도 될 이유는 무엇인가?" 사람도 결국 아주 복잡한 기계일 뿐이다. 그들의 행위와 사회 제도가 아직은 정의되지 않은 그 어떤 자연법칙을 따르지 않을 이유가 무엇인가?

이후 300년 동안 끊이지 않은 성공을 보여 준 환원주의가 오늘날에는 물질세계에 관한 지식을 구축해 온 최선의 방식으로 보일지도 모른다. 그러나 과학의 여명기에는 그렇지 않았다. 중국 학자들은 이것을 성취하지 못했다. 모든 그리스 지식을 진입로의 위치에서 흡수했던 아랍 인들만큼 중국인들은 과학적 정보를 빠르게 획득했다. 서양과 떨어져 있기는 했지만 서양 과학자들과 동등한 지적 능력을 소유하고 있었다. 1세기에서 13세기까지 중국은 유럽을 큰 폭으로 앞질렀다. 중국 과학사의 대가인 조셉 니덤(Joseph Needham)에 따르면 중국인들의 관심은 세계의 전일론적인 속성과 별에서 산 그리고 꽃과 노래에 이르는 존재자들의 조화롭고 위계적인 관계에 머물러 있었다. 이러한 세계관에서 자연의 존재자들은 분리될 수 없으며 끊임없이 변화한다. 계몽사상가들이 받아들이듯 불연속적이고 고정적인 것이 아니었다. 결과적으로 중국인들은 17세기 유럽 과학이 획득한 추상화와 분석적 연구의 출발점에 도달하지 못했다.

중국에서는 왜 데카르트나 뉴턴과 같은 사람이 등장하지 않았을까? 그 이유는 역사적이고 종교적인 것들이었다. 중국인들에게는 추상적으로 체계화된 법칙에 대한 혐오감이 있었다. 이것은 진(秦) 왕조(기원전 221~206년) 시기에 봉건제가 군현 제도로 전환될 당시, 엄격한 통치 법률을 제정한 법가(法家) 사상가들이 중국 지식인들에게 안겨 준 비참한 경험에서 비롯된 것이다. 당시의 엄격한 법치주의는 사람들이 근본적으로 반사회적이어서 개인의 욕망보다 국가의 안위를 우선시하는 법률의 지배를 받아야 한다는 믿음에 바탕을 둔 것이었다. 그보다 더 중요할지도 모르는 사실은 중국 학자들이 세상 만물을 창조한 인격적인 신에 대한 생각을 포기했다는 것이다. 그들의 우주에서 자연을 창조한 이성적 존재는 없었다. 결과적으로 그들이 꼼꼼하게 기술한 대상들은 보편 원리를 따르지 않으며, 우주적 질서 내의 존재자들이 따르는 특별한 규정 안에서 움직인다. 말하자면 신의 마음속에 있는 생각, 즉 일반 법칙이라는 개념이 꼭 필요하지 않았기 때문에 그것들을 탐색하려는 시도 또한 거의 없었다.

서양 과학이 앞서 나갔던 이유는 환원주의와 물리 법칙을 통해 우리의 감각을 넘어서는 시공간에 대한 이해를 얻고자 했기 때문이다. 하지만 한편으로 그런 발전은 우주의 실체에 대한 우리의 이해를 더욱 낯선 것으로 만들었다. 20세기 과학의 부적이라 할 수 있는 상대성 이론과 양자역학은 인간의 마음에는 궁극적으로 낯선 것이다. 알베르트 아인슈타인과 막스 플랑크(Max Planck)를 비롯한 이론물리학의 선구자들이 창안한 상대성 이론과 양자역학은 인류뿐 아니라 외계인들도 알 수 있는 진리이다. 즉 이 이론들은 인간의 마음에만 국한되지 않는, 정량(定量) 가능한 진리를 탐색하는 과정에서 확립되었다. 물리학자들은 훌륭한 성공을 거두었다. 그러나 그럼으로써 그들은 수학의 도움을 받지 않는 직관이 가지는 한계를 드러내 주었다. 그들은 매우 힘들게 자연에 대한 지식을 얻었다. 이론물리학과 분자생물학은 원래 인간에게 잘 맞는 것이 아니었다. 과학적 발전의 대가로 인간은 실재가 인간의 마음으로 쉽게 잡을 수 없는 점을 겸허하게 인정해야 했다. 이것은 과학적 이해의 주요 교의이다. 인간이라는 종과 인간의 사고방식은 진화의 목적이 아니라 진화의 산물이다.

이제 우리는 서사적 그림의 마지막 원형을 통과하려 한다. 가장 심원한 부분을 지키는 자들 말이다. 더욱 급진적인 계몽사상 저술가들은 과학적 유물론의 함의를 진지하게 받아들이면서 신 자체를 다시 평가하려는 움직임을 보였다. 그들은 자신이 만든 자연법칙을 따르는 창조자를 고안했다. 이러한 믿음은 이신론(理神論, deism)으로 알려져 있다. 그들은 전능하고 인격적으로 인간에게 관심을 보이며 신성을 지닌 유대·기독교 유신론에 이의를 제기했으며, 천국과 지옥이라는 비물질적인 세계를 거부했다. 한편 극소수이기는 하지만 완전히 무신론으로 나아간 이들도 있었다. 무신론은 우주에 의미가 없다고 주장했고 독실한 신자들의 격분을 감내해야 했다. 따라서 계몽사상가들은 대체로 중간적인 입장을 취했다. 즉 창조주는 존재하지만 그 신은 손수 만든 존재자와 과정 등을 통해서만 자신을 드러낼 뿐이라는 것.

현재까지 희박한 형태로 남아 있는 이신론적 믿음은 과학자들에게 신에 대한 탐구를 허락했다. 더 정확히 말하면 몇몇 사람들로 하여금 직업적 사색을 통해 신에 관한 부분적인 밑그림을 그리도록 자극했다. 신은 다른 단계에 속하는 물질이지만 인격적인 존재는 아니다. 아마도 그는 블랙홀에서 펑 하고 열리는 또 다른 우주의 관리자로서 물리 법칙과 매개 변수들을 조정하여 결과를 관찰하려 할지도 모른다. 우리는 우주의 최초 순간을 나타내는 우주 배경 복사에서 그의 희미한 흔적을 보고 있는지도 모른다. 아니면 수십억 년 후 진화의 오메가 포인트, 즉 인류와 외계 생명 형태가 수렴하여 완전한 통일성과 완전한 지식을 이루는 마지막 시점에 가서야 그에게 도달할 수 있도록 운명지어져 있을지도 모른다. 나는 그러한 도식에 관하여 많이 읽어 보았다. 그것들은 과학자들이 고안한 것이기는 하지만 실망스러울 정도로 계몽사상과 동떨어져 있었다. 우리 우주의 바깥에 존재하는 창조주가 우리 우주의 종말이 오면 어떻게든 자신의 정체를 드러낼 것이라는 이야기는 그동안 줄곧 신학자들이 이야기해 오던 상투적인 이야기였다.

과학자나 철학자 가운데 과학적 신학을 흥미 이상으로 진지하게 받아들이는 사람은 거의 없다. 물론 종교 사상가들도 마찬가지이다. 그보다는 흥미롭고 일관된 접근이 이론물리학 영역에서 이루어지고 있다. 이론물리학자들은 다음과 같은 문제의 해답을 찾고 있다. 불연속적 물질 입자로 된 우주가 특정한 자연법칙들과 매개 변수들의 집합으로 이루어진 것일까? 다시 말해, 우리는 인간이 생각해 낼 수 있는 다른 법칙들과 수치들로 이루어진 다른 우주의 존재를 상상할 수 있다. 창조 행위는 단지 우리가 상상할 수 있는 우주들의 부분 집합에 지나지 않을 것이다. 이에 관해 아인슈타인은 그의 조수 에른스트 슈트라우스(Ernst Straus)에게 다음과 같은 신이신론(neo-deisim)적인 견해를 제시했다고 한다. "세계 창조에서 신에게 선택의 여지가 있었느냐 하는 것이 정말로 나의 관심을 끈다." 이러한 추론은 약간은 신비주의적으로 확장되어 "인류 원리(anthropic principle)"로 공식화되었다. 그것은 우리 우주의 자연법칙들은 피조물들이 결국 자연법칙에 관한 질문을 던질 수 있도록 특정한 방식으로 만들어졌어야 한다는 것이다. 그렇다면 누가 그런 방식을 결정한 것일까?

계몽사상의 이신론과 신학 사이의 논쟁은 다음과 같이 요약할 수 있다. 전통적인 기독교의 유신론은 지식의 두 원천이 될 수 있는 이성과 계시 모두에 뿌리를 둔다. 이런 관점에서 본다면 이 둘은 서로 상충되지 않는다. 서로 대립하는 경우에는 갈릴레오에게 정통 신앙과 고문 가운데 하나를 선택하도록 했던 로마 종교 재판처럼 계시가 더 높은 역할을 담당하기 때문에 둘의 관계는 큰 문제가 되지 않는다. 이와는 반대로 이신론은 이성을 맨 끝에 놓고 유신론자들에게 그것을 사용해 계시를 정당화해 보라고 요구한다.

계몽사상의 도전에 직면한 18세기의 전통적인 신학자들은 한치도 양보하려 하지 않았다. 그들은 기독교 신앙의 가치를 합리성의 시험대 위에 올려 놓을 수 없다고 되받아쳤다. 인간의 이해 범위를 넘어서는 심오한 진리가 존재하며 신은 언제든 원하기만 하면 자신이 택한 수단을 통해 그 진리를 계시할 것이다.

일상생활에서 종교가 중심에 있었기 때문에 이성에 대항하는 유신론자들의 입장은 어쨌든 그럴듯해 보였다. 18세기의 신자들은 이성과 계시 둘 다에 따라 행동하는 것에 아무런 어려움을 느끼지 않았다. 새로운 형이상학을 채택해야만 할 결정적인 이유가 없었기 때문에 신학자들이 논쟁에서 이길 수 있었던 것이다. 그것뿐이었지만 계몽사상은 눈에 띄게 비틀거렸다.

이신론의 결정적 단점은 이성적인 측면이 아니라 감성적인 측면에 있었다. 순수 이성은 냉혹하기 때문에 호소력을 갖지 못한다. 신성한 비밀을 벗어 버린 의례에는 아무런 감성적인 힘이 없다. 왜냐하면 의례 참석자들이 자신의 충성 본능을 충족시키기 위해서는 더 높은 힘에 복종할 필요가 있기 때문이다. 특히 위험과 비극의 시기에는 비이성적인 의례가 더욱 강한 힘을 가지기 마련이다. 자비롭고 무오류적인 존재에 대한 복종, 즉 구원을 위한 봉헌을 대신할 것은 없다. 또한 내세에 대한 공식적 인정, 즉 초월을 향한 믿음의 도약을 대신할 것은 없다. 따라서 대부분의 사람들은 신의 존재를 증명하기 위한 과학은 매우 좋아하지만 과학으로 신의 능력을 재려 하지는 않는다.

이신론과 과학은 윤리학을 포괄하는 데에도 실패했다. 도덕 논증의 객관적 토대를 구축한다는 계몽사상의 약속은 성취될 수 없었다. 윤리적 전제를 세울 불변하는 비종교적 영역이 존재한다 하더라도 계몽 운동 당시의 인간 지성은 그것을 도출해 낼 만큼 강력하거나 확고하지 못했던 것 같다. 따라서 신학자들과 철학자들은 종교적 권위에 경의를 표하거나 주관적으로 받아들인 자연법을 정교하게 다듬으면서 본래 입장을 고수했다. 그들에게 다른 논리적 대안은 열려 있지 않았다. 종교적으로 신성화된 1,000년 묵은 규율들은 여전히 그럭저럭 작동하는 듯이 보였으며, 어떻게도 이 모든 것을 풀어낼 시간은 없었다. 천구에 대한 생각은 무한정 유보할 수 있어도 생사와 관련된 일상의 문제에 대해서는 그렇게 할 수 없는 법이다.

계몽사상 프로그램에 대한 더 순수한 합리주의적 반론이 남아 있었고 지금도 남아 있다. 논의 전개를 위해 계몽사상 지지자들의 엄청난 주장이 사실로 밝혀졌다고 해 보자. 그래서 과학자들이 미래를 내다보고 인류에게 어떤 행위가 최선인지를 알아보는 것이 가능하다고 치자. 그렇다면 결국 그것이 우리를 논리와 미리 알아 버린 운명의 감옥에 가두지 않겠는가? 일찍이 그리스 인문주의가 그랬던 것처럼 계몽사상의 취지는 프로메테우스적인 것이었다. 계몽사상이 만들어 낸 지식은 인류를 미개한 세계에서 한 단계 위로 끌어올려 해방시키기 위한 것이었다. 그러나 정반대의 일이 일어날 수도 있다. 과학적 탐구가 불변의 자연법칙을 규정하면서 신에 대한 개념을 축소한다면, 인류는 그나마 지니고 있던 자유를 잃을 수 있다. 오직 하나의 '완벽한' 사회 질서가 존재하며 과학자들이 그것을 찾아낼지도 모른다. 더나쁘게는 그것을 찾아냈다고 거짓 주장을 할지도 모른다. 문명의 하드리아누스 방벽(로마의 하드리아누스 황제(재위 117~138년)가 픽트 족을 몰아내고 국경을 확실히 하기 위하여 쌓은 고대의 방벽. 영국 잉글랜드 북부의 동해안에서 서해안까지 걸쳐 있으며, 약 120킬로미터에 달한다.—옮긴이)인 종교적 권위에 틈이 벌어지면서 미개한 전체주의 이념이 쏟아져 들어올 것이다. 그러한 점이 비종교적인 계몽사상의 어두운 측면이다. 이것은 프랑스 대혁명을 통해 드러났으며 최근에는 '과학적' 사회주의와 인종주의적 파시즘으로 표출되기도 했다.

또 다른 염려가 있다. 과학의 지도를 받는 사회는 신 또는 수십억 년의 진화가 만들어 놓은 세계의 자연 질서가 전복되는 위험을 감내해야 한다. 너무 많은 권위가 주어진 과학은 스스로를 파괴하는 불경스러운 힘으로 돌변할 우려가 있다. 신의 개입이 없는 과학과 기술의 창조는 사실 엄청나게 강력하며 근대 문명의 이미지를 지배하고 있다. 프랑켄슈타인의 괴물과 할리우드의 터미네이터(마이크로칩으로 조종되는 금속제 프랑켄슈타인의 괴물)는 자신들의 창조자와 감히 과학이 지배하는 새로운 시대를 예선했던 실험실의 순진한 천재들에게 파멸을 가져온다. 국가들은 세계를 파괴할 기술로 서로를 협박한다. 윈스턴 처칠(Winston Churchill)은 자신의 조국이 레이더의 도움으로 구원받을 수 있었음에도 불구하고, 일본에 원자 폭탄이 투하된 이후에 "번득이는 과학의 날개를 타고" 석기 시대가 돌아올지도 모른다며 염려한 바 있다.

오래전부터 과학을 프로메테우스적인 것이 아니라 파우스트적인 것으로 받아들이고 두려워한 사람들은 계몽사상의 프로그램을 정신의 자유와 생명 자체에 대한 심각한 위협으로 보았다. 그러한 위협에 대한 해답은 무엇인가? 경멸하는 것이다! 자연인으로 돌아가서 개인적 상상력의 탁월함과 불멸에 대한 자신감을 다시 주장하는 것이다. 예술을 통하여 더욱 고차원적인 영역으로 탈출하여 낭만주의 혁명을 진행시키는 것이다. 1807년에 윌리엄 워즈워스(William Wordsworth)는 이성의 범위를 넘어서는 근원적이고 평화스러운 분위기를 환기시켰다. 그의 시는 훗날 유럽 전역으로 퍼져 나갔다.

> 우리 영혼은 불멸의 바다 풍경을 품고 있다.
> 우리를 이리로 이끌었고
> 한순간에 저리로 떠나보낼 수 있는.
> 해변에서 뛰노는 아이들을 바라보며
> 강대한 파도가 굽이치는 소리를 들어라.

워즈워스의 "말로 할 수 없는 힘의 호흡"을 통해서 눈은 감기고 마음은 높이 치솟으며 중력에 대한 거리의 역제곱 법칙은 날아가 버린다. 정신은 무게와 측정 단위가 미치지 않는 또 다른 실재로 들어가 버린다. 물질과 에너지에 속박된 우주를 부정할 수는 없을지 모르지만 적어도 당당히 경멸하며 무시할 수는 있을 것이다. 19세기 초반 50년 동안에 워즈워스를 포함한 영국의 낭만주의 시인들이 대단히 아름다운 작품들을 창조했다는 데에는 의심의 여지가 없다. 그들은 다른 입으로 진리를 말했고 예술이 과학에서 멀어지도록 했다.

　철학에 꽂힌 낭만주의는 반란, 자발성, 열정, 영웅적 비전 등을 높이 평가했다. 낭만주의를 실천하는 사람들은 가슴으로만 느끼는 열망을 추구하며 인간이 무한한 자연의 일부이기를 꿈꾸었다. 계몽사상가 목록에 종종 등장하는 장자크 루소는 실제로는 낭만주의 철학 사조의 창시자이자 극단적인 공상가였다. 그에게 있어서 학습과 사회 질서는 인류의 적이었다. 1749년(『과학과 예술에 대한 논의(*Discourse on the Sciences and the Arts*)』)에서 1762년(『에밀(*Émile*)』)까지의 작품에서 그는 "잠자는 이성"을 크게 칭찬했다. 그가 생각하는 유토피아는 사람들이 책을 포함한 지적 도구를 버리고 감각과 건강을 즐기는 최소주의적 세계였다. 루소는 인류가 본래 평화로운 자연 상태의 고귀한 야성을 지녔는데 문명과 학문이 이들을 타락시켰다고 주장했다. 종교, 결혼, 법률, 정부는 이기적 목적을 달성하려는 권력자들의 속임수이다. 이러한 상류 계급의 속임수를 위해 일반인이 지급하는 대가는 해악과 불행일 뿐이다.

　루소가 매우 부정확한 인류학을 고안한 반면, 괴테, 게오르크 헤겔(Georg Hegel), 요한 헤르더(Johan Herder), 프리드리히 셸링(Friedrich Schelling)이 이끄는 독일 낭만주의는 과학과 철학에 형이상학을 재도입했다. 그 성과물인 '자연철학(Naturphilosophie)'은 감성과 신비주의 그리고 준과학적 가설의 혼합물이었다. 그들 가운데 가장 걸출했던 요한 볼프강 폰 괴테(Johann Wolfgang von Goethe)는 무엇보다도 위대한 과학자가 되고 싶어 했다. 그는 문학에서 불멸의 공헌을 세웠지만, 본인은 과학자가 되고자 하는 야망을 문학가의 그것보다 위에 두었다. 그는 과학을 아이디어와 구체적 실재에 대한 접근으로 보았고 그것을 진정으로 존중했다. 그는 과학의 기본 교의를 이해하고 있었다. 예컨대 숨을 들이쉬고 내쉬는 것처럼 분석과 종합이 자연스럽게 번갈아 일어나야 한다고 말했다. 한편 그는 뉴턴 과학의 수학적 추상화에 대해서는 비판적이었다. 그리고 물리학이 우주를 설명한다면서 너무 멀리 나아가 버렸다고 불평했으며 실험 과학이 채용하는 "기술적 조작"을 경멸했다. 사실 그는 뉴턴의 광학 실험을 반복하려 했으나 결과는 좋지 않았다.

괴테는 쉽게 용서할 수 있다. 어쨌든 그에게는 인류의 영혼과 과학의 엔진을 결합하려는 숭고한 목적이 있었기 때문이다. 그에게 "위대한 시인이자 서투른 과학자"라는 역사의 평결이 내려질 것을 그가 미리 알았더라면 무척 가슴 아파했을 것이다. 그는 오늘날 과학적 직관이라 부르는 것이 부족했기 때문에 종합을 이루는 데 실패했다. 필수적인 기술적 기법에 관해서는 말할 것도 없다. 그는 계산 능력이 부족했으며 참새와 종달새를 구분하지 못한다는 말이 나올 정도로 관찰력이 형편없었다. 그렇지만 그는 심원한 정신적 감각으로 자연을 사랑했으며 누구나 자연에 대한 친근감과 심오한 감정을 양성해야 한다고 단언했다. "자연은 환상(illusion)을 사랑한다. 자연은 사람들을 안개로 감싸고 빛을 향해 밀고 간다. 자연의 환상과 함께하지 않는 자에게 자연은 폭군과 같은 엄벌을 내린다. 그 환상을 받아들이는 자를 마음으로 감싼다. 자연을 사랑하는 것만이 자연에게 접근하는 유일한 방법이다." 천국에 있는 철학자들의 세계에서 베이컨과 괴테가 만난다면 베이컨은 괴테에게 마음의 우상들에 관해 장광

설을 늘어놓지 않을까? 아마 뉴턴은 단번에 인내심을 잃었을 것이다.

독일 낭만주의의 선도적 철학자였던 프리드리히 셸링은 과학적 프로메테우스의 무력함을 시가 아닌 추론으로 보여 주려 했다. 그는 인간의 이해력을 넘어서는 모든 것의 우주적 통일성을 제안했다. 사실들 자체는 부분적인 진리에 지나지 않는다. 우리가 지각하는 것은 우주적 흐름의 작은 부분에 지나지 않는 것이다. 셸링은 자연이 살아 있다고 결론지었다. 그에 따르면 자연은 완벽한 자기실현의 궁극적 상태를 향한 느낌과 더 큰 이해를 통해 진보하며 탐구자와 알려진 것을 통합하는 창조 정신이다.

독일의 철학적 낭만주의는 미국의 뉴잉글랜드 초월주의(New England transcendentalism)에 반영되었다. 가장 잘 알려진 뉴잉글랜드 초월주의의 제안자는 랠프 월도 에머슨(Ralph Waldo Emerson)과 헨리 데이비드 소로 (Henry David Thoreau)이다. 초월주의자들은 급진적인 개인주의자들로서 잭슨 시대(미국의 제7대 대통령인 앤드류 잭슨(Andrew Jackson)은 서민과 서부인들을 위한 강력한 정책을 폈다. 사람들은 이 시기를 '잭슨 시대'라고 불렀으며, 그가 정치적으로 확립한 새로운 민주주의의 개념은 '잭슨 민주주의'라는 이름으로 미국의 지배적인 이념이 되어 훗날까지 영향을 미쳤다.—옮긴이)에 미국 사회를 압도했던 과도한 상업주의를 거부했다. 그들은 순전히 개인적인 기풍 속에 만들어지는 정신적 우주를 상상했다. 그렇지만 그들은 유럽 낭만주의보다는 과학을 잘 받아들였다. 이것은 『씨앗 속의 신념(Faith in a Seed)』을 필두로 한 소로의 작품들에 나타난 정확한 자연 관찰을 통해 알 수 있다. 그들 가운데에는 완전히 과학자라 할 수 있는 사람도 포함되어 있었다. 예컨대 하버드 대학교 비교동물학 박물관 관장이자 미국 과학 아카데미의 창립 위원이었던 루이스 애거시즈(Louis Agassiz)는 지질학자이자 동물학자였으며 최고의 재능을 지닌 강사였다. 이 위대한 사람은 우주가 신의 마음속에 있는 비전이라고 생각했다. 셸링과 마찬가지로 형이상학적 탈선을 한 것이다. 루이스 애거시즈의 우주에서 과학의 신성은 신학에서와 마찬가지로 필수적이었다. 인생의 절정기였던 1859년 그는 자연선택을 통한 진화론을 발전시키고 생명의 다양성을 자기 조합(self-assembling)을 통해 바라본 다윈의 『종의 기원(*Origin of Species*)』으로 인해 심각한 도전에 직면하게 되었다. 물론 그는 대서양 연안 도시의 열광적인 군중 앞에서 신이 생명 세계를 무작위 변이와 적자생존으로 창조했을 리가 없다고 강변했다. 생명에 대한 우리의 관점이 우주적 장관에서 연못과 식림지의 자질구레한 것들로 강등되도록 내버려 두어서는 안 된다는 것이었다. 그는 인간의 조건을 그렇게 생각하는 것도 참을 수 없는 일이라고 주장했다.

계몽사상에 대한 강력한 반대에 부딪혀 대부분의 자연과학자들은 인간 정신세계에 관한 탐구를 포기했고 철학자와 시인은 한 세기 동안 더 자유롭게 활동할 수 있었다. 그런데 이러한 양보는 뜻하지 않게 과학 전문가들을 이롭게 만들었다. 이로써 연구자들이 형이상학의 함정에서 벗어날 수 있었기 때문이다. 19세기를 거치면서 물리학과 생물학 지식은 급격히 성장했다. 동시에 사회학, 인류학, 경제학, 정치 이론 등의 사회과학은 기초 과학과 인문학 사이에서 만들어진 영지를 장악하며 새로 등장한 고위 귀족 행세를 하기 시작했다. 지식의 거대한 가지들은 17세기와 18세기에 생성된 통일된 계몽사상의 비전에서부터 나와 자연과학, 사회과학, 인문학으로 갈라져 현재의 모습을 하게 되었다.

신학의 빚을 지기는 했지만 거만하게도 비종교적인 방향으로 흘렀던 계몽사상은 서양 정신에 새로운 자유의 실마리를 제공했다. 모든 형태의 종교적 권력이나 세속 권력을 포함한, 상상할 수 있는 모든 두려움을 뿌리쳤고 자유로운 연구 윤리를 도입했다. 또한 인간을 우주 속에서 끊임없이 모험하는 존재로 그렸다. 두 세기 동안 신이 인간에게 새로운 목소리로 이야기하는 것처럼 보였다. 그 목소리는 일찍이 르네상스 시대에 계몽사상의 선각자로 활동했던 조반니 피코 델라 미란돌라(Giovanni Pico della Mirandola)가 1486년에 썼던 다음 축도문에 잘 드러나 있다.

우리는 천상의 것도 지상의 것도 아니며, 멸하지도 불멸하지도 않도록 창조되었다. 그리하여 선택의 자유를 가지고 훌륭히, 마치 그대 자신의 창조자가 된 것처럼 그대가 원하는 형태로 그대 자신을 만들 수 있으리라.

그러나 1800년대 초반 이러한 멋진 이미지는 퇴색되고 있었다. 이성은 무시되고 지식인들은 과학의 지도력에 대한 신념을 잃었으며 지식의 통합에 대한 전망은 급속히 가라앉았다. 계몽사상의 정신이 정치적 이상주의와 개별 사상가의 희망을 바탕으로 존속된 것은 사실이다. 이어지는 수십 년 동안 손상된 나무 밑동에서 솟아나오는 식물 줄기처럼 제러미 벤담(Jeremy Bentham)과 존 스튜어트 밀(John Stuart Mill)의 공리주의, 카를 마르크스(Karl Marx)와 프리드리히 엥겔스(Friedrich Engels)의 역사적 유물론, 찰스 퍼스(Charles Peirce), 윌리엄 제임스(William James), 존 듀이(John Dewey)의 실용주의 같은 새로운 학파들이 등장했다. 그렇지만 핵심 의제는 만회될 가망 없이 포기된 것으로 보였다. 지난 두 세기 동안 사상가들을 몰두하게 만들었던 거대 담론은 이제 거의 신빙성을 잃었다.

과학은 제 갈 길로 갔다. 과학자, 과학적 발견 그리고 전문 학술지는 15년마다 두 배로 늘었다. 이것은 1700년대 초반부터 계속된 현상으로 1970년 무렵에야 주춤하기 시작했다. 끊임없이 확대되는 과학의 성공은 우주가 질서 정연하고 이해할 수 있다는 견해에 다시 믿음을 실어 주기 시작했다. 계몽사상의 이러한 필수 전제는 베이컨과 데카르트가 최초로 생각해 낸 수학, 물리학, 생물학 분야 안에서 더 굳건히 자라났다. 그렇지만 그 중심 방법인 환원주의의 화려한 성공은 계몽사상 프로그램 전체의 복구와는 정반대로 작용했다. 과학적 정보가 기하학적인 속도로 성장하고 있었기 때문에 대부분의 개별 연구자들은 지식의 통일에 관심이 없었던 것이다. 철학에 관심이 없던 것은 두말할 나위도 없었다. 그들은 그런 문제들에 대해 더욱 깊이 밝힐 것도 없고 그럴 이유도 없다고 생각했다. 특히 그들은 1700년대 후반 생물학에서 사회과학으로 가는 길목으로 여겨진 개념이자 금단의 영역인 마음의 물리적 토대를 밝히는 일에는 더욱 주저했다.

큰 그림에 대한 관심이 부족한 데에는 더 소박한 이유가 있었다. 과학자들이 그 일을 할 만한 지적 에너지를 갖지 못했던 것이다. 대다수의 과학자는 장인(匠人) 수준을 벗어나지 못했다. 오늘날에는 더욱 그러하다. 그들은 전문 분야에만 집중한다. 그들의 교육 과정은 세계의 드넓은 윤곽을 볼 수 있게 해 주는 것이 아니다. 그들은 최첨단 분야에서 가능한 한 빨리 자신만의 발견을 하기에 필요한 훈련을 받는다. 왜냐하면 경계 부분의 연구는 비용도 많이 들고 위태롭기 때문이다. 수백만 달러짜리 실험실에 소속된 생산성 있는 과학자들은 큰 그림에 대해 생각할 시간이 없으며 그것에 이득이 있다고 보지도 않는다. 미국 국립 과학 아카데미에 선발된 2,000명의 과학자들이 자신의 업적에 대한 상징으로 옷깃에 달고 있는 장미 장식에는 과학을 뜻하는 금이 중앙에 있고 그 주위를 자연 철학을 뜻하는 보라색이 둘러싸고 있다. 그런데 어쩌겠나! 대부분의 선도적 과학자들의 시선이 그 금에만 고정되어 있으니.

따라서 유전자가 무엇인지를 모르는 물리학자나 '끈 이론(string theory)'이 바이올린과 연관돼 있다고 추측하는 생물학자가 있다는 사실은 놀라운 일이 아니다. 과학에서 연구비와 영예는 발견에 주어지는 것이지 학식이나 지혜에 주어지는 것이 아니기 때문이다. 항상 그래 왔다. 정치적 노련함을 이용하여 대법관까지 올랐던 프랜시스 베이컨이 영국 국왕에게 지식을 통합하는 계획을 달성하기 위한 자금을 개인적으로 간청한 적이 있었다. 하지만 그는 한 푼도 받지 못했다. 인생의 절정기에 있었던 데카르트도 형식적으로 프랑스 궁정에서 생활비를 받았을 뿐이다. 그러나 그것에는 연구비가 포함되지 않았기 때문에 "바위와 얼음 틈의 곰들의 땅"인 더 관대한 스웨덴 궁정으로 갈수밖에 없었고, 결국 그는 그곳에서 폐렴으로 사망하고 말았다.

이와 동일한 극단적 전문화는 사회과학과 인문학도 괴롭혔다. 전세계의 고등 교육을 담당하는 교수들은 전문가 집단을 형성하고 있다. 그 속에서 독창적인 학자로 남는다는 것은 마치 다국어를 사용하는 다문화권 도시 캘커타에서 특정한 집단의 일원이 된다는 것과 같다. 1797년 제퍼슨이 미국 철학회 의장이 되었을 때, 미국의 모든 직업 과학자들과 그 동료 인문학자들은 '철학 회관' 강의실에 모여 함께 논의할 수 있었다. 대부분은 학문의 전체 세계에 관해 썩 잘 논의할 수 있는 사람들이었다. 물론 학문의 전체 세계라고 하기에는 너무 작은 부분이기는 했지만 말이다. 오늘날 그들의 후배들은 그 수에 있어서 이렇게 박사 학위 소지자 45만 명을 포함해 필라델피아의 인구를 능가한다. 직업 학자들은 대개 그 집단 안에서 전문 지식과 연구 주제를 가지고 경쟁하는 일 외에는 달리 무언가를 할 수조차 없다. 성공적인 학자가 된다는 것은 세포막의 생물물리학, 낭만주의 시대의 시, 초기 미국사 같은 다른 제한된 공식 연구 영역에 종사하며 일생을 보낸다는 것을 뜻한다.

건축을 포함한 예술 분야에서 20세기에 등장한 모더니즘도 전문 지식의 파편화를 드러냈다. 조르주 브라크(George Braque), 파블로 피카소(Pablo Picasso), 이고르 스트라빈스키(Igor Stravinsky), 조지 엘리엇(George Elliot), 제임스 조이스(James Joyce), 마사 그레이엄(Martha Graham), 발터 그로피우스(Walter Gropius), 프랭크 로이드 라이트(Frank Lloyd Wright)를 포함한 그의 동료들, 이른바 거장들의 작품은 너무나 진기하고 종잡을 수가 없어서 일반적으로 분류될 수 없었다. 모더니스트들은 어떤 대가를 치르더라도 새롭고 도발적인 것을 성취하려 했다는 것만 빼놓으면 아무런 공통점도 가지지 않았다. 그들은 전통이 강요하는 굴레를 찾아내어 의식적으로 파괴했다. 많은 이들이 무의식을 탐색하기 위해 표현적 사실주의를 거부했다. 그들에게 영감을 불어 넣어 준 사람은 과학자였을 뿐만 아니라 문장가이기도 했던 지그문트 프로이트(Sigmund Freud)였다. 물론 그 또한 모더니스트들의 대열에 당당히 낄 수 있다. 정신분석은 모더니스트 지식인과 예술가로 하여금 사회적이고 정치적인 문제에서 사적이고 심리적인 문제로 관심을 옮기도록 한 동인이었다. 카를 쇼르스케(Carl Schorske)의 표현을 빌자면 그들은 모든 주제들을 "변화의 무자비한 원심 분리기" 속에 쑤셔 넣고 과거에 대한 20세기의 문화적 독립을 당당하게 선언했다. 그들은 급진적인 기술적·정치적 변화의 세기에 동참하여 전적으로 자신들만의 방식으로 무언가를 만들어 보려 했던 완전한 실험주의자들이었다.

따라서 계몽 사상의 유산을 공유하기는 했지만 인문학의 고삐를 풀어 준 이 낭만주의 시대의 자유 비행은 20세기 중반까지 이어지면서 지식의 통일에 대한 희망의 불씨를 거의 꺼뜨리고 말았다. C. P. 스노가 1959년에 리드(Rede) 강연에서 말했던 두 문화, 즉 인문학과 자연과학은 서로를 향해 입을 굳게 다물게 되었다.

모든 운동은 극단으로 치닫기 마련이다. 오늘 우리는 이 극단의 지점에 서 있다. 낭만주의에서 모더니즘에 이르는 열광적인 자기실현은 철학적 포스트모더니즘(정치·사회학적 표현으로는 종종 포스트구조주의로 불린다.)을 불러왔다. 포스트모더니즘과 계몽주의는 완벽한 상극이다. 왜냐하면 계몽사상가들은 우리가 모든 것을 알 수 있다고 믿지만 급진적인 포스트모더니스트들은 우리가 아무것도 알 수 없다고 믿기 때문이다.

철학적 포스트모더니스트들은 무정부 상태의 해적 깃발 아래에서 우왕좌왕하는 반역자 선원들로서 과학과 철학의 전통적 토대에 도전장을 내밀었다. 그들은 실재가 마음에 의해 구성된 상태이지 마음으로 지각된 것이 아니라고 주장한다. 구성주의의 가장 극단적인 형태에서는 '진짜' 실재는 없다. 즉 정신 작용의 바깥에 존재하는 객관적 진리가 없다는 것인데, 놀랍게도 이것은 사회적 지배 집단이 유포하는 견해이다. 이렇게 되면 윤리학도 확실한 토대를 얻을 수 없게 된다. 각 사회가 동등한 이해관계에 따라 자기 나름의 관례를 만들기 때문이다.

이러한 전제가 옳다면 각각 독특한 방식으로 표현되는 진리와 도덕이 모든 문화에서 동등한 가치를 갖는다는 결론이 도출된다. 즉 정지적 다문화주의가 정당화되고 각 민족 집단과 그 공동체 안에서의 성적 기호가 동등한 타당성을 갖는다. 이것은 관용(tolerance)의 차원을 넘어선다. 특정한 진리, 도덕, 성적 기호는 공공의 지지를 받는 것이자 다음 세대에게 가르쳐져야 할 것으로 간주되기 때문이다. 그러나 그것은 그 도덕, 진리, 성적 기호가 사회적으로 중요하기 때문이 아니다. 단지 존재하기 때문이다. 다시 한 번 말하지만, 앞 문단에서 언급된 구성주의 전제들이 참이라면 이런 결론도 참일 수밖에 없다. 그런데 지지자들은 그 전제들을 참이라고 믿는다. 아니, 참이어야 된다는 식이다. 그들에게는 다른 것을 주장하는 것이 편협한 행위이며 곧 중대한 범죄이다. 포스트모더니즘의 보편 진리 금지령을 무시하고 모든 이들이 받아들이는 공동선을 받아들이는 사람이 있다면 그는 지금 중대한 범죄를 저지르고 있는 셈이다. 웬 루소의 부활인가!

포스트모더니즘은 문학 비평 기법인 해체주의에서 명확히 표현된다. 작가들이 의미하는 바는 각자 고유한 것이고 그 기저에는 모종의 전제들이 있다. 따라서 작가의 진정한 의도뿐만 아니라 객관적 실재와 연관된 그 무엇도 신빙성을 획득할 수 없다. 작가의 텍스트는 비평가의 머릿속에 있는 유아론(唯我論)적 세계에서 유래된 신선한 분석과 논평에 열려 있다. 그러나 비평가 또한 해체주의의 적용을 받고 비평가의 비평가 역시 마찬가지이므로 결국 무한 소급이 일어날 수밖에 없다. 이것이 해체주의의 창시자인 자크 데리다(Jacques Derrida)가 "텍스트 바깥에는 아무것도 없다.(Il n'ya pas de hors-texte.)"라고 말했을 때 의도한 바이다. 이것이 적어도 그와 그의 옹호자와 비판자의 글들을 주의 깊게 읽어 본 후에 내가 내린 결론이다. 만일 급진적 포스트모더니즘의 전제가 옳다면 내가 파악한 그의 결론이 정말로 그가 의도한 결론인지는 결코 확신할 수 없다. 역으로, 만일 내가 파악한 것이 그가 의도한 것과 동일하다면 그의 논증을 더 깊이 고려해야 할지는 불분명하다. 내가 "데리다 역설"이라고 부르고자 하는 이 퍼즐은 크레타 인의 역설(어떤 크레타 인이 "모든 크레타 인은 거짓말쟁이다."라고 말하는 것)과 비슷하다. 이 문제는 대답을 기다리고 있기는 하지만 긴급한 것은 아니다.

데리다의 현란한 몽매주의적(obscurantism, 몽매주의는 문학과 예술 분야에서 고의로 의미를 애매하게 하는 표현주의 사조를 일컫는다.——옮긴이) 진술들을 볼 때 그가 과연 자신이 의도한 바를 정확히 알고 있는지는 그리 분명치 않다. 어떤 이들은 그의 글이 의도적으로 일종의 농담, 즉 실없는 말을 써 놓은 것이라고 생각한다. 그의 새로운 "과학"인 그라마톨로지(grammatology)는 실은 과학과 정반대의 것으로서 진부함과 환상을 동시에 가진 비일관적 꿈들의 단편이다. 그것은 문명세계의 다른 곳에서 발전한 마음과 언어의 과학에 대해 마치 췌장의 위치도 모르는 심령치료사처럼 무지하다. 그는 이런 일종의 태만함에 대해 의식을 하고 있었던 것 같다. 어쨌든 그는 루소의 『에밀』에 나온 다음과 같은 말을 인용하면서, 책과 글쓰기의 적이라고 자신을 규정했던 루소의 입장을 취하고 있다. "철학은 우리에게 주어진 악몽이다. 당신은 나 역시 몽상가라고 할지 모르겠다. 그 점은 인정한다. 그러나 나는 다른 이들이 하지 못한 것을 한다. 나는 내 꿈이 꿈이라 말하며, 깨어 있는 사람들에게 유용하다고 판명될지 모르는 것들이 그 꿈속에 있는지를 독자들이 찾아내도록 남겨 둔다."

깨어 있기에, 깨어 있는 동안 자신이 한 말에 책임을 져야 하는 과학자들은 포스트모더니즘에서 유익한 점을 발견하지 못했다. 과학에 대한 포스트모더니즘의 태도는 일종의 파괴였다. 포스트모더니스트들은 중력, 주기율표, 천체물리학을 포함해 외부 세계를 지탱하는 수많은 기둥들을 잠성석으로만 받아늘이는 듯하다. 더욱이 그들은 과학 문화가 앎의 방식들 중 하나일 뿐이며 특히 구미 백인 남성들의 전유물쯤으로 여긴다.

이런 의미에서 혹자는 포스트모더니즘을 신지학(theosophy. 신비주의에 관심을 기울이는 종교 철학. 직접적 체험을 통해 신을 알 수 있다는 일종의 신비주의이다.—옮긴이), 초월론적 관념론과 함께 역사의 골동품 창고로 내려 보내고 싶어 할지 모른다. 그러나 포스트모더니즘은 이미 사회 과학과 인문학의 주류로 스며들었다. 이것은 일종의 메타 이론(이론에 관한 이론)이다. 학자들은 이 기법을 사용해 과학 분야의 주제들을 분석하기보다는 특정 과학자들이 왜 그런 식으로 사고하게 되었는지를 문화 · 심리학적 관점에서 분석한다. 분석자는 과학자들이 이론과 실험을 설계하는 과정에서 특정한 지배 이미지, 이른바 "근원 은유(root metaphors)"를 사용하고 있음을 강조한다. 예를 들어 인간을 기계로 보는 관점이 어떻게 현대 심리학을 지배했는지에 관해 케네스 저건(Kenneth Gergen)의 설명을 들어 보자.

개인 행위의 특성과는 상관없이 기계론자는 개인을 환경에서 분리한 후 환경을 자극과 입력 요소로 보고 개인을 입력 요소들에 반응하고 의지하는 존재로 간주한다. 또한 정신 영역이 (상호 작용하는 요소들로) 구성된다고 보기 때문에 개인의 행위를 자극 입력에 통합될 수 있는 단위들로 분할하는 작업을 할 수밖에 없다.

직설적으로 말하면 심리학이 자연과학이 될 처지에 놓여 있다는 말이다. 하지만 그것을 원하지 않은 이들을 위한 방책으로 저건은 정신에 대한 덜 치명적인 근원 은유들도 제시했다. 시장, 극작법, 규칙 따르기 등이 그 예들이다. 이런 상황에서 만일 심리학이 생물학으로

짙게 채색되지 않는다면 앞으로 심리학 분야에서 이론가들은 끊임없이 양산될 것이다.

다양한 은유들이 민족적 다양성과 성(性, gender) 이원론에 적용되면서 포스트모더니즘 학계는 새로운 작업 공간을 만들어 냈다. 또한 그 비유들이 정치화되면서 학파와 이념이 기하급수적으로 증가했다. 포스트모더니즘은 대개 좌파 지향적인데 아프리카 중심주의, 구성주의 사회인류학, '비판적' 과학(사회주의), 근본주의 생태학, 에코페미니즘, 라캉의 정신 분석, 라투르(Brwno Latour)의 과학사회학, 신마르크스주의 등이 포함된다. 여기에 해체주의 기법과 뉴에이지 전일론과 같은 혼란스러운 변이들이 그 주위를 맴돌거나 다리를 걸치고 있다.

포스트모더니즘의 지지자들은 난해한 전문어들을 남발하여 진영을 어지럽힌다. 물론 가끔씩은 멋진 용어들도 있기는 하다. 각자의 방식들은 17세기에 계몽사상이 폐기한 "두려운 신비(*mysterium tremendum*)"를 향해 표류하는 것처럼 보인다. 상당한 개인적 고뇌를 드러내면서 말이다. "서양 사상의 정점"에서 정치가 어떤 영향을 끼쳤는가를 훌륭하게 해석해 낸 후기 미셸 푸코(Michel Foucault)에 대해 소지 사이앨러버(George Scialabba)는 다음과 같이 말했다.

푸코는 심원하며 가장 다루기 힘든 현대인의 정체성 딜레마와 맞붙어 싸웠다. …… 신도 자연법칙도 초월적 이성도 존재하지 않는다고 믿으며, 권력이 다양하고 미묘한 방식으로 기존의 모든 도덕을 타락시키고 심지어는 합법화해 왔다는 것까지 알아낸 사람들은 도대체 어떻게 살아갈 수 있으며 어떤 가치에 의존할 수 있을 것인가?

정말로 무엇에 기대어 살아가야 하는가? 어떻게 살아야 하는가? 이런 불온한 문제들을 풀어내기 위해 우선 푸코와 실존주의적 절망으로부터 멀리 떨어져 보자. 그리고 다음과 같은 대략적인 지침을 생각해 보자. 만일 어떤 철학적 입장이 혼란을 야기하는 동시에 후속 탐구들을 원천적으로 차단한다면 그것은 틀린 것일 가능성이 높다.

푸코의 경우에는 그리 나쁘지 않다고 말하고 싶다.(선심을 쓰는 것이 아니다.) 하지만 우주가 단지 우리 마음속에서 만들어진 것이 아니라는 충격적 사실(?)을 발견하고 그 충격을 극복하고 나면, 지질학적 시간에 걸쳐 인간 종을 탄생시켰으며 심오한 역사의 잔류물로 남겨 둔 유전 규칙을 해독하는 일이 왜 중요한지를 알게 된다. 왜냐하면 유전 규칙을 해독함으로써 인간 두뇌가 터득할 수 있는 모든 의미와 품을 수 있는 모든 감정 그리고 즐기고 싶은 모든 모험이 드러날 것이기 때문이다. 이성은 새로운 단계로 발전할 것이고 감정은 무제한적으로 기능할 것이다. 거짓과 참이 가려질 것이며 우리는 서로를 더욱 빠르고 정확하게 이해하게 될 것이다. 왜냐하면 우리는 모두 같은 종의 일원이며 생물학적으로 유사한 두뇌를 갖고 있기 때문이다.

인텔리겐치아(intelligentsia)가 점차 소멸하고 사회적으로 의미 없어짐을 우려하는 사람들에게 나는 두 종류의 독창적 사상가들이 늘 존재했음을 이야기하려 한다. 그들은 무질서를 보고 질서를 창조하려는 부류와 질서에 맞닥뜨려 무질서를 만듦으로써 이에 대항하려 했던 부류이다. 그 둘 사이의 긴장이 지식을 앞으로 나아가게 한다. 그 긴장이 지그재그형 진보를 통해 우리를 들어 올린다. 그리고 여러 사상들이 다원주의적으로 서로 경쟁할 때 승자는 늘 질서의 편에 서 있다. 왜냐하면 그것이 실제 세계가 작동하는 방식이기 때문이다.

그럼에도 불구하고 나는 몇 가지 이유에서 포스트모더니스트들에게 경의를 표한다. 그들은 열광적 낭만주의의 현대적인 집전자로서 문화를 비옥하게 한다. 그들은 우리에게 말한다. 어쩌면 당신들이 틀렸을 거라고. 그들의 생각은 마치 계속 타오를 에너지도 없이 모든 방향으로 뻗어나가 어둠 속으로 사라져 버리는 불꽃놀이의 불꽃과도 같다. 하지만 몇몇은 수명이 충분히 길어 예기치 못한 주제에 빛을 던져 줄 것이다. 이 점이 포스트모더니즘이 합리적 사고를 위협함에도 불구하고 그것을 좋게 생각할 만한 한 가지 이유이다. 또 한 가지 이유는 거추장스러운 과학 교육을 받지 않기로 선택한 자들에게 포스트모더니즘이 위안이 된다는 점이다. 철학과 문학 진영에 작은 산업이 형성된 것도 긍정적 요소일 수 있다. 하지만 가장 중요한 이유는 그것이 전통 학문에 대해 굴복할 줄 모르며 끊임없이 비판한다는 점이다. 우리에게는 포스트모더니스트와 같은 반란자들이 항상 필요하다. 적대 세력의 공격을 끊임없이 방어하는 것보다 지식을 강화하는 더 나은 방법은 없다. 존 스튜어트 밀은 적이 없으면 교사와 학생이 모두 그 자리에서 잠들어 버린다고 말한 바 있다. 만일 모든 근거와 이유가 땅에 떨어져 바퀴의 고정 핀이 떨어져 나가고 모든 것이 인식론적 혼돈으로 빠져든다면 우리는 포스트모더니스트가 옳았다고 인정할 용기를 찾게 될 것이다. 그리고 계몽사상 최고의 정신에서 다시 시작하게 될 것이다. 왜냐하면 위대한 수학자 다비트 힐베르트(David Hilbert)가 계몽사상으로 표출된 인간 정신의 일부를 잘 포착해 말했듯이, "우리는 반드시 알아야 하고, 우리는 알게 될 것(Wir müssen wissen. Wir werden wissen)"이기 때문이다. 우리는 알아야 하며 알게 될 것이다.

4장

자연과학

과학에 대한 계몽사상가들의 믿음은 그 성취를 제 아무리 낮게 평가한다 해도 정당화된다. 오늘날 인간성(humanity)을 구분하는 가장 커다란 차이는 무엇인가? 그것은 종교 간의 차이도 인종 간의 차이도 아니다. 심시어 통념처럼 교육의 여부도 아니다. 그것은 과학 문화와 과학 이전 문화 사이의 간극이다. 물리학, 화학 그리고 생물학과 같은 자연과학의 축적된 지식과 도구가 없다면 인간은 인지의 감옥에 갇히고 만다. 좀 심하게 말하면 그런 상황에서 인간은 그림자가 드리운 깊은 연못에서 태어난 지적인 물고기와 같다. 인간은 자신을 가두고 있는 물과 그 위에 있는 태양과 하늘 그리고 별의 기원에 대해서 독창적인 사유와 신화를 만든다. 그러나 언제나 그것은 틀릴 수밖에 없다. 왜냐하면 단지 상상 속에 존재하는 세상과 일상적으로 경험하는 세계가 너무나 다르기 때문이다.

과학은 철학도 아니고 하나의 신념 체계도 아니다. 과학은 실제 세계를 탐구하는 가장 효과적인 방법이다. 과학은 우리가 역사적 전환을 통해 우연히 발견한 계몽의 문화이며 교육받은 사람들의 습관이 된 정신 작용의 복합체이다.

실험 과학을 통해 인간은 오감의 제약에서 벗어나 물리적 실재를 탐지하는 능력을 엄청나게 확장시켰다. 비유적으로 말하면 우리는 예전에는 거의 장님이나 다름없었지만 지금은 눈을 떴다고 할 수 있을 정도이다. 우리는 더 이상 가시광선만이 우주의 유일한 빛 에너지라고 주장하지 않는다. 하지만 그런 믿음은 과학 이전의 시대를 사는 사람들에게는 하나의 상식이었다. 사실 가시광선은 그보다 몇 조 배만큼 짧은 감마선에서 몇 조 배 긴 라디오파에 이르는 스펙트럼 중에서 단지 400~700나노미터 정도의 파장을 가진 빛일 뿐이다. 즉 광대한 전자기 복사 중의 한 점에 지나지 않는다. 하지만 우리는 거의 모든 파장의 빛을 그 양에 있어서 다르기는 하지만 매일 쬐고 산다. 인간 눈의 망막은 단지 400~700나노미터에 해당하는 빛만을 감지하도록 설계되었기 때문에 다른 장치의 도움을 받지 못하는 상황이라면 우리의 두뇌는 가시광선만이 존재한다고 결론내린다.

오히려 동물들이 우리보다 빛에 대해 더 잘 안다. 그들은 우리와는 다른 시각 세계에 살고 있다. 즉 인간이 볼 수 있는 시각 스펙트럼 중 어떤 부분은 감지하지 못하지만 우리의 시각 한계를 넘어서는 부분에 대해서는 오히려 더 민감하다. 나방은 꽃잎에서 반사된 자외선(파장의 길이가 400나노미터 이하)의 패턴에 따라 꽃가루와 과즙원을 정확하게 집어낸다. 우리는 노란 꽃과 하얀 꽃을 볼 뿐이지만 그들은 그곳에서 점들과 밝고 어두운 동심원들을 본다. 식물 진화의 산물인 이 패턴들은 가루받이 곤충을 꽃밥과 과즙원으로 안내하기 위한 것이다.

　적절한 도구의 도움을 받으면 우리도 나비의 눈으로 세상을 볼 수 있다.

　전자기 스펙트럼을 이해하게 된 과학자들은 동물의 시각 세계뿐만 아니라 그 너머의 시각 세계도 볼 수 있게 되었다. 그들은 모든 파장을 가시광선과 가청음(可聽音)으로 번역해 낼 수 있으며 다양한 에너지원으로부터 스펙트럼의 대부분을 생성해 낼 수 있다. 과학자들은 전자기 스펙트럼을 조작함으로써 아래로는 아원자 입자의 자취를 자세히 볼 수 있게 되었고, 위로는 멀리 떨어진 은하에서 오는 초기 우주의 빛을 통해 별의 탄생을 관찰할 수 있게 되었다. 그들, 아니 우리는(과학 지식이 보편적으로 이용 가능해졌기에 우리라고 할 수 있다.) 37제곱의 크기로 물질을 시각화할 수 있다. 즉 가장 작다고 알려진 입자를 1로 볼 때 가장 큰 성단은 1 다음에 0을 37개 써넣은 정도의 크기이다. 그리고 우리는 이 정도 범위 안에 있는 모든 물질을 시각화할 수 있다.

　나는 과학 이전 시대의 사람들은 육안으로 볼 수 있는 좁은 영역 내에서만 물리적 실재의 본성을 추측할 수밖에 없었다고 생각한다. 그것은 과거의 천재 과학자도 마찬가지였다. 이렇게 말함으로써 그들을 폄하하려는 것은 아니다. 하지만 신화, 계시, 예술, 무아지경, 또는 그 밖의 가능한 수단으로는 어떤 것도 얻을 수 없었던 게 사실이다. 또한 과학 이전 시대에는 신비주의가 미지의 것에 대한 가장 강력한 탐구 방법이었지만 결국 감정적 만족 외에는 아무것도 내놓은 게 없다. 샤먼들의 주문이나 성스러운 산에서의 금식 기도도 전자기 스펙트럼이 무엇인지를 알게 해 주지는 못했다. 위대한 종교 예언자들도 전자기 스펙트럼의 존재를 깨닫지 못했다. 그런데 이것은 그들의 신이 비밀을 좋아했기 때문이 아니라 이후에 인류가 어렵게 얻은 물리학의 지식을 그들은 전혀 몰랐기 때문이다.

그렇다면 이것은 과학의 신에 대한 찬가인가? 그렇지 않다. 이것은 근대에 와서야 자유로워진 인간의 독창성과 능력에 대한 찬가일 뿐이다. 그리고 운 좋게 인류가 우주를 이해하게 된 것에 대한 찬사이다. 인류의 위대한 업적은 인류가 질서 정연한 것으로 판명된 세계 속에서 자신의 길을 아무런 도움 없이 개척해 왔다는 사실이다.

과학은 우리의 다른 모든 감각들도 확장시켜 주었다. 예컨대 예전에는 귀머거리였다면 지금은 모든 것을 들을 수 있다. 인간 청각 범위는 20헤르츠에서 2만 헤르츠(초당 공기 압축 주기)이다. 박쥐는 이 범위의 상한선을 넘어서는 초음파 신호를 밤공기 속에 발사하고 돌아오는 반향(메아리)을 통해 나방 같은 곤충들의 위치를 알아낸다. 피식자들도 박쥐가 내는 동일한 주파수의 소리를 귀로 듣는다. 그들은 이 은밀한 진동을 감지하면 공중 곡예를 돌기도 하고 재빠르게 땅바닥으로 돌진하기도 한다. 동물학자들은 1950년대에 와서야 한밤중에 벌어지는 이런 싸움들을 이해하기 시작했다. 하지만 지금은 수신기, 변압기, 사진술 등의 도움으로 끽끽거리는 소리와 숨 막히는 공중전 등을 모두 이해할 수 있게 되었다.

우리는 완벽하게 인간의 감각 레퍼토리 밖에 존재하는 기본 감각들을 밝혀냈다. 우리는 찌릿한 피부 자극과 튀는 불꽃을 통해 간접적으로만 전기를 감지하지만 아프리카와 남아메리카의 전기 물고기들(전기뱀장어와 메기, 코끼리코물고기)은 그야말로 전기의 세계 속에서 살고 있다. 그들은 굵은 신경 근육 조직을 유기체 전지로 변형시켜 몸 주위에 전기장을 만들도록 진화했다. 전원은 신경 스위치로 통제된다. 즉 스위치가 켜질 때마다 전기 물고기들은 몸에 퍼져 있는 전기 수용기로 전압을 감지할 수 있다. 가까이에 있는 물체에서 생긴 전기장의 변화는 수용기 주변으로 전기 그림자를 만드는데 이런 변화를 통해 그들은 그 물체의 크기와 모양 그리고 운동을 측정한다. 이런 정보들을 연속적으로 받으면서 그 물고기들은 어두운 물속에서도 매우 부드럽게 미끄러지듯 헤엄쳐 다닌다. 게다가 이런 연속된 정보들을 통해 적을 피하기도 하고 먹이를 뒤쫓기도 한다. 그들은 또한 암호화된 전기 신호를 사용해서 의사소통도 한다. 동물행동학자들도 전압기와 탐지기를 사용하면 인공 전기 물고기가 되어 이 의사소통에 동참할 수 있다.

※※

이러한 무수한 사례들은 무엇을 뜻하는가? 우리는 여기서 인간 조건을 이해하는 데 중요한 역할을 하는 생물 진화의 규칙 하나를 이끌어 낼 수 있다. 만일 환경으로부터 어떤 신호를 포착하는 어떤 유기체 감지기를 상상할 수 있다면 그 감지기를 가진 종이 어딘가에는 존재한다는 사실이다. 이것이 바로 생명의 다양성이다. 이러한 생명의 풍부한 능력은 인간 오감의 무기력함을 일깨워 준다. 창조의 최고봉이라는 우리 종이 왜 다른 종들보다도 못한가? 왜 우리는 물리적인 장애가 있는 세상에 던져졌는가?

진화생물학은 이에 대해 단순한 대답을 내놓는다. 상이한 유전 형태의 차별적 생존과 번식으로 정의되는 자연선택은 필요에 따라서만 개체를 만든다. 개체의 능력은 니치(niche, 원래의 뜻은 벽감. 어떤 종이 소비하는 자원들의 집합과 그 종이 점유하고 있는 서식지. ─옮긴이)에서 자신들의 적응도를 극대화하는 선까지만 진화한다. 모든 종류의 나비, 박쥐, 물고기 그리고 호모 사피엔스(*Homo sapiens*)를 포함한 영장류는 그들 나름의 독특한 니치를 갖고 있다. 이것은 각각의 종이 저마다 고유한 감각 세계 속에서 살고 있다는 뜻이다. 그런 세계를 만드는 과정에서 자연선택은 과거 역사의 조건들과 그때그때 일어나는 사건들에 의해서만 인도된다. 예컨대 나방은 대형 유인원의 효과적인 먹이가 되기에는 너무 작고 소화도 잘 되지 않기 때문에 호모 사피엔스의 경우에는 그런 나방들을 잡을 수 있는 반향 정위 체계가 진화하지 않았다. 게다가 우리는 불투명한 물속에서 살지 않았기 때문에 전기 감각은 우리 종의 생존과는 전혀 상관이 없는 것이었다.

간단히 말해 자연선택은 미래의 필요를 내다보지 못한다. 그러나 이 원리는 설명력이 있기는 하지만 문제점도 있다. 만일 이 원리가 보편적으로 사실이라면 자연선택은 어떻게 문명이 있기도 전에 문명을 위한 인간의 마음(정신)을 준비할 수 있었는가? 이것이야말로 인간 진화의 커다란 수수께끼이다. 도대체 미적분학과 모차르트를 어떻게 설명할 것인가?

나는 나중에 문화와 기술적 혁신을 포괄하도록 진화론적 설명을 확장하여 이 문제에 대한 답을 찾아볼 것이다. 일단 여기에서는 역사의 산물인 자연과학이 얼마나 특이한 것인지를 말함으로써 그 문제를 다소 완화하려 한다. 인류가 진화의 투기장(鬪技場)에서 만난 세 가지 조건 혹은 세 번의 행운이 과학 혁명을 만들었다. 첫 번째는 우리가 창조성과 끝없는 호기심을 가졌다는 것이었다. 두 번째는 우리가 우주의 본질적 속성들을 추상화하는 능력을 타고났다는 것이었다. 이 능력은 신석기 조상이 갖기 시작했던 것이지만 생존의 필요를 넘어서서 발전된 것처럼 보인다.(바로 이것이 첫 번째 수수께끼이다.) 3세기(1600~1900년)라는 기간은 인간 두뇌가 유전적 진화를 통해 발전하기에는 너무 짧은 시간이다. 하지만 인류는 그 시간 동안 과학 기술의 시대를 열었다.

세 번째는 물리학자인 유진 위그너(Eugene Wigner)가 언젠가 말했듯이 수학이 자연과학에 놀랍도록 효과적이라는 점이다. 아직도 과학자들과 철학자들이 그 이유를 분명하게 밝혀내지는 못했지만 어쨌든 수학 이론과 물리학 실험 자료의 대응은 신비로울 정도이다. 이런 의미에서 수학이 과학의 자연 언어라는 믿음은 지당해 보인다. 위그너는 다음과 같이 고백했다. "자연과학에서 수학의 엄청난 유용성은 신비에 가까운 어떤 것이며 합리적 설명이 잘 안 되는 영역이다. '자연법칙들'이 존재한다는 것도 자연스럽지 않지만 인간이 그런 법칙들을 발견할 수 있다는 것은 더 부자연스럽다. 물리 법칙을 공식화하는 데 수학 언어가 너무나 적절하다는 이 기적 같은 사실은 우리가 이해하지 못하고 이해할 만한 수준도 못 된다는 의미에서 너무나 멋진 선물이다."

물리 법칙들은 문화적 차이를 초월할 만큼 정밀한 게 사실이다. 그 법칙들은 수학적 공식으로 표현되는데 그런 공식들은 예컨대 중국이건 에티오피아건 상관없이 한결같다. 게다가 그것들은 남권주의냐 여권주의냐에 따라 달라지는 것도 아니다. 심지어 만일 원자력을 사용하며 우주선을 쏘아 올리는 진보된 외계 문명인이 있다면 그들도 동일한 법칙들을 발견했을 것이라고 여길 수 있다. 물론 그들의 물리 법칙들을 우리 것들과 대응하도록 순차적인 번역을 해야 하겠지만 말이다.

가장 정밀한 것들은 전자의 측정과 관련되어 있다. 전자 하나는 상상을 초월할 정도로 작다. 파동 에너지의 확률적 분포로 추상화되는 이 진자는 이동하는 물체를 3차원의 공간 속에서 인지하는 전통적인 틀로는 시각화되지 않는다.(물론 이런 현상은 양자물리학의 일반적인 현상이다.) 하지만 전자가 1.6×10^{-19}쿨롱의 전하를 가지며 0.91×10^{-28} 그램의 정지 질량을 가진다는 사실만큼은 확실하다. 이런 값들과 그 밖의 다른 입증 가능한 양들로부터 전류, 전자기 스펙트럼, 광전 효과 그리고 화학 결합의 속성들이 연역되어 나왔다.

이런 기본적 현상들을 하나로 묶는 이론은 양자전기역학(quantum electrodynamics, Q. E. D.)이라고 불리며 그래프와 방정식으로 구성되어 있다. 양자전기역학은 각 전자의 위치와 운동량을 파동 함수와 공간상의 이산적 입자 둘 다로 다룬다. 양자전기역학에서 전자는 무작위적으로 광자를 방사하고 재흡수하는 것으로 그려지며 이때 광자는 전자기력을 운반하지만 질량은 없는 독특한 입자로 간주된다.

전자의 한 속성인 자기 모멘트에 관한 이론과 실험은 물리 과학의 역사상 가장 정확한 일치를 보였다. 자기 모멘트는 전자와 자기장 간의 상호 작용 값이다. 좀 더 정확히 말하면 전자에 작용하는 자기 유도에 따라 갈라진 전자가 갖는 최대 토크(돌림힘)이다. 이때 알고 싶은 양은 자기 회전 비율, 즉 자기운동량을 각운동량으로 나눈 값이다. 이론 물리학자들은 특수 상대성과 광자 방출과 재흡수로부터의 섭동(양자전기역학으로부터 예측되는 이 두 현상은 고전 입자물리학으로 예측한 값들과 약간 다르다.)을 통합하는 계산을 통해 자기 회전 비율의 값을 예측했다.

한편 원자핵 과학자들은 이것과 독립적으로 자기 회전 비율을 직접적으로 측정했다. 그들은 놀라운 솜씨를 발휘하여 하나의 전자를 전자기 병 속에 가두는 데 성공했고 그 속에 갇힌 전자를 오랫동안 연구했다. 그들의 자료는 1조분의 1 정도의 오차 범위 내에서 이론적 예측값과 일치했다. 이론 물리학자와 실험 물리학자가 함께 이룬

이 성취는 샌프란시스코 동쪽에서 쏜 바늘이 채 떨어지기도 전에 머리카락 굵기의 오차 범위 내로 어디에 꽂힐 것인지를 워싱턴 근처에 있는 내 연구실에서 정확히 알아맞히는 격이다.

점점 더 작은 세계로 내려가 전자처럼 극미 존재자를 찾으려는 이런 시도는 서양의 자연과학을 추동해 온 힘이다. 이것은 일종의 본능이다. 인간은 기본 물질들을 찾는 것에 강박 관념을 갖고 있다. 우리는 그 물질들을 분리했다가 되붙이는 식의 작업을 끊임없이 한다. 이런 충동은 레우키포스(Leucippos)와 그의 제자 데모크리토스(Democritos)가 물질이 원자로 구성되어 있다고 생각했던 기원전 4세기로 거슬러 올라간다. 이런 생각은 약간의 세부적인 수정을 거쳐 현대에 와서는 사실로 밝혀졌다. 극미소 단위로의 환원은 근대 과학에서 화려한 성공을 거두었다.

직접적인 시각 관찰은 궁극적인 것을 찾는 작업에 큰 도움이 되었다. 그런 관찰은 현미경의 분해능을 점점 높이는 과정을 통해 이뤄졌다. 이 기술은 인간이 가진 제2의 기본적인 열망을 만족시킨다. 즉 모든 세상을 우리 자신의 눈으로 보는 것. 1980년대에 발명된 현대 실험 기구들 중에서 가장 강력한 것은 주사 터널링 현미경과 원자간력 현미경인데 우리는 이런 장치들을 통해 분자 내에 결합되어 있는 원자들을 거의 직접적으로 볼 수 있게 되었다. DNA 이중 나선도 원래 모양 그대로 볼 수 있고 연구를 위해 특정한 분자를 분리시킬 때에는 DNA의 꼬인 모습까지도 볼 수 있다. 만일 그런 시각적 기술이 50년 전에 존재했더라면 미숙한 수준이었던 분자생물학은 훨씬 더 빠른 속도로 발전할 수 있었을 것이다. 과학에서는 브리지 카드 놀이에서처럼 남의 패를 한 번 흘낏 보는 것만으로도 엄청난 결과를 얻을 수 있다.

원자 수준의 영상화는 3세기 동안의 기술 혁신을 통해 얻은 최종 산물이다. 최초의 현미경은 안톤 반 레벤후크(Anton van Leeuwenhoek)가 1600년대 후반에 만든 초보적인 광학 도구였다. 인간보다 100배 높은 분해능을 지닌 이 도구로 그는 박테리아를 비롯한 여러 대상들을 관찰할 수 있었다. 그러나 이제 우리에게는 눈보다 100만 배나 더 높은 분해능을 가진 현미경이 있다.

분해와 재결합을 향한 열정은 나노 기술의 발명을 이끌어 냈다. 나노 기술은 상대적으로 적은 수의 분자들로 구성된 장치를 만드는 기술이다. 인상적인 최근의 성과물 중에는 다음과 같은 것들이 있다.

• 로스앨러모스 국립 연구소의 브루스 라마르틴(Bruce Lamartine)과 로저 스터츠(Roger Stutz)는 강철 핀을 이온 빔으로 에칭함으로써 고밀도 ROM(읽기 전용 기억 장치)을 만들어 냈다. 이 ROM에는 1500억분의 1미터로 선이 그어져 있어서 25밀리미터 길이와 1밀리미터 폭을 가진 하나의 핀 위에 2기가바이트의 정보를 저장할 수 있다. 이 물질들은 자기적인 성질이 없으므로 그렇게 저장된 정보는 거의 손상되지 않는다. 하지만 아직 멀었다. 적어도 이론상으로는 원자 배열을 통해 정보를 저장할 수 있기 때문이다.

• 18세기 라부아지에의 작업 이후 화학의 근본적인 질문은 다음과 같은 것이었다. 다른 반응물들이 혼합될 때 한 쌍의 분자들이 만나서 결합하기까지 얼마나 긴 시간이 걸리는가? 노스캐롤라이나 대학교의 마크 와이트먼(Mark Wightman) 교수와 동료 연구자들은 극미소 공간에 대한 탐구를 통해 반대 전하를 가진 반응 분자들이 접촉할

때 생기는 섬광을 관찰했다. 이 덕분에 화학자들은 이전보다 훨씬 더 정확하게 반응 시간을 측정할 수 있게 되었다.

• 기술자의 지시에 따라 자기 자신을 조립하는 분자 크기의 기계를 만드는 일은 오랫동안 이론적으로만 가능한 것이었다. 하지만 이젠 현실이 되었다. 대표적으로 하버드 대학교의 조지 화이트사이즈(George M. Whitesides) 교수와 몇몇 유기화학자들은 자기 자신을 조립하는 단분자막(self-assembled monolayer)을 만들어 냈다. 약칭 SAM은 알칸티올(alkanethiols)이라고 불리는 긴 소시지 모양의 탄화수소 사슬 분자들로 구성되어 있다. 실험실에서 합성을 하면 이 물질은 금색 표면으로 채색된다. 각 분자의 한쪽 끝은 금에 부착되는 속성을 가진다. 반면 다른 속성들을 가진 원자들로 만들어진 다른 쪽 끝은 바깥쪽으로 삐져 나오게 된다. 따라서 같은 종류의 분자들은 마치 대열을 이뤄 행진하는 병사들처럼 정렬되며 두께가 1~2나노미터밖에 안 되는 층을 이룬다. 그런 다음에는 상이한 조성을 가진 분자들이 그 층의 윗부분에 얹혀진다. 이런 과정을 되풀이 하다 보면 원하는 두께와 성질을 가진 여러 층의 건판들을 만들어 낼 수 있다. 이 SAM은 살아 있는 세포의 막이 가진 기본 속성들을 띠고 있기 때문에 이제 우리는 인공 생물을 창조하기 위한 첫발을 디딘 셈이다. 비록 SAM을 살아 있다고 말하기는 힘들겠지만 생명의 기본 조각의 형태를 띠고 있다고는 볼 수 있을 것이다. 이렇게 본다면 언젠가 화학자들이 살아 있는 세포를 창조해 낼지도 모를 일이다.

근대 과학의 지적인 박력과 그것이 통섭 세계관에 미치는 중요성은 다음과 같이 정리될 수 있다. 궁극적인 의미에서 우리의 부뇌와 삼삭 체계는 인간의 유전자를 보존하고 배가시키는 생물학적 장치로서 진화했다. 그러나 우리는 물리 세계 중 아주 작은 영역에서만 돌아다닐 수 있도록 진화했다. 왜냐하면 우리가 처해 있던 니치는 모든 종류의 감각을 필요로 하지 않았기 때문이다. 실험 과학은 이런 장애를 제거해 주었다. 하지만 과학은 기구를 통한 감각 능력의 확장 그 이상이다. 과학은 자료를 해석하는 이론을 개발함으로써 실험 도구를 통해 향상된 감각 경험을 합리적으로 처리할 수 있게 되었다.

과학에서는 그 어떤 것도 이론이 없이는 의미가 없다. 모든 지식을 맥락에 맞도록 그럴듯하게 엮어 냄으로써 세계를 재창조하는 일은 우리의 본성이다. 이쯤에서 이론이라는 주제에 대해 잠시 생각해 보자. 우리는 자연 세계의 아름다움에 매혹되어 있다. 그대는 아는가? 북극성이 얼마나 현란한 패턴으로 그 자취를 그리는지를, 그리고 식물의 뿌리 끝에 있는 세포가 분열할 때 염색체가 얼마나 우아하게 이동하는지를. 이 둘은 우리의 삶에 있어서 아주 중요한 과정들을 드러낸다. 왜냐하면 태양 중심인 천문학과 멘델 유전학의 이론 틀이 없다면 그것들은 단지 아름다운 빛의 패턴에 지나지 않을 것이기 때문이다.

이론은 그 다양한 의미 때문에 파악하기 쉽지 않은 단어이다. 일상적 맥락에서 이론의 의미는 애매함으로 가득 차 있다. 우리는 종종 어떤 주장이 "단지 하나의 이론일 뿐"이라는 말을 듣는다. 누구든 이론을 가질 수 있다. 예컨대 "경합하는 여러 이론들이 있다면 돈을 내고 가장 마음에 드는 걸 고르면 된다."와 같은 것도 모두 일상적 의미의 이론들이다. 심지어 죽은 사람의 영혼을 달래기 위해 닭을 잡아 의식을 치르는 부두교의 사제들에게도 그런 행동을 정당화해 주는 일종의 이론이 있다. 이것은 재림의 징표를 목도하기 위해 아이다호의 하늘을 응시하는 천년왕국 신도들도 마찬가지이다. 그렇다면 과학 이론의 경우는 어떤가? 혹자는 과학도 추측을 포함하기 때문에 기초가 허약한 어림짐작에 지나지 않는다고 주장할지 모르겠다. 포스트모더니스트들의 입장이 바로 그런 것 같다. 어떤 이론이든 타당하며 흥미롭다는 생각. 하지만 과학 이론은 이와는 근본적으로 다르다. 과학 이론은 반례들에 직면하면 폐기되도록 특별히 설계되어 있다. 그리고 그것이 이왕 틀린 것이라면 빨리 폐기되면 될수록 좋다. "실수는 빨리 할수록 좋다."라는 격언은 과학적 실천에서도 하나의 규칙이다. 과학자들도 자신이 만든 구조물과 사랑에 빠지고는 한다. 물론 나도 예외는 아니었다. 불행히도 자신이 틀리지 않았다는 점을 보이기 위해 평생을 헛수고하는 과학자들도 있다. 게다가 비록 소수이기는 하지만 그런 행동으로 자신의 명예를 실추시키고 그동안 쌓아 온 학계의 명성을 잃는 사람들도 있다. 경제학자 폴 새뮤얼슨(Paul Samuelson)이 언젠가 말했듯이 이론은 거듭되는 장례식을 통해 진보한다.

양자전기역학과 자연선택에 근거한 진화론은 중요한 현상들을 다루는 거대 이론들 중에 대표적인 성공 사례이다. 그 이론들이 다루는 존재들, 예컨대 전자, 광자, 유전자 등은 측정될 수 있다. 그리고 그 이론의 진술들은 혹독한 비판과 수많은 실험 그리고 경쟁 이론의 끈질긴 문제 제기 등을 통해 철저히 시험받도록 설계되어 있다. 과학 이론의 지위를 차지하려면 그 정도의 시험을 견뎌 내야만 한다. 최고의 이론은 오컴의 면도날을 통해 판가름 난다. 오컴의 면도날이라는 용어는 1320년대에 오컴의 윌리엄(William of Occam)이 처음 사용한 것인데, 그는 "전제는 적으면 적을수록 좋기 때문에 필요 이상의 전제들을 사용하는 것은 헛될 수밖에 없다."라고 말했다. 이론을 판가름하는 데 있어 검약성은 좋은 기준이다. 군살이 없고 시험에 통과한 이론만 있으면 하늘에서 태양의 길을 안내하는 포이보스(Phoebos, 아폴론 신의 다른 이름—옮긴이)나 북녘의 숲을 가꾸는 드라이아드(dryad, 그리스 신화의 숲의 요정—옮긴이)도 더 이상 필요 없다. 검약의 원리는 우리가 세계를 이해할 수 있게 해 주기도 하지만 뉴에이지(New Age) 운동의 꿈을 물거품으로 만들기도 한다.

하지만 과학 이론도 상상력의 산물이다. 좀 더 정확히 말하면 정보에 입각한 상상력의 산물이다. 과학 이론은 이전에 짐작도 못했던 현상들의 존재를 예측하기 위해서 아무도 발을 들여 놓은 적이 없는 곳을 찾아간다. 이론은 가설을 만들어 낸다. 가설은 탐구되지 않는 주제에 대한 훈련된 추측이다. 가장 좋은 이론은 가장 생산적인 가설을 생성해 낸다. 그리고 이 가설은 관찰과 실험을 통해 대답할 수 있는 질문으로 명료하게 번역된다. 이론과 그것의 자손인 가설은 가용한 자료를 놓고 다른 이론·가설과 경쟁을 한다. 이런 험난한 환경에서 살아남은 생존자는 다윈 진화론적인 의미의 승자로서 과학의 성전에 입성하게 되고 우리의 마음속에 자리를 잡게 되며 더 놀라운 물리적 실재를 탐구하는 데 길잡이 역할을 한다.

최대한으로 정확하게 말하자면 과학은 세상에 대한 지식을 모아서 그 지식을 시험 가능한 법칙과 원리로 응축하는 체계적이고 조직화된 탐구이다. 과학과 사이비 과학을 구분하는 첫째 기준은 반복 가능성이다. 즉 다른 사람들이 독립적으로 수행해도 같은 현상이 나와야 하고 그런 현상에 대한 해석이 새로운 분석과 실험을 통해 입증되거나 반증되어야 한다. 둘째 기준은 경제성이다. 과학자들은 가장 많은 정보를 가장 적은 노력으로 이끌어 내는 과정에서 가장 단순하면서도 미적으로 가장 아름다운 형태로 정보를 추상화하고자 한다. 이것을 우아함의 추구라고 말할 수 있다. 셋째 기준은 측정이다. 만일 어떤 것이 보편적으로 받아들여지는 척도에 따라 적절히 측정될 수 있다면 그에 대한 일반화는 명확해진다. 넷째 기준은 발견 기법이다. 최고의 과학은 종종 예측할 수 없는 새로운 방향으로 후속 발견들을 자극한다. 그리고 새로운 지식은 원래 원칙의 진위를 다시 시험해 보게끔 한다. 마지막으로 과학과 사이비 과학을 가르는 다섯째 기준은 통섭이다. 즉 다양한 현상들에 대한 여러 설명들을 서로 연결하고 일치시킬 수 있을 때 가장 경쟁력 있는 설명이 된다.

천문학, 생의학 그리고 생리심리학은 이 모든 기준들을 만족시킨다. 하지만 불행히도 점성술, UFO학, 창조 과학, 크리스천 사이언스(미국의 종교가 에디 부인이 1866년에 창시한 신흥 종교로서 다양한 심리 요법을 통해 신자들을 늘리고 있다.—옮긴이)는 어떤 기준도 만족시키지 못한다. 진정한 자연과학은 이론과 증거로 꽉 맞물려 있으며 근대 문명의 기술적 진보에 근간이 되어 왔다는 점을 절대로 간과해서는 안 된다. 사이비 과학은 개인의 심리적 필요는 충족시킬 수 있으나(그 이유에 대해서는 나중에 설명하겠다.) 기술 발달과는 아무런 관련이 없다.

과학의 최전선에는 언제나 자연을 자연적 구성 성분으로 쪼개는 환원주의가 있다. 자연을 쪼갠다는 말 자체가 틀린 표현은 아니지만 그렇게 말하는 것만으로는 의미가 잘 전달되지 않는다. 과학에 대한 비판가들은 환원주의를 일종의 강박증이라고 여긴다. 즉 환원주의자들은 종착점까지 내려가야만 심리적 안정을 찾는다는 것이다. 어떤 이는 최근에 이것을 "환원적 과대망상증"이라고 부르기도 했다. 하지만 이런 묘사는 기소당할 수도 있는 명백한 오진이다. 입증 가능한 발견들을 산출해 내는 실제 과학자들은 환원주의를 이와는 완전히 다르게 보기 때문이다. 환원주의는 다른 방도로는 도저히 뚫고 들어갈 수 없는 복잡한 체계를 비집고 들어가기 위해 채용된 탐구 전략이다. 궁극적으로 과학자들을 흥분시키는 것은 복잡성이지 단순성이 아니다. 환원주의는 그 복잡성을 이해하는 유일한 방법이다. 환원주의 없이 복잡성을 추구하면 예술이 탄생하지만 환원주의로 무장하고 복잡성을 탐구하면 그것은 과학이 된다.

다음은 환원주의의 일반적인 작동 방식이다. 마치 사용자 매뉴얼을 보는 듯할 것이다. 당신의 마음이 그 체계 주변을 여행하도록 해라. 그에 대한 흥미로운 질문을 던져라. 그 질문을 잠시 내려놓고 그것이 함축하는 요소들과 물음들을 시각화하라. 대안적 해답들도 고려하라. 어느 정도의 증거들로 명료한 선택을 할 수 있도록 그 해답들을 말로 표현하라. 만일 너무 많은 개념적 난점들이 발생하면 뒤로 물러서라. 그리고 다른 질문을 찾아라. 마침내 우리가 파고들 수 있을 만큼 약한 지점을 찾으면 결정적인 실험을 가장 쉽게 수행할 수 있는 모형 체계를 찾아라. 예컨대 입자물리학에서는 그런 체계가 통제된 복사 현상일 것이고 유전학에서는 번식 속도가 빠른 개체일 것이다. 그 체계를 완전히 숙지하라. 아니, 그 체계에 사로잡히는 것보다 더 좋은 일은 없다. 세부 사항을 사랑하고 그것에 대한 감을 익혀라. 그 결과가 어떻든 간에 질문에 대한 답이 수긍이 가도록 실험을 설계하라. 새로운 질문과 새로운 체계에도 적용해 볼 수 있도록 그 결과를 활용하라. 다른 사람들이 이런 절차에서 이미 얼마나 멀리 앞서 나아갔는지를 검토해 보고(앞서간 사람들의 공로를 인정해야 한다는 사실을 명심하라.) 어떤 지점에서 다시 출발해야 할지를 결정하라.

대체로 이런 식의 절차를 따라가다 보면 우리는 환원주의가 과학의 일차적이고 핵심적인 활동임을 알 수 있다. 그러나 과학자들이 분해와 분석만 하는 것은 아니다. 가치와 의미에 관한 철학적 반성을 통해 종합과 통합의 능력을 단련하는 것도 매우 중요하다. 예를 들어, 기본 단위를 찾는 데 몰두하는 과학자들처럼 아무리 좁은 영역에 초점을 맞추고 있는 연구자라 할지라도 복잡성은 늘 그들의 머릿속에 맴돌고 있다. 실제로 그들은 인접한 수준의 조직을 가로지르는 인과 그물, 예컨대 아원자 입자와 원자, 개체와 종에 대해서 숙고해야 하며 인과 그물의 숨겨진 설계와 힘도 고려해야 한다. 따라서 양자물리학은 원자 결합과 화학 반응을 설명하는 물리화학으로 융합되고, 원자 결합과 화학 반응은 분자생물학의 근본을 형성하며, 분자생물학은 세포생물학의 근간이 된다.

　더 큰 조직을 작은 부분들로 나누는 작업 뒤에는 환원주의의 개념적 쟁점이 숨어 있다. 각 조직의 수준에서 잘 통하는 법칙과 원리를 더 일반적이고 근본적인 조직 수준의 법칙과 원리로 환원할 수 있을까? 이런 질문에 대한 긍정적인 대답 중 가장 강한 형태는 완전 통섭(total consilience)이다. 이 입장에 따르면 자연은 물리학의 단순한 보편 법칙에 따라 조직되어 있고 모든 다른 법칙과 원리가 결국에는 이 법칙으로 환원된다. 이런 형이상학적 세계관은 나를 비롯한 수많은 과학적 유물론자들에게는 길이요 빛이기는 하지만 실상 참은 아니다. 적어도 이런 견해는 지나친 단순화의 산물이다. 예컨대 살아 있는 세포 수준과 그 위 수준들에서는 새로운 법칙과 원리로 설명해야 하는 현상들이 존재하기 때문이다. 그리고 그런 법칙과 원리는 더 일반적인 수준의 법칙과 원리로부터는 예측될 수 없는 것들이다. 아마도 상위 수준의 법칙과 원리 중에는 어쩌면 우리가 영원히 이해할 수 없는 것들도 있을 것이다. 가장 일반적인 수준에서 가장 복잡한 체계를 예측하기는 아마 불가능할 것이다. 하지만 이런 사실이 모두 나쁜 것만은 아니다. 나는 기꺼이 다음과 같이 고백할 수 있다. 과학에게 이러한 형이상학적 사슬을 씌움으로써 마치 살얼음판을 걷는 흥분을 느낄 수 있다고.

과학은 비록 완벽하지는 않지만 어쨌든 인류가 뽑아든 마지막 검이
다. 보편적이고 질서 잡힌 유물론에 관해 과학이 제기하는 질문은 철
학과 종교에서 제기될 수 있는 질문들 중 가장 중요한 것이다. 과학
의 절차는 숙달하기도 힘들지만 개념화하기도 쉽지 않다. 왜 과학이
시작되는 데 그렇게 오랜 세월이 걸렸으며 그것도 서양, 유럽이라는
특정한 곳에서 출발했는가? 또한 과학적 작업은 지극히 난해하여 매
우 오랫동안 답보 상태로 있기도 한다. 생산적인 과학자가 되려면 어
느 정도는 강박 관념에 사로잡힐 수밖에 없다. 새로운 발상들은 널려
있지만 대부분은 틀린다는 사실을 기억하라. 대부분의 번득 떠오르
는 착상은 그 어느 곳으로도 우리를 안내해 주지 못한다. 통계적으로
보면 과학자들은 인생의 절반을 일에 바친다. 살아남은 통찰을 입증
하기 위한 실험은 대부분 지루하며 많은 시간을 잡아먹지만 영락없
이 부정적이거나 (최악의 경우) 애매한 결과만을 남긴다. 지난 몇 해
동안 나는 주제넘게도 생물학 분야의 새로운 박사들을 다음과 같이
상담하는 일을 해 왔다. 만일 당신이 학문을 직업으로 선택한다면 당
신은 수업과 행정 업무를 수행하기 위해 일주일에 40시간을 써야 한
다. 그리고 또 다른 20시간 정도는 남부끄럽지 않은 연구를 위해 남
겨 둬야 하고 나머지 20시간 정도는 정말로 중요한 연구를 위해 쓸
필요가 있다. 신병 훈련소의 겁주기 지침서와 유사한가? 결코 그렇
지 않다. 사실, 이학 박사들 중 반 이상은 실패작이다. 즉 기껏해야
한두 편의 논문을 출판한 다음에는 독창적인 연구를 포기하고 말기
때문이다. 고압물리학의 창시자인 퍼시 브리지먼(Percy Bridgeman)은
그 지침을 다른 식으로 표현했다.(말장난의 의도는 없다.) "과학적 방법

이란 제명당하지 않기 위해 최선을 다하는 것이다."

독창적인 발견이 전부이다. 철학자 앨프리드 노스 화이트헤드 (Alfred North Whitehead)는 과학자들이 알기 위해서 발견하기보다는 발견하기 위해 안다고 말했다. 그들은 알 필요가 있는 것을 배운다. 그러나 새로운 발견이 일어나는 첨단 분야로 신속히 이동하려다 보니 어떤 때에는 다른 것들은 거의 모른 채 그냥 지나치는 경우들도 생긴다. 과학의 최전선에서 과학자들은 마치 풀밭 주위를 서성거리며 뭔가를 찾고 있는 사람들처럼 혼자서나 아니면 작은 집단으로 신중히 선택한 좁은 영역들을 탐색한다. 그래서 과학자들이 처음 만나 나누는 대화가 "당신은 무슨 연구를 하십니까?"인 것이다. 그들은 자신들을 일반적으로 묶어 주는 것이 무엇인지를 이미 알고 있다. 그들은 추상적 세계로 더 깊이 내려가자고 서로를 격려하는 동료 채굴꾼들이며 광맥을 꿈꾸지만 어떻게든 금덩이 하나라도 주우려고 대부분의 시간을 소비하고 있는 동병상련의 사람들이다. 그들은 매일매일 무의식적으로 "그래 바로 여기야, 가까이 왔어, 오늘이 그날이 될 거야."라고 되뇌며 일하고 있다.

그들은 전문가 게임의 첫 번째 규칙을 안다. 중요한 발견을 해라. 그러면 당신은 엘리트 의식을 거리낌 없이 내세우는 전문가 집단에서 성공적인 과학자가 될 것이다. 교과서에 당신의 이름이 실리도록 해라. 어떤 것도 그것을 빼앗지 못한다. 그렇지만 당신은 이미 얻은 명성으로 나머지 인생을 살 수도 있다. 물론 당신은 틀림없이 그렇게 하지는 않을 것이다. 중요한 발견을 한 사람 치고 그 다음에 편하게 놀면서 지내는 사람은 거의 없기 때문이다. 사실 모든 발견이 스릴 넘친다. 처녀지에 첫 발자국을 남기는 것만큼 즐거운 일도 없을 것이지만 그것만큼 중독성이 강한 마약도 없을 것이다.

만일 발견하지 못한다면 어떻게 될까? 그러면 당신이 과학 문화에 남길 수 있는 것은 거의 또는 아예 없다. 이것은 당신이 과학을 얼마나 많이 배웠으며 그것에 대해 얼마나 많이 집필했는지와도 상관이 없다. 물론 인문학자들도 발견을 한다. 그러나 그들에게 있어서 가장 독창적이고 가치 있는 작업은 대개 이미 존재하는 지식에 대한 해석과 설명이다. 만일 어떤 과학자가 의미를 조사하기 위해 지식을 분류하기 시작하면 그때부터 그는 인문학자로 분류된다. 이것은 특히 발견의 주변부에 머무르면서 그 지식을 보유할 때 더욱 그렇다. 과학자의 생명은 그 자신만의 과학적 발견이 있는가에 달려 있다. 과학적 경력을 위한 마지막 시험은 다음의 평서문이 얼마나 잘 완성될 수 있는가에 달려 있다. 즉 그(또는 그녀)는 ……를 발견했다. 자연과학에 과정과 산물 간의 근본적인 구분이 존재하는 이유가 바로 이 때문이다. 이제 이해될 것이다. 무언가를 이룬 그 많은 과학자들이 왜 편협하고 바보 같은 사람들인지를, 그리고 많은 현명한 학자들이 왜 열등한 과학자들인지를.

하지만 엄격한 집단주의적 의미에서도 과학 문화는 거의 없다. 이것은 매우 기이한 일이다. 예를 들어 입에 오르내릴 만한 의식도 행해지지 않는다. 기껏해야 몇몇 영웅들만 거론될 뿐이다. 하지만 세력권과 지위를 두고 벌이는 싸움에 대해서는 많은 이야기를 듣는다. 과학계의 사회 조직은 작은 영주국들의 느슨한 연맹과 가장 유사하다. 종교적 믿음에 관해서 과학자들은 거듭난 기독교인에서부터 다수의 골수 무신론자까지 매우 다양하다. 철학자들은 거의 없다. 대부분은 하루 벌어 하루 먹고 살면서 대박의 꿈을 간직한 채 지방을 전전하는 지적인 떠돌이들이다. 그들은 종종 학부에서 과학을 가르치기도 하고 다른 전문가 집단들에 비해 비교적 대우가 괜찮은 것에 대해 즐거

위하며 무언가를 발견하는 직업에 만족해 하고 있다.

과학자들의 성격은 어떨까? 그들은 개체군 내에 존재하는 변이들처럼 천차만별이다. 1,000명으로 이뤄진 표본을 임의로 골라 보라. 그러면 모든 측면에서 거의 모든 부류의 인간을 만나게 될 것이다. 예컨대, 아낌없이 주는 사람부터 남을 밟고 올라서는 사람까지, 성격이 모나지 않은 사람부터 정신병자까지, 근엄한 사람부터 경박한 사람까지, 사교적인 사람부터 혼자 있기를 좋아하는 사람까지. 어떤 사람은 결산 작업을 해야 하는 4월의 세무사처럼 냉정한 사람인가 하면 몇몇 사람들은 명백한 조울증 환자이다.

그렇다면 과학자들의 동기는 어떨까? 돈을 챙기려는 장사치에서 고매한 인격자까지 각양각색이다. 아인슈타인은 1918년에 막스 플랑크의 60회 생일을 축하하는 자리에서 과학자들을 기막히게 잘 분류했다. 그의 말을 들어 보자. "과학의 사원에는 세 종류의 사람이 있다. 그들 중 많은 이들은 자신의 우월한 지적 능력을 즐기기 위해 과학을 한다. 그들에게 연구는 개인의 야망을 충족시켜 주는 일종의 스포츠이다. 두 번째 부류의 사람들은 순전히 공리주의적인 목표 때문에 과학에 종사한다. 그러나 세 번째 부류가 있다. 만일 하느님의 천사가 내려와서 이 두 부류에 속하는 모든 이들을 과학의 사원에서 쫓아낸다고 하더라도 플랑크를 포함한 소수의 사람들은 그 자리에 가만히 있을 것이다. 이것이 우리가 그를 좋아하는 이유이다."

과학적 연구는 이런 의미에서 하나의 예술이다. 즉 당신이 어떻게 발견했는가는 중요하지 않다. 단지 당신의 주장이 참이고 확실히 타당한지만이 문제시된다. 이상적인 과학자는 시인처럼 생각하고 회계사처럼 일한다. 그리고 혹시 재능이 넘쳐나는 과학자라면 저널리스트처럼 멋진 글쓰기도 할 수 있을 것이다. 화가가 텅 빈 캔버스 앞에 서서 작품을 구상하듯이, 그리고 소설가가 눈을 지그시 감고 지난 경험들을 회상하듯이 과학자는 결론을 위한 고민만큼 주제에 대해서도 고민하며 해답을 위한 고민만큼이나 질문에 대해서도 고심한다. 비록 얻은 결론이라는 것이 새로운 도구나 이론이 필요하다는 정도일지라도 그로 인해 연구의 새로운 문이 열린다면 그것으로 충분할 수도 있다.

과학에서 창조성의 수준은 예술에서와 마찬가지로 재능 못지않게 자신에 대한 이미지에 의존한다. 대성할 과학자라면 육지의 풍경은 잠시 접어두고 푸른 바다를 향해 돌진할 만큼 확신에 차 있어야 한다. 그는 목표를 위해 위기와 역경을 기꺼이 헤쳐 나간다. 그리고 잊혀진 논문들의 각주가 재능은 있지만 소심한 사람들의 이름들로 뒤범벅되어 있다는 사실을 잊지 않는다. 이와는 달리 만일 그가 대다수의 동료들처럼 해변으로 달려가고자 한다면 그는 정상 과학에 딱 맞는 지성을 가지고 있어야 한다. 즉 무엇이 필요한지를 충분히 알 정도로 똑똑하기는 하지만 그 일에 지루함을 느껴 고생할 만큼 똑똑하지는 말아야 한다.

과학자의 연구 스타일은 그가 어떤 학문에 종사하느냐에 따라 달라지며 소질과 취향에 의해 굳어진다. 만일 그의 심장에 자연주의자의 피가 흐르고 있다면 그는 미지의 세계를 찾아서 나무가 빽빽한 진짜 숲을 이리저리 헤맬 것이다. 요즘에는 분자들로 빽빽한 세포 주변을 배회하는 과학자들이 더 많아졌다. 이런 의미에서 그들은 사냥꾼의 본능을 가지고 있다. 한편 수학자들은 이해가 덜 된 과정을 마음속에서 그려 보고 직관이 말하는 중요한 요소들로 그것의 뼈대를 추려 본다. 그리고 그 과정을 도식과 공식으로 변형시킨다. 수학자들은 실험자들에게 늘 이런 식으로 말한다. "우리는 이 과정을 직접 볼 수는 없다. 하지만 만일 그것이 이런 식으로 작동한다면 간접적인 탐구를 위한 변수와 그 결과를 설명할 수 있는 언어가 여기에 있다."

타당성의 기준은 분과마다 다르다. 계통분류학자의 경우에는 우연히 새로운 종을 만난 후 그 종이 새롭다는 점을 확실히 인지하기만 하면 된다. 그렇게 하면 중요한 발견을 한 셈이다. 1995년의 일이다. 두 명의 덴마크 동물학자들이 바닷가재의 입 부분에서 서식하는 새로운 종을 하나 발견했다. 그들은 윤형동물을 닮은 이 조그만 생물을 전적으로 새로운 문('계'와 '강' 사이의 분류 범주.—옮긴이)이라고 주장했다. 즉 서른다섯 번째의 문이 탄생한 것이다. 한편 생화학에는 전혀 다른 타당성 기준이 있다. 생화학자들은 효소로 매개된 반응 단계들을 복제함으로써 호르몬의 자연 합성과 생물학적으로 중요한 다른 분자들을 규칙적으로 추적한다. 실험 물리학자들은 어떤가? 화학에 비해 직접적인 관찰이 더 어려운 영역에 종사하는 그들은 과학자들 가운데 가장 난해한 작업을 하고 있는 사람들이다. 그들은 전자와 광자의 고에너지 충돌을 통해 쿼크의 공간 분포를 연역해 낸다.

이제 막 과학의 길에 들어선 과학도에게 한마디 하겠다. 과학적 발견을 해 내는 데에는 고정된 방식이 없다. 그 주제와 관련된 모든 것을 동원하라. 물론 다른 이들도 재현해 볼 수 있는 절차들을 찾아야 할 것이다. 예를 들어 상이한 양식과 스타일의 실험, 예측된 원인과 결과의 상관관계, 무효 가설들을 기각하기 위한 통계 분석, 논리적 논증, 세부 사항에 대한 주의 그리고 다른 사람이 발표한 결과와의 일관성 등을 고려해야 한다. 그래야만 어떤 물리적 사건이 다양한 환경에서 계속적으로 관찰된다고 인식될 수 있다. 이 모든 행위는 개별적으로 또는 종합적으로 과학의 진정한 검사필 항목들이며 필수품들이나. 이와 더불어 이런 행위의 결과가 어떤 이들에게 공개될 것인지에 대해서도 염두에 두어야 한다. 평판이 좋고 심사 체계가 잘 되어 있는 학술지에 발표할 수 있도록 준비하라. 과학 풍토 중 다소 부조리해 보이는 것 중 하나는 아무리 훌륭한 발견이더라도 무사히 심사를 통과하고 활자로 인쇄가 되어야만 비로소 의미를 지니게 된다는 점이다.

과학적 증거들은 이론이라는 설계도와 동력원을 통해 절묘하게 결합되며 누적된다. 그래서 자연선택 이론과 상대성 이론처럼 어떤 한 아이디어가 세계관의 혁명까지 몰고 오는 경우는 매우 이례적이다. 분자생물학의 혁명조차 물리학과 화학의 바탕에서 확립되어 누적적으로 발전했을 뿐이지 물리학과 화학의 근본 내용을 바꾸지는 못했다.

과학에서 최종 주장은 거의 없다. 하지만 증거들이 계속 쌓이고 이론들이 더 단단하게 서로 얽히면서 보편적인 인증을 받은 지식들은 있다. 과학의 세계에서 신빙성의 증가는 다음 표현들의 변화를 보면 알 수 있다. "흥미로운"에서 "그럴듯한"으로, "그럴듯한"에서 "설득력 있는"으로, "설득력 있는"에서 "받아들일 수밖에 없는"으로, 그러다가 충분한 시간이 지나면 드디어 "명백한"이라는 수식어로 변화된다.

하지만 이런 식의 승인 등급을 객관적으로 나눌 수 있는 기준은 없다. 다시 말해 신빙성의 정도를 잴 수 있는 외적이고 객관적 기준이 없다는 말이다. 윌리엄 제임스(William James)의 말대로 "보증받은 단정 가능성"만이 있을 뿐이다. 이 기준에 따르면 실재에 대한 특정한 언명들은 반론이 더 이상 제기되지 않을 때까지 과학자들의 요구에 점점 더 부응해 간다. 수학자인 마크 캑(Mark Kac)이 한때 말했듯이 증명은 분별 있는 사람을 확신시키는 것인 반면 혹독한 증명은 분별없는 사람을 확신시키는 것이다.

과학의 방법은 때로는 요리법으로도 간주될 수 있을 것이다. 가장 만족스러운 요리법은 복수의 경합 가설들이 있는 경우에 쓰이는 것으로, 흔히 "강한 추론법"으로 알려져 있다. 이 방법은 제한된 상황에서 상대적으로 단순한 과정들을 다루는 경우에만 유용하다. 특히 상황과 역사의 영향을 거의 받지 않는 물리학과 화학에서 잘 작동한다. 어떤 현상이 발생하는 것은 알지만 직접 관찰할 수는 없다고 해보자. 이 경우 그 현상의 정확한 본성은 추측될 뿐이다. 연구자는 '강한 추론법'에 따라 그 현상을 일으킬 수 있는 가능한 모든 방식들(복수 경합 가설들)을 고려해 보고 그중 하나를 제외한 다른 모든 것들을 제거할 수 있는 실험을 고안한다.

1958년 캘리포니아 공과 대학의 매튜 메셀슨(Matthew Meselson)과 프랭클린 스탈(Franklin Stahl)은 DNA 분자가 어떤 단계를 거치며 자기 자신을 복제하는지를 밝힐 수 있는 방법을 고안했다. 우선 결론부터 말하면 하나의 이중 나선이 풀리면서 2개의 나선이 만들어지고 각 나선이 새로운 짝을 만나 2개의 새로운 이중 나선이 만들어진다. 하지만 당시에는 이와는 다른 방식으로 DNA 분자의 자기 복제 메커니즘을 설명하는 여러 가설들이 있었다. 예컨대 이중 나선이 전체를 한 번에 복제한다는 가설도 있었고 복제 과정을 통해 한 가닥의 나선이 부서지고 흩어진다는 가설도 있었다. 하지만 이런 경합 가설들은 모두 역사의 뒤안길로 사라져야 했다.

왜 그럴 수밖에 없었을까? 증명 방법은 간단했다. 메셀슨과 스탈은 경합 가설들 중에 어떤 가설이 참인지를 가릴 수 있는 결정적 실험을 고안해 냈다. 그들은 중질소(^{15}N) 배지 속에 박테리아를 넣고 증식시켜 그 DNA가 모두 중질소늘 함유하도록 만들었다. 그 다음에는 그것을 보통 질소(^{14}N) 배지 속에 넣고 또 한 번 증식시켰다. 그들은 증식의 단계마다 DNA를 추출하여 염화세슘 용액 속에 넣고 그것을 원심 분리기로 분리시켜 밀도가 어떻게 분포하는지를 조사했다. 이렇게 하면 중질소를 함유한 DNA 분자들은 정상 질소를 함유한 DNA 분자보다 무거워서 염화세슘 용액의 밑에 깔리게 된다. 평형 상태에 도달하면 DNA는 "단일 나선 분리와 이중 나선의 재형성"이라는 가설과 정확히 일치하는 밴드 패턴으로 분리된다. 이런 결과는 경합하던 두 가설들을 기각하기에 충분했다.

분자유전학처럼 상대적으로 깔끔한 세계에서도 과학은 논증과 증명으로 여기저기 기운 누더기이다. 그러나 이런 방법들에도 공통 요소들이 있을지 모른다. 우리는 과학 진술을 시험하기 위한 보편적인 리트머스 시험지를 만들어 낼 수 있을까? 그리고 그것으로 결국 객관적 진리라는 성배(聖杯)를 얻을 수 있을까? 그렇게 할 수 없으며 하지 못할 것이라는 견해가 현재의 입장이다. 과학자와 철학자는 대체로 절대적 객관성에 대한 탐구를 포기했으며 다른 쪽을 알아보고 있다.

하지만 나는 설령 이단이라는 소리를 듣는 한이 있더라도 다른 입장을 말하려 한다. 즉 나는 우리가 객관적 진리에 다다를 수 있다고 생각한다. 우리는 그 기준을 경험적 탐구를 통해서 얻을 수도 있다. 이것을 위해서는 우리가 잘 이해하고 있지 못한 정신 작용들이 무엇인지를 파악하는 일과 과학의 속성처럼 굳어진 단편적 접근을 향상시키는 일이 급선무이다.

왜 그런가? 우리의 머리 바깥에는 독립적으로 존재하는 실재가 있다. 정신나간 사람과 구성주의 철학자 몇몇만이 이것의 존재를 의심한다. 우리 머릿속에서는 감각 입력과 개념의 자기 형성에 기반을 둔 실재에 대한 재조직이 일어난다. 즉 뇌 속의 독립된 존재자——철학자인 길버트 라일(Gilbert Ryle)은 이를 "기계 속의 영혼"이라는 유명한 말로 표현했다. ——가 아니라 입력과 자기 형성이 마음을 구성하고 있는 것이다. 내가 앞서 언급했듯이 외부의 존재와 그것에 대한 내부적 표상의 관계는 인간 진화의 특이성 때문에 왜곡되어 왔다. 즉 자연선택은 생존을 위해 뇌를 만들었기 때문에 생존에 필요한 것보다 더 깊이 세계를 이해할 수 있는 것은 오직 부차적인 결과일 뿐이다. 과학자들의 주요 작업은 이런 불일치를 진단하고 교정하는 일이다. 그렇게 하려는 노력이 이제 막 시작되었다. 그 누구도 객관적 진리가 불가능하다고 가정해서는 안 된다. 대부분의 철학자들이 그 불가능성을 인정하라고 우리를 다그칠 때에도 그렇게 해서는 안 된다. 특히 인식론의 보병인 과학자가 자신의 사명에 치명적인 영향을 줄 수 있는 주장을 너무 빨리 인정해서는 곤란하다.

과학적 이해에 바탕을 둔 객관적 진리를 추구한다는 것이 때로는 터무니없다고 생각될 때도 있을 것이다. 하지만 그것만큼 중요하고 야심만만하며 존귀한 지적 비전은 없다. 이 비전은 처음에는 그리스 철학에서 강조되었다가 근대에 와서는 18세기의 계몽사상, 즉 과학이 모든 물리적 존재를 지배하는 법칙을 발견할 것이라는 믿음으로 발전했다. 그래서 탁월한 선배 학자들은 인간의 지성을 억류했던 모든 신화와 그릇된 우주론 같은 1,000년 묵은 잔해들을 깨끗이 청소해 버릴 수 있다고 믿었다. 이 계몽사상의 꿈은 낭만주의의 유혹 앞에서 시들고 말았다. 하지만 그것보다 이제까지 과학이 인간 마음의 물리적 기초를 탐구하지 못했다는 점이 오히려 훨씬 더 중요하다. 왜냐하면 계몽사상의 약속에서 가장 중요한 영역이 바로 인간의 마음이기 때문이다. 계몽사상이 낭만주의 앞에서 무릎을 꿇을 수밖에 없었던 것은 두 가지 엉뚱없는 이유가 함께 작용했기 때문이다. 즉 사람들이 선천적으로 낭만주의자라서 신화와 도그마에 빠질 수밖에 없다는 사실과 사람들이 왜 그러는지를 과학자들이 설명할 수 없다는 점 말이다.

19세기가 마감되는 시점에서 객관적 진리를 향한 꿈은 두 철학 사조 덕분에 되살아나기 시작했다. 그중 하나는 유럽에서 시작된 실증주의였다. 실증주의는 우리가 감각으로 지각하는 것을 정확하게 기술하는 것만이 확실한 지식이라는 확신에서 출발했다. 나머지 하나는 미국에서 시작된 실용주의였다. 실용주의는 인간의 행위와 모순 없이 작동하는 것만이 진리라고 믿었다. 이 두 철학 사조는 그 당시에 승승장구하고 있던 물리학의 탁월한 성과들로부터 큰 힘을 얻었다. 그 무렵의 물리학은 전기 모터, 엑스선, 시료화학 등을 통해 정확하고 실천적인 지식이 가능하다는 사실을 입증해 보이고 있었다.

객관적 진리를 향한 꿈은 논리실증주의가 정식화되자 절정에 달했다. 논리실증주의는 실증주의의 한 변형으로서 과학적 진술의 본질을 논리와 언어 분석을 통해 정의하려고 했다. 많은 사상가들이 이 운동에 기여했지만 이 운동의 추동력은 빈 학파에 있었다. 이 학파는 1924년에 철학자인 모리츠 슐리크(Moritz Schlick)가 창설했는데 회원은 대체로 오스트리아 지식인들이었다. 이 학파의 정기 모임은 슐리크가 죽던 1936년까지 계속되다가 이후에는 일부 회원들이 독일의 나치 정권을 피해 미국으로 이주하면서 와해되었다.

논리실증주의에 동조하는 많은 학자들이 과학의 통합을 위한 제 15회 세계 대회에 참석하기 위해 1939년 9월 3~9일에 하버드 대학교에 모였다. 20세기 사상사의 주역들이 많이 모였다. 루돌프 카르납(Rudolf Carnap), 필립 프랭크(Phillip Frank), 수잔 랭어(Susanne Langer), 리하르트 폰 미제스(Richard von Mises), 어니스트 네이글(Ernest

Nagel), 오토 노이라트(Otto Neurath), 탤컷 파슨스(Talcott Parsons), 윌러드 반 콰인(Willard van Quine), 조지 사튼(George Sarton) 등이 그들이다. 그들은 대회 이틀 전에 시작된 폴란드 침공 때문에 심란했을 것이다. 나폴레옹의 전쟁으로 인해 계몽사상이 원래 가진 설득력이 약화되었듯이 인종의 우열을 주장하는 사이비 과학을 통해 불붙은 잔인한 영토 전쟁은 이성의 능력을 여전히 비웃는 듯했다. 하지만 거기에 모인 학자들은 합리적으로 획득된 지식이 인류를 위한 최고의 희망임을 주장했다.

그들은 어떻게 하면 과학적 풍토를 증류해 낼 수 있을지를 질문했다. 빈 학파가 창조한 이 운동은 두 가지 측면에서 진행되었다. 한 측면에서는 계몽 운동의 핵심적인 이상, 즉 실재론을 고수하는 일이 인류가 진보할 수 있는 최선의 길이라는 입장을 재천명하는 것이었다. 카르납의 표현을 빌자면 인류에게는 "보호자도 적도 없기 때문에" 인류 자신만의 지성과 의지를 통해서 초월적 존재로의 길을 찾아가야 한다. 과학은 우리가 마음대로 쓸 수 있는 최상의 도구일 뿐이다. 빈 학파가 하버드의 모임이 있기 20년 전에 선언했듯이 "과학적 세계관은 우리 삶에 이바지할 것이고, 그렇게 되면 삶이 과학적 세계관을 지지할 것이다."

다른 측면에서 이 운동은 과학적 지식을 판단할 수 있는 순수한 표준을 찾는 쪽으로 전개되었다. 논리실증주의자들은 모든 기호들이 실재하는 어떤 것들을 지시해야 한다고 결론 내렸다. 기호는 확립된 사실들과 이론으로 이루어진 전체 구조에서 일관적이어야 한다. 계시나 근거 없는 일반화는 허락되지 않았다. 이론은 정해진 방법에 따라 사용되어야 하고 사실들에 잘 부합해야 한다. 그리고 언어의 정보적 내용은 언어의 감정적 내용과 조심스럽게 구분되어야 한다. 이런 다양한 목표들을 달성하기 위해 가장 중요한 것은 검증이다. 진술의 의미는 그 진술을 검증하는 방법에 따라 결정된다. 만일 그 지침이 점점 세련되고 사람들이 그 지침을 따라간다면 우리는 언젠가 객관적 진리에 접근할 것이다. 이런 일이 일어나면 무지에 바탕을 둔 형이상학은 십자가 앞의 흡혈귀처럼 뒷걸음질을 칠 것이다.

케임브리지에서 만난 논리실증주의자들은 순수 수학이 성배 자체라기보다는 성배를 찾는 모험의 도상에서 만난 과학의 도구임을 알고 있었다. 이론의 뼈대를 마음대로 만들어 낼 수 있는 수학의 막강한 권능은 수학의 동어 반복성에서 나온다. 즉 결론이 전제로부터 완벽하게 따라 나온다. 그리고 이 결론은 실제 세계와 관련을 맺을 수도 있고 그렇지 않을 수도 있다. 수학자는 보조 정리와 정리를 만들어 내고 증명을 한다. 이때 보조 정리와 정리는 또 다시 다른 보조 정리와 정리를 이끌어 낸다. 그리고 이 과정은 계속 될 수 있다. 그중 어떤 것들은 물질세계의 자료들과 부합하지만 다른 것들은 부합하지 않는다. 위대한 수학자들은 눈부신 솜씨를 가진 지식 세계의 운동선수들이다. 때로 그들은 우리가 상상도 못했던 추상적 사고의 새로운 영역을 활짝 여는 새로운 개념들을 만들어 내기도 한다. 복소수, 선형 변환 그리고 조화 함수 등은 수학적으로도 가장 흥미로울 뿐만 아니라 과학에도 유용한 개념들이다.

순수 수학은 상상의 세계에 대한 과학이다. 논리적으로 닫힌 계이지만 모든 방향으로 무한하게 뻗어 나갈 수 있다. 만일 시간과 계산 능력에 제약이 없다면 우리는 상상 가능한 모든 세계를 기술할 수 있을지도 모른다. 그러나 수학만으로는 우리가 살고 있는 이 특수한 세계를 알 수 없다. 오직 관찰만이 다른 세계에는 존재하지 않거나 다르게 존재할 수도 있는 주기율표, 허블 상수 그리고 우리 존재의 모든 확실성을 밝혀 준다. 물리학과 화학 그리고 생물학은 우리 은하가 속한 우리 우주의 매개 변수들의 제약을 받고 있다. 바로 그 때문에 우리가 만져 볼 수 있는 그런 모든 현상들을 설명하기 위한 과학이 된다.

수학은 자연과학을 매우 효율적으로 만드는 능력을 갖고 있다. 따라서 그것은 객관적 진리의 궁극적 목표를 똑바로 가리키는 것처럼 보인다. 논리실증주의자들은 관찰과 추상적인 수학 이론이 양자역학과 상대성 이론에서 톱니바퀴처럼 딱 들어맞는다는 사실에 깊은 인상을 받았다. 20세기의 이런 위대한 승리는 인간 두뇌의 타고난 능력에 대한 새로운 확신을 고취시켰다. 한번 생각해 보라. 신석기 마을에서 뛰쳐나온 지 얼마 안 되는 영장류인 호모 사피엔스가 여기에 있다. 그런데 지금 이들은 일상적인 경험을 훨씬 뛰어넘는 현상들을 정확하게 예측하고 있다. 너무나 놀랍지 않은가? 이론가들은 우리가 객관적 진리를 설명하는 일반 방정식에 접근해 있다고 장담했다.

하지만 성배는 그들을 피해 갔다. 논리실증주의는 발부리가 걸려 멈춰 서게 되었다. 오늘날에는 논리실증주의에 대한 분석이 몇몇 철학자들을 통해서 철학 영역에서 더 자주 연구되고 있다. 이것은 마치 멸종의 원인을 이해하기 위해 공룡 화석을 고생물학 실험실에서 연구하는 것과 같다. 논리실증주의의 마지막 보루는 1956년 『과학철학 미네소타 연구(*Minnesota Studies in the Philosophy of Science*)』에 게재된 별로 읽히지 않은 카르납의 논문이었는지 모른다. 논리실증주의의 치명적인 결점은 전체 체계의 의미론적 구분 장치 속에 있었다. 즉 논리실증주의자와 그 후예들은 몇 가지 기초적인 구분들, 예컨대 사실과 개념 간의 구분, 경험적 일반화와 수학적 진리 간의 구분, 이론과 사유 간의 구분 등에 대해 한목소리를 내지 못했다. 이런 구분들에 대한 불일치를 넘어 그들은 과학적 진술과 비과학적 진술 간의 차이에 대해서도 의견을 달리했다.

논리실증주의는 근대 철학자들의 시도들 중에서 가장 대담한 것이었다. 논리실증주의의 실패 혹은 결점은 인간의 두뇌가 어떻게 작동하는지를 간과했기 때문에 생겼다. 내 견해로는 그것이 전부라고 생각한다. 당시의 과학자나 철학자들은 관찰과 추론의 물리적 활동을 상당히 주관적인 용어로 설명할 수밖에 없었다. 불행히도 이에 관해서는 지난 50년 동안 별로 발전한 게 없다. 인간의 마음에 관한 연구는 현재 활발히 진행되고 있지만 여전히 안개 속에 있다. 과학은 가장 복잡한 정신 작용들을 통해서 수행되는 데 비해 우리는 아직도 인간의 두뇌에서 개념들이 기본적으로 어떻게 다뤄지고 있는지조차 잘 모른다. 과학자들은 융통성을 갖고 생각한다. 예컨대 그들은 모든 것을 임의대로 작은 부분들로 나누면서도 개념, 증거, 유관성, 연결성, 분석 등을 늘 염두에 둔다. 한때 개념 형성의 복잡성 문제에 천착하기도 했던 노벨상 수상자 허버트 사이먼(Herbert Simon)에 따르면 "창조적 사고를 하는 사람과 그렇지 못한 사람을 뚜렷이 구분짓는 특성은 (1) 창조적 사고를 가진 사람은 모호하게 정의된 문제 진술들을 기꺼이 받아들이고 그것들을 점진적으로 구조화하며, (2) 상당한 기간 동안을 그 문제들에 천착하고, (3) 그 문제들과 관련되거나 잠재적으로 관련된 분야들에 관한 배경 지식이 풍부하다는 점이다."

요컨대 창조적 사고를 위해서는 박학, 강박 관념 그리고 대담성이 필요하다는 말이다. 창조적 과정은 불투명한 혼합물이다. 과학자들이 실제로 어떻게 연구 결과들을 얻게 되었는지를 정말로 알고 싶다면 진솔한 고백이 담긴 회고록을 보는 수밖에 없는지도 모른다. 어떤 의미에서 과학 논문은 일부러 오도된다. 소설이 소설가보다 낫듯이 과학 논문은 과학자보다 낫다. 논문 속에서는 그 논문을 이끌어 내는 데 실제로 일조한 모든 혼동들과 저급한 사고들이 언제 그랬냐는 듯이 사라져 버린다. 난해하고 허접한 것들은 널려 있다가 곧 잊혀지지만 사실은 이런 것들이 과학적 성공의 비밀을 대부분 간직하고 있다.

논리실증주의자들이 야심차게 탐구한 객관적 과학 지식의 규범적인 정의는 철학적인 문제가 아니다. 또한 그들의 희망처럼 논리적이고 의미론적 분석을 통해서 해결할 수 있는 문제도 아니다. 그것은 오로지 인간의 사고 과정 자체에 대한 물리적 기초를 계속적으로 탐구함으로써 대답될 수 있는 경험적인 문제이다. 복잡한 정신 작용들을 시뮬레이션하기 위해 인공 지능을 활용하는 일은 가장 생산적인 방법들 중 하나가 될 것이다. 게다가 인공 감정이라는 영역은 아직 걸음마 단계이기는 하지만 조만간 인공 지능에 큰 도움이 될 것이다. 이런 모델링 체계는 최근에 급성장 중인 뇌신경생물학에 통합될 것이다. 다양한 형태의 사고를 통해 활성화되는 계산망을 고해상도로 스캔하는 작업도 필요하다. 학습 과정에 대한 분자생물학적 지식도 큰 진보가 있을 것이다.

만일 개념 형성의 생물학적 과정이 정확히 이해된다면 우리는 뇌와 뇌 밖의 세상을 탐구하기 위한 더 나은 방법들을 고안해 낼 수 있을지도 모른다. 그렇게 되면 사건, 자연법칙 그리고 사고 과정에 대한 물리적 기초 간의 연결을 단단하게 할 수 있을 것이다. 그렇다면 결국 마지막 단계로 넘어가 객관적 진리에 대한 확고한 정의를 내릴 수도 있을까? 아마도 그렇게 하지는 못할 것이다. 사실은 그 개념 자체가 위험스럽다. 왜냐하면 거기에는 절대주의의 냄새가 나기 때문이다. 절대주의는 과학과 인문학에 공히 위험한 메두사와 같다. 객관적 진리에 대한 확고한 정의를 섣불리 받아들이는 것은 그것을 거부하는 것보다 더 위험할 수 있다. 그렇다면 포기할 준비를 해야 되는 가? 결코 그래서는 안 된다! 의미 없는 바다에서 표류하는 것보다는 길잡이가 되는 별을 향해 항해하는 편이 낫지 않은가? 나는 우리가 선배들의 목표에 접근하고 있는지를 스스로 알 수 있을 것이라 생각 한다. 설령 도달할 수 없다 할지라도 말이다. 객관적 진리는 우리가 따르는 철학적 실용주의 정신과 우리가 공유하는 생각들의 우아함, 아름다움 그리고 능력 속에서 언젠가 꽃을 피울 것이다.

5장

아리아드네의 실타래

과학적 방법에 힘입어 우리는 물리 세계에 대해 지난 세대들이 상상했던 것보다 훨씬 포괄적인 이론을 갖게 되었다. 이제는 우리 자신을 향한 엄청난 모험이 시작되었다. 지난 몇십 년 동안 자연과학은 그 영역을 꾸준히 넓혀 드디어 사회과학과 인문학을 만나게 했다. 이제 이 같은 진보를 이끈 통섭적 설명의 원칙은 혹독한 시험을 치러야 한다. 물리과학은 그런 대로 잘 지나갔지만 사회과학과 인문학은 진정한 도전을 맞게 될 것이다. 학문 분과들이 이런 식으로 불확실하게 함께 엮이는 현실에는 고대 그리스 인들을 기쁘게 만들었을 만한 신화적 요소들, 예컨대 험난한 길, 위험을 무릅쓴 역정 그리고 우리를 무사히 귀환시킬 비밀스러운 가르침 등이 포함되어 있다. 이런 신화적 요소들은 수백 년 동안 많은 이야기들로 만들어졌다. 통섭의 은유로 떡결힐 깃 깉은 크레타 섬의 미노 이야기도 그중 하나이다.

헤라클레스처럼 힘이 센 아테네의 영웅 테세우스가 크레타 섬의 미로 중심부로 걸어 들어간다. 수없이 구부러지고 틀어진 길을 따라가면서 그는 아리아드네가 준 실타래를 풀어 놓는다. 아리아드네는 크레타의 왕 미노스가 사랑하는 딸이다. 테세우스는 숨겨진 통로 어딘가에서 미노타우로스를 만난다. 사람의 몸에 황소의 머리를 한 괴물인 미노타우로스에게 아테네는 크레타 섬에 바치는 공물 명목으로 해마다 7명의 처녀 총각을 희생물로 바친다. 테세우스는 맨손으로 미노타우로스를 죽이고 아리아드네의 실을 따라 그가 온 길을 다시 되밟아 미로를 빠져나온다.

여기에서 미로는 미지의 물질세계를 상징한다. 그리고 미로의 기원, 즉 선사 시대의 크레타 섬과 아티카 간의 충돌은 그 세계를 이해하기 위해 발버둥치고 있는 인류의 모습에 대한 신화적인 이미지이다. 그렇다면 아리아드네의 실타래는 무엇일까? 그것은 학문 분과들 간의 통섭적 가로지르기를 상징한다. 그리고 테세우스는 인류이며 미노타우로스는 우리 자신 속에 도사리고 있는 위험한 비합리성이다. 경험 지식의 미로 입구에는 물리학이 한 통로를 차지하고 있고 그 다음에는 모든 탐구자들이 따라가야만 하는 몇몇 통로들이 갈라져 있다. 깊은 안쪽에는 사회과학, 인문학, 예술 그리고 종교로 통하는 통로가 있다. 만일 인과적 설명들을 이어 주는 실타래가 잘 풀려져 있다면 어떤 통로에서든 되돌아올 수 있다. 예컨대, 행동과학을 거쳐서 생물학, 화학 그리고 물리학으로 되돌아가는 것도 가능하다.

하지만 우리는 미로를 빠져나오지 못하도록 만드는 복병들이 존재한다는 사실을 곧 발견하게 된다. 예를 들어, 경험 지식의 미로는 입구는 있지만 중심은 없으며 미로 내부의 깊숙한 곳에는 막다른 골목들이 수없이 많다. 풀린 실을 따라 결과에서 원인으로 되돌아갈 때 우리는 오직 하나의 막다른 골목에서 시작할 수 있다. 따라서 실제 세계의 미로는 거의 무한한 가능성이 있는 보르헤스의 미로이다. 우리가 모든 것들의 지도를 그리고 모든 것들을 발견하고 설명할 수는 없다. 그러나 우리는 밝혀진 부분들을 통해 특수한 것에서 일반적인 것으로 신속하게 이동하기를 희망하며 그 경로들을 영원히 추적할 수 있다. 우리에게는 횃불과 실타래가 있기 때문에 실들을 연결하여 설명의 그물을 더 넓힐 수 있다.

통섭을 정의하는 특성들 중에는 또 다른 것이 있다. 가지처럼 뻗어 나간 통로들을 통해 앞으로 나아가는 것보다 뒤로 가는 편이 훨씬 쉽다는 사실이 그것이다. 설명의 한 단편이 한번에 한 수준에서 이뤄지고 그 다음에 다른 수준으로 이동해서 마침내 다양한 끝점들에 이른다면, 우리는 그중 한 끝점에 놓여 있는 실을 잡고 되돌아가서 결국 가장 낮은 수준에 존재하는 물리 법칙에 다다를 수 있을 것이다. 그러나 반대 방향, 즉 물리학에서 끝점들로 가는 길은 문제가 상당히 많다. 물리학으로부터 멀리 떨어지면 떨어질수록 갈 수 있는 길은 지수 함수적으로 증가한다. 복잡성의 측면에서 보면 생물학은 물리학에 비해 상상도 할 수 없을 정도로 복잡하며 예술은 생물학에 비해 또 그만큼 복잡하다. 여행 중에 잠시 머무르는 일은 거의 불가능해 보인다. 더욱 좋지 않은 점은 우리가 여행을 시작하기 전에는 우리의 머릿속에 있는 완벽한 여행이 정말로 존재하는지조차 알 길이 없다는 사실이다.

세포생물학 교과서를 보라. 그러면 미로의 입구에서 끝점에 이르는 과정에서 복잡성이 어떻게 폭발적으로 증가하는지를 알 수 있을 것이다. 연구자들은 물리학과 화학의 환원주의적 원리들을 사용하여 세포의 구조와 활동을 엄청나게 자세히 설명해 왔다. 그들은 연구에 사용되는 모든 공류의 세포에 대해 모든 것을 설명할 수 있기를 기대하고 있다. 예컨대, 그들은 세포를 세포 내 소기관들로 환원한 후에 그것을 전체적으로 재조립하면서 미로의 입구와 단순성을 향해 여행하고 있다. 이와 동시에 그들은 물리학과 화학으로부터 세포의 모든 특성들을 예측하려는 일말의 희망을 품고 있다. 하지만 미로의 입구에서 점점 멀어져 가면서 복잡성은 점점 증가한다. 따라서 과학의 주문을 외우려면 물리과학의 설명만으로는 부족하다. 그런 개념적 횡단에 성공하려면 우리는 특정한 세포의 핵과 세포 내 소기관들뿐만 아니라 이 모든 것을 구성하고 있는 분자들의 조합에서 특이한 성질들이 매우 많이 생긴다는 사실을 알아야 한다. 또한 계속적으로 일어나는 세포와 환경 간의 화학적 교환 과정에 엄청난 복잡성이 도사리고 있음을 간과해서는 안 된다. 게다가 이런 특이성과 복잡성뿐만 아니라 무수한 세대 동안 이어져 내려온 DNA의 감춰진 역사도 우리를 기다리고 있다.

간단히 말해 보자. 우리가 궁금해 하는 것은 세포가 어떻게 구성되었으며 그렇게 되기까지 어떤 진화의 역사를 거쳤는가 하는 것이다. 생물학자들은 연구를 진행하기 위해 어쩔 수 없이 세포 내의 복잡성을 먼저 기술하고 그 다음에 그것을 분해해서 분석한다. 다른 방식을 상상할 수는 있지만 생물학자들은 그것이 결코 만만치 않다는 사실을 누구보다 잘 알고 있다.

하나의 현상을 그 요소들로 분해하는 작업은 세포를 소기관으로 소기관을 다시 분자로 분해하는 경우처럼 환원을 통한 통섭으로 간주된다. 반면 그것을 재구성하는 일, 특히 환원을 통해 얻은 지식으로 자연이 그것을 처음에 어떻게 조립했는지를 예측하는 일은 종합을 통한 통섭이다. 자연과학자들은 일반적으로 이런 두 가지 방법을 차례로 동원하여 연구한다. 즉 분석을 통해서 다양한 하위 수준의 조직들로 내려간 다음에 종합을 통해서 여러 상위 수준의 조직들로 올라간다.

이런 절차는 내 연구만 보아도 바로 드러난다. 개미들은 원거리에 있는 상대 개미들에게 위험을 알리는 경고 행동을 한다. 일개미가 밀려 넘어지고 땅바닥에 나뒹굴거나 위협을 받으면 몇 센티미터 떨어져 있는 동료 개미들은 어떤 식으로든 그녀의 곤경을 알아차린 후 도우러 간다.(여기서 "그녀"라고 한 이유는 개미 사회에서 일개미들은 모두 암컷이기 때문이다.) 경고는 시각으로도 전달될 수 있기는 하나 그런 경우는 매우 드물다. 왜냐하면 경고가 필요한 대치 상황은 대개 그늘에서 일어나기 때문이다. 이런 의미에서 개미의 많은 종들은 장님이다. 또한 신호는 소리로도 전달될 수 있다. 흥분한 일개미들은 배의 뒷부분에 허리를 비비면서 끽끽거리는 소리를 내거나 지속적으로 몸을 올렸다 내리면서 땅바닥을 후려치는 등의 행동을 한다. 하지만 청각을 이용한 이런 의사소통은 몇몇 종에게만 국한되어 있으며 특별한 경우에만 나타난다.

이런 사실을 1950년대에 알게 되면서 당시에 애송이 곤충학자였던 나는 주요한 경고 신호는 화학 물질일 것이라고 추측했다. 이 물질은 그 당시에는 화학적 해발인(chemical releaser)이라고 불렸지만 오늘날에는 페로몬(pheromone)이라고 부른다. 내 생각을 시험해 보기 위해 나는 붉은 일개미의 군체와 내가 이미 그 생활사를 잘 알고 있는 다른 몇몇 종을 수집했다. 그런 다음 나는 아이들의 개미 농장과 별다를 바 없는 인공 개미집을 만들어 그들을 그 속에 놓아 주었다. 현미경과 시계 수리용 핀셋 등을 사용해서 나는 방금 살해된 일개미들을 해부할 수 있었고 그로부터 경고 페로몬을 포함할지도 모를 기관들을 얻었다. 그리고 그 기관들에서 보일 듯 말 듯한 흰색의 조직 한

점을 핀셋의 날카로운 끝으로 떼어내어 나머지 일개미들의 집단에 넣어 주었다. 이런 방법들을 통해 나는 적어도 2개의 분비샘이 관여한다는 사실을 알게 되었다. 그중 하나는 아래턱 밑으로 열려 있고 다른 하나는 항문 근처에 열려 있다. 개미들은 분비샘에서 방출되는 물질에 의해 활기를 띠게 되었다. 그들은 그 한 점의 조직 주위에서 이리저리 움직이다가 이따금씩 그 조직을 조사하거나 덥석 물 때만 멈춰 섰다.

나는 페로몬이 어디에서 나오는지는 정확히 알아냈다. 하지만 그것이 대체 무엇인지는 몰랐다. 이 문제에 대해 나의 동년배이면서 당시에 화학자로서의 경력을 막 시작한 프레드 레이그니어(Fred Regnier)의 도움을 받았다. 그는 개미의 의사소통에 대한 연구를 발전시키는 데 꼭 필요한 기술들을 가진 전문가였다. 즉 그는 극도로 작은 조직 샘플을 분석하는 기술을 갖고 있었다. 레이그니어는 기체 크로마토그래피(유기 화합물의 혼합물을 분석하는 기법.—옮긴이)와 질량 분석법 등과 같이 당대의 최신 기술들을 활용하여 페로몬이 알케인(alkane)과 테르페노이드(terpenoid)라고 불리는 단순한 유기 화합물의 혼합 활성 물질임을 밝혀냈다. 결국 그는 그것과 동일한 조성을 가진 인공 화합물을 실험실에서 합성해 내기까지 했다. 우리는 개미 군체에 그 인공 화합물의 극미량을 넣어 주었는데 첫 번째 실험에서 우리가 관찰한 것과 동일한 반응들을 볼 수 있었다. 이로써 우리는 레이그니어가 확인한 분비샘 화합물이 경고 페로몬이라는 사실을 입증할 수 있었다.

이 정보는 더 광범위하고 더 기초적인 현상을 이해하기 위한 첫 걸음이었다. 이후에 나는 젊은 수학자 윌리엄 보서트(William Bossert)의 도움을 받았다.(우리는 당시 모두 젊었다. 젊은 과학자들은 최고의 아이디어를 갖고 있다. 하지만 더 중요한 점은 그들에게 시간이 많다는 것이다.) 내가 그에게 지급한 연구비는 얼마 안 됐지만 그는 문제의 참신성에 흥미를 느껴 페로몬의 확산에 관한 물리적 모델을 만들어 보기로 했다. 우리는 화학 물질이 분비샘의 틈에서 증발한다는 사실을 알았다. 그 틈에 가장 가까이 있는 분자들은 개미가 냄새를 맡을 수 있을 만큼 농도가 진하다. 이런 현상이 일어나는 3차원 영역을 우리는 활성 공간이라고 부른다. 활성 공간의 기하학적인 형태는 분자들의 물리적 속성들에 대한 지식으로부터 예측할 수 있고 그 예측이 맞는지는 경고 신호를 담은 분자들이 확산되는 데 얼마나 긴 시간이 필요한가를 통해 입증할 수 있다. 우리는 분자의 확산 속도와 그 분자들에 개미들이 얼마나 민감하게 반응하는지를 측정하기 위해 모델과 실험을 모두 사용했다. 마침내 우리는 일개미들이 의사소통을 하기 위해 페로몬을 방출하고 있다는 사실을 확실히 확인하게 되었다.

우리가 따라갔던 추론의 과정은 과학적 연구에서 보편적인 것이다. 그 과정은 선배 과학자들이 확립한 학문 분과들의 통섭으로부터 나온다. 개미의 경고 신호 문제를 해결하기 위해서 우리는 유기체의 수준에서 분자의 수준으로 내려가는 방식, 즉 환원을 채택하며 연구를 진행했다. 생물학적 현상을 물리학과 화학으로 설명했던 것이다. 다행히도 우리의 생각은 옳았고 오늘날에도 여전히 사실로 인정받고 있다.

페로몬 연구에 대한 동일한 연구는 그 후로 계속되어 큰 성공을 거두었다. 몇몇 생물학자들은 개미들이 경고 신호로 사용하는 물질과 유사한 화학 물질들을 이용해 군체를 조직한다는 사실을 독립적으로 밝혀냈다. 우리는 개미의 몸이 기호학적 화합물로 가득한 분비샘의 배터리라는 사실도 발견했다. 개미가 자신의 페로몬을 분비할 때에는 하나의 화합물을 내기도 하고 여러 화합물을 섞어서 내기도

하며 그 양을 조절하기도 한다. 개미는 화학 물질로 다른 개미들에게 말을 하는 것이다. 예를 들어, 위험하니 빨리 와라, 위험하니 도망쳐라, 음식이 있으니 날 따라오라, 더 좋은 집터가 있으니 날 따라오라, 나는 이방인이 아니라 네 이웃이야, 난 애벌레야 등등. 메시지의 종류는 10~20개 있는데 카스트(병정개미나 일개미 등과 같은)와 종에 따라 그 수가 다르다. 맛과 냄새로 이뤄진 이런 암호들은 어떤 개미든지 이용할 수 있으며 강력하기 때문에 개미의 군체를 하나의 작동 단위로 묶는 데 사용된다. 결과적으로 각 군체는 초개체(superorganism)로 간주할 수 있다. 즉 유기체들이 한 덩어리가 되어 마치 하나의 거대한 개체처럼 행동한다는 말이다. 대략적으로 말해 군체는 조잡한 수준에서 신경망을 닮은 원초적 기호망으로서 마치 100개의 입이 달린 히드라와 같다. 그 망의 한 가닥인 개미 한 마리를 건드려 보라. 그러면 이동이 연쇄적으로 확산되고 공동 지성이 활성화된다.

우리는 네 가지 수준을 만났다. 초개체에서 개체로, 개체에서 분비샘으로, 분비샘에서 감각 기관으로 그리고 감각 기관에서 분자로. 그렇다면 정반대 방향으로의 역행도 가능했을까? 그리고 개미에 관한 더 많은 지식이 없이도 결과를 예측할 수 있을까? 적어도 몇몇 일반적인 원칙들을 통해서 가능했다. 예를 들어 자연선택의 원리에 비춰볼 때 페로몬으로 기능하는 분자들은 효과적으로 생산되고 전달될 수 있는 속성들을 가질 것이다. 여기에 유기화학의 원리를 덧붙이면 그 분자들은 탄소 원자를 5~20개 갖고 분자량은 80~300 정도일 것이다. 특히 경고 페로몬으로 기능하는 분자들은 대개 상대적으로 가벼운 분자량을 가지되 상대적으로 많은 양이 생산될 것이다. 예컨대, 10억분의 1그램 정도보다는 100만분의 1그램 정도의 양이 생산될 것이다. 그리고 그것에 반응하는 일개미들은 다른 종류의 페로몬들보다 그것에 덜 민감할 것이다. 이런 모든 특성들 때문에 위험이 지나간 후에 그 신호는 빨리 잦아든다. 한편, 개미는 먹이 장소로 다른 개미들을 안내하기 위해서도 냄새 길을 만드는 물질을 발산한다. 그런데 이런 경우에는 경고를 위한 물질과는 반대의 속성을 가질 것이라 예측할 수 있다. 왜냐하면 신호 전달의 프라이버시를 보증하면서도 신호가 어느 정도는 길게 유지되어야만 길 안내 기능을 제대로 할 수 있기 때문이다. 프라이버시는 포식자가 신호를 추적하여 신호 발신자를 먹어치우지 못하도록 해야 하기 때문에 필요하다. 전쟁에서는 비밀 암호가 필요한 법이다. 자연은 전장(戰場)이며 실수를 용납하지 않는다.

이런 예측 혹은 경험에 근거한 추측은 종합을 통한 통섭이라고 할 수 있다. 영문 모를 몇몇 예외들을 제외하면 그 예측들은 모두 입증되었다. 그러나 생물학자들은 물리학과 화학만으로는 페로몬 분자들의 정확한 구조나 그 분자들을 생산하는 분비샘이 무엇인지를 예측할 수 없다. 실험을 해 보기 전에는 주어진 신호가 특정한 개미 종에서 사용될지 안 될지 알 수 없다. 그런 수준의 정확성을 얻기 위해서, 즉 미로의 입구 근처에 있는 물리학과 화학으로부터 끝점인 개미의 사회 생활까지 여행하기 위해서 우리는 그 종의 진화 역사와 그 종이 서식하고 있는 환경에 대한 구체적인 지식을 얻어야 한다.

예측적 종합은 결코 만만히 볼 일이 아니다. 반면 반대 방향으로의 설명, 다시 말해 환원을 통한 설명은 어떤 경우에는 모든 수준의 조직을 가로질러 달성될 수 있다. 즉 지식의 모든 분과들을 가로질러 달성될 수 있다. 나는 여기에서 어떤 마술사의 꿈을 추적해서 하나의 인지 수준까지 끔찍 내려가 보려 한다.

마술사의 꿈에는 진짜 뱀으로부터 이상화된 몽사(夢蛇, 보통 큰뱀, 대사(大蛇)로 번역되는 'serpent'를 꿈속에 나타나는 뱀이라는 뜻에서 '몽사(夢蛇)'라고 번역했다.—옮긴이)가 있다. 내가 아무렇게나 그것을 생각해 낸 것은 아니다. 몽사는 꿈속 세계에서 가장 자주 마법에 걸리는 야생 생물에 속한다. 또한 마약을 할 때 보이는 환상의 단골손님이기도 하다. 이 몽사가 판타지의 강력한 이미지이며 잠재의식에 따라 명멸한다는 사실은 줄루 족의 구성원이나 맨해튼의 시민이나 똑같다. 꿈꾸는 자의 경험과 그가 속한 문화에 따라 몽사는 포식자, 위협하는 악마, 숨겨진 세계의 수호자, 신의 사도, 죽음의 망령, 신 등과 같이 다양하게 마법화된다. 진짜 뱀의 미끄러운 긴 몸과 치명적인 공격 때문에 사람들은 몽사를 마법에 딱 어울리는 동물이라고 생각한다. 몽사의 이미지는 공포, 혐오 그리고 경외를 세 꼭짓점으로 하는 삼각형의세 빗변 위에 떨어지는 혼합된 감정을 이끌어 낸다. 진짜 뱀은 우리를 공포로 밀어 넣지만 몽사는 우리를 꼼짝 못하게 만든다. 꿈에 취해 있게 되면 몽사는 그 꿈에서 빠져나올 수 없다.

아마존 서부 우림 지역의 뱀은 엄청나게 많고 다양하다. 진짜 뱀의 꿈속 등가물인 몽사는 아메리카 원주민과 혼혈인(아메리카 원주민과 포르투갈 인의 혼혈아)의 문화에서 두드러지게 나타난다. 주술사들은 환각을 유발하는 약을 먹는 의식을 집도하고 몽사의 의미를 해석하며 뒤따라 나오는 다른 환영들도 해석한다. 에콰도르의 지바로(Jívaro) 족은 가짓과에 속하는 다투라 아르보레아(Datura arborea)라는 종의 녹색 나무껍질로부터 얻은 마이쿠아(maikua)라는 즙을 이용한다. 전사들은 영혼의 세계에 살고 있는 조상인 아루탐스(arutams)를 부르기 위해서 이 즙을 마신다. 만일 찾는 이가 운이 좋으면 조상의 영혼은 숲 속 깊은 곳에서 두 마리의 거대한 아나콘다의 형태로 출현한다.

에우넥테스 무리누스(*Eunectes murinus*)라는 학명을 가진 아나콘다는 세상에서 가장 육중한 뱀으로서 인간을 한입에 삼킬 만큼 거대하다. 아나콘다의 모습을 한 몽사는 원주민에게 기어와 그의 몸을 휘감는 다. 몽사가 6~10미터 내로 접근하면 그 지바로 원주민은 앞으로 달려가서 만져야 한다. 그렇지 않으면 그것은 다이너마이트처럼 폭발하여 사라진다.

이런 환영을 본 후에 지바로 원주민은 그것을 아무에게도 말해서는 안 된다. 말하면 마법이 그것으로 끝나기 때문이다. 그날 저녁 그는 가장 가까운 강의 둑 위에서 잔다. 그리고 그가 꿈을 꾸면 아루탐스는 노인이 되어 그에게 돌아온다. 그 노인은 "나는 너의 조상이다. 내가 장수했듯이 너도 그럴 것이다. 내가 여러 번 살인을 했듯이 너도 그럴 것이다."라고 말한다. 그러면 환영은 사라지고 그 조상의 영혼은 꿈꾸는 자의 몸속으로 들어온다. 새벽이 되면 그는 용맹과 은총이 충만한 상태로 깨어난다. 지바로 공동체의 흩어져 사는 식구들은 그의 새로운 행동에 주목한다. 만일 그가 원하면 그는 아루탐스의 힘을 상징하는, 새의 뼈로 만든 어깨 장식을 몸에 걸칠 수 있다. 옛날 같으면 그는 직신에 들어가서 상대편의 머리를 잘라 오는 전사였을 것이다.

페루의 아마존 접경 지대에서 남동쪽으로 800킬로미터 떨어진 곳에 파블로 아마링고(Pablo Amaringo)라는 사람이 살고 있다. 아메리카 원주민과 포르투갈 계통의 혼혈인 그는 주술가이며 예술가이다. 그는 아메리카 원주민 조상들의 전통, 즉 아마존과 카하마르카(Cajamarca)의 코카마 어(Cocama)와 케추아 어(Quechua)를 하는 사람들의 전통에 의지하여 마음속에 떠오르는 환상들을 그림으로 표현한다. 그는 리오 우카얄리(Rio Ucayali) 강 유역의 공동체에서 널리 사용되는 아야후아스카(ayahuasca)라는 환각제를 사용한다. 이 물질은 바니스테리옵시스(*Banisteriopsis*) 속의 정글 포도나무에서 추출한다. 그의 꿈은 대개 아마존 문화 속에 자리 잡고 있는 몽사에 집중되어 있다. 이때 몽사는 신들의 산, 숲의 정령, 동물과 인간의 매복 포식자, 여성을 수태하게 만드는 자, 호수와 숲의 주인 그리고 가끔씩은 동물로 변형된 꾸불꾸불한 아야후아스카 포도나무 자체를 상징하기도 한다.

파블로 아마링고가 자신의 그림에서 추구하고 있는 풍부한 시피보(Shipibo) 족의 전통에서 몽사는 다른 실존하는 존재들과 초자연적 존재들과 더불어 복잡한 기하학적 디자인과 원초적 색깔로 치장되어 있다. 이 그림들은 시피보 족이 여백에 대해 느끼는 공포를 잘 반영한다. 즉 사용 가능한 모든 공간이 촘촘히 채워져 있다. 이런 스타일은 엄청나게 다양한 생명들로 충만한 아마존 지역과 잘 어울린다.

아마링고의 주제는 대체로 절충적이다. 즉 고대의 아메리카 원주민 신화에서 비롯된 정령과 주술 그리고 환상적인 동물들이 페루의 현대물·인공물들과 함께 섞인다. 예컨대, 배와 비행기가 지나가고 심지어 비행접시도 우림의 창공 위를 날아다닌다. 정상적으로 입력되는 감각으로부터 자유로워진 이미지는 초현실적이고 난해해지는데 이것은 어떤 이야기를 만드는 데 꼭 필요한 성육화(成肉化)된 감정이다. 이런 광기는 무아지경과 비몽사몽간에는 어떠한 은유도 가능하다는 원리를 잘 드러내 준다. 또한 통제받지 않은 정신 속으로 슬쩍 미끄러져 들어갈 수 있는 기억의 파편은 어떤 것이든 이야기 속에 끼어 들어갈 수 있다는 원리도 잘 보여 준다.

그러나 화학자들의 분석 때문에 이 신성한 식물들은 신비를 잃어버렸다. 이 식물들의 즙은 사람 몸속에 들어가면 흥분, 광란, 환상의 상태를 만들어 내는 신경 조절 물질로 기능한다. 그것을 먹으면 우선

혼수상태와 비몽사몽 상태에 빠진다. 지바로 족의 독말풀 즙은 화학 구조 면에서 염기성 아트로핀(atropine)과 스코폴라민(scopolamine, 진통제와 수면제 일종.—옮긴이)과 유사하다. 혼혈족의 바니스테리옵시스 즙의 경우에는 베타 카볼린(β-carboline) 계열의 물질이 포함되어 있는데 주술사는 일반적으로 다른 식물 종에서 얻은 디메틸트립타민(dimethyltryptamine)에 그것을 합친다. 그 물질들은 이미지의 혼란을 야기하는 향정신성 물질이기는 하지만 일상적인 의식적 사고를 통해 충분히 통제될 수 있다. 그 물질들은 정상적인 꿈을 조절하는 자연적인 신경 조절 분자들과 동일한 방식으로 뇌에서 변화를 야기한다. 다른 점이 있다면 그것들은 잠이 들지 않은 상태에서도 생생하고 긴박한 반(半)혼수상태의 무아지경으로 빠져들게 만든다는 점이다.

1960년대와 1970년대에 반(反)문화의 한 형태로 마약에 빠진 구루(guru)와 마법사를 대수롭지 않게 봐 주었듯이 우리는 아마존 약초술사들의 영적인 갈구를 지켜 주려는 유혹에 빠지기 쉽다. 지금은 몇몇 컬트 문화를 제외하고는 사망한 마약 구루 티모시 리어리(Timothy Leary, 하버드 대학교의 교수로서 1960년대에 환각제 일종인 LSD를 이용하여 인간의 자아실현에 대해 연구한 사이키델릭의 아버지.—옮긴이)를 신뢰하는 사람은 거의 없다. 심지어 카를로스 카스타네다(Carlos Castañeda, 멕시코 야키 족의 환각 식물과 그로 인한 환상에 관한 책을 써서 한때 이름을 떨쳤던 UCLA의 인류학 박사.—옮긴이)와 한때 유명했던 그의 『돈 후안의 가르침(The Teachings of Don Juan)』을 기억하는 사람도 거의 없다. 그들은 생물학과 인간의 본성에 대해 중요한 무언가를 우리에게 이야기해 준다. 내적 의식을 강화하기 위한 환각제 사용은 1,000년 동안 전 세계의 문화를 통해 확산되어 왔다. 서양 문명에서는 자연적인 수면과 마약을 통해 경험하는 꿈이 오랫동안 신에게 향하는 요란스러운 통로로 인식되어 왔다. 그런 것들은 신·구약 성경의 결정적 순간에도 나타난다. 예컨대「마태복음」1장 20절에서는 요셉이 마리아의 수태를 깊이 생각하고 있을 때 "주의 천사가 꿈에 그에게 나타나" 성령으로 말미암아 그녀가 예수를 잉태하게 되었음을 알린다. 요셉의 꿈은 기독교 신앙의 두 가지 핵심 교리 중 하나를 확립했다. 다른 하나는 부활인데 이 또한 예수 제자들의 꿈같은 설명에 근거한 것이다.

18세기의 과학자이며 신학자였던 에마누엘 스베덴보리(Emanuel Swedenborg, 1688~1772년. 스웨덴의 철학자, 과학자, 신비주의자. ─옮긴이)는 꿈을 통해 신의 비밀이 전달된다는 믿음을 간직하고 있었는데 후에 그의 추종자들은 새예루살렘교회를 창건했다. 신은 자신의 말씀을 성경에 제한해 두지 않는다. 만일 성스러운 암호가 면밀히 조사된다 해도 발견될 수 없다면(실망스럽게도 그 스웨덴 학자가 알게 되었듯이) 꿈의 세계에 대한 시나리오는 앞으로도 계속될지 모른다. 스베덴보리에 따르면 이미지가 더 명확해지고 더 자주 나타나도록 하기 위해서는 잠자는 시간을 불규칙하게 만들거나 잠을 아예 자지 않는 방법이 좋다. 적어도 그의 몸에는 무리가 없었다. 하지만 그는 틀림없이 한 모금의 독한 아야후아스카를 즐겼을 것이다.

⚕

마술사, 마법사, 주술사의 꿈을 생각해 보라. 그것은 한 사람의 마음속에서 만들어지는 독특한 생산물일 뿐인가? 그렇지 않다. 오히려 인간이라는 종의 일반적 특성이다. 아마링고의 예술은 자연과학의 방법으로 분석할 만한 가치가 있다. 그의 그림들은 통섭을 시험해 볼 수 있는 하나의 사례일 것이다. 그리고 예술적 영감을 생물학적인 수준으로 낮추는 것에 의미를 부여해 줄 수도 있는 문화의 인상적 단편이다.

　과학자들은 이런 분석을 시작하기 위한 요소들을 귀신같이 찾아낸다. 나는 아마링고의 그림들에서 두 요소를 골라냈다. 꿈의 전체 풍경과 꿈의 인상적인 표상인 뱀이 그것이다.

　신비주의와 과학은 꿈속에서 만난다. 이 둘의 절묘한 결합을 인식하고 있었던 프로이트는 꿈의 의미를 설명하기 위한 가설을 만들었다. 그는 우리의 꿈속에 무의식적 욕망이 숨어 있다고 주장했다. 우리가 잠을 자면 에고(ego)는 본능의 구현인 이드(id)에게 자신의 고삐를 양도하고 우리의 원초적인 공포와 욕망 대부분은 의식적 마음속으로 탈출한다. 하지만 이런 공포와 욕망은 날것 그대로 경험되지는 않는다. 빅토리아 시대 싸구려 소설의 등장인물들처럼 그것은 마음의 검열을 통해 상징으로 전환된다. 평범한 사람들은 깨어 있을 때 그런 꿈의 의미를 정확히 해석할 수 없다. 프로이트에 따르면 이들은 자유 연상법을 통해 암호를 풀게끔 안내해 주는 심리 분석가에게 가야 한다. 암호 해독이 끝나면 어릴 적의 경험은 상징과 분명하게 연결된다. 만일 그런 것들이 정확히 밝혀지면 환자는 억압된 기억에서 비롯된 심리 장애와 신경증을 완화시킬 수 있다.

　감춰져 있던 두뇌의 비합리적 과정에 초점을 맞춘 프로이트의 무의식 개념은 인간의 문화를 이해하는 데 큰 도움을 주었다. 그것은 심리학에서 인문학으로 흘러 들어가는 아이디어의 수원지가 되었다. 하지만 불행히도 그의 주장은 대부분 틀렸다. 프로이트의 치명적인 실수는 자신의 이론들을 시험해 보는 작업, 즉 경합하는 설명들보다 더 나은지 알아보는 작업과 반례들이 사라지도록 자신의 이론을 수정하는 작업을 끝내 꺼렸다는 점이다. 그는 또한 운도 별로 따르지 않았다. 예컨대 그의 드라마에 등장하는 배우들——이드, 에고, 슈퍼 에고——과 억압과 전이 과정에서 그들이 하는 역할은 만일 그가 그 배우들의 본성을 정확히 추측했더라면 현대 과학 이론의 요소들 속으로 매끄럽게 편입될 수 있었을 것이다. 다윈의 자연선택 이론은 그런 일에 매우 성공적이었다. 비록 그 위대한 자연주의자도 유전이 유전자라는 입자를 통해서 대물림된다는 사실은 잘 몰랐지만 말이다. 하지만 훗날 현대 유전학은 진화 과정에 관한 다윈의 통찰을 입증해 주었다. 꿈에 대해 프로이트가 직면한 곤란함은 유전자보다 훨씬 더 복잡하고 난해한 것이었다. 점잖게 말하자면 그는 헛다리를 짚었다.

꿈의 기본 성질에 대한 더 현대적인 경합 가설은 이른바 활성 · 종합 모델이다. 이 모델은 하버드 의과 대학의 제이 앨런 홉슨(J. Allan Hobson) 교수와 다른 연구자들이 지난 20년 동안 연구한 것으로서 꿈꾸는 동안 뇌에서 일어나는 세포와 분자의 실제 사건들에 관해 깊은 지식을 제공한다.

그들의 견해에 따르면 꿈은 일종의 광기이고 환상의 급습이며 현실과 동떨어져 있다. 또한 감정과 상징으로 충만해 있고 임의적인 내용으로 가득 차 있으며 무한한 다양성을 지닌다. 꿈꾸기는 뇌의 기억 은행 속에 있는 정보를 재조직하고 편집하는 과정에서 나타나는 부수 현상일 개연성이 높다. 다시 말해 꿈은 무심결에 뇌의 검열을 통과하는 숨겨진 기억과 야만적 감정의 산물이 아니다. 꿈의 실체는 프로이트의 상상과는 거리가 너무 먼 것이었다.

활성 · 종합 가설을 지지하는 증거들은 다음과 같이 해석될 수 있다. 잠이 든 상태에서는 감각 정보가 거의 입력되지 않기 때문에 의식적 두뇌는 뇌간(腦幹)에서 시작된 충동들에 따라 내적으로 활성화된다. 충동들이 만들어 내는 혼란 속에서 의식적 두뇌는 정상적인 기능을 수행하려 애를 쓴다. 즉 다양한 이미지들을 앞뒤가 맞는 일관된 이야기 속에 짜맞춰 넣으려 한다. 그러나 감각 정보의 순간적인 입력이 부족하기 때문에 의식적 두뇌는 외부적 실재와 연결되지 못한다. 예컨대 자고 있을 때에는 몸의 움직임에 따라 생기는 자극이 없다. 따라서 두뇌는 할 수 있는 한 최선을 다한다. 즉 판타지를 만들어 내는 것이다. 그러나 의식적 두뇌가 깨어나서 통제권을 다시 쥐게 되고 모든 감각과 운동 입력이 다시 회복되고 나면 판타지는 재검토될 수밖에 없다. 의식적 두뇌는 그 판타지에 대한 합리적 설명을 제공하려 하지만 실패로 끝난다. 결국 꿈의 해석 자체가 일종의 판타지가 된다. 꿈과 관련된 심리 분석 이론들이 감정적으로는 그럴듯하지만 사실적으로는 틀릴 수밖에 없는 이유가 여기에 있다. 이런 현상은 신화와 종교의 초자연적인 해석에서도 발생한다.

꿈에 대한 분자 수준의 기초는 부분적으로 이해되었다. 잠은 부신 수질 호르몬과 세로토닌 같은 아민이라는 화학적 신경 전달 물질의 양이 감소하면 뇌를 급습한다. 하지만 이와 동시에 아세틸콜린이라는 신경 전달 물질은 오히려 증가한다. 자신들에 민감하게끔 설계된 신경 세포의 접합부를 적시며 인간의 수면을 통제하는 아민과 아세틸콜린이라는 신경 전달 물질은 역동적인 균형을 이루며 존재한다. 아민은 뇌를 깨우고 뇌가 수의근과 감각 체계를 통제하도록 매개하는 반면 아세틸콜린은 그 반대 작용을 한다. 그래서 아세틸콜린이 우세해지면 의식적 뇌의 활동이 감소하고 순환, 호흡, 소화 그리고 몸의 다른 활동도 마찬가지로 줄어든다. 또한 몸의 수의근이 마비되고 체온 조절 능력 또한 감소한다. 몸이 추울 때 잠드는 게 위험한 이유가 여기에 있다. 하지만 놀랍게도 잠든 상태에서도 눈동자만은 여전히 활발히게 움직인다.

밤에 정상적으로 잠을 잘 때 우리는 처음에는 깊은 잠에 들고 꿈도 꾸지 않는다. 그런 다음 일정한 시간 간격을 두고 선잠을 자게 되는데 이런 시간을 다 합치면 총 수면 시간의 약 25퍼센트나 된다. 선잠이 든 상태에서는 더 쉽게 깰 수가 있고 눈동자는 빠른 속도로 이리저리 움직인다. 이런 상태를 REM(rapid eye movement, 눈동자의 빠른 운동.—옮긴이) 수면 상태라고 부른다. 이때 의식적 뇌는 각성되어 있고 꿈을 꾸지만 외부 자극으로부터는 차단되어 있다. 뇌간에 있는 아세틸콜린 신경 세포가 격렬하게 활성화되어 PGO 파라는 것이 발생하면서 꿈이 비로소 시작된다. 신경 접합부의 아세틸콜린으로 매개되는 전기막 활동은 뇌교(腦橋, pons, PGO의 P에 해당되며 뇌간의 상층부에 위치한 신경 중추의 구근 물질.—옮긴이)에서부터 시작해서 뇌의 하층 중앙부까지 올라간다. 그 활동은 시각 신경 회로에서 주요한 스위치 역할을 담당하는 시상(視床, thalamus)의 슬상핵(膝狀核, geniculate nuclei, PGO의 G.—옮긴이)에까지 영향을 미친다. 그런 다음 PGO 파는 후두 피질(occipital cortex, PGO의 O.—옮긴이)에 전달된다. 이 후두 피질은 뇌의 뒤쪽에 있으며 시각 정보의 통합을 담당한다.

뇌교는 뇌가 깨어 있을 때 몸의 움직임을 통제하는 주조종실이기 때문에 뇌교가 PGO 체계를 통해 신호를 전달하게 되면 몸이 움직이고 있다는 잘못된 보고가 피질에 전달된다. 물론 실제 몸은 마비되어 있고 움직이지 않는다. 그런 다음 시각적 뇌는 환상을 보여 준다. 즉 기억 은행으로부터 이미지와 이야기를 끌어내어 뇌교로부터 온 PGO 파에 반응하도록 그것들을 종합한다. 외부 세계의 정보로 인한 제약을 받지 않고 실제 시공간의 맥락과 연속성이 박탈된 상태에서 뇌는 종종 환상과 불가능한 사건을 결합한 이미지들을 급조해 낸다. 우리는 하늘을 날고 깊은 바다에서 헤엄을 치고 다른 행성 위를 걸으며 고인이 되신 부모님과 대화한다. 거기에서는 인간, 야생동물 그리고 이름도 알 수 없는 환영들이 출몰한다. PGO 파가 요동치면 그로 인해 우리의 감정도 다양하게 나타난다. 예컨대, 이 꿈에서 저 꿈으로 이동하며 우리의 기분이 차분해지기도 하고 분노에 휩싸이기도 하며 욕정에 불타기도 하고 심약해지기도 하며 익살스러워지기도 하지만 대부분은 단순한 걱정이 주를 이룬다. 꿈을 꿀 때 뇌의 조합 능력은 거의 무한해지는 것 같다. 그리고 적어도 수면 중에는 꿈속에서 무엇을 보든 간에 우리는 그것을 의심하지 않는다. 또한 정말 기이한 사건들조차도 아무런 의심 없이 받아들인다. 어떤 이는 광기를 잘못된 대안들 중에서 제대로 된 것을 선택할 능력이 없는 상태라고 정의했다. 이런 의미에서 우리의 꿈은 광기로 충만해 있다. 우리는 미친 사람으로서 무한 질주하는 꿈의 풍경을 가로지르며 헤매고 있는 것이다.

강한 자극은 감각의 장벽을 돌파할 수 있다. 하지만 그런 자극을 받고도 우리가 잠에서 깨지 않는다면 그것은 꿈속 이야기로 편입된다. 예를 들어, 잠을 자고 있는데 1킬로미터 떨어진 곳에서 진짜 천둥이 친다고 해 보자. 꿈속에서는 어떤 일이 벌어지는가? 몇 가지 반응들이 전형적으로 일어난다. 예컨대 꿈은 갑자기 은행 강도 사건으로 변화되고 총이 발사된다. 우리가 총에 맞는다. 아니 다른 사람이 총에 맞아 쓰러진다. 하지만 우리는 그 사람이 다른 이의 몸으로 대체된 우리라는 사실을 깨닫는다. 이상하게도 우리는 고통을 느끼지 않는다. 그런 후에 장면이 바뀐다. 우리는 긴 복도로 걸어 내려가고 있는데 길을 잃는다. 그래서 집에 돌아갈 것을 걱정한다. 그때 또 다른 총이 발사된다. 우리는 깜짝 놀라서 잠에서 깨지만 몸은 여전히 진짜 세계에 드러누워 있다. 폭풍이 몰아치는 밖에서 진짜 천둥소리가 난다.

꿈에서는 고통, 메스꺼움, 목마름, 배고픔과 같은 육체적 현상들을 좀처럼 경험할 수 없다. 소수의 사람들만이 일시적인 수면 무호흡증으로 고생하는데 꿈속에서는 그런 상태가 질식이나 익사의 환상으로 변환될 수도 있다. 꿈에는 냄새나 맛이 없다. 그런 감각 회로의 통로들은 잠자는 뇌의 아세틸콜린 분비에 따라 차단된다. 우리가 그 후에 곧바로 깨지 않는다면 어떠한 세부 사항도 기억하지 못한다. 꿈 중에 95~99퍼센트는 완전히 잊혀진다. 꿈을 전혀 꾸지 않는다고 주장하는 이들이 있기는 하지만 이것은 사실과 다르다. 이렇게 놀라운 기억 상실증은 잠을 잘 때에는 아민 신경 전달 물질의 농도가 낮기 때문에 발생하는 것 같다. 왜냐하면 단기 기억을 장기 기억으로 변환시키기 위해서는 이 신경 전달 물질이 필요하기 때문이다.

꿈의 기능은 무엇일까? 인간과 동물에 대한 상세한 연구를 통해 생물학자들이 잠정적으로 내린 결론은 꿈이 깨어 있는 동안에 배운 정보를 정돈하고 통합한다는 것이다. 이런 견해에 대한 후속 증거들도 나왔다. 예컨대 반복을 통해 인지 기능을 보다 예리하게 다듬는 과정은 REM 수면이 이루어질 때로 제한되어 있다고 밝혀졌다. 즉 그 과정이 꿈을 꾸는 동안에만 발생한다는 사실이다. 아세틸콜린의 흐름 자체가 이 과정의 중요한 부분일 수도 있다. 꿈이 이런 강렬한 내부 운동과 감정적 활동을 활성화한다는 사실 때문에 몇몇 연구자들은 REM 수면이 훨씬 더 심대하고 다원적인 기능을 지닌다고 생각한다. 꿈을 꿀 때 우리는 감정을 깊게 만들고 생존과 성적 활동에 대한 기본 반응력을 향상시킨다.

그럼에도 불구하고 신경생물학과 실험심리학의 발견들은 꿈의 내용에 대해서는 아무것도 말하지 않는다. 모든 판타지가 일시적인 광기, 즉 꿈속에서 학습의 정리가 이뤄지는 동안에 수시로 출몰하는 부수 현상의 합이란 말인가? 아니면 신프로이트주의적인 방식으로 꿈속에 나타난 상징들의 깊은 의미를 해석해 낼 수 있을까? 틀림없이 진리는 이런 입장들 사이의 어디엔가 놓여 있다. 왜냐하면 꿈이 전적으로 무작위적인 것은 아니기 때문이다. 꿈의 전반적인 배치는 비합리적일 수 있지만 그 세부 사항은 PGO 파로 활성화된 감정들에 맞는 정보의 단편들로 구성되어 있다. 뇌는 몇몇 특정한 이미지와 일화를 날조하는 유전적 성향을 가지고 있을 수 있다. 이런 단편들은 프로이트가 말한 본능적 충동에 느슨한 방식으로 대응하는 것일 수 있다. 또한 융 심리 분석의 원형에 해당될 수도 있다. 이런 의미에서 이 프로이트와 융의 이론들은 어쩌면 뇌과학을 통해 더 구체화되고 입증될 수 있을지도 모른다.

유전적 성향과 진화는 아마링고의 그림에서 내가 고른 두 번째 요소인 몽사로 우리를 안내한다. 이 밤의 동물에 관한 우리의 이해 형태는 일반적으로 꿈의 본성에 관한 이해 형태와 정반대이다. 방금 설명했듯이 현대 생물학자들은 꿈의 세포 · 분자적인 핵심 사건들을 이해하려고 했기 때문에 꽤 일반적인 수준에서 꿈이 어떻게 발생하는지를 이해하게 되었다. 하지만 그들은 꿈이 마음과 몸에 어떤 좋은 기능을 하는지에 대해서는 잘 알지 못한다. 꿈속에 몽사가 자주 나타나는 현상에 대해서는 정반대의 상황이 연출된다. 즉 생물학자들은 몽사 이미지의 기능에 대해서는 탄탄한 작업가설을 가지고 있지만 그 이미지들의 세포 · 분자적 기초에 관해서는 꿈의 일반적인 조절 외에 아는 바가 거의 없다. 왜냐하면, 몽사에 관한 기억을 비롯한 특수한 기억들이 감정에 의해서 조성되고 채색되는 세포 수준의 과정은 우리는 아직 모르기 때문이다.

꿈속 이미지로서의 몽사에 대한 우리의 지식은 생물학에서 사용되고 있는 두 가지 유형의 핵심적인 분석 방법으로 표현될 수 있다. 첫 번째 방법은 현상을 만들어 내는 존재자들과 생리적인 과정들, 즉 근접인(近接因, proximate cause)을 찾는 작업이다. 근접인 설명은 일반적으로 생물학적 현상들이 세포와 분자 수준에서 어떻게 작동하는지를 밝히는 작업이다. 반면 두 번째 설명 방식은 그런 생물학적 현상들이 왜 작동하는지를 밝힌다. 즉 처음으로 그 기제를 만들어 낸 진화가 그 개체에게 준 이득을 밝혀내는 작업이다. 그러니까 두 번째 설명 방식은 궁극인(窮極因, ultimate cause)에 관한 탐구라고 할 수 있다. 생물학자들은 이런 두 가지 종류의 설명을 다 원한다. 꿈에 대한 연구를 요약해 보자. 우리는 대체로 꿈의 근접인에 대해서는 이해하고 있지만 궁극인에 대해서는 아는 바가 별로 없다. 반면 꿈속에 등장하는 몽사의 존재에 관해서는 상황이 정반대이다.

인간과 뱀의 인연에 관한 궁극인에 대해서 지금부터 내가 하려는 설명은 많은 동물행동학자들에게서 부분적으로 빌려온 것이다. 특히 미국의 인류학자이며 예술사가인 발라지 문드쿠르(Balaji Mundkur)의 설명을 많이 따랐다. 뱀에 대한 공포는 호모 사피엔스가 속한 계통 분류군인 구대륙 영장류 동물 사이에서 뿌리 깊고 근본적이다. 예를 들어 아프리카의 버빗원숭이, 거농원숭이 그리고 긴꼬리나무원숭이는 특정 종류의 뱀을 만나면 혀를 차는 듯한 고유한 소리를 낸다. 틀림없이 그들은 본능적으로 훌륭한 파충류 전문가이다. 왜냐하면 타고난 듯이 보이는 그런 반응들이 코브라, 맘바 그리고 퍼프 애더와 같은 독사들에게 한정되어 있기 때문이다. 원숭이 집단의 다른 개체들은 소리를 지른 개체 쪽으로 와서 침입자가 다른 곳으로 갈 때까지 함께 뚫어지게 응시한다. 그들은 또한 선천적으로 독수리의 접근을 알리는 소리를 낼 수 있는데 이런 경고음을 들은 동료 원숭이들은 나무에서 재빨리 내려와 위험을 피한다. 한편 표범의 접근을 알리는 경고음을 들은 동료 원숭이들은 순식간에 표범이 접근하기 힘든 나무 꼭대기로 올라가 위기를 모면한다.

500만 년 전 무렵 호모 사피엔스 이전의 존재와 공통 조상을 공유했으리라고 믿어지는 침팬지는 뱀의 출현을 유별나게 두려워한다. 사전에 뱀을 만나 본 경험이 전혀 없는 경우에도 마찬가지이다. 그들은 뱀을 만나면 "와!" 하는 경고음을 내면서 뒤로 물러나 안전한 장소로 피한 후 뱀이 어디로 가는지 뚫어져라 응시한다. 이런 반응은 침팬지의 청년기 내내 점진적으로 강화된다.

인간에게도 뱀에 대한 혐오는 선천적이며 침팬지의 경우와 마찬가지로 청년기에 그 혐오의 강도가 점점 강해진다. 이것은 '준비된 학습'이라고 불리는 일종의 발달상 편향이다. 아이들은 뱀에 대한 무관심이나 애정보다 뱀에 대한 공포를 훨씬 더 쉽게 배운다. 실제로 아이들은 다섯 살이 될 때까지는 뱀에 대한 특별한 두려움을 느끼지 않는다고 알려져 있다. 하지만 그 후에는 뱀에 대한 경계심이 계속적으로 확대된다. 그런 다음에 주변 풀밭에서 뱀이 꾸물꾸물 지나가는 모습을 본다거나 무서운 이야기를 듣는 등 몇 번의 나쁜 경험을 하고 나면 뱀에 대한 두려움은 더 깊어지고 굳어진다. 이 성향의 뿌리는 매우 깊다. 왜냐하면 또 다른 공통적 공포들, 예컨대 어두움, 낯선 사람, 큰 소음에 대한 두려움 등은 일곱 살이 지나면 잦아들지만 뱀을 피하려는 경향은 시간이 지나면 지날수록 더욱 강해지기 때문이다. 반대로 뱀을 두려움 없이 다루는 법을 배울 수도 있고 심지어 몇몇 특별한 방식으로 뱀을 좋아하도록 배울 수도 있다. 이것이 내 소년 시절의 경험이었다. 그래서 한때 나는 파충류학자가 되기로 마음

먹은 적도 있었다. 그러나 나에게 이런 적응은 인위적인 것이었고 자기 의식적인 것이었다. 그래서 특별한 훈련을 받는다 해도 어느 순간에는 너무 쉽게 뱀 공포증으로 되돌아가 버린다. 이 공포증은 뱀이 옆에 있기만 해도 식은땀을 줄줄 흘리게 만들고 극도의 공포감과 털이 곤두설 정도의 혐오감 속으로 우리를 몰아넣는다.

뱀에 대한 혐오의 신경 회로는 아직까지 연구되지 않았다. 우리는 그것을 '준비된 학습'이라고 분류하는 것 외에는 그 현상의 근접인에 대해 아는 바가 거의 없다. 하지만 대조적으로 있음직한 궁극인, 즉 그 혐오의 생존 가치에 대해서는 할 말이 많다. 호모 사피엔스의 진화 역사를 볼 때 몇몇 종의 뱀은 인간에게 고통과 죽음을 안겨 주는 주요 원인이었다. 남극 대륙을 제외한 모든 대륙에는 독사들이 있다. 아프리카와 아시아의 대부분의 지역에서 독사에 물려 사망하는 비율은 대략 매년 10만 명당 5명꼴이다. 그중 미얀마의 한 지역은 매년 10만 명당 36.8명으로 가장 높은 사망률을 보인다. 오스트레일리아는 치명적인 독사들이 우글대는 곳으로 유명하다. 그곳 뱀의 대부분은 진화적으로 볼 때 코브라의 사촌이다. 당신이 뱀 전문가가 아니라면 오스트레일리아에서 어떤 뱀이든 보기만 하면 멀찍이 물러나는 게 상책이다. 마치 세계 어디에나 널려 있는 야생 버섯을 피하는 게 상책이듯이 말이다. 서아메리카와 중부아메리카에서 서식하는 독사들로는 지바로 족과 약초주의 주술사들에게 잘 알려진 부시매스터(bushmaster), 큰삼각머리독사(fer-de-lance) 그리고 하라카라(jaracara) 등이 있다. 이들은 눈과 콧구멍 사이에 홈이 있는 독사들 중에서 가장 크고 공격적인 놈들이다. 낙엽 모양의 피부에다 인간의 손을 관통할 정도로 긴 송곳니를 지닌 이들은 열대림의 바닥에 매복해 있다가 작은 새와 포유류를 잡아먹는다. 게다가 인간이 지나가면 자신을 방어하기 위해 재빨리 물기도 한다.

뱀과 몽사는 어떻게 자연의 주체들이 문화의 상징들로 변환될 수 있는지를 단적으로 보여 준다. 준비된 학습의 알고리듬을 두뇌 속에 프로그램하기 위해서는 유전적 변화가 필요한데 그런 변화를 위해서는 수천수만 년의 긴 기간이 흘러야 한다. 이런 장구한 세월 동안 독사는 인간에게 상처를 입히고 심지어 죽음에 이르게 만드는 중요한 원인이었을 것이다. 이런 위협에 대한 반응으로는 마치 독이 든 딸기를 고통스러운 시행착오를 통해 피하듯이 그저 피해 버리는 것으로 끝나지 않는다. 뱀이 나타나면 일종의 두려움과 무엇인가에 병적으로 홀린 상태와 같은 감정들이 표출된다. 뱀의 이미지는 학습을 통해 축적된 이질적 요인들도 매료시켜서 그 결과로 뱀의 이미지로부터 이끌리는 강렬한 감정은 전 세계의 문화를 풍요롭게 만든다. 황홀경과 꿈에서 몽사가 갑자기 출현하는 경향, 몽사의 꾸불꾸불한 형태 그리고 몽사의 힘과 신비는 신화와 종교의 자연스러운 재료들이다.

아마링고 식의 이미지는 그 기원을 따지자면 수천 년이나 더 거슬러 올라간다. 고왕국 시대 이전의 하(下)이집트의 왕들은 부토(Buto)에 있는 코브라의 여신 와제트(Wadjet)로부터 왕위를 받았다. 한편 그리스에는 우로보로스(Ouroboros)가 있었다. 이 뱀은 자신의 꼬리를 물고 그것을 먹고 있지만 죽지 않고 재생하는 몽사이다. 이후에 영지주의자들과 연금술사들은 자신을 먹고 있는 뱀의 이런 행위가 세상의 파멸과 재탄생의 영원한 주기를 상징한다고 생각했다. 1865년의 어느 날 벽난로 앞에서 꾸벅꾸벅 졸고 있던 독일의 화학자 아우구스트 케쿨레(August Kekule)는 꿈속에서 우로보로스를 보고 6개의 탄소 원자로 구성된 육각형 모양의 벤젠 구조를 떠올렸다. 이런 통찰에 힘입어 19세기 유기화악은 그때까지 수수께끼로 남아 있었던 몇 가지

난제들을 해결할 수 있었다. 아스텍 신전에는 깃털을 달고 인간의 머리를 한 뱀인 케찰코아틀(Quetzalcoatl)이 샛별과 저녁별의 신으로, 즉 죽음과 부활의 신으로 통치했다. 그 뱀은 달력의 발명자요 학문과 성직의 후원자였다. 비와 번개의 신인 틀랄록(Tlaloc)은 요상하게 생긴 또 하나의 몽사로서 방울뱀 두 마리의 머리로 만들어진 윗입술이 있는 키메라이다. 그런 환영은 꿈과 황홀경 속에서만 출현할 수 있을 것이다.

인간의 마음과 문화 속에서 몽사는 파충류로서의 뱀 이상이다. 파충류가 몽사로 어떻게 변환되었는지를 이해하는 것은 과학과 인문학의 경계 지역을 통과하는 많은 경로들 중의 하나로 볼 수 있다. 우리는 지금까지 몽사를 따라서 주술사의 세계에서 원자의 세계로 긴 여행을 했다. 이제 생물학의 내부로 들어가 보자. 거기에는 더 좋은 지도가 마련되어 있기 때문에 진보는 더 쉽게 일어날 것이다. 수차례의 노벨상, 즉 수백만 시간의 노동과 수십억 달러의 연구비가 할당된 생의학 연구의 열매는 몸에서 기관으로, 기관에서 세포로 그리고 분자와 원자로 내려가는 길을 강조한다. 인간 신경 세포의 일반적인 구조는 현재 꽤 자세히 연구되어 있다. 신경 세포의 전기 방전과 시냅스 화학은 부분적으로만 이해된 상태이지만 물리학과 화학의 원리들에 들어맞는 공식들로 표현할 수 있다. 이제는 연구의 무대가 생물학의 문제들 중에서 아직 해결되지 않은 가장 큰 문제로 바뀌고 있다. 즉 뇌의 수많은 신경 세포들이 모여서 어떻게 의식을 창조하는가?

왜 이것을 "가장 큰 문제"라고 이야기할까? 우주에 존재하는 가장 복잡한 체계는 생물이며 모든 생물 현상들 중에서 가장 복잡한 체계가 인간의 마음이기 때문이다. 만일 뇌와 마음이 기본적으로 생물학적 현상이라는 게 증명된다면 생물학은 물리학에서 인문학에 이르는 모든 학문 분과들의 정합성을 확보해 주는 본질적으로 중요하고 독특한 학문의 지위를 차지하게 될 것이다. 정합성 확보라는 목표는 생물학 내부의 세부 분과들이 현재 대체로 통섭적으로 연구되고 있으며 매년 성장하고 있다는 사실을 보면 그리 먼 이야기가 아닐 수도 있다.

생물학 내부에서의 통섭은 시공간 척도에 대한 완벽한 이해에 기초해 있다. 예를 들어 분자에서 세포로 세포에서 기관으로 기관에서 개체로 수준을 이동하는 것은 시공간의 변화를 정확하게 조율했을 때에만 가능한 일이다. 이 논점을 명확히 하기 위해 나는 이제부터 주술사이고 예술가이며 동료 인간이기도 한 아마링고에게로 되돌아갈 것이다. 이렇게 상상해 보자. 우리는 그의 내부와 그의 주변을 둘러싼 공간을 마음대로 확장하거나 줄일 수 있다. 그리고 그와 함께 보내는 시간을 빠르게 할 수도 느리게 할 수도 있다. 자 이제 우리는 그의 집으로 들어가 그와 악수를 한다. 그는 우리에게 자신의 그림들을 보여 준다. 이런 행동들은 몇 초나 몇 분이 걸린다. 무슨 이야기를 하려고 이런 상상을 해 보라고 하는가? 문제를 다음과 같은 형태로 다시 제기해 보면 조금은 이해가 될 것이다. 왜 이런 친숙한 행위를 하는 데에 100만분의 몇 초 또는 몇 달이 걸리지 않는 것일까? 왜냐하면 인간 몸속의 세포들은 화학 변화와 전기 자극의 전파와 전달을 통해 의사소통을 하며 이런 의사소통은 대개 몇 초에서 몇 분에 걸쳐 일어나기 때문이다. 아마링고를 만나서 그와 이야기를 나누는 행위는 100만 분의 몇 초나 몇 달 걸려 이루어지지 않는다. 몇 초와 몇 분 사이에 이뤄지는 사건이다. 따라서 어떤 사람은 이 정도의 시간 간격이 우리가 살고 있는 세계의 정상적이고 표준적인 척도라고 생각할 수도 있을 것이다. 하지만 그렇지 않다. 우리와 아마링고는 모두 유기체 기계이기 때문에 이 시간은 엄격히 말해 유기체의 시간일 뿐이다. 우리의 의사소통에 사용되는 장비들이 모두 표면적과 부피에 있어서 밀리미터와 미터 사이에서 작동하도록 되어 있기 때문에 다른 장치의 도움이 없다면 우리의 마음은 결코 킬로미터나 나노미터의 척도로는 작동할 수 없다. 따라서 우리는 전적으로 유기체의 공간에 머물게끔 되어 있다.

그렇다면 이제 최고의 도구를 사용하여 아마링고의 뇌 속으로 들어가 보자. 우리는 그의 뇌 속에 있는 가장 작은 신경도 볼 수 있다. 더 나아가 신경 세포뿐 아니라 분자와 원자도 볼 수 있다. 심지어 신경 세포가 방전하는 것도 본다. 즉 세포막 안으로 나트륨 이온이 흘러 들어가면 막을 따라 전압이 떨어진다. 신경 세포 축삭의 각 점에서 이 사건들은 1,000분의 몇 초 내로 일어난다. 이때 그 전압 강하는 100미터 달리기의 올림픽 대표선수처럼 초속 10미터 정도의 속도로 축삭을 따라 이동한다. 이제 원래 유기체 영역의 1만분의 1 정도에 해당하는 시각 영역으로 이동해 보자. 여기서 벌어지는 사건들은 맨눈으로는 도저히 관찰이 안 될 정도로 빠르다. 세포막의 전기 방전은 총알보다 빠르게 시각 영역을 지나간다. 이것을 보기 위해서는 ─관찰자인 우리가 여전히 유기체 시간 속에 있다는 것을 기억하라.─원래 1,000분의 몇 초 정도에서 발생했던 사건들을 관찰하는 데도 지장이 없도록 움직임을 느리게 만들어야 한다. 지금 우리는 생화학적 공간 속에서 일어나는 사건들을 관찰하기 위해 꼭 필요한 생화학적 시간에 와 있다.

시공간 척도를 변화시키는 이런 마법이 진행되고 있는 동안에도 아마링고는 계속해서 이야기를 한다. 하지만 우리 자신의 행위가 수천 배 빨라졌을 때 발생했던 변화에 대해서는 눈치 채지 못한다. 이제 반대 방향으로 다이얼을 돌린다. 그의 영상이 다시 완전해지고 그의 말을 제대로 들을 수 있을 때까지 시공간을 변화시킨다. 그런 다음에는 다이얼을 좀 더 돌려 본다. 아마링고는 그만큼 작아지고 초기 무성 영화의 배우처럼 빠르고 비틀거리는 걸음으로 방에서 나온다. 그는 대리석 조각상처럼 굳어 있는 우리를 보고 실망스럽게 그 방에서 나오고 있는지도 모른다. 우리의 시각은 계속 확장되어 푸칼파(Pucallpa) 시뿐만 아니라 리오우카얄리 강의 계곡까지 뻗친다. 집들은 사라지고 새로운 것들이 솟아오른다. 유기체의 흥망 주기가 빨라지고 그로 인해 우리 눈에 들어오는 빛의 명멸도 빨라진다. 그리고 낮이 밤과 섞여서 황혼이 계속된다. 아마링고는 늙어서 죽는다. 그의 아이들도 늙어 죽는다. 옆에 있는 열대 우림이 변한다. 거대한 나무가 넘어져 공간이 생기면 작은 나무들이 돋아나 결국 빈 공간이 사라진다. 우리는 지금 생태학적 시간에 와 있다. 이제 다이얼을 더 돌리면 시공간은 더 확장된다. 개인과 다른 유기체는 더 이상 구분이 가능하지 않다. 그 경계가 흐려진 개체군들(아나콘다, 아야후아스카 포도나무, 페루 시민들)만이 몇 세대가 지나는 동안 보일 뿐이다. 그들의 시간으로 한 세기는 지금 우리의 시간으로는 1분에 해당된다. 그들의 어떤 유전자들은 그 종류와 비중이 변하고 있다. 우리는 마침내 원래 인류에게서 떨어져 나와 인간의 감정이 박탈된 상태에서 마치 신처럼 이 세상을 바라본다. 즉 진화적 시공간의 세계를 조감한다.

이런 시공간 척도 개념을 활용한 생물학자들은 지난 50년 동안 통섭을 경험해 왔다. 분석을 위해 채용한 시공간 척도에 따라서 생물학의 기본적인 분업은 위에서부터 아래로 다음과 같이 진행된다. 진화생물학, 생태학, 유기체생물학, 세포생물학, 분자생물학 그리고 생화학. 이 배열은 전문가 사회의 조직과 대학 교육 과정의 기초이기도 하다. 통섭의 정도는 각 분야의 원리들이 다른 분야의 원리들 속으로 얼마나 잘 부합해 들어갈 수 있는지로 측정된다.

생물학 분야들 간의 통합은 이 장의 처음에 언급된 미로의 딜레마 때문에 아직은 요원하다. 분야들 간의 통섭은 상향식보다는 하향식일 때, 예를 들어 아마링고의 뇌에서 그것의 구성 요소인 원자로 나아갈 때 좀 더 부드럽게 일어난다. 하지만 반대 방향의 통섭, 즉 일반적인 것에서 더 특수한 것으로의 통섭은 만만치 않은 작업이다. 이를테면 아마링고를 종합하는 것보다 그를 분석하는 게 훨씬 쉽다는 말이다.

　혼히 전일론적 접근이라고도 부르는 종합을 통한 통섭은 조직의 수준이 점점 높아지면서 복잡성이 엄청난 비율로 증가한다는 복병 때문에 골머리를 썩고 있다. 이미 나는 세포 속의 분자와 소기관에 관한 지식만으로는 세포의 전체상을 예측할 수 없다는 사실을 밝힌 바 있다. 이제는 그 문제가 진짜로 얼마나 심각한지에 대해 말해 보겠다. 한 단백질을 구성하고 있는 모든 원자들에 대한 완벽한 지식으로부터 그 단백질의 3차원적 구조를 예측할 수 있을까? 현재로서는 그렇지 않다. 아미노산의 구성물을 결정할 수 있으며 각 원자의 정확한 위치도 엑스선결정학의 도움으로 정확하게 파악할 수 있다. 우리는 이미 가장 단순한 단백질 중 하나인 인슐린 분자가 51개의 아미노산으로 구성된 공 모양의 분자라는 사실을 알고 있다. 이러한 재구성은 환원주의 생물학의 많은 성과들 중의 하나이다. 그러나 모든 아미노산들의 서열과 그 아미노산들을 구성하고 있는 분자들에 대한 이러한 지식만으로는 인슐린 분자가 공 모양을 하고 있다는 사실을 예측하지 못한다. 또한 그러한 지식만으로는 엑스선결정학을 통해 밝혀진 그 분자의 내적인 구조도 예측할 수 없다.

물론 단백질의 형태를 예측하는 일은 원칙적으로는 가능하다. 거대 분자 수준에서의 합성은 기술상의 문제이지 개념적인 문제는 아니다. 사실 이런 문제를 해결하기 위한 노력은 생화학 분야에서 하나의 중요한 산업이 되었다. 왜냐하면 그런 지식을 획득함으로써 의학 분야에서 주요한 돌파구 중 하나가 마련될 것이기 때문이다. 자연적인 분자들보다 더 효과적인 합성 단백질은 질병을 일으키는 유기체들과 싸워서 효소 결핍을 치료할 수도 있다. 하지만 실제로 극복하기 어려운 난점들이 있는 듯하다. 왜냐하면 예측을 하기 위해서는 주변 원자들 간의 모든 에너지 관계를 알아야 하기 때문이다. 그것만으로도 기가 죽는데 설상가상으로 분자에서 떨어져 분포되어 있는 원자들 간의 상호 작용도 알아야만 정확한 예측이 가능하다. 분자의 모양을 결정하는 힘은 엄청나게 다양한 에너지의 그물로 구성되어 있으며 하나의 전체를 만들기 위해서는 이 모든 것들을 동시에 통합해야 한다. 어떤 생화학자들에 따르면 여기에 개입된 각 에너지를 정확하게 계산해 내는 일은 불행히도 현대 물리과학의 이해 능력을 넘어선다.

환경과학에는 훨씬 더 엄청난 복잡함이 존재한다. 미래를 예견하기 위한 학문인 생태학을 가장 곤혹스럽게 만드는 것은 생태계를 점유하고 있는 개체들의 집단을 분리했다가 다시 종합하는 것이다. 특히 강어귀와 우림과 같이 가장 복잡한 생태계의 경우에는 더욱 그렇다. 생태학 연구는 대개 한 번에 한두 종에게만 초점을 맞출 수밖에 없다. 그러나 대개 한 서식지에는 수천 종 이상의 생물이 산다. 실천적인 필요성 때문에 어쩔 수 없이 환원주의적 방식을 사용하는 연구자들은 전체 생태계의 작은 단편들을 가지고 연구를 시작한다. 하지만 그들은 각 종의 운명이 그 총 수위에서 광합성을 하거나 연한 잎을 따먹거나 풀을 뜯어먹거나 유기체를 분해하거나 사냥을 하거나 땅을 갈아엎는 다른 여러 종들의 다양한 행동들에 따라 결정된다는 사실을 잘 알고 있다. 생태학자들은 이런 원리를 매우 잘 알고 있지만 특수한 경우 그것이 정확히 어떤 식으로 발현되는지를 예측하는 대목에 이르면 할 말을 잃는다. 이런 의미에서 거대 분자의 원자들을 조작하는 생화학자들에 비하면 거대한 종들 간의 관계를 다루는 생태학자들의 머리는 훨씬 더 복잡하다.

생태학자들이 직면하는 복잡성의 사례를 생각해 보자. 파나마 운하가 건설되던 1912년에 가툰(Gatun)이라는 인공 호수가 만들어지는 과정에서 밀려 들어온 바닷물로 인해 높은 지대의 일부분이 고립되어 섬 하나가 새로 생겨났다. 열대 상록수로 뒤덮인 이 섬은 바로콜로라도 섬(Barro Colorado Island)이라고 이름 붙여졌으며 생물학 연구의 기지로 사용되었다. 그 후 몇십 년 만에 그 섬은 전 세계에서 가장 면밀히 탐구된 생태계로 알려지게 되었다. 넓이 17제곱킬로미터의 이 섬은 재규어와 퓨마가 살기에는 비좁았다. 이 포식자들은 다른 지역에서 그럭저럭 작은 사슴과 멧토끼를 닮았고 크기가 들쥐보다는 큰 아구티(agoutis)와 파카(pacas)를 잡아먹는다. 아쿠티와 파카는 포식자 없는 이런 환경에서 처음 개체 수보다 10배나 더 늘어났다. 그들은 높은 나무에서 떨어지는 큰 씨앗들을 과도하게 먹어치웠고 이 때문에 그 씨앗을 생산해 내는 나무 종들이 점점 줄어드는 지경에 이르렀다. 이런 결과는 일파만파로 퍼져 나갔다. 예컨대 아쿠티와 파카가 먹지 않는 작은 씨앗의 나무들은 자신들을 먹어치우는 동물들이 줄어든 덕분에 점점 늘어만 갔다. 그 결과 작은 씨앗 나무를 먹이로 하는 동물 종들이 번성할 수밖에 없었고 다시 이런 동물을 먹고사는 포식자들도 덩달아 증가하게 되었다. 예컨대 작은 씨앗 나무에 기생해 사는 곰팡이·박테리아와 그 나무와 연관이 되어 있는 동물들이 널러 퍼졌다. 또한 그로 인해 곰팡이·박테리아를 먹고사는 미생물들이 점점 늘어났으며 또 이런 미생물을 먹는 놈들이 많아졌다. 먹이사슬이 이런 식으로 끝없이 전개되는 과정에서 이 섬의 생태계는 제한된 면적과 그로 인한 상층부 육식동물들의 소멸이 생태계에 어떤 영향을 주는지 잘 보여 주었다.

세포생물학과 생태학뿐만 아니라 오늘날의 모든 과학이 마주하고 있는 가장 강력한 도전은 복잡계를 완벽하고 정확하게 기술하는 것이다. 과학자들은 많은 종류의 체계들을 분해한다. 그리고 대부분의 요소와 힘을 알고 있다고 생각한다. 그 다음에 해야 할 과제는 그것들을 적어도 전체 체계의 중심 속성들을 반영하는 수학적 모델로 재조립하는 것이다. 이런 탐구에서 성공의 기준은 일반적인 수준에서 좀 더 특수한 수준으로 이동할 때 발생하는 창발적 현상들을 예측할 수 있는지의 여부이다. 간단히 말해 이것은 과학적 전일론(scientific holism)의 강력한 도전이다.

과학 세계에서 가장 단순한 물질을 연구하는 물리학자들은 이미 부분적으로 성공해 왔다. 그들은 질소 원자와 같은 개별 입자들을 무작위적 행위자로 취급하면서 그 입자들이 거대 집합체 내에서 함께 작용할 때 창발하는 패턴들을 도출해 냈다. 19세기에 전자기 복사 이론의 창시자이기도 한 제임스 클러크 맥스웰(James Clerk Maxwell)과 루트비히 볼츠만(Ludwig Boltzmann)에서 시작된 통계역학은 고전 역학을 기체를 구성하고 있는 수많은 자유 운동 분자들에 적용함으로써 다양한 온도 상태에 있는 기체들의 운동을 정확하게 예측했다. 더 나아가 다른 연구자들은 분사와 기체 수준을 오가면서 점성도, 열전도율, 상전이 그리고 분자들 간의 힘의 표현인 다른 거시 속성들을 추가로 정의할 수 있었다. 그 다음 수준으로 내려가서 1900년대 초기의 양자 이론 연구자들은 전자와 다른 아원자 입자의 집단 행동을 원자와 분자의 고전 물리학과 연결했다. 20세기에 이루어진 이러한 진보들을 통해 물리학은 가장 정밀한 과학으로서 입지를 다졌다.

물리학이 전통적으로 다뤄 왔던 수준보다 상위의 수준에서 종합을 이루겠다는 시도는 상상도 못할 정도로 어렵다. 개체와 종과 같은 존재자들은 전자와 원자와는 달리 엄청나게 다양하다. 더욱 곤혹스러운 것은 각 개체와 종이 발생과 진화 과정에서 변화한다는 사실이다. 이런 예를 생각해 보자. 한 개체가 자신의 필요를 충족하기 위해서 생산할 수 있는 엄청난 수의 분자들 중에는 메탄 계열의 단순한 탄화수소가 있다. 탄소와 수소 원자로만 구성된 메탄 계열에서는 탄소 원자가 하나일 경우 만들 수 있는 분자는 한 종류뿐이다. 하지만 만일 탄소 원자가 10개면 가능한 분자의 수는 75개이고 탄소 원자 20개의 경우에는 36만 6319개 그리고 탄소 원자가 40개인 경우에는 62조 개로 늘어난다. 여기에 산소 원자를 첨가해 보자. 그러면 탄화수소 사슬은 알코올, 알데히드, 케톤 등을 만들어 낼 수 있으며 분자의 크기에 따라 이런 화합물의 수는 훨씬 더 급격하게 늘어난다. 이제 다종다기한 화합물들이 효소 매개 과정을 통해 산출되는 다양한 경로들을 상상해 보라. 그러면 현재의 상상력을 넘어서는 잠재적 복잡성이 우리를 기다리고 있다.

흔히 생물학자들이 물리학을 부러워한다고들 한다. 왜냐하면 그들은 미시 세계에서 거시 세계로 이끌어 주는 물리학적 모델들을 세우기 때문이다. 하지만 그 모델들이 실제 세계의 너저분한 체계들에 잘 부합하지 않는다는 사실을 곧 발견한다. 그럼에도 불구하고 이론

생물학자들은 쉽게 유혹받는다.(나도 그들 중 한 사람이며 내가 인정하는 것 이상의 책임이 있다는 점을 고백한다.) 세련된 수학 개념과 고성능의 컴퓨터로 무장한 그들은 단백질과 우림을 비롯한 다른 복잡계들에 관해 무한히 많은 예측들을 할 수 있다. 조직 수준이 한 단계씩 상승하는 과정에서 벌어지는 일들을 정확하게 예측하기 위해서는 잘 정의된 수학적 연산들로 구성된 새로운 알고리듬을 고안해 내야 한다. 거의 예술에 가까운 이런 작업이 이뤄진 후에 그들은 좀 더 상위의 조직체로 진화하는 가상 세계를 창조해 낸다. 크레타 섬의 미로가 가상공간으로 바뀐 것이다. 그들은 이 미로를 배회하면서 기본 원소와 기본 과정만으로는 예측이 불가능하며 초기 알고리듬에서 고려되지 않았던 복잡한 현상들, 다시 말해 창발적 현상들에 직면할 수밖에 없다. 하지만 흥미롭게도 어떤 결과들은 실제 세계에서 발견되는 창발 현상과 매우 유사하다.

그들은 희망에 부풀어 있다. 그들은 같은 부류의 이론가들이 모인 학회에서 결과를 발표한다. 질문과 해명의 시간이 짧게 지나가면 참석자들은 머리를 끄덕인다. "좋아요. 독창적이고 흥미롭고 중요한 연구입니다. 물론 참이라면 말이죠."라면서. 만일 참이라면…… 만일 참이라면? 그들은 과대망상에 빠져 있으며 그들이 그리는 큰 그림은 환상이다. 그들은 돌파구의 가장자리에 있는 것이다! 자연의 알고리듬이 그들 자신의 것과 동일한지, 아니 유사하기나 한지를 도대체 그들이 어떻게 안단 말인가? 많은 절차들이 실제로는 틀렸지만 정답에 가까운 결과를 낼 수도 있는 것이다. 이론 생물학자들이 흔히 빠지는 실수는 자신의 모델로 정답이 산출되었다고 해서 그 답에 이르는 과정 자체가 실제 세계에 존재하는 절차들과 동일하다고 착각하는 것이다.

이해를 돕기 위해 사진처럼 세밀하게 묘사되어 실제 생명처럼 아름답게 보이는 꽃 그림에 대해 한번 생각해 보자. 우리의 마음속에서는 이 거시적 존재가 진짜인 것처럼 보인다. 왜냐하면 땅에서 솟아난 실제 꽃과 너무나 닮아 있기 때문이다. 멀찍이 떨어져서 보면 거의 분간이 안 될 지경이다. 그러나 그것을 창조했던 알고리듬은 실제 것과 너무나 다르다. 그 그림의 미시 요소들은 염색체와 세포가 아니라 그림의 얇은 박편일 뿐이다. 그리고 이 그림의 발달 경로는 조직을 발생시키는 DNA에 들어 있지 않고 대신에 예술가의 뇌 속에 존재한다. 이론가들은 자신의 컴퓨터 시뮬레이션이 꽃 그림에 지나지 않는다는 사실을 어떻게 아는가?

상위 체계들에만 한정되어 있는 이런 종류의 난점들에 대해 그동안 적지 않은 논의들이 있었다. 다양한 분야의 연구자들이 복잡성, 복잡성 연구, 혹은 복잡성 이론 등의 이름을 붙여 가며 이 문제의 본성을 탐구해 왔다. 그렇다면 복잡성 이론(내 생각으로는 가장 적절한 표현이다.)이란 무엇인가? 그것은 조직의 다양한 수준들을 가로지르는 공통적 특성들을 드러내 보이는 자연계 내의 알고리듬을 찾는 작업이라고 정의할 수 있다. 적어도 복잡성 이론의 옹호자들은 그 공통적 특성이 탐구자가 실제 세계의 미로를 통해 단순계에서 복잡계로 이동할 때 그 이동의 속도를 빠르게 해 주는 역할을 할 것이라고 기대한다. 또한 자연이 선택했을 것이라고 여겨지는 알고리듬들을 솎아 내는 작업에도 도움을 줄 것이다. 그들이 잘하면 세포, 생태계 그리고 마음과 같은 창발 현상들을 설명하는 새로운 근본 법칙들을 발견할 수 있을 것이다.

대체로 그런 이론가들은 생물학에 초점을 맞춘다. 물론 이해가 되는 행동이다. 생물 개체들과 개체의 집합들은 알려진 복잡계들 중에서 최고로 복잡한 체계들이다. 그것들은 자기 스스로 조립도 하고 적응하기까지 한다. 분자에서 세포, 개체, 생태계로 나아가면서 자신들을 건축해 나가는 살아 있는 체계들은 복잡성과 창발성의 근본 법칙들이 무엇이건 간에 그런 법칙들을 확실히 드러내 보인다.

1970년대에 태동된 복잡성 이론은 1980년대 초반에 그 세력이 확장되다가 1990년대 중반에 뜨거운 논쟁에 휩싸였다. 논쟁의 쟁점들은 이론가들이 밝혀내려는 체계들만큼이나 복잡다단했다. 하지만 핵심적 쟁점은 다음과 같다. 자신의 관심이 잘 정의된 현상들에만 한정되어 있는 대다수의 과학자들은 복잡성 이론에 대해 별 관심이 없다. 심지어 그것에 대해 처음 들어보는 이들도 많을 것이다. 만일 현대 과학이 논쟁으로 끓는 가마솥이라고 여겨지지 않는다면 이런 사람들은 무시될 것이다. 반면 복잡성 이론에 관심을 기울이는 사람들은 다시 세 가지 진영으로 나뉠 수 있다. 첫 번째 진영의 사람들은 다양한 이유에서 그 이론에 대해 회의적인 시각을 갖고 있다. 그들은 뇌와 우림이 몇 개의 기본 과정들로 환원조차 될 수 없을 만큼 매우 복잡하다고 믿는다. 몇몇 회의론자들은 적어도 인간이 이해할 수 있는 복잡성의 근본 법칙 따위는 존재하지 않는다고 생각한다.

두 번째 진영에는 열광적이고 대담한 복잡성 이론가들이 존재한다. 이들의 좌장격인 스튜어트 카우프만(Stuart Kauffman, 『질서의 기원 (The Origins of Order)』의 저자)과 크리스토퍼 랭턴(Christopher Langton)은 복잡성 운동의 비공식적 본부인 뉴멕시코 주의 샌타페이 연구소에서 일하고 있다. 그들은 근본 법칙들이 존재할 뿐만 아니라 자신들이 그것들을 거의 발견하기에 이르렀다고 주장한다. 그들에 따르면 그 법칙들의 본질적 요소들이 카오스(chaos), 자기 임계성(self-criticality), 적응적 경관(adaptive landscapes)과 같은 심오한 개념들을 사용하는 수학 이론들로부터 이미 출현했다고 한다. 이런 추상화는 복잡계가 스스로를 세우고 잠시 동안 지속되며 이후에 분리되는 과정들에 생생하게 초점을 맞추고 있다. 이런 작업을 하고 있는 학자들은 성공의 냄새가 풍긴다고 생각한다. 그들은 기본적으로 컴퓨터에 의존하고 있고 추상화 작업에 몰두해 있으며 자연사를 경시하고 비선형 변환을 중시한다. 그들은 물질세계의 상위 산물들을 완전하게 이해하기 위해서는 전통적 과학(대부분의 현대 생물학이 여기에 속해 있다.)을 넘어서야 하는데, 컴퓨터에 기반을 둔 수많은 시뮬레이션들이 이런 작업에 필요한 방법과 원리가 무엇인지를 드러내 줄 것이라고 믿는다. 그들이 눈에 불을 켜고 찾고 있는 성배는 원자에서 뇌와 생태계에 이르기까지 실재에 부합해 가며 빠르게 이동할 수 있는 마스터 알고리듬(master algorithm)이다. 그들은 그것이 있음으로 해서 연구자들이 알아야 할 필수 지식들이 훨씬 더 줄어들게 될 것이라고 믿는다.

마지막으로 세 번째 진영의 학자들은 양극단의 중간 어딘가에 위치한다. 나도 이들과 같은 부류라고 할 수는 있으나 약간의 주저함이 있다. 왜냐하면 나는 참을 믿고 싶기 때문이다. 재기 넘치고 세련된 복잡성 이론가들에게 깊은 인상을 받은 것은 사실이다. 어떤 의미에서 나는 심정적으로는 그들의 편이다. 그러나 적어도 나의 지성은 아직 그렇지 않다. 나를 비롯한 많은 중도주의자들은 그들이 올바른 길에 들어서 있다고 믿는다. 하지만 목적지까지는 가야 할 길이 아직도 멀다고 생각한다. 중요한 쟁점들에 관한 의심과 불일치는 그들 자신의 진영에서도 발생하고 있다. 간단히 말해 기본적인 난점은 사실들이 충분하지 않다는 점이다. 복잡성 이론가들은 아직 자신의 문제들을 가상공간으로 가져갈 만큼 충분한 자료들을 확보하지 못하고 있다. 그들이 연구를 시작할 때 상정하는 전제들에 대해서는 더 많은 사실 확인이 필요하다. 따라서 결론은 너무 모호하고 일반적이어서 은유 정도로 그칠 때가 많으며 진짜로 새로운 내용이 포함되지 않을 때가 대부분이다.

이제 복잡성 이론에서 가장 자주 인용되는 패러다임 중 하나인 '혼돈의 가장자리(edge of chaos)'에 대해 생각해 보자. 자연 세계에는 크리스털 결정과 같이 완벽한 내적 질서를 함유하고 있어서 더 이상의 변화가 생겨날 수 없는 체계들이 존재한다. 반면 끓고 있는 물과 같이 질서를 찾아보기 힘든 혼돈계들이 존재한다. 하지만 가장 빠르게 진화할 체계는 양극단 사이의 어딘가에 존재하게 되는데 정확히 말하면 혼돈의 가장자리에 위치하게 된다. 혼돈의 가장자리에 놓인 이 체계는 질서를 가지고 있기는 하지만 작은 집단 속에서나 단독으로 쉽게 변화될 수 있도록 느슨하게 연결된 부분들을 그 속에 포함하고 있다.

카우프만은 자신의 NK 모델을 통해 이 개념을 생명의 진화에 적용했다. N은 한 개체 내에 들어 있는 부분들의 수이다. 예컨대 생존과 번식에 기여해서 다음 세대에 자신을 남기는 데 공헌하는 한 개체의 유전자의 수나 아미노산의 수가 그것이다. 한편 K는 같은 개체 내의 같은 유형의 부분들(예컨대 유전자나 아미노산)로서 자신 이외의 다른 부분들의 행동에 영향을 주는 부분들의 수를 지칭한다. 예를 들어 하나의 유전자는 한 세포의 발생을 주도하는 일에 단독으로 참여하지 않는다. 대개 아주 복잡한 방식으로 다른 유전자들과 함께 행동한다. 카우프만은 만일 유전자들이 완벽하게 상호 연결되어 특정한 결과들을 산출해 낸다면, 즉 K와 N이 같아진다면 개체군 내에서 진화가 거의 일어날 수 없다고 주장한다. 왜냐하면 개체의 대물림을 관장하는 부분들 중 하나가 바뀌면 나른 모든 것들도 바뀔 수밖에 없기 때문이라는 것이다. 그렇다면 유전자들 간의 연결이 전혀 없는, 다시 말해 K가 0이 되는 극단적인 반대의 경우는 어떤가? 각 유전자가 제멋대로 행동하게 되는 이런 상황이 오면 그 개체군은 무한히 조합 가능한 유전자 조합들 내에서 무작위적으로 진화할 수 있게 된다. 그런데 그 조합들은 진화적 시간 속에서 늘 불완전할 수밖에 없으며 적응 유형으로 정착될 수 없다. 그 개체군은 진화적 혼돈에 빠지고 만다. 한편 연결이 존재하기는 하지만 매우 적다고 해 보자. 바로 이 지점이 혼돈의 가장자리인데 여기에서는 진화하는 개체군이 더 쉽게 오를 수 있는 적응의 봉우리로 올라가 진화할 수 있다. 예를 들어 씨앗을 먹는 어떤 종의 새가 곤충을 먹는 새로 전이될 수도 있고 사바나에서 살던 식물이 사막에서 생존할 수 있는 능력을 획득할 수도 있다. 카우프만은 혼돈의 가장자리에서 진화 가능성이 최댓값이 된다고 논증했다. 종은 적응 구역의 이런 유동성을 유지하기 위해 연결의 수를 조정할지도 모른다.

카우프만은 NK 모델을 분자생물학과 진화생물학의 다양한 주제들에 확장 · 적용해 왔다. 그의 주장들은 다른 선도적인 복잡성 이론가들과 마찬가지로 독창적이며 중요한 문제들을 다루고 있다. 그것들은 일견 훌륭해 보인다. 하지만 유전학에 익숙한 진화생물학자로서 나는 그들의 연구에서 별로 배울 것을 찾지 못했다. 카우프만의 공식과 쓸데없이 지루한 문장들을 간신히 읽어 나가다가 나는 문득 깨달았다. 거기에 써 있는 대부분의 결과들은 내가 다른 맥락에서 이미 다 알고 있는 것들이었다! 본질적으로 그것들은 주류 생물학 문헌들에 이미 요약되어 있는 원리들을 새롭고 난해한 언어로 번역한 것에 불과하다. NK 공식은 물리학의 중요한 이론과는 달리 사고의 근본을 변화시키지도 정량적인 예측을 제공하지도 못한다. 즉 현장이나 실험실에서 신중히 고려해 볼 만한 어떤 중요한 통찰도 던져 주지 않는다.

어떤 사람은 나의 이런 반응이 특정한 복잡성 이론 하나에 국한되어 있으며 다소 개인적이고 편파적인 수준에 머물러 있다고 이야기할지 모른다. 부인하고 싶지는 않다. 내 비판은 복잡성 이론가들의 궁극적 전망을 축소시키지는 못할 것이다. 카오스나 프랙털 기하학과 같이 그들이 발전시킨 몇몇 기초 개념들은 물리세계의 넓은 영역을 이해하는 데 도움을 준 게 사실이다. 가령 생태학에서 영국 수리 생물학자인 로버트 메이(Robert May)는 동식물 세계에서 실제로 관찰되는 유형의 개체군 요동 패턴을 도출해 내는 데 현실적인 미분방정식을 사용했다. 개체군 성장률이 증가하거나 환경이 개체군의 성장을 통제하는 것이 느슨해지면 개체 수는 안정에 가까운 상태를 축으로 순조롭게 주기적으로 증감한다. 그런데 성장률과 환경의 통제가 변하게 되면 개체 수는 다양한 최고점들을 가진 복잡한 주기를 그리며 변한다. 그리고 마침내 개체 수는 혼돈 체계로 진입하여 식별이 불가능한 패턴으로 이리저리 요동친다. 개체군 내에서 발생하는 혼돈들 중에서 가장 흥미로운 것은 실제 개체의 속성을 정확히 정의했는 데도 불구하고 생겨나는 혼돈이다. 환경의 힘이 무작위적으로 작용하여 개체군을 쥐고 흔들었기 때문에 혼돈 패턴이 생긴다는 기존의 믿음은 틀린 것으로 판명되었다. 이 경우를 비롯한 다른 복잡한 물리 현상들에서 혼돈 이론은 자연의 깊은 원리를 보여 준다. 혼돈 이론은 극단적으로 복잡하고 외부적으로 판독 불가능한 패턴들이 체계 내의 미세한 변화(측정이 가능한)에 의해 결정될 수 있다고 말한다.

그러나 다시 한 번 묻자. 어떤 체계가 어떤 변화를 겪는다는 말인가? 이것이 문제의 요짐이다. 복잡성 이론의 요소들 중 우리가 이론에서 기대하는 일반성이나 사실의 세부 사항들과의 부합을 담보하는 것은 하나도 없다. 그리고 그 어떤 복잡성 이론도 이론적 혁신과 실제적 적용을 연속적으로 촉발하지 못했다. 그렇다면 복잡성 이론이 생물학 분야에서 성공하기 위해서는 무엇이 더 필요할까?

복잡성 이론은 더 많은 경험 정보를 필요로 한다. 생물학은 그것을 제공할 수 있다. 지난 3세기 동안의 발전과 최근에 이루어진 물리학·화학과의 만남을 통해 현대 생물학은 하나의 성숙한 과학이 되었다. 그러나 생물학자들에게는 복잡성을 설명하는 특수한 이론들이 필요 없을지도 모른다. 그들은 환원주의를 매우 세련되게 발전시켰고 분자와 세포 내 소기관의 수준에서 부분적인 종합을 이뤄 냈다. 온전한 세포와 개체까지 가려면 아직 멀기는 하지만 그들은 한 번에 하나씩 요소들을 재구성할 수 있다고 알고 있다. 그들은 인공 생명을 창조하는 데 으리으리한 설명이 필요하지는 않을 것이라고 예견한다. 그들 대부분은 개체가 하나의 기계이고 충분한 시간과 연구비가 주어지면 물리학·화학 법칙만으로도 그런 일을 해 낼 수 있다고 믿는다.

하나의 살아 있는 세포를 만드는 일은 시공간 관념을 바꾼 아인슈타인적 혁명보다는 달에 로켓을 보내는 일과 같을 것이다. 실제 개체에서의 복잡성은 《네이처》와 《사이언스》에 활력을 불어넣어 줄 정도로 매주마다 신속히 분석되고 있어서 개념 혁명의 필요성은 점점 줄어들고 있다. 엄청난 도약이 이뤄지는 혁명이 갑작스레 일어날 수도 있지만 바쁘고 풍족한 연구자들이 그것을 간절히 기다리고 있는 것은 아니다.

생물학자들이 밝혀낸 것에 따르면 세포라는 기계는 매혹적인 아름다움으로 가득한 피조물이다. 그것의 중심에는 핵산 암호들이 존재하는데 전형적인 척추동물의 경우에는 5만~10만 개 정도의 유전자가 그 속에 들어 있다. 각 유전자에는 2,000~3,000개의 염기쌍(유전 문자들)이 질서 정연하게 배열되어 있다. 활동적인 유전자를 구성하고 있는 염기쌍 중 3개의 염기 서열로 구성된 코돈이 아미노산으로 번역된다. 유전자의 최종 분자 산물은 완벽하게 조율된 무수한 화학 작용들을 통해 세포 내에서 전사되어 나오는데 그것은 거대 단백질 분자로 접혀 있는 아미노산 가닥들이다. 척추동물의 몸안에는 대략 10만 종의 단백질이 있다. 핵산이 생명의 암호라면 단백질은 생명의 물질이라고 볼 수 있으며 몸무게(물을 뺀)의 반 정도를 차지한다. 단백질은 몸이 형태를 갖게끔 해 주고 콜라겐 건(腱)을 이뤄 근육이 되어 몸을 움직이게 해 주고 화학 반응을 활발하게 만드는 촉매로 작용하고 몸의 모든 부분들에 산소를 전달하고 면역계를 형성하고 환경을 검사하며 행동을 매개하도록 뇌에 신호를 보내 준다.

단백질 분자의 기능은 그것의 일차 구조와 그 속에 있는 아미노산 서열뿐 아니라 그것의 모양에 따라서도 결정된다. 각종 아미노산 가닥은 꼬인 실처럼 감겨 있고 솜뭉치처럼 뭉쳐 있다. 전체 분자의 모양은 변화무쌍한 구름처럼 다양하다. 그 모양을 보고 있으면 혹 모양의 구, 도넛, 아령, 양의 머리, 날개를 펼친 천사, 코르크 따개 등을 연상할 수 있다.

특히 표면 윤곽은 체내의 화학 작용을 촉진하는 단백질인 효소의 기능을 좌우한다. 효소의 표면에는 활성 부위들이 있다. 이 부위들은 아마노산으로 이뤄진 지갑이나 홈처럼 생겼고 특정 아미노산 구조물이 거기에 잘 들어맞도록 되어 있다. 특별하게 생긴 기질 분자만이 그 활성 부위에 들어맞을 수 있기 때문에 특정 효소는 특정 기질 분자에 대해서만 촉매 작용을 한다. 한 기질 분자가 정확한 지점에서 결합을 하자마자 그 활성 부위는 모양을 조금 바꾼다. 그 활성 부위 근처에 있는 또다른 활성 부위에 기질 분자가 새로 결합하고 이 두 분자들은 마치 악수를 하듯이 반응을 일으킬 수 있을 만큼 좀 더 가깝게 접근한다. 그러면 곧바로 그 기질 분자는 화학 반응을 통해 화학적으로 변하고 효소의 활성 부위에서 방출된다. 예를 들어 사카라아제가 결합하는 경우에 효소의 활성 부위가 화학적 구조의 변화 없이 원래 모양대로 재빨리 돌아오며 사카라아제는 과당과 포도당으로 분해된다. 효소 분자 대부분은 생산력이 엄청나서 단 하나의 효소가 1초에 1,000개의 기질 분자들을 처리할 수 있을 정도이다.

그렇다면 이 모든 나노미터 단위의 구성 요소들과 밀리미터 규모의 반응들을 종합해서 하나의 정합적인 그림으로 그려 낼 수 있을까? 생물학자들은 바닥에부터, 즉 분자 하나하나, 대사 경로 하나하나를 분석함으로써 이런 일을 이루려고 했다. 그들은 자료를 모으고 하나의 완전한 세포를 모형화하는 데 필요한 수학적 도구들을 만들기 시작했다. 성공만 하면 하나의 세포를 넘어 단순한 개체, 즉 단세포 박테리아, 원시세포, 원생생물의 수준에까지 이를 수 있을 것이다.

대부분의 생물학자들은 세포가 어떻게 통합되는지에 관한 이론을 세울 때 중간 수준의 모델을 선호한다. 이 모델은 일차적으로 수학적이지도 않고 순수하게 기술적이지도 않으며 오히려 상당한 양의 경험 정보가 포함된 유전자 네트워크 모델이다. 윌리엄 루미스(William Loomis)와 폴 스턴버그(Paul Sternberg)는 이런 최신 연구의 냄새를 잘 맡았다. 다음을 보자.

유전자나 RNA 또는 단백질이 이런 네트워크의 교점들에 해당한다. 한편 연결은 RNA, 단백질 그리고 시스(cis) 조절 DNA 서열들 간의 규제적이고 물리적인 상호 작용들을 지칭한다. 현대 분자유전학 기술은 유전자를 인식하고 유전자의 일차 서열을 결정하는 능력을 엄청나게 향상시켰다. 이제 남은 작업은 유전자와 그 산물이 기능적인 경로, 회로, 네트워크 속에서 어떻게 연결되어 있는지를 이해하는 일이다. 조절 네트워크를 분석하면 디지털 논리, 아날로그-디지털 변환, 혼선, 절연 그리고 신호 통합 등을 구현하는 조합 행동을 알 수 있게 될 것이다. 사실 세련된 네트워크의 존재는 지난 수십 년간의 생리학 연구에서 제기되었다. 하지만 최근에는 네트워크의 요소들에 대한 세부 사항과 스케일이 밝혀지기 시작했다. 현재 분자생물학은 대개 새로운 요소들을 확인하고 각 교점의 조절 입출력을 정의하며 생화학적으로 유관한 경로들을 밝혀낸다.

위의 인용문에서 언급하고 있는 복잡성은 슈퍼컴퓨터와 정교한 우주선을 비롯한 온갖 인공물들에 존재하는 복잡성을 능가한다. 과학자들은 극미소 세계 속의 복잡성을 설명해 낼 수 있을까? 물론 설명할 수 있다. 과학자들은 세포에 장애가 생겨 발생한 암, 유전병, 바이러스 감염 등을 정복하는 임무를 부여받았다. 이런 과업의 달성을 위해 엄청난 자금이 투입되었다. 그들은 대중이 요구하는 목표에 이를 수 있는 방법을 대충은 알고 있으며 실패하지 않을 것이다. 역사를 보면 과학은 예술과 마찬가지로 후원에 의존한다.

성능이 급속하게 향상되고 있는 장비들 덕분에 생물학자들은 이미 살아 있는 세포의 내부를 검사해 보고 분자 구조물을 직접 조사할 수 있게 되었다. 그들은 적응 체계가 자기 자신을 조직하기 위해 몇몇 단순한 것들을 사용하고 있다는 사실을 발견하고 있다. 그중 가장 주목할 만한 것들로는 꾸불꾸불한 아미노산 가닥들을 쓸모 있는 모양이 단백질 분자로 접는 데 사용되는 규칙과 세포막이 세포와 소기관 안팎의 특정 물질들을 받아들이게끔 하는 여과 장치를 들 수 있다. 또한 과학자들은 이 이상으로 복잡한 과정들까지 시뮬레이션할 수 있는 성능을 갖춘 컴퓨터를 확보하고 있다. 1995년에 미국의 연구진이 인텔 파라곤 컴퓨터 두 대를 연결하여 초당 2810억 번의 계산을 할 수 있는 세계에서 가장 빠른 컴퓨터를 만들어 냈다. 미국 연방 고성능 컴퓨터 개발 계획(U. S. federal high-performance program)은 목표를 상향 조정해서 2000년까지 초당 1조 회의 계산을 할 수 있는 컴퓨터를 만들 계획이다. 2020년에는 초당 수천조 회의 계산을 할 수 있는 페타크런처(petacruncher, 1000조 단위의 빠르기를 가진 계산기.— 옮긴이)가 가능할지도 모른다. 물론 새로운 기술과 프로그램 기법이 그 수준에까지 도달해야 하지만 말이다. 그 시점에서는 모든 활성 분자들과 그 상호 작용들을 추적할 수 있어야 하고 세포 역학을 일일이 시뮬레이션할 수 있어야 한다. 또한 복잡성 이론에 들어 있는 원리들을 단순화해서도 안 된다.

과학자들은 또한 성장이 끝난 세포들이 조직들과 전체 다세포 개체들로 자기 자신을 조립하는 현상을 처음으로 이해하게 될 날을 기대하고 있다. 1994년에 《사이언스》의 편집자들은 한 세기 전에 빌헬름 루(Wilhelm Roux, 1850~1924년. 배아 발생에 실험적으로 간섭함으로써 발생의 역학을 연구해야 한다고 강조한 독일의 실험 발생학자.— 옮긴이)에 의해 발생학이 시작된 것을 기념하여 같은 분야에 종사하는 연구자 100명에게 중요하지만 아직 해결되지 않은 문제들을 열거해 보라고 묻다. 그들의 대답은 다음과 같았다. 중요한 순서대로 열거해 보겠다.

1. 조직과 기관 발생의 분자 수준 메커니즘
2. 발생과 유전적 진화 간의 관계

3. 세포들이 특정 기능으로 분화해 가는 방법

4. 조직 발생에 있어서 세포 간 신호 전달의 역할

5. 초기 배아에서 조직 패턴들의 자가 조립 과정

6. 신경 세포들이 신경삭(nerve cord)과 뇌를 창조하기 위해 특수한 연결들을 확립해 가는 방법

7. 조직과 기관을 만들어 가는 과정에서 세포들이 분열하고 죽는 방법

8. 전사를 조절하는 과정들(세포 내에서 DNA 정보의 전달)이 조직과 기관의 분화에 영향을 주는 방법

놀랍게도 그 생물학자들은 이 모든 주제들에 대한 연구가 빠르게 진보하고 있다고 여겼다. 그리고 그것들 중에서 적어도 몇몇은 부분적인 성공을 목전에 두고 있다고 진술했다.

🐍

21세기 초에 분자·세포생물학자들의 희망이 완전히 실현된다고 가정해 보자. 한발 더 나아가 그들이 인산 세포를 모든 부분 요소들로 쪼개고 그 과정들을 추적할 수 있으며 결국 분자 수준에서부터 전체 체계를 정확하게 모형화하는 데 성공할 것이라고 가정하자. 그리고 마지막으로, 조직과 기관에 연구 초점을 맞추고 있는 발생학자들도 이와 유사한 성공을 맛볼 것이라고 해 보자. 그렇게 되면 훨씬 더 복잡한 체계인 마음과 행동을 공략하기 위한 무대가 마련될 것이다. 그런데 이 복잡계들도 결국에는 동일한 종류의 분자, 조직 그리고 기관의 산물이다.

이러한 설명력이 어떻게 얻어질 수 있는지를 보자. 우선 몇몇 종

에 대해 발생 과정을 근사적으로 밝혀내면 생명이 어떻게 재생산되고 유지되는지를 무수한 다른 종들로 확장하여 추론할 수 있을 것이다. 전일적 비교(comparative holistic) 생물학을 이렇게 확장하게 되면 오늘날과 같은 생명의 모습이 도출될 수도 있고 진화 초기의 생명 단계가 드러날 수도 있으며 상이한 서식 환경을 가진 다른 행성에서나 가능한 생명의 모습을 알 수도 있다. 서식 가능한 환경을 떠올릴 때에는 좀 더 열린 마음을 가져야 할 것이다. 남극 바위 속에서 자라는 원시 세포와 심해 열구의 끓는 물에서 번성하고 있는 미생물들이 실제로 존재하지 않는가?

언젠가는 심원하고 강력한 복잡성 원리들이 무수한 시뮬레이션을 통해 틀림없이 도출될 것이다. 그 원리들은 다양한 수준의 조직들을 관통하여 가장 복잡한 체계에까지 이르는 알고리듬을 우리에게 보여 줄 것이다. 이 체계들은 자가 조립을 할 수 있고 유지가 가능하며 계속적으로 변하지만 완벽하게 번식할 수 있는 그런 체계들이다. 다른 말로 하면 그들은 살아 있는 유기체일 것이다.

그때가 되면(나는 그때가 오리라 믿는다.) 우리는 생물학에 관해 참된 이론을 갖게 될 것이다. 그리고 그 이론은 현대 생물학에 넘쳐나는 상세한 묘사들과는 질적으로 다를 것이다. 그 원리들은 인간의 마음과 행동 그리고 생태계를 탐구하는 데 가속 페달의 역할을 담당할 것이다. 그중 생태계는 개체들로 구성된 가장 복잡한 체계이기 때문에 연구자들을 꽤나 괴롭힐 것이다.

따라서 중요한 질문은 다음과 같다. 첫째, 모든 분자와 원자를 일일이 시뮬레이션해 보지 않고도 살아 있는 개체를 완벽하게 재편할 수 있는 일반적 조직 원리가 존재하는가? 둘째, 이 동일한 원리가 마음과 행동 그리고 생태계에도 적용될 것인가? 셋째, 물리학과 수학의 관계처럼 생물학의 자연 언어로 기능할 만한 수학이 존재하는가? 넷째, 올바른 원리가 발견된다 하더라도 원하는 모델에 그 원리를 적용하려면 얼마나 상세한 사실 정보가 필요한가? 이 모든 문제들에 대해서 오늘날 우리는 마치 어둠 속에서 안경을 끼고 있는 형국이다. 하지만 성경적 예언이 성취되는 '그날'이 오면 우리는 그 모든 것들을 직접 대면하게 될 것이고 아마도 이 난제들에 대한 해답을 분명히 보게 될 것이다. 어쨌든 대답을 찾기 위한 이런 시도는 인간 지력(知力)의 한계에 대한 일종의 시험이다.

6장

마음

지식의 통일성──미로의 실재──에 대한 믿음은 궁극적으로 모든 정신 과정이 물리적 기초를 가지고 있으며 그 과정이 자연과학에 잘 부합한다는 가설에 근거해 있다. 마음(mind)은 우리가 알고 있으며 알 수 있는 모든 것들이 창조된 장소이다. 이런 기본적이면서도 우리를 혼란스럽게 만드는 심오한 사실 때문에 마음은 통섭 프로그램의 가장 중요한 주제이기도 하다.

이런 고상한 반성과 믿음은 언뜻 보면 과학이 아니라 철학의 고유 영역인 것처럼 보일 수도 있다. 그러나 내성(內省, introspection)으로만 시작된 논리는 신빙성이 떨어지고 실재와 괴리될 수 있으며 흔히 잘못된 방향으로 흐르기 쉽다. 역사는 언제나 그렇게 말한다. 데카르트로부터 칸트로 이어지는 근대 철학은 뇌에 대한 설명을 시도하기는 했으나 대부분 실패로 끝났다. 하지만 이런 실패는 자신의 방법만을 고집한 철학자들의 잘못에서 비롯되었다기보다는 뇌의 생물학적 진화의 직접적인 결과 때문이다. 진화와 정신에 관한 경험적 연구들을 통해 우리가 배운 분명한 사실은 뇌가 자기 자신을 이해하도록 조립된 게 아니라 생존하기 위해 조립된 하나의 기계라는 점이다. 자신을 이해하는 일과 생존하는 일이라는 이 두 목표는 기본적으로 같지 않기 때문에 과학으로부터 사실적인 지식을 공급받지 못한 마음은 세계를 부분적으로 볼 수밖에 없다. 마음은 다음 날에도 살아남기 위해 꼭 알아야만 하는 세계의 부분들만 밝게 비춰볼 뿐 나머지 부분들에 대해서는 거의 장님이나 다름없다. 수천 세대 동안 사람들은 뇌라는 기계가 어떻게 작동하는지를 알 필요가 없는 상태로 살았고 번식했다. 신화와 자기기만, 부족의 정체성과 의식 등은 객관적 진리 이상으로 사람들에게 적응적 이득을 안겨 주었다.

오늘날에도 사람들은 바로 이런 이유 때문에 자기 자신의 마음보다도 자동차에 관해 더 많은 것을 알고 있다. 마음에 관한 근본적인 설명이 철학이나 종교적인 탐구라기보다 경험적인 탐구인 것도 같은 이유 때문이다. 이런 탐구는 아직도 어둡기만 한 뇌 내부로의 여행이다. 그러나 이제 우리는 우리를 여기까지 데려다 준 배를 구멍을 뚫어 침몰시키거나 해안에서 태워 버려야 한다.

뇌는 흰색과 회색을 띠고 부피는 2리터 정도, 무게는 평균 1.4킬로그램(가령, 아인슈타인의 뇌는 1.25킬로그램이었다.) 정도인, 포도송이만 한 헬멧 모양의 단백질 덩어리이다. 뇌의 표면은 청소용 스펀지처럼 주름이 잡혀 있다. 또한 뇌의 굳기는 커스터드 과자와 같아서 가만히 두면 스스로 뭉개지지 않을 정도로 단단하기는 하지만 숟가락으로 푸면 퍼질 정도로 연하다.

뇌의 진가는 미세한 세부 사항 속에 감춰져 있다. 말랑말랑한 뇌 덩어리는 수천억 개의 신경 세포들이 복잡하게 연결된 하나의 체계이다. 이 신경 세포는 너비가 수백만 분의 1미터 정도이며 그 끝 부분은 수천 개의 다른 신경 세포들과 연결되어 있다. 만일 우리가 박테리아 정도의 크기로 작아져서 뇌의 내부를 걸어서 탐험할 수 있다면, 모든 신경 세포의 위치를 알아내고 모든 전기 회로를 추적할 수 있을지도 모른다. 이것은 1713년 라이프니츠 이후로 철학자들이 늘 상상해 온 것이지만 우리는 뇌 전체를 잘 이해할 수 없었다. 훨씬 더 많은 정보가 필요하다. 우리는 뇌 회로가 어떻게 서로 연결되어 있는지뿐만 아니라 뇌에서 만들어지는 전기 신호와 그 패턴이 도대체 무엇을 의미하는지도 알아야 한다. 그러나 가장 당혹스러운 질문은 이런 구조가 도대체 무슨 목적으로 생겨났는지에 관한 것이다.

뇌의 유전과 발생에 관한 사실들을 종합해 보면 우리는 인간의 뇌가 상상도 못할 정도로 복잡하다는 사실을 깨닫게 된다. 1995년까지 축적된 인간 유전체 자료(인간 유전체 속에 들어 있는 유전자의 총수는 5만에서 10만 개일 것이라고 추정된다.)에 따르면 뇌의 구조는 적어도 3,195개의 다른 유전자들의 영향을 받는데 이것은 다른 기관이나 조직에 관여하는 유전자 수의 50퍼센트 이상이다.(그러나 더 최근의 연구 결과에 따르면 인간 유전체에는 초파리나 예쁜 꼬마 선충과 별 차이가 없이 약 2만 개의 유전자가 들어 있는 것으로 밝혀졌다. —옮긴이) 신경 세포가 성장하여 제자리를 찾아가도록 해 주는 분자생물학적 과정은 이제 막 판독되기 시작했다. 전반적으로 인간의 뇌는 지금까지 우리에게 알려진 우주 내의 그 어떤 사물보다 더 복잡하다.

인간의 뇌는 분명한 화석 기록을 갖고 있는 포유류의 신속한 계통 발생과 비교해 보아도 비교적 빨리 현재 형태로 진화했다. 아프리카의 원인(man-apes)에서부터 약 20만 년 전에 살았던 초창기 호모 사피엔스에 이르기까지 겨우 300만 년 동안에 뇌의 용량은 4배로 증가했다. 이런 발달의 대부분은 뇌 영역 중에서 언어와 문화 능력과 같이 마음의 상위 기능을 담당하는 자리인 신피질에서 발생했다.

뇌 용량의 증가 덕분에 인류는 지구라는 행성의 주인이 되었다. 진보된 인간——즉 목 경추(cervical vertebrae)의 연약한 줄기에 매달려 위험하게 흔들거리는 커다란 구 모양의 두개골을 가진 존재——은 걷고 헤엄치고 항해를 하며 아프리카를 탈출하여 유럽과 아시아를 거쳐 사람이 살 수 없는 남극을 제외한 모든 대륙과 섬에 진출했다. 1000년에는 태평양과 인도양에서 가장 먼 섬까지 이르렀다. 대서양 한복판의 섬들 중에 세인트헬레나(St. Helena)와 아조레스 군도(Azores)를 포함하여 10개 이하의 섬만이 그 후 몇백 년 동안 처녀지로 남았을 뿐이다.

'진화적 진보'를 언급하는 일은 작금의 학계에서 이미 시대에 뒤떨어진 일이 되었다. 나도 인정한다. 인정할 수밖에 없다. 지금까지 그렇게 많은 잉크를 허비하게 한 딜레마는 다음과 같은 간단한 의미 구분을 통해 해결될 수 있다. 만일 우리가 진보를 미리 정해진 목표를 향해 전진하는 것이라고 규정한다면 그런 목표가 없이 진행되는 자연선택을 통한 진화는 진보가 아니다. 하지만 복잡성과 개체와 사회에 관한 통제력이 적어도 몇몇 계통들에서 점점 증가하는 것을 두고 진보라고 한다면 퇴보의 가능성을 인정하더라도 진화는 엄연히 진보일 수 있다. 두 번째 의미에서 높은 지능과 문화를 갖게 된 인류는 생명의 전체 역사 속에 있었던 네 번의 커다란 단계들 중 마지막 단계에 있는 셈이다. 각 단계는 10억 년의 간격을 두고 순차적으로 다음 단계로 넘어갔다. 첫 번째 변화는 생명 자체의 탄생이었는데 그것은 단순한 박테리아 형태로 시작했다. 그런 후에 핵은 다른 세포 소기관들과 만나 하나의 단위로 정밀하게 조립되어 복잡한 진핵세포를 탄생시켰다. 이렇게 해서 진핵생물의 기본 단위들이 주변에 널려 있게 되니까 갑각류와 연체류 같은 커다란 다세포 동물들이 생겨나기 시작했다. 이 동물들은 감각 기관과 중앙 신경계의 통제를 받으며 운동한다. 그리고 마침내 인류가 탄생했다. 대부분의 생물들에게는 슬픈 소식이지만 말이다.

이 주제에 대한 전문가인 모든 과학자와 철학자 들은 의식과 합리적 과정들로 구성되어 있는 마음이 바로 뇌의 작용이라는 점에 동의한다. 그들은 『성찰』(1642년)에서 "신적인 힘에 의해 마음은 신체가 없이도 존재할 수 있으며 신체는 마음 없이도 존재할 수 있다."라고 결론내린 르네 데카르트의 마음/뇌 이원론을 배격한다. 이 위대한 철학자는 비물질적인 마음과 불멸의 영혼은 물질적이고 필멸할 신체 내의 어딘가에서 쉬고 있다고 여겼다. 그는 그곳이 뇌의 기저부에 있는 미세한 기관인 송과선일지도 모른다고 생각했다. 이런 초기 신경 생물학적 모델에서 뇌는 전신에서 정보를 받고 그 정보가 송과 중심부에 전달되면 거기서 그것이 어떤 식으로든 의식적 사고로 번역된다. 이원론은 데카르트 시대의 철학과 과학에 딱 들어맞는 것이었다. 당시에는 우주에 관해서는 물질주의적 설명이 호소력이 있었지만 이원론은 여전히 안전지대에 있었다. 이원론은 어떤 형태로든 20세기에도 영속했다.

그동안 연구자들은 뇌에 딸린 여러 선들을 낱낱이 조사해 보았지만 비물질적 마음이 자리 잡고 있는 곳이라고 여길 수 있는 그 어떤 징조도 발견하지 못했다. 이제 송과선은 멜라토닌 호르몬을 분비하고 신체의 생물 시계와 일상 리듬을 조절하는 곳으로 알려져 있다. 그러나 몸/마음 이원론이 마침내 무대 밖으로 사라진 1990년대에도 과학자들은 마음의 물질적 기초를 정확히 알아내지 못했다. 어떤 이들은 의식 경험이 아직 발견되지 않은 고유한 물리학·생물학적 속성들을 가지고 있다고 확신한다. 그들 중에 신비주의자로 불리는 몇몇 학자들은 의식 경험이 너무 낯설고 복잡하기 때문에 이해하기 힘들 것이라고 주장한다.

이런 믿음은 다른 사람의 주관적 경험들을 파악하기가 어렵다는 사실에서 유래되었다. 1970년대까지 대부분의 과학자들은 마음의 개념이 철학자의 손에 달려 있다고 생각했다. 하지만 현재 이 쟁점은 생물학과 심리학의 접점에 와 있다. 새로운 과학 기술의 도움으로 실험 연구자들은 신경 세포, 신경 전달 물질, 호르몬 동요 그리고 회귀적 신경망의 언어로 표현된 새로운 틀에서 이 문제를 논의하고 있다.

이런 시도들의 최전선에는 인지신경과학이 있다. 그리고 좀 더 쉽게 말하면 신경과학자, 인지심리학자, 경험 과학을 존중하는 철학자들(이들은 때로 신경철학자라고 불린다.)이 연합 전선을 펼치고 있는 뇌과학이 그곳에 있다. 그들의 연구는 한 주가 멀다 하고 최고의 과학 전문지들에 보고되고 있으며 그들의 이론과 격렬한 반론이 《행동 및 뇌과학(Behavioral and Brain Sciences)》과 같은 정기 간행물(여러 분야의 학자들이 자유롭게 논평할 수 있는 형식을 띠고 있다.)을 채우고 있다. 그들이 집필한 대중적인 서적과 기사는 당대의 과학 해설 가운데 최고의 것으로 평가받고 있다.

바로 이런 특성들은 성공적인 과학 분야들이 한창 때 경험하는 용감무쌍과 낭만의 증표이다. 과학자들이 새로운 발견들에 흠뻑 취해 있는 기간은 일반적으로 10~20년, 드물게는 50년 이상이다. 또한 그들은 그 기간 동안 상상은 할 수 있으나 알 수는 없는 것들에 쉽게 매료된다. 아무튼 이런 연구들을 통해 진짜로 중요한 물음이 처음으로 대답될 수 있는 형태로 제시되었다. 즉 마음을 구성하는 세포적 사건들은 무엇인가? "마음을 창조한다."라는 모호한 표현이 아니라 "마음을 구성한다."라는 표현을 쓴 것에 주의하라. 이 개척자들은 한마디로 패러다임 사냥꾼들이다. 그들은 큰 덩어리를 얻기 위해 상대 이론가들과 치열하게 경쟁하며 뼈를 깎는 쇄신의 고통을 기꺼이 감수하는 모험가들이다. 그들은 새로운 해안선을 발견하고 지도를 작성하기 위해 폭포가 있는 곳까지 강을 거슬러 올라가고는 했던 탐험가나 다름없다. 그리고 더 많은 탐험비를 조달하기 위해 집을 팔아치우기까지 했던 16세기 모험가와도 비견된다. 한편 뇌과학자들을 지원하는 정부와 민간의 기관은 과거의 왕립 지리학회처럼 관대하다. 그들은 해안선을 탐험함으로써 새로운 역사가 만들어질 수 있음을 안다. 그 해안선의 내륙에는 처녀지가 펼쳐져 있으며 그것은 곧 제국의 미래가 될 것이기 때문이다.

이런 충동은 서양적이며 남성 중심적인 것인가? 원한다면 그렇게 생각해도 좋다. 그리고 이 충동을 제국주의적인 것이라고 폄하해도 좋다. 하지만 나는 이 충동이 인간 본성에 있어 기본적인 것이라고 생각한다. 그 원천이 무엇이건 간에 이 충동은 주요한 과학적 발전의 원동력이다. 나는 지금까지 분자생물학, 판구조론(지질학) 그리고 근대적 종합(진화생물학)의 용감한 활약상을 매우 가까이에서 지켜볼 수 있는 특권을 누렸다. 이제 뇌과학의 차례이다.

혁명을 위한 초기 기초 작업은 뇌의 특정한 부위가 손상되는 것이 특별히 종류의 장애를 유발한다고 믿었던 19세기의 외과의사들이 수행하였다. 아마도 가장 유명한 사례는 피니어스 게이지(Phineas P. Gage)의 경우일 것이다. 그는 1848년에 버몬트를 관통하는 철로를 놓는 일에 종사했던 젊은 노동자였는데 곧은 선로를 놓기 위해 철로를 가로막은 단단한 바위를 폭파시키는 일을 주로 했다. 게이지가 새롭게 뚫은 구멍에 화약을 밀어 넣자 화약이 점화되면서 철로 된 발파 막대기가 마치 미사일처럼 그의 머리를 향해 날아올랐다. 그 막대기는 그의 왼쪽 볼을 통과했고 대뇌 피질의 전전두엽(prefrontal lobe)을 상당 부분 떼어내면서 두개골 윗부분을 뚫고 나갔다. 그리고 포물선을 그리며 10여 미터를 더 날아가 떨어졌다. 게이지는 땅에 쓰러졌지만 기적적으로 살아 있었다. 더 놀랍게도 그는 몇 분 내로 앉을 수 있게 되었고 심지어 부축을 받아 걸어 다닐 수도 있었다. 그는 결코 의식을 잃지 않았다. 이 "놀라운 사고"는 《버몬트 머큐리(Vermont Mercury)》의 머리기사를 장식했다. 사고 이후에 그는 외상 부위에 치료를 받았으며 말과 생각도 계속해서 할 수 있게 되었다. 그러나 그의 성격은 극적으로 변했다. 사고 전에 그는 활기가 넘치고 책임감이 있으며 공손한 사람으로서 러틀랜드 앤드 벌링턴 철도 회사(Rutland & Burlington Railroad)에서 제몫을 하던 직원이었지만 사고 후에는 습관적으로 거짓말을 하고 일처리를 잘 못하고 변덕스러우며 자해 행동을 하는 형편 없는 사람으로 변했다. 게이지와 같은 부위에 손상을 입은 환자들을 수년간 연구한 끝에 연구자들은 게이지의 불행을 확실히 설명할 수 있게 되었다. 그것은 전두엽에 성실성과 감정적 균형을 관장하는 부위가 있다는 사실이다.

　두 세기 동안의 의학적 성과는 뇌의 국부 손상이 초래하는 결과들과 관련된 수많은 일화들로 채워져 있다. 뇌신경학자들은 그런 자료들을 통해 뇌의 여러 부위들이 어떤 기능을 담당하고 있는지를 표시하는 지도를 이리저리 그려 보았다. 뇌 손상은 물리적 외상, 마비, 종양, 감염 그리고 중독 등을 포함한다. 그 정도는 겨우 감지되는 경우에서부터 뇌의 상당 부위가 없어지고 절단되는 경우에 이르기까지 매우 다양하다. 그리고 손상 위치와 크기에 따라서 사고와 행동에 다양한 영향을 미친다.

최근 사례 중에 가장 유명한 것은 캐런 앤 퀸랜(Karen Ann Quinlan)의 경우이다. 1975년 4월 14일 뉴저지에 살던 퀸랜이라는 젊은 여자가 밸륨(신경 안정제)와 다르본(진통제)를 복용하면서 진토닉을 함께 마시는 실수를 저질렀다. 비록 이런 실수가 위험해 보이지는 않지만 실제로 그녀는 이 실수 때문에 목숨을 잃고 말았다. 그녀는 그날 이후 10년 동안 혼수상태에 빠져 있으면서 대량 감염에 시달렸고 결국 사망했다. 부검 결과 그녀의 뇌는 대체로 멀쩡했다. 그녀의 몸이 매일 자다 깨다를 반복할 수 있었던 이유가 여기에 있었다. 심지어 그녀의 부모가 산소 호흡기를 떼어내는 조치(당시 이런 조치에 대해서는 큰 논쟁이 진행 중이었다.)를 취했을 때에도 그녀의 뇌는 여전히 살아 있었다. 부검을 통해서 드러난 사실은 퀸랜의 뇌 손상은 국부적이기는 했지만 매우 치명적이었다는 점이다. 예컨대, 시상을 살펴보니 마치 레이저로 태운 것처럼 손상되어 있었다. 왜 그 부위가 그렇게 악화되었는지는 아직 잘 모른다. 뇌는 무거운 것으로 가격을 당하거나 특정한 형태의 독극물을 섭취해 손상을 입는 경우에 광범위하게 부풀어오르는데 이것이 너무 심하면 심장 박동이나 호흡을 통제하는 중앙 장치를 압박하게 된다. 결국 혈액 순환이 정지하고 몸 전체의 죽음을 맞게 된다.

시상만 절단되면 뇌사 상태에 이른다. 시상은 신경 세포들로 이뤄져 있고 달걀 모양의 덩어리 2개로 되어 있는데 뇌의 중심부 근처에 자리를 잡고 있다. 그것은 일종의 중계 센터로서 냄새를 제외한 모든 감각 정보를 대뇌 피질로 전달해 주고 의식을 깨우는 기능을 한다. 꿈마저도 시상 회로를 통해 전달된 자극에서 촉발된다. 퀸랜의 약물 사고는 마치 발전소가 파괴된 경우와 같다. 모든 전력 공급선이 파괴된 상태이기 때문에 그녀는 영영 깨어날 수 없는 잠에 빠진 것이다. 그럼에도 불구하고 그녀의 대뇌 피질은 살아 있었고 활성화되기를 기다리고 있었다. 그러나 의식은 꿈의 형태로도 더 이상 존재하지 않았다.

물론 뇌 손상에 대한 이런 연구는 우리에게 상당히 많은 정보를 제공한다. 그럼에도 불구하고 기본적으로 우발적인 사고가 있을 때에만 가능하다는 한계가 있다. 이런 연구는 지난 수년 동안 실험적인 뇌 수술을 통해 크게 발전했다. 신경외과 의사는 뇌의 건강한 조직이 어디에 있는지를 찾고 그것이 손상되는 것을 막기 위해 환자들이 의식을 잃지 않게 한 상태에서 피질이 전기 자극에 어떻게 반응하는지를 시험한다. 이제 이런 일은 신경외과 의사들에게는 일상적인 것이 되었고 그 실험 절차도 별로 까다롭지 않게 되었다. 신체의 모든 부분으로부터 오는 자극을 처리하는 뇌 조직은 자기 자신에 대해서는 수용체가 없다. 그래서 뇌에 탐침을 이리저리 갖다 댄다 해도 고통을 느낄 수 없으며 감각과 근육 수축들만 혼합되어 나타난다. 예컨대 피질의 표면에 있는 어떤 자리를 자극하면, 환자는 영상, 가락, 이상한 소리 그리고 온갖 느낌을 경험하게 된다. 때로는 부지불식간에 손가락 같은 신체 일부가 움직인다.

와일더 펜필드(Wilder Penfield)를 비롯한 선구자들이 1920~1930년에 뇌 수술을 통한 실험을 시작하면서, 연구자들은 대뇌 피질의 각 부위들이 어떤 감각·운동 기능을 담당하고 있는지 알아냈다. 하지만 그들의 연구 방법은 두 가지 중요한 측면에서 한계가 있었다. 우선, 그 방법은 피질 밑에 있는 뇌의 어두운 영역을 탐구하는 데까지 쉽게 적용되지 않았다. 그리고 신경의 활동이 시간에 따라 어떻게 달라지는지를 관찰하는 데에도 사용될 수 없었다. 이런 것들을 해결하기 위해서, 즉 전체 뇌의 활동을 영상으로 볼 수 있는 장치를 만들기 위해서 과학자들은 물리학과 화학에서 개발된 세련된 기법들을 상당량 수용했다. 1970년부터 시작된 이른바 뇌 영상 장치 개발의 역사는 현미경의 분해능이 향상되는 과정과 유사한 전철을 밟아 왔다. 과학자들은 살아 있는 뇌를 연속적으로 모니터함으로써 개별 신경 세포가 모여 이루어진 전체 신경 네트워크의 활동을 낱낱이 보고 싶어 한다.

그렇다. 뇌라는 기계는 아직까지도 우리에게 엄청나게 낯설다. 과학자들은 뇌 회로의 극히 일부만을 알아냈을 뿐이다. 뇌의 주요한 부위들이 왜 그렇게 생겼는지에 대해서는 아직도 잘 모르고 있다. 단지 그것들이 다양한 기능을 하고 있다는 것을 통해 많은 것을 배울 뿐이다. 마음의 본성이 이런 작용들의 산물임을 주장하기 전에 나는 잠시 물리학적인 정지(整地) 작업을 하고자 한다.

　뇌의 복잡성을 이해하는 가장 확실한 방법은 다른 생물 체계에 대해서도 그렇듯이 그것을 공학적인 문제로 생각해 보는 것이다. 하찮은 물질들로부터 뇌를 창조하는 데 필요한 일반적인 원리는 무엇인가? 건축물의 주요 특징들은 그 특징이 사전 계획을 통해서건 아니면 맹목적인 자연선택을 통해서 만들어졌건 간에 대개 예측 가능할 것이다. 생물역학(biomechanics) 연구자들은 자연선택을 통해 진화된 유기적 구조가 공학적 기준으로 평가할 때 높은 수준의 효율성을 갖고 있다는 사실을 여러 차례 발견했다. 그리고 생화학자들은 더 미세한 수준에서 효소 분자들이 얼마나 정확하고 강력하게 세포들의 행동을 통제하는지를 발견하고는 크게 놀랐다. 마치 신이 만든 제분기처럼, 서서히 진행되는 진화 과정은 결국 무언가를 갈아내고 만다. 그것도 어떤 시인이 말했듯 아주 미세하게 말이다.

그렇다면 설명서를 쫙 펴놓고 뇌가 어떤 물리 문제들의 집합에 주어진 하나의 해답이라고 생각해 보자. 간단한 기하학으로 시작하는 것이 가장 좋다. 뇌는 엄청나게 많은 회로로 이루어져 있고 그 연결 요소들은 살아 있는 세포들이다. 따라서 뇌를 담을 그릇은 상대적으로 엄청난 양의 조직을 담을 수 있어야 한다. 게다가 그 조직은 끊임없이 새로 만들어진다. 그렇다면 이상적인 뇌 용기는 둥근 공 모양이거나 그와 유사해야 한다. 구 모양은 모든 기하학적 입체 중에서 그 부피에 대한 표면적이 가장 작다. 따라서 손상되기 쉬운 내부에 대해 최소한의 접근만을 허용한다. 그리고 수많은 회로가 밀집해 있을 수 있는 구조가 구 모양이다. 구 모양 구조 속에서 회로의 평균 길이는 최소화될 수 있다. 그 덕분에 회로를 만들고 유지하는 데 드는 에너지 비용을 줄이는 동시에 정보 전달의 속도는 높일 수 있다.

뇌라는 기계의 기본 단위는 세포여야 한다. 이런 제약 때문에 뇌의 구성 요소들은 수신소와 동축 케이블 기능을 동시에 수행하는 끈 모양일 때 가장 효율적으로 기능한다. 이런 이중 목표를 가진 세포들은 진화 과정을 통해 실제로 뉴런(neuron)으로 창조되었고, 우리는 뉴런을 신경 세포나 신경 섬유라고 부른다. 뉴런의 주요 부분이 다른 세포로부터 들어오는 자극을 받아들이는 장소로 기능하도록 뉴런을 설계한 것도 실용적이다. 뉴런은 자신의 신호를 축삭(軸索, axon)을 따라 전달할 수 있다.

전달 속도는 어떻게 할까? 세포막의 탈극화에 따른 전기 방전이 신호 전달이 되도록 하자. 우리는 뉴런이 "발화한다."라고 표현한다. 뉴런 발화가 일어나는 동안 정보가 정확하게 전달되도록 뉴런의 축삭은 절연체로 둘러싸여 있다. 사실, 이 축삭은 흰색의 지방질로 된 미엘린(myelin) 수초로 둘러싸여 있는데 이 때문에 뇌가 밝은 색을 띤다.

고도의 통합이 뇌 속에서 이뤄지기 위해서는 뇌 속의 회로 배선이 매우 복잡하고 정확해야 한다. 그렇다면 뉴런의 연결이 어떤 경우에 가장 많아질 수 있을까? 뇌의 구성 요소가 살아 있는 세포라는 사실을 다시 상기해 보자. 많은 다른 세포체(cell body)에 개별적으로 닿고 전달되는 축삭의 끝부분들이 실처럼 연장되면서 자라날 때 뉴런 연결의 수가 최고로 증가한다. 축삭의 방전은 축삭 나무의 말단 가지들로 이동한다. 이렇게 이동한 신호는 다른 세포체에 닿음으로써 수용된다. 또한, 신호 전달은 세포체뿐만 아니라 수상 돌기(dendrite)가 축삭 나무의 말단과 연결되는 방식으로도 가능하다.

전체 신경 세포를 축소된 오징어라고 상상해 보자. 한 묶음의 촉수들(수상 돌기)이 그 몸통으로부터 뻗어 나와 있다. 한 촉수(축삭)는 다른 촉수들보다 훨씬 더 길다. 그리고 그 촉수의 말단으로부터 더 많은 촉수들이 가지를 치고 나온다. 메시지는 오징어 몸통과 짧은 촉수들에 접수되어 긴 촉수를 따라 다른 오징어에 전달된다. 말하자면, 뇌는 1조 마리의 오징어가 함께 연결되어 있는 것과 같다.

세포 간 연결 — 좀 더 정확히 말해 연결점과 그 연결점 들을 분리하는 초미세 공간 — 을 우리는 시냅스(synapse)라 부른다. 전기 방전이 시냅스에 이르면 그 방전은 말단 가지의 끝부분으로 하여금 신경 전달 물질을 방출하도록 한다. 이때 방출되는 화학 물질은 수용 세포 내에서 방전을 일으키거나 방전을 일으키지 못하게 만든다. 각 신경 세포는 축삭의 말단부에 위치한 시냅스를 통해서 신호를 수많은 다른 세포들에 전달하고 세포체와 수상 돌기에 있는 많은 시냅스를 통해서는 신호를 입력받는다. 각각의 경우에 신경 세포는 축삭을 따라 다른 세포들에 충격을 가하거나 가만히 내버려 둔다. 이 두 가지 반응은 신경 충격을 준 모든 세포들로부터 받은 신경 전달 물질의 총합에 따라 달라진다.

전체 뇌의 활동, 즉 의식적 마음에 의해 경험된 각성과 일시적 기분은 수많은 시냅스를 적시고 있는 신경 전달 물질들의 수준들에 심대한 영향을 받는다. 신경 전달 물질들 중에서 가장 중요한 것은 아세틸콜린, 노르에피네프린(norepineprin), 세로토닌 그리고 도파민이다. 그밖에는 아미노산 감마아미노부티르산(r-aminobutyric acid, GABA)이 있으며 놀랍게도 기본적인 기체인 산화질소도 있다. 어떤 신경 전달 물질은 자신이 접촉하는 뉴런을 흥분시키지만 다른 것들은 억제한다. 신경 체계 내부의 회로 위치에 따라 영향력을 행사하는 물질들도 있다.

태아와 영아의 신경 체계가 발생하는 동안에 뉴런들은 마치 오징어의 촉수가 성장하듯이 축삭과 수상 돌기를 세포 환경 속으로 확장시킨다. 뉴런들이 만드는 연결은 정확하게 프로그램되어 있고 그 운명은 화학적 자극이 결정한다. 각 뉴런들은 각 장소에서 신호 전달의 특수한 역할을 하도록 조화롭게 조직되어 있다. 축삭은 몇백만분의 1미터나 수천분의 1미터 정도까지만 뻗어나갈 수도 있다. 수상 돌기와 축삭 나무 말단부는 수없이 다양한 모양을 가질 수 있다. 예컨대, 이파리가 다 떨어진 겨울나무같이 성길 수도 있고 펠트 융단처럼 촘촘할 수도 있다. 순기능과 아름다움은 같이 가는 법이다. 뉴런을 보고 있으면 뉴런의 아름다움 뒤에 숨겨진 기능에 대한 궁금증이 생긴다. 스페인의 위대한 조직학자 산티아고 라몬 이 카할(Santiago Ramón y Cajal)은 이 주제에 대한 연구로 1906년에 노벨상을 받은 후에 자신의 경험을 다음과 같이 술회했다. "밝은 색의 나비를 쫓는 곤충학자처럼 나는 복잡 미묘하고 우아한 형태를 가진 세포, 즉 영혼의 신비로운 나비를 회색 물질의 정원에서 사냥하고 있었다. 그 나비의 날갯짓은 언젠가——그 누가 알랴?——인간 정신의 비밀을 우리에게 알려 줄지도 모른다."

뉴런의 형태는 다음과 같은 의미를 지닌다. 뉴런 체계들은 신호를 받고 중계하는 네트워크를 이룬다. 그 체계들은 다른 복합체들과 교신함으로써 체계들의 체계를 만들고 쌍방향의 회로를 형성한다. 이 것은 마치 뱀이 자기 꼬리를 물 듯 맞물려 있는 꼴이다. 각 뉴런은 다른 많은 뉴런들의 축삭 나무 말단부들에 접촉되어 있고 그 뉴런이 활성화될 것인지는 마치 민주주의 국가의 국민 투표처럼 결정된다. 신경 세포는 마치 모스 부호 체계처럼 띄엄띄엄 점화하는 방식으로 메시지를 외부에 전달한다. 세포가 만드는 연결들의 수, 신호의 전달 양상 그리고 사용되는 신호에 따라 그 세포가 뇌의 전체 활동에 어떤 역할을 하는지가 결정된다.

이제는 공학적 비유를 끝낼 시점이다. 당신이 호미니드의 뇌를 설계하려고 한다면 또 다른 최적 설계 원리를 관찰하는 것이 중요하다. 그것은 정보 전달이 특수화된 기능들을 충족시키는 뉴런 회로들이 집합체로서 함께 자리 잡을 때 향상된다는 점이다. 신경생물학자들에 따르면 감각 중계소, 통합 중추, 기억 모듈 그리고 감정 통제 중추 등이 진짜 뇌에서 그러한 집합체에 해당된다. 신경 세포체들은 층이라 불리는 평평한 집합소 내에 모여 있고 핵을 에워싸고 있다. 대부분의 신경 세포체들은 뇌의 표면이나 그 근처에 자리하고 있다. 그것들은 축삭들로 서로 엉켜 있을 뿐만 아니라 더 깊은 곳에 존재하는 뇌조직과 연결되어 있는 다른 세포체들과도 연결되어 있다. 그 결과, 다량의 세포체들로 인해 표면은 회색이나 밝은 갈색을 띠고 뇌의 안쪽 부분은 축삭의 미엘린 수초 때문에 흰색을 띤다.

인간은 지금까지 존재했던 큰 동물들 중에서 몸 크기에 비해 뇌 용량이 가장 큰 동물일 것이다. 영장류의 한 종으로서 인류의 뇌는 틀림없이 물리적 한계점에 이르렀거나 그것에 가까이 가 있다. 만일 인간이 신생아일 때 지금보다 훨씬 더 큰 뇌를 가졌더라면 산도를 통해 나와야 하기 때문에 산모와 신생아 모두에게 무척 위험한 것이었을 게다. 심지어 어른 뇌 크기조차도 공학적으로 보았을 때 위험하다. 왜냐하면 머리는 깨지기 쉽고 그 내부에는 뼈와 살이 복잡 미묘한 방식으로 균형을 이루고 있으며 게다가 그 사이에 액체가 차 있기 때문이다. 따라서 그 속에 있는 뇌는 손상되기 쉬울 수밖에 없고 그로 인해 인간은 쉽게 정신을 잃기도 하고 뇌와 관련된 장애로 고통받기도 한다. 인간은 태어날 때부터 물리적으로 폭력적인 접촉을 피하려고 한다. 우리 조상이 야만적인 힘과 지성을 맞바꾸었기 때문에 우리는 더 이상 송곳니로 무장한 적을 붙잡고 때려눕힐 필요가 없다.

뇌의 용량이 이렇게 본래부터 제한되어 있다면 의식적 사고를 만들어 내기 위해 필요한 고차원의 통합 체계와 기억 은행을 두개골 속을 집어넣으려면 묘수가 있어야 한다. 실현 가능한 유일한 방법은 뇌의 표면적을 증가시키는 것이다. 넓은 종이에 세포들을 뿌려 놓고 그것을 구겨서 공 모양으로 만들어 보자. 인간의 대뇌 피질은 표면적이 1,000제곱인치 정도의 종이와도 같다. 그 대뇌 피질은 1제곱인치당 수백만 개의 세포체로 쌓여 있고 종이접기와 같이 꾸불꾸불하게 접히고 뭉쳐져서 1리터 정도의 두개골 공동 속에 쏙 들어간다.

뇌의 구조에 대해서 어떤 말을 더 할 수 있을까? 만일 신과 같은 엔지니어가 인간의 진화 역사에 따른 제약이 없이 그것을 설계했다면 그는 그의 형상대로 필멸의 천사를 만들었을 것이다. 그 천사는 추측컨대 합리적이고 예지력도 있고 지혜롭고 자비로우며 충성스럽고 사심 없고 티없는 존재일 것이다. 그렇기에 그는 아름다운 행성을 잘 관리하는 청지기로 만들어졌을 것이다. 그러나 우리는 절대로 그렇지 않다. 우리는 원죄를 가지고 있으며 그것으로 인해 천사보다 더 낫다. 우리가 어떤 좋은 것을 소유하고 있건 그것은 길고 지난한 진화의 역사를 통해 얻어낸 것이다. 인간의 뇌는 4억 년간 이뤄진 시행착오의 증인이다. 그리고 그 흔적은 화석 기록과 분자계통학적 분석을 통해 추적할 수 있다. 분자생물학적 상동 관계를 따지는 분자계통학에 따르면 어류, 양서류, 파충류, 초기 포유류 그리고 인간을 제외한 모든 영장류가 거의 공통적으로 소유하고 있는 서열들이 존재한다. 마지막 단계인 인간에 와서 뇌는 언어와 문화에 적합하게끔 급진적으로 도약했다. 하지만 이것은 텅 빈 두개골 속에 최신 컴퓨터를 이식하는 것과는 다르다. 왜냐하면 뇌에는 과거가 있기 때문이다. 과거의 뇌는 원래 본능의 운반자로서 조직되었는데 새로운 부분들이 조금씩 추가되는 과정을 거치면서 진화했다. 새로운 뇌는 옛날 뇌의 기능을 그대로 유지하면서 다른 기능들을 추가했다. 그렇지 않았다면 생명은 다음 세대까지 살아남을 수가 없었을 것이다. 그 결과 인간 본성이라는 것이 생겨났다. 동물적 기교와 감정을 물려받기는 했지만 정치와 예술의 열정을 합리성과 함께 묶어 낸 천재. 우리는 생존의 새로운 장치를 창조하기 위해 이런 천재가 되었다.

뇌과학자들은 마음에 대한 진화론적 견해가 옳다는 것을 보여 주었다. 그들은 열정과 이성이 밀접하게 연결되어 있다는 사실을 입증해 주었다. 감정은 이성을 당혹케 만드는 무엇이 아니라 오히려 이성을 위해 꼭 필요한 부분이다. 이렇게 괴상한 마음의 특성 때문에 우리는 그동안 그것을 제대로 파악하지 못했다. 뇌과학자들을 괴롭히는 가장 어려운 질문은 인류의 기나긴 진화 기간 동안에 어떻게 해서 피질의 회로가 이런 형태로 생겨나게 되었는가 하는 것이다. 내가 방금 분석 정리한 대략적 요소들을 제외하고는 이 문제에 대해 신과 같은 엔지니어도 별 수가 없다. 불행히도 제1원리들로부터는 본능과 이성의 최적 조화를 연역할 수 없기 때문에 우리는 뇌 회로의 위치와 기능을 하나씩 찾아 나가야만 한다. 진보는 사소한 발견과 조심스러운 추론을 통해 이뤄지는 법이다. 다음의 몇 가지들은 연구자들이 지금까지 발견한 가장 중요한 것들이다.

• 인간 뇌는 어류에서 포유류에 이르는 척추동물 전체에서 발견되는 세 가지 원시적인 구역을 보존하고 있다. 능뇌(能腦, hindbrain), 중뇌(中腦, midbrain), 전뇌(前腦, forebrain)가 그것이다. 뇌간으로 지칭되는 능뇌와 중뇌는 부풀어 오른 전뇌를 떠받치고 있다.

• 능뇌는 뇌교(腦橋, pons), 연수(延髓, medulla), 소뇌(小腦, cerebellum)로 구성되어 있다. 이것들이 공동으로 호흡과 심장 박동과 신체 움직임을 조절한다. 중뇌는 잠과 각성을 통제하며 청각 반응과 지각을 부분적으로 조절한다.

• 전뇌의 중심에는 감각 정보의 통합과 전달뿐만 아니라 감정적 반응들을 조절하는 교통 통제소인 변연계(limbic system)가 있다. 전뇌의 핵심 부분은 편도체(감정), 해마(기억, 특히 단기 기억), 시상하부(기억, 온도

조절, 성적 충동, 배고픔, 목마름) 그리고 시상(온도 의식, 냄새를 제외한 모든 감각, 고통 의식 그리고 몇몇 기억 절차의 중재)이다.

- 전뇌는 대뇌 피질을 포함하고 있는데 이것은 진화의 역사를 통해 성장하고 확장되어 결국 뇌의 다른 부위를 덮어 버렸다. 의식의 일차 소재지로서 전뇌는 감각 기관을 통해 만들어진 정보를 저장하고 대조한다. 전뇌는 자율 운동을 지휘하고 말하기 능력과 동기 부여를 포함하는 상위 기능들을 통합한다.

- 이 세 가지 구획——능뇌와 중뇌를 합한 것, 변연계, 대뇌 피질——의 핵심 기능들은 다음과 같은 순서로 명확히 요약될 수 있다. 심박(heartbeat), 심금(heartstrings) 그리고 냉철(hearttless).

- 의식 경험의 자리는 전뇌의 한 부분에 국한되어 있지 않다. 정신 활동의 상위 단계는 전뇌의 여러 부분들에 퍼져 있는 회로들을 통해 구현된다. 가령 색깔을 보거나 그것에 대해 이야기할 때 시각 정보는 망막의 원추세포와 중간 신경 세포로부터 시상을 통해 뇌의 뒷부분에 있는 시각 피질로 전달된다. 정보가 각 단계에서 암호화되고 새롭게 통합된 후에 그 정보는 뉴런 점화 패턴을 통해 외측 피질의 언어 중추를 향해 퍼져 나간다. 결과적으로 우리는 빨간색을 보고 "빨갛다."라고 말한다. 만일 이 현상을 생각한다면 그 패턴과 의미의 연결은 더 늘어나야 하고 따라서 뇌의 활성 부위는 더 넓어진다. 그 연결이 더 새롭고 복잡할수록 이런 확산 활성의 양은 더 늘어난다. 그런 경험을 통해 그 연결이 더 좋아지면 좋아질수록 그것은 점점 자동화된다. 그래서 동일한 자극이 이후에 들어오면 새로운 활성은 줄어들고 그 회로는 좀

더 예측 가능해진다. 결국 이런 절차는 '습관'이 된다. 기억 형성 경로들 중 하나에서는 감각 정보가 대뇌 피질에서부터 편도체, 해마, 시상 그리고 전전두 피질(이마 바로 뒤에 있다.)로 전달되고 다시 저장을 위한 피질의 원래 감각 영역으로 전달된다. 암호는 이런 과정을 통해 해독되고 뇌의 다른 부분들에서 들어오는 입력에 따라 변경된다.

• 신경 세포가 워낙 작기 때문에 상당량의 회로는 매우 협소한 공간 내에 묶일 수 있다. 뇌의 기저부에 있는 주요 중계 · 통제소인 시상하부는 대략 리마콩(강낭콩의 일종—옮긴이)만 하다.(다른 동물들의 신경계는 이보다 훨씬 더 작다. 예를 들어 모기를 비롯한 작은 곤충들의 뇌는 비행에서 짝짓기까지 복잡한 일련의 본능 행동들을 수행하기 위한 정보를 담고 있지만 육안으로는 거의 볼 수 없을 정도로 작다.)

• 인간 뇌의 특정 회로의 교란은 종종 기이한 결과들을 낳는다. 대뇌 피질의 옆면과 뒷면을 차지하고 있는 두정엽(頭頂葉, prietal lobe)과 후두엽(後頭葉, occipital lobe) 밑면의 특정 부위가 손상되면 실인증(失認症, prosopagnosia)이라고 불리는 희귀한 증상이 나타난다. 실인증 환자는 사람의 얼굴을 보고 그 사람을 알아보지는 못하지만 목소리를 들으면 그 사람을 기억할 수 있다. 또 특이하게도 그 환자는 얼굴이 아닌 다른 대상들을 시각적으로 인식하는 데 문제가 없다.

• 자유 의지를 생성하고 지각할 때 활성화되는 뇌의 중추가 있을 수도 있다. 지금까지 알려진 바로는 전방 대상 고랑(anterior cingulate sulcus) 내부나 적어도 그 근처에 있는 것처럼 보인다. 그 부위에 손상을 입은 환자들은 자기 자신의 복지에 대한 주도권과 관심을 잃는다.

그들은 매순간 집중하지는 못하지만 압력을 받을 때에는 생각하고 반응한다.

• 다른 복잡한 정신 작용들도 뇌의 많은 영역들이 관여함으로써 발생하는데 특정 부위에 교란이 생기면 치명적인 손상을 입는다. 측두엽 간질 환자는 종종 과종교증(過宗敎症, hyperreligiosity)을 보인다. 예컨대 크든 작든 모든 사건들에 우주적 의미를 부여하는 경향을 보인다. 그들은 또한 자신들의 비전을 비전문가 수준에서 시, 편지, 소설 등의 형태로 표현하려는 강박증, 즉 과묘사증(過描寫症, hypergraphia)을 보이기도 한다.

• 감각 통합에 사용되는 신경 회로도 상당히 특수화되어 있다. 피험자가 동물의 사진에 이름을 붙이는 과정을 PET 영상으로 촬영하면 피험자의 시각 피질은 물체 외양의 미묘한 차이를 가려낼 때와 동일한 활성 패턴을 보인다. 반면 피험자가 조용히 연장이 그려진 사진들에 이름을 붙이면 신경 활성은 손의 움직임과 행동 단어들——가령, 연필에 대해서는 "쓰다."와 같은——과 연관된 피질 영역으로 전이된다.

지금까지 나는 마음을 만들어 내는 물리 과정에 관해 말했다. 이제 문제의 중심으로 가 보자. 도대체 마음이란 무엇인가? 뇌과학자들은 당연히 이 문제에 천착해 왔으며 다행스럽게도 단지 단순한 정의를 내리는 작업에 스스로 만족해 하지는 않았다. 대부분의 뇌과학자들은 마음에 연관된 요소들——뉴런, 신경 전달 물질, 호르몬——의 근본 속성들은 이미 비교적 잘 알려져 있다고 믿는다. 하지만 뉴런 회로의 창발적·진일직 속성들에 대해서뿐만 아니라 그 회로가 지각과 지식을 창조하도록 정보를 처리하는 방식에 관해서는 아직도 모르는 게 너무 많다. 다행스럽게도 최신 연구들이 매년 쏟아져 나오고 있기는 하나, 뇌가 생산해 낸 마음에 관한 강력하고 영구적인 이론을 위해 꼭 필요한 지식들이 무엇인지 그리고 우리가 그것을 얼마나 알고 있는지를 현재로서는 판단하기조차 곤란한 상태이다. 우리가 바라는 완전한 종합은 빨리 실현될 수도, 지지부진할 수도 있다.

마음의 본질적 속성에 관해서는 전문가들도 아직은 추측할 수밖에 없다. 합의를 언급하는 것도 매우 위험하며 해설자로서 내가 얼마나 공정한지도 자신이 없지만, 어쨌든 나는 합의된 견해들이라고 할 만한 것들을 한데 모아 궁극적 이론의 개요가 대충은 이럴 것이라고 다음과 같이 말하련다.

마음은 의식 경험과 잠재 의식 경험의 흐름이다. 마음의 뿌리에는 감각 인상의 암호화된 표상과 기억 그리고 감각 인상의 상상이 있다. 마음을 구성하는 정보는 방향과 크기를 지시하는 벡터 암호를 통해서 저장되거나 쉽게 검출된다. 가령 어떤 맛은 각각 달다, 짜다, 시다의 정도를 표현하는 신경 세포들의 활동들을 합함으로써 분류할 수도 있다. 만일 뇌가 각각의 맛을 10단계로 구분해 평가할 수 있도록 설계되어 있다면 우리는 $10 \times 10 \times 10 = 1,000$개의 맛, 즉 물질을 구분해 낼 수 있을 것이다.

의식은 그러한 암호화 네트워크가 병렬 처리되는 과정이다. 1초에 40번의 주기로 신경 세포의 동기화된 발화를 통해 많은 의식들이 연결되어 있다. 이런 과정 때문에 다중 감각 인상의 내부 지도 그리기가 동시적으로 이뤄진다. 몇몇 인상은 신경계 밖의 계속적인 자극에 의해 주어진 것으로 실재를 표상하지만 다른 것들은 피질의 기억 은행에서 회상되는 것들이다. 이 모든 것들이 합해져서 시나리오를 창조하는데 이 시나리오는 실제로 시간에 따라 이리저리 흘러 다닌다. 그 시나리오들은 가상현실이다. 그것들은 외부 세계의 일부와 거의 일치할 수도 있지만 완전히 분리될 수도 있다. 그 시나리오들은 과거를 재창조하고 앞으로 하게 될 생각과 행동을 위한 선택 가능한 대안들을 구축한다. 또한 조밀하고 세밀하게 분화된 뇌 회로의 패턴을 구성한다. 외부로부터의 입력에 완전히 개방되면 그 시나리오들은 감각 기관의 감시를 받는 몸의 활동들까지 포함한 환경의 모든 부분들에 잘 대응한다.

뇌 안에서 누가 혹은 무엇이 이 모든 활동들을 감시하는가? 어떤 이도, 어떤 것도 그렇게 하지 않는다. 뇌의 어떤 영역도 그 시나리오를 볼 수는 없다. 그것들은 그저 존재할 뿐이다. 의식은 이 시나리오들로 구성된 가상 세계이다. 대니얼 데닛(Daniel Dennett)의 용어를 빌리자면 "데카르트의 극장과 같은 것은 없다." 다시 말하면 뇌에는 그 시나리오들이 정합적인 형태로 출연하는 뇌 부위가 존재하지 않는다. 또 그것은 하나도 아니다. 대신에 전뇌의 구석구석—대뇌 피질에서부터 시상, 편도체 그리고 해마와 같은 특수화된 인지 중추에 이르기까지—에서 벌어지는 신경 활동의 얽힘만이 존재할 뿐이다. 하나의 집행 자아가 모든 정보를 수집·통제하는 것 같은 단일한 의식의 흐름은 존재하지 않는다. 오히려 의식적 사고에 순간적으로 기여했다가 사라져 버리는 뇌 활동의 다중 흐름이 존재한다. 의식은 정신 활동에 참여하는 회로가 대량으로 연결되어 있는 집합체이다. 마음은 스스로 조직하는 시나리오들의 공화국이며 이 시나리오들은 개별적으로 생겨나고 자라고 진화하며 사라진다. 그리고 때로는 새로운 사고와 물리적 행동을 지연시키기도 한다.

신경 회로들은 선기 격자의 부분처럼 점멸하지는 않는다. 그것들은 적어도 전뇌의 많은 부위들에서는 한 뉴런 수준에서 다른 뉴런 수준으로 이동하는 병렬적 중계 과정을 통해 각 단계에서 더 많은 정보들을 통합해 가면서 정돈된다. 이해를 돕기 위해 조금 전에 언급한 사례를 확장해 보자. 망막을 때리는 빛 에너지는 뉴런 발화 패턴으로 변환된다. 이 패턴은 망막에서 출발하여 중간 신경계들의 연쇄를 통해 중계되는데 결국에는 시상의 외슬핵(外膝核, lateral geniculate nuclei)을 거쳐 뇌의 뒷부분에 있는 일차 시각 피질로 되돌아간다. 통합된 자극을 공급받은 시각 피질 속의 세포들은 망막의 상이한 부분들로부터 정보를 정리한다. 그 세포들은 자기 자신의 발화 패턴에 따라 점이나 선을 인식하고 구체화한다. 이런 상위 차원 세포의 후속 체계들은 다중 공급 세포의 정보를 통합하여 물체의 모양과 이동을 그려낸다. 작동 방식은 아직 알려져 있지 않지만 이 패턴은 뇌의 다른 부분들에서 동시에 들어오는 입력과 맞물려서 의식의 완전한 시나리오를 만들어 낸다. 생물학자 S. J. 싱어(S. J. Singer)는 이 문제를 다음과 같이 무미건조하게 표현했다. "나는 연결되어 있다. 그러므로 존재한다."

의식을 산출하는 것만으로도 천문학적인 수의 세포가 필요하기 때문에 뇌는 복잡한 이동 영상을 만들어 내고 유지하는 데 용량의 뚜렷한 한계를 나타낸다. 이런 용량을 측정하기 위해서 심리학자들은 기억을 장기 기억과 단기 기억으로 구분했다. 단기 기억은 의식적 마음의 준비 상태이다. 그것은 가상 시나리오의 현재 부분과 기억된 부분으로 구성되며 한꺼번에 단 7개의 단어나 기호만을 다룰 수 있다. 뇌가 이런 기호들을 완전하게 훑으려면 대략 1초가 걸리며 이 정보의 대부분을 3초 내로 잊는다. 반면 장기 기억의 경우에는 끄집어내는 데 훨씬 더 긴 시간이 걸리지만 용량은 거의 제한이 없으며 그중 상당 부분은 평생 보존된다. 확산 활성을 통해서 의식적 마음은 장기 기억 창고에서 정보를 소집하고 짧은 순간 동안 그것을 단기 기억 창고에 보관한다. 이 시간 동안에 의식적 마음은 하나의 기호(정보)를 대략 0.025초에 처리하는데 그 정보로부터 발생한 시나리오들은 서로 경쟁한다.

　장기 기억은 특정한 사람, 물체 그리고 행동을 시간 흐름에 따라 의식적 마음 속으로 끌어들임으로써 특수한 사건들을 회상하게 한다. 예컨대 의식적 마음은 올림픽의 순간을 쉽게 재창조한다. 타오르는 햇불, 달리는 선수들, 금메달의 환호 등등. 의식적 마음은 움직이는 영상과 소리뿐만 아니라 이와 동시에 경험된 연관 개념들의 형태로 의미까지도 재창조할 수 있다. 예컨대 불은 뜨거움, 빨간색, 위험함, 요리, 열애 그리고 창조적 행동 등과 연관되어 있는데, 맥락에 따라 선택된 여러 항목의 하이퍼텍스트(hypertext) 경로들을 통해 어떤 때에는 기억에서 새로운 연상이 생기기도 한다. 개념은 장기 기억에서 접속점 혹은 참고점이다. 많은 개념들이 일상 단어들로 식별되지만 그렇지 않은 것들도 있다. 장기 기억 은행에서 영상을 회상할 때 연관이 거의 없으면 그 회상은 기억일 뿐이다. 반면 연관이 있고 특히 감정 회로의 공명이 가미되었을 때에는 그 회상은 추억이 된다.

　기호를 조작함으로써 추억을 만들어 내는 능력은 생명 기계의 탁월한 업적이다. 그것이 모든 문화를 창조해 냈다. 하지만 몸이 신경계에 부과하는 요구 사항을 만족시키기에는 여전히 부족하다. 수많은 기관들은 연속적으로 그리고 정확하게 조절되어야 한다. 심각한 교란이 생기면 질병이나 죽음에 이르기 때문이다. 예컨대, 심장이 10초만 게으름을 피우면 당신은 돌덩이가 될 수도 있다. 기관들의 적절한 기능은 뇌와 척수의 미리 배선된 자동 조종 장치의 통제 아래 있다. 이때 척수의 뉴런 회로들은 인간 의식의 기원보다 앞서서 수십억 년 동안 진화한 척추동물의 유산이다. 자동 조종 장치 회로들은 상위의 대뇌 중추 회로들보다 더 짧고 단순하며 이 두 회로들 간에는 최소한의 소통만이 존재한다. 중재를 위한 강한 훈련이 있을 때에만 그 회로들은 간혹 의식의 통제 아래 놓일 수 있다.

자동 통제의 사례들은 많다. 예컨대 동공이 수축되거나 팽창되고 타액이 분비되거나 고이고 위장이 요동치거나 조용해지고 심장이 박동하거나 잠잠해지는 등의 현상은 모두 자율 신경계의 길항적(拮抗的) 요소들의 균형을 통해서 가능하다. 자율 신경계의 교감 신경은 어떤 행동을 위해 몸을 긴장하게 만든다. 교감 신경들은 연수의 중간 부위에서부터 비롯되며 신경 전달 물질인 부신 수질 호르몬의 분비를 통해 대상 기관을 조절한다. 반면 부교감 신경은 소화 과정을 격렬하게 만들면서 몸 전체를 이완시킨다. 이 신경은 뇌간과 연수의 가장 아랫부분에서 비롯되며 그 신경이 목표 기관을 향해 분비하는 신경 전달 물질은 잠을 유발하는 아세틸콜린이다.

반사는 연수와 하부 뇌(lower brain)를 거치며 뉴런의 짧은 회로들을 통해 매개되는 신속한 자동 반응이다. 가장 복잡한 것은 놀람 반응인데 이것은 몸에 갑작스러운 충격이나 충돌이 발생할 때 일어난다. 옆에 지나가는 차가 갑자기 큰 경적을 울렸을 때를 상상해 보라. 어떤 사람은 비명을 지를 것이고 어떤 개는 맹렬히 짖을 것이다. 이런 때에는 생각을 하지 않고 반응한다. 당신의 눈은 감겨 있고 머리는 약간 처져 있고 입은 열려 있으며 무릎은 조금 구부러져 있다. 이 모든 행동 변화는 당신으로 하여금 곧바로 따라 나올지도 모르는 격렬한 접촉에 대비시키는 것이다. 놀람 반응은 눈 깜짝할 사이에 일어나는데 의식적 마음이 생겨나는 시간보다 빠르며 심지어 오랜 훈련을 통한 의식적 노력으로 모방될 수 있는 것보다도 더 빠르다.

본래의 역할을 따져보자면 자동 반응은 의식적 의지에 상대적으로 둔감할 수밖에 없다. 이런 특성은 심지어 감정을 주고받는 안면 표현(facial expression)에까지 확장된다. 자발적으로 일어나는 진짜 미소는 변연계에서 비롯되며 감정에 추동된다. 그래서 훈련받은 관찰자를 잘 속일 수 없다. 부자연스러운 미소는 대뇌의 의식적 절차로부터 구성되는데, 감추려 해도 드러나는 미묘한 차이 때문에 결국 들키고 만다. 즉 안면 근육이 다른 배열로 인해 약간 다르게 수축될 때와 위쪽으로 구부러진 입이 한쪽으로 기울어지는 경향을 보일 때 미소는 이내 가짜로 평가된다. 노련한 연기자는 자연스러운 미소를 근사하게 모방할 수 있다. 또한 적절한 감정을 인공적으로 유도하면 미소를 지을 수도 있다. 하지만 빈정거림(입을 삐쭉거리는 미소), 절제된 공손함(연한 미소), 위협적 미소 그리고 자기 감정을 섬세하게 표현할 때 사용되는 미소는 문화마다 조금씩 다르다.

뇌로 들어가는 입력들 중에는 많은 경우 외부 세계보다는 호흡, 심박, 소화 그리고 다른 생리 활동들을 감시하는 내부 신체 감각들로부터 온다. 밀려오는 '육감(肉感, gut feeling)'은 합리적 사고와 섞여 있으며 오히려 그것을 부양해 준다. 그리고 다시 내부 기관의 반사와 신경 호르몬 순환 고리를 통해 합리적 사고의 영향을 받는다.

의식의 시나리오들이 자극에 의해서 추동되고 이전의 시나리오들에 관한 기억의 도움으로 떠다니는 동안 그것들은 감정에 의해서 강화되고 수정된다. 감정이란 무엇인가? 신경 활동의 수정을 통해 정신 활동을 집중시키고 거기에 활력을 불어넣는 역할을 하는 것이 감정이다. 감정은 정보의 특정 흐름들을 선택하는 생리 활동을 통해서 창조되는데 이 과정에서 몸과 마음은 상위 혹은 하위 활동 수준으로 전이되고 시나리오들을 창조하는 회로들은 교란되며 결국 특정한 방식으로 끝나는 회로들이 선택된다. 이 선택받은 시나리오들은 본능에 따라서 미리 프로그램된 목표들에 부합하는 시나리오들이며 이전 경험의 만족들이다. 현재 경험과 기억은 마음과 몸의 상태를 연속적으로 교란시킨다. 그런 후 그 상태들은 사고와 행위를 통해서 원래 조건으로 되돌아가거나 새로운 시나리오들에 포함된 조건들을 향해 이동한다. 이 절차의 역동성은 감정의 기본 범주들을 지칭하는 단어 ──분노, 역겨움, 공포, 기쁨 그리고 놀람──들을 불러일으킨다. 각 범주의 내부는 다시 정도에 따라 세분되어 있는데 범주 간의 혼합으로 미묘한 감정들이 수없이 많이 만들어진다. 따라서 우리는 강한 감정, 약한 감정, 혼합된 감정 그리고 새로운 감정 등과 같이 여러 차원의 감정을 경험한다.

감정의 자극과 안내가 없다면 합리적 사고는 느려지고 붕괴된다. 합리적 마음은 비이성적 마음의 위에 떠다니지 않는다. 그것은 순수 이성이 아니다. 수학에서는 순수 정리들이 있지만 그 정리들을 발견하는 것은 순수한 사고가 아니다. 신경생물학 이론과 공상 과학 소설의 '통 속의 뇌' 이야기에서는 영양물로 가득 찬 통 속에 있는 그 기관(뇌)이 신체적인 장애로부터 분리되어 있어서 자유롭게 마음의 내적 우주를 탐험할 수 있게 되어 있다. 그러나 이런 생각은 실상과는 다르다. 뇌과학의 모든 증거는 오히려 그 반대를 이야기한다.

휘몰아치는 감각의 중심에서 의식은 자기가 선택한 물리적 행동을 통해서 감정을 만족시킨다. 시나리오──미래를 추측하고 행동 과정을 선택하는 수단──를 만들어 내고 분류하는 마음의 특화 영역이 바로 의식이다. 의식은 원격 통제소라기보다는 생리 작용을 조절하는 모든 신경·호르몬 회로들로 배선된 체계의 부분이다. 의식은 역동적 안정 상태를 얻기 위해 행동하고 반응한다. 의식은 상황 변화에 민감한 방식으로 몸을 요동시킨다. 이는 기회에 대한 반응이며 몸의 복지를 위해서 필요한 것이다. 그리고 도전과 기회가 충족되면 의식은 몸을 원래 상태로 돌려놓는 일을 돕는다.

마음과 몸의 호혜성은 다음과 같은 시나리오 속에서 시각화될 수 있다. 이 시나리오는 신경과학자 안토니오 다마시오(Antonio R. Damasio)의 설명에서 발췌한 것이다. 당신이 밤에 황량한 거리를 배회하고 있다고 상상해 보라. 당신의 몽상은 뒤에서 접근하는 빠른 발소리 때문에 중단된다. 당신의 뇌는 금세 긴장하고 여러 가지 시나리오들을 생산한다. 무시하기, 가만히 있기, 돌아보기, 혹은 도망가기. 마지막 시나리오가 우세한 상황에서 당신이 행동을 한다고 하면 당신은 불이 켜져 있는 가게를 향해 달려갈 것이다. 잠시 후면 의식적 반응은 자동적인 생리 변화를 촉발시킨다. 카테콜아민 호르몬 에피네프린(아드레날린)과 노르에피네프린은 부신 수질에서 방출되어 혈류 속으로 쏟아져 들어가고 몸의 모든 부분들로 이동하면서 기초 대사율을 높이고 간과 골근육에 있는 당원을 분해하여 에너지를 빠르게 공급해 주는 포도당으로 전환시킨다. 심장 박동이 빨라지고 허파의 세기관지(bronchioles)가 팽창하여 더 많은 공기를 들이마실 수 있게 되며 소화는 느려진다. 방광과 결장은 자신들의 내용물을 버리려고 준비하고 폭력 행위와 있을지도 모를 부상에 준비하도록 몸을 느슨하게 만들어 준다.

몇 초가 더 지난다. 위기 상황에서 시간은 느리게 간다. 몇 초가 몇 분처럼 느껴진다. 변화에서 생긴 신호들은 신경 섬유들과 혈류 속의 호르몬 농도를 통해서 뇌에 다시 중계된다. 몇 초가 더 지나면 몸과 뇌는 정확하게 프로그램된 방식으로 함께 전이된다. 변연계의 감정 회로가 켜지고 마음에 몰아치는 새로운 시나리오들은 공포로 채워지고 그 다음에는 대뇌 피질에 집중된 노여움이 밀려오며 당장 생존과 관계가 없는 다른 모든 사고는 차단된다.

가게 앞에 다다르자 추격전이 끝났다. 사람들이 가게 안에 있고 추적자는 사라진다. 추적자가 진짜 뒤를 따라왔을까? 아무래도 상관없다. 의식적 뇌로부터 안심하라는 신호를 제공받은 신체 공화국은 활동을 서서히 줄이며 원래의 진정 상태로 돌아가기 시작한다.

다마시오는 이러한 에피소드에서 전일론적으로 마음을 그려 내며 감정에 2개의 범주가 있다고 제안했다. 그중 하나는 선천적 혹은 본능적인 반응을 이끌어 내는 감정으로 일차 감정이라고 한다. 일차 감정에는 특정한 기초 자극들에 대한 인식 외에는 의식적 활동이 거의 개입되지 않는다. 그것은 동물의 본능 행동을 연구하는 이들이 부르는 일종의 "해발인"이다. 즉 이미 프로그램된 행동이 "해발"하는 식으로 작동된다. 예를 들어 성적 유혹, 시끄러운 잡음, 커다란 물체의 갑작스러운 출현, 뱀이나 뱀 같은 모양을 한 기다란 물체의 꾸불거리는 움직임 등은 인간에게 일차 감정을 유발하는 자극들이다. 이 모든 자극이 심장마비와 연관되어 있다. 이런 일차 감정들은 인류의 척추동물 조상 때부터 시작되어 변화를 거의 겪지 않고 보존되어 온 형질들이다. 이것들은 변연계의 회로들을 통해서 활성화되는데 그 회로들 중에서 편도체가 통합·중계 중추의 역할을 하는 것처럼 보인다.

반면 이차 감정들은 개인적인 삶의 사건들에서 유발된다. 옛 친구를 만나거나 사랑에 빠지거나 진급을 하거나 모욕감에 시달리는 것 등은 일차 감정의 변연 회로들을 발화시키기는 하지만 대뇌 피질에서 이뤄지는 최상의 통합 과정들이 개입된 후에라야 비로소 변연 회로들을 건드린다. 우리는 누가 친구인지 혹은 적인지를 알아야 하고 왜 그들이 그런 식으로 행동하는지도 알아야 한다. 이런 해석을 받아들이면 황제의 격노와 시인의 환희가 인간 이전의 영장류를 추동한 감정 장치가 문화적으로 세련된 방식으로 작동한 결과일 뿐임을 알게 된다. 다마시오는 "땜장이 자연은 일차 감정과 이차 감정들을 표현하는 기제를 독립으로 만들지 않았기 때문에 이차 감정들은 일차 감정들의 감정 통로를 사용한다."라고 말한다.

감정과 다른 정신 활동 절차들을 지칭하는 데 사용되는 일상어들은 뇌과학자들의 엄격한 설명 모델에 등장하는 용어들과 잘 들어맞지 않는다. 그러나 일상적이고 전통적인 개념들, 즉 철학자들이 통속 심리학이라고 부르는 것들은 수천 년의 문자 시대를 이해하고 미래 문화와 과거 문화를 통합하기 위해서 꼭 필요하다. 끝으로 나는 정신 활동 중에서 가장 중요한 개념들 몇 가지를 뇌과학의 용어로 검토하고자 한다.

우리가 의미(meaning)라고 부르는 것은 심상(imagery)을 확장하고 감정을 개입시키며 확산되는 흥분을 통해서 창조된 신경망들 간의 연관이다. 그렇다면 의사 결정(decision making)은 시나리오들 간의 경쟁적 선택을 지칭할 것이다. 승리한 시나리오는 그에 따른 감정의 종류와 강도를 결정한다. 감정의 일정 형태와 강도가 바로 기분(mood)이다. 창조성(creativity)은 새로운 시나리오들을 생산하고 그중 가장 효과적인 것을 고르는 뇌의 능력이며 현실성과 생존 가치를 결여한 시나리오들을 계속적으로 만들어 내는 것이 망상(insanity)이다.

어떤 뇌과학자들은 정신 생활에 관해 내가 지금까지 구성해 놓은 유물론적인 설명을 반박할 것이고 부적절하다고 판정할 것이다. 종합의 운명은 늘 그런 것이다. 여러 가설들 중 특정한 가설들을 받아들이는 과정에서 나는 정직한 중개인이 되려고 노력했다. 즉 내 선택을 지지하는 자료들이 가장 강한 설득력과 상호 일관성을 갖도록 핵심적인 견해들을 찾아보았다. 하지만 격동기를 거치고 있는 이 분야에서 검토해 볼 만한 다른 모든 모델들과 가설들을 소개하고 그것들을 명료하게 구분하는 작업은 책 한 권으로는 부족하다. 내가 잘못 선택한 부분에서는 틀림없이 문제가 발생할 것이다. 이런 이유 때문에 나는 이 장에서 무시당한 과학자들에게 사과하지 않을 수 없다. 한 관찰자가 미숙하게 생략을 한다고 해서 인정받을 만한 가치가 있는 이론들이 한순간에 사라지지는 않을 것이다. 나도 그쯤은 안다.

이제부터는 마음의 물리적 기초가 진짜로 해결되었다고 언급하기 전에 해결해야 할 더 심각한 문제들을 검토해 보자. 일반적으로 가장 난해하다고 평가받고 있는 문제는 주관적 경험의 본성에 관한 것이다. 오스트레일리아 철학자인 데이비드 차머스(David Chalmers)는 최근에 일반적 의식의 "쉬운 문제들"과 주관적 경험의 "어려운 문제"를 구분하여 균형 잡힌 시각을 제공했다. 하지만 여기서 "쉽다."라는 말은 바닷가에서 입는 옷을 입고 에베레스트 산(8,848미터)에 오르는 것보다 몽블랑 산(4,807미터)에 오르는 일이 더 쉽다는 의미에서 쓴 말이다. "쉬운 문제들"은 마음 연구에 관한 다음과 같은 고전적 물음들이다. 예를 들어 뇌는 감각 자극에 어떻게 대응하고 어떻게 정보를 패턴으로 통합하며 그 패턴을 어떻게 단어들로 변환하는가? 현재 인지의 이런 각 단계에 대한 엄밀한 연구가 진행 중이다.

하지만 어려운 문제의 정체는 다음과 같이 잘 잡히지 않는다. 쉬운 문제들에서 언급된 뇌의 물리 과정들이 어떻게 주관적 느낌을 일으키는가? 우리가 빨강 혹은 파랑과 같은 색깔을 경험한다고 말할 때 도대체 그것은 무엇을 의미하는가? 같은 맥락에서 차머스는 "멀리서 들려오는 말로 표현할 수 없는 오보에의 소리, 극심한 고통으로 인한 몸부림, 행복의 불꽃, 무아지경의 명상과 같은 경험 등이 내가 의식이라고 부르는 것들이다. 이것이야말로 마음의 진짜 신비를 구성하는 현상들이다."라고 말한다.

철학자 프랭크 잭슨(Frank Jackson)은 1983년에 하나의 사고 실험을 통해 자연과학적 방법으로는 주관적 사고에 이를 수 없다는 주장을 했다. 예를 들어 2세기 후에 색깔에 대한 물리학과 색지각을 일으키는 뇌 회로를 전부 이해하는 뇌생물학자가 존재한다고 하자. 하지만 그 과학자(메리라고 부르자.)는 색깔을 경험한 적이 없다. 예컨대, 그녀는 검정색과 흰색만으로 도배되어 있는 수도원 방에 갇혀 지냈다. 그래서 그녀는 다른 이가 빨간색이나 파란색을 본다는 것이 도대체 어떤 것인지를 알지 못한다. 또한 그들이 색깔에 대해 어떻게 느끼는지를 상상할 수 없다. 이런 가상적 상황을 상상함으로써 잭슨과 차머스는 뇌의 물리적 기능에 관한 지식으로부터 결코 연역될 수 없는 의식적 경험의 질(質)이 존재한다고 주장한다.

원래 철학자들은 어려운 문제를 설정해 놓고 꼬치꼬치 따지면서 자세히 설명하는 사람들이지만, 그 어려운 문제는 개념적으로는 해결하기 쉽다. 어떤 물질적 기술이 주관적 경험을 설명할 수 있을까? 메리는 색깔을 보는 것이 도대체 어떤 느낌인지를 알 수 없다고 했다. 우리는 그 점을 인정함으로써 답을 찾아야 한다. 그녀는 서쪽으로 지는 해의 미묘한 색채 변화를 즐기지 못한다. 이와 동일한 이유에서 그녀와 그녀의 동료인 인류는 꿀벌이 자기장을 감지할 때 어떻게 느끼는지를 도저히 알 수 없다. 전기뱀장어가 전기장의 분포를 느끼고 방향을 바꿀 때 무엇을 생각하는지에 대해서도 당연히 알 길이 없다. 우리는 전자기 에너지를 시각과 청각 같은 감각으로 번역할 수 있다. 우리는 꿀벌과 물고기의 감각 기관과 뇌를 정밀하게 검사해 봄으로써 그들의 신경 회로들의 활성화 패턴을 읽어 낼 수 있다. 하지만 우리는 결코 그들이 느끼는 바를 느낄 수는 없다. 상상력이 아주 풍부한 전문 관찰자라도 동물들과 동일한 방식으로 생각할 수 없는 노릇이다.

그러나 능력이 없다는 사실이 중요한 것이 아니다. 주관적 경험을 명백히 해 주는 구분은 사실 다른 곳, 즉 과학과 예술의 역할 차이에 있다. 과학은 누가 파란색 같은 감각들을 느낄 수 있는지 그리고 누가 느낄 수 없는지를 가려내고 왜 그런 차이가 존재하는지를 설명한다. 반면 예술은 동일한 능력을 가진 개인들 사이에서 느낌을 전달한다. 다른 말로 하면 과학은 느낌을 설명하는 반면 예술은 그것을 전달한다. 메리와는 달리 대부분의 인간은 색의 전체 스펙트럼을 보고 전뇌를 통해 반사적으로 그 산물을 느낀다. 정상적인 색지각을 갖고 있는 사람들에게 기본 패턴들은 명백히 유사하다. 물론 개인적 기억과 문화적 편향에서 비롯된 추억들 때문에 변이들이 존재할 수는 있다. 하지만 이론상으로는 이런 변이들도 그들의 뇌 활동 패턴 속에서 파악될 수 있다. 패턴으로부터 유도된 물리학적 설명은 메리에게도 이해될 수 있을 것이다. 그녀는 "맞아. 그것은 다른 이들에 의해서 파랑으로 분류된 파장의 범위이지. 그리고 그것을 인지하고 그것에 이름을 붙이는 신경 활동 패턴도 존재하지."라고 말할 수도 있다. 이 설명은 만약 꿀벌과 물고기의 지능이 우연히 인간의 수준까지 올라간다 해도 꿀벌이나 물고기를 연구하는 과학자들에게 동일하게 통할 것이다.

예술은 비슷하게 인지한 사람들이 다른 이들에게 느낌을 전달하기 위해서 의존하는 수단이다. 그러나 예술이 이런 식으로 정확하게 의사소통되고 있는지 어떻게 확신할 수 있는가? 사람들이 예술 앞에서 정말로 동일하게 느낄 수 있는지를 어떻게 확신할 수 있는가? 우리는 많은 예술 매체들에서 우리가 드러낸 반응들의 축적을 통해 그 사실을 직관적으로 안다. 또한 비판적 분석에 의한 감정의 언어적 기술을 통해서, 그리고 방대하지만 미묘한 차이를 갖고 있는 인류에 관한 모든 자료들을 통해 그 사실을 안다. 느낌의 전달을 통해 문화가 공유된다는 사실은 인간의 본질적 특성 중 하나이다. 그럼에도 불구하고 근본적으로 새로운 정보는 공통적으로 공유된 느낌이 예술을 통해 환기되고 경험될 때 발생하는 감각과 뇌 체계의 역동적 패턴들을 연구하는 과학으로부터 올 것이다.

그러나 어떤 이는 그것이 불가능하다고 말할 것이다. 과학적 사실과 예술은 결코 서로 번역될 수 없다고 말이다. 사실 이러한 반응은 전통적인 지혜이다. 그러나 나는 그것이 틀렸다고 믿는다. 결정적인 연결이 존재한다. 예를 들어, 과학과 예술의 공통 속성은 정보의 전달이고 어떤 의미에서는 과학과 예술의 전달 양식이 논리적으로는 동등할 수 있다. 다음과 같은 실험을 상상해 보자. 앞에 이야기한 메리 같은 학자가 주도하는 연구진이 뇌 활동의 시각 패턴으로부터 그림 모양의 언어를 만든다. 그 결과는 한자(漢字) 같은 기호가 늘어서 있는 것과 같을 것이다. 각각의 기호는 존재자, 과정, 혹은 개념을 표상한다. 그리고 "마음 대본"이라고 불리는 이러한 새로운 기록이 다른 언어들로 번역된다. 이것을 유창하게 읽어 낼수록 마음 대본은 뇌 영상에 의해서 직접적으로 읽혀질 수 있다.

자 이제 청정한 마음 상태에서 자발적인 피험자들이 일화를 이야기하고 꿈속의 모험을 회상하고 시를 암송하고 방정식을 풀며 멜로디를 떠올리고 있다고 생각해 보자. 그리고 그들이 그렇게 하는 동안 그들의 신경 회로들의 활발한 움직임은 신경과학 기술에 의해서 시각화된다. 판살사는 송이 위에 잉크로 씌어진 대본이 아니라 살아 있는 조직의 전기 패턴으로 기록된 대본을 읽고 있다. 적어도 피험자의 주관적 경험(느낌)들 중 일부는 틀림없이 전달된다. 관찰자는 곰곰이 생각해 보고 웃거나 운다. 그리고 자기 자신의 마음 패턴으로부터 주관적 반응들을 상대방에게도 전달할 수 있다. 이 두 사람의 뇌는 상대방의 뇌 활동을 직접 지각함으로써 서로 연결되어 있는 것이다.

이것이 가능하다면 의사소통을 하고자 하는 당사자들이 같은 식탁에 함께 앉아 있건 아니면 다른 방에 따로 있건 아니면 심지어 다른 도시에 있건 간에 문제가 되지 않는다. 마치 초감각 감지와도 유사하지만 단지 피상적으로만 그렇다. 첫 번째 사람이 자기 손으로 가린 자기 패를 보고 있다. 신경 심상만으로도 두 번째 사람은 그 사람의 패를 정확히 읽어 낸다. 첫 번째 사람이 소설을 읽으면 두 번째 사람은 그 속의 이야기를 뒤따라 갈 수 있다.

마음 대본의 전달은 사용자들의 문화가 얼마나 공통적인지에 따라 정확도 면에서 약간의 차이를 보일 수 있다. 이것은 전통적인 언어의 경우와 마찬가지이다. 공통된 부분이 적다면 그 대본은 수백 가지 특성들에만 제한적으로 사용될 테지만 그 부분이 광범위하다면 그 어휘 목록들은 수천 가지 이상이 될 수도 있다. 가장 효과적인 경우에 마음 대본은 특정한 문화와 각 개인의 마음의 독특한 억양과 꾸밈도 전달하게 될 것이다.

마음 대본은 중국의 서예와 비슷할 것이다. 사실적·개념적 정보의 소통을 위한 수단일 뿐만 아니라 동양 문명의 위대한 예술 형태 중의 하나인 서예 말이다. 표의문자에는 글쓴이와 글을 읽는 이들이 공유하는 주관적 경험들에 따라 미묘한 변이들을 줄 수 있는 미학적 다양성이 숨쉬고 있다. 이런 속성에 대해 중국학 연구자 사이먼 레이스(Simon Leys)는 다음과 같이 말한다. "서예에 사용되는 비단이나 종이는 흡수성을 가진다. 서예가는 붓을 섬세하고 조심스럽게 놀리지만 한번 쓰면 지우거나 되돌릴 수 없다. 붓은 마치 마음의 지진계와도 같다. 압력과 손목의 움직임에 민감하게 반응하기 때문이다. 중국의 서예는 마치 그림처럼 공간의 예술이면서 음악과도 같이 시간에 따라 펼쳐진다. 또한 마치 춤처럼 역동적인 리듬을 탄다."

그럼에도 불구하고 한 가지 난제가 여전히 남아 있다. 만일 마음이 물리 법칙들에 묶여 있다면 그리고 마음이 서예처럼 해독될 수 있다면 자유 의지는 어떻게 존재할 수 있는가? 여기서 나는 자유 의지의 일상적인 의미, 즉 다른 이들과 세계의 다른 부분들로부터 자유롭게 자신의 생각과 행동을 결정하는 능력에 대해 말하려는 게 아니다. 대신 자신의 몸과 마음의 물리학·화학적 상태가 부과하는 제약들로부터 어떻게 자유로울 수 있는지를 묻고 있는 것이다. 자연주의적 관점에서 보면 자유 의지란 의식적 마음을 구성하는 시나리오들 간의 경쟁에서 비롯된 결과일 뿐이다. 우세한 시나리오들은 감정 회로들을 환기시킴으로써 공상이 일어나는 동안에 그 회로들이 가장 효과적으로 개입할 수 있도록 해 준다. 그 시나리오들은 마음 전반을 활기차게 만들고 집중시키며 몸이 특정한 행동을 할 수 있도록 안내한다. 자아는 그런 선택을 하는 듯이 보이는 존재자이다. 하지만 자아란 무엇인가?

자아는 뇌로부터 독립된 존재자가 아니며 말로 표현할 수 없을 만큼 그렇게 기묘한 것도 아니다. 오히려 시나리오들의 극 중 주인공이다. 자아는 존재해야 할 뿐만 아니라 중심 무대에서 활동해야만 한다. 왜냐하면 감각들은 몸속에 위치해 있고 그 몸은 모든 의식적 행동들의 통치를 표상하도록 마음을 창조하기 때문이다. 따라서 자아와 몸은 분리될 수 없도록 융합되어 있다. 자아를 시나리오와 독립적으로 창조된 무엇으로 보는 것은 환상일 뿐이다. 자아는 몸을 떠나서는 존재할 수 없으며 몸도 자아 없이는 오랫동안 생존하기 힘들다. 몸과 자아의 연합은 너무 강해서 물질적 대응물이 없이 영혼만이 천국이나 지옥에 가 있다고 상상하는 것은 거의 불가능하다. 우리가 배워 왔듯이 심지어 예수와 마리아까지도 몸을 가지고 천국으로 올라갔다. 물론 천상의 속성을 가지기는 했지만 어쨌든 몸은 몸이었다. 만일 자연주의적인 마음 이론이 모든 경험적 증거들이 보여 주듯이 정말 옳다면, 그리고 전통 신학에서 말하는 영혼 같은 것도 실제로 존재한다면 신학은 해결되어야 할 새로운 신비를 갖게 될 것이다. 비물질적인 영혼이 마음으로부터 독립해서 존재하지만 몸에서는 분리될 수 없다는 신비를 도대체 어떻게 풀 것인가?

끊임없이 변화하는 드라마의 주인공인 자아는 자신의 행동들을 완벽하게 조종하지는 못한다. 자아는 의식적인 순수 이성적인 선택만으로 의사 결정을 하지 않기 때문이다. 의사 결정을 위한 많은 계산들은 무의식적으로 일어난다. 꼭두각시 자아를 춤추게 할 수 있는 끈이 존재한다. 예컨대 신경 회로와 분자적 과정은 의식적 사고 밖에 존재한다. 그것들은 어떤 기억들을 합병하고 다른 것들을 삭제하고 연결과 유추를 한쪽으로 치우치게 만들며 이어서 일어나는 감정적 반응을 조절하는 신경 호르몬의 영향력을 강화한다. 커튼이 걷히고 연극이 시작되기 전에 무대 장치는 이미 부분적으로 마련되었고 대본들도 많이 씌어진 상태이다.

정신 활동의 무대 뒤에서 보이지 않게 이뤄지는 이러한 준비 덕분에 우리는 자유 의지가 실제로 존재하는 양 착각한다. 우리는 그저 모호하게 이해하고 있지만 이성에 따라 결정을 내린다. 물론 드물게나마 모든 것을 이해하고 결정하기도 한다. 의식적 마음은 이런 종류

CONSILIENCE

220 통섭

의 무지를 해결해야 할 불확실성으로 인식한다. 따라서 선택의 자유가 보장되는 것이다. 순수 이성과 고정된 목표들에 전적으로 자신을 맡긴 전지의 마음은 자유 의지가 부족할 것이다. 그러한 자유를 인간에게 허락하고 인간이 바보 같은 선택을 할 때마다 불쾌감을 드러내는 신들조차도 그런 끔찍한 능력은 갖지 않으려 한다.

환상의 부산물로서의 자유 의지는 인간의 진보를 추동하고 행복을 제공하는 만큼의 자유 의지인 듯 보일 수 있다. 그 정도의 자리에 남겨 둘 것인가? 아니다. 우리는 그렇게 할 수 없다. 철학자들이 가만히 두질 않을 것이다. 그들은 다음과 같이 말할 것이다. 과학의 도움으로 모든 숨겨진 절차들을 다 알게 되었다고 치자. 그러면 특정한 개인의 마음이 예측 가능하며 따라서 근본적으로 결정되어 있으며 자유 의지가 없다고 결론지을 수 있을까? 원칙적으로는 그런 결론을 인정할 수밖에 없지만 다음과 같이 특별한 의미에서만 그렇다. 사고의 뇌 활성 패턴을 모든 뉴런, 분자 그리고 이온 수준에서 100만분의 1초의 범위 안에서 정확히 알고 있고, 그 다음 100만분의 1초 후에 어떤 상태가 올지를 정확히 예측할 수 있다면 말이다. 이런 식의 추론을 의식적 사고의 일상 영역에도 적용해 보는 일은 실용적 측면에서 생산적이다. 만일 뇌의 작동이 파악되고 정복될 수 있다면 변경될 수도 있어야 하기 때문이다. 게다가 수학적 혼돈 원리가 적용될 수 있다. 맨 정신이 상상조차 할 수 없는 부정합적인 패턴들을 미시적으로 전이시켜 가는 몸과 마음은 엄청난 수의 세포들로 구성되어 있다. 또한 세포들은 매 순간 인간 지능이 미리 알 수 없는 외부 자극들의 포격을 당한다. 그 사건들은 순차적 정보 전달 방식을 통해 새로운 미세 에피소드, 즉 새로운 신경 패턴을 이끌어 낸다. 하지만 우리가 이 결과를 추적하려면 생각하는 뇌보다 훨씬 더 복잡한 작동 방식을 채택한 엄청나게 큰 컴퓨터가 필요하다. 게다가 마음 대본들은 거의 무한정하며 그것들의 내용은 개인의 고유한 역사와 생리에 따라 진화한다. 도대체 이것을 무슨 수로 컴퓨터로 구현할 것인가?

따라서 인간 사고에 대한 단순한 결정론은 있을 수 없다. 인간의 사고 과정은 명확한 인과 관계를 통해 몸과 분자의 운동을 기술하는 물리 법칙의 방식을 따르지 않는다. 이렇게 개인의 마음을 완전히 파악하고 예측할 수는 없기 때문에 우리의 자아는 계속해서 자기 자신이 자유 의지를 갖고 있다고 믿을 수 있다. 그리고 이런 현실은 그리 나쁘지 않다. 오히려 자유 의지에 관한 우리의 확신은 생물학적 측면에서 적응적이라고 볼 수 있다. 그런 확신이 없다면 마음은 숙명론에 옥죄어 퇴행할 것이기 때문이다. 따라서 유기체의 시공간에서, 그리고 인식할 수 있는 자아에 실제로 적용되는 면에서 마음은 자유 의지를 가진다.

자 이제 의식적 경험은 물리적일 수밖에 없으며 초자연적인 현상은 아니라는 사실을 받아들여 보자. 그렇다면 인공적인 마음을 창조하는 일은 가능할까? 나는 이 철학적 난제에 대해 원칙적으로는 긍정적인 답을 할 수 있지만 실제적으로는 향후 100년이 지나도 그 목표를 달성하지 못할 것이라 믿는다.

이 문제를 2세기 전에 맨 먼저 인식한 데카르트는 인공적인 지능이 불가능할 것이라고 선언했다. 그는 두 가지 절대적인 기준에 따라 기계와 진짜 마음이 구분될 수밖에 없다고 주장했다. 즉 기계는 "면전에서 듣는 말들의 의미에 따라 자신의 어법을 결코 바꾸지 못하는 반면 인간의 경우에는 가장 멍청한 사람조차도 그렇게 할 수 있다." 또한 기계는 "인생의 모든 사건들에서 이성이 우리로 하여금 행동하도록 만들 듯이 행동할 수는 없다." 이런 생각은 1950년에 영국의 수학자 앨런 튜링(Alan Turing)이 하나의 시험을 고안해 냄으로써 좀 더 조작적인 형태로 변모했다. 그것이 지금은 이미 잘 알려진 '튜링 시험'이라는 것인데, 이 시험에서 인간 해석자는 숨겨진 컴퓨터에게 질문을 하도록 초대받는다. 그의 질문에 대답하는 상대는 진짜 사람일 수도 있고 컴퓨터일 수도 있다. 질문자는 상당한 시간이 흐른 뒤에 대화 상대가 인간인지 기계인지를 구분하라는 요청을 받는다. 만일 구분에 실패하면 인간 질문자는 그 게임에서 패하고 기계의 마음은 인간의 지위로 격상된다. 미국의 철학자이자 교육자인 머티머 애들러(Mortimer Adler)는 휴머노이드의 가능성을 부정하고 유물론 철학의 기반을 흔들기 위해서 이와 본질적으로 동일한 기준을 제시한 바 있다. 그는 그러한 인공적 존재가 창조되기까지는 인간 존재에 관한 유물론적 기반을 받아들일 수 없다고 주장했다. 사실 튜링은 휴머노이드가 몇 년 내로 제작될 수 있을 것이라고 생각했다. 하지만 신실한 기독교인인 애들러는 데카르트와 동일한 결론에 이르고 말았다. 즉 "그러한 기계는 결코 가능하지 않을 것이다!"라고.

과학자들은 무언가가 불가능하다고 하면 그것을 어떻게든 만들어 보려 한다. 하지만 그들의 목표는 그런 실험을 통해 존재의 궁극적 의미를 찾으려는 게 결코 아니다. 우주적 질문에 대한 그들의 반응은 틀림없이 다음과 같을 것이다. "당신의 질문은 별로 생산적이지 않은 것 같은데요?" 오히려 그들의 직업은 구체적인 개별 단계에서 한 번에 하나씩 우주를 탐구하는 일이다. 그들에게 최고의 보상은 존 키츠(John Keats)의 시에서 코르테스가 다리엔 산의 정상에서 처음으로 광대한 태평양을 바라보았던 것과 같이 저 너머의 광대함에 관한 "무모한 추측"을 한번 해 보는 것이다.(낭만주의 시인 키츠의 「처음으로 채

프먼의 호머를 읽고」라는 시에 나오는 광경.—옮긴이) 그들의 지적 풍토에서
는 위대한 여행을 멈추는 것보다는 시작하는 편이 훨씬 낫고 이론에
대해 몇 마디 첨언하는 것보다는 중대한 발견에 천착하는 편이 더 가
치 있다.

흔히 "AI"라 불리는 인공 지능 분야는 전자 컴퓨터가 처음으로 발
명된 1950년대에 시작되었다. 인공 지능 연구자들은 인공 지능 연구
를 지적 행동에 필요한 계산에 관한 연구와 컴퓨터를 이용하여 그 행
동을 복제하려는 시도라고 정의한다. 반세기의 노력 끝에 인상적인
몇몇 결과들이 나왔다. 몇몇 선택된 모양을 상이한 방향에서 바라보
게 했을 때 어떤 프로그램은 물체와 얼굴을 구별할 수도 있다. 이것
은 인간이 기하학적 대칭성의 규칙에 따라 무언가를 인지하는 방식
을 그대로 흉내 낸 것이다. 또한 어떤 프로그램은 비록 조악하기는
하지만 언어를 번역하기도 하고 축적된 경험에 기반을 두고 새로운
대상들을 일반화하고 분류하는 일도 수행한다. 이 모든 것들은 인간
마음의 작동 방식과 매우 유사하다.

어떤 프로그램은 미리 선택된 목표들에 따라 특정한 행동 절차를
검토하고 선택할 수 있다. 체스 컴퓨터로 유명한 딥 블루(Deep Blue)는
1996년에 인간 세계의 체스 챔피언 개리 카스파로프(Gary Kasparov)와
의 여섯 번에 걸친 대국에서 아깝게 졌다. 하지만 그 컴퓨터는 고수
(grand master)의 지위를 얻었다. 딥 블루는 32개의 마이크로프로세서
를 이용하여 1초에 2억 개의 수를 무작위적으로 조사하는 식으로 작
동한다. 하지만 그것은 적의 약점을 포착하고 속임수에 근거한 장기
전략을 계획하는 능력에 있어서 카스파로프에게 뒤져 있었다. 하지
만 좀 더 보완된 딥 블루는 1997년에 결국 카스파로프를 아슬아슬하
게 이길 수 있었다. 첫 번째 대국에서는 카스파로프가, 두 번째에서

는 딥 블루가 이겼고, 세 번째 대국은 무승부로 끝났다. 그러나 마지막 대국에서는 딥 블루가 승리했다.

현재는 인간의 모든 사고 능력을 더 높은 수준에서 시뮬레이션하려는 노력이 계속되고 있다. 인공 지능 프로그래머들은 문제 해결을 위해 이른바 진화론적 계산 기법을 사용해 왔다. 그들은 컴퓨터 프로그램에 여러 개의 선택지를 준 후에 그 프로그램으로 하여금 선택지 중 하나를 선택하게 하고 그에 따르는 가용한 절차들을 수정하도록 만들었다. 이런 식으로 하면 그 프로그램은 박테리아와 다른 단세포 개체들을 닮아 가게 된다. 왜냐하면 프로그램이 무작위적 돌연변이를 일으키고 그로 인해 가용한 절차들을 변화시킴으로써 결국 해답의 범위를 좁혀 가기 때문이다. 그런 후에 그 프로그램들은 마치 먹이와 공간을 확보하는 생물처럼 문제들을 해결하기 위해서 서로 경쟁한다. 이 기법을 "진화론적"이라고 부르는 이유가 여기에 있다. 어떤 변이 프로그램들이 생겨나고 그중 어떤 놈이 성공할 것인지는 늘 예측할 수는 없다. 전체 프로그램으로서 '종'은 인간 설계자가 기대하지 않은 방식으로 진화할 수 있다. 실험실을 돌아다니고 학습하며 실제 자원들을 분류하는 로봇을 만들어 내는 일은 컴퓨터 과학자들의 몫이다. 심지어 그들은 특정 목표를 놓고 경쟁하는 로봇들도 창조해 내야 한다. 이 정도의 수준이라면 그 프로그램은 박테리아보다는 편형동물이나 달팽이와 같은 단순 다세포 동물의 본능 레퍼토리와 더 유사할 것이다. 컴퓨터 과학자들이 몇십억 년의 생명 진화 역사와 동일한 시간을 횡단하게 될 날이 향후 50년 내로 가능할 것이다.

그러나 기술의 진보에도 불구하고 아직은 그 어떤 인공 지능 열광자도 편형동물의 본능에서 인간의 마음까지를 포괄하는 지도를 갖고 있다고 주장하지 않는다. 그렇다면 어떻게 해야 이런 광대한 간극이 줄혀질 수 있단 말인가? 이에 대해 두 진영의 입장이 있다. MIT의 로드니 브룩스(Rodney Brooks)로 대표되는 한 진영은 상향식 접근을 취한다. 즉 설계자들은 다윈적 로봇 모형을 따라 하위 수준에서 상위 수준들로 올라간다. 이 방식을 통해 그들은 새로운 통찰을 얻고 기술을 발전시킨다. 때가 되면 휴머노이드가 출현할 수도 있을 것이다. 반면 인공 지능의 창시자이며 브룩스의 동료인 MIT의 마빈 민스키(Marvin Minsky)처럼 하향식 접근을 추구하는 진영도 있다. 하향식 접근을 추구하는 이들은 진화론적 시각은 적용하지 않은 채 학습과 지능의 상위 현상들을 직접적으로 연구한다.

인간의 한계에 대한 모든 비관적 평가들에도 불구하고 우리는 인간의 지력이 어디서 어떻게 꽃피울지를 정확히 예측할 수 없다. 하지만 가까운 장래에 인간의 마음에 대한 조잡한 시뮬레이션 정도는 가능할지도 모른다. 뇌과학은 마음의 기본 작동을 충분히 이해할 정도로 세련될 것이고 컴퓨터과학은 그 기본 작동을 흉내 낼 수 있을 만큼 발전할 수도 있을 것이다. 어느 날 아침 우리는 "암 치료법 완성", "화성에서 생명 발견"과 같은 제목의 기사를 《뉴욕 타임스》에서 보게 될지도 모른다. 그러나 나는 그러한 어떤 사건도 일어나지 않을 것만 같다. 그리고 대다수의 인공 지능 전문가들이 나와 생각이 같을 것이라고 믿는다. 왜냐하면 기능적 장애물과 진화적 장애물이라고 부를 만한 두 가지 난관이 우리 앞을 막고 있기 때문이다.

기능적 장애물은 인간의 마음으로 들어가거나 마음을 통해 나오는 정보 입력의 엄청난 복잡성을 말한다. 합리적 사고는 몸과 뇌 사이의 계속적인 교환이 신경의 방전과 호르몬의 흐름을 통해 일어남으로써 생겨난다. 이때 호르몬의 흐름은 정신 태도, 주의, 목표 선정을 조절하는 감정적 통제의 영향을 받는다. 기계 속에 마음을 복제해

넣기 위해서는 뇌과학과 인공 지능 기술을 완성하는 것만으로 충분하지 않을 것이다. 왜냐하면 시뮬레이션의 선구자들은 전적으로 새로운 형태의 계산, 예컨대 인공 감정(AE)도 발명하고 설치해야 할 것이기 때문이다.

휴머노이드 마음을 창조하는 데 있어서 두 번째 장애물은 인류의 고유한 유전적 역사 때문에 생겨난 일종의 진화론적 난관이다. 보편적인 인간 본성——인류의 심리적 통일성——은 잊혀진 과거 환경에서 수백만 년 동안의 진화 역사를 통해 생겨난 산물이다. 따라서 인간 본성의 유전적 설계도를 면밀히 검토하지 않는다면 시뮬레이션된 마음이 능력 면에서는 대단할지 몰라도 결과적으로 인간의 마음과는 매우 동떨어진 것이 될 수도 있다.

설상가상으로 비록 그 설계도가 밝혀지고 우리가 그것을 따라 무언가를 만들어 낼 수 있다고 해도 그것은 단지 시작에 불과할 것이다. 인공 마음이 인간이 되려면 각 개인의 고유함도 흉내 낼 수 있어야 하기 때문이다. 예를 들어 한 개인이 일생 동안 겪는 수많은 경험들——미묘한 감정들과 버무려진 시각, 청각, 후각, 촉각 그리고 운동 감각들——로 채워진 기억 은행이 마련되어야 한다. 게다가 인공 마음은 사회적일 때 인간이 될 수 있다. 인간은 수많은 접촉들을 통해 지성과 감정을 노출한다. 그리고 이런 노출에서 얻은 기억들에는 의미가 존재할 수밖에 없다. 따라서 계속적으로 확장될 수 있는 수많은 연결들이 모든 단어들에 일일이 부착되고 그것들이 감각 정보로서 그 프로그램에 주어진다. 이 모든 작업이 이뤄지지 않으면 인공 마음은 튜링 시험에서 계속 낙방할 수밖에 없다. 어떤 인간 배심원도 인간으로 가장한 인공 마음을 몇 분 내로 구별해 낼 수 있을 것이다. 그게 아니면 확실하게 정신과에 위탁하는 방법도 있을 것이다.

7장

유전자에서 문화까지

자연과학은 양자물리학에서 시작하여 뇌과학과 진화생물학을 아우르는 인과적 설명의 직조물을 짜 왔다. 그 직조물을 구성하고 있는 많은 가닥들은 거미줄처럼 섬세하게 얽혀 있으나 아직도 여기저기 구멍이 보인다. 과학의 궁극적 목표인 예측적 종합은 아직도 걸음마 단계에 있다. 생물학은 특히 더 심하다. 하지만 보편적이고 합리적인 통섭의 원리가 모든 자연과학을 관통하고 있음을 정당화할 만큼은 된 것 같다.

이 설명의 연결망은 이제 문화 자체의 가장자리를 건드리고 있다. 이 연결망은 인문학과 사회과학으로부터 자연과학을 구분하는 경계에 다다랐다. 대부분의 학자들은 흔히 문화가 두 문화, 즉 과학적 문화와 인문학적 문화으로 쪼개져 있는 것을 고정된 이미지로 받아들인다. 두 덩어리, 즉 아폴론적 법칙과 디오니소스적 정신, 산문과

시, 좌뇌 피질 반구와 우뇌 피질 반구는 쉽게 연결될 수 있지만 한쪽 언어를 다른 쪽 언어로 번역하는 방법을 아는 사람은 아무도 없다. 시도라도 해야 하는가? 나는 그래야 한다고 믿는다. 왜냐하면 그것은 중요한 목표일 뿐만 아니라 달성 가능한 것이기 때문이다. 우리는 지금 학문의 경계 자체를 재평가해 봐야 할 시점에 와 있다.

비록 이런 판단이 논박된다 하더라도 두 문화 간의 분리가 오해와 충돌의 영구적인 원천이라는 사실을 부인하는 이는 거의 없을 것이다. C. P. 스노는 1959년에 쓴 『두 문화(*The Two Cultures and the Scientific Revolution*)』라는 중요한 에세이에서 "이런 양극 현상은 우리 모두에게 실제적인 손해이고 지적인 손실이며 창조성의 말살이다."라고 말했다.

이런 양극화 현상은 한편으로 "천성이냐, 양육이냐?"라는 해묵은 논쟁이 되풀이되는 데 한몫을 한다. 하지만 성(性) 정체성, 성적 기호, 민족성 그리고 인간 본성 자체에 대한 쓸모없는 논쟁들만 일으킬 뿐이다. 문제의 근본 원인은 스노가 크라이스트 칼리지의 식탁에서 그 문제에 관해 심사숙고했을 때와도 마찬가지로 명확하다. 교육받은 엘리트의 과도한 분화가 바로 문제의 주원인이다. 대중 지식인들과 그들의 꽁무니를 따라 다니는 대중 매체의 전문가들은 거의 예외 없이 사회과학과 인문학 전통에서 훈련받은 사람들이다. 그들은 인간 본성에 관한 논의를 자신들의 전유물처럼 여겨 왔으며 자연과학과 사회 행동이나 정체성이 어떤 관련이 있는지를 거의 생각해 보지 못한 사람들이다. 그렇다면 자연과학자의 경우는 어떤가? 그들은 인간사와는 동떨어진 좁은 칸막이에만 갇혀 지냈기 때문에 인간 본성에 대한 논의를 하기에는 소양이 부족한 사람들이다. 생화학자가 법이론과 대(對)중국 통상에 대해 무엇을 알겠는가? 모든 학자들, 즉 자연과학자와 사회과학자 그리고 인문학자가 하나의 공통된 창조적 정신에 따라 활기차게 활동한다는 해묵은 만병통치약은 계속 이야기 해 보았자 소용이 없다. 그들은 창조적인 자매들일지는 몰라도 공통된 언어를 가지고 있지 않다.

학문의 커다란 가지들을 통합하고 문화 전쟁을 종식시키는 방법은 딱 하나뿐이다. 과학 문화와 인문학 문화 간의 경계를 국경으로 보지 않고 양쪽의 협동 작업을 애타게 기다리고 있는 미개척지로 보는 방법뿐이다. 오해는 미개척지를 무시할 때 발생하는 것이지 정신 구조의 차이 때문에 생기는 것은 아니다. 두 문화는 다음의 도전을 공유한다. 우리는 실제로 모든 인간 행동이 문화를 통해 전달된다는 것을 안다. 우리는 문화의 기원과 전달에 생물학이 중요한 영향을 미친다는 점도 알고 있다. 따라서 남아 있는 문제는 생물학과 문화가 어떻게 상호 작용하는가이며 특히 모든 사회에 걸쳐 진행되는 그런 상호 작용이 어떻게 인간 본성의 공통성을 만들어 내는가 하는 점이다. 마지막으로 한 종으로서의 유전적 역사와 그것을 멀리 내팽개친 사회의 최근 문화사를 잇는 것은 도대체 무엇인가? 나는 그것이 두 문화 간 관계의 핵심이라고 생각한다. 이것은 해결을 기다리는 문제이고 사회과학과 인문학의 중심 문제인 동시에 자연과학의 숙제들 중 하나일 수 있다.

현재는 그 누구도 해답을 알지 못한다. 그러나 1842년에는 진화의 진정한 원인을 아는 사람이 아무도 없었고 1952년에는 유전 암호의 본질을 아는 이가 존재하지 않았다는 의미에서 이 문제를 해결하는 길이 요원한 것만은 아닐 수 있다. 나를 포함한 몇몇 연구자들은 그 질문에 대한 해답을 어느 정도 알고 있다고까지 생각한다. 생물학, 심리학 그리고 인류학의 다양한 관점들로부터 우리는 유전자 · 문화 공진화(gene-culture coevolution)라고 불리는 하나의 과정을 상정해 왔다. 핵심만 말하자면 이 이론은 우리 인류가 유전적 진화에 병행하여 문화적 진화를 덧붙였으며 이 두 진화는 서로 연결되어 있다는 견해이다. 나는 이런 견해를 만드는 데 애쓴 학자들의 대다수가 다음과 같은 원리들에 동의할 것이라고 믿는다.

문화는 공동의 마음에 의해 창조되지만 이때 개별 마음은 유전적으로 조성된 인간 두뇌의 산물이다. 따라서 유전자와 문화는 긴밀히 연결되어 있다. 하지만 이 연결은 유동적이다. 얼마나 그런지는 불명확하지만 말이다. 또한 이 연결은 편향되어 있다. 즉 유전자는 인지 발달의 신경 회로와 규칙적인 후성 규칙(後成規則, epigenetic rules)을 만들어 내고 개별 마음은 그 규칙을 통해 자기 자신을 조직한다. 마음은 태어나서 무덤에 들어갈 때까지 성장한다. 물론 자기 주변의 문화를 흡수하면서 성장한다. 하지만 그런 성장은 개체의 두뇌를 통해 유전된 후성 규칙들의 안내를 받아 이뤄진다.

유전자 · 문화 공진화를 좀 더 구체적으로 가시화하기 위해서 완벽한 통섭의 그럴듯함을 논증할 때 사용했던 사례를 다시 한 번 떠올려 보자. 그것은 뱀과 몽사에 관한 이야기이다. 뱀에 대한 공포뿐만 아니라 매혹을 이끌어 내는 선천적 경향은 후성 규칙이다. 문화는 은유와 서사를 창조하는 그 공포와 매혹에 의존한다. 그 과정은 다음과 같다.

문화는 유전자 · 문화 공진화의 부분으로서 각 세대 구성원 개인의 마음 속에서 집합적으로 재구성된다. 구전 전통이 글쓰기와 예술을 통해 증보되면 문화는 무한히 성장할 수 있고 세대를 건너 뛸 수도 있다. 그러나 후성 규칙이 주는 영향의 방향을 근본적으로 결정하는 것은 유전적인 것이며 제거될 수 없기 때문에 일정하게 유지된다.

아마존 주술사들의 전설과 예술에서 두드러지게 나타나는 몽사는 뱀에 관한 후성 규칙의 안내를 받은 것으로서 세대를 거치며 오히려 그들의 문화를 더욱 풍성하게 만든다.

어떤 이들은 주변 문화와 환경에 더 잘 생존하고 번식하도록 해 주는 후성 규칙들을 대물림한다. 그리고 그런 규칙을 전혀 갖지 않은 사람이나 있어도 약한 규칙을 가진 이들은 생존과 번식에서 밀려난다. 바로 이런 방식으로 좀 더 성공적인 후성 규칙들은 많은 세대를 거치면서 그 규칙들을 규정하는 유전자들과 함께 개체군 내에서 널리 퍼지게 된다. 결과적으로 인간 두뇌의 해부 · 생리적 구조가 진화해 왔듯이 행동도 자연선택에 의해 유전적으로 진화해 왔다.

뱀은 인류 진화의 전 기간을 통해 거의 모든 사회에서 죽음의 중요한 원인이었다. 몽사와 뱀의 상징들은 인류로 하여금 뱀에 더 큰 주의를 기울이도록 만들었는데 이 모든 것들은 명백히 생존의 기회를 향상시키는 것들이다.

유전적 속박의 본성과 문화의 역할은 이제 다음과 같이 더 잘 이해될 수 있다. 어떤 문화 규범은 경합하는 다른 규범들보다 더 잘 생존하고 번식한다. 이 때문에 문화는 유전적 진화와 유사한 방식으로 진화하지만 그 속도는 일반적으로 훨씬 더 빠르다. 문화적 진화의 속도가 빠르면 빠를수록 유전자와 문화 사이의 연결은 더 느슨해진다. 하지만 그런 연결이 완전히 끊어지는 법은 없다. 문화는 정확한 유전적 처방 없이 고안되고 전달되는 정교한 적응들을 통해 환경 변화에 빠르게 적응할 수 있도록 한다. 이런 의미에서 인간은 다른 모든 동물들과 근본적으로 다르다.

뱀과 몽사는 유전자 · 문화 공진화의 분명한 사례이다. 문화 속에 몽사와 그 상징이 얼마나 많이 깃들어 있는지는 그 환경 속에 실제로 얼마나 많은 진짜 독사가 살고 있는지와 상관이 있어 보인다. 그러나 그 독사들은 후성 규칙에 의해 주어지는 공포와 매혹의 힘 덕분에 신화적 의미도 쉽게 얻는다. 즉 그 독사들은 문화에 따라 때로는 치유자, 전령, 악마, 또는 신으로 기능하기도 한다.

유전자·문화 공진화는 자연선택에 따른 진화 과정의 특수한 확장이다. 생물학자들은 대개 인간을 포함한 모든 생물들의 진화의 배후에 자연선택이라는 일차적 힘이 있다고 믿는다. 이 힘은 조상 호미니드 종이 침팬지를 닮은 원시 계통에서부터 분리된 이래 500만 년 혹은 600만 년에 걸쳐 호모 사피엔스를 창조해 낸 원동력이었다. 자연선택에 따른 진화는 근거 없는 가설이 아니다. 자연선택이 작용하는 유전 변이는 원리적으로 분자 수준에서 잘 이해된다. 야외 연구자들 중 '진화 관측들'은 동식물의 자연 개체군이 세대를 거치면서 어떤 식으로 자연선택되어 진화하는지를 관찰해 왔다. 그 결과들은 때로 실험실에서 재현되어 새로운 종이 탄생되는 경우도 있다. 예컨대 번식적으로 격리된 계통들 간의 육종과 잡종화가 바로 그것이다. 해부학적 구조, 생리 그리고 행동 형질이 개체들로 하여금 주변 환경에 잘 적응하도록 만드는 방식은 그동안 상당히 많이 기록되었다. 원인(man-apes)으로부터 현생 인류(modern humans)로 이어지는 호미니드 화석 기록은 세부적으로는 아직도 미흡하기는 하지만 잘 확립된 연대표를 제공할 만큼의 얼개는 이미 잡혀 있다.

자연선택에 따른 진화란 무엇인가? 언젠가 프랑스 생물학자 자크 모노(Jacques Monod)는 데모크리토스의 말을 빌려 "우연과 필연"이라고 간략히 말한 바 있다. 같은 유전자의 다른 형태들(대립 유전자)은 유전자를 구성하고 있는 긴 DNA 서열의 무작위적 변이(돌연변이)를 통해 생겨난다. DNA 서열의 몇 지점들에서 이렇게 변이가 생기고 대립 유전자가 유성 생식의 재조합 과정에서 섞임으로써 유전자들의 새로운 혼합이 매 세대마다 새롭게 창조된다. 이때 개체의 생존과 번식을 강화해 주는 대립 유전자는 개체군 내에 퍼지고 그렇지 않은 것들은 사라진다. 우연한 돌연변이는 진화의 원료이다. 한편, 환경의 도전은 어떤 돌연변이들이 살아남을 것인지를 결정하며 다양한 유전적 원료들을 사용해서 우리를 한 번 더 빚어 낸다.

세대를 충분히 거치면 변이와 재조합은 개체군 내에서 거의 무한정한 유전적 변이들을 만들어 낼 수 있다. 예컨대, 인간 유전체 내의 1만 5000~10만 개의 유전자 중에서 단지 1,000개의 유전자가 두 가지 형태로 개체군 내에서 존재한다고 해 보자. 그렇게 되면 상상할 수 있는 유전자 재조합의 수는 10^{500}개인데 이것은 우리가 볼 수 있는 우주 안에 존재하는 모든 원자들의 수보다 많다. 이런 사실 때문에 일란성 쌍둥이인 경우를 제외하면 두 인간이 동일한 유전자들을 공유할 확률, 또는 두 인간이 동일한 유전자들을 호미니드 계통의 진화를 통해 공유할 확률은 무시해도 좋을 만큼 작다.

각 세대마다 부모의 염색체와 유전자는 한데 섞여 새로운 혼합체를 만들어 낸다. 그러나 끊임없이 일어나는 이런 재배열이 그 자체로 진화를 일으키지는 않는다. 진화에도 일관된 원동력이 있어야 하는데 자연선택이 바로 그런 힘이다. 특정한 해부학적 구조, 생리, 행동을 규정하는 유전자들 때문에 그 개체가 생존과 번식을 더 잘하게 된다면 그 유전자들은 다음 세대에서 점점 많아질 것이다. 반면 그렇지 못한 유전자들은 사라질 것이다. 이와 유사한 방식으로 생존과 번식을 더 잘하는 개체군도 경쟁하는 다른 개체군들에 비해 더 번성한다. 심지어 종의 경우에도 마찬가지이다.

이러한 비인격적인 힘이 현재의 우리를 만들었다. 분자생물학에서 진화생물학에 이르기까지 모든 생물학이 그것을 말해 주고 있다. 이 시점에서 나는 아직도 많은 이들이 생명의 기원에 대해 특별한 창조설을 받아들이고 있다는 사실을 지적하지 않을 수 없다. 그들 중에는 훌륭한 교육을 받은 이들도 있다. 1994년에 미국 국립 여론 조사 센터가 실시한 여론 조사에 따르면 미국인의 23퍼센트가 인류 진화의 개념을 거부하고 있고 25퍼센트 이상이 잘 모르겠다고 응답했다. 이런 양상은 몇 년 내에 급격하게 변하지는 않을 것이다. 미국 서부 개신교 전통의 강력한 반진화론 문화 속에서 성장한 나로서는 진화론에 대한 그들의 느낌을 이해할 수는 있다. 만일 기적을 믿는다면 불가능한 것은 없다. 예컨대 신은 인간을 포함한 모든 생물을 단 한 번에 완전한 형태로 불과 몇천 년 전에 창조했을 수 있다. 하지만 만일 그것이 사실이라면 신은 지구 구석구석에 절묘한 거짓 증거들을 끝도 없이 펼쳐 놓은 이상한 존재가 된다. 그는 그 증거들을 통해 우리를 생명이 몇십억 년 전부터 진화해 왔다는 결론을 내리게 만드는 기묘한 존재일 것이다. 하지만 성경은 신이 그렇게 하지 않았을 것이라고 말한다. 왜냐하면 신약과 구약의 신은 변덕을 부리기도 하고 때로는 고압적이고 거절도 하고 불같이 화도 내는 신비로운 존재이기는 하지만 결코 교묘하게 남을 속이는 존재는 아니기 때문이다.

구체적인 사실들을 잘 알고 있는 생물학자들은 인류 진화의 증거를 전혀 의심하지 않으며 그 진화를 지휘한 힘이 자연선택이라는 사실에 모두 동의한다. 하지만 적어도 진화를 설명할 때 꼭 언급해야 할 다른 힘이 있다. 예컨대 DNA의 몇 문자들과 그것에 따라 암호화된 단백질은 긴 기간을 지나면서 우연만으로도 대체될 수 있다. 변화가 너무 점진적으로 일어나서 개체의 진화 계통 나이들을 충분히 측정할 수 있을 때도 있다. 그러나 이런 유전적 부동(genetic drift)은 세포, 개체 그리고 사회 수준에서 일어나는 진화에 관해 새로운 정보를 더해 주지 못한다. 왜냐하면 부동에 개입된 돌연변이는 대체로 중립적이기 때문이다. 즉 그런 돌연변이는 상위 수준의 조직들(예컨대, 세포나 유기체)에 거의 영향을 미치지 않는다.

문제를 가능한 한 간결하게 하자. 자연선택에 따른 진화의 방식은 유
전적 진화뿐만 아니라 문화적 진화에도 유사하게 적용된다. 그리고
두 종류의 진화는 어떻게든 연결되어 있다. 우리는 유전자가 아니라
문화의 제지를 받기도 하고 사회적 선과 악을 생각하기도 한다. 문화
라고 불리는 이 이상하기 짝이 없는 창조물은 도대체 무엇인가? 이
초유기체는 정확히 무엇인가? 우선 수많은 사례들을 분석해 온 인류
학자들이 이 질문에 답을 해 줘야 한다. 그들은 문화를 삶의 총체적
인 방식으로 본다. 즉 종교, 신화, 예술, 기술, 스포츠를 비롯한 모든
체계적 지식으로서 다음 세대로 전달되는 그 무엇의 총체가 문화이
다. 1952년에 앨프리드 크로버(Alfred Kroeber)와 클라이드 클럭혼
(Clyde Kluckhohn)은 문화에 대한 이전의 정의 164가지를 다음과 같이
하나로 녹여 버렸다. "문화는 하나의 산물이다. 그리고 역사적이며
아이디어, 패턴, 가치 등을 포함하고 있다. 또한 선택적이고 학습되
며 기호들에 기초해 있다. 그리고 행동으로부터의 추상이며 행동의
산물들이다." 크로버가 전에 선언했듯이 문화는 또한 전일적이다.
왜냐하면 "분리된 부분들과 대량의 유입물들이 그 속에서 작동 가능
한 하나의 체계를 이루기 때문이다." 이 부분들 가운데에는 인공물
들이 있다. 그러나 이런 물리적 대상들은 인간 마음속에서 개념들로
표상될 때에만 의미를 지닌다.

사회 이론 분야에서 20세기를 풍미했던 극단적 후천주의자(nurturalist)
들은 문화를 어떻게 볼까? 그들에 따르면 문화는 유전자로부터 출발하
기는 했으나 자율적인 존재가 되었다. 들불이 작은 성냥에서 시작되듯
문화는 그 자체로 자율성을 갖게 되면서 창발적 속성들을 얻게 된다는

것이다. 그리고 이 창발적 속성들은 문화를 일으킨 유전적이고 심리적인 과정들과는 더 이상 관련이 없다. 따라서 모든 문화는 문화로부터 온다!

이 은유의 수용 여부와 상관없이, 각 사회가 문화를 창조하기도 하고 다른 한편으로 문화에 의해 창조되기도 한다는 사실은 부인할 수 없을 것이다. 끊임없이 선물을 교환하고 음식과 술을 나누고 장식을 하고 서로 돌보고 음악과 이야기를 주고받는 행위들을 통해 기호를 공유하는 마음이 형성된다. 그리고 이것은 외부 실재를 지배하는 공상의 세계로 집단을 통합한다. 사막, 초원, 빙원, 도시 어디건 상관없이 집단은 공상의 세계에서 구성원들을 운명 공동체로 묶어 주는 도덕적 합의와 의식의 그물을 친다.

문화는 생산적인 언어로 만들어진다. 언어는 정보를 전달하기 위해 만들어진 자의적인 단어와 기호의 집합이다. 이런 측면에서 호모 사피엔스는 독특하다. 인간 아닌 동물들도 의사소통 체계를 가지고 있다. 매우 정교한 경우도 있다. 하지만 그 동물들은 그 체계를 만들거나 다른 개체들에게 가르치지는 않는다. 물론 인간이 사투리를 배울 수 있는 것처럼 노래하는 새의 경우에도 방언 비슷한 것이 있기는 하지만 대부분의 동물 의사소통 체계는 본능적이며 따라서 세대를 거치면서 변하지 않는다. 꿀벌의 꼬리춤(waggle dance)과 개미의 냄샛길은 기호적 요소들을 포함하며 그런 능력과 의미는 유전자에 의해서 정교하게 규정될 뿐 학습을 통해서는 변화되지는 않는다.

동물들 중에서 대형 유인원(great apes, 유인원 중에서 덩치가 큰 동물들을 뜻하는 말로서 고릴라, 오랑우탄, 침팬지, 보노보 그리고 인간이 여기에 속한다.—옮긴이)만이 진짜 언어 능력에 접근해 있다. 침팬지와 고릴라가 기호들이 표시된 판을 사용하는 훈련을 받으면 그들은 임의의 기호들의 의미를 배울 수 있다. 논쟁의 여지가 있기는 하지만 칸지(Kanzi)라는 이름을 가진 보노보(Pan paniscus)는 지금까지 사람이 우리에서 사육한 동물들 가운데에서 가장 영리하다. 나는 에모리 대학교의 여키즈 영장류 센터(애틀랜타 소재)에서 조숙한 소년 칸지를 만났다. 보노보 칸지는 태어났을 때부터 지금까지 S. 새비지럼보(S. Savage-Rumbaugh)와 그녀의 동료들에게 교육을 받아 왔다. 당시 나는 그와 게임도 하고 포도 주스 한 컵을 같이 마시기도 했다. 그의 전반적인 품행이 나를 약간 당혹스럽게 만들기도 했는데 인간으로 치면 두 살 정도의 아이와 함께 있었던 셈이다. 그로부터 10년 이상이 흘러 내가 이 글을 쓰고 있는 지금, 어른이 된 칸지는 많은 단어들을 습득하여 자신이 바라고 의도하는 바를 그림 기호판에서 훌륭하게 골라낸다. 그는 비록 문법적으로는 틀려도 어휘의 관점에서는 별 문제가 없는 문장을 만들어 낼 수 있다. 예컨대 나에게 "얼음물을 갖다 달라."라고 할 때 그는 "얼음 물 간다."를 누른다. 그는 사람들의 대화 소리를 듣고 150개 정도의 구어체 단어를 골라낼 수 있는 능력도 갖고 있다. 더욱 놀라운 사실은 이런 능력이 특별한 훈련 없이 발휘되었다는 점이다. 칸지의 이런 능력은 수많은 훈련을 통해서만 얻어지는 보더 콜리(border collies, 잉글랜드와 스코틀랜드의 경계 지방의 목양견.—옮긴이)를 비롯한 몇몇 영리한 개들의 능력과는 다르다. 언젠가는 새비지럼보가 옆에 있는 친구 침팬지를 가리키며 칸지에게 "칸지야 네가 어스틴에게 네 가면을 준다면 내가 어스틴의 시리얼을 네게 줄게."라고 말했다. 칸지는 즉시 어스틴에게 그 가면을 주고 그 시리얼 상자를 가리켰다. 그는 너무나 자주 단어들에 따른 특수한 방식으로 행동했기 때문에 그런 행동을 단순한 우연이라고 보기는 어렵다. 하지만 칸지에게도 한계는 있다. 인간이 제공한 단어와 기호만 사용하기 때문이다. 인간에 비교하면 그의 언어 능력은 어린이의 수준에도 못 미친다.

보노보를 비롯한 다른 대형 유인원은 동물의 기준으로는 높은 수준의 지능을 가졌다고 볼 수 있지만 한 가지 점에서 인간과는 뚜렷이 구분된다. 그들은 기호 언어를 사용할 수는 있어도 인간처럼 그것을 발명할 수는 없다. 침팬지들은 인간과 유사하게 교활하고 기만적인 행동을 할 수 있다고 알려져 있다. 그들은 동물 중에서 "마키아벨리적 지능(Machiavellian intelligence)"이 가장 뛰어난 존재이다. 프란스 데발(Frans de Waal)과 그의 동료 영장류 학자들이 아프리카의 야생과 네덜란드의 아넴 동물원에서 관찰한 것처럼 침팬지들은 이합집산에 능하고 권모술수가 뛰어나다. 침팬지는 자신의 의도를 목소리 신호와 자세, 몸의 움직임, 얼굴 표정, 털 곤두세우기 등으로 전달한다. 그러나 인간의 언어를 닮았거나 육체적 제약이 없는 다른 형태의 기호 언어는 만들어 내지 못한다.

사실 대형 유인원은 대부분의 시간을 조용하게 지낸다. 영장류학자 앨런 가드너(Allen Gardner)는 탄자니아에서의 그의 경험을 다음과 같이 묘사했다. "열 마리의 야생 침팬지들이 성별과 나이에 맞게 짝을 지어 곰비(Gombe) 강 유역의 무화과나무 위에서 평화롭게 먹이를 먹고 있었다. 하지만 거의 아무 소리도 들리지 않았다. 침팬지를 관찰한 경험이 없는 이들은 그 나무 밑을 지나간다 해도 그들이 있다는 것조차 눈치 채지 못할 것이다."

반면 호모 사피엔스는 그야말로 수다쟁이 유인원이다. 인간은 언제나 소리를 내어 의사소통을 한다. 인간에게는 말을 하게 하는 일이 입을 다물게 만드는 일보다 훨씬 더 쉽다. 인간은 유아기에 어른들과 말을 주고받는 과정에서 말하기를 시작한다. 그때 어른들은 감정적으로 과장되어 있고 매우 느리며 모음이 많은 단조로운 '엄마말

(motherese)'로 아기들을 상대한다. 혼자 있을 때에도 아기들은 앙앙 울고 킥킥거리며 일명 '아기말(crib speech)'이라고 불리는 단음절을 계속해서 내뱉는다. 그리고 그런 말을 몇 달간 하고 나면 그들은 복잡한 단어와 어구를 구사하게 된다. 이때쯤에 유아가 구사하는 말의 레퍼토리는 어른의 어휘 수준에 거의 육박한다. 이 레퍼토리는 지겹도록 반복되고 수정되며 실험적으로 혼합된다. 네 살이 되면 평균적으로 어린이들은 문법을 정복한다. 그리고 여섯 살이 되면 미국 어린이들은 적어도 1만 4000단어 정도를 구사할 수 있다. 반면 어린 보노보들은 움직임, 소리, 때로는 기호를 가지고 자유롭게 놀고 실험도 해 보지만 칸지 수준으로 언어 능력이 향상되려면 인간 조련사에 의해 풍부한 언어 환경을 지속적으로 제공받아야 한다.

비록 대형 유인원들이 진짜 언어를 갖고 있지는 않지만 문화를 가질 수는 있을까? 야외 연구의 결과를 보면 문화를 갖고 있는 듯하다. 그리고 많은 전문 관찰자들이 동일한 결론을 내리고 있다. 야생 침팬지는 수시로 도구를 발명하고 사용한다. 그리고 그들이 발명하는 특별한 종류의 인공물은 인간 문화와 마찬가지로 때로는 특정 지역에 한정되어 있다. 예컨대 어떤 집단은 큰 돌로 견과류를 내리쳐서 깨먹는 반면 다른 집단에서는 나무줄기에 대고 부서뜨려 깨먹는다. 한편 어떤 집단은 흰개미(혹은 개미) 집에 나뭇가지를 조심스럽게 밀어 넣은 후 그 위에 붙은 흰개미를 조심스럽게 훑어먹지만(이른바 흰개미 낚시) 다른 집단에서는 그런 행동을 하지 않는다. 그리고 낚시질을 하는 침팬지 집단들 중 몇몇만이 나뭇가지의 껍질을 벗겨서 그렇게 한다. 다른 침팬지 집단은 갈고리 모양의 긴 가지로 나뭇가지를 끌어내려 무화과나무의 열매를 따먹는다.

이런 관찰들로부터 우리는 침팬지가 초보적 수준의 문화를 가지고 있다고 자연스럽게 결론내릴 수 있다. 또한 그들의 문화와 우리의 문화는 정도에 있어서만 차이를 보인다고 여길 수 있다. 하지만 이 문제에 대해서는 조심해야 한다. 침팬지의 발명은 어떤 관점에서 봐도 문화가 아닐 수도 있기 때문이다. 이 문제에 관해서는 여전히 증거가 부족한 형편이다. 침팬지들은 일반적으로 다른 침팬지들이 도구를 사용하는 모습을 볼 때 좀 더 빨리 도구를 사용하게 된다는 연구 보고는 있다. 하지만 그런 경우에도 도구 사용에 필요한 정확한 동작을 좀처럼 흉내 내지 못하기도 하고 그런 행동의 목표를 정확히 이해하는 것 같지도 않다. 심지어 어떤 학자들은 침팬지가 도구 사용 맥락에서 다른 동료들의 행위를 지켜보는 것은 좀 더 대단한 활동에 동참하는 행동일 뿐이라고 주장한다. '사회적 촉진 행동(social facilitation)'이라고 불리는 이런 종류의 반응은 사실 개미, 새 그리고 포유동물 등과 같은 여러 종류의 사회성 동물들에서 흔히 나타난다. 그들의 주장처럼 주변에 널려 있는 재료들을 시행착오적으로 조작해 보는 침팬지의 행동이 이 사회적 촉진 행동과 맞물려서 자유로운 이동이 가능한 아프리카 개체군 내에서 침팬지의 도구 사용 행위를 이끌어 냈을 수도 있다. 하지만 아직 증거는 부족하다.

반면 인간의 아기는 속도와 정확도 면에서 모방의 귀재이다. 그들은 태어난 지 40분 만에 혀를 불쑥 내밀며 어른의 움직임을 따라 머리를 이쪽에서 저쪽으로 움직인다. 12일이 지나면 그들은 복잡한 얼굴 표정과 손동작을 흉내 낸다. 두 살이 되면 말로 하는 설명을 알아들으며 단순한 도구를 사용한다.

요약을 해 보자. 언어 본능에 대해서 말하자면 인간은 다른 이들이 하는 말을 정확하게 흉내 낼 수 있으며 엄청난 수다쟁이이다. 문법은 거의 자동적으로 정복하며 엄청난 수의 어휘를 손쉽게 획득한다. 이 본능은 어떤 다른 동물들도 따라올 수 없는 정신 능력에 기반을 둔 인간 고유의 속성임에 틀림없다. 인간 언어의 기원을 밝히는 일은 대단히 중요한 일이다. 하지만 불행히도 행동은 화석으로 남지 않는다. 침팬지를 닮은 우리 조상들이 입으로 재잘거리며 손짓하기를 수천 년 동안 지속했다 한들 알 길이 막막하다.

대신 고생물학자들은 인류의 발성 구조가 변해 왔음을 말해 주는 화석 뼈들을 가지고 있다. 그 뼈들은 인간의 후두가 침팬지보다 더 밑으로 내려오고 길이도 길어졌음을 보여준다. 또한 그것들은 두개골 안쪽에 들어 있는 뇌의 언어 영역에도 변화가 생겼을 가능성도 제기한다. 고생물학자들은 인류가 사용한 인공물들이 꾸준히 향상되어 왔다는 증거들도 얻었다. 예컨대 호모 에렉투스(Homo erectus)는 45만 년 전에 불을 통제하며 사용할 수 있었을 것이고, 초기 호모 사피엔스는 25만 년 전 케냐에서 쓸모 있는 도구를 제작했고, 16만 년 전에는 콩고에서 잘 다듬어진 창끝과 단검을 만들어 냈으며 3만~2만 년 전에는 유럽 남부에서 종교 의식 때 입는 복장과 장신구를 제작했던 것으로 보인다.

인공적인 문화가 이런 속도로 진화해 왔다는 점은 매우 흥미롭다. 우리는 현생 호모 사피엔스의 뇌가 해부학적으로는 이미 10만 년 전쯤에 완전한 형태를 갖췄다는 사실을 안다. 그때부터 물질문화는 처음에는 서서히 진화하다가 다음에는 팽창했으며 나중에는 폭발했다. 몇 개의 돌과 뼈 도구에서 시작된 인류의 기술은 농경·촌락 사회에 도달하고 난 후에는 경이적으로 발전했다.(예를 들어, 미국에만 현재까지 500만 개의 특허가 등록되었다.) 요컨대 문화의 진화는 지수 함수적인 궤적을 따른다. 여기에 신비가 있다. 도대체 기호 언어는 언제 생겼으며 그것이 정확히 어떤 방식으로 문화 진화를 폭발시켰는가?

불행하게도 고인류학의 거대한 수수께끼는 적어도 당분간은 풀리지 않을 것으로 보인다. 유전자·문화 공진화의 궤적을 찾아내기 위해서는 선사 시대의 기록을 재구성하는 일은 뒤로 미루고 현생 인류의 두뇌가 문화를 어떻게 만드는지를 탐구하는 편이 낫다. 그 다음으로 좋은 시도는 아마도 문화의 기본 단위를 찾는 작업일 것이다. 비록 그러한 요소가 적어도 전문가들이 만족할 만한 수준에서는 아직까지 확인되지는 않았지만 문화의 기본 단위가 존재하며 어떤 특징들을 가질 것인지 등은 합리적으로 추론할 수 있다.

어떤 이들에게는 이런 작업이 일견 인공적이고 작위적으로 보일지 모른다. 하지만 의미 있는 전례들이 있다. 자연과학의 위대한 성공은 각 물리 현상을 그 구성 요소들로 환원함으로써 실제로 이룩되었다. 과학자들은 현상의 전일론적 속성들을 새롭게 조직하기 위해 그것을 구성 요소들로 분해했다. 예컨대 고분자화학의 발전은 유전자가 정확히 어떤 성질을 갖는지를 밝혀냈고 유전자에 근거한 집단 유전학 연구는 생물 종에 대한 우리의 이해를 가다듬어 주었다.

그렇다면 도대체 문화의 기본 단위는 무엇인가? 왜 그것이 존재한다고 여겨야 하는가? 우선 1972년에 캐나다 뇌과학자 엔델 털빙(Endel Tulving)이 제시한 일화 기억(episodic memory)과 의미 기억(semantic memory) 간의 구분을 생각해 보자. 일화 기억은 사람을 비롯한 다른 구체적 대상들에 대한 과거의 직접 지각(perception)을 상기시킨다. 이것은 마치 영화 속의 이미지를 떠올리는 것과 같다. 반면 의미 기억은 대상과 개념을 다른 대상과 개념에 연결시킴으로써 의미(meaning)를 상기시킨다. 이런 경우에 그 의미가 그 대상과 개념의 이미지를 통해 직접적으로 연결될 수도 있고 이미지를 표시하는 기호를 통해 연결될 수도 있다. 물론 의미 기억은 일화들 내에서 비롯되며 거의 언제나 뇌가 다른 일화들을 상기하도록 만든다. 그러나 뇌는 반복적으로 일어나는 한 종류의 일화를 기호를 통해 표상되는 개념으로 집약하는 강한 경향을 가지고 있다. 따라서 비행기와 화살표의 윤곽만으로도 "공항은 이쪽 방향이다."라는 의미가 성립되며 두개골 위에 교차된 대퇴골만으로도 "이 물질에는 독성이 있다."라는 의미를 표현하는 것이 가능해진다.

위와 같이 두 유형의 기억을 염두에 두고 문화의 단위를 찾아보자. 우선 개념을 의미 기억의 '연결점(node)' 또는 참조점으로 간주해야 한다. 이때 연결점은 의미 기억에서 뇌의 신경 활동에 궁극적으로 연관될 수 있다. 개념과 그 기호는 일반적으로 단어를 통해 식별된다. 따라서 복잡한 정보는 단어들로 구성된 언어를 통해 조직되고 전달된다. 연결점은 거의 언제나 다른 연결점들과 맞닿아 있어서 한 연결점을 상기하면 다른 점들도 상기할 수 있다. 이런 연관을 통해 우리가 '의미'라고 부르는 것이 생겨난다. 이 연결점들은 더 많은 의미들이 포함된 정보 위계를 이루며 조직되어 있다. 예컨대 사냥개의 일종인 '하운드', '산토끼' 그리고 '뒤쫓다'는 모두 연결점들인데 그 각각은 유사한 이미지를 갖고 있는 대상을 집단적으로 기호화한다. '하운드가 산토끼를 뒤쫓다.'는 하나의 명제이며 이 명제는 정보의 복잡성 측면에서 단어 다음으로 복잡하다. 그리고 명제보다 상위에 있는 것이 도식(圖式, schema)이다. 오비디우스가 들려준, 사랑을 위해 다프네를 쫓아다니는 아폴론 이야기가 이런 도식의 전형적인 사례이다. 잡히지 않는 산토끼를 끊임없이 뒤쫓아 다니는 하운드도 이런 범주에 들어간다. 이런 딜레마는 다프네와 산토끼라는 한 개념이 하나의 명제로 이뤄진 또 다른 개념인 월계수로 변했을 때 해결된다.

나는 승승장구하는 뇌과학자들이 그러한 딜레마에 빠지지 않을 것이라고 믿는다. 적당한 시점에 그들은 신경 활성 패턴 지도를 만들어 개념의 물리적 기초를 찾아낼 것이다. 그들은 이미 기억 탐색이 일어나는 동안 우리의 두뇌 곳곳에서 어떤 종류의 '확산 활성'이 일어나는지에 대해 직접적인 증거들을 가지고 있다. 많은 연구자들은 새로운 정보도 이와 비슷한 방식으로 분류되고 저장된다고 주장한다. 새로운 일화들과 개념들이 기억 장치에 첨가되면 그것들은 변연계와 피질계를 통해 확산·탐색의 절차를 밟는다. 이런 탐색을 통해 이전에 창조된 연결점들과 맞닿게 된다. 연결점들은 다른 중심점들과 연결되어 있으며 공간적으로 고립된 점들이 아니다. 오히려 그것들은 수많은 신경 세포들의 복잡한 회로로서 뇌의 전 지역에 걸쳐 중첩적으로 분포되어 있다.

가령 누군가가 당신에게 처음 보는 과일을 건네주었다고 하자. 당신은 그것의 물리적 외양, 냄새, 맛 그리고 그것이 건네진 정황 등을 고려해 그것을 자동적으로 분류해 낸다. 불과 몇 초 내로 엄청나게 많은 정보가 활성화된다. 이때 그것과 다른 과일 간의 비교만 일어나는 게 아니다. 감정적 느낌, 유사한 과일을 과거에 발견했던 경험, 관련된 음식 전통에 대한 기억 등도 활성화된다. 그런 다음 이 모든 특성들이 뒤범벅이 되어 그것에 이름이 붙여진다. 몇몇 여성 마니아들로부터 열대 과일 중 최고라는 찬사를 듣는 동남아시아의 두리안을 생각해 보라. 이것은 가시가 있는 포도송이처럼 생겼고 맛이 달지만, 입에 들어가면 점점 달걀 과자 맛이 나고 멀리서 냄새를 맡으면 마치 하수구 냄새가 나는 아주 독특한 과일이다. 따라서 한 입만 먹어 보면 평생 동안 이어질 '두리안'이라는 개념을 확립하게 될 것이다.

문화의 자연적 요소들은 의미 기억에 위계적으로 잘 조직된 구성 요소들이라고 봐야 할 것이다. 이때 의미 기억은 확인을 기다리는 이산적인 신경 회로에 의해 암호화된다. 가장 기본적인 요소로서의 문화 단위의 개념은 지난 30년 동안 여기저기에서 제시되었다. 학자들에 따라서 그것은 기억소형(記憶素形, memotype), 아이디어(idea), 개념자(idene), 모방자(meme), 사회유전자(sociogene), 개념(concept), 문화유전자(culturgen) 그리고 문화형(culture type) 등으로 다양하게 명명되었다. 이중에서 리처드 도킨스(Richard Dawkins)가 그의 영향력 있는 저서 『이기적 유전자(The Selfish Gene)』(1976년)에서 처음 도입한 "모방자"가 가장 널리 알려져 있다.

하지만 내가 제시한 모방자의 정의는 좀 더 제한되어 있으며 도킨스의 정의와 다소 다르다. 그것은 이론 생물학자 찰스 럼스든(Charles J. Lumsden)과 내가 1981년에 유전자 · 문화 공진화에 관한 최초의 완전한 이론을 주창하면서 제시한 정의이다. 우리는 문화의 단위(지금은 모방자라고 불리는)가 의미 기억의 연결점과 그것의 뇌 활동 상응물이라고 주장했다. 연결점은 개념(인식 가능한 가장 단순한 단위), 명제, 도식의 여러 수준들에서 존재할 수 있으며 아이디어나 행동, 인공물의 복잡성을 결정한다. 그리고 문화 속에서 이런 복잡성들이 유지되는 것을 돕는다.

나는 연결점으로서의 모방자 개념과 일화 기억과 의미 기억 간의 구분조차도 뇌과학과 심리학의 발전으로 인해 더 정교해지고 세분화될 것이라고 생각한다. 문화의 단위에 관한 연구가 뇌과학 분야에서 수행되어야 한다는 주장은 일견 '회로기호학(short-circuit semiotics)'을 향한 시도인 것처럼 보인다. 즉 모든 형태의 의사소통에 관한 형식 연구처럼 보일 수 있을 것이다. 하지만 이런 반론은 정당화되지 못할 것이다. 여기서 내가 하고자 하는 작업은 통섭의 중심 프로그램이 그럴듯하다는 점을 밝히는 일이다. 좀 더 구체적인 맥락으로는 기호학과 생물학 간의 인과적 연결 가능성을 확립하는 일이다. 만일 그 연결이 경험적으로 확립될 수 있다면 의미 기억의 연결점들에 관한 미래의 발견들은 결국 모방자의 정의를 좀 더 날카롭게 하는 데 도움이 될 것이다. 그리고 그러한 발전은 기호학을 대체하는 게 아니라 오히려 더욱 풍부하게 만들 것이다.

나는 과학과 인문학 사이에 놓인 다리의 개념적 종석(宗石)을 "유전자에서 문화까지"라는 문구로 표현했다. 하지만 이 표현은 잘 와 닿지 않는다. 문화를 규정하는 유전자를 누가 감히 이야기할 수 있겠는가? 어떤 진지한 과학자도 그런 노력을 하지 않았다. 유전자·문화 공진화를 구성하는 인과적 사건들의 그물은 더 복잡다단하며 훨씬 더 흥미롭다. 수많은 유전자들이 뇌, 감각 체계 그리고 다른 모든 생리적인 과정들을 규정한다. 이때 생리적 과정들은 마음과 문화의 전일적 속성들을 산출하는 물리·사회적 환경과 상호 작용한다. 자연 선택을 통해 환경은 궁극적으로 어떤 유전자들이 그런 규정 작업을 할 것인지를 선택한다.

생물학과 사회과학 분야에서 이보다 더 지적으로 중요한 함의를 가진 주제는 없다. 모든 생물학자들은 유전과 환경의 상호 작용에 대해 이야기한다. 그들은 실험실에서 편의상 이야기할 때를 제외하고는 특정한 행동을 '야기하는' 유전자에 대해서 말하지 않는다. 또한 그런 것을 문자 그대로 받아들이지도 않는다. 물론 반대로 행동이 뇌 활동의 간섭 없이 문화에 따라서만 이루어진다고 말하는 것도 의미 없기는 마찬가지이다. 유전자와 문화의 인과 관계는 유전자와 다른 생명 활동들의 인과 관계와 마찬가지로 유전으로만 설명할 수는 없다. 그렇다고 환경만으로 설명할 수도 없다. 그것은 그 둘 간의 상호 작용이다.

물론 상호 작용이 중요하다. 하지만 우리는 유전자·문화 공진화를 포괄하기 위해서 상호 작용에 관해 더 많은 사실들을 알아야 한다. 상호 작용을 제대로 이해하기 위해서는 먼저 반응 양태(norm of reaction) 개념을 알아야 한다. 이 개념은 다음과 같이 쉽게 이해된다. 동물이든 식물이든 아니면 미생물이든 한 종을 선택하라. 그리고 그것의 특정 형질에 영향을 주는 유전자, 혹은 유전자 집단을 고르라. 그런 후에 그 종이 생존할 수 있는 모든 환경을 열거해라. 이때 서로 다른 환경에서 선택된 유전자나 유전자 집단에 따라 규정된 그 형질이 변이를 일으킬 수도 있다. 생존 가능한 모든 환경에서 그 형질의 전체 변이가 그 종의 그 유전자 혹은 그 유전자 집단의 반응 양태이다.

반응 양태에 관한 교과서를 보면 양서식물의 화살잎 모양이 대표적인 사례로 나와 있다. 예컨대 내륙에서 자란 잎은 화살촉을 닮지만 얕은 물에서 자란 것은 백합 부엽과도 같고 깊은 물에서 가라앉아 자란 것은 주변 물 흐름에 앞뒤로 움직이는 바닷말 오라기와 유사하게 생겼다. 그런데 이런 다양한 변이들의 기저에는 유전적 차이가 전혀 없다고 알려져 있다. 이 사례에서 같은 유전자 집단이 상이한 환경에 처함으로써 생긴 표현형은 세 가지 기본 유형을 형성한다. 이 유형들이 합해져서 잎의 형태를 규정하는 유전자의 반응 양태가 결정된다. 달리 표현하면 어떤 유전자(들)의 반응 양태는 알려진 모든 생존 환경 내에서 그 유전자(들)의 모든 표현형이다.

만일 어떤 변이들이 단지 환경만이 아니라 유전자의 차이 때문에 발생할 때에도 반응 양태는 각 유전자나 유전자 집합에 대해 원칙적으로 정의될 수 있다. 형질 변이와 유전자 변이의 관계 그리고 유전자의 반응 양태는 인간의 몸무게를 떠올리면 이해하기 쉽다. 몸의 형태가 유전의 영향을 받는다는 사실은 수많은 증거를 가지고 있다. 유전적으로 비만 성향을 가진 사람은 통통할 정도까지는 다이어트에 성공할 수 있어도 다이어트를 그만두자마자 예전 체중으로 되돌아가기 쉽다. 반면 유전적으로 날씬한 사람은 체중 변화가 거의 없이 대체로 날씬한 상태를 유지하고 간혹 과식을 하거나 호르몬 불균형이 생길 때에만 비만해진다. 즉 두 사람의 유관 유전자들이 서로 다른 반응 양태들을 보이는 셈이다. 두 사람이 같은 환경(음식과 운동 요소를 포함한)에 놓여도 서로 다른 결과가 산출된다. 문제를 좀 더 친숙한 방식으로 표현해 보자. 유전적으로 서로 다른 개인들이 같은 결과를 산출하려면 서로 다른 환경, 즉 서로 다른 음식이나 운동 체제 등에 놓여야 한다.

유전자와 환경 사이의 이러한 상호 작용은 인간 생물학의 모든 범주 내에서 일어난다. 즉 인간의 사회적 행동도 이런 상호 작용의 산물이다. 『타고난 반항아(*Born to Rebel*)』(1996년)라는 중요한 책에서 미국의 뛰어난 사회역사학자 프랭크 설로웨이(Frank J. Sulloway)는 사람의 성격이 출생 순서와 그로 인한 자신의 가족 내 역할 부여에 큰 영향을 받는다는 사실을 보여 주었다. 예를 들어 맏이가 아닌 이들은 대개 가족 내에서 자신의 역할이 크지 않다고 생각하며 부모의 기대도 덜 받는다고 여긴다. 그래서 이들은 맏이보다 더 혁신적이며 정치적·과학적 혁명들을 더 쉽게 받아들인다. 결과적으로 역사를 통해 맏이보다는 나중에 태어난 아이들이 문화적 변화에 더 많은 공헌들을 해 왔다. 그들은 처음에는 가족 내에서 독립적이고 종종 반항아적인 역할을 수행하다가 나중에 사회에서도 그런 역할을 맡게 된다. 자식들의 출생 순서가 유전적인 차이를 만들어 내는 것은 아니다. 따라서 발달에 영향을 주는 유전자들은 환경 내의 다양한 니치들 사이에서 자신들의 표현형을 확산하는 것이다. 설로웨이가 찾아낸 출생 순서 효과는 그 유전자들의 반응 양태이다.

가장 기초적인 분자생물학적 과정들과 몇 가지 거대한 해부 구조에서와 같이 거의 모든 이들이 동일한 반응 양태를 가지는 경우도 있다. 지질학적인 시간 척도로 오래전에 지금의 보편 형질들이 처음으로 생겨나기 시작했을 즈음에도 틀림없이 유전자 변이들이 있었을 것이다. 하지만 자연선택은 그 변이의 폭을 좁혀 결국에는 제거해 버렸다. 물론 그렇지 않은 경우도 있다. 예컨대 모든 포유류는 손가락과 발가락이 각각 10개씩 있으며 환경의 차이에 따른 그것의 변이는 실제로 없다. 따라서 반응 양태는 정확히 단일한 상태, 즉 10개의 손가락과 10개의 발가락이다. 하지만 대부분의 경우에 인간은 유전적으로 상당히 다르다. 심지어 문화의 보편자로 여겨지기에 충분한 형질의 경우에도 마찬가지이다. 변이를 최대한 이용하고 건강과 재능을 증진시키며 인간의 잠재력을 실현하기 위해서라도 유전과 환경 둘 다의 역할을 이해하는 일은 필수적이다.

여기서 내가 말하는 환경이란 통상적으로 지칭되는 생태적인 외부 조건만을 의미하지는 않는다. 한 장의 스냅 사진만으로는 부족하다. 발생생물학자와 심리학자들이 사용하는 그런 개념도 필요하다. 이렇게 확장된 의미의 환경은 수정란에서 성인이 되는 전 과정에서 몸과 마음에 엄청난 영향을 준다.

인간을 다른 동물들처럼 통제된 조건에서 낳고 기를 수는 없는 노릇이다. 인간의 경우 유전자와 환경의 상호 작용에 관한 정보를 쉽게 얻을 수 없는 이유가 여기에 있다. 행동에 영향을 주는 유전자들 중 극소수만 염색체상의 위치가 알려져 있을 뿐 그 유전자들이 영향을 주는 발생 경로에 대해서는 알려진 바가 거의 없다. 상호 작용을 측정하는 방법 중에 통용되고 있는 것은 유전도(heritability)이다. 유전도는 형질의 변이 중에 유전에 따라 생겨난 것들이 얼마나 되는지를 나타내는 척도로서 일차적으로 개체군에 적용된다. 따라서 예를 들어 "이 마라톤 선수의 경기 능력 중 20퍼센트는 유전에 의해서 80퍼센트는 환경에 의해서 결정되었다."라고 말하는 것은 옳지 않고, "케냐의 마라톤 선수들의 능력 차이 중 20퍼센트는 유전에 기인한 것이고 80퍼센트는 환경에 기인한 것이다."라고 해야 옳다. 유전도와 분산(통계학자들과 유전학자들이 사용하고 있는 변이 측정값)에 대한 좀 더 정확한 정의를 원하는 독자들을 위해 여기서 다음과 같이 덧붙이려 한다.

수학적인 세부 사항을 생략하면 유전도는 다음과 같이 측정된다. 개체군 내의 개체 표본에서 표준화된 방식으로 형질을 측정하라. 물론 이런 일은 인내력을 시험할 정도로 엄청나게 단조로운 작업이다. 그 표본 속의 개체들 사이에서 변이를 측정하고 유전에 기인한 변이량을 측정하라. 그 부분이 유전도이다. 이때 사용된 변이 측정값이 분산이다. 이것을 얻으려면 우선 그 표본의 개체들로부터 평균값을 낸 다음에 그 평균으로부터 각 개체의 값을 빼서 그 차이값을 차례로 제곱하라. 분산은 이렇게 제곱된 모든 값들의 평균이다.

쌍둥이 연구는 유전자들에 따라 생긴 변이의 부분(유전도)을 측정하는 주요 수단이다. 완전히 똑같은 유전자들을 가진 일란성 쌍둥이는 이란성 쌍둥이와는 구별된다. 이란성 쌍둥이는 보통의 형제자매가 공유하는 유전자 개수와 평균적으로 같은 수의 유전자들을 공유한다. 일란성 쌍둥이들은 이란성 쌍둥이들보다 더 많이 닮았고 이런 차이는 형질의 전체 변이에 유전도가 얼마나 크게 작용했는지를 대략적으로 알려주는 척도가 된다. 이런 방법은 일란성 쌍둥이 형제(혹은 자매)로 태어났지만 서로 다른 가정에 입양되어 다른 환경에서 자라게 된 경우를 연구할 때 더욱 강력해진다. 왜냐하면 같은 유전자를 갖고 있는 이들이 다른 환경에서 성장했을 때 어떤 차이를 보이는지를 알게 되면 유전도의 크기를 좀 더 정확히 측정할 수 있기 때문이다. 또한 이 방법은 다중 상관 분석을 통해 더욱 향상된다. 다중 상관 분석에서는 주요 환경 영향들이 확인되고 그 영향들이 전체 변이들에 어떤 기여를 했는지가 개별적으로 평가된다.

유전도는 식물 교배와 동물 육종에서 수십 년 동안 표준적인 측정법이었다. 최근에는 리처드 헌스타인(Richard J. Hernstein)과 찰스 머리(Charles Murray)가 쓴 『정규 분포 곡선(*The Bell Curve*)』(1994년)을 필두로 하여 지능과 성격의 유전에 관해 씌어진 여러 대중서들을 통해 과연 인간에게 이런 방법을 적용할 수 있는지에 대한 논란이 있어 왔다. 이 측정법에는 큰 매력이 있으며 인간행동유전학의 실질적 뼈대이기도 하다. 하지만 그것은 유전학과 사회과학 간의 통섭의 관점에서 볼 때에는 면밀한 주의가 필요할 만큼 기이한 요소들을 갖고 있다. 그 첫 번째는 '유전자형·환경 상관관계'라고 불리는 특이한 현상이다. 이것은 즉자적인 생물학적 기원의 범위를 넘어서서 인간의 다양성을 증가시키는 데 공헌한다. 예컨대 사람들은 타고난 재능과 성격에 어울리는 역할들만을 선택하지는 않는다. 오히려 유전적 성향을 보상해 주는 환경에 끌리기도 한다. 비슷한 유전 형질들을 가진 그들의 부모 또한 자신의 자식들이 자신들과 동일한 방향으로 자라나도록 분위기를 만들기 쉽다. 즉 유전자는 자신이 더 잘 표현될 수 있는 특정 환경을 창조하는 일을 돕는다. 이렇게 되면 유전자와 환경의 상호작용을 통해 생겨난 사회 내 역할들이 매우 다양해진다. 가령, 음악에 천부적인 재능을 가진 아이와 선천적으로 스릴을 추구하는 아이가 있다고 하자. 첫 번째 아이는 어른들로부터 지원과 격려를 받게 되면 악기를 일찍 접하고 상대적으로 오랜 기간을 연습에 몰두하게 될 수도 있다. 한편 두 번째 아이는 언제나 충동적이고 공격적이어서 결국 자동차 경주에 매료될 수 있다. 첫 번째 아이는 자라서 전문적인 음악가가 되고 두 번째 아이는 (만약 불의의 사고를 당하지 않았다면) 성공적인 카레이서가 된다. 아이들 간의 재능과 성격의 유전적 차이는 매우 작을 수도 있지만 그 결과는 그 차이가 인도하는 경로가 다르기 때문에 증폭되었다. 이런 의미에서 유전자형·환경 상관관계를 다음과 같이 한 문장으로 표현할 수 있다. 생물학(유전자) 수준에서 측정된 유전도는 환경과 반응하여 행동 수준에서 측정된 유전도를 증가시킨다.

유전자형·환경 상관관계를 이해하게 되면 우리는 유전자와 문화의 관계에 대한 두 번째 원리를 더 분명하게 알게 된다. 피아노를 잘 치게 하는 유전자, 또는 피아노를 최고로 잘 치게 하는 '루빈스타인(Rubinstein) 유전자' 같은 것은 없다. 대신에 손재주, 창조성, 감정 표현, 집중력, 주의력, 음조, 리듬, 음색을 통제할 수 있는 능력 등을 강화시키는 데 영향을 주는 커다란 유전자들 집합이 있기는 하다. 미국의 심리학자 하워드 가드너(Howard Gardner)는 이 모든 것들이 특수한 인간 능력을 구성한다고 보고 이것을 가리켜 "음악적 지능"이라고 불렀다. 이 조합은 천부적 재능을 가진 아이로 하여금 적당한 시점에 적당한 기회를 잡게끔 해 주기도 한다. 즉 그(혹은 그녀)는 음악적인 재능이 있는 부모가 안겨 준 악기로 연습하고 칭찬과 격려 속에서 반복되는 연습을 통해 연주를 더 잘하게 되고 어느 순간에는 그것을 자신의 전문 직업으로 인식하게 된다.

유전도의 또 다른 특징은 그것이 가진 유연성이다. 단지 환경이 변화되기만 하면 유전에 의해 생긴 변이의 비율이 증가하거나 감소할 수 있다. 편의상 미국 백인들의 IQ를 비롯한 여러 성질들을 예로 들어 보자. 이것은 표본을 좀 더 균일하게 만들어 통계적 신뢰성을 높이기 위해 든 예이기도 하다. 이 형질들의 유전도는 대부분 50퍼센트 언저리에 위치하며 0이나 100퍼센트 근처로 가지는 않는다.

이 값을 변화시키기를 바라는가? 나는 그런 변화를 우선적 목표로 삼을 수는 없다고 생각한다. 한 사회가 진정으로 평등주의 사회가 되어서 모든 아이들이 거의 똑같은 환경에서 양육되고 자신의 능력 내에서 자율적으로 직업을 선택하도록 되어 있다고 해 보자. 그렇게 되면 환경의 차이는 극도로 줄어들 것이다. 그러나 원래의 타고난 능력과 성격은 그대로 유지될 것이다. 이런 사회에서 유전도의 증가는 당연한 일이며 영속적인 사회·경제적 계층 구분에 유전적 요소가 크게 반영될 것이다.

반면 모든 아이들이 어렸을 때 시험을 쳐서 그 점수에 해당되는 교육 기관에 들어가게 되고 자신들의 천부적 재능에 가장 적합한 직업을 갖게끔 되어 있다고 해 보자. 그러면 이런 멋진 신세계에서는 환경 변이가 증가할 것이고 선천적 능력은 동일하게 유지될 것이다. 만일 시험 점수와 그에 상응하는 환경이 유전자를 반영한다면 유전도 자체는 증가할 것이다. 마지막으로 이와는 반대의 정책을 쓰는 사회를 상상해 보자. 그 사회에서는 결과의 균일성이 최고의 덕목이 될 것이다. 예컨대 재능을 가지고 태어난 아이들이 오히려 홀대받고 지체아들이 개별적으로 집중적인 훈련을 받는 상황이 될 것이다. 이 모든 것이 모든 아이들을 능력과 성취 면에서 동일한 수준으로 맞추기 위함이다. 이런 경우에는 목표 달성을 위해 환경을 다양한 방식으로 조절해 줘야 하기 때문에 유전도는 감소할 것이다.

이런 유형의 이상 사회들은 전부 전체주의적인 색채를 띤다. 이 때문에 우리는 그런 사회를 적극적으로 추구할 수는 없다. 다만 유전 연구가 중요한 사회적 의미를 갖고 있다는 사실은 좀 더 명료해졌다. 유전도는 주어진 환경의 변이들에 유전자가 얼마나 많은 영향을 주는가를 측정하는 탄탄한 방법이다. 우선 유전자의 존재를 확립하는 일이 무엇보다 중요하다. 예컨대 1960년대까지만 해도 정신병은 부모(특히 어머니)가 자기 자식을 세 살이 될 때까지 어떤 식으로 대했는지에 따라 생길 수 있다고 여겼다. 1970년대까지는 자폐증이 환경 질병으로 간주되었다. 하지만 지금은 유전도 연구의 도움으로 이 두 질병에 유전자의 역할이 막중하다는 사실을 잘 알게 되었다. 알코올 중독증과 같은 반대 사례도 있다. 연구의 초창기였던 1990년대까지는 그것이 유전병인 것처럼 취급되었다. 하지만 지금은 그것이 남성에게는 다소 유전적이지만 여성에게는 거의 유전적이지 않다는 사실이 밝혀졌다.

유전도는 현재 환경과 미래 환경에서 개인의 능력이 어떠할 것인지를 예측하는 도구이기는 하지만 틀릴 가능성이 다분하다. 물론 드물기는 하지만 거의 전적으로 유전적으로 결정되는 행동도 있기는 하다. 하지만 내가 지금까지 언급했던 사례들은 개인이나 사회의 가치를 재는 과정에서 이런 예측 도구가 사용될 때 위험이 따를 수 있다는 사실을 말해 준다. 유전학자가 지식인과 정책 입안자에게 전하는 메시지는 다음과 같다. 당신이 장려하고 싶은 사회를 선택하라. 그리고 그 사회의 유전도를 받아들여라. 유전도를 변화시키는 사회 정책을 장려하는 일일랑 절대로 하지 마라. 최선의 결과를 원하거든 집단이 아니라 개인을 교화하라.

지금까지 나는 후천주의자와 유전주의자 사이에 도대체 어떤 민감한 차이가 있는지를 명확하게 하고 그 둘 사이의 공통 지점을 확립하기 위해 유전학의 몇몇 개념들을 설명했다. 많은 것들이 성취되기 전에는 통섭을 위한 노력이 정치·사회적 견해를 미묘하게 달리하는 사람들 사이의 이데올로기 언쟁으로 얼룩질 위험이 있다. 후천주의자들은 환경을 강조하고 유전주의자들은 유전자를 강조한다.(후천주의자들은 때로 환경주의자로 불리기도 하나 이런 꼬리표는 이미 환경보호주의자들이 차지했다. 또한 유전주의자들이 누드로 학회를 열지 않는 이상 자연주의자로 불릴 수는 없다.) 좀 더 세련된 유전학 개념으로 말하자면 후천주의자는 인간 행동 유전자가 매우 폭넓은 반응 양태를 가지고 있다고 믿는 셈이다. 반면 유전주의자들은 반응 양태의 범위가 좁다고 여긴다. 이런 의미에서 두 견해의 차이는 정도의 차이이지 종류의 차이는 아니다. 서로가 객관적으로 문제를 보고자 한다면 경험적으로 해결될 만한 것들이다.

한편 그동안 유전주의자들은 지능과 성격이 높은 유전도를 보인다고 생각해 왔다. 반대로 전통적으로 후천주의자들은 정반대로 생각하고 있었다. 이런 불일치는 대체로 해결되었다. 적어도 현재 구미의 백인들의 경우 유전도는 일반적으로 중간 정도에 걸쳐 있으며 정확한 값은 형질에 따라 다르다.

후천주의자들은 문화를 묶고 있는 유전적 속박은 실제로는 별 것 아니기 때문에 사회에 따라 무한정 다양한 문화들이 생겨날 수 있다고 믿는다. 반면 유전주의자들은 강력한 유전적 속박으로 인해 문화가 주요한 측면들에서 수렴한다고 생각한다. 이런 쟁점은 앞서의 두 문제들에 비해 기술적인 측면에서는 추적이 쉽지 않지만 이 또한 본성상 경험적인 것이기에 원칙적으로 해결이 가능하다. 나는 나중에

이 문제를 다시 간단히 다룰 것이고 해결책을 시사하는 여러 사례들을 언급할 것이다.

이미 몇 개의 공통 기반은 존재한다. 후천주의자들과 유전주의자들은 문화 사이의 거의 모든 차이들이 대개 역사와 환경의 산물일 개연성이 높다는 데 의견을 같이 한다. 개인들은 특정한 사회 내에서는 매우 다른 행동 유전자들을 가지고 있지만 사회들 간에는 그런 차이들이 통계적인 수준에서 대부분 사라지고 만다. 예를 들어 남아프리카 남서부 칼라하리 사막의 수렵·채집 문화는 프랑스 파리의 토박이 문화와 매우 다르지만 그들 간의 차이는 일차적으로 역사와 환경의 차이 때문이지 유전적 차이 때문은 아니다.

반응 양태와 유전도를 명확히 이해하는 일은 때로는 다소 전문적이고 건조해 보일 수는 있지만, 유전과 환경이 인간의 행동에 얼마나 기여하고 있는지를 밝혀내기 위해서는 꼭 필요한 첫걸음이다. 따라서 생물학과 사회과학의 통섭을 꿈꾸는 우리에게는 매우 중요한 작업이다. 논리적으로 보면 이제 다음 단계는 행동에 영향을 주는 유전자의 위치를 찾아내는 작업일 것이다. 만일 어떤 유전자가 염색체상의 어느 곳에 있는지 알려지고 발현의 경로가 어떻게 되는지 밝혀지게 되면 유전자와 환경의 수많은 상호 작용도 좀 더 정확히 추적할 수 있다. 그리고 그런 상호 작용들이 제대로 정의된다면 그것들 전체는 정신 발달에 관한 더 완전한 이론이 만들어지는 과정에서 요긴하게 사용될 수 있다.

그렇다면 인간행동유전학은 현재 어디까지 와 있는가? 현 단계는 유전자 지도를 그리는 데 애를 먹고 있는 상황이며 정신 분열증 연구는 이런 상황을 잘 드러내 준다. 정신병 중에서 가장 흔한 이 질병은 전 세계 인구의 1퍼센트 이하가 앓고 있다. 정신 분열증의 증상은 사람에 따라 매우 다양하지만 진단 기준으로 사용될 만한 공통적 형질을 갖고 있다. 그것은 정신 활동이 일관되게 실재와 분리되어 있다는 점이다. 어떤 경우에 환자들은 자신이 위대한 선각자(대표적으로 메시아)라고 믿거나 감쪽같고 광범위한 음모의 대상이라고 믿는다. 또 다른 경우에는 환상이나 환청을 경험하며 완전히 깨어 있는 데도 마치 꿈을 꾸는 것처럼 엽기적인 일들을 경험한다.

1995년 독립적인 여러 과학자 집단들이 정신 분열증의 물리적 기원을 탐구하는 과정에서 세 가지 돌파구를 찾아냈다. 캘리포니아 대학교 어바인 분교에 있는 뇌생물학자들은 정신 분열증 환자들의 경우 태아 발생기에 전전두엽 피질 속에 있는 몇몇 신경 세포들이 다른 세포들과 의사소통에 실패해서 뇌의 다른 부분들과 비정상적인 교환을 하게 된다는 사실을 발견했다. 특히 문제의 세포들은 메신저 RNA 분자를 만들어 낼 수 없어서 신경 전달 물질 감마 아미노낙산(r-aminobutyric acid, GABA)을 합성하지 못한다. GABA가 생기지 않으면 신경 세포들은 정상처럼 보여도 기능을 하지 못한다. 아직 완전히 밝혀지지는 않았으나 이런 손상은 외부 자극이나 일상적인 합리적 사고와 차단된 내부 정신 세계를 구성하는 데 기여하는 것으로 알려졌다. 뇌가 자신만의 세계를 창조하는 것이다. 마치 잠들었을 때처럼 말이다.

한편 같은 해에 미국의 코넬 대학교와 영국의 의학 연구소 연구진은 환각 상태에 있는 정신 분열증 환자의 뇌 활동을 최초로 직접적으로 관찰했다고 보고했다. 연구자들은 양전자 방출 단층 촬영기(positron emission tomography, PET)의 영상 기술을 활용하여 정상 활동기와 비정상 활동기에 환자의 피질과 변연계 내부의 어떤 위치에 변화가 생기는

지를 감시했다. 예컨대 어떤 남성 환자가 "몸에서 분리된 머리가 내 마음속에서 굴러다니며 명령을 내리고 있다."라고 증언하는 동안 그 환자의 뇌가 어떻게 활성화되는지를 관찰했다. 문제를 보인 부위는 전방의 띠 모양의 피질로서 그때까지는 대뇌 피질의 다른 부분들을 제어하는 것으로 여겨졌던 부위였다. 이 부위가 잘못 기능함으로써 외부 정보들이 제대로 통합되지 못해 깨어 있는 데도 마치 꿈속에서 헤매는 듯한 행동을 하게 된 것이다.

정신 분열증의 궁극적 원인은 무엇인가? 지금까지의 쌍둥이 연구 와 가족사 연구에서 얻은 자료들에 따르면 그 원인은 적어도 부분적 으로는 유전적인 것이다. 해당 유전자를 찾으려는 초기의 시도들은 실패로 끝났다. 정신 분열증 유전자가 특정 염색체 위에 존재한다는 주장이 계속해서 제기되었음에도 불구하고 후속 연구들은 이 주장을 뒷받침해 주지 못했던 것이 사실이다. 1995년에는 독립적인 네 연구 진이 많은 표본을 가지고 염색체 지도를 그리는 발전된 기술을 사용 하여 6번 염색체의 짧은 가닥 위에 정신 분열증과 상관이 있는 유전 자 하나를 발견했다.(인간은 22쌍의 상염색체와 한 쌍의 성염색체를 가지는데 남성은 XY를 여성은 XX를 가진다. 그리고 각 염색체의 쌍에는 임의적으로 번호가 매겨져 있다.) 또 다른 두 연구진은 그 결과를 입증하는 데 실패했지만 내가 이 글을 쓰고 있는 2년 후의 현 시점에서는 긍정적인 네 가지 실험 결과 덕분에 그들의 결론이 폭넓게 받아들여지고 있다. 즉 정신 분열증 유전자들 중 적어도 1개의 위치는 거의 확인된 셈이다.

최근의 이런 발전들이 가장 중요한 정신병 중 하나에 대해서만 전 개되고 있는 것은 아니다. 인간 행동의 복잡한 부분들을 이해하려는 노력이 가속화되고 있다. 비록 정신 분열증이 정상이라고 할 수는 없 겠지만 그것은 문화의 진화에 영향을 준다. 독재, 종교 의식 그리고 위대한 예술은 미친 사람의 망상과 비전에서 나오기도 하기 때문이다. 사회가 이런 극단적인 기이함을 대하는 전형적인 태도는 많은 사회의 문화 속에 공통적으로 녹아 있다. 즉 정신 분열증에 걸린 이들은 여러 문화에서 공통적으로 신의 축복을 받은 자들이거나 악마가 깃들어 있는 자들로 분류된다.

그러나 혹자는 문화가 광기보다는 정상적 행동에 기반을 두고 있다고 이야기할 것이다. 왜 사랑, 이타성, 경쟁과 같은 일상적인 사회적 행동들에 대해서는 별로 알려진 사실이 없는가? 그 이유는 유전 연구의 실용적인 측면에서 찾아야 한다. 유전과 발생을 연구하는 이들은 하나의 돌연변이를 통해 야기된 큰 효과에 우선적으로 주목한다. 물론 검출과 분석이 용이하기 때문이다. 예컨대 멘델 유전학 시대에 연구자들은 초파리의 퇴화된 날개와 정원 완두콩의 주름진 종피와 같이 쉽게 인식할 수 있는 형질들을 관찰 대상으로 삼았다. 커다란 돌연변이는 해롭기 마련이다. 가령 자동차 엔진을 무작위적으로 빨리 변화시켜 보라. 작은 변화를 주었을 때보다 그 자동차가 제대로 굴러가기는 더 어려울 것이다. 거대 돌연변이는 거의 언제나 생존율과 번식 능력을 감소시킨다. 따라서 정신 분열증 사례에서 드러나듯이 인간 유전학의 많은 선도적 연구들이 의료 유전학 분야에 집중되어 있다.

이런 연구들의 현실적 가치는 엄청나다. 실제로 이런 연구들은 의료 연구의 중요한 진보에 여러 번 응용되어 왔다. 예컨대 유전자 하나의 이상으로 인해 생기는 물리·심리적 질병이 무려 1,200가지도 넘는다고 알려졌다. 알파벳 순서로 보면 아르스코그스콧 증후군(Aarskog-Scott syndrom)에서 젤위거 증후군(zellweger syndrom)까지 매우 다양하다. 이런 질병들은 이른바 OGOD 원리를 따른다. 즉 하나의 유전자에 하나의 질병(One Gene, One Disease)이다. OGOD 연구자들은 과학 학술지와 주요 언론에 보고된 이번 달의 질병이 무엇인지를 농담 삼아 물을 정도로 큰 성공을 거뒀다. 그 예들은 색맹, 낭포성 섬유증, 혈우병, 헌팅턴 무도병, 과다 콜레스테롤증, 레시-니한 증후군(Lesch-Nyhans syndrom) 등으로 다양하다. 사실 관계된 유전자들에 이상이 생겨 병리 현상이 생기는 경우는 허다하기 때문에 생의학자들은 "모든 질병은 유전적이다."라는 말을 싫어하지 않는다.(심지어 흡연도 다소나마 유전적이다.)

특히 연구자와 의사는 OGOD 원리 발견에 기뻐한다. 왜냐하면 단일 유전자 변이는 진단을 단순화하는 데 사용할 수 있는 생화학적 신호를 지니고 있기 때문이다. 그 신호는 잘못된 유전자의 전사 실패로 인해 생물 주기가 바뀐 일련의 분자 사건들의 어딘가에 존재하는 결함이다. 따라서 간단한 생화학 시험만으로도 종종 그 정체가 드러난다. 유전병이 이른바 만능 치료술로 통하는 유전자 치료법으로 치료될 수 있다는 희망도 없지는 않다. 정교하고 비침해적인 치료를 통해 생화학 결함을 치료하고 그 질병의 증상을 없애는 식의 치료법들이 현재 한창 연구되고 있다.

OGOD 원리는 초기의 대단한 성공에도 불구하고 인간 행동에 적용되는 과정에서 아주 심각하게 오도될 수 있다. 하나의 유전자에서 생기는 돌연변이가 종종 한 형질의 의미 있는 변화를 초래하는 것은 사실이지만 이것으로부터 그 유전자가 그 잘못된 기관이나 과정을 결정한다는 결론은 도출되지 않는다. 대개 다수의 유전자들이 복잡한 생물 현상을 규정하는 데 기여한다. 그렇다면 얼마나 많은 유전자들이 관여한다는 말인가? 이런 유형의 정보를 얻기 위해서는 인간에게서 집쥐로 시선을 돌릴 필요가 있다. 집쥐는 짧은 생주기를 갖는 일차 실험동물로서 모든 포유류 중에서 유전적으로 가장 잘 알려진 동물이다. 하지만 여기에서조차도 지식은 스케치 수준에 불과하다. 털과 피부의 감촉에 기여하는 유전자들은 72개 이상의 염색체 부위들에 위치해 있는 것으로 알려져 있다. 적어도 41개의 다른 유전자들은 내이(內耳)의 균형 기관에 결함을 야기하는 변이들을 가진다. 이런 변이들이 발생하면 집쥐는 머리를 흔들고 빙빙 도는 등의 비정상적인 행동들을 한다.

쥐 유전학의 이런 복잡함을 떠올리면 인간 유전학 앞에 놓인 산이 얼마나 높은지를 실감할 것이다. 전체 기관들과 과정들 그리고 그 속의 세부 형질들은 일반적으로 몇 개의 유전자가 아니라 유전자의 집합이 규정한다. 그리고 그 유전자 집합은 염색체상에서 서로 다른 부위들을 점유하고 있다. 예컨대 아프리카 조상과 유럽 조상 간의 피부색 차이는 3~6개로 이뤄진 이런 '다인자(polygenes)'가 결정한다고 여겨진다. 하지만 오히려 이런 체계들은 많지 않다. 효과가 크기 때문에 쉽게 감지되는 유능한 유전자들 말고도 변이의 작은 부분들에 기여하기 때문에 결국 발견되기 힘든 유전자들도 많이 있을 수 있다.

다인자 중에서 어느 하나에 돌연변이가 생겨서 간혹 OGOD 효과와 같은 큰 변화가 생길 수도 있을 것이다. 하지만 평균에서 아주 약간만 빗나간 경우도 생겨날 수 있다. 만성 우울증과 조울증과 같은 질병들에 영향을 주는 유전자들의 정체가 다소 모호한 듯이 보이는 이유가 바로 여기에 있다. 예를 들어 적어도 유전자에 기초한 성향 측면에서 아일랜드의 우울증은 덴마크의 우울증과 조금 다를 수 있다. 만일 그렇다면 어떤 실험실에서 특정 염색체상의 유전자 부위가 발견되었다고 해도 다른 실험실에서 똑같은 결과를 입증해 주지는 못할 것이다.

한편 환경의 미묘한 차이는 멘델 유전학의 고전적 패턴도 왜곡할 수 있다. 두 사람이 같은 유전자를 가지고 있어도 한 사람에게만 특정 형질이 나타날 수 있다. 가령 일란성 쌍둥이 중 한 사람이 정신 분열증을 나타내면 나머지 한 사람도 같은 증세를 나타내야 할 텐데 실제로는 그런 경우가 50퍼센트 정도밖에 안 된다. 우리는 이런 경우를 흔히 "불완전 침투"라고 부른다. 게다가 환경의 미묘한 차이는 또 다른 방식으로 표출된다. 예컨대 같은 정신 분열증 환자라고 하더라도 증상의 형태나 정도는 환경 차이로 인해 미묘하게 달라질 수 있다.

정리해 보자. 인간행동유전학은 유전자에서 문화로 이행하는 데 중요한 중간 고리 역할을 한다. 하지만 이 분야는 아직 걸음마 단계에 있으며 만만찮은 이론 · 기술적 난점 때문에 발목이 잡혀 있는 상태이다. 이런 연구에서 많이 사용되는 방법으로는 고전적인 쌍둥이 연구와 가족 계보 분석, 유전자 지도 그리기 그리고 가장 최근의 DNA 서열 분석 등이 있다. 아직까지는 이런 접근들이 다소 조잡하게 섞여 있는 정도이다. 앞으로 이것들이 제대로 종합되고 그 위에 정신 발달에 대한 연구들이 보충된다면 인간 본성의 기초에 관한 좀 더 분명한 그림이 그려질 것이다.

한편 인간 본성의 유전적 기초에 대해 우리가 아는 것, 아니 솔직히 말해서 우리가 안다고 생각하는 것은 생물 조직의 세 가지 수준들을 함께 연결함으로써 표현될 수 있다. 그것을 위에서 아래로 열거하면, 최상위에는 문화의 보편자가 있고 그 아래 수준에는 사회적 행동의 후성 규칙들이 있으며 최하위 수준에는 행동 유전이 자리 잡고 있다.

미국의 인류학자 조지 머독(George P. Murdock)은 그의 1945년 저서에서 문화의 보편자들을 열거했다. 그는 수백 사회에 관한 자료를 정리한 인간 관계 분야 문서(Human Relations Area Files)에서 사회 행동과 제도 들을 분석했다. 문화 보편자 목록에는 다음과 같이 무려 예순일곱 가지가 열거되어 있다. 나이 서열, 운동 경기, 신체 장식, 달력, 청결 훈련, 공동체 조직, 요리, 협동 노동, 우주론, 구애, 춤, 장식 예술, 점, 노동 분업, 해몽, 교육, 종말론, 윤리, 민속 식물학, 에티켓, 믿음 치료, 가족 잔치, 불 만들기, 민간 전승, 음식 금기, 장례 의식, 놀이, 몸짓, 선물 주기, 정치 체제, 인사, 머리 모양, 환대, 주택, 위생술, 근친상간 금기, 상속 규칙, 농담, 친족 집단, 친족 명명법, 언어, 법, 행운 미신, 마술, 결혼, 식사 시간, 약, 산파술, 처벌, 개인 이름, 인구 정책, 출산 후 양육, 임신에 대한 대우, 소유권, 초자연적 존재 달래기, 사춘기 관습, 종교 의식, 거주 규칙, 성적 규제, 영혼 개념, 지위 분화, 외과 수술, 도구 제작, 거래, 방문, 날씨 통제, 그리고 직조.

그렇다면 이런 특성들은 과연 인간에게만 있는 것이며 또 진정으로 유전적인가? 어떤 사람은 고도의 지능과 복잡한 언어에 기초한 복잡한 사회를 이루고 있는 종이라면 이런 형질들의 유전성 여부와는 상관없이 그것들이 반드시 필요할 것이라고 생각하기 쉽다. 하지만 이런 해석은 쉽게 반박된다. 현재의 흰개미의 사회 수준에서 문명을 진화시킨 흰개미 종이 있다고 상상해 보자. 편의상 무리를 짓는 아프리카의 마크로테르메스 벨리코수스(*Macrotermes bellicosus*)라는 흰개미를 예로 들어 보자. 이 흰개미 종은 땅 밑에 도시처럼 생긴 공간을 만들고 그 안에 수백만 마리가 산다. 현 곤충 사회의 기본 수준을 선천적인 후성 규칙들의 안내를 받는 문화의 수준까지 끌어올려 보자. 그렇게 되면 곤충 문명의 토대를 이루고 있는 '흰개미의 본성'은 무엇이 될까? 일개미들의 독신과 불임, 배설물을 서로 먹어 줌으로써 박테리아와 공생하는 것, 의사소통을 위해 페로몬을 분비하는 것 그리고 떨어져 나간 외피와 죽거나 다친 가족 구성원들을 수시로 먹어치우는 것쯤이 될 것이다. 이러한 초(超)흰개미 윤리 규범을 강화하기 위해 군중들 앞에서 연설하게 될 흰개미 지도자의 연설문을 작성해 보았다.

우리 거대 흰개미는 선조 이후로 3기(지질학 연대)를 거치면서 빠른 속도로 진화한 결과 10킬로그램의 몸무게와 더 큰 두뇌를 갖게 되었다. 그리고 페로몬으로 기록하는 것을 배웠고 수준 높은 학문을 이루었으며 윤리 철학도 정비했다. 그 결과 도덕 행동의 명령을 정확하게 표현할 수 있게 되었다. 이 명령들은 자명하며 보편적이다. 그것들은 흰개미됨의 핵심이다. 그것들은 어두운 지하 세계에서 사는 것, 부패물을 먹는 것 그리고 담자균에 대한 사랑이다. 그리고 다른 군체와의 전쟁과 무역이 활발히 진행될 때 군체의 안위를 가장 중요하게 여기는 것이고 생리적 카스트 제도를 인정하는 것이며 개인의 권리를 악이라 규정하는 것이다.(군체 만세!) 또한 왕족 자매의 순조로운 번식을 돕는 깊은 사랑, 화학적 노래의 즐거움, 탈피 후에 동료의 항문에서 배설물을 받아먹을 때의 미적 즐거움과 깊은 사회적 만족감, 동족끼리 잡아먹을 때의 황홀경 그리고 우리가 아프거나 부상당했을 때 우리의 몸을 먹게 내버려 둘 때의 쾌감이다. 먹는 것보다 먹히는 것이 더 복이 있나니.

인간 문화에 보편적 요소들이 존재한다는 주장에 대한 또 다른 증거는 구대륙 문명과 신대륙 문명의 이중 기원이다. 즉 두 문명은 서로 고립되어 있었으나 상당한 수준까지 수렴 진화했다. '거대 실험'의 두 번째 부분은 신대륙이 시베리아의 유목민에게 침략을 당했던 1만 2000년 전쯤에 시작했다. 당시 그 식민지 개척자들은 1,000명 이내로 구성된 집단을 이루며 사는 구석기 시대의 수렵 · 채집인들이었다. 그 후 몇백 년 동안 그들은 남쪽으로 이동하면서 북극 동토대에서 남아메리카 대륙 끝인 티에라델푸에고 제도의 얼음 숲까지 퍼져 나갔다. 그들은 이동 중에 만난 내륙 환경들에 적응해 가며 작은 부족들로 갈라져 나갔다. 이 과정에서 어떤 사회는 족장 체제를, 다른 사회는 군왕 체제를 진화시켰는데 이런 체제들은 구대륙의 그것들과 기본적인 구조 면에서 놀랄 만큼 유사했다.

북아메리카 대륙의 초기 정착민과 마야 도시를 선구적으로 연구했던 미국의 고고학자 앨프리드 키더(Alfred V. Kidder)는 1940년에 인간 본성의 유전성을 주장하기 위해 구대륙과 신대륙의 문명화가 독립적인 역사를 가진다는 증거를 제시했다. 그에 따르면 두 반구의 문명은 모두 원시 석기 시대라는 동일한 토대 위에서 출발했다. 그런 다음 그들은 야생 식물을 재배하기 시작했는데 그로 말미암아 개체군 크기가 증가하고 촌락이 형성되었다. 이런 일이 벌어지는 과정에서 그들은 사회 조직을 발전시켰고 신들로부터 특별한 능력을 부여받은 사제와 통치자를 배출했으며 세련된 예술과 종교를 진화시켰다. 그들은 도기를 발명했고 식물 섬유를 뽑아냈으며 양모로 옷을 만들어 입었다. 그리고 먹을거리와 운송 수단으로 삼기 위해 가축을 기르기 시작했다. 그들은 금속으로 도구와 장식을 만들었는데 처음에는 금과 구리를 이용하다가 나중에는 구리와 주석을 섞어 만든 더 딱딱한 청동을 사용했다. 그리고 글을 쓰는 방법을 발명해서 신화, 전쟁 그리고 귀족의 계보를 기록했으며 귀족, 제사장, 전사, 장인, 소농 등의 계급이 대물림되게끔 만들었다. 키더는 다음과 같이 지적했다. "신대륙에서도 구대륙과 마찬가지로 사제 제도가 발전했다. 사제는 성직자나 통치자가 되었으며 자신의 신들에게 그림과 조각으로 장식된 거대한 사원을 봉헌했다. 사제와 부족장은 자신들의 사후를 위해 많은 것들이 비축된 세련된 무덤을 마련해 놓았다. 정치 역사를 보면 두 반구 모두에서 이런 양상이 동일하게 나타난다. 두 반구에서는 부족들 간의 동맹 결성과 정복 활동이 일상적으로 일어났으며 마침내 제국이 탄생했다.”

보편적 현상들이 이렇게 인상적이기는 하지만 그것들을 유전자와 문화의 연관을 보여 주는 증거로 이용하기에는 여전히 무리가 있다. 열거된 목록들이 상당히 일관적이어서 우연히 생겼다고 보기에는 힘들기는 하지만 세부 사항으로 들어가 보면 사회마다 상당히 다르다. 게다가 문명화의 징표들은 너무 산발적이며 유전적으로 진화하기에는 너무 최근의 사건들이어서 수렵 · 채집인들이 전 세계를 돌아다니며 그것들을 전달하기에는 시간이 부족했을 것이다. 이런 의미에서 농사, 기록, 성직 그리고 기념비적인 무덤을 규정하는 특정 유전자들을 운운하는 일은 지혜롭지 못하다.

나는 『인간 본성에 대하여(*On Human Nature*)』(1978년)의 발문에서 문화의 인과학(因果學, etiology)이 유전자에서 뇌와 감각을 통해 학습과 사회 행동으로 우회하고 있다고 논증했다. 우리가 후손에게 물려주는 것은 세상을 특정한 방식으로 보게 만들고 특정 행동들을 상대적으로 더 잘 배우게 만드는 신경 형질들이다. 유전적으로 대물림되는 형질은 모방자, 즉 문화의 단위가 아니다. 오히려 특정한 종류의 기억 요소들을 고안해 내고 전달하는 성향이다.

마틴 셀리그먼(Martin Seligman)과 몇몇 심리학자들은 1972년 초에 발달 과정에서의 편향을 정확하게 정의했다. 그들은 그것을 “준비된 학습”이라고 불렀다. 그것은 동물과 인간이 선천적으로 어떤 행동들을 배우도록 준비되었지만 다른 행동들에 대해서는 준비되어 있지 않음(즉 피하는 성향을 가짐)을 뜻한다. 준비된 학습이라고 보고된 많은 사례들은 후성 규칙들로 묶인다. 생물학에서는 해부 구조, 생리, 인지 그리고 행동이 발생하는 과정에서 대물림되는 모든 규칙성을 통칭해서 후성 규칙이라고 부른다. 이 규칙들은 제대로 기능하는 유기체를 만들어 내는 발생과 분화의 알고리듬이다.

또 다른 통찰은 사회적 행동의 준비된 학습이 다른 후성적인 것들과 마찬가지로 대체로 적응적(adaptive)이라는 사실이다. 사회생물학에서 얻은 이 통찰에 따르면 진화적 적응도(fitness)는 유기체가 자신의 생존과 번식 기회를 높일 때 증가한다. 인간 행동의 후성 규칙들이 적응적이라는 점은 생물학의 결과만도 문화의 결과만도 아니다. 그 적응성은 그 둘의 복잡 미묘한 발현을 통해 나온다. 인간의 사회적 행동의 후성 규칙들을 연구하는 가장 효과적인 방법 중 하나는 진화 원리로 무장한 후에 심리학적 연구를 수행하는 것이다. 이런 이유 때문에 그 연구 주제에 집중하는 과학자들은 스스로를 진화심리학자(evolutionary psychologist)라 부른다. 진화심리학은 인간을 포함한 모든 생물의 사회 행동이 어떠한 생물학적 기초를 갖고 있는지를 체계적으로 연구하는 사회생물학과 인간 행동의 기초를 체계적으로 연구하는 심리학이 만나서 생겨난 잡종 분야인 셈이다. 하지만 유전자·문화 공진화에 대한 우리의 이해가 점점 늘어 가는 이 시점에서 단순성과 명료성을 위해, 그리고 이따금씩 벌어지는 이념 논쟁에 휘말릴 때 지적인 용기를 위해 우리는 진화심리학을 마땅히 인간사회생물학(human sociobiology)과 동일한 것으로 여겨야 할 것이다.

내가 1970년대에 처음으로 종합 작업에 몰두해 있을 때 이타성(altruism) 문제는 그것이 동물의 경우이든 인간의 경우이든 상관없이 사회생물학의 중심 문제였다. 그 도전은 성공적인 이론들과 경험 연구들로 인해 지금은 대체로 충족된 상태이다. 1990년대에는 관심의 초점이 인간 사회생물학에서 유전자·문화 공진화로 이동하기 시작했다. 이러한 새로운 연구 단계에서 후성 규칙의 정의는 인간 본성의 이해를 획기적으로 증진시키기 위한 최선의 수단이다. 논리적으로 보면 이렇게 강조할 수밖에 없다. 유전자와 문화의 연결은 감각 기관과 두뇌 프로그램 내에서 발견되어야 한다. 이런 과정들이 더 명백해지지 않고는 유전적 진화와 문화적 진화에 관한 수학적 모형들은 한계를 가질 수밖에 없다.

나는 후성 규칙들이 마치 감정과도 같이 두 단계에서 작동한다고 믿는다. 일차 후성 규칙들은 감각 기관에서 자극들을 거르고 암호화하는 데에서부터 시작하여 두뇌가 그 자극들을 지각하도록 하는 자동 과정들이다. 연속적인 전체 과정은 이전 경험에 의해 미약하게만 영향을 받는다. 한편 이차 후성 규칙은 많은 양의 정보를 통합하는 과정에서 기능하는 규칙성이다. 이 규칙들은 지각, 기억, 감정의 파편들을 끌어들여 우리의 마음이 특정 모방자는 선택하되 다른 것들은 배척하게끔 만든다. 즉 편향된 선택을 하도록 만든다. 이러한 두 종류의 규칙들은 편의상 구분되었다. 실제로는 좀 더 복잡한 일차 규칙들이 보다 단순한 이차 규칙들로 점차 변화하기 때문에 중간 단계의 복잡함이 존재한다.

모든 감각들에는 일차 후성 규칙들이 연결되어 있다. 그런 규칙들의 가장 기본적인 속성들 중에는 연속적인 감각을 구분된 단위로 끊어 주는 속성이 있다. 예컨대, 태어날 때부터 망막원추와 시상의 측슬상 핵의 뉴런은 파장의 길이가 다른 빛을 네 가지 기본 색으로 분류한다. 이와 유사하게 아이와 어른의 청각 장치는 연속적인 음성을 음소들로 자동적으로 나눈다. 가령, "바"에서 "가"로 부드럽게 넘어가는 일련의 음성들은 연속체로 들리지 않고 "바" 또는 "가"로만 들릴 뿐이다. "브"에서 "스"로의 이행에서도 이런 원리는 마찬가지로 적용된다.

갓난아기는 의사소통을 위한 청각 반응 체계를 이미 내장하고 있어서 잡음과 음조를 선천적으로 구별할 수 있다. 태어난 지 넉 달이 지나면 아기는 화음을 좋아하고 불협화음을 들으면 듣기 싫은 듯한 표정을 짓는다. 또한 혀에 레몬주스를 한 방울 떨어뜨리면 화음을 듣고 있을 때와 똑같은 즐거움을 표시한다. 큰 소리에 대한 갓난아기의 반응은 모로 반사(Moro reflex)이다. 아기의 뒤에서 소리 자극을 주면 처음에는 팔을 앞으로 내밀다가 마치 껴안으려고 하듯이 천천히 두 팔을 오므리며 울음을 터뜨리고 그런 후에 점차적으로 긴장을 푼다. 그런데 이 모로 반사는 4~6주 내에 반사 중에서 가장 복잡하기도 하고 죽을 때까지도 지속되는 놀람 반응(startle response)으로 대체된다.(이것에 대해서는 이미 언급한 바 있다.) 기대하지 않은 큰 소음이 들리면 우리는 즉시 눈을 감고 입을 벌리며 머리를 떨어뜨린다. 그리고 어깨와 팔은 처지고 무릎은 약간 구부러진다. 마치 한 방 맞을 것을 대비하는 자세처럼 보인다.

한편 맛에 대한 선호는 출생과 동시에 혹은 출생 직후에 시작된다. 갓난아기는 평범한 물보다는 달콤함 액체를 좋아하는데 자당, 과당, 유당, 포도당 순서로 그 선호도가 정해져 있다. 아기들은 시거나 짜거나 쓴 물질들은 모두 거부한다. 그리고 각각에 대해 서로 다른 얼굴 표정으로 반응하며 이런 반응은 평생을 간다.

일차 후성 규칙들은 인간의 감각 체계를 대체로 시청각 정보를 처리하는 것으로 조정한다. 이것은 대체로 냄새와 맛에 의존하는 다수의 다른 동물 종과 비교할 때 볼 수 있는 큰 차이이다. 이런 시청각적 편향은 어휘의 편중에 잘 반영되어 있다. 예컨대, 영어, 일어에서 줄루 족의 언어, 테톤 라코타 어에 이르기까지 세상의 언어들에는 감각 표현을 기술하는 모든 단어들 중 75퍼센트가 듣기 · 보기와 관련되어 있다. 나머지 단어들은 온도, 습도, 전기장에 대한 민감한 표현들과 냄새, 맛 그리고 감촉 등에 관한 것들이다.

시청각적 편향도 영유아기에 사회적 유대를 만드는 일차 후성 규칙이다. 태어난 지 10분이 지나면 갓난아기는 포스터에 그려져 있는 비정상적인 얼굴 모양보다는 정상적인 것을 더 많이 보기 시작한다. 이틀이 지나면 그들은 잘 모르는 여성보다는 자기 어머니를 더 많이 쳐다본다. 게다가 다른 여성의 목소리에서 어머니의 목소리를 구분하는 데에도 이와 유사한 능력이 있음을 시사하는 실험 결과도 있다. 어머니의 경우에는 간단한 접촉만으로도 갓난아기의 울음과 독특한 향기를 구분할 수 있다.

한편 표정은 시각적인 비언어적 의사소통과 심리 발달을 한 방향으로 인도하는 이차 후성 규칙의 주요 영역이다. 인간이라는 종을 통틀어 고정된 의미를 가진 얼굴 표정은 몇 안 된다. 캘리포니아 대학교 샌프란시스코 분교의 폴 에크먼(Paul Ekman)은 얼굴 표정의 보편성을 입증하는 고전적 실험을 수행했다. 그는 우선 미국인들이 공포, 질색, 노여움, 놀람, 행복을 느낄 때 연출하는 얼굴 표정을 사진으로 찍어 놓았다. 한편 아주 최근 문명에 노출된 뉴기니 고지에 사는 부족민들에게 이와 유사한 느낌들을 불러일으키는 이야기를 들려주었다. 그런 후에 다른 문화(미국)에서 찍은 얼굴 표정 사진을 보여 주었을 때 그들은 80퍼센트 이상의 정확도를 가지고 그 얼굴 표정을 옳게 해석했다.

얼굴 표정에서 입은 시각적 의사소통의 주요 장치이다. 특히 미소는 분명히 이차 후성 규칙의 영역에 속한다. 심리학자들과 인류학자들은 모든 문화에서 미소 짓는 표정이 프로그램된 발달이라는 사실을 발견했다. 아기가 미소를 맨 처음으로 짓게 되는 때는 생후 두 달과 넉 달 사이이다. 아기의 미소는 돌보는 어른으로 하여금 아기에게 더 애착을 갖도록 만든다. 미소 짓는 능력에 미치는 환경의 영향은 거의 없다. 남아프리카 칼라하리 사막의 수렵·채집민인 쿵 족(!Kung)의 아이들은 구미의 아이들과는 전혀 다른 환경에서 자란다. 예컨대 그곳의 어머니들은 아기를 혼자 낳으며 어른들은 그 갓난아기와 계속해서 물리적으로 접촉하면서 1시간에 여러 번 젖을 물린다. 그리고 가능한 일찍부터 앉고 서고 걷도록 훈련시킨다. 하지만 미소만큼은 구미 아이들과 같은 형태이고 같은 시기에 나타나며 동일한 사회적 기능을 갖고 있다. 또한 미소는 앞을 못 보는 아이들과 듣지 못하는 아이들에게도 제때에 나타나며 심지어 기형적인 몸으로 태어나 자신의 얼굴마저도 만질 수 없는 탈리도마이드(thalidomide) 기형아에게도 마찬가지로 나타난다.

평생을 통해 미소는 일차적으로 친근함과 승인을 표현하는 신호로 사용된다. 그리고 이것을 넘어서 일반적으로는 즐거움을 표시하는 기능을 한다. 각 문화는 각 상황에 어울리게 약간의 뉘앙스 차이를 보이며 미소의 의미를 만들어 간다. 예컨대 미소는 상황에 따라 빈정댐이나 가벼운 조롱의 의미를 담을 수도 있고 당황스러움을 감추기 위한 것일 수도 있다. 그러나 이런 경우라도 미소의 메시지는 다양한 얼굴 표정들로 전달되는 수많은 메시지들 중 아주 작은 부분일 뿐이다.

성신 활동의 최고 수준에서 복잡한 이차 후성 규칙들은 이른바 구상화(具象化, reification) 과정에서 따라 나온다. 여기서 구상화는 아이디어와 복잡한 현상을 친숙한 대상과 활동에 비유하여 좀 더 단순한 개념으로 압축하는 절차를 지칭한다. 가령 보르네오 섬의 두순 족(Dusun)은 집을 팔, 머리, 배, 다리 등과 같이 다양한 신체 부위로 구성된 하나의 "몸"으로 구상화한다. 그래서 특정 방향으로 정렬되어 있어야 집이 "서 있다."라고 믿고 언덕의 경사면에 집이 지어졌을 때에는 집이 "거꾸로 서 있다."라고 생각한다. 또 다른 차원에서 그들은 집을 뚱뚱함/피골이 상접함, 젊음/늙어빠짐 등으로 분류한다. 그리고 집 내부의 구조물, 예컨대 방과 가구는 절기에 따른 의식, 마술적 믿음 그리고 사회적 믿음과 연관되어 있다.

구상화는 세상에 질서를 창조하는 빠르고 쉬운 정신 알고리듬이다. 그런 것이 없다면 세상은 온통 지엽적이고 가변적이 되어 버릴 것이다. 구상화의 사례들 중 하나는 양분 본성(兩分本性, dyadic instinct), 즉 사회적으로 중요한 것들을 양분하고자 하는 성향이다. 예컨대, 어딜 가나 사회는 사람들을 내부인/외부인, 어린이/어른, 친족/비친족, 기혼/미혼, 성스러운 행동/불경한 행동, 착함/악함 등으로 구별한다. 사회는 각 구분의 경계를 금기와 의식으로 확고히 한다. 한 부분에서 다른 부분으로 변화하려면 개시 의식, 혼인, 축복, 성직 수임식 그리고 여러 유형의 통과 의례를 요구한다. 그런데 이 모든 것들이 모든 문화에서 보편적으로 나타난다.

프랑스 인류학자 클로드 레비스트로스(Claude Lévi-Strauss)를 필두로 한 구조주의 학파는 양분 본성이 선천적인 규칙들의 상호 작용의 지배를 받는다고 제안했다. 그들에 따르면 남자 대 여자, 족내혼 대 족외혼, 땅과 하늘 등과 같은 대립항은 반드시 충족되고 해결되어야 하는 마음속의 모순항이다. 그들은 종종 신화적 서사를 통해 이런 모순항들이 해결된다고 주장했다. 예를 들어 생명의 개념은 반드시 죽음의 개념을 필요로 하는데 이 죽음은 영생에 이르는 길로 기능하는 죽음에 대한 신화를 통해서 해결된다는 식이다. 골수 구조주의자들은 양자 대립항이 문화를 통합된 전체로 조직할 때 필요한 복잡한 조합들로 한층 더 깊숙이 연결된다고 주장한다.

구조주의적 견해는 자연과학과 생물인류학에서 떠오르는 마음과 문화에 관한 조망과 잠재적으로 통하는 바가 있다. 하지만 어떤 분석법이 가장 좋은지를 놓고 내부에서 벌어진 논쟁들 때문에 공통점들이 약화되어 왔다. 구조주의의 문제점은, 내가 엄청난 분량의 산만한 문헌들을 이해했다고 가정한다면, 구조주의의 기본 개념들에 있지 않다. 오히려 생물학과 인지심리학과 그들의 연구를 실제적으로 연결시키지 못했다는 점이 결함이다. 그 연결점들을 탐구할 이들에게 많은 열매가 기다리고 있다.

이제 인간 본성을 찾기 위한 그 다음 단계로 넘어가 보자. 도대체 후성 규칙들의 유전적 기초는 무엇이며 그 규칙들을 규정하는 유전자들에 얼마나 많은 변이늘이 존재하는가? 해답을 찾기 전에 인간행동유전학의 한계를 다시 한 번 강조하지 않을 수 없다. 인간행동유전학은 학문적으로 아직도 걸음마 수준에 머물러 있을 뿐만 아니라 개인적 이데올로기에 따라 그것을 불쾌하게 여기는 지적 공격에도 아직취약한 상태이다. 현재는 오직 유전도 측정법만이 진보된 과학으로인정받고 있을 뿐이다. 유전학자들은 세련된 통계 기법들을 써서 감각 생리, 뇌 기능, 성격, 지능 등 많은 형질들에 유전자들이 얼마나기여하는지를 계산한다. 그들은 다음과 같은 중요한 결론에 이르렀다. 인간 행동의 거의 모든 측면에서 관찰되는 변이들은 다소 유전적

이기 때문에 어떤 의미에서 사람 사이의 유전자 차이를 반영한다. 그런데 이런 발견은 놀라운 게 아니다. 그것은 지금까지 연구된 모든 동물 종에서도 똑같이 드러나는 사실이기 때문이다.

그러나 유전도를 측정한다는 말이 특정 유전자를 찾아낸다는 뜻은 아니다. 게다가 유전도 측정은 유전자에서 후성 규칙으로 나아가는 복잡한 생리 발달 경로들에 대해 어떠한 힌트도 주지 않는다. 인간행동유전학과 인간사회생물학의 주요한 결점은 아직까지 아주 적은 수의 관련 유전자와 후성 규칙만이 확인된 상태라는 사실이다. 물론 그렇다고 다른 유전자와 규칙이 존재하지 않는다는 뜻은 아니다. 그저 유전자 지도에서 아직까지 확인되지 않았고 감별되지 않았다는 것만을 의미할 뿐이다. 현 단계에서는 인간행동유전학에 기술적 난점이 존재한다.

하지만 사례가 적다는 사실은 다소 과장된 측면도 있다. 후성 규칙에 영향을 주는 유전자를 찾는 연구와 그 규칙 자체에 대한 연구는 일반적으로 서로 다른 연구진들이 독립적으로 수행하고 있다. 따라서 이 둘 간의 일치는 훨씬 드물 수밖에 없다. 그런 일치는 거의 전적으로 운에 좌우된다. 예를 들어 현재까지 발견된 관련 유전자가 전체의 1퍼센트이고 후성 규칙은 10퍼센트라고 해 보자. 그렇다면 일치 확률은 기껏해야 두 백분율을 곱한 값, 즉 0.1퍼센트 정도일 것이다. 하지만 이 정도면 과학적 발견의 기회를 기다려도 될 만한 확률이지 않은가? 인간 행동 연구에서 기대되는 가장 중요한 진보는 틀림없이 생물학과 사회과학 사이에 있는 첨단 영역에서 일어날 것이다.

복잡한 행동에 영향을 주는 유전자 돌연변이들 중 하나는 난독증(dyslexia)을 야기하는 변이이다. 난독증은 공간적 관계를 해석하는 능력에 손상이 생겨 발생하는 읽기 장애이다. 또 다른 하나는 공간 능력의 세 가지 심리학 시험에는 고전하지만 구두 능력, 지각 속도 그리고 기억을 측정하는 다른 시험들에는 별 문제를 느끼지 않게 만드는 유전자 변이이다. 한편 성격에 영향을 주는 유전자들도 발견되었다. 공격 행동을 촉발시키는 돌연변이는 비록 네덜란드의 한 가족에서만 알려진 것이기는 하지만 X 염색체에 위치해 있다. 이것은 분명하게 모노아민 산화 효소(monoamine oxidase)에 결함을 일으키는데 이 효소는 공격 · 도피 반응을 조절하는 신경 전달 물질을 파괴하는 데 쓰인다. 효소의 손상으로 인해 이 신경 전달 물질이 쌓이면 뇌는 약한 수준의 스트레스에도 폭력적으로 대응할 만큼 긴장하게 된다. 한편 '새로움 추구 유전자'는 좀 더 정상적인 성격 차이를 불러일으킨다. 이 유전자는 신경 전달 물질인 도파민에 대한 뇌의 반응을 변화시킨다. 표준적인 시험에서 이 유전자를 갖고 있는 사람들은 좀 더 충동적이고 호기심이 많으며 변덕스럽다. 이 유전 분자와 그 분자가 규정하는 단백질 수용체는 분자 길이가 정상적인 형태보다 더 길다. 이런 유전자는 널리 퍼져 있어서 이스라엘과 미국에 살고 있는 다양한 인종 집단들(하지만 핀란드 인에서는 발견되지 않았다.)에서 발견되어 왔다. 신진대사와 신경 전달 물질의 활동을 변화시키는 다른 많은 유전자 변이들이 속속 발견되고 있기는 하지만 그것들이 실제로 인간의 행동에 어떤 변화를 주는지는 계속해서 탐구해 봐야 한다.

그렇다면 인간 행동의 유전적 기초를 확립하기 위해서는 관련 유전자들을 발견하고 그것들을 일일이 열거하는 수밖에는 없는가? 내가 앞에서 여러 사례들을 열거한 것은 꼭 그렇다는 것을 뜻하지는 않는다. 사실, 유전자 지도를 그리는 일은 아직 시작에 불과하다. 대부분의 형질들은 다인자의 영향을 받는다. 예컨대 지능과 인지 능력의 가장 단순한 요소들도 여러 염색체의 여러 부위에 흩어져 있는 다양한 유전자들의 영향을 동시에 받는다. 어떤 경우에는 관련 유전자들의 수가 늘어남으로써 결국 최종 산물의 양이 증가하기도 한다.(예컨대, 신경 전달 물질의 양이 늘어난다거나 피부색의 농도가 진해진다거나 한다.) 이것은 다인자들이 자신의 효과를 단순히 덧붙이는 방식이다. 이런 가법적인 유전은 개체군의 형질 분포에 관해 전형적으로 종 모양의 정규 분포 곡선을 나타낸다. 한편, 특정 형질을 발생시키는 고유 역치(閾値)에 이를 때까지 유전자들이 더해지는 방식도 있다. 예컨대 당뇨와 몇몇 정신 질환은 이런 유형에 해당되는 것 같다. 다른 한편으로 다인자들은 서로 간의 우열 관계에 따라 상호 작용을 할 수도 있다. 이것은 한 염색체의 어떤 유전자가 다른 염색체의 다른 유전자를 억누르는 식으로 작동한다. 뇌전도(EEGs)에서 드러나는 뇌파 패턴은 이런 식으로 유전되는 신경 현상의 한 사례이다.

마지막으로 문제를 더욱 복잡하게 만드는 다면 발현(pleiotropy)이 있다. 이것은 하나의 유전자가 다양한 형질에 영향을 주는 현상이다. 다면 발현의 고전적인 사례는 인간의 페닐케톤 요증(phenylketonuria)을 야기하는 돌연변이 유전자인데, 이것으로 인해 아미노산 페닐알라닌의 과다, 티로신 결핍, 페닐알라닌의 비정상적 대사물, 짙은 소변, 밝은 머리카락 색깔, 중추 신경계의 독성 손상, 그리고 정신 지체 등이 생긴다.

유전자로부터 그것이 규정하는 형질로 이동하는 경로에는 엄청나게 복잡한 것들이 뒤얽혀 있는 것처럼 보인다. 하지만 여전히 그것들은 해독될 수 있다. 미래의 인간 생물학은 대개 신체의 발달과 그 발달이 인간의 마음에 어떤 영향을 주는지를 추적하는 데에 많은 노력을 기울일 것이다. 만일 현재의 연구가 옳은 방향으로 가고 있다면, 향후 20년 이내에 우리는 인간 유전체의 완전한 서열을 보게 될 것

CONSILIENCE

278 통섭

이고 인간 유전자 대부분에 대한 지도를 작성하게 될 것이다.(컴퓨터 기술의 획기적 발전과 민간 기업의 연구 참여 등으로 인해 인간 유전체 사업의 일정은 상당 부분 앞당겨졌다. 이미 2003년 4월 14일에 인간 유전체의 염기 서열이 완전하게 밝혀졌다. 하지만 유전자 지도를 그리는 작업은 아직도 한창 진행 중이다.—옮긴이) 게다가 유전 양상에 관한 과학적인 관리가 가능해질 것이다. 행동 형질을 통제하는 다인자의 수는 한정되어 있다. 10개 이하의 변이가 대부분이다. 한 유전자의 다중 효과도 역시 한정적이다. 그 효과는 분자생물학자들이 유전자 집단에서 변화되는 화학 작용의 순차적 전달을 추적하고, 뇌과학자들이 이런 작용들의 최종 산물인 뇌의 활동 양상을 제대로 파악하게 되면 좀 더 완전하게 정의될 것이다.

좀 더 가까운 미래에 대해서 말하자면 인간행동유전학은 두 주제에 관한 연구들을 활발히 수행할 것이다. 하나는 정신 장애의 유전에 관한 연구이고 다른 하나는 성 정체성 차이와 성적 기호에 관한 연구이다. 이 연구들에 대해서는 대중들이 큰 관심을 보이고 있다. 게다가 내용이 분명해서 비교적 쉽게 분리되고 측정되는 과정들을 포함한다는 추가 장점도 있다. 이것은 다음과 같은 과학 연구의 수행 원리와도 잘 맞아떨어진다. 즉 돈을 벌 수 있는 패러다임을 찾아라. 그리고 할 수 있는 모든 분석법으로 공략하라!

성 정체성 차이는 정치적으로 논란이 있는 것이기는 하지만 특히 생산적인 패러다임이다. 이 차이는 심리학·인류학적 문헌 속에서 이미 풍부하게 기술되었다. 그 차이의 생물학적 토대는 부분적으로 알려져 있다. 주로 뇌량(腦梁, corpus callosum)과 다른 뇌 구조물들에 대한 비교가 이뤄졌다. 성 정체성 문제에서 논의되는 차이들은 대개 뇌 활동의 패턴 차이, 냄새와 맛 그리고 다른 감각 능력의 차이, 공간 및 언어 능력의 차이, 어린 시절의 놀이 행동 차이 등이다. 성의 분화를 매개하는 호르몬들은 비교적 잘 알려져 있다. 이 호르몬들은 비록 중첩되어 있는 경우도 있지만 다양한 형질들 사이의 통계적 차이를 초래한다. 태아기와 유아기 사이에 결정적인 차이를 촉발시키는 주요 유전자는 Y 염색체 위에 있다고 알려졌다. Y 염색체의 성 결정 유전자(sex-determining region of Y, Sry)가 없을 때, 즉 어떤 사람이 XY가 아닌 XX 염색체를 가질 때 태아의 생식선은 결국 난소를 발생시키고 그에 따른 호르몬과 생리적 변화를 일으킨다. 이런 사실은 이데올로기를 내세우는 모든 이들을 실망시킬지는 몰라도, 좋든 싫든 호모 사피엔스가 하나의 생물 종이라는 사실을 일깨워 준다.

지금까지 나는 유전자에서 문화로, 문화에서 다시 유전자로 옮겨 다니며 유전자 · 문화 공진화의 단계 대부분을 추적했다. 이 단계들은 다음과 같이 매우 간략하게 요약될 수 있을 것이다.

유전자의 규정을 받는 후성 규칙들은 문화적 습득과 전달을 가능케 하는 감각 지각과 정신 발달의 규칙성이다.

문화는 어떤 유전자가 다음 세대로 전달될 것인지를 결정하는 것을 돕는다.

성공적인 새 유전자는 개체군의 후성 규칙을 변화시킨다.

변화된 후성 규칙은 문화적 습득이 이뤄지는 경로의 방향과 효율성을 변화시킨다.

이런 일련의 단계에서 마지막 단계는 가장 중요함과 동시에 논란을 불러일으키는 부분이다. 그것은 유전적 속박에 관한 문제이다. 선사 시대에, 특히 현대 호모 사피엔스의 뇌가 진화했던 10만 년 전쯤까지는 유전적 진화와 문화적 진화는 서로 밀접하게 짝지워져 있었다. 하지만 신석기 시대의 시작, 특히 문명의 발흥으로 문화적 진화는 유전적 진화를 뒤로 한 채 앞으로 훨씬 더 빨리 뛰어가기 시작했다. 그렇다면 문화의 이런 폭발적 진화 과정에서 후성 규칙은 문화들이 서로 달라지는 것을 얼마나 허용했는가? 유전적 속박은 얼마나 꽉 죄여 있는가? 이것이 열쇠가 되는 물음이며 현재로서는 이 물음에 대해 부분적인 답만 할 수 있다.

일반적으로 후성 규칙의 제약은 강력하다. 심지어 가장 세련된 사회 속에 살고 있는 사람들의 행동도 통제할 정도이다. 하지만 문화는 유전주의자들을 당혹스럽게 할 만큼은 후성 규칙의 속박에서 벗어나 다양해졌다. 어떤 문화는 잠시 동안이기는 하지만 진화적 적응도 줄이는 데도 불구하고 출현했다. 사실, 제멋대로 굴러가다 심지어 그것을 조장한 사람마저 해치는 문화들도 존재한다.

후성 규칙에서 문화적 다양성으로의 이행에 대한 우리의 불완전한 지식을 표출하는 최선의 방법은 실제 사례를 언급하는 것이다. 나는 두 가지 사례를 소개할 것인데 하나는 비교적 단순하지만 다른 하나는 꽤 복잡하다.

단순한 사례부터 살펴보자. 만일 우리가 갑자기 언어적 의사소통을 할 수 없게 된다고 해 보자. 그런 상황에서도 우리는 기본적인 의사소통을 하기에 충분한 준언어(paralanguage)를 활용할 수 있다. 예컨대 체취, 붉어지는 얼굴, 감출 수 없는 반사 작용, 얼굴 표정, 자세, 몸짓, 비언어적 발성 등과 같은 것들은 상대방에게 자신의 기분과 의도를 정확히 표현하는 수단이 된다. 이것들은 언어 발생 전부터 우리 영장류가 물려받은 유산이었다. 그 신호들은 세부 사항에 있어서 문화마다 다르기도 하지만 우리 조상의 유전적 기원을 드러내는 불변의 요소들을 가지고 있다. 예를 들면 다음과 같다.

• 앤스트로스테놀(anstrostenol)은 땀과 신선한 소변에서 검출되는 남성 호르몬이다. 사향이나 백단향처럼 이것은 성적 매혹을 유발하고 사회적 접촉 시에 기분을 좋게 해 준다.

• 타인을 만지는 행위는 다음의 선천적인 규칙들에 의해 조절되고 있는 일종의 인사 행위이다. 동성의 낯선 사람은 팔만 만져라. 친근함이 증가하면 만지는 부위도 확장하라. 이성의 친밀함을 위해서는 더 많은 곳을 만져라.

• 동공 팽창은 타인에 대한 긍정적 반응이며 특히 여성에게는 더욱 분명하게 나타난다.

• 혀를 내밀고 침을 뱉는 행위는 거부의 공격적 표시이다. 입술 주위로 혀를 휘휘 돌리는 것은 대개 시시덕거릴 때 사용되는 일종의 사회적 초대 표현이다.

• 눈을 감고 코에 주름을 잡는 행위는 거부의 또 다른 보편적 신호이다.

• 아랫니를 노출시키려고 아래턱을 끌어내리면서 입을 벌리는 행위는 모욕할 심산으로 위협을 주는 표시이다.

이런 것들을 비롯한 비언어적 신호들은 유전자·문화의 공진화를 이해하기 위한 이상적인 주제들이다. 이에 대한 해부학적 구조와 생리학적 작용에 대해서는 많은 사실들이 이미 알려져 있다. 이런 신호들의 유전적 기초와 뇌 활동 원리는 언어적 의사소통에 비하면 좀 더 단순할 것이다. 한편, 각 신호가 문화적 진화를 통해 어떤 식으로 의미 변화를 겪게 되었는지는 여러 사회들에서 그것이 어떤 식으로 사용되고 있는지를 조사해 봄으로써 알 수 있다. 각 신호는 자신만의 의미 영역과 융통성을 갖는다. 따라서 문화마다 약간의 뉘앙스 차이가 발생한다. 다르게 표현하면 특정한 신호의 기본 구조를 규정하는 각 유전자 집합은 그 자신의 반응 양태를 가지는 셈이다.

비언어적 신호의 문화를 연구하려면 이런 비교학적 관점을 가져야 한다. 비언어적 신호 중에서 널리 퍼진 본능의 사례 중 하나는 독일 동물행동학의 선구자 이레네우스 아이블아이베스펠트(Irenäus Eibl-Eibesfeldt)가 연구한 눈썹 번득임(eyebrow flashing)이다. 만일 어떤 이가 무언가에 주의를 기울이게 되면 더 잘 보기 위해서 눈을 부릅뜬다. 만일 어떤 이가 놀라면 눈썹을 치켜 올리면서 눈을 부릅뜬다. 눈썹 치켜 올리기는 사회적 접촉을 청하는 신호인 눈썹 번득임으로 보편적으로 의례화되었다. 추정컨대 유전적 규정에 따라 의례화되었을 것이다. 여기서 '의례화(ritualization)'는 어떤 맥락에서 하나의 기능을 수행하고 있는 행동이 뚜렷하고 판에 박힌 다른 형태로 진화하는 현상을 말한다. 위의 예에서처럼 눈을 부릅뜨고 눈썹을 치켜 올리는 행동이 의사소통을 위해 사용되는 눈썹 번득임으로 변화된 것과 같다. 눈썹 번득임은 유전자 · 문화 공진화에 있어서 문화 부분에 의해 여러 사회들로 의미가 퍼진 경우이다. 여러 사회와 맥락에서 그것은 몸짓의 다른 형태들과 연결되어 인사, 희롱, 승인, 확인 요구, 감사, 또는 언어적 메시지의 강조 등을 의미하기도 한다. 폴리네시아에서는 그것이 사실을 나타내는 "그렇다."라는 뜻으로 사용된다.

내가 제시하고자 하는 유전자 · 문화 공진화의 두 번째의 사례는 색깔 어휘이다. 이것은 복잡한 사례들 중에서 지금까지 가장 많은 연구가 진행된 주제이다. 과학자들은 색지각을 규정하는 유전자들에서 색지각에 대한 언어적 표현으로 이행하면서 이 주제를 다루고 있다.

색깔은 자연에 존재하지 않는다. 적어도 그것은 우리가 본다고 생각하는 형태로 자연에 존재하지는 않는다. 가시광선은 연속된 다양한 파장들로 구성되어 있는데 그 파장 속에 본유의 색깔은 들어 있지 않다. 색지각은 망막의 광민감성 원추세포와 뇌의 연결 신경 세포에 의해 일어난다. 색지각은 빛 에너지가 원추세포들 내의 세 가지 다른 색소에 흡수될 때 시작된다. 생물학자들은 원추세포들이 포함하는 광민감성 색소들에 따라 그것들을 청세포, 녹세포, 적세포라고 부른다. 빛 에너지에 촉발된 분자 반응은 전기 신호로 변환되고 이 신호들이 다시 시세포를 형성하는 망막 신경절 세포(retinal ganglion cells)에 중계된다. 여기서 파장 정보가 재조합되어 두 축을 따라 분포되는 신호들을 산출해 낸다. 뇌는 이후에 한 축을 초록색에서 빨간색으로 해석하고 다른 축을 파란색에서 노란색으로 해석한다. 이때 노란색은 초록색과 빨간색의 혼합으로서 정의된다. 특정한 신경절 세포는 적세포의 입력에 따라 흥분될 수도 있고 녹세포의 입력에 따라 억제될 수도 있다. 뇌는 얼마나 많은 빨간색이나 초록색이 망막에 들어오는지를 얼마나 강한 전기 신호가 전달되는가를 통해 알아낸다. 수많은 원추세포와 중계 담당 신경절 세포에 있는 이런 유형의 집합적 정보는 시신경 교차를 건너 시상(뇌의 중심부 부근에 있는 일종의 중계소 역할을 하는 신경 세포 덩어리)의 외측슬상핵에 이르고 마지막으로 뇌의 최후부에 있는 일차 신경 피질 내에 있는 일련의 세포들로 전달된다.

시각 정보(여기서는 색깔 암호)는 0.001초 내로 뇌의 다른 부분들로 퍼진다. 뇌의 반응 패턴은 다른 유형의 입력 정보들과 그들이 불러들이는 기억에 따라 달라진다. 그러한 많은 조합들을 통해 연상된 패턴들은 예컨대 다음과 같은 패턴을 지칭하는 단어들을 생각나도록 만들 수도 있다. "이것은 미국 국기이다. 색깔은 빨간색, 흰색 그리고 파란색이다." 너무나 당연한가? 인간에게만 그럴 뿐이다. 곤충의 경우에는 이 깃발에서 여러 파장들을 지각하고 그 색을 인간과는 다른 방식으로 분해한다. 물론 분류 방식은 종마다 다를 것이며 만일 그 곤충이 어떻게든 색깔에 대해 말을 할 수 있는 존재가 된다하더라도 우리는 그 곤충의 말을 번역조차 할 수 없을 것이다. 곤충이 바라보는 깃발은 곤충의 본성 때문에 미국의 국기일 리 없다.

세 가지 원추 색소들에 대한 화학적 성질(구성 아미노산의 종류와 구조)은 이미 알려져 있다. 그것들을 규정하는 X 염색체상의 유전자들의 구조와 색맹을 일으키는 유전자 변이의 구조도 알려져 있다.

인간의 감각 기관과 뇌는 연속적으로 분포해 있는 가시광선의 파장을 딱딱 떨어지는 단위들(우리는 이것을 색 스펙트럼이라 부른다.)로 구분한다. 이런 구분은 조상으로부터 물려받은 분자생물학적 과정들을 통해서 가능한데 이것은 꽤 잘 알려져 있다. 사실 이런 색 구분 범주는 생물학적인 의미에서 궁극적으로는 임의적이다. 이것은 지난 수백만 년에 걸쳐 진화했을 수많은 구분 범주들 중 하나이기 때문이다. 하지만 그것은 문화적인 의미에서는 결코 임의적이지 않다. 왜냐하면 그것이 유전적으로 진화했기 때문에 학습이나 명령을 통해서 변화될 수 없기 때문이다. 모든 인간 문화(색깔을 포함해서)는 이런 단일 과정으로부터 파생되었다. 색지각은 생물학적 현상으로서 가시광선의 일차 성질(가령, 조도)을 지각하는 것과는 다르다. 예컨대 조명등의 밝기 조절 스위치를 돌리면서 조도를 점진적으로 변화시키면 우리는 연속적인 과정으로 그 변화를 제대로 지각한다. 그러나 단색광(단일 파장의 빛)을 사용하여 그 파장을 점진적으로 변화시키면 우리는 연속성을 지각하지 못한다. 우리가 보는 것은 처음에는 파란색, 그 다음은 초록색 그리고 노란색, 맨 마지막에는 빨간색이 된다.

전 세계에 존재하는 색깔 어휘들은 이런 동일한 생물학적 제약에 따라 편향되어 만들어졌다. 1960년대에 미국 캘리포니아 대학교 버클리 분교에서 수행된 유명한 연구에서 브렌트 벌린(Brent Berlin)과 폴 케이(Paul Kay)는 스무 가지 다른 언어를 사용하는 원주민들에 대해 이런 제약이 있는지를 시험해 보았다. 아라비아 어, 불가리아 어, 광둥어, 카탈로니아 어, 이스라엘 어, 이비비오 어(Ibibio), 타이 어, 트젤탈 어(Tzeltal), 우르드 어(Urdu) 등을 쓰는 원주민들이 피시험자였다. 그들은 원주민들에게 자신들의 색깔 어휘를 직접적이고 정확하게 기술해 달라고 요청했다. 피시험자들은 먼셀 색 배열(Munsell array)의 어딘가에 자신의 언어의 주요한 색깔 용어들을 말하고 그에 근접한 색깔을 표시했다. 멘셀 색 배열은 왼쪽 칸에서 오른쪽 칸으로 갈수록 색의 파장이 달라지고 위쪽 칸에서 아래쪽 칸으로 가면서는 밝기가 달라지도록 고안된 색체계 표이다. 비록 색깔 어휘가 그 기원과 소리 면에서 언어권마다 엄청나게 다르지만 피시험자들은 기본 색인 파란색, 초록색, 노란색, 빨간색에 가까이 대응하는 칸들에 표시를 했다.

한편 캘리포니아 대학교 버클리 분교의 엘리너 로시(Eleanor Rosch)는 1960년대에 색지각에 관한 실험을 통해 색깔 학습의 편향이 얼마나 강력한가를 명백하게 보여 주었다. 그는 뉴기니의 다니 족(Dani)이 색깔을 지칭하는 단어를 가지고 있지 않다는 사실을 이용하여 인지의 "자연 범주"를 찾으려 했다. 다니 족은 색깔에 대해서는 "밀리(대략적으로 '어두운'이라는 뜻)"와 "몰라(밝은)"만을 쓴다. 로시는 다음과 같은 질문을 던졌다. 만일 다니 족 어른이 색깔 어휘를 배우게 된다면 그 어휘들이 기본 색들에 대응될 때 더 잘 배울 것인가? 즉 선천적인 유전적 제약이 문화적 발명에 과연 얼마나 문을 열어 줄 것인 가? 로시는 68명의 다니 족 자원자들을 두 집단으로 나눴다. 그리고 한 집단에는 기본 색들(파랑, 초록, 노랑, 빨강)에 대응하는 새롭게 발명 된 색깔 용어들을 가르쳤고, 다른 집단에는 기본 색들이 아닌 다른 색들에 대응하는 용어들을 가르쳤다. 실험 결과, 색지각의 "자연적" 속성을 따르는 첫 번째 집단은 덜 자연적인 색깔 용어를 배웠던 두 번째 집단보다 두 배가량 빨리 배웠다. 또한 색깔 용어들을 선택하라 고 요청받을 때 첫 번째 집단의 피험자들이 더 쉽게 선택했다.

이렇게 되면 유전자에서 문화로의 이행을 마무리짓기 위한 질문 이 나온다. 즉 색지각의 유전적 기초와 그것이 색깔 어휘에 미치는 일반적인 효과가 있다고 했을 때, 도대체 상이한 문화들 사이에서 그 어휘들은 얼마나 다양해졌는가? 우리는 이 문제에 대해 적어도 부분 적으로는 알고 있다. 색깔에 상대적으로 관심이 없는 사회는 극히 드 물다. 그 사회는 초보적인 분류법을 가지고 산다. 하지만 다른 사회 들은 기본 색에 대한 정교한 구분뿐만 아니라 기본 색 내에 있는 명 도와 채도 차이에 대해서도 명확히 인지하고 그에 따른 어휘들을 적 절히 배치하고 있다.

어휘를 배치하는 일은 무작위적일 수밖에 없는가? 분명히 그렇지 않다. 이후의 연구에서 벌린과 케이는 인간이 2~7개의 기본 색 용 어를 사용하고 있다는 것을 관찰했다. 그리고 이 기본 색들은 먼셀 색 배열 속에 지각된 기본적 네 가지 색깔 블록들을 가로질러 퍼져 있는 색깔들이다. 전체 색깔은 영어로는 검정색(black), 흰색(white), 빨간색(red), 노란색(yellow), 초록색(green), 파란색(blue), 갈색 (brown), 자주색(purple), 분홍색(pink), 오렌지색(orange), 회색(gray)으 로 총 열한 가지이지만 다니 족 언어로는 두 가지밖에 없다. 더 흥미로운 사실은 단순 분류법에서 복잡한 분류법을 가진 사회로 이행하는 과정에서 기본 색 용어의 조합이 결과적으로 다음과 같은 위계 질서에 따라 이뤄진다는 점이다.

단지 두 가지 기본 색 용어를 가진 언어에는 검정색과 흰색을 구분하는 단어만 있다.

단지 네 가지 기본 색 용어를 가진 언어에는 검정색, 흰색, 빨간색 그리고 초록색 또는 노란색을 구분하는 단어들만 있다.

단지 다섯 가지 기본 색 용어를 가진 언어에는 검정색, 흰색, 빨간색, 초록색 그리고 노란색을 구분하는 단어들만 있다.

단지 여섯 가지 기본 색 용어를 가진 언어에는 검정색, 흰색, 빨간색, 초록색, 노란색 그리고 파란색을 구분하는 단어들만 있다.

단지 일곱 가지 기본 색 용어를 가진 언어에는 검정색, 흰색, 빨간색, 초록색, 노란색, 파란색 그리고 갈색을 표현하는 단어들만 있다.

남아 있는 네 가지 색깔들(자주색, 분홍색, 오랜지색, 회색)은 위의 일곱 가지 색에 첨가될 수 있기는 하나 위와 같이 위계적으로 진행되지는 않는다.

기본 색 용어들이 실제와는 달리 무작위적으로 조합된다면 인간의 색깔 어휘들은 혼란 속에 빠질 것이다. 왜냐하면 만일 무작위적이라면 색깔 어휘들은 수학적으로만 보면 2,036개의 조합이 될 것이기 때문이다. 하지만 벌린과 케이의 이런 실험 결과는 대부분의 경우에 색깔 어휘들이 단지 22개임을 시사한다.

어떤 측면에서 이 어휘들은 색지각과 의미 기억의 후성 규칙에 따라 산출된 모방자(혹은 문화 단위)가 확산된 결과이다. 즉 유전자가 우리로 하여금 상이한 파장들을 특정한 방식으로 보게끔 규제한다. 게다가 세상을 여러 범주들로 나누고 그것들에 이름을 붙이려는 추가적 성향 때문에 우리는 특정한 순서대로 기본적인 11색 단위를 만들어 냈다.

하지만 이것으로 끝은 아니다. 인간의 마음은 파장들을 열한 가지로 구분하는 선에서 만족하기에는 너무나 기묘하고 생산적이다. 영국의 언어학자 존 라이온스(John Lyons)가 지적했듯이 뇌에서의 색인지는 단지 파장만을 나타내는 것으로 끝나지 않는다. 즉 색 용어들은 종종 촉감, 광택, 명도 등과 같은 다른 성질들도 포함하게끔 만들어진다. 필리핀의 말레이폴리네시아 어인 하누누 어(Hanunoo)로 "말라투이(malatuy)"는 "갈색을 띤", "촉촉한", "표면이 빛나는", "금방 베어진 대나무에서 볼 수 있는 종류의 것"을 뜻하지만, "마라라(marara)"는 오래된 대나무처럼 "노란색을 띠는", "딱딱한" 표면을 뜻한다. 그런데 만일 영어 사용자들이 "말라투이"를 "갈색을 띤"으로 "마라라"를 "노란"으로만 번역해 버린다면 원래 의미가 잘 살아나지 않는다. 이와 유사하게 고대 그리스 어 중 "클로로스(chloros)"는 일반적으로 "초록색을 띤"으로 번역되지만 원래 의미는 분명히 "초록 이파리의 싱싱함 혹은 촉촉함"이었을 것이다.

뇌는 내상과 속성 간의 정확한 연결을 위하여 계속해서 의미를 찾는다. 이때 속성은 의미들을 가로지르며 외부 세계에 대한 정보를 제공한다. 우리는 후성 규칙이라는 제약의 현관을 지나 그 세계로 들어간다. 준언어와 색깔 어휘의 예에서 드러났듯이, 문화는 유전자로부터 발흥하며 유전자의 검인을 영원히 간직한다. 한편으로 문화는 은유와 새로운 의미를 창조함으로써 자신의 삶을 획득했다. 인간 조건을 이해하려면 유전자와 문화를 모두 이해해야 한다. 하지만 과학과 인문학을 분리한 채 이해하려 한다면 부질없는 짓이 된다. 인간 진화의 실새성을 인식하면서 이 둘을 함께 묶어 이해해야 한다.

8장

인간 본성의 적응도

인간 본성이란 무엇인가? 그것은 인간 본성을 규정하는 유전자도 아니고 인간 본성의 궁극적 산물인 문화도 아니다. 오히려 우리는 지금 막 그것에 대한 정확한 표현을 찾기 시작했다. 그것은 후성 규칙들이다. 즉 문화의 진화를 한쪽으로 편향시켜 유전자와 문화를 연결해 주는 정신 발달의 유전적 규칙성이다.

인간 본성은 아직은 모호한 개념이다. 왜냐하면 후성 규칙들에 대한 우리의 이해가 아직 초보적이기 때문이다. 앞에서 내가 사용했던 사례들은 광대한 인간 정신의 한 단편에 불과하다. 하지만 다양한 범주의 행동에서 비롯된 사례들이기 때문에 유전적 기초를 가진 인간 본성의 존재에 대한 설득력 있는 증언으로 기능할 수 있다. 지금까지 검토된 많은 사례들을 다시 정리해 보면 다음과 같다. 꿈의 환각 속 싱, 뱀의 매혹적인 공포, 음소 구성, 맛에 대한 기본적 선호, 어머니와 아기의 결속, 기본적인 얼굴 표정, 개념의 구상화, 대상의 의인화, 연속적으로 변하는 대상과 과정을 둘로 분류하는 경향. 특히 빛을 일곱 색깔 무지개로 분해하는 규칙은 유전자에서 어휘 창조로 나아가는 하나의 인과 연쇄 내에 위치해 있다. 이것은 과학과 인문학 사이에 다리를 놓는다는 것이 무엇인지를 단적으로 보여 주는 범례로서 후속 연구들의 원형으로 작용한다.

색지각을 비롯한 몇몇 후성 규칙들은 수천만 년 전에 형성된 영장류의 형질이다. 반면 언어의 신경 기제를 비롯한 다른 후성 규칙들은 인간에게 고유한 것들이며 그 뿌리는 수십만 년 전으로 거슬러 올라간다. 이런 의미에서 인간 본성의 탐구는 후성 규칙들의 고고학인 셈이다. 이것은 향후 학제 연구의 중요한 부분이 될 것이다.

생물학자들과 사회과학자들은 유전자·문화 공진화에서 인과적 사건들이 유전자, 세포, 조직, 뇌, 행동의 순서를 따라 일어난다고 생각한다. 그 사건들은 물리적 환경과 기존 문화와의 상호 작용을 통해 이후의 문화 진화를 편향시킨다. 그러나 그런 연쇄(유전자가 후성 규칙을 통해 문화에 행하는 작용)는 전체 상호 작용의 절반일 뿐이다. 또 다른 절반은 문화가 유전자에게 하는 작용이다. 도대체 문화가 어떤 식으로 인간 본성의 기저에 존재하는 유전자의 자연선택을 돕는가?

유전자·문화 공진화를 이렇게 단순한 방식으로 표현함으로써 이기적 유전자라는 은유를 지나치게 부풀리고 싶지는 않다. 그리고 마음의 창조적 능력을 최소화하고 싶지도 않다. 뇌와 행동의 후성 규칙들을 규정하는 유전자들은 거대 분자들의 단편일 뿐이다. 그것은 감정도 없고 신경 쓰는 일도 없고 물론 의도도 없다. 그저 고도로 구조화된 수정 세포 내에서 발생을 조절하는 화학 작용의 연쇄를 촉발시킬 뿐이다. 그것의 문서는 분자에서 세포 그리고 기관의 수준으로 확장된다. 연쇄적인 생화학 작용으로 이뤄진 발생의 초기 단계는 결국 감각계와 뇌가 자신을 조립하는 단계에 이르러 끝을 맺는다. 그 후로 개체가 완성되어야만 정신 활동은 창발적 과정을 통해 출현하게 된다. 뇌는 생물학적 질서의 최고 단계들의 산물로서 개체의 해부학적 구조와 생리적 작용에 함축되어 있는 후성 규칙들의 제약을 받고 있다. 뇌는 환경 자극의 범람 속에서 작동하면서 보고 듣고 배우며 자기 자신의 미래를 계획한다. 진화 과정에서 수많은 뇌의 집합적 선택은 인간의 모든 것——유전자, 후성 규칙, 의사소통적 마음 그리고 문화——의 진화적 운명(Darwinian fate)을 결정한다.

지혜로운 선택을 한 뇌는 더 높은 진화적 적응도(Darwinian fitness)를 가지게 되는데 이것은 그 뇌가 잘못 선택한 뇌들보다 통계적으로 더 오래 살고 더 많은 자손을 남기게 됨을 뜻한다. "적자생존(survival of the fittest)"이라는 말로 흔히 요약되는 이 일반화는 마치 동어 반복——적합한 놈이 살아남고 살아남은 놈이 적합하다는 식으로——처럼 들린다. 하지만 그것은 자연에서 강력한 영향력을 행사하는 생산 과정을 표현하는 말이다. 수십만 년의 구석기 역사 속에서 인간의 특정한 후성 규칙들을 규정하는 유전자들은 자연선택 과정을 통해 점점 증가해 종 내에 널리 퍼지게 되었다. 이런 수고 덕분에 인간 본성이 탄생한 것이다.

인간 진화가 침팬지나 늑대의 진화와 정말로 다른 점은 인간의 진화를 추동해 온 환경에서 문화적인 요소가 큰 부분을 차지한다는 사실이다. 따라서 문화가 조성한 특수한 환경은 행동 유전자들에 영향을 끼친다. 즉 행동 유전자들은 문화의 영향을 받는다. 주변 환경에서 먹이를 찾는 행동처럼 자신들의 문화를 최대로 활용했던 조상들은 진화적 이득을 많이 챙겼다. 선사 시대에 그들의 유전자는 증식되었고 뇌 회로와 행동 형질을 조금씩 변화시켜 결국 현재의 인간 본성을 만들어 냈다. 역사적인 우발성도 그런 일에 모종의 역할을 하기는 했지만 결국 자기 파괴적인 것으로 판명이 난 것들이 많았다. 그러나 대체로 자연선택은 긴 세월 동안 인간 진화의 원동력으로 작용했다. 인간 본성은 적어도 그것이 처음 등장했을 당시에는 적응적이었다.

유전자 · 문화 공진화 이론은 하나의 역설을 만들어 내는 듯하다. 그것은 인간의 행위가 문화를 만들고 동시에 문화가 인간의 행위를 만든다는 점이다. 하지만 우리가 인간의 조건을 동물계에 널리 퍼져 있는 환경과 행동 사이의 호혜성과 비교해 보면 그런 모순은 사라진다. 아프리카 코끼리는 많은 수의 수목과 관목을 먹어대면서 나무들이 성긴 삼림 지대를 창조한다. 그 코끼리의 다리 밑에서 우글대는 흰개미는 죽은 초목을 소비하고 땅과 배설물을 이용해 밀봉된 집을 짓는다. 그리고 놀랍게도 수분과 이산화탄소를 만들어 내서 자신들의 생리 작용이 잘 적응하게끔 소기후를 만들어 낸다. 인간을 홍적세(지질 연대는 크게 원생대, 고생대, 중생대, 신생대로 나뉘는데 6500만 년 전에 시작된 신생대는 다시 제3기와 제4기로 구분된다. 그리고 제4기는 200만 년 전에 시작된 홍적세와 1만 년 전에 시작된 충적세로 나뉜다. 호모 에렉투스가 약 200만 년 전에 진화했으니까 인류의 주무대는 구석기 문화로 장식된 홍적세라고 할 수 있다. 인류는 그 시대에 네 차례의 빙하기와 간빙기를 거쳤으며 마지막 빙하기가 끝난 1만 년 전쯤에 기후와 동식물의 분포가 현재와 흡사한 충적세로 넘어오게 되었다. 그리고 그와 함께 신석기 시대가 시작되었다. ―옮긴이)에 이들의 서식지와 동일한 곳에서 진화한 존재로 보려면 환경의 일부를 문화로 대체하기만 하면 된다. 사회적으로 학습된 복잡한 행동이라고 엄격히 정의되는 문화는 확실히 인간에게만 한정되어 있다. 따라서 유전자와 문화(환경으로서의) 간의 호혜성도 독특할 수밖에 없지만 그 기저에 흐르는 원리는 동일하다. 따라서 인간의 행동이 문화에서 나오면서 동시에 문화가 인간의 행위에서 나온다고 말하는 것에는 아무런 모순이 없다.

인간 본성의 기원에 관한 생물학적 이론은 일부 학자들을 불쾌하게 만들었다. 그들 중에는 사회과학과 인문학 분야의 석학들도 몇 명 포함되어 있다. 하지만 나는 그들이 실수를 범했다고 확신한다. 그들은 유전자 · 문화 공진화 이론을 경직된 유전자 결정론과 혼동함으로써 오해를 하고 말았다. 유전자 결정론은 유전자가 특정한 형태의 문화를 이끌어 낸다는 견해로서 신뢰를 받지 못하는 이론이다. 나는 그들의 정당한 우려가 다음과 같은 논증으로 사라질 수 있다고 믿는다. 유전자들은 토템 신앙, 원로 회의, 종교 의식과 같은 정교한 규약들을 결정하지 않는다. 내가 알기로는 그 어느 진지한 과학자나 인문학자도 그러한 이론을 제안한 적이 없다. 오히려 유전자에 기반을 두고 있는 후성 규칙들이 사람들로 하여금 그러한 규약들을 창조하고 받아들이도록 만든다. 후성 규칙들이 충분히 강력하다면 그것에 따른 특정 행동들이 다양한 사회 속에서도 수렴적으로 진화하도록 만든다. 그리고 후성 규칙들에 따라 편향된 문화에서 진화된 그 규약들은 문화적 보편자로 간주된다. 소수 문화의 경우에도 동일한 시나리오가 적용될 수 있다. 발생유전학의 입장에서는 이런 전체 구도를 유전자들의 반응 양태가 문화적 보편자의 경우에는 대단히 협소하다는 식으로 표현될 수 있다. 다시 말해 그 문화적 규약들이 생겨나지 않는 인간 환경은 거의 없다. 반면 변화하는 환경에 대응하여 다양한 군소 규약들을 산출하는 유전자, 다시 말해 문화의 다양성을 늘리는 유전자는 더 넓은 범위의 반응 양태를 보인다는 식으로 표현할 수 있다.

유전적 진화는 후성적 편향을 모두 제거함으로써 다른 방향으로 나아갈 수도 있다. 즉 유전자의 반응 양태가 무한대의 범위를 갖게 되어 문화적 다양성이 폭발할 수도 있다. 이론적으로는 가능한 일이다. 하지만 그런 현상이 존재한다고 해서 문화가 인간 유전체와의 관계를 끊을 수 있는 것은 아니다. 그것은 단지 어떤 경험에 대해서건 뇌가 동등한 민첩성을 갖고 반응하고 배우도록 유전자들이 뇌를 설계할 수 있다는 뜻이다. 만일 편향이 없는 학습이라는 것이 실제로 있다면 그것은 유전자·문화 공진화 이론에 대한 반박이라기보다는 오히려 매우 특이한 유형의 후성 규칙 때문에 생긴 공진화의 극단적 산물이다. 하지만 편향이 없는 정신 발달의 사례가 아직까지 발견되지 않았기 때문에 이 논증은 당분간은 논란이 될 수밖에 없다. 후성적 편향은 우리가 지금까지 탐구해 온 몇몇 문화 범주들만 보아도 하나같이 정도의 차이만을 나타내고 있다.

지질학적인 시간 척도에서 대단히 빠른 속도로 진행되는 문화의 진화를 보면 인류가 자신의 유전적 지시에서 슬슬 벗어나기 시작했거나 어떤 방식으로든 그런 지시를 억누르고 있다고 주장하고 싶어질 것이다. 그러나 그것은 환상이다. 옛날 유전자들과 그로 인한 후성 규칙들은 여전히 제자리를 지키고 있다. 호모 사피엔스 진화사의 대부분에서 그리고 그것의 조상 종인 호모 하빌리스, 호모 에렉투스 그리고 호모 에르가스테르(Home ergaster)를 거치는 동안 문화의 진화는 느리게 진행되었고 유전적 진화와 계속해서 딱 맞물려 있었다. 그 기간 동안 인류의 문화와 유전자는 모두 유전적으로 적합했을 것이다. 수만 년의 홍적세 내내 인공물의 진화는 거의 일어나지 않았다. 틀림없이 그 인공물을 사용했던 수렵·채집 집단의 기본적 사회 조직에도 큰 변화가 없었을 것이다. 새로운 천년기가 시작되면서 유전자와 후성 규칙이 문화와 제휴하여 진화하게 되는 시간도 있었다. 하지만 홍적세 말엽인 4,000~1만 년 전에는 문화 진화의 속도가 빨라졌다. 그 후 신석기 농경 시대에는 그 속도가 엄청나게 빨라졌다. 집단유전학 이론에 따르면 대부분의 변화가 놀라운 속도로 진행되었기 때문에 유전적 진화가 뒤쳐질 수밖에 없었다. 그러나 구석기 유전자들이 이런 '창조적 혁명기'에 소멸되었다는 증거는 없다. 그것들은 원래 자리에서 인간 본성의 근본 규칙들을 계속해서 규정해 왔다. 그리고 문화를 따라잡을 수는 없었지만 그렇다고 문화 때문에 제거되지는 않았다. 좋건 나쁘건 간에 그것들은 원시 시대의 인간 본성을 근대 역사의 혼돈 속으로 밀어 넣었다.

따라서 인간의 행동을 평가할 때 행동 유전자를 고려하는 일은 현명한 선택처럼 보인다. 사회생물학(이 이름이 아니라면 다윈인류학이나 진화심리학이라 해도 좋다. 아니면 정치적인 입장에서 수용하기 더 좋을 만한 이름들을 선택해도 무방하다.)은 인간 본성의 생물학적 이해를 위해 매우 중요한 하나의 연결고리가 될 수 있다. 사회생물학은 진화론에 입각한 질문을 던짐으로써 인류학과 심리학 연구에 새로운 지평을 열어 주었다. 인간사회생물학의 주요 연구 전략은 가장 높은 진화적 적응도를 안겨 주는 사회 행동이 무엇인지를 예측하기 위해 집단유전학과 생식생물학의 기본 원리에서 연구를 시작하는 일이다. 이 예측들은 세심하게 설계된 현장 연구의 결과뿐만 아니라 민속 기록과 역사 기록에서 얻은 자료들과도 비교·평가된다. 구석기 조상들의 풍습과 가장 닮은 현존 전통 사회들(예컨대 문자가 없는 사회)은 이런 예측이 맞는지를 시험해 보기 위한 좋은 장소이다. 오스트레일리아, 뉴기니 그리고 남아메리카에 있는 몇몇 사회들은 아직도 석기 문화를 가지고 있어서 인류학자들의 집중적인 관심을 받아 왔다. 한편 현대 사회에서 얻은 자료들도 가설을 입증하거나 반증하는 데 사용된다. 왜냐하면 빨리 진화하는 문화적 규범들이 최적의 적응도를 갖고 있지 않을 수도 있기 때문이다. 이 모든 연구들에서 온갖 분석 기법이 등장한다. 예컨대 다수의 경합 가설들, 수학적 모형 그리고 통계 분석 등이 동원된다. 심지어 유전자와 종의 진화를 추적하는 데 사용되는 정량 분석법을 이용하여 문화적 규약과 모방자의 역사까지도 재구성할 수 있다.

인간사회생물학은 지난 25년 동안 영향력이 커졌으며 기술적으로도 복잡한 분야가 되었다. 그렇지만 이 분야의 기본적인 진화 원리들은 다음의 몇 가지 기본 범주로 환원될 수 있을 것이다.

혈연 선택(kin selection)은 유전자가 그 자신을 운반하는 개체에 미치는 효과와 그 유전자로 인해 그 개체의 모든 유전적 친족에 미치는 효과를 더한 것에 기초하여 자연선택이 그 유전자를 선택하는 것을 뜻한다. 여기서 유전적 친족이란, 부모, 자식, 형제자매, 사촌 등은 물론이거니와 생존해 있고 번식을 할 수 있으며 친족의 번식에 영향을 줄 수 있는 모든 존재를 뜻한다. 혈연 선택은 이타적 행동의 기원에서 특히 중요하다. 같은 부모 밑에서 태어났기에 유전자의 절반을 공유하는 두 자매(예컨대, 영희와 순희)를 생각해 보라. 영희는 동생인 순희를 돕기 위해 자신의 삶을 희생하거나 적어도 자식을 낳지 않는다. 결과적으로 순희는 그런 도움이 없을 때 낳았을 자식의 두 배를 낳아 기른다. 순희 유전자의 절반이 관대한 영희 유전자와 동일하기 때문에 결과적으로 영희의 유전적 적응도의 손실은 만회된다. 만일 그런 (영희의) 행동이 유전자의 규정을 따르고 자주 나타난다면 그 유전자는 자신을 운반하는 개체에게는 손해를 주는 데도 불구하고 결과적으로 개체군 내에 퍼질 수 있다.

이런 단순한 전제를 다듬는 과정에서 이타성, 애국심, 민족성, 상속 규칙, 입양 풍습, 유아 살해 등의 패턴들이 예측되었다. 이런 예측들 중 많은 것들이 참신한 것들이며 대부분 잘 입증되었다.

양육 투자(parental investment)는 부모가 어떤 자식에게 투자할 여력을 포기하면서까지 다른 자식에게 투자함으로써 그 자식의 적응도를 높이는 행위를 뜻한다. 양육 투자를 어떻게 하는지에 따라서 그런 선택을 하게끔 만들어 준 유전자들의 적응도가 달라진다. 예컨대 누구를 선택할 것인가에 따라서 자식을 많이 남길 수도 있고 적게 남길 수도 있다. 이런 생각은 '가족 이론'으로 발전하여 성비, 혼인 계약, 부모자식 간 충돌, 자식을 잃었을 때의 슬픔, 아동 학대 그리고 유아 살해에 관한 새로운 통찰을 제공하고 있다. 나는 진화론적 추론이 사회과학과 어떤 관련을 맺고 있는지를 충분히 보여 주기 위해서 다음 장에서 이 문제에 대해 다시 논의할 것이다.

짝짓기 전략(mating strategy)은 여성이 남성에 비해 성적 활동에 있어서 더 큰 위험 부담을 지고 있다는 기본적인 사실에서 출발한다. 왜냐하면, 임신과 수유 등을 비롯하여 기본적으로 더 많은 양육 투자를 하는 쪽이 여성이기 때문이다. 간단히 말해 난자 하나는 그것에 이르기 위해 경쟁하는 정자 수백만 개 중 하나보다 훨씬 더 가치 있다. 임신한 여성은 향후 몇 년 동안에 또다시 임신하기 힘들지만 남성은 언제 어디서나 다른 여성들을 임신시킬 물리적 능력을 가지고 있다. 과학자들은 이런 기본적인 사실에서 출발해서 짝짓기 선택, 구애 행위, 성적 관대함의 차이, 부권(父權, paternity)에 대한 염려, 자원으로 취급당하는 여성, 일부다처제(적어도 옛날에는 지구상 사회의 75퍼센트가 이 체계를 받아들였다.) 등을 예측하고 설명하는 데 큰 성공을 거두었다. 대중 매체의 수준에서 이 문제를 보면 남성의 성공적인 짝짓기 전략은 여성에 대해 바람둥이가 되는 것인 반면 여성의 경우에는 남성에 대해 수줍어하고 까다로워지는 것이다. 또한 남성은 여성에 비해 포르노와 매춘에 대해 더 관대한 것으로 기대된다. 그리고 구애 행위에 관해서는 남성의 경우에 배타적인 성적 접근을 강조하고 부권을 확실하게 보장받고 싶어 하는 반면 여성은 자원의 공급과 안전성을 중시할 것이라고 예측된다.(월슨의 이런 표현들에서 남성 중심적 냄새가 난다고 불평하는 독자가 있을지 모르겠다. 하지만 월슨이 지금 독자의 이해를 돕기 위해 대중 매체 수준에서 설명하고 있다는 사실을 잊지 말아 주기를 바란다. 그리고 월슨의 진술들이 단지 현상에 대한 기술이요 설명이지 어떠한 가치 진술도 포함하고 있지 않다는 점도 유의해야 할 것이다. 예컨대 저자의 설명이 옳다고 해서 "남성의 바람기는 정당하다."라든지 "여성이 부자 남성과 결혼하는 것은 바람직하다."라는 식의 가치 진술들이 따라 나오는 것은 아니다. ── 옮긴이)

지위(status)는 복잡한 모든 포유류 사회에서 중요한 요소이다. 인간 사회에서는 말할 것도 없다. 인간의 사회 행동들의 목록을 정리하다 보면 사람들이 일반적으로 높은 신분(서열, 계급, 부에 있어서)을 추구한다는 것을 알 수 있다. 전통 사회에서 개인의 유전적 적응도는 대체로 신분과 상관관계를 맺고 있다. 특히 부족 사회와 전제 국가의 경우에는 특히 우위에 있는 남성이 많은 여성에게 손쉽게 접근할 수 있으며 많은 자손들을 생산해 낼 수 있다. 그래서 종종 터무니없이 자손을 많이 낳기도 한다. 과거 전제 군주(절대 군주가 다른 사람들의 생사 여탈권까지를 쥐고 있는 사회)는 수백에서 수천에 이르는 여성들을 취할 수 있었다. 페루의 잉카 문명에서처럼 어떤 사회에서는 여성을 나눠 갖는 원칙을 정하는 법률마저도 있었다. 예컨대 작은 부족장에게는 여성 7명, 백부장에게는 8명, 천부장에게는 15명, 국왕에게는 700명 이상의 여성이 배분되었다. 평민들은 남아 있는 여성들을 차지할 수밖에 없었다. 아버지의 역할은 이런 서열에 비례했다. 하지만 근대 산업 국가에서 신분과 유전적 적응도 간의 관계는 애매해졌다. 자료에 따르면 높은 신분의 남성은 더 오래 살고 더 많은 여성들과 성관계를 갖지만 항상 더 많은 아이들의 아버지가 되는 것은 아니다.

부족과 민족 국가(현대판 부족)을 통한 세력 확장과 방어는 문화적 보편자이다. 왜냐하면 세력 확장과 방어는 생존과 번식 잠재력에 있어 더할 수 없이 중요하기 때문이다. 특히 부족 지도자의 경우에는 압도적으로 중요하다. 미국과 영국 사이에 벌어진 1812년 전쟁의 영웅이자 제독이었던 스티븐 디캐터(Stephen Decatur)는 "조국이 옳지 않을 수도 있다. 하지만 좋든 싫든 조국이다."(개인의 전투 능력이 언제나 그 개인의 적응도를 높이지는 못한다. 그는 1820년에 벌어진 한 전투에서 전사했다.)

생물학자들은 세력권 행동(territoriality)이 사회 진화가 일어나는 동안에 항상 발생하는 것은 아니라고 주장한다. 겉에서 보기에 이런 행동이 전혀 없는 것처럼 보이는 종들이 많다. 하지만 이런 행동은 진화 과정에서 사활이 걸린 몇몇 자원들이 "밀도 의존적 요소"로서 기능할 때 발생한다. 예를 들어 개체군 밀도는 먹이, 물, 집터 그리고 이런 자원을 찾아다니는 개체들의 가용 면적이 부족할수록 높아진다. 그래서 사망률과 출생률이 균형을 이루고 개체군 밀도가 평형에 도달하기까지 사망률이 증가하거나 출생률이 감소한다. 바로 이런 환경에서 동물 종은 세력권 행동을 진화시키는 경향이 있다. 이론적으로 볼 때 자신과 집단을 위해 사적인 자원을 방어하게끔 하는 기제가 유전적으로 구비된 개체들은 다음 세대에 유전자를 더 많이 전달할 것이다.

반면 자원들을 제한해도 개체군의 성장이 평형 상태에 도달하지 않는 종들도 있다. 그런 경우에는 오히려 이주, 질병 또는 포식자의 수를 증가시킴으로써 평형에 이르게 할 수 있다. 만일 이렇게 밀도 의존적 요소들이 다양하고 그로 인해 자원 통제가 필요하지 않을 때에는 세력권 방어는 하나의 유전적 대응으로서 진화하지 않는다.

인류도 틀림없이 세력권 행동을 하는 종이다. 한정된 자원들을 어떤 식으로 통제할 것인지는 인류의 진화사 속에서 생사를 가리는 문제와도 같았다. 세력권을 지키기 위한 공격적 행동은 널리 퍼져 있으며 그에 대응하려는 행동이 때로는 살인을 불러오기도 한다. 전쟁은 문화적인 것에서 출발했기 때문에 막을 수 있다고 말한다면 위안은 될 수 있을 것이다. 하지만 불행히도 그런 전통적 지혜는 반쪽 진리일 뿐이다. 전쟁의 기원은 유전자와 문화 둘 다에 있다. 따라서 이 둘이 상이한 역사적 정황들 속에서 어떻게 상호 작용하는지를 제대로 이해할 때에만 전쟁을 피할 길이 열린다고 말하는 것이 더 옳고 훨씬 더 현명하다.

계약적 합의(contractual agreement)는 마치 주변의 공기와도 같이 인간의 사회 행동에 넓게 퍼져 있어서 나쁜 결과가 나오기 전까지는 특별한 주의를 끌지 못한다. 하지만 다음과 같은 이유 때문에 과학적 연구 주제로서 주목받을 만한 가치를 담고 있다. 인간을 포함한 모든 포유류는 이기적 이해관계의 기초 위에 사회를 형성한다. 개미 같은 사회성 곤충들의 카스트 제도와는 달리 인간은 공공의 선을 위해 자신의 위험을 감수하려고 하지 않는다. 오히려 자신의 에너지를 자신과 가까운 친족의 복지를 위해 사용한다. 포유류에게 사회생활은 개인의 생존과 번식 성공률을 높이기 위한 하나의 장치이다. 그 결과 인간을 제외한 포유류 사회는 곤충 사회에 비해 훨씬 덜 조직화되어 있다. 포유류의 사회는 위계질서, 이합집산식의 연합, 그리고 혈족 동맹 등에 의존한다. 하지만 인간은 장기 계약을 통해 친족 동맹과 유사한 형태의 연합을 비친족 개체로 확장함으로써 이런 한계를 넘어서는 사회 조직을 발전시켜 왔다.

계약 맺기는 문화적 보편자 그 이상이다. 그것은 언어와 추상적 사고가 인간의 특징인 것과 마찬가지 의미에서 인간의 독특한 형질이다. 그리고 역시 본능과 고도의 지능을 통해 생겨났다. 캘리포니아 대학교 샌터바버라 분교의 심리학자 리더 코스미디스(Leda Cosmides)와 존 투비(John Tooby)의 선구적인 실험 덕택으로 우리는 계약 맺기가 거래 당사자 간의 모든 합의들에 동일하게 작용하는 합리성의 결과인 것만은 아니라는 사실을 알게 되었다. 오히려 당사자들이 거래 상황에서 속임수 탐지 능력을 고도로 발전시킨다는 사실을 알아냈다. 속임수 탐지는 실수 탐지와 이타적 의도의 평가보다 훨씬 더 두드러졌다. 게다가 속임수 탐지 능력은 사회 계약의 득실이 구체화되어 있는 경우에만 하나의 계산 절차로서 촉발되었다. 사기 행위에 주의를 기울일 때가 실수 행위나 좋은 행위, 심지어 이문을 남기는 행위에 주의를 기울일 때보다 훨씬 더 많았다. 사기 행위는 감정을 자극하고, 정치 경제의 통합성을 유지해 주는 험담과 도덕주의적 공격의 주요 원인으로 작용한다.

유전적 적응도 가설—문화에 가장 널리 퍼진 형질들은 그것들을 있게끔 해 준 유전자들에게 진화적 이득을 안겨 준다.—은 많은 증거들을 통해서 합당하게 잘 입증되어 왔다. 널리 분포된 형질들은 대개 적응적이고 그것들의 존재는 자연선택을 통한 진화의 기본 원리에 잘 부합한다. 게다가 사람들이 무의식적이든 의식적이든 간에 대체로 이 기본 원리를 따르는 것처럼 일상을 살아간다는 것도 사실이다. 유전적 적응도 가설의 가치는 그것이 인간 본성에 던져 주는 통찰에 있다. 또한 학계에 참신하고 생산적인 연구의 방향을 제시해 준다는 것도 중요한 점이다.

그럼에도 불구하고 이 유전적 적응도 가설에는 많은 약점들이 있다. 그 대부분은 모순적인 증거의 존재보다는 관련 정보의 부족 때문이다. 인간행동유전학이 여전히 걸음마 단계에 있기 때문에 보편적 문화 형질의 기저에 있는 특정 유전자와 행동 간의 직접적인 연결이 거의 없다. 이론과 사실이 들어맞는 경우는 거의 통계적 상관관계에 따른 것들뿐이다. 예외적인 경우 중 하나는 앞장에서 언급한 색지각의 유전학과 기본 색 어휘 간의 성공적인 연결이다.

행동 발달을 안내하는 후성 규칙들에 대해서도 탐구의 길은 아직 멀다. 따라서 유전자 · 문화 공진화의 정확한 본질도 대부분 추측의 수준에 머물러 있다. 예컨대, 후성 규칙들이 뇌의 특화된 기능들로서 융통성이 별로 없는 동물의 본능과 유사한지, 아니면 상당히 다양한 행동 범주들을 아우르며 기능하는 일반적인 합리적 알고리듬인지가 문제의 관건이다. 이 질문에 대한 대답에 따라 모든 게 달라진다. 지금까지는 후성 규칙에 두 종류——폭이 좁은 규칙과 넓은 규칙——가 있다는 정도만 알려져 있다. 예컨대, 미소는 폭이 좁은 후성 규칙의 사례이며 세력권 행동의 경우에는 폭이 넓은 후성 규칙이 작용하는 사례이다. 그러나 그런 규칙들이 실제로 정신 발달을 어떻게 이끌어 가는지를 잘 모른다면 대다수의 행동 범주들에서 발생하는 폭이 넓은 문화적 변이들은 쉽게 설명되지 않을 것이다.

행동유전학과 행동발달학 분야의 이런 결점들은 개념적이고 기술적이며 뿌리 또한 깊다. 그러나 그것은 궁극적으로 해결될 수 있을 것이다. 만일 후속 증거들이 유전적 적응도 가설에 어긋나지 않는다면 유전과 문화 사이의 연결을 지지하고 있는 분야들 간의 자연적인 통섭을 통해 그 가설은 더 큰 신뢰를 받게 될 것이다. 입증 과정이 아무리 지난할지라도 말이다. 그런 결점들은 생물학이 더 확장되고 인접 학문(심리학과 인류학) 간의 제휴가 더 성숙해지기를 기다리고 있다.

근친상간 회피는 지금까지 유전적 적응도 가설에 대한 가장 혹독한 시험을 통과한 행동 범주이다. 이 현상에 관한 많은 양의 정보가 생물학과 문화의 상이한 수준들에서 이미 구비되어 있다. 그 행동 자체는 거의 보편적이다. 표현에 있어서도 상대적으로 분명하다. 모든 사회에서 성적 활동은 형제자매들 간에 그리고 부모와 자식 간에는 상대적으로 드물다. 그리고 그런 행위로 생산된 자식들도 드물며 그런 자식을 가지기 위해 만들어진 장기 연합은 거의 존재하지 않는다.

근친상간 회피에 관한 현재의 설명은 유전적 진화와 문화 진화를 연결해 놓은 것으로서 한마디로 말해 사회생물학의 예제나 다름없다. 형제자매 그리고 부모자식 간의 번식 행위는 유전적 결함을 가진 자손을 생산할 개연성을 높인다. 인간은 무의식적으로 다음과 같은 후성 규칙에 복종함으로써 이런 위기를 피하는 경향을 보인다. 만일 여자아이와 남자아이가 30개월이 되기 전에 함께 맺어져서 같은 집에서 양육되었다면——예컨대, 화장실을 같이 썼다면——나중에 서로에게 성적인 관심을 갖지 않게 되며 그런 관심 자체를 혐오하게 된다. 이런 무덤덤함은 근친 교배의 결과를 잘 이해하고 있는 많은 사회에서 더욱 굳어졌고 결국에 관습과 법으로 그것을 금지하는 문화적 금기로 정착되었다.

근친상간을 통해 생겨난 자식들이 처하는 위험 ——유전학자들은 이를 근교약세(近交弱勢)라고 부른다.——은 현재 잘 알려져 있다. 평균적으로 개인은 23쌍의 염색체의 두 부위에서 열성 치사 유전자를 가진다. 그 부위는 염색체상에 거의 아무데나 될 수 있으며 사람마다 그 수와 위치가 서로 다르다. 두 상동 염색체 중 하나만 치사 유전자를 가지게 되면 다른 염색체에 있는 정상적인 유전자에 의해 영향이 나타나지 않는다. 만일 두 염색체 모두가 특정한 부위에 치사 유전자를 가지고 있으면 태아는 유산되거나 일찍 죽는다.

한 부위에 하나의 치사 유전자를 갖고 있는 여성을 생각해 보자. 만일 그녀가 오빠의 아이를 가졌고 부모는 유전적으로 관련이 없다면(즉 정상적인 관계의 부모였다면), 그 아기가 태어나 영아기에 죽을 확률은 8분의 1이다. 만일 그녀가 두 부위에서 치사 유전자를 가지고 있다면 그 아기가 죽을 확률은 거의 4분의 1이다. 여기에 해부학적·정신적 결함을 야기하여 큰 장애를 주는 또 다른 열성 유전자들을 가질 수 있다. 이렇게 되면 근친상간으로 태어난 아기가 일찍 사망할 확률은 그렇지 않은 아기의 두 배가량이 된다. 그리고 살아남은 아기들은 소인증, 심장 이상, 심한 정신 지체, 농아 장애, 결장 이상, 요도 이상 등의 유전적 결함을 가질 확률이 정상아보다 열 배나 더 높다.

근친상간의 파괴적 결과는 인간뿐만 아니라 다른 동식물에서도 일반적으로 나타난다. 근교약세에 취약한 거의 모든 종은 근친상간을 피하기 위한 생물학적 프로그램을 갖고 있다. 인간을 제외한 모든 영장류 동물에서 이것은 두 층으로 되어 있다. 첫째, 19종의 사회성 종에서 젊은 개체들은 인간의 족외혼(exogamy)을 연상케 하는 짝짓기 패턴을 보인다. 예를 들어 몸이 어른 크기가 되기 전에 그들은 자신이 속해 있던 집단을 떠나 다른 집단에 합류한다. 마다가스카르 섬의 여우원숭이와 대다수의 구대륙·신대륙 원숭이의 경우에 자신의 집단을 떠나는 쪽은 수컷이다. 반면 아프리카의 붉은콜로부스원숭이, 망토원숭이, 고릴라, 침팬지의 경우에는 암컷이 떠난다. 또한 중앙아메리카와 남아메리카의 고함원숭이의 경우처럼 두 성이 모두 떠날 때도 있다. 이런 다양한 영장류 종들에서 젊은 개체들이 떠나는 이유는 공격적인 어른 개체 때문이 아니다. 전적으로 자발적으로 떠나는 것처럼 보인다.

젊은 영장류의 이런 특이한 행동은 그것의 궁극적인 진화적 기원이 무엇이건 간에 그리고 그 행동이 그 개체의 번식 성공에 어떤 영향을 주든지 간에 근친 교배의 발생 가능성을 줄여 준다. 그러나 근친 교배에 대한 거부는 두 번째 단계의 저항으로 더욱 강화된다. 그것은 번식 집단에 남아 있는 이성 개체들이 성적 행동마저도 피하는 행위로 나타난다. 예를 들어 남아메리카의 마모셋과 비단원숭이, 아시아의 마카크원숭이, 비비 그리고 침팬지처럼 성적 발달에 관한 연구가 잘 된 모든 사회성 영장류(인간은 제외하고)의 경우, 어른 수컷과 암컷은 모두 이른바 '웨스터마크 효과(Westermarck effect)'를 보인다. 즉 어렸을 때 자신들과 가깝게 지냈던 개체들이 성적으로 접근해 오면 거부한다. 가령, 어머니와 아들이 짝짓기를 하는 일은 거의 없으며 형제자매 간의 짝짓기는 비친족 개체와의 짝짓기보다 훨씬 덜 일어난다.

이런 기본적 반응은 원숭이와 유인원의 경우에서 처음 발견된 것은 아니었다. 오히려 핀란드의 인류학자 에드워드 알렉산더 웨스터마크(Edward Alexander Westermarck, 1862~1939년. 핀란드의 사회학자, 철학자, 인류학자—옮긴이)가 『인간 결혼의 역사(the History of Human Marriage)』(1891년)라는 역작에서 인간 사회에서 나타나는 그런 현상을 최초로 보고했다. 그 현상의 존재는 그 후로 여러 연구들을 통해 더 큰 지지를 받게 되었다. 그중에서 스탠퍼드 대학교의 아서 울프(Arthur P. Wolf)가 행한 타이완의 '민며느리제' 연구는 설득력이 가장 높다. 원래 중국 남부 지방에서 성행했던 이 제도는 비친족인 여아를 가족으로 입양하여 그 가족의 친아들과 평범한 오누이 관계로 지내게 한 다음 결국 며느리로 삼는 제도를 말한다. 이런 풍습은 성비 불균형과 가난으로 인해 나중에 아들의 혼삿길에 막힐까 봐 미리 미성년의 며느리를 데려오는 전략이다.

40년 가까이(1957~1995년) 울프는 19세기 후반과 20세기 초반에 민며느리제를 경험한 타이완 여성들(1만 4200명)의 개인사를 연구했다. 그는 많은 '꼬마 신부' 또는 푸젠 어(福建語)로 '심푸아(sim-pua)'들과 그 친구 · 친척들을 인터뷰함으로써 통계 연구를 보충했다.

울프는 우연히 인간 사회 행동의 심리학적 기원에 대한 대조 실험을 하나 생각해 냈다. 심푸아들과 그 남편들은 생물학적으로 연관되어 있지 않기 때문에 유전적 친밀성에 기인한 여러 요소들이 모두 제거된다. 하지만 그들은 평범한 타이완의 가정에서 오누이들이 경험하는 그런 친밀한 관계 속에서 길러졌다.

그런데 흥미롭게도 웨스터마크 가설을 일관성 있게 지지해 주는 결과가 나왔다. 가령, 꼬마 신부가 30개월 이전(나이)에 입양되었으면 그 꼬마 신부는 나중에 사실상의 자기 오빠와 결혼하는 것에 완강히 저항했다. 그래서 부모는 종종 그 짝을 신방에 강제로 밀어 넣기도 했고 어떤 경우에는 물리적 징벌을 하겠다고 으름장을 놓기도 했다. 그러나 이런 부부들은 같은 공동체 내에서 정상적으로 결혼한 부부에 비해 이혼율이 세 배나 더 높았다. 기록에 따르면 그들은 평균보다 거의 40퍼센트 정도 적은 수의 자손을 낳았으며 아내의 간통 비율도 정상 부부의 경우(10퍼센트)보다 훨씬 더 높았다(25퍼센트).

울프는 아주 꼼꼼한 교차 분석을 통해 주요 억제 요인들을 찾아냈다. 그 요인은 남편이건 아내건 둘 중 하나가 인생의 처음 30개월 동안 그 파트너와 가깝게 지냈는지의 여부였다. 이런 결정적인 기간에 둘 간의 관계가 더 친밀하고 오래 지속되었을수록 나중의 효과는 더욱 강한 것으로 나타났다. 울프는 이런 과정에서 모종의 역할을 했을 수도 있는 다른 후보 요인들—예컨대, 입양 경험, 입양 가족의 경제적 여건, 건강, 결혼 연령, 형제자매 간의 경쟁 그리고 서로를 진짜 오누이로 혼동해서 생기는 근친상간 회피 현상과 같은 요인들—을 검토해 보았으나 중요한 변수가 아님을 알게 되었다.

일부러 의도한 바는 아니었으나 이와 연관성이 있는 실험이 이스라엘 키부츠 내에서 수행되었다. 키부츠에서는 탁아소에 맡겨진 아이들이 마치 전통적인 가정의 형제자매처럼 친밀하게 양육된다. 인류학자 조셉 셰퍼(Josheph Shepher)와 그의 동료들은 이런 환경에서 자란 2,769쌍의 신혼부부 중에서 같은 키부츠 출신은 한 쌍도 없다는 사실을 1971년에 보고했다. 키부츠는 이성 간의 성 접촉을 금지한 적이 없었으나 심지어 그런 접촉이 있었다는 보고가 단 한 건도 없을 정도였다.

이런 사례들을 비롯하여 여러 사회에서 추가로 수집된 일화적 증거들을 고려해 보면, 인간의 뇌가 다음과 같은 어림 규칙을 따르도록 프로그램되어 있다고 말해야 할 것이다. "네 삶의 가장 초기에 네가 친밀하게 알고 지냈던 사람에 대해서는 성적인 관심을 끊어라."

웨스터마크 효과는 심리학의 '능급 효과(graded effect)'와도 일맥상통한다. 여러 사회에서 수집된 자료를 보면 유년기의 결정적인 기간 동안 둘의 관계가 친밀하면 할수록 이성 간의 성 접촉 빈도가 감소한다. 따라서 유아기에 가장 강력한 결속을 보이는 어머니와 아들 간에는 근친상간 빈도가 가장 적게 나타나고 형제자매의 경우가 그 다음이며 생물학적 아빠가 딸을 성적으로 학대(내가 여기서 "학대"라고 말한 이유는 거의 대부분의 경우에 딸이 자유롭게 동의할 수 있는 상황이 아니기 때문이다.) 경우가 그 다음이다. 가장 빈번한 근친상간 유형은 계부가 딸을 성적으로 학대하는 경우이다.

이런 증거들이 분명하고 설득력이 있기는 하나 근친상간 회피를 완전히 설명하기에는 태부족이다. 웨스터마크 효과가 자연선택을 통한 유전적 진화로부터 생겨났다는 것을 결정적으로 증명할 수는 없다. 온갖 정황 증거들만 있을 뿐이다. 근친상간 금기는 근친 교배를 줄임으로써 건강한 자손의 생산을 증가시킨다. 유아기의 남녀 관계와 연관된 유전자들에 약간의 변이만 발생해도 그로 인해 생기는 적응도의 차이는 집단유전학의 관점에서 충분히 커질 수 있다. 그래서 열 세대도 지나기 전에 웨스터마크 효과가 그 개체군에 확산될 수 있다. 한편 우리의 가장 가까운 친척 종인 침팬지를 포함한 영장류 동물에서도 이런 효과가 나타난다. 이런 경우에 문화적 기원이 아닌 유전적 기원을 가지고 있다는 점은 의심할 여지가 없다. 하지만 근친상간 회피 행동의 유전도를 측정하거나 그 행동을 유발하는 유전자를 찾는 시도는 아직까지 없었다.

이런 연구에 대한 두 번째 결점은 우리가 웨스터마크 효과의 심리학적 근원을 정확히 모른다는 점이다. 성적 억제를 유발하는 자극이 도대체 무엇인지가 밝혀지지 않았다. 그런 것들이 아이들이 함께 노는 과정에서 발생하는지, 아니면 함께 먹거나 싸우는 과정에서 생겨나는지, 아니면 좀 더 미묘한 사건들을 통하거나 단지 잠재의식적으로만 감각되는지는 아직 알려져 있지 않다. 결정적 자극들은 그것이 크건 작건, 시각적이건 청각적이건 아니면 후각적이건 간에 어른들의 감각으로는 이해될 수 없는 어떤 것들이다. 생물학자에 따르면 본능이 작동하는 기제는 의외로 단순하다. 본능의 대상과 연관된 단순한 신호만 실생활에서 입력되면 그만이다. 가령, 결정적 순간에 어떤 냄새나 접촉만으로 복잡한 행동이 촉발하거나 억제될 수 있다.

한편 근친상간 금기는 인간의 근친상간 회피에 관한 논의에서 빠질 수 없는 요소이다. 이 금기를 통해 매우 가까운 친족 간의 성 접촉을 억제하는 규칙이 문화적으로 전달된다. 사촌 간의 결혼은 많은 사회에서 허용되거나 심지어 장려된다. 특히 그런 결혼이 집단의 응집성에 도움을 주고 부를 굳건히 해 줄 때에는 더욱 그렇다. 하지만 형제자매 간의 결혼과 이복 형제자매 간의 결혼은 금지되어 있다.

이 금기는 의식적인 고안물이다. 단지 본능적인 반응이 아니며 세부 사항들은 사회마다 상당히 다르다. 많은 문화에서 이 금기는 친족 분류와 족외혼 계약과 뒤섞여 있다. 선사 시대의 사회에서는 근친상간이 식인 풍습, 흡혈귀에 대한 믿음, 악한 마녀와 연관되어 있는 것으로 여겨졌다. 근대 사회는 근친상간을 막는 법을 제정한다. 1650년부터 왕정 복고가 이루어진 1660년까지 호민관 시대에 영국에서는 근친상간의 당사자들이 사형에 처해졌다. 1887년까지 스코틀랜드에서는 실제로 무기 징역에 처해지는 경우는 거의 없었지만 명목상으로는 사형에 처해진 것과 다름없는 대우를 받았다. 미국에서는 일반적으로 벌금이나 징역으로 처벌될 수 있는 중죄로 취급되어 왔다. 성적인 아동 학대가 만일 근친상간에 의한 것이라면 더욱 용서 받기 힘들었다.

예외적인 역사도 있다. 근친상간을 어느 정도는 허용하는 사회들——예컨대, 잉카 족, 하와이 족, 타이 족, 고대 이집트, 우간다의 엔콜 족(Nkole), 우간다의 부뇨로 족(Bunyoro), 우간다의 간다 족(Ganda), 수단의 잔데 족(Zande) 그리고 서아프리카의 다호메이 족(Dahomeyans)——도 있다. 각 경우에 근친상간 풍습은 귀족 혹은 고위층 집단에 한정되어 있으며 의식화되어 있다. 이런 풍습에도 불구하고 남성은 '순수 혈통'을 유지하는 것에 만족하지 않고 다른 여성들과도 교제할 수 있으며 이계 교배를 통해 자식을 낳을 수 있다. 지배 가족은 부계 중심이었다.

물론 지금도 그렇다. 서열이 높은 남성이 최대의 유전적 적응도를 갖기 위해서는 그의 여동생과 짝짓기를 해서 그와 75퍼센트의 유전자를 공유하는 자손을 낳고(그렇지 않을 경우에는 50퍼센트를 공유하는 자손을 낳게 된다.) 유전적으로 연관이 없는 여성들과도 짝짓기를 해서 정상일 개연성이 더 높은 자식들을 더 낳는 전략을 택해야 한다. 하지만 기원전 30년부터 기원후 324년까지 로마이집트 시대에는 평민들 사이에서도 형제자매 간 혼인이 횡행했다는 기록이 보존되어 있다. 이런 역사는 아직 잘 설명되지 않는다. 그 시대의 파피루스 기록은 적어도 어느 정도의 형제자매들이 정식으로 그리고 태연하게 성관계를 맺었다는 사실을 보여 준다.

근친상간 금기는 우리를 자연과학과 사회과학 간의 경계 지역으로 다시 한 번 인도한다. 그 금기가 제기하는 문제는 다음과 같다. 생물학적인 웨스터마크 효과와 문화적인 근친상간 금기는 도대체 어떤 관련이 있는가?

이 쟁점은 인간의 근친상간 회피 행동에 관한 두 가지 경합 가설을 구분하는 과정에서 더욱 분명해진다. 첫 번째 가설은 지금까지 언급된 웨스터마크 가설이다. 이 가설에 따르면 사람들은 인간 본성의 유전적 후성 규칙 때문에 근친상간을 피하고 그 규칙을 금기라는 형태로 번역해 냈다. 이에 대한 경합 가설은 프로이트의 가설이다. 이 대단한 이론가는 웨스트마크 효과가 무엇인지를 들었을 때 그런 효과는 없다고 단호히 말했다. 오히려 정반대의 주장을 했다. 프로이트에 따르면 친족 이성 간의 욕정은 근본적이고 강제적인 것으로서 그 어떤 억제 본능보다 강하다. 그러한 근친상간과 그로 인해 가정을 풍비박산 나게 하는 재앙을 막기 위해 사회는 금기라는 것을 고안해 냈다. 프로이트가 자신의 거대 심리학 체계의 일부로서 발전시킨 오이디푸스 콤플렉스(Oedipus complex)는 그런 욕망들 중 하나이다. 오이디푸스 콤플렉스는 어머니와의 성관계를 통해 쾌락을 느끼기를 열망하면서 자신의 경쟁자인 아버지를 미워하는 아들의 해결될 수 없는 욕망이다. 그는 1917년에 "남성은 어머니와 누이를 향해 정기적으로 근친상간적인 선택을 한다. 이것은 인간이 태어나서 최초로 하는 선택이다. 그리고 이런 끈질긴 유아기적 성향이 실행되는 것을 막으려면 가장 엄중한 금기가 있어야 한다."라고 주장했다.

프로이트는 웨스터마크 효과를 "터무니없는" 생각이라고 일축해 버렸다. 그는 정신 분석의 결과들이 그런 현상을 지지하지 않는다고 주장했다. 프로이트의 이런 비판은 『황금가지(*The Golden Bough*)』의 저자이며 영국의 인류학자이자 고전학자인 제임스 프레이저(James Frazer)의 생각에 상당히 기대어 있었다. 프레이저는 만일 웨스터마크 효과가 정말로 존재한다면 금기는 필요 없을 것이라고 생각했다. 그는 "뿌리 깊은 인간의 본능이 왜 법을 통해 강화될 필요가 있는지 나는 잘 모르겠다."라고 말했다. 이런 논리는 이후 20세기 내내 교과서와 학술지 등에 널리 퍼지게 되었다.

프레이저에 대한 웨스터마크의 대응은 단순했지만 동등하게 논리적이었으며 많은 후속 증거들을 통해 지지되었다. 하지만 정신 분석 이론의 위세에 눌려 무시되고 말았다. 웨스터마크는 개인들이 다음과 같이 추론한다고 말했다. 나는 내 부모와 형제자매에 대해 성적으로 무관심하다. 하지만 종종 그들과의 성관계가 도대체 어떤 것일까 궁금해질 때가 있다. 그런 생각은 구역질이 난다! 근친상간은 일종의 억지이며 부자연스러운 것이다. 그것은 내가 그동안 함께했으며 내 자신의 복지를 위해 계속 유지해야만 하는 결속들을 변화시키거나 파괴해 버린다. 이것을 확장하면 다른 사람이 근친상간을 범하는 것도 나는 역겹다. 물론 그들도 나와 같은 입장이다. 그래서 드물게 일어나는 그러한 사건들은 비도덕적이라고 비난받아야 한다.

이런 설명이 합당할 수도 있고 많은 증거들을 가질 수도 있는데 프로이트를 비롯한 일군의 영향력 있는 사회 이론가들은 왜 그 효과를 그토록 무시했을까? 어렵지 않게 짐작할 수 있다. 그것은 웨스터마크 효과가 사회 이론 분야의 주요 진보를 근본적으로 되묻는 것이었고 근대 사상의 토대를 위태롭게 했기 때문이다. 아서 울프는 이런 난처함을 다음과 같이 정확하게 표현했다. "프로이트는 만일 웨스터마크가 옳다면 그 자신은 틀렸음을 너무도 분명하게 알고 있었다. 초기 유아기의 관계로 인해 서로 간의 성적 관심이 억눌린다는 견해(웨스터마크 효과)는 오이디푸스 콤플렉스의 기초, 성격 역동성(personality dynamics) 개념, 신경증에 대한 설명 그리고 법, 예술, 문명의 기원에 관한 그의 거대 이론을 무너뜨리지 않으려면 거부해야 마땅한 것이었다."

웨스터마크 효과는 다른 배들도 위태롭게 만들었다. 사회 규범이 일반적으로 인간의 본성을 억누르기 위해서 존재하는가, 아니면 그것을 표현하기 위해서 존재하는가? 근친상간 금기는 도덕성의 진화에 대해 어떤 함의를 지니는가? 이것은 사소한 문제들이 아니다. 정통 사회 이론에 따르면 도덕성은 대체로 양식과 관습으로부터 구성된 의무 규약이다. 하지만 웨스터마크는 기존의 윤리학에 대해 도덕 개념이 선천적인 감정에서 도출된다는 새로운 이론을 제시했다.

근친상간 금기의 문제는 적어도 윤리 이론들이 충돌하는 대목에서는 경험적으로 해결될 수 있다. 실제로 웨스터마크와 프로이트 중 한 사람만 옳았다. 현재의 증거들은 웨스터마크 쪽으로 강하게 기울고 있다. 근친상간 금기는 단순히 개인적 선호에 문화적 규약을 덧입히는 것 이상이다. 왜냐하면 사람들은 근친 교배의 결과를 직접적으로 볼 수 있기 때문이다. 그들은 근친상간을 통해 태어난 자식들이 자주 결함을 가진다는 사실을 어렴풋이 인식할 수 있다. 스탠퍼드 대학교 아서 울프 교수의 동료였던 윌리엄 더럼(William H. Durham)은 근친상간의 결과를 인류가 어떤 식으로 이해하고 있는지를 연구했다. 이 연구를 위해 그는 전 세계에 흩어져 있는 60개의 사회를 무작위적으로 골라 그 사회의 민족지적 기록들을 면밀히 검토해 보았다. 그 중에서 20개의 사회가 근친상간의 결과를 대충은 이해하고 있다는 사실을 발견했다. 예를 들어, 북서태평양의 틀링지트 족(Tlingit)은 매우 가까운 친족끼리 혼인을 했을 때 결함을 가진 자손이 종종 태어난다는 사실을 분명하게 이해하고 있었다. 게다가 그 정도를 넘어 그것을 설명하기 위해 통속 이론까지 발전시킨 사회도 많았다. 가령, 스칸디나비아의 라플란드 인(Lapps)들은 근친상간으로 생긴 "나쁜 피"에 대해 이야기했다. 또한 폴리네시아의 티코피아 족(Tikopian)은 마라(mara), 즉 근친상간 당사자 때문에 파멸이 그들 자손에게로 전달된다고 생각했다. 뉴기니의 카파우쿠(Kapauku)는 근친상간이 그 죄인들의 생기를 약화시킬 뿐만 아니라 그들의 자손에게로 전달된다고 믿었다. 인도네시아 술라웨시(Sulawesi)의 토라자 족(Toradja)은 그런 것을 좀 더 거창하게 우주적으로 해석한다. 가까운 친족 간처럼 서로 충돌하는 특성을 가진 사람끼리 짝을 지을 때마다 자연은 혼돈 속에 빠진다.

하지만 흥미롭게도, 근친상간 주제를 하나 이상의 신화에서 다루고 있는 경우가 전체 60개 사회 중에서 56개에 달했으며 그중 악영향을 이야기하는 경우는 고작 5개에 불과했다. 그리고 나머지 다수의 신화들에서 거인과 영웅의 탄생과 같은 이로운 결과들이 언급되어 있었다. 그러나 자세히 살펴보면 거기에서도 근친상간 행위는 비정상적이지는 아닐지라도 뭔가 특별한 행동으로 묘사되었다.

지금까지의 논의를 정리해 보자. 인간의 근친상간 행동은 여러 단계에서 방해받는다. 우선, 웨스터마크 효과는 모든 영장류에서 발견되는 일종의 성적 둔감 현상으로서 인간의 경우에도 보편적으로 나타난다. 그리고 성적 성숙기로 접어든 젊은 개체들이 자신의 집단을 떠나는 현상도 영장류 사회에서 보편적으로 나타난다. 한편 인간 사회에서는 이런 현상이 청년기의 바람기나 족외혼 등의 형태로 나타난다. 하지만 이런 떠남 행동과 그 행동을 유발하는 후성 규칙의 좀 더 뿌리 깊은 심리적 동기에 대해서는 아직 알려진 바가 없다. 이제 마지막 단계로 웨스터마크 효과와 떠남 행동을 문화적으로 강화해 주는 근친상간 금기가 있다. 이 금기는 웨스터마크 효과로부터 발생하는 것처럼 보이기도 하지만 몇몇 사회에서는 근친 교배의 파괴적 결과에 대한 직접적인 인식에서 오기도 하는 것 같다.

인간은 웨스터마크 효과를 근친상간 금기로 번역하는 과정에서 순수한 본능에서 순수하게 합리적인 선택으로 이행하는 것처럼 보인다. 하지만 우리가 이런 경로를 정말로 밟고 있는 것일까? 도대체 합리적 선택이란 무엇인가? 그것은 대안적인 정신적 시나리오들을 궁리해 보다가 최강의 후성 규칙을 만족시키는 시나리오를 문득 찾게 되는 그런 것이리라! 인류가 수십만 년 동안 성공적으로 생존하고 번식하게 된 것도 이런 규칙들 그리고 그 규칙들의 상대적 힘의 위계 때문이다. 이런 근친상간 회피 현상은 유전자·문화의 공진화의 한 가지 사례로만 국한되지 않는 것 같다. 오히려 이 사례는 유전자·문화 공진화가 어떤 방식으로 사회 행동의 전반까지 엮어내는지를 잘 보여 주고 있는지도 모른다.

9장

사회과학

사람들은 사회과학——인류학, 사회학, 경제학 그리고 정치과학 ——
에서 우리의 삶을 이해하고 미래를 통제할 지식을 기대한다. 그들은
존재하지 않는 사건들의 예정된 전개가 아니라 우리가 특정한 행위
과정을 선택했을 때 사회에서 어떤 일이 일어날 것인지를 예측하고
자 한다.

정치학과 경제학은 이미 그러한 예측 능력의 존재를 가정하고서
진행되고 있다. 사회과학은 그 예측 능력을 얻기 위해 애쓰고 있는
중이며 대개는 자연과학과 연계 없이 진행되고 있다. 그렇다면 잘해
나가고 있는 것일까? 그들 주변에 널려 있는 자원들과 그들의 업적
을 비교해 볼 때, 별로 그렇지 않아 보인다.

사회과학이 현재 어떤 지위에 있는지는 의학과 비교하면 분명해
질 것 같다. 의학과 사회과학은 중요하고 긴급한 문제들을 해결해야

하는 임무를 맡고 있다. 예컨대, 의학자들은 암을 고치고 유전적 결함을 바로잡으며 절단된 신경삭을 수리하는 일들을 하며 제몫을 한다. 반면, 우리는 사회과학자들이 인종 갈등을 완화하는 방법, 개발도상국이 성공적인 민주주의로 이행하는 방법 그리고 세계 무역을 최적화하는 방법을 알려주기를 기대한다. 이 두 분야가 맡고 있는 문제들은 하나같이 복잡하다. 그 근본 원인들을 잘 이해하지 못하고 있는 것이 그 부분적인 이유이다.

그럼에도 불구하고 의학은 극적으로 진보하고 있다. 기초 연구들을 통해 실제로 돌파구들이 마련되어 왔으며, 사람에게 해가 없는 치료법들이 점점 늘어날 것이라는 기대를 갖게 한다. 의학계에는 풍족한 연구비를 지원받는 수많은 연구 집단들이 있다. 그들은 전 세계에 흩어져 있는 수많은 다른 연구진과 정보들을 공유하며 지적으로 흥분하고 있다. 신경생물학자, 미생물학자 그리고 분자유전학자는 서로 경쟁에 몰입해 있을 때에도 서로를 이해하고 격려한다.

물론 사회과학에도 진보는 있다. 하지만 그것은 정보 공유와 낙관적 전망이 부족한 상태에서 훨씬 더 천천히 진행된다. 협력이 있기는 하지만 매우 부진하다. 심지어 진짜 발견이 이뤄져도 비정한 이데올로기 싸움 때문에 빛이 바래는 경우가 종종 있다. 대개의 경우 인류학자, 경제학자, 사회학자 그리고 정치학자는 서로를 이해하지도 격려하지도 못한다.

두 영역 간의 결정적인 차이점은 통섭이다. 즉 의학은 통섭을 행하고 있지만 사회과학은 그렇지 않다. 의학자들은 분자생물학과 세포생물학의 정합적 토대를 믿는다. 그들은 건강과 질병의 요소들을 생물학·물리학·화학의 수준까지 내려가서 연구하고자 한다. 그들이 수행하는 개별 연구 프로젝트의 성패는 근본 원리들에 입각한 실험 설계를 얼마나 잘했느냐에 달려 있다. 즉 그들은 전체 유기체에서 분자까지 이르는 순차적인 생물 조직의 모든 수준들에 일관적으로 적용되는 근본 원리들을 사용하고 있다.

의학자와 마찬가지로 사회과학자들도 엄청난 양의 사실 정보와 수많은 세련된 통계 기법들을 활용한다. 그들은 지적으로 능력이 있는 사람들이다. 이 분야를 선도하는 연구자들은 질문을 받으면 모든 것이 잘 되고 있고 자신의 분야는 올바른 길로 잘 가고 있다고 대답할 것이다. 하지만 조금만 살펴봐도 사회과학자들이 통합과 그 전망을 위해 노력하지 않는다는 사실을 금방 알 수 있다. 이런 혼란의 이유들은 점점 분명해지고 있다. 사회과학자들은 대체로 자연과학을 통일시키고 이끌어 가는 지식의 위계성 개념을 일축한다. 그들은 독립된 칸막이에 자신만의 방을 만들어 놓고 각자의 방에서만 통하는 정확한 언어를 사용하려고만 하지 그런 작업을 좀처럼 다른 방들로 확장하려고 하지 않는다. 오히려 상당수의 학자들이 이런 전반적인 혼돈 상태를 즐기면서 그것을 창조적 효소쯤으로 착각하고 있다. 한편 어떤 이들은 당파적인 사회 운동을 추구하면서 개인적인 정치 철학에 이론을 복속시키고 있다. 지난 몇십 년 동안 사회과학자들은 마르크스 · 레닌주의나 사회다윈주의의 극단적 형태를 수용해 왔다. 오늘날은 자유 방임형 자본주의에서부터 극단적 사회주의까지 이념의 시장이 매우 넓어졌으며, 소수의 입장이기는 하지만 객관적 지식이라는 개념 자체를 문제시하는 포스트모더니즘적 상대주의도 등장했다.

그들은 부족적 충성심에 쉽게 속박된다. 사회과학 이론의 가르침 중 많은 것들은 아직도 창시자들에 얽매여 있다. 만일 과학의 진보를 그 창시자들이 얼마나 빨리 잊혀지는가로 측정한다면 이런 상황은 좋지 않은 징소이나. 『옥스퍼드 철학 사전(The Oxford Dictionary of Philosophy)』

에서 사이먼 블랙번(Simon Blackburn)은 교훈적인 사례를 하나 제시했다. "소쉬르를 따르는 기호론(semiotics) 전통은 가끔씩 기호학(semiology)으로 지칭된다. 하지만 혼란스럽게도 크리스테바(Kristeva)의 책에서는 이 용어가 자아의 유아적인 일부가 비합리적으로 발산되는 경우를 지칭한다." 그리고 이런 상황은 비판 이론, 기능주의, 역사주의, 반역사주의, 구조주의, 포스트구조주의 분야들을 통해서도 계속되고 있다. 만일 우리가 냉정하게 거절하지 않는다면 어느새 마르크스주의와 정신분석 이론의 함정 속에 빠지게 된다. 20세기에는 그 함정 속으로 그렇게 많은 학문의 세계가 사라졌다.

물론 이런 탐구들은 인간 조건을 이해하는 데 기여한 바가 있다. 하지만 그중 최고의 통찰은 다양한 사회 행동들을 마치 선사 시대의 창조 신화가 우주를 설명하는 식과 동일하게 초보적인 수준에서 확신과 내적 일관성을 가지고 설명한다. 문제는 사회과학자들이 자신들의 이야기를 인간 생물학과 심리학의 물리적 실재 속에 단 한번도 (이 단어가 그렇게 강하다고는 생각하지 않는다.) 끼워 넣어 보지 못했다는 점이다. 물론 그런 물리적 실재는 존재하며 문화는 어떤 별천지에서 발생하는 것이 아니다.

하지만 나는 이 대목에서 비판가들이 상당히 겸손할 필요가 있다고 생각한다. 사회과학이 지나치게 복잡하다는 점을 모르는 사람은 없다. 사회과학은 본래 물리학과 화학보다 훨씬 더 복잡하기 때문에 물리학과 화학을 그렇게 부르기보다 사회과학을 경성 과학(hard sciences)이라고 불러야 한다. 언뜻 생각하면 우리가 광자, 글루온 그리고 황화라디칼(sulfide radical)하고는 이야기 못하지만 다른 사람들과는 이야기할 수 있다는 것 때문에 사회과학이 더 만만해 보일 수도 있다. 그래서 사람들은 사회과학 교과서들을 대부분 진부하다고 여긴다.

사회과학의 역설도 그 때문이다. 친숙함은 편안함을 주고 편안함은 부주의와 실수를 낳는다. 대부분의 사람들은 자신들이 어떻게 생각하는지, 다른 이들이 어떻게 생각하는지, 심지어 제도가 어떻게 진화하는지 등을 안다고 믿는다. 그러나 그들은 틀렸다. 그들은 잘못된 개념들에 젖은 상식에 입각하여 인간 본성을 이해하는 이른바 통속 심리학(folk psychology) ─ 아인슈타인은 이것을 "18세까지 배운 모든 것"이라고 정의했다. ─ 을 받아들이고 있는 셈이다. 그것은 그리스 철학에서 개발된 개념들에 비해 그저 조금 발전된 논의들일 뿐이다. 세련된 수학 모형을 오랫동안 사용해 온 사회 이론가들도 똑같이 통속 심리학에 만족해 한다. 결과적으로 그들은 과학적 심리학과 생물학의 발견들을 무시한다. 사회과학자들이 공산주의적 원칙의 힘을 과대평가하고 인종주의적인 적개심의 힘을 과소평가했던 이유가 부분적으로 여기에 있다. 그들은 압력 밥솥 뚜껑이 퍽 하고 열리듯이 (구)소련이 붕괴했을 때 정말로 깜짝 놀랐다. 그리고 이런 에너지의 갑작스러운 방출이 있었던 이유들 중 하나가 몰락해 가고 있었던 (구)소련의 영토에서 벌어진 인종 싸움과 민족 분쟁이었다는 사실에 다시 한 번 놀랐다. 사회 이론가들은 민족성으로 불타는 이슬람 원리주의를 계속해서 잘못 판단해 왔다. 당장 미국에서만도 그들은 (구)소련의 붕괴를 예언하지 못했을 뿐만 아니라 여전히 그 원인들에 대해서 일치된 견해를 제시하지 못하고 있다. 간단히 말해서 사회과학자 전체는 인간 본성의 토대에 대해 거의 신경을 쓰지 못했으며 그 본성의 뿌리 깊은 기원에 대해서 거의 관심을 기울이지 않았다.

사회과학은 강력한 역사적 전례의 잔재에 발목이 잡혀 있다. 사회과학의 창시자들은 고의적으로 자연과학을 무시하는 전략을 취해 왔다. 예컨대, 에밀 뒤르켐, 카를 마르크스, 프란츠 보애스(Franz Boas),

지그문트 프로이트와 그의 후계자들이 전부 그런 입장을 따랐다. 그들은 초창기 자신들의 학문 분야를 생물학과 심리학이라는 기초 과학으로부터 분리하려고 애를 썼다. 그런데 사실 초창기의 사회과학은 다소 소박한 수준이었기 때문에 사회과학과 생물학·심리학이 어떤 관련이 있는지조차 불분명했다. 이런 입장은 처음에는 그럭저럭 괜찮았다. 당시의 사회과학자들은 자연과학의 눈치를 보지 않고 문화와 사회 조직의 양상에 대해 왕성한 연구들을 시작했으며 사회 행동의 법칙들을 만들어 갔다. 그러나 이런 개척기가 끝난 후에 그 이론가들은 생물학과 심리학을 아예 팽개치는 실수를 범하기 시작했다. 인간 본성의 뿌리를 외면하는 것이 더 이상 미덕일 수 없는 데도 말이다.

사회 이론가들은 사회과학의 또 다른 풍토병 때문에 자연과학과의 만남을 저지당했다. 그것은 정치 이념이다. 정치 이념의 효과는 미국 인류학계에서 특히 분명하게 나타났다. 프란츠 보애스는 루스 베네딕트(Ruth Benedict)와 마거릿 미드(Margaret Mead)라는 걸출한 제자들의 도움으로 당시의 사회다원주의에 내재된 우생학과 인종주의에 대항하여 십자군 역할을 자처했다.(이런 인식 자체는 옳은 것이었다.) 하지만 이런 행동이 특정 도덕적 기치로 둔갑하더니 그들은 우생학과 인종주의에 대한 반대를 넘어 문화상대주의라는 새로운 이념을 이끌어 냈다. 그 이념의 논리는 정도의 차이는 있으나 여전히 전문 인류학자들 사이에서 맹위를 떨치고 있는데, 다음과 같이 표현될 수 있다.

'문명화된' 사람이 다원적인 생존 투쟁에서 '원시적인' 사람을 이겼기 때문에 우월하다고 생각하는 것은 잘못이다. 그들 간의 차이가 역사적 환경의 산물이 아니라 그들의 유전자 때문에 생겨난 것이라는 믿음도 거짓이다. 게다가 문화는 엄청나게 복잡하며 환경에 잘 적응된 상태로 진화하고 있다. 그러므로 문화가 낮은 수준에서 높은 수준으로 진화한다는 생각은 오해이며 문화적 다양성을 생물학적으로 설명하는 일은 옳지 않다.

보애스를 포함해 영향력 있는 인류학자들은 모든 문화가 상이한 방식으로 동등하다고 믿으면서 문화상대주의의 깃발을 높이 들었다. 1960년대와 1970년대에 구미 사회에서는 정치적 다문화주의(political multiculturalism)가 맹위를 떨쳤다. 또한 소수 인종, 여성, 동성애자도 '다수자'들이 누리는 하위문화와 동등한 지위를 갖는 그들만의 하위문화를 가져야 한다는 주장들이 설득력을 얻게 되면서 문화의 통합이라는 개념은 점점 힘을 잃어 갔다. "여럿에서 하나로"라는 미국의 표어는 "하나에서 여럿으로"로 바뀌었다. 사람들은 이런 정체성 정치학(identity politics)이 개인의 시민권을 증대시키고 있는데 도대체 뭐가 잘못이냐고 반문했다. 인도주의적 목표를 통해 확고해진 많은 인류학자들의 본능은 생물학에 대한 그들의 반대 입장을 좀 더 공고히 하면서 문화상대주의에 대한 지지를 더욱 강화시켜 나갔다.

물론 생물학은 거기에 없었다. 이런 결과를 가져온 추론은 결과적으로 우리를 당혹스럽게 만드는 또 다른 상황을 연출한다. 문화상대주의는 인종 집단들 간의 유전적인 행동 차이가 있다는 믿음——물론 이런 믿음은 증명되지 않았으며 이념적으로도 위험한 발상이다.——을 부정하면서 시작되었는데 결국에는 유전에 기초한 통합된 인간 본성이라는 개념 자체를 반대하는 쪽으로 나아갔다. 이렇게 해서 인간 조건에 대한 커다란 수수께끼가 생겨났다. 문화나 유전이 아니라면 도대체 인간성을 통합해 주는 게 무엇이냐는 질문이다. 만일 윤리 기준들이 문화를 통해서 형성되는데 문화는 끝없이 다양하고 동등하다면 도대체 무슨 근거로 신정(神政, theocracy)이나 식민주의,

아동 착취, 고문, 노예 제도를 반대할 수 있겠는가?

이 문제에 대해서 오늘날 인류학은 오히려 자기 자신을 두 문화(상이하지만 동등하게 매력적인)로 쪼개 문제를 더욱 혼란스럽게 만들었다. 생물인류학(biological anthropology) 연구자들은 문화란 궁극적으로는 인간의 유전 역사의 산물이며 그런 역사의 영향을 받은 개인의 결정으로 매 세대마다 새로워진다고 설명한다. 한편, 문화인류학(cultural anthropology) 연구자들은 문화가 유전적 역사와는 대체로 상관없는 고차원적 현상이며 실제적으로 어떤 제한도 없이 사회마다 달라질 수 있다고 본다. 생물인류학적 관점은 「스타워즈」와 같은 시리즈 영화와 맥을 같이 하는데, 왜냐하면 거기에 등장하는 외계인들이 그 물리적 외형은 다르나 오히려 확고부동한 인간성으로 통합되어 있기 때문이다. 반면 문화인류학적 관점은 오히려 「외계의 침입자(Invasion of the Body Snatchers)」류의 영화에 더 잘 어울린다. 여기서 등장인물들은 인간의 모습을 하고 있지만 외계인의 본성을 갖고 있다.(이것을 제대로 보여 준 영화는 「인디펜던트 데이」이다. 그 영화에 따르면 만일 인간이 아니라면 모든 것이 외계인이다.)

현대 인류학의 이런 분파적 현실은 1994년에 미국 인류학회의 임원들이 전파시킨 해결책에 잘 드러나 있다. 그 문건에는 한편으로는 "생물학적 변이와 문화적 변이의 존재를 인정할 수밖에 없지만 다른 한편으로는 이 다양성을 생물학화하거나 본질화하는 일은 거부한다."라고 적혀 있다. 하지만 이 두 상반된 목표들을 화해시키는 방도에 대해서는 전혀 언급이 없다.

그렇다면 다양성은 인류학 내에서 어떻게 논의되어야 할까? 통섭적 설명을 위한 공동의 탐구가 없다면 해결책은 없다. 두 진영의 분리는 점점 깊어만 갈 것이다. 생물인류학자들은 유전과 인간 진화의 재구성에 점점 더 많은 관심을 기울이게 될 것이고 문화인류학자들은 자연과학에서 점점 더 멀어지면서 표류하게 될 것이다. 문화인류학자들은 이미 각 문화——콰키우틀 족(Kwakiutl), 야노마뫼 족(Yanomamö), 카파우쿠 족(Kapauku), 일본 민족——를 고유한 대상으로 분석하면서 자신의 학문을 점점 더 인문학 전통 속에 자리 매김하고 있다. 그들에 따르면 문화는 전반적으로 자연과학적 법칙들로부터 예측될 수 없거니와 심지어 정의될 수도 없다. 어떤 이들은 이보다 더 멀리 나간다. 그들은 과학이 다양한 유형의 사고방식들 중에 하나이며 다양한 지적 문화 중에서 하나의 훌륭한 하위문화일 뿐이라는 극단적인 포스트모더니즘을 받아들인다.

현대 사회학은 인류학보다 자연과학에서 더 멀찌감치 떨어져 있다. 사회학은 사회학자 자신이 속해 있는 복잡한 사회에 관한 일종의 인류학적 탐구라고 해도 된다. 반대로, 인류학은 인류학자 자신이 속해 있지 않는 좀 더 단순하고 동떨어진 사회에 대한 일종의 사회학으로 정의할 수 있다. 연구 주제 측면에서 보면 사회학은 가계 수입과 이혼율의 관계 등을 다루고 인류학은 신랑의 결혼 지참금 등을 다룬다.

근대 사회학은 정확한 측정과 통계적 분석을 주요 특징으로 한다. 하지만 산발적으로 흩어져 있는 몇몇 이단들——예컨대, 워싱턴 대학교의 피어리 반 덴 베르게(Pierre L. van den Berghe), 마이넛 주립 대학교의 리 엘리스(Lee Ellis), 텍사스 대학교의 조셉 로프리아토(Joseph Lopreato), 프린스턴 대학교의 월터 월리스(Walter L. Wallace)——을 제외하고는, 학계의 사회학자들은 대개 문화 연구 스펙트럼에서 생물학을 전혀 고려하지 않는 한쪽 끝에 자리 잡고 있다. 엘리스의 표현을 빌자면 많은 이들이 생물학 공포증——생물학에 두려움을 느끼고 그것을 피하려고 하는 증상 — 에 걸려 있다. 그들은 심리학조차도 매우 조심스럽게 취급한다. 자연과학의 분석 방법에 대단한 재능을 가진 탁월한 주류 이론가인 시카고 대학교의 제임스 콜먼(James S. Coleman)은 다음과 같이 말했다. "사회과학이 설명해야 할 것은 사회 현상이지 개인의 행동이 아니다. 아주 예외적인 경우에만 사회 현상이 직접적으로 개인 행동의 합으로 유도될 수 있다. 하지만 어디까지나 그것은 예외일 뿐이다. 결과적으로 초점은 설명되어야 할 사회 체계에 맞춰져야 한다. 그 규모는 양자 관계에서부터 사회, 심지어는 세계 체제로까지 확장될 수 있다. 그러나 중요한 것은 설명의 초점이 하나의 단위로서의 체계에 있지, 개인 혹은 그 체계를 만드는 다른 구성 요소들에 있지 않다는 점이다."

콜먼의 연구 전략이 자연과학에서 얼마나 멀찌감치 떨어져 있는지를 평가해 보려면, "체계"에 "개인"을 "개인"에 "세포"를 그리고 "구성 요소"에 "분자"로 단어를 대체해 보라. 그러면, 그의 진술은 "중요한 것은 설명의 초점이 하나의 단위로서의 개인에 있지, 세포 혹은 그 개인을 만드는 다른 분자들에 있지 않다는 점이다."라고 변한다. 만일 이렇게 평면적인 관점이 계속되었다면 생물학은 1850년대 수준에 머물러 있었을 것이다. 하지만 생물학은 여러 수준의 조직들에 걸쳐 일어나는 인과 관계들을 추적하는 과학으로서 뇌와 생태계의 수준에서 원자 수준까지 모든 것을 탐구의 대상으로 삼는다. 도대체 왜 사회학은 뉴런에서 사회까지를 관통하는 전망의 인도를 받아서는 안 되는가? 그러지 말아야 할 분명한 이유는 없다.

뒤르켐의 선언문 『사회학적 방법의 규칙들(The Rules of Sociological Method)』(1894년)은 사회학의 기본 규칙들을 마련하는 데 도움을 주었다. 이 책이 출간된 지 한 세기가 지난 후에도 산업 사회 연구에 대한 계급론적 접근법은 거의 변하지 않았다. 컬럼비아 대학교의 로버트 니스벳(Robert Nisbet)은 고전 사회학에 대한 평가를 내리면서 사회학이 과학보다는 개념적으로 웅장한 하나의 예술로서 시작되었다고 말한다. 니스벳은 위대한 예술의 목표는 개인적 필요 또는 심지어 철학적·종교적 아이디어의 충족일 뿐만 아니라 "우리에게 우주와 자연 그리고 인간(또는 예술가 자신)에 대해 무언가를 말하는" 이미지들을 통해 종합적이며 내적으로 일관적인 세계를 창조하는 것이라는 허버트 리드(Herbert Read)의 말을 인용한다.

니스벳은 후기 계몽주의 시대 선각자의 예언과는 달리 사회학이 자연과학의 논리적 연장(extension)으로 성장하지 않았다고 생각했다. 그에 따르면 사회학은 오히려 서양 사조의 주요 주제들——예컨대, 개인주의, 자유, 사회 질서, 진보적 변화 등——로부터 창조되었다. 니스벳은 사회학의 많은 고전 문헌들이 19세기에서 20세기 초반까지 서구의 사회·경제·정치적 삶을 잘 반영한다고 주장했다. "토크빌, 마르크스, 퇴니스, 베버, 뒤르켐 그리고 짐멜이 자신의 위대한 작품들——예컨대, 토크빌의 『미국의 민주주의』, 마르크스의 『자본론』, 퇴니스의 『공동 사회와 이익 사회』, 짐멜의 『메트로폴리스』——을 통해 우리에게 준 것은 위대한 소설이나 그림 등에서 발견되는 것과 같은 특출나고 고개를 끄덕이게 만드는 그러한 풍경들이다." 공동체, 권위, 지위, 성례, 심지어 소외 등과 같이 근대 사회학을 풍미하던 수사는 이런 인문학적 토양 속에서 무성하게 자라났다.

사회학이 오늘날 사회과학 표준 모형(Standard Social Science Model, SSSM)이라는 철옹성에 갇혀 있는 이유는 바로 사회학이 이렇게 과학과 인문학의 뒤범벅 속에서 생겨났기 때문이다. 사회과학 표준 모형은 20세기 사회 이론의 정통이다. 그것은 문화를 개인의 마음과 사회 제도를 형성하는 기호와 의미의 복잡한 체계로 본다. 그러나 그 모형은 문화가 생물학과 심리학의 요소로 환원될 수 없는 독립적인 현상이며 따라서 환경과 역사적 전례들의 산물이라고 말한다.

가장 순수한 형태의 사회과학 표준 모형은 직관적으로 명확한 인과 연쇄를 도리어 뒤집는다. 즉 그 모형에 따르면 인간의 마음은 문화를 창조하지 않지만 그 마음 자체는 문화의 산물이다. 이것은 인간 본성의 생물학적 근거를 대수롭지 않게 여기거나 철저하게 거부하기 때문에 나온 잘못된 추론이다. 반면 이런 추론의 반대 극단에는 유전자 결정론이 있다. 유전자 결정론은 인간 행동이 유전자 속에 고정되어 있으며 인간 행동의 파괴적인 성향, 예컨대 인종주의, 전쟁, 계급 구분 등은 어쩔 도리가 없다는 견해이다. 사회과학 표준 모형의 극단적 형태를 옹호하는 이들은 유전자 결정론이 사실의 차원에서 틀려서가 아니라 도덕적으로 옳지 않기 때문에 거부되어야 한다고 말한다.

솔직히 나는 방금 정의된 것 같은 유전자 결정론을 믿는 생물학자는 단 한 명도 본 적이 없다. 이와 마찬가지로 방금 언급된 극단적 형태의 사회과학 표준 모형을 옹호하는 이들도 오늘날 거의 없다. 물론 20년 전에는 많은 학자들이 진지하게 그런 극단을 받아들였다. 하지만 이런 극단적 입장들 간의 충돌은 여전히 대중 매체의 단골 메뉴이며 불행히도 언론인과 대학 교수에 의해 여전히 진행되고 있다. 문제가 이런 식으로 비화되면 학자들은 조건반사적으로 케케묵은 방어 기작을 작동시킨다. 혼돈은 횡행하고 분노는 활활 타오른다.

이제 제발 그만 좀 하자! 오해의 한 세기, 서양 지성사의 베르당(Verdun)와 솜므(Somme) 전투(제1차 세계 대전의 격전지로서 이곳에서 벌어진 전투는 병사 개개인에게 무의미한 희생만을 강요했고 결국 쌍방 모두에게 엄청난 인명 피해를 주었다.—옮긴이)는 갈 데까지 다 갔으며 그놈의 문화 전쟁은 썩은 내가 진동하는 해묵은 경기일 뿐이다. 실제로 사회과학 표준 모형과 유전자 결정론 사이에 넓은 중간 지역이 존재한다. 이 지역 내에서는 사회과학이 태생적으로 자연과학과 양립 가능하다. 이 거대한 학문의 두 갈래는 인과적 설명이 일관적으로 조직되는 정도에 비례해서 서로에게 이득을 줄 것이다.

통섭을 향한 첫 걸음은 사회과학이 서술적 · 분석적으로 진행될 때 진정한 과학이겠지만 사회 이론은 아직 진정한 이론이 아니라는 사실을 인식하는 일이다. 사회과학은 초기 자연사 전통의 자연과학과 동일한 일반적 특징을 갖고 있다. 즉 사회과학은 풍부한 자료로부터 사회 현상들을 체계적으로 분류한다. 사회과학은 공동 행동의 예기치 않은 양상을 발견해 왔고 역사와 문화 진화의 상호 작용을 성공적으로 추적해 왔다. 그러나 사회에서 마음과 뇌로 이어지는 여러 수준들을 관통하는 인과적 설명망을 만들어 내지는 못했다. 이런 실패로 인해 사회과학은 진정한 과학 이론의 본질을 결여하고 있다. 따라서 비록 사회과학자들이 종종 '이론'을 이야기하고 더 나아가 동일한 수준에서 동일한 종류의 언급을 하는 것처럼 보이지만 실상은 통합되지 않은 이야기에 불과하다.

사회과학에서 자연사에 해당하는 단어로서 자주 접하는 용어는 해석학(hermeneutics)이다. 이 용어는 그리스 어 헤르메네우티코스(hermeneutikós, '해석에 능한')에서 비롯된 말로 원래는 문헌, 특히 성경에 대한 분석과 해석을 의미하는 말로 사용되었다. 사회과학도와 인문학도는 사회 관계와 문화에 대한 체계적인 탐구에까지 이 방법을 확장하여 적용했다. 상이한 관점과 문화를 가진 많은 학자들이 이런 기법을 사용하여 각 주제를 연구한다. 해석학이 견실해지기 위해서는 학자의 한 평생이 걸릴 만큼 긴 시간이 필요하다. 인간 관계에 대한 실험이 좀처럼 수행될 수 없기 때문에 사회과학자들은 인간 관계에 관한 연구를 평가하기 위해 어떤 경우에는 많은 서술과 분석을 통해, 다른 경우에는 전문가의 평판을 믿고, 또 다른 경우에는 전문가들 간의 합의에 의존하기도 한다. 최근에는 자연과학의 표준적 절차를 채용하기 시작하면서 정확하게 측정된 반복 표본에 대한 통계적 처리를 점점 더 많이 기대할 수 있게 되었다.

이 모든 것들은 자연사의 기준을 잘 만족시킨다. 왜냐하면 이런 기준들에 의거하여 아직도 생물학과 지질학의 많은 영역 그리고 다른 자연과학 영역이 굴러가고 있기 때문이다. 정보들을 잘 분석하는 것은 자연과학에서나 사회과학에서 학자들이 지녀야 할 공통 미덕임에는 틀림없다. 이런 의미에서 발리 섬 사람의 종교에 관한 해석학은 발리 섬의 조류군의 자연사에 견줄 만하다.

그렇다면 모든 과학의 토대가 자연사(이름이 어떻든 간에)인데 정작 그 자연사는 아직 이론이 아니란 말인가? 가장 큰 이유는 다양한 인접 수준들을 꿰뚫는 인과망으로 현상을 설명하는 일에 자연사가 노력을 거의 하지 않기 때문이다. 자연사의 분석은 수평적이지 수직적이지 않다. 발리 섬의 예에서 자연사 학자들은 문화를 통해 많은 것들을 탐구하지만 뇌와 마음 그리고 문화로 이어지는 인과망에 관심을 두지 않는다. 좀 더 구체적으로 말하면 그들은 그 섬에 사는 많은 종의 새를 관찰하며 탐구하지만 새를 분류학과 생태계의 수준에서 수직적인 방식으로 논의하는 데 익숙하지 않다. 하지만 자연사는 조직의 여러 수준들을 가로지르는 최고의 가용적 지식들을 연결함으로써 과학 이론을 만들어 낼 수 있다. 더욱이 학자들이 상이한 수준들에서 작용하는 모든 가능한 사건들을 포착하는 입증 가능한 경합 가설들을 제시하게 되면 자연사는 엄밀한 과학 이론을 창조하게 된다.

　만일 사회과학자들의 궁극적인 목표가 자연과학자들과 마찬가지로 엄밀한 이론을 선택하는 것이라면, 그들이 시공간의 넓은 범위들을 얼마나 자유롭게 왕래하며 조망할 수 있는지에 따라 성공의 질이 결정될 것이다. 바로 자연과학의 설명과 사회과학의 설명을 같은 선상에 놓아야 한다는 뜻이다. 그리고 저명한 철학자 리처드 로티가 내린 다음과 같은 정의는 술집에서나 재미삼아 해야 한다는 것을 뜻한다. 로티는 해석학과 인식론(지식에 대한 체계적인 이론)을 다음과 같이 대조했다. "현상을 완벽하게 이해하고는 있지만 그 현상을 좀 더 확장하거나 강화하거나 가르치거나 정초하기 위해 그것을 암호화하기를 원할 때 우리는 인식론적으로 된다. 반면, 현상을 이해하지는 못하지만 그 현상을 받아들일 만큼 정직해질 때 우리는 해석학적으로 된다." 이런 로티의 제안에서는 해석학이 내가 언급했던 방식의 분야나 연구 프로그램이 아니다. 그에 따르면 해석학은 "인식론의 몰락 때문에 남겨진 문화적 공백이 결코 채워지지 않을 것—즉 더 이상 제약과 대립을 위한 강요가 느껴지지 않는 문화이어야 한다는 것—을 소망하는 하나의 표현"이다. 간단히 말해 학자들 간의 논의는 통섭을 염두에 두지 않고도 진행될 수 있다. 또한 그러면서도 엄격함이 유지될지 모른다. 하지만 그런 양보는 포스트모던적인 학자들에게 환영받을지는 몰라도 학문의 능력과 기쁨을 고갈시킬 수 있는 미숙한 포기이다. 연구의 창조성은 어떤 형태의 탐구에서도 예기치 않게 발생할 수 있지만 인과적 설명으로 발견들을 연결하지 않으려는 태도는 그 발견의 신뢰성을 떨어뜨린다. 그런 태도는 종합적인 과학적 방법, 즉 인류의 지성이 그동안 창조해 온 가장 강력한 도구를 뿌리치는 어리석은 짓이며 인간의 지성을 평가절하하는 게으른 행동이다.

그렇다면 사회과학과 인문학의 연합은 정확히 어떤 모습으로 나타날까? 큰 규모를 성공적으로 포괄하는 네 분야를 생각해 보자. 그 분야의 종사자들은 자신의 학문을 다음과 같이 기술할 지도 모르겠다.

우선, 사회학자는 건전한 자긍심을 갖고 다음과 같이 말한다. "우리는 현재 이 땅의 문제에 관심이 있다. 즉 어느 복잡한 사회 내의 삶에 대한 정교한 분석과 최근 역사의 인과 관계에 관심이 있다. 우리는 지엽적인 문제들에 가까이 다가가 있는데 우리 자신도 문자 그대로 그 속에서 헤엄치면서 그 문제의 일부가 된다. 인간의 사회 행동에 대한 우리의 견해는 매우 다양하며 때로는 무한정 가변적으로 보이기도 한다."

인류학자는 다음과 같이 대꾸한다. "그래, 그 범위 안에서는 맞다. 그러나 뒤로 물러나서 다시 보자. 우리 인류학자들은 수천 개의 사회를 연구하는데 그중 많은 수가 문자 이전의 사회와 비산업 사회이다. 우리가 기록하는 다양성은 사회학자들이 직면하는 다양성보다 훨씬 크다. 그러나 그것은 가능한 범위 내에 한정되어 있다. 우리는 그 다양성 내에 존재하는 분명한 한계와 패턴을 발견했다. 여러 세기에 걸쳐서 독립적으로 수행된, 문화적 진화에 관한 수많은 실험들을 통해 우리는 인간의 사회 행동에 관한 법칙을 발견하게 될지도 모른다."

마음 급한 영장류학자가 끼어든다. "그렇고 말고, 사회에 관한 비교학적 정보는 사회과학의 뼈대이며 원동력이다. 하지만 당신의 개념은 더 넓은 관점에서 조망될 필요가 있다. 인간 행동의 다양성은 엄청나지만 우리가 유인원과 원숭이 그리고 원시 원숭이에서 발견해 온 모든 사회 조직들을 포괄하기에는 역부족이다. 영장류 동물들은 겨우 1,000년이 아니라 무려 5000만 년 동안 진화해 왔다. 만일 우리가 문화의 기원을 이해하고자 한다면 인간과 유전적으로 가까운 100

종 이상의 영장류 동물들 사이에서 사회 진화의 원리를 찾아내야 한다."

사회생물학자가 거든다. "그렇지, 문제는 관점이다. 왜 진짜로 관점을 넓히지 않는가? 생물학자들과 사회과학자들이 공동으로 발전시킨 내 분야는 모든 종류의 유기체 내에서 일어나는 사회 행동의 생물학적 기초를 탐구하고자 한다. 그런데 인간 행동에도 생물학적인 영향이 미치는지에 관해서는 특히 정치적인 영역에서 논쟁이 진행되고 있다. 하지만 다음을 생각해 보라. 인간은 행동의 가변성 측면에서 가장 특출할 수도 있으며 인간만이 언어와 자의식 그리고 통찰력을 가지고 있을 수도 있다. 그러나 인간의 체계 중에서 알려진 모든 것들은 수많은 고도의 사회성 곤충과 척추동물이 보여 주는 특성들의 아주 작은 부분집합에 불과하다. 만일 사회 행동에 대한 참된 과학을 창조하고 싶다면 1억 년 단위의 기간 동안 일어난 이 유기체 집단들의 발산 진화(divergent evolution)를 추적해 볼 필요가 있을 것이다. 또한 인간의 사회 행동이 궁극적으로 생물의 진화를 통해 시작되었다는 사실을 인식하는 것도 유용할 것이다."

사회과학의 각 분야는 서로에 대해 대체로 무심해도 자기 자신만의 시공간적 영역 내에서 안락하게 지낼 수 있다. 그러나 참된 사회 이론이 없으면 사회과학은 자연과학과 소통하지 못할 뿐만 아니라 사회과학들 내에서조차 의견 교환을 이룰 수 없다. 만일 사회과학과 자연과학이 통합되어야 한다면 이 두 진영이 개별적으로 포괄하는 시공간의 규모에 따라서 두 진영이 모두 정의될 필요가 있다. 그리고 과거처럼 주제에 따라서만 정의되어서는 안 되며 어떻게든 서로 연결되어야 한다.

사실, 수렴이 일어나기 시작했다. 자연과학은 지난 몇십 년 동안 자신의 연구 주제를 발빠르게 확장하여 사회과학에 가까이 다가가고 있다. 그 결과 사회과학과 자연과학의 간격을 잇는 4개의 교량이 생겼다. 첫 번째는 인지심리학적 요소들을 가지고 있는 인지뇌과학 또는 뇌과학으로서 이 분야의 종사자들은 정신 활동의 물리적 기초를 분석하고 의식적 사고의 신비를 해결하고자 한다. 두 번째는 인간행동유전학인데 이 분야는 아직 걸음마 단계이기는 하지만 인간 행동의 유전적 기초──예컨대, 유전자가 정신 발달에 어떤 편향적인 영향을 주는지?──를 밝히려는 목표를 가지고 있다. 세 번째 교량은 진화생물학이다. 사회생물학은 진화생물학의 잡종 자손으로서 사회 행동의 유전적 기원을 설명하는 일을 목표로 하고 있다. 네 번째는 환경과학이다. 이 분야와 사회 이론과의 관계는 일견 희박해 보이지만 실상은 그렇지 않다. 자연환경은 인간이라는 종이 진화해 온 극장이다. 또한 인간의 생리와 행동은 그 환경에 정교하게 적응되어 있다. 인간 생물학이나 사회과학도 이러한 틀을 고려하지 않는 한 완전한 의미를 가질 수 없다.

자연과학과 사회과학 간의 징검다리가 어떻게 배열되고 연결되어 있는지를 시각화하는 일은 어렵지 않다. 예컨대 미국 도심부에서 가족이 점점 사라지는 사건, 멕시코시티로 시골 사람들이 미여터지게 몰려드는 사건, 프랑스에서 유로화가 처음 들어왔을 때 중산층의 저항 등 특정한 거시 사회적 사건들을 생각해 보라. 그런 쟁점들을 제기한 사회과학자들은 전통적인 분석에서 시작한다. 그들은 사실들에 순서를 매기고 그것들을 수량화하여 표와 그래프로 표시하며 통계학적 해석을 가한다. 그들은 역사적 배경도 조사한다. 그들은 다른 장소에 일어났던 유사한 현상과도 비교하고 주변 문화의 제약과 편향을 조사하며 그 사건이 속한 장르가 그때 그 장소에서 고유한 것인지 아니면 널리 일어나는 일인지를 결정한다. 이 모든 정보로부터 그들은 사건의 원인들을 추측하고 다음과 같이 묻는다. 이 사건의 의미는 무엇인가? 이 사건은 계속될 것인가? 다시 일어날 사건인가?

오늘날 대부분의 사회과학자들은 여기에서 멈춘 채 보고서를 작성한다. 하지만 통섭 이론으로 무장한 미래의 분석가들은 더 깊이 있게 탐구할 것이고 그래서 더 많은 것을 이해하게 될 것이며 더 큰 예측력도 갖게 될 것이다. 가까운 미래에 벌어질 일들을 장밋빛 청사진으로 보면 그들은 머지않아 심리학, 특히 사회심리학의 원리들을 인수 분해할 것이다. "사회심리학"이라는 용어는 한 개인이나 팀의 직관이 아니라 인간 행동에 관해서 통속적이기는 하나 감정적으로는 만족스러운 믿음을 뜻한다. 하지만 나는 성숙하고 정확한 심리학으로부터 얻을 수 있는 완전한 지식을 원한다. 이런 지식은 그동안 사회과학자들에게 일반적으로 무시당해 왔다.

이런 시각에서 더 나아가 통섭 연구의 완전한 시나리오를 제시해 보겠다. 미래의 분석가들은 사회 행동이 주어진 환경 속의 개인이 지닌 감정과 의도의 총합으로부터 어떻게 발생하는지를 매우 잘 안다. 또한 그들은 개인의 행동이 생물학과 환경의 교차점에서 어떻게 발생하는지도 안다. 문화 변동에 대한 그들의 이해는 인간 행동의 종적 특이성을 유전적 진화의 산물로 해석하는 진화생물학의 통찰로 인해 강화된다. 그들은 유전자가 행동을 단순한 일대일 대응으로 규정한다는 전제를 피하면서도 어떻게 이런 아이디어를 표현할 수 있을지 매우 조심스러워한다. 그들은 자신의 견해를 좀 더 정교하게 전달하는 좀 더 세련된 공식을 다음과 같이 사용한다. 행동은 후성 규칙들의 안내를 받는다.

후성설(epigenesis)은 개체가 유전과 환경의 공동 영향 아래에서 어떻게 발달하는지에 관한 개념으로서 원래 생물학에서 처음 나왔다. 그렇다면 후성 규칙들은 무엇인가? 내가 앞의 두 장에서 길게 한 설명을 한마디로 요약하자면, 감각 체계와 뇌의 선천적 작용들의 집합체인 후성 규칙은 개체가 환경에서 직면한 문제들에 대해 빠른 해결책을 찾도록 만드는 일종의 어림법(rules of thumb)이다. 그것은 인간으로 하여금 세상을 특정한 방식으로 보게끔 선천적으로 규정하고 자동적으로 특정한 선택을 하게 한다. 우리는 이 후성 규칙들 때문에 무지개를 파장의 연속체가 아니라 네 가지 기본 색으로 본다. 우리는 근친상간을 피하고 문법적으로 정합적인 문장으로 말하고 친구에게 미소를 지으며 혼자일 때에는 낯선 이에게서 공포를 느낀다. 후성 규칙들은 대개 감정을 통해서 작동되는데 모든 행동 범주에서 개인으로 하여금 상대적으로 빠르고 정확한 반응을 하도록 하여 결국 생존과 번식에 더 성공적이도록 만든다. 그러나 다른 한편으로 그 규칙들은 문화적 변이들과 조합들이 발생할 수 있도록 열려 있다. 예컨대, 특히 복잡한 사회에서는 그 규칙들이 건강과 복지에 더 이상 기여하지 못하는 경우도 있다. 그 규칙들이 지시하는 행동이 굴절되어 결국 개인과 사회의 이득에 반하는 방향으로 나아갈 수도 있다.

이제까지 내 가상의 분석가들은 역사적 현상에서부터 뇌과학과 유전학에 이르는 인과적 설명의 아리아드네 실타래를 추적해 왔다. 따라서 그들은 사회과학과 자연과학 간의 간극을 메우게 될 것이다. 이런 장밋빛 청사진은 요즘 두 진영에 속한 소수의 학자들이 꾸는 꿈이다. 하지만 적어도 그들만큼이나 많은 반대자들이 그런 꿈은 철학적으로 잘못되었거나 혹은 기술적으로 너무 어려워 달성되기 힘든 몽상일 뿐이라고 비판한다. 하지만 나의 모든 본능은 그 꿈이 실현될 것이라고 말하고 있다. 만일 두 진영의 통합이 이뤄지면 사회과학은 시공간적으로 더 확대 될 것이고 새로운 개념의 풍부한 열매들을 수확하게 될 것이다. 사회과학이 예측력을 얻기 위해서라도 그런 통합이 최선의 방법이다.

그렇다면 사회과학은 어떻게 시공간적으로 확대될 수 있을까? 다음 장에서 다룰 예술과 윤리 행위를 포함하여 인간의 행동은 매우 다양한데 자연과학적 관점으로는 그런 행동들이 다른 측면으로 해석될 수 있다. 진화생물학자들과 진화심리학자들이 지난 30년 동안 발전시켜 온 가족에 대한 근본 이론을 생각해 보자. 이것은 사회과학과 직접적인 연관을 가지고 있다. 코넬 대학교의 스티븐 엠린(Stephen T. Emlen)은 1995년에 부모와 자식 사이에 벌어지는 협력과 갈등에 초점을 맞춰 가족에 관한 이론을 근본적으로 수정했다. 그 이론의 기본적인 전제는 자연선택에 따른 진화이다. 즉 협력과 갈등 행동은 그런 행동을 하는 개인의 생존과 번식을 향상시키기 때문에 본능으로 진화해 왔다는 논리이다. 엠린이 이 전제를 확장하고 그로부터 유도된 이론을 시험하기 위해서 사용했던 자료는 전 세계에 흩어진 100종 이상의 조류와 포유류에 대한 독립적인 연구들에서 온 것들이다.

이 이론에서 예측된 패턴은 대체로 증거와 일치한다. 비록 그 자료들이 동물들의 본능적 행동으로부터 나온 것이지만 그 패턴은 사회과학과 인문학의 핵심 주제들과 뚜렷한 관련이 있을 것이다.

조류와 포유류(인간을 제외한)에서 가족은 기본적으로 불안정하지만, 적어도 고품질의 자원들을 통제하는 가족의 경우에는 그렇지 않다. 하나의 유전적 계통이 여러 세대에 걸쳐 영속되는 경우(왕조)는 자원이 늘 풍부한 세력권에서 발생한다.

가족 구성원들의 유전적 관계가 가까우면 가까울수록 협력의 정도는 더욱 증가한다. 예컨대 아버지와 아들 사이의 협력은 삼촌과 조카 사이의 협력보다 더 빈번하다.

이런 협동성과 근친상간 회피에 기인하여 가족 구성원들의 유전적 관계가 밀접할수록 성적 갈등의 빈도는 낮아진다.

가족 구성원들의 유전적 관계는 갈등과 헌신의 형태에도 영향을 준다. 수컷은 자신의 부권이 불확실하면, 즉 그 자손이 자기의 자식이라는 것에 대한 확신이 없으면 그 자손에게 투자를 덜 한다. 만일 어떤 가족에서 부모 중 하나가 죽으면 죽은 그 부모의 반대성을 가진 자식이 양육자의 지위를 놓고 살아남은 그 부모와 경쟁한다. 가령, 아버지가 죽으면 여전히 임신 가능한 어머니는 자신의 아들이 새롭게 얻을 수도 있는 배우자의 지위를 놓고 그 아들과 충돌할 개연성이 높다. 또한 그 아들은 자신의 어머니가 새로운 성관계를 맺지 못하도록 방해한다.

생물학에서 밝혀진 이러한 갈등과 헌신의 패턴은 복합 가족(step-family)이 생물학적 가족(biological family)보다 더 불안정하다는 사실을 예측할 수 있게 해 준다. 계부모는 친부모보다 부양 자식들에게 덜 투자한다. 많은 종에서 계부모는 자신의 번식 성공도를 높이기 위해 현재의 자식들을 죽이기까지 한다. 이런 행동은 계부모가 지배적인 성일 경우에 특히 더 자주 일어난다.

만일 낮은 서열의 구성원이 그 가족을 떠나 자신만의 가족을 구성하는 것에 도움이 된다면, 가족 내의 구성원들은(외부로부터 온 배우자들을 이용하여) 번식을 보다 고르게 하게 된다. 그러한 관용은 그 구성원들이 유전적으로 매우 가까울 때 가장 크게 나타나며 협동하는 개체들은 부모자식보다는 대개 형제자매들이다.

이런 이론을 인간에게 적용하는 과정에서 우리는 문화적 변화가 깊숙이 개입되어 있다는 것을 잘 인식하고 있어야 한다. 문화의 변이들은 때로 엽기적이고 기이한 것까지 포함할 정도로 다양하다. 예컨대 예전에 뉴기니의 포어 족(Fore)은 죽은 친지들의 뇌를 먹음으로써 죽은 이에 대한 애도의 뜻을 표하는 풍습을 갖고 있었는데, 이 때 쿠

루병(동뉴기니 원주민에게서 나타나는 치명적인 뇌신경병.—옮긴이)에 감염된 친척의 뇌를 먹게 되면서 그 병이 마을에 점점 널리 퍼지게 되었다. 그러나 근친상간 회피와 같은 행동 등에 대한 연구는 동물의 강한 본능이 인간 행동의 후성 규칙들로 번역될 수 있음을 보여 주었다. 고고학자의 삽을 기다리는 유프라테스 강 유역의 고대 문명처럼 후성 규칙은 문화의 긴 역사를 발굴할 우리의 손을 기다리고 있다. 진화론의 실제적인 역할은 후성 규칙이 있을 만한 위치를 정확하게 지적해 주는 일이다.

사회과학적 탐구 중에서 자연과학과의 간격을 메울 준비가 가장 잘 되어 있으며 형식과 자기 확신 측면에서 자연과학을 가장 닮은 학문 분과는 경제학이다. 수학적 모형들로 무장되어 있고 매년마다 노벨 경제학상을 받으며 재계와 정부로부터 보상을 받는 이 분야는 사회과학의 여왕이라는 칭호를 받을 만하다. 그러나 '진정한' 과학과의 유사성은 종종 피상적이며 엄청난 지적인 대가를 치르며 얻어 왔다.

경제 이론의 잠재력과 가치는 역사적 배경에서 가장 분명하게 이해될 수 있다. 유르그 니한스(Jürg Niehans)는 그의 역작인 『경제 이론의 역사(A History of Economic Theory)』에서 주류 경제학의 진화가 세 단계를 거치며 진행되었다고 주장한다. 18세기부터 19세기 초까지의 고전주의 시대에는 애덤 스미스(Adam Smith), 데이비드 리카도(David Ricardo), 토머스 맬서스(Thomas Malthus)와 같은 창시자들이 경제를 순환하는 소득의 폐쇄계로 보았다. 수요와 공급에 따라 경제는 세계의 자원들을 통제하고 이로운 결과를 내기 위해 그것들을 전환한다. 애덤 스미스는 이 기간에 자유시장 경제학의 중심 공리를 도입했다. "보이지 않는 손"이라는 그의 개념에 따르면 개별 생산자와 소비자는 자신의 최고 이익을 자유롭게 추구하도록 내버려 둘 때, 오히려 경제를 발전시키며 결과적으로 전체 사회에 최고의 이득을 안겨 준다.

1830년경에 시작되어 그 후로 40년이 지났을 때 절정에 이른 한계주의 시대에는 보이지 않는 손의 속성들로 초점이 움직여 갔다. 경제의 내적 작동이 사람, 회사, 정부와 같은 행위자의 개별적인 결정들로 분석되었고 이 행위자들의 활동들은 수학적 모형들의 도움을 받으며 고찰되었다. 물리학 이론과 같은 추상적인 틀 내에서 생산과 소비의 수준이 어떻게 변하는지를 평가하고 예측함으로써 분석자들은 경제를 마치 실제 세계인 양 조작할 수 있었다. 미적분학은 생산과 소비에 있어서 매우 작은 '한계' 변동(marginal shifts)의 결과를 계산하는 데 사용되었고 이것으로써 경제 변화가 평가되었다. 희소성과 수요가 등락하면서 새로운 생산물(예컨대 금, 석유, 집 등)의 각 단위도 그에 따라 가격이 등락한다. 종합적으로 복잡한 교환망을 통해 진행되는 이런 변동은 경제를 수요와 공급의 평형 상태에서 멀어지게 하거나 가깝게 만든다.

따라서 경제 변화를 정확한 값으로 기입하려고 하는 미시경제학의 토대가 형성되었다. 예컨대 여기에서 한계 비용(marginal cost)은 생산물 한 단위를 추가로 생산할 때 필요한 총비용의 증가분으로, 한계 생산물(marginal product)은 하나의 생산 단위를 추가로 입력함으로써 생기는 총생산물의 증가분으로, 한계 수익(marginal revenue)은 생산물 한 단위를 판매함으로써 생기는 총수익의 증가분으로, 그리고 한계 효용(marginal utility)은 생산물 한 단위를 소비할 때 얻는 만족으로 정의된다. 한계주의 경제학자들은 모형들을 만들어 자연과학자가 하는 식으로 다른 변수들은 고정하고 하나의 변수 혹은 한 조합 변수를 변화시킨다. 유능한 경제학자들은 그런 모형을 통해 깔끔한 그림을 그려 낸다. 고전주의 시대의 거시 분석은 결국 한계주의 시대의 미시 분석과 결합되었는데, 1890년에 『경제학 원론(*Principles of Economics*)』을 쓴 앨프리드 마샬(Alfred Marshall)의 영향이 가장 컸다. 토르슈타인 베블렌(Thorstein Veblen)은 1900년에 이런 결합의 결과를 신고전주의 경제학이라고 불렀다.

신고전주의 경제학은 오늘날 우리가 받아들이는 것이기도 하지만 모형 구성 시대(the Era of Model Building)의 경제학과 중첩되기도 한다. 신고전주의는 그때부터 무르익기 시작했다. 이론가들은 1930년대부터 경제학의 세계를 훨씬 더 정교하게 시뮬레이션하기 위해서 선형 프로그램, 게임 이론 그리고 강력한 수학적·통계학적 기법들을 동원했다. 그들은 정확성에 대한 자신들의 느낌에 도취되어 평형에 대한 주제로 계속 되돌아갔다. 그들은 수요와 공급, 회사와 소비자의 충동, 경쟁, 시장 동요와 실패 그리고 노동과 자원의 최적 사용 등을 그들의 능력이 닿는 데까지 구체적으로 서술했다.

신고전주의 이론의 평형 모형은 오늘날에도 경제 이론의 최전선에 남아 있다. 정밀함에 대한 강조는 여전하다. 분석가들은 20세기에 가장 영향력 있는 경제학자 중 한 사람인 폴 새뮤얼슨(Paul Samuelson)의 다음과 같은 진술에 진심으로 동의한다. "경제학은 현실적으로 측정될 수 있는 개념들에 초점을 맞추고 있다."

오늘날의 경제학 이론에도 약점과 강점은 있다. 강점은 교과서 저자나 언론인이 입에 달고 다니는 것이니까 생략하기로 하고 여기서는 약점에 대해서만 언급하겠다. 현대 경제학 이론의 약점들은 두 가지로 요약된다. 뉴턴적이며 난해하다는 것. 뉴턴적인 이유는 경제 이론가들이 가능한 모든 경제 상황들을 포괄하는 단순하고 일반적인 법칙을 간직히 원하기 때문이다. 인간 행동의 타고난 형질들 중 일부만이 있음 직하거나 가능하지만 보편성을 추구하는 것은 논리적이며 가치 있는 것이다. 물리학의 근본 법칙만으로는 비행기를 만들 수 없듯이 일반화된 평형 이론이 완성되었다고 해서 그것만으로 최적이나 그보다 못한 안정적 경제 질서를 시각화하지는 못한다. 한편 모형들은 난해하기 때문에 난점이 있다. 인간 행동의 복잡성과 환경이 부과하는 제약에 매몰되어 있는 경제 이론은 난해할 수밖에 없다. 결과적으로 의심의 여지가 없이 경제 이론가 중에는 천재들이 수두룩하지만 경제의 미래를 예측하는 데 성공한 사람은 거의 없었고 오히려 당혹스러운 실패들로 고생한 사람들만 많았다.

몇몇 국가 경제의 부분적 안정화는 예외적인 성공 사례이다. 미국의 연방 준비 제도 이사회(Federal Reserve Board, FRB)는 돈의 흐름을 제어하고 경제가 재앙적인 인플레이션과 디플레이션으로 가지 않도록 막을 지식과 법적 능력을 충분히 가지고 있다.(우리는 그렇게 믿는다!) 그리고 되돌아보면, 우리는 또 다른 최전선에서 성장을 이끌고 있는 기술 혁신의 추진력에 대해서도 대체로 잘 이해하고 있다. 그리고 또 다른 최전선에서는 자산 자본 가격 결정(capital-asset pricing) 모형이 월가에 주요한 영향을 준다.

경제학자들이 침묵하지 않고 이야기를 해 줘야 우리의 형편이 더 나아진다. 그러나 이론가들은 사회와 관계 있는 주요 거시 경제적 질문의 대부분에 대해 단정적인 해답을 줄 수 없다. 예컨대, 재정 조정(fiscal regulation)의 최적량, 국가 내(그리고 국가 간) 미래 수익 분포, 최적 인구 성장과 분포, 시민 개인의 장기적 재정 안전성, 여러 자원들(토지, 물, 생물 다양성 그리고 고갈되는 다른 자원들)의 역할 그리고 황폐화하고 있는 전 세계 환경과 같은 '외적 요소들'의 강도 등에 대해서는 확실한 대답이 없다. 세계 경제는 위험한 파도가 넘실대는 미지의 바다를 빠르게 통과하는 배이다. 그것이 어떻게 작동할 것인지에 대한 일반적인 합의는 없다. 그렇다면 경제학자들이 누리는 자긍심의 출처는 어디인가? 그것은 경제학이 수많은 성공을 거두었기 때문이 아니라 회사와 정부가 결국 돌아갈 곳이 경제학밖에 없기 때문이다.

그렇다고 경제학자들이 직관과 서술적 방법을 위해 수학적 모형을 포기하는 편이 낫다는 말은 아니다. 그들은 모형을 통해 이동과 변동 같은 과정들뿐만 아니라 원자와 유전자 같은 단위들에 대해서도 정확한 정의를 내리도록 요구받는다. 이것이 바로 모형화 작업의 큰 장점이다. 착상이 좋으면 모형은 더 이상 그 전제에 대해 의심할 필요가 없다. 모형은 중요한 요소들을 열거하고 그 요소들 간의 상호작용에 대해 근거 있는 추측을 내놓는다. 스스로 부과한 틀 내에서 연구자들은 실재 세계에 관한 예측을 하며, 그 예측이 정확할수록 그 모형은 더 좋은 것으로 승격된다. 그들은 그 예측들을 증거의 바다에 노출시켜 입증이나 반증을 시도한다. 과학에서 깔끔한 정의와 놀라운 예측보다 더 도발적인 것은 없으며 그런 예측이 구체적으로 입증된 것보다 더 높은 가치는 없다.

이런 목표를 위해 과학자들은 이론, 특히 수학적 모형이 지녀야 할 네 가지 덕목을 추구한다. 첫째는 검약성(parsimony)이다. 즉 현상을 설명하기 위해 사용된 단위와 과정이 적으면 적을수록 더 좋은 이론이라는 기준이다. 물리과학이 보여 준 검약성의 승리 덕분에 우리는 이제 장작이 불타는 현상을 설명하기 위해 플로지스톤이라고 불리는 상상의 물질을 상정하거나 진공을 채우기 위해 존재하지도 않는 에테르를 끌어들일 필요가 없다. 두 번째 덕목은 일반성(generality)이다. 즉 모형으로 포괄되는 현상의 범위가 넓으면 넓을수록 그 모형이 참일 개연성이 더 높다는 기준이다. 화학에서 주기율표는 각 원소와 화합물에 대한 개별 이론을 배제한다. 한 이론이 모든 것들을 정확하게 포괄한다.

그 다음은 통섭(consilience)이다. 다른 분야에서 탄탄하게 검증된 지식에 순응하는 어떤 분야의 단위와 과정은 이론과 실천에 있어서 그렇지 않은 경우보다 일관성의 측면에서 더 우월하다고 입증되었다. DNA의 화학에서부터 화석의 연대 측정에 이르기까지 생물학의 모든 수준에서 얻는 모든 자료들에서 자연선택에 따른 진화론이 창조론을 물리친 이유가 바로 그 때문이다. 신은 존재할 수도 있고 우리가 이 작은 행성 위에서 꾀하고 있는 일에 대해 기뻐할지도 모른다. 그러나 생물권을 설명할 때에는 신의 정교한 손을 빌릴 필요가 없다. 이제 마지막 덕목에 대해서 이야기해 보자. 그것은 예측성(predictiveness)으로서 이미 다른 덕목들로부터 유도된 덕목이다. 많은 현상에 대해 예측할 수 있고 그 예측을 관찰과 실험을 통해 검증하기 쉬우면 그 이론은 좋은 이론이 된다.

이런 기준들로 경제 이론을 평가하기 전에 생물학의 한 분야를 먼저 살펴보는 것이 더 공정하리라. 집단유전학은 전체 개체군 내의 유전자 및 다른 유전 단위의 분포와 빈도를 다룬다.(여기서 개체군은 예컨대 한 호수에서 사는 물고기 한 종의 모든 구성원들을 지칭한다.) 집단유전학은 경제 이론과 마찬가지로 방대한 양의 모형과 공식을 축적하여 아마 진화생물학 내에서 가장 높이 평가받는 분야일 것이다. 하디-와인버그 원리(Hardy-Weinberg principle), 혹은 '법칙'은 집단유전학의 원형으로서 기초적인 멘델 유전자에 기반한 간단한 확률 공식이다. 이 원리에 따르면 유성 생식을 하는 종에서 유전자가 2개의 대립 유전자(alleles)——가령, 상이한 혈액형이나 귓불 모양을 규정하는 유전자——를 가지고 있고, 만일 그 개체군 내에서 두 대립 유전자의 비율

을 안다면 우리는 대립 유전자의 다른 쌍을 갖고 있는 개체들의 비율
도 정확하게 예측할 수 있다. 반대로 그러한 쌍들 중에서 단지 한 쌍
의 비율을 안다고 하면 우리는 전체 개체군 내의 그 대립 유전자들의
비율을 곧바로 계산해 낼 수 있다. 귓불 모양을 예로 들어 보자. 어떤
이들은 귓불이 귀 끝에 매달려 자유롭게 흔들리지만 다른 이들은 그
것이 얼굴에 붙어 있다. 그리고 이런 차이는 동일한 유전자의 상이한
형태 때문에 생긴다. 매달린 귓불의 대립 유전자를 A, 붙은 귓불의
대립 유전자를 a라고 하자. 매달린 귓불은 붙은 귓불보다 우성이다.
개체군 내의 모든 개인들은 다음과 같은 조합들 중 하나에 속한다.

AA 매달린 귓불
Aa 매달린 귓불
aa 붙은 귓불

유전학의 관행을 따라 A의 빈도를 p, a의 빈도를 q로 놓자. 하디-와인버
그 원리는 멘델 유전과 무작위성——수정 시에 난자의 대립 유전자 하나
가 정자 속에 있는 대립 유전자 하나와 무작위적으로 결합한다.——에
따른 결과이다. 정의에 따라 $p+q=1$이고 따라서 $(p+q)^2=(1.0)^2=1.0$
이기 때문에 하디-와인버그 원리는 다음과 같이 단순한 이차식으로 표
현된다.

$$p+q=(p+q)^2=p^2+2pq+q^2=1.0$$

여기서 p^2은 AA의 빈도이고 $2pq$는 Aa의 빈도이며 q^2는 aa의 빈도이
다. 이 공식의 의미는 다음과 같다. 한 난자가 A를 가질 확률 p, 그

난자를 수정시킬 정자가 또한 A일 확률 p, 그래서 자손이 AA일 확률(따라서 빈도)은 p^2이다. Aa와 aa에 대해서도 같은 식으로 계산된다. 예컨대 한 개체군 구성원들의 16퍼센트(빈도는 0.16)가 붙은 귓불(대립 유전자쌍 aa를 가진)을 가지고 있다고 하자. 그러면 하디-와인버그 공식은 그 개체군의 대립 유전자들의 40퍼센트(0.16의 제곱근)가 a이고 60퍼센트가 A임을 예측한다. 전체 구성원의 36퍼센트(0.6×0.6=0.36)가 AA를 가지며 48퍼센트(2×0.4×0.6)이 Aa를 가진다는 것도 예측한다.

하디-와인버그 공식이 현실 세계의 모형이 되기 위해서는 여러 가지 조건들이 추가되어야 한다. 그렇다고 해서 그것이 타격을 입는 것은 아니다. 오히려 그런 조건들은 이 공식을 흥미롭고 훨씬 더 유익하게 만든다. 단순한 하디-와인버그 예측이 정확하게 들어맞을 조건들은 우선 자연선택이 유전자 조합을 선호하지 않을 것, 둘째, 개체군의 구성원들이 무작위적으로 짝짓기할 것, 셋째, 개체군이 무한정 커야 한다는 것이다. 그런데 처음 두 조건들은 있음 직하지 않고 세 번째 조건은 불가능하다. 이론 생물학자들은 현실 세계에 더 가깝게 다가가기 위해서 이런 제약 조건들을 처음에는 한 번에 하나씩 '느슨하게' 해 주다가 나중에는 한꺼번에 느슨하게 해 준다. 예를 들어 이론가들은 개체들을 무한대에서 실재 개체군 내에서 실제로 발견되는 수로 줄이는데 종에 따라서 대체로 10개체에서 100만 개체 정도가 된다. 이론가들은 한 세대에서 다른 세대로 넘어가면서 유전자의 빈도가 우연히 변할 수 있음을 고려한다. 개체군이 크기가 작으면 작을수록 변이는 더 많다. 같은 원리가 동전 던지기에도 적용된다. 만일 편향이 없는 100만 개의 동전을 계속해서 던지면 앞면과 뒷면이 거의 반반씩 나올 것이지만, 10개의 동전을 동시에 던지면 매우 드물게만 반반씩 나온다. 그리고 한꺼번에 10개의 동전을 던져서 모든 동전이 앞면이 나오거나 뒷면이 나오는 경우는 평균적으로 512번 시행 중에 한 번뿐이다.

유성 생식을 동전 던지기로 그리고 각 세대를 새롭게 동전을 한 번 던지는 경우로 비유해 보자. 유전적 부동에 따른 진화는 세대를 거치며 우연히 유전자의 빈도에 변화가 생기는 과정을 뜻한다. 만일 한 개체군의 개체 수가 100 이하일 때 유전적 부동은 효능을 발휘할 수 있다. 유전적 부동에 따른 유전자 빈도의 변화 속도는 동일 크기의 표본이 통계적으로 어떤 변화를 겪는지를 통해 정확하게 기술될 수 있다. 이런 통계치를 통해 알 수 있는 것은 유전적 부동으로 인해 개체군의 몇몇 유전자 형태가 제거됨으로써 결국 그 개체군 내의 변이가 줄어든다는 점이다. 여기에다 무작위적인 측면을 함께 고려하면 창조성의 측면에서 유전적 부동이 자연선택보다 훨씬 못한 이유가 바로 여기에 있다.

자연선택이 이 모형에 추가되면 그것은 예측 가능한 속도로 유전자 빈도를 한 방향으로 추동하면서 유전적 부동의 효과를 감소시킨다. 집단유전학자들은 자신의 모형을 훨씬 더 복잡하게 만들어 어떻게든 자연에 좀 더 가깝게 만들려고 한다. 예를 들면, 그들은 짝짓기가 무작위적으로 일어나지 않는다고 상정하고 개체군을 이입이 있는 소집단으로 쪼개며 특정한 형질을 규정하는 유전자가 하나가 아니라 다수라는 점을 모형에 반영한다.

집단유전학의 모형들은 평가를 위해 선택된 전제들에 기반을 둔 가상의 세계에서 정확한 예측을 만들어 낸다. 그것들은 조심스럽게 취급된 동식물 개체군에서 잘 들어맞는다. 하지만 자연에서 벌어지는 진화를 예측하는 데에는 형편없다. 이런 흠은 이론의 내적인 논리에 있는 게 아니라 오히려 자연 자체의 비예측성에 있다. 환경은 쉴

새 없이 변하기 때문에 유전학자들도 자신의 모형에 집어넣는 변수들을 변화시킬 수밖에 없다. 기후 변동과 날씨 격변은 개체군의 확장, 합체 그리고 파멸을 일으키기도 한다. 기존의 포식자나 경쟁자가 사라지면 새로운 놈들이 침입한다. 질병이 서식지를 할퀴고 가기도 한다. 전통적인 먹이가 사라지고 새로운 것이 부상한다.

진화생물학자들은 기상 예보관과 같이 현실 세계의 요동에 당황한다. 그들은 작은 유전자군과 형질 들이 몇 세대 동안 어떻게 변동하는지를 예측하는 것에는 더러 성공하기도 했다. 그들은 화석 기록과 생존 종의 계통수에 대한 재구성을 통해 과거의 오랜 진화 역사들 중 많은 부분을 돌이켜 설명할 수는 있다. 그러나 미래의 일에 대해서는 거의 실패했다. 그들은 과거의 사건들을 예측할 때—즉 과거 사건을 추적하고 재구성하는 작업에 착수하기 전에 과거 사건들을 예측할 때—에도 동일한 어려움에 봉착한다. 이런 어려움들은 생태학과 다른 환경과학이 이 같은 예측을 잘할 만큼 성숙하여 진화가 일어나는 맥락을 정확하고 완전하게 설명할 수 있을 때까지는 계속될 것이다.

사회과학의 최전선에 있는 경제학은 집단유전학과 환경과학의 이런 난점들을 똑같이 갖고 있다. 경제학은 '외부 충격', 즉 역사·환경적 변동 중에서 설명 불가능한 모든 사건들로 인해 결국 변수를 조정해야만 하는 상황 때문에 큰 타격을 입는다. 이것 하나만으로도 경제 예측의 정확성이 떨어진다. 경제 모형들은 강세 징후(onset of bull)와 약세 시장(bear market), 또는 전쟁과 기술 혁신으로 촉발되는 10년 주기를 정확히 예측할 수 없다. 그 모형들은 국가의 총수익을 늘리는 데 가장 효과적인 방법이 세금을 삭감하는 것인지, 아니면 국가의 적자를 줄이는 일인지, 또는 경제 성장이 수익 분배에 어떤 영향을 줄 것인지를 우리에게 알려줄 수 없다.

경제학은 두 번째 똑같은 근본적 어려움 때문에 타격을 받는다. 집단유전학과 환경과학과는 달리 경제학은 단위와 과정에 있어서 견고한 토대가 부족하다. 경제학은 자연과학처럼 진지한 통섭을 이룬 적도, 심지어 시도해 본 적도 없다. 경제 과정의 광범위한 패턴들이 어떤 형태로든 인간——개인으로서의 인간이건 아니면 회사와 정부 기관의 일원으로서의 인간이건 간에——의 수많은 결정들로부터 시작되었다는 사실을 이해하지 못하는 분석가는 없다. 가장 세련된 경제 이론의 모형은 그러한 미시경제적 행동을 '경제'라고 넓게 정의되는 더 큰 집합적 측정 단위와 패턴으로 번역하려고 한다. 경제를 비롯한 사회과학 전반에 걸쳐 개인에서 집단 행동으로 번역하는 작업은 핵심적인 분석의 문제이다. 그러나 사회과학에서 개인적 행동의 정확한 본성과 출처는 아직까지도 거의 고려되고 있지 않다. 오히려 모형을 세우는 이론가들이 사용하는 지식은 대개 상식과 막연한 직관에 근거를 둔 통속 심리학적 지식이다. 하지만 불행히도 이런 지식의 유효 기간은 이미 지나 버렸다.

이런 흠이 치명적인 것은 아니다. 경제 이론은 개념의 혁명이 필요한 만큼 심각한 구조적 결함을 가지고 있지는 않다. 즉 경제 이론이 프톨레마이오스적인 것은 아니다. 미시·거시 모형들 중에서 가장 진보된 것들은 올바른 방향으로 가고 있다. 그러나 이론가들은 대상에 대한 자세한 기술과 실험 그리고 통계 기법을 통해 얻은 원리들로 구성되어 있는 진지한 생물학과 심리학으로부터 자신의 이론들을 고립시킴으로써 자기 자신을 쓸데없이 불구로 만들었다. 아마도 그들은 이런 근본 과학들의 만만치 않은 복잡성에 빠져들고 싶지 않아서 그런 식의 행동을 하는 것 같다. 그들의 전략은 미시 수준에서 최소한의 전제들을 가지고 미시에서 거시로의 문제를 해결하는 것이었다. 즉 그들의 마음속에는 검약성의 원리가 늘 자리 잡고 있다. 경제 이론가들은 가장 넓은 적용 범위를 가진 모형을 창조하고자 한다. 하지만 종종 극단적으로 추상화되어 마치 응용 수학 연습을 하고 있는 착각을 일으킬 때도 있다. 지금까지는 주로 일반성에 집착해 왔던 셈이다. 그처럼 엄격한 연습을 통해 얻은 것은 겨우 내적 일관성만 확보한 이론들이다. 나는 경제학이 옳은 방향으로 가고 있으며 다른 사회 이론들의 모범이 되고 있다고 생각은 하지만 여전히 제자리를 찾아가지 못하는 것 같다.

경제학 이론의 장단점은 "그동안 사회학, 인구학, 범죄학 등과 같은 사회과학 분과들에서 주로 논의되었던 인간 행동의 여러 측면들에까지 경제 이론의 영역을 확장했다."라는 공로를 인정받아 1992년에 노벨 경제학상을 수상한 게리 베커(Gary S. Becker) 시카고 대학교 교수의 작업 속에 잘 나타나 있다. 베커의 업적은 인간이 가진 기호의 근거에 대해 이전의 경제학자들보다 더 깊이 파고 들어갔다는 점이다. 그는 경제적 추론의 대부분이 사회적인 기본 욕구(음식, 주거, 오락)에 따라 인간 행동이 결정된다는 암묵적인 전제에 기반을 두고 있다고 인식했다. 그러나 그는 그런 기본적인 필수 요건 외에 또 다른 동기들도 있다고 생각했다. 예컨대 어떤 유형의 집, 가구, 식당, 여가 활동이 더 좋은가라는 선택의 문제는 개인적 경험과 통제를 넘어서는 사회적 영향에 따라 달라진다. 만일 인간 행동이 완전하게 설명되어야 한다면 이 선택의 효용성(즉 소비자가 인식하는 그 선택의 가치)이 경제 모형에 반영되어야 한다.

베커에게 있어서 확고한 전제는 합리적 선택의 원리이다. 그것은 과거 경제학자들이 정량적 모형화의 근본 원리로서 도입한 것이었다. 그 원리는 사람들이 계산에 입각하여 행동함으로써 자신의 만족을 극대화한다는 단순한 의미를 담고 있다. 이런 개념을 사용한 경제 모형은 자신의 이해관계에 기반을 둔 효용성(utility)에 주로 집중되어 있었다. 베커는 그의 동료 경제학자들에게 시야를 넓혀 사회과학의 다른 분야에서 다루는 주제들도 경제학에 포함시키라고 채근했다. 그는 합리적 선택을 지배하는 또 다른 힘, 즉 때로는 이타적이고 때로는 충직하고 또 때로는 악의적이며 피학적이고자 하는 욕망들도 고려해야 한다고 주장했다.

베커와 비슷한 생각을 갖고 있는 학자들은 이 같은 수학적 모형의 적용 범위를 넓혀 산업 사회의 가장 복잡한 몇몇 문제들을 자신 있게 다뤄 왔다. 그들은 범죄학에 시선을 돌려서 상이한 부류의 범죄들, 예컨대 사기, 강도, 횡령, 탈세, 사업과 환경 보호 법규 위반 등에 대한 최적의(실리적인) 억제 방법을 제안했다. 그들은 또한 사회학에 덤벼들어 인종 차별이 생산과 실업에 미치는 영향과 경제적 지위가 배우자 선택에 미치는 영향 등을 평가했다. 한편 공중 보건에 대해서도 그들은 법률화와 세금 부담이 담배와 정부가 통제하는 물질의 이용에 어떠한 영향을 주는지를 분석했다.

그들의 모형에는 평형의 이론적 문제들에 대한 멋진 그래프와 분석적 해답이 들어 있다. 그러나 이미 확립되어 있는 행동 과학의 원리를 통해 보면 그것은 단순할 뿐만 아니라 때로는 독자들을 현혹하기도 한다. 예컨대 흡연 여부, 동일한 사회·경제적 계층과 결혼하는지의 여부, 범죄를 저지를 위험이 있는지의 여부 그리고 동일한 인종이 사는 이웃으로 이사 가는지의 여부 등만이 개인의 선택지에 포함될 뿐이다. 예측은 "이것은 좀 더, 저것은 좀 덜"과 같은 식이다. 전형적으로 그 예측들은 노벨 연구자들의 상식적 직관, 즉 통속 심리학에 뿌리를 두고 있으며, 형식적인 분석 단계들을 밟아 가면서 결국에는 상식적 믿음을 입증한다. 우리는 다음과 같이 똑 부러지는 이야기를 듣는다. 담뱃값의 영구적인 증가가 일시적인 증가보다 담배 소비를 시작부터 확실하게 줄여 준다. 부자들은 자신들의 부를 지키기 위해 가난한 사람과 만나 사랑에 빠지지 않으려고 조심한다. 사람들은 값도 괜찮고 음식도 맛있는 다른 식당들은 놔두고 이미 유명해진 식당에 가는 것을 통해 만족을 얻는다. 이런 모형들의 전제들은 좀처럼 자세히 검토되지 않는다. 그리고 그 결론들도 정량적으로 정확하게 검증받지 않는다. 그런 결론들은 엔진의 광택과 소리에만 호소하지 속도와 용도에 호소하지 않는다.

베커처럼 심리학적 편향을 가진 분석가들——예를 들어, 잭 허슐라이퍼(Jack Hirshleifer), 토머스 셸링(Thomas Schelling), 아마르티아 센(Amartya Sen), 조지 스티글러(George Stigler) 등——의 목표는 미시경제학을 강화하고 미시경제학으로부터 거시 경제적 행동에 대한 좀 더 정확한 예측을 유도하는 일이다. 물론 그것 자체는 훌륭하다. 하지만 훨씬 더 앞서 나가기 위해서는 그들을 포함한 사회학자들이 자연과학과 사회과학의 경계를 건너 다른 동네에 살고 있는 생물학자와 심리학자 들과 교류해야 할 것이다. 베커는 자신의 노벨상 연설에서 자신의 공헌은 "경제학자들로 하여금 자신들의 관심에 대한 좁은 전제들을 넘어서 보도록 한 데 있다."라고 고백했다. 그렇다면 다음 단계는 무엇일까? 그것은 경제학자들로 하여금 행동에 대한 사회과학 표준 모형에서 완전히 벗어나서 인간 본성에 대한 생물학적·심리학적 토대를 진지하게 고려하도록 하는 일이다. 압도적인 반대 증거들에도 불구하고 대다수의 사람들은 현대인들이 기본적인 생물학적 필요는 제쳐놓고 (베커의 말처럼) "유아기, 사회적 상호 작용 그리고 문화적 영향에 의존하는" 선택을 한다는 관점을 여전히 붙들고 있다. 놀라운 뿐이다! 인간 본성의 유전적 후성 규칙은 그 어디에도 언급되고 있지 않다. 그러니 가장 탁월한 모형들도 통속 심리학을 수용하고 형편없는 결과들을 낼 수밖에 없는 것이다.

심리학과 생물학을 경제학을 비롯한 사회과학에 도입하는 일은 결국 효용성이라는 복잡 미묘한 개념을 미시적으로 검토하는 일이다. 이런 검토는 왜 사람들이 궁극적으로 어떤 특정한 선택으로 기우는가 그리고 어떤 조건에서 그런 선택을 하는가를 물음으로써 이뤄진다. 이런 작업의 너머에는 미시에서 거시로 이행하는 문제, 개인의 결정이 사회적 패턴으로 번역되는 여러 과정들이 놓여 있다. 하지만 여기까지도 시공간적 규모가 큰 편인데, 또 그 너머에는 생물 진화가 문화에 영향을 주는 방법 그리고 문화가 생물 진화에 영향을 주는 방법, 다시 말해서 공진화의 문제가 놓여 있다. 이 세 영역 모두—— 즉 인간 본성, 미시에서 거시로의 이행 그리고 유전자 · 문화의 공진화 ——는 사회과학에서 심리학으로, 심리학에서 뇌과학으로, 그리고 뇌과학에서 유전학으로의 가로지르기가 필요하다.

심리학과 생물학에서 수행된 연구들을 한데 모아 보면 효용성에 대해서 다음과 같은 일반화가 가능하다.

• 선택의 범주들에는 우열이 매겨져 있다. 다시 말해 한 범주의 필요와 기회는 다른 것들의 강도를 변화시킨다. 성적 행위, 지위 보호 행위, 놀이 행위와 같은 범주들 사이에서 존재하는 우열 순위는 유전적으로 프로그램되어 있는 듯하다.

• 몇몇 필요와 기회는 다른 것들에 비해 단지 우위를 점하는 데 그치지 않고 우선권을 가지고 있다. 약물 중독과 성적 소유와 같은 조건들은 감정을 하나의 목표로 몰아갈 수 있다. 그런 조건들은 다른 많은 범주들 내의 행위들을 실제로 없애 버릴 만큼 강력하다.

• 합리적 계산은 경합하는 감정들의 동요에 기반한다. 그리고 감정 간의 상호 작용은 유전과 환경적 요소의 상호 작용으로 해결된다. 예컨대 근친상간 회피의 배후에는 강력한 유전적 후성 규칙이 있다. 그런 회피 행동은 문화적 금기를 통해 강화되거나 특별한 개인적 경험들을 통해 극복될 수 있다.

• 합리적 계산은 종종 이타적으로 나타난다. 예를 들어 애국심과 이타성은 가장 강한 감정들이지만 우리는 이 복잡한 현상에 대해 여전히 모르는 게 많다. 상당히 많은 사람들이 자신의 생명을 무릅쓰고 낯선 이들의 생명을 기꺼이 구한다는 사실은 여전히 놀라운 사실이다.

• 선택은 집단 의존적이라는 점은 분명한 사실이다. 그러나 아직 잘 알려지지 않는 것은 동료들의 영향이 행동의 범주마다 엄청나게 다르다는 점이다. 예컨대 옷 입는 취향은 주위 동료들이 어떻게 여기는지에 거의 전적으로 의존하지만 근친상간 회피는 대체로 독립적이다. 이런 차이점은 유전적 기초와 더불어 결국 진화적 역사를 가지는가? 틀림없이 그럴 것이다. 이제 그런 가능성을 좀 더 주의 깊게 검토하기 시작해야 한다.

• 의사 결정은 후성 규칙들에 의해 범주마다 다르게 형성되는데, 이

규칙들은 처음에 특정한 것을 배우게 하여 계속 그런 선택을 하게 만드는 선천적 성향들이다. 많은 성향들이 대체로 연령과 성별에 따라 서로 다르다.

의사 결정의 심리생물학적 미묘함은 번식 전략의 r-K 연속체를 떠올리면 잘 이해된다. 자원이 희귀하고 불안정할 때 사람들은 r 전략을 채택하는 경향이 있다. 여기서 r 전략이란 많은 자손을 낳아서 그중 다만 몇이라도 생존할 수 있게 하는 전략이다. 반면 자원이 풍부하고 안정적일 때에는 K 전략을 따르는 경향이 있다. K 전략은 자손을 적게 낳고 자원을 몰아 주어 높은 사회·경제적 수준에 이르게 만드는 전략이다.(여기서 r는 인구학에서 r 전략으로 증가하는 개체군의 성장률을 지칭하고, K는 개체군의 성장이 멈추는 크기, 즉 환경의 수용 능력을 지칭한다.) 사회적으로 강력한 남성이 가임 연령대의 여러 여성들을 얻어 결국 진화적 이득을 증대시키려는 일반적인 경향은 r-K 연속체 전역에 나타난다.

효용성은 생물학과 심리학을 통해 온전히 이해될 것이다. 물론 효용성을 인간 행동의 요소들로 환원하는 방식을 통해 상향식으로 종합할 때 가능한 일이다. 직관적 지식에 기초한 하향식 추론과 추측을 통해, 즉 사회과학을 통해서는 그런 이해에 도달하지 못할 것이다. 경제학자와 사회과학자가 좀 더 예측적인 모형을 만들기 위한 전제를 발견해야 할 곳은 다름 아닌 생물학과 심리학이다. 이것은 생물학을 발전시킨 전제를 발견한 곳이 물리학과 화학이었던 것과 마찬가지이다.

미래의 사회 이론 작업도 추론 과정 자체에 대한 심리생물학적 이해에 의존할 것이다. 현재의 지배적인 설명 양식은 앞서 언급된 대로 합리적 선택 이론이다. 경제학 분야에서 맨 처음 등장한 이 이론은 이후에 정치학과 다른 분과들로 확산되었는데 그 중심 아이디어는 무엇보다도 인간이 합리적으로 행동한다는 것이었다. 인간들은 할 수 있는 한 모든 관련 요소들을 검토하고 특정 선택을 했을 때 어떤 결과가 나올지를 저울질한다. 그리고 결정하기 전에 이해득실(투자. 위험. 감정적·물질적 보상 등)을 따져본다. 선호된 선택은 효용성이 극대화된 것이다.

그러나 이것은 사람들이 실제로 어떻게 사고하는지에 대한 적합한 그림이 아니다. 인간의 두뇌는 매우 빠르기만 한 계산기가 아니다. 그리고 대부분의 결정은 복잡한 환경과 불완전한 정보를 바탕으로 신속하게 이뤄져야 한다. 그래서 합리적 선택 이론에서 중요한 문제는 정보가 얼마나 많아야 충분한가이다. 즉 사람들이 어떤 시점에서 숙고를 멈추고 결정을 내리는가? 한 가지 단순한 전략은 '만족화(satisficing)' 전략이다. 여기서 '만족화'란 '납득이 되는(satisfying)'과 '충분한(sufficing)'이라는 단어를 결합한 스코틀랜드 용어이다. 카네기멜론 대학교의 경제학자인 허버트 사이먼(Herbert Simon)이 1957년에 심리학에 도입한 이 용어는 사람이 미리 최적 선택을 예견하고 그것이 발견될 때까지 찾아다닌다는 의미가 아니다. 만족화는 단기간에 가용적이고 감지되는 것들로부터 첫 번째로 만족스러운 것을 고른다는 뜻이다. 예컨대 결혼할 준비가 되어 있는 젊은 남성은 자신의 이상형을 무작정 찾아다니기보다는 자기가 알고 있는 주위 여성들 중 가장 매력적인 여성에게 청혼할 것이다. 만족화란 바로 그런 것이다.

전통적인 합리적 선택 이론들에 대한 하나의 대안은 사람들이 어림법를 따른다는 사실이다. 어림법은 '발견 기법(heuristics)'이라는 전문 용어로 더 잘 알려져 있는데, 미국 심리학자 대니얼 카네만(Daniel Kahneman)과 아모스 트버스키(Amos Tversky)가 1974년에 처음으로 이에 대한 연구를 시작했다. 이 연구에 따르면 사람들은 이해득실을 따지기보다는 대체로 단순한 신호와 발견 기법에 기반을 두고 행동한다. 이 때문에 복잡한 확률 계산과 결과 예측이 불과 몇 가지 판단 작업으로 환원된다.

발견 기법은 대체로 잘 작동하여 많은 시간과 에너지를 절약할 수 있게 해 주지만 여러 상황들에서 체계적인 실수를 낳기도 한다. 예를 들어 빠른 셈 계산에 사용되는 발견 기법인 '정박(碇泊, anchoring)'이 있다. 다음과 같은 두 곱셈 연산을 5초 내로 해 보라. 그러면 이 발견법이 어떻게 작동하는지를 잘 알 수 있을 것이다.

$$8 \times 7 \times 6 \times 5 \times 4 \times 3 \times 2 \times 1$$
$$1 \times 2 \times 3 \times 4 \times 5 \times 6 \times 7 \times 8$$

대부분의 사람들은 두 연산의 결과가 동일한 데도 불구하고 윗줄의 곱셈이 더 크다고 생각한다. 그들은 왼쪽부터 오른쪽으로 읽어 가면서 첫 번째 등장하는 수에 집착하여 셈한다. 또한 그들은 두 경우 모두에서 정답보다 작은 수로 답을 한다. 트버스키와 카네만이 고등학생을 대상으로 실시한 실험에서는 정답이 40,320인데 윗줄의 답은 평균적으로 2,250이었고 아랫줄의 답은 512였다.

다음은 확률 영역에서 체계적으로 부정확한 발견 기법이 사용되고 있는 사례이다. 동전 던지기를 하면서 대부분의 사람들은 앞-뒤-앞-뒤-뒤-앞 같은 여섯 번의 실행이 앞-앞-앞-뒤-뒤-뒤와 같은 실행모나 일어나기 더 쉽다고 믿는다. 하지만 실제로 두 실행이 일어날 확률은 똑같다.

계산과 통계를 이해하도록 훈련받을 수 있는 데도 왜 이런 일관적인 실수가 생기는 것일까? 이에 대한 정답은 유전적 진화 속에 있는지도 모른다. 수천 년 동안 인간의 두뇌는 간단한 수와 비율을 다루도록 진화했지 추상적이고 정량적 추론을 필요로 하는 복잡한 문제들을 처리하도록 진화하지 않았다. 따라서 위의 두 사례를 통해 드러난 발견 기법은 통속 수학이다. 비록 그 해답들이 복잡한 형식적 계산으로는 틀렸지만 대부분의 첫인상으로 사건들에 대한 정확한 예측이 가능한 실재 생활에서는 잘 작동할 수 있다.

이와 동일한 설명이 발견 기법 때문에 생긴 또 다른 실수들에도 적용된다. 예컨대 친숙한 요리를 다른 식으로 요리하면 그 재료가 아무리 신선하고 건강에 좋은 것이라 해도 사람들은 좀처럼 젓가락을 대지를 않는다. 항공기 사고가 나면 여행자들 중 많은 수가 자동차 여행으로 여행 계획을 바꾼다. 그런데 이런 변경은 여행 거리당 치명적 사고율이 자동차보다 비행기가 훨씬 낮다는 사실을 안다 해도 쉽게 바뀌지 않는다. 물론 비합리적인 선택일 수 있다. 하지만 이것은 위험 피하기라는 상위의 발견 기법에 복종한 결과일 수 있다. 그 발견 기법은 대략 다음과 같이 번역될 수 있으리라. 독이 들어 있는 음식은 어떤 음식이든 무조건 피할 것. 다른 이들이 최근에 죽은 장소에는 얼씬도 하지 말 것. 그리고 수학적 확률 법칙이 무엇이든 그것은 무시할 것.

연구를 좀 더 해 보면 두뇌가 때로 컴퓨터와 같은 최적자로 작동하거나 강력하고 선천적인 발견 기법의 지배를 받는 신속한 의사 결정자로 작동하기도 한다는 사실이 밝혀질 수 있을 것이다. 하지만 많은 사회 이론가들에게 여전히 빛이요 길인 합리적 선택 이론은 제아무리 변형된다 해도 심리학 내부에서 논란거리가 될 것이다. 예컨대 컴퓨터 알고리듬과 추상적 최적화에 대한 비판과 동일한 유형의 비판이 제기될 수 있다. 합리적 선택 이론은 정작 수십만 년 동안 진화해 온 석기 시대의 기관인 인간 두뇌의 속성들에 대해서는 주의를 거의 기울이지 않고 있다. 기간을 따져보면 인간의 두뇌가 산업 사회라는 아주 낯선 환경으로 떠밀려 온 것은 아주 최근의 일이다. 따라서 합리적 선택 이론은 선사 시대의 사람들이 오랜 과거의 진화적 시간 동안 어떻게 사고해 왔을 것인지에 대한 증거들에 잘 부합하지 않는다. 크리스토퍼 홀파이크(Christopher R. Hallpike)는 『원시 사고의 토대 (*The Foundations of Primitive Thought*)』에서 선사 시대 사람들의 추론 방식을 다음과 같이 요약했다. 직관적이고 독선적이며, 물리적 인과성보다는 특수한 감정적 관계에 매달려 있고 본질과 변형(metamorphosis)에 집착하며, 논리적 추상화나 가설적으로 가능한 것들에 아둔하고 개념적 장치보다는 사회적 상호 작용을 위해 언어를 사용하며, 정량적인 측면에서 빈도와 희소성에 대략적으로 민감하고 부분적으로 환경에서 연유한 마음이 다시 환경으로 투사될 수 있다고 여겼다. 그래서 그들에게는 단어 자체가 힘을 가진 존재자가 되었다.

이러한 선사 시대 사람의 특성들이 현대 산업 사회의 시민들에게도 나타난다는 점은 분명하다. 따라서 경제학자와 사회과학자는 이것을 자기 작업의 전제로 삼아야 한다. 그 특성들은 컬트 단원들, 광신도 그리고 교육 수준이 낮은 이들에게서 더 두드러지게 나타난다. 그리고 그것들은 예술의 은유에 깊숙이 침투해 있고 또한 그것을 풍요롭게 만든다. 좋건 싫건 간에 현대 문명의 일부이다. 체계적인 논리 연역 추론은 고도로 특수화된 서양 문화의 산물로서 발휘하기가 매우 힘들뿐만 아니라 실제로 여전히 드물게 나타난다. 이 추론 양식을 완벽하게 다듬으면서도 낡은 방식의 추론을 포기하지 않고 계속 훈련시키는 것이 좋다고 생각한다. 또한 낡은 추론 방식이 우리를 현재까지 생존하게 만든 적응적인 인간 본성의 일부였다는 사실을 망각하지 말아야 할 것이다.

사회 이론가들은 엄청난 양의 기술적인 문제들 앞에 기가 죽어 있다. 어떤 과학철학자들은 자연과학과 사회과학 간의 경계 지점들이 너무 복잡해서 현재의 상상력만으로는 도저히 정복될 수 없다고 포기한다. 그들은 그것이 어쩌면 오르지 못할 산인지도 모른다고 말한다. 그들은 생물학으로부터 문화로의 통섭이라는 아이디어를 의심하며 공식의 비선형성, 요인들의 2·3차 상호 작용, 우연성(stochasticity) 그리고 큰 소용돌이 바다에 살고 있는 다른 모든 괴물들을 지적한다. 그리고 "희망이 없어, 절망이야."라고 한숨을 쉰다. 원래 철학자들이란 대개 그런 법이다. 그들의 일이 더 큰 도식 내에서 과학의 한계를 정의하고 설명하는 일이기 때문이다. 그들이 만일 과학은 지적인 한계를 가지고 있지 않다고 주장한다면 그것은 꼴사나운 일이 될 것이다. 전문가로서 그런 식의 주장을 할 수는 없다. 하지만 그들의 이런 염려는 자신의 영역에 높게 담을 쌓고 문화 연구에 생물학을 출입 금지시키려는 사회과학자들이 점점 줄어드는 현실에 또 한번 찬물을 끼얹는다.

다행스럽게도 과학자 자신은 그런 것에 구속되지 않는다. 만일 우리 학문의 선배들이 미지의 것에 대해 겸손하게만 생각했더라면 우주에 대한 우리의 이해는 16세기에 성장을 멈췄을 것이다. 철학자들의 독설을 막을 필요도 있겠지만, 더 중요한 것은 과학 기술이 그 독설과는 정반대의 믿음을 통해 오늘에 이르렀다는 사실을 스스로 확신하는 일이다. 계몽이 처음으로 사그라든 곳이 과학이 아니라 철학이었다는 점을 상기하라. 물론 사회과학에 대한 비관적인 철학자들의 판단이 옳을 수도 있다. 그러나 그들을 그른 것으로 여기고 나아가는게 더 낫다. 갈 길은 하나뿐이다. 작업을 못하게 막으면 막을수록 그작업을 감행하는 사람들을 위한 상은 더 커지는 법이다.

10장

예술과 그 해석

통섭적 설명에 대한 가장 흥미로운 도전은 뭐니 뭐니 해도 과학에서 예술로의 이행을 설명해 보라는 요구일 것이다. 여기서 예술은 창조적 예술들, 즉 문학, 시각 예술, 드라마, 음악, 무용 등의 개인적 작품을 지칭한다. 이 예술은 '참됨'과 '아름다움'이라는 단어 외의 다른 표현을 찾기 힘든 그런 속성들을 지닌다.

예술은 때로 모든 인문학을 총칭하기도 한다. 즉 창조적 예술만을 가리키는 것이 아니라 1979~1980년의 인문학 위원회의 권고에 따라 역사, 철학, 언어, 비교문학, 법률학, 비교종교학 그리고 "인문학적 내용을 가지고 인문학적 방법을 사용하는 사회과학의 여러 측면들"을 모두 포괄하기도 한다. 그럼에도 불구하고 일차적이며 직관적으로 창조적인 의미에서의 예술, 즉 *ars gratia artis*는 가장 광범위하고 유용하게 사용되는 정의로 남아 있다.

예술에 대해 생각해 보면 다음과 같은 두 가지 질문에 이른다. 하나는 예술이 역사적·개인적 경험 어디에서 연원하는가 하는 질문이고 다른 하나는 참됨과 아름다움이라는 그 본질적 속성이 일상 언어를 통하여 어떻게 기술될 수 있는가 하는 물음이다. 이 문제들은 예술에 대한 해석과 학문적 분석 그리고 비평 활동 등의 핵심적 주제가 되고 있다. 해석은 그 자체가 부분적으로 하나의 예술이다. 왜냐하면 해석은 비평가의 사실적이고 전문가적 의견일뿐만 아니라 그의 개성과 미적 판단의 표현이기도 하기 때문이다. 일급의 비평은 다루고 있는 작품만큼이나 영감에 따라 창조된 독특한 개성의 소산일 수 있다. 더 나아가 그것은 과학의 일부분일 수도 있으며 반대로 과학 또한 비평의 일부분일 수 있는데, 이것은 이제부터 내가 보여 주고자 하는 바이다. 해석은 역사, 전기(傳記), 개인적 고백 그리고 과학이 하나로 엮어질 때 한층 더 강력해진다.

불경스러운 단어가 성스러운 근거에서 언급되면 곧바로 거부 반응이 나온다. 과학이 현상을 그 작용 요소들로 환원함——예를 들어 뇌를 뉴런으로, 뉴런을 분자로——으로써 진보를 성취한 것은 사실이지만, 그렇다고 과학이 전체의 통합성(integrity)을 손상시키는 것을 목표로 하는 것은 아니다. 오히려 이와는 반대로 요소들을 그 본래의 집합으로 재창조하기 위한 종합 작업이 과학적 절차의 나머지 절반이라고 할 수 있다. 사실 이것이 과학의 궁극적 목표이다.

게다가 과학이 번성하면 예술이 쇠퇴할 것이라고 가정할 아무런 근거도 없다. 걸출한 문학 비평가인 조지 스타이너(George Steiner)의 최근 언급처럼 서구 문명이 전성기를 지나 황혼기로 접어들었으니 이제 단테, 미켈란젤로, 모차르트와 같은 천재들의 출현을 다시는 목격할 수 없을 것 같다는 생각은 엄살에 지나지 않는다. 나는 예술과 과학의 창조적 과정을 환원주의적으로 이해하기 때문에 미래의 예술이 가질 창조성과 우수성에 관해 그 어떤 본원적 한계도 생각하지 않는다. 오히려 예술과 과학의 동맹 관계는 이미 무르익을 대로 무르익었고 그것은 해석을 매개로 하여 성취될 수 있다고 생각한다. 과학과 예술 모두 서로의 힘을 합치지 않고는 완성될 수가 없다. 과학은 예술의 직관과 은유의 힘을 필요로 하며 예술은 과학으로부터 신선한 수혈을 필요로 한다.

인문학 쪽의 학자들은 환원주의에 드리워진 저주를 걷어 내야 한다. 과학자들은 잉카 제국의 황금을 약탈하러 온 신대륙 정복자들이 아니다. 과학도 자유롭고 예술도 자유롭다. 하지만 내가 마음에 관해 앞서 주장했듯이 과학과 예술이라는 두 영역은 모두 창조적 정신을 요구한다는 면에서 유사하기는 하지만 그 목표와 방법에 있어서는 근원적으로 다르다. 예술과 과학 간 상호 교류의 핵심은 혼성화(hybridization), 즉 '과학적 예술'이나 '예술적 과학'과 같은 떨떠름한 혼합이 아니다. 오히려 그것은 과학 지식과 미래에 대한 그 지식의 독점적 감각으로 예술에 대한 해석을 되살리는 데 있다. 해석은 과학과 예술 간의 통섭적 설명이 가질 수 있는 논리적 통로이다.

※

밀턴의 『실락원』은 수많은 사례들 중 하나이다. 『실락원』의 제4권에는 사탄이 에덴으로 가는 매혹적인 내러티브가 이어진다. 그중 한 에피소드를 보자. 악한 중의 으뜸이자 대도(大盜)인 사탄은 에덴에 도착하자마자 무성한 가시덤불과 높은 담벼락을 뛰어넘고는 마치 "한 마리의 가마우지"처럼 생명 나무의 가지에 걸터앉는다. 그는 무구한 이

브의 꿈속으로 잠입할 수 있는 밤이 오기만을 기다린다. 밀턴은 이제
그의 상상력을 펼쳐 곧 상실될 인간성이 어떤 것인지를 우리에게 이
야기하려 한다. 홰에 앉아 있는 "음모자" 주변을 둘러싸고 있는 환경
은 심미적 완성을 위해 신이 고안한 것이다. "동쪽의 진주와 황금의
모래 위를 흐르는 잔물결 일렁이는 시냇물"이 "호수, 즉 수정거울 받
침대로 장식된 은매화로 테를 두른 강기슭으로" 흘러 내려간다. 이
축복받은 오아시스 주변에는 온통 "온갖 빛깔의 꽃과 가시 없는 장
미들"이 자란다.

　당시 시력을 잃은 상태였던 밀턴은 매우 섬세한 생명 애착(biophilia)
의 감각을 지녔다. 즉 그는 생명의 풍요로움과 다양성에 대한 천부적
인 감각을 가지고 있었는데 그는 이것을 특히 자연을 모방한 정원을
만들려는 인간의 충동으로 묘사한다. 그러나 그는 자연적 조화라는
한갓된 꿈만으로는 결코 만족하지 못한다. 그는 마치 교향악처럼 조
화롭게 짜여진 단 여덟 줄의 시구로 낙원의 신화적 핵심을 포착하려
고 한다.

> 저 페르세포네가 꽃을 꺾다가
> 자기 자신이 더 아름다운 꽃이기에
> 어두운 디스한테 꺾이고 보니 시어리스가
> 온 세상을 두루 찾아 애를 쓴 아름다운
> 에너의 들도, 또 저 오런티즈 옆 다프네의
> 향기로운 숲도, 또 영감을 받은 커스테리어 샘도
> 이 에덴의 낙원과는 다투어 겨룰 길이 없다.

시간의 여명기에 있는 창조자의 마음을 도대체 어떻게 표현할 수 있

을까? 밀턴은 이를 시도해 보았다. 그는 고대 그리스와 로마로부터 당대에 이르기까지, 또한 그 후 현재까지도 줄기차게 전해 내려오는 원형들을 불러낸다. 이 원형들은 인간의 정신 과정에 선천적으로 내재되어 있는 것들로서 내가 앞으로 제시할 개념들이다. 그는 비극의 기미로 아름다움을 어둡게 채색함으로써 타락을 앞두고 있는 자유롭고 비옥한 세계로 우리를 안내하고 있다. 그는 정원의 아름다움을 곧 디스(그리스 신화의 하데스.—옮긴이)에 의해 지하 세계로 끌려갈 운명인 젊은 여인 페르세포네(그리스 신화의 제우스와 데메테르 사이에서 태어난 여신.—옮긴이)의 아름다움으로 전환한다. 자연의 아름다움을 대표하는 페르세포네는 신들 간에 일어난 불화로 인해 어둠 속에 갇힌다. 페르세포네의 어머니이자 경작의 여신인 케레스(그리스 신화의 데메테르.—옮긴이)는 딸을 잃은 슬픔에 자신의 의무를 방기하고 세상을 기근에 빠지게 만든다. 아름다운 다프네를 향한 아폴론의 열정은 결국 아무런 보답을 얻지 못했다. 다프네가 그에게서 도망치기 위해 그녀 자신의 정원에 있는 한 그루의 월계수로 변해 버렸기 때문이다.

밀턴은 당대 독자들의 정서를 자극하려 했다. 17세기 당시는 헬레니즘 신화가 교육받은 사람들에게는 제2의 천성처럼 통하던 시기였다. 그는 상이한 감정들을 대립시켜 그들의 힘을 증폭시켰다. 예를 들어 아름다움과 어두움이, 자유와 운명이, 열정과 절제가 서로 충돌한다. 밀턴은 그런 감정들 간의 긴장을 이끌어 냄으로써 보다 낮은 단계의 낙원들을 거쳐 한순간에 신비로운 에덴의 원형에 도달하게끔 우리를 인도한다. 밀턴은 권위에 의지하는, 기초가 단단한 또 하나의 전략을 사용했다. 즉 그는 자신이 살던 시대, 예컨대 크롬웰이나 찰스 2세 그리고 혁명과 잉글랜드 공화국의 투사였던 그가 겨우 죽음을 보낸한 바 있는 당시의 왕정 복고 시대를 직접 언급하지 않았다.

대신 수세기를 지나면서도 여전히 기억될 만큼 강렬한 고대 그리스·로마 문명의 문헌을 언급했다. 그렇게 함으로써 그는 우리가 직접 듣지 않았더라도 진실임을 알아야 한다는 메시지를 전달했다.

예술은 인간의 조건을 감정과 느낌을 통해 표현하는 것이라고 정의된다. 즉 예술은 질서와 무질서 양자를 함께 환기시킴으로써 모든 감정들을 움직인다. 그렇다면 예술을 창조하는 능력은 어디에서 나오는 것일까? 사실에 기반한 차가운 논리인가, 아니면 밀턴의 믿음처럼 시인의 사색을 이끄는 신의 인도인가? 모두 아니다. 게다가 『실락원』의 저자에게서 발견되는 천재성을 점화시키는 그 어떤 독특한 섬광의 증거도 없다. 예를 들어 음악적 재능이 특출한 사람이 상상을 하고 있을 때 그들의 뇌를 관찰해 본들 그들에게서 어떤 특이한 신경 생물학적 특징들을 발견할 수는 없었다. 그 대신 덜 재능 있는 보통 사람들보다는 동일한 뇌 부위들이 보다 폭넓게 활용되고 있었다. 역사도 이러한 이른바 증대(incremental) 가설을 지지한다. 맨앞에는 셰익스피어, 레오나르도 다빈치, 모차르트 등과 같이 늘 맨 앞줄에 있는 천재들이 있고 실력 순서대로 수많은 유능한 사람들이 그 뒤를 잇고 있다. 서구의 정전(正典)을 비롯한 고급문화에 통달한 사람들은 한결같이 독보적 지식, 뛰어난 솜씨, 독창성, 세밀한 감수성, 야심, 대담함, 충동 등을 소유한 사람들이었다.

그들은 무언가에 강하게 사로잡혀 있었고 마음속에 불을 간직하고 있었다. 그러나 그들은 선천적인 인간 본성을 직관적으로 파악해내는 능력도 지녔다. 그런데 그 능력은 우리 모두의 마음에 흐르고 있는 보잘것없는 생각들에서 뛰어난 이미지들을 선택하기에 충분할 만큼 정확한 것이었다. 그들이 발휘했던 재능의 크기가 단지 정도에 있어서만 큰 것이었는지는 몰라도 그들의 창조물은 다른 이들의 것에 비해 질적으로 참신했다. 그들은 주술이나 신의 자비를 통해서가 아니라 다른 보통 사람들과 일정 부분 공유하고 있는 능력을 조금 더 발휘함으로써 이름을 남길 만한 영향력과 생명력을 얻은 것이다. 그들은 나머지 보통 사람들의 위로 높이 솟구칠 수 있는 능력을 가졌을 뿐이었다.

정도는 다를지라도 모든 사람은 공통적으로 예술적 영감을 가지고 있다. 이 예술적 영감은 인간 본성의 분수에서 솟구쳐 올라온다. 예술적 영감에 따른 창조는 분석적 설명이 없다 해도 보는 사람의 감수성을 직접적으로 자극하기 마련이다. 따라서 창조성은 절대적으로 인본주의적(humanistic)이다. 지속적인 가치를 지니는 작품들은 이와 같은 인본주의적 근원을 가장 충실히 따르는 것들이다. 이런 의미에서 가장 위대한 예술 작품들은 그것들을 이끌어 낸 후성 규칙들을 탐구함으로써 근본적으로 이해될 수 있을 것이다. 그리고 이 후성 규칙들은 인류 진화의 역사 속에서 형성된 것임을 명심해야 한다.

이와 같은 견해는 예술에 대한 주류 관점이 아니다. 실제로 학계의 이론들은 생물학에 대해 거의 주의를 기울이지 않는다. 통섭은 그들과 상관있는 용어가 아니다. 그들은 다양한 수준에서 보편적인 인간 본성의 존재를 부인하는 포스트모더니즘 가설의 영향을 더 많이 받아 왔다. 문학 비평에 적용된 포스트모더니즘의 극단적인 표명은 자크 데리다와 폴 드 만(Paul de Man)이 가장 도발적으로 정식화했던 해체주의 철학이었다. 이 관점에 따르면 진리는 상대적이고 개인적이다. 개인은 언어 기호들의 끊임없는 변환을 받아들이거나 거부함으로써 자기 자신의 내적 세계를 창출한다. 여기에는 문학적 지성을 인도할 어떤 특권석 시섬도 실잡이별도 없다. 그리고 과학 역시 세계를 바라보는 또 하나의 방식에 불과하기 때문에 텍스트의 깊은 의미를 끌어낼 수 있게 해 주는 인간 본성에 대한 과학적 지도 따위가 있을 수 없다. 있는 것이라고는 다만 독자 자신이 구축한 세계에서 여러 해석과 주석을 창안할 무제한의 기회뿐이다. "저자는 죽었다."라는 표현은 바로 해체주의의 상투 문구이다.

해체주의를 주창하는 학자들은 오히려 자기모순과 모호함을 추구한다. 그들은 저자가 생략한 부분을 상정하고 분석한다. 바로 이와 같은 보이지 않는 요소들 때문에 포스트모더니즘적 형식의 개인화된 주석이 허용된다. 이런 혼합물에 정치적 이데올로기를 덧붙이는 포스트모더니스트들은 전통적인 문학 규준들을 지배 계급, 그것도 특히 서구 백인 남성의 세계관을 확고히 하는 집합체, 그 이상으로는 생각하지 않는다.

포스트모더니즘적 가설은 증거와 잘 부합하지 않는다. 그것은 어떻게 정신이 작동하는지에 대한 기존의 지식으로부터 자유를 만끽하고 있다. 그러나 포스트모더니즘이 그토록 인기를 끄는 데는 카오스에 대한 추구 이상의 어떤 이유들이 있는 것이 확실하다. 만일 포스트모더니즘의 생물학적 근거가 맞는다면 그것의 광범위한 호소력은 인간 본성에 뿌리를 둔 것임에 틀림없을 것이다. 예술에서 포스트모더니즘은 해럴드 블룸(Harold Bloom)이 『서구의 정전들(*The Western Canon*)』에서 고발한 바 있는 "원한 학파(School of Resentment, 블룸은 이 책에서 "서구의 정전들이 사회·정치적 엘리트들에 의해 부과된 구조물들에 불과하며 이제는 부적절하다."라고 주장하는 일군의 학자들을 이른바 "원한 학파"(페미니즘, 마르크스주의, 해체주의 등)라고 부르고 그들을 노골적으로 비판하고 있다. ― 옮긴이)" 이상의 것이며, 알렉산더 포프의 시구에서 나온 "거세된 남자의 양심" 이상의 것이다. 그리고 이것은 미국 학계가 프랑스 몽매주의(Gollic obscurantism, 여기서 Gollic은 프랑스에 대해 약간 비아냥거리는 느낌으로 씌어진 형용사이며 obscurantism은 문학과 예술에서 고의로 의도를 애매하게 하는 표현주의적 사조 일반을 일컫는다. 몽매주의라고도 하며 여기서는 해체론 등 프랑스에서 기원한 포스트모더니즘적인 사상을 가리킨다고 볼 수 있다.—옮긴이)에 대해 통상 지니는 감상적인 경외심 이상의 것을 통해 지지되고 있다. 또한 포스트모더니즘 속에는 어떤 혁명적인 정신이 요동치고 있다. 예를 들어 이 소용돌이 속에서 많은 사람들, 특히 자신만의 독특한 재능과 정서적 생명력을 가지고 있는 여성들이 지난 수세기 동안 상대적으로 부당하게 무시당해 오다가 이제야 주류 문화 속에서 자신을 충분히 표현할 수 있는 방법을 찾아내기 시작했다.

만일 우리가 지난 사반세기 동안 축적해 온 생물학과 행동과학의 증거들을 믿는다면 여성들은 번식을 위한 해부학적 구조뿐만 아니라 여러 측면에서 남성과 유전적으로 구별되는 존재이다. 여성들은 집합적으로 많은 사회 분야들에서 자신의 목소리를 내기 시작했다. 오늘날 그 목소리는 더 크고 분명하게 들리고 있다. 하지만 나는 페미니즘—그것이 사회적이건 경제적이건 예술적 페미니즘이건 간에—을 환영한다는 것이 포스트모더니즘에 대한 옹호라고는 생각하지 않는다. 페미니즘은 새로운 표현의 창구를 열었고 억눌려 지냈던 인재 집단을 해방시키기는 했으나 인간 본성을 산산조각 내지는 못했다. 그와 같은 진전이 인간 본성을 폭파시켜 작은 조각들로 파편화시킨 것은 아니다. 오히려 페미니즘은 인류를 통합시키는 보편적 형질들을 충분히 탐색하게끔 새로운 무대를 마련해 주었다.

또 다른 관점에서 바라보면 포스트모더니즘은 문학적 세계관의 역사적 진동 중 하나의 극값이라고 볼 수 있다. 1926년에 위대한 미국인 비평가인 에드먼드 윌슨(Edmund Wilson)은 서구 문학이 그 강조점에 있어 신고전주의와 낭만주의라는 양극단 사이를 "흔들거리며 왔다 갔다 하지 않을 수 없는" 듯이 보인다고 했다. 아주 폭넓게 생각해 보자. 이와 같은 진동 주기 중에는 우선 포프와 라신처럼 질서 있는 세계를 지향하는 과학자의 시각에 의존했던 계몽주의 시인들이 19세기의 반항적 낭만주의 시인들에게 대중의 사랑을 빼앗기고 만 시기가 있었다. 그러나 이 낭만주의자들도 합리적 질서로 회귀했던 플로베르 같은 사람들에게 곧 길을 내주고 말았다. 그러다가 말라르메와 발레리 등 프랑스 상징주의자들과 예이츠, 조이스, 엘리엇 등의 영국 문인들이 주를 이루던 모더니즘적 글쓰기가 나타나 또 정반대의 흐름이 풍미했다. 에드먼드 윌슨은 극단적인 것이 하나의 지배적 사조로서 영원히 지속될 수는 없기 때문에 주기적인 진동이 일어날 수밖에 없다고 말했다.

이와 유사한 분위기 반전이 에드먼드 윌슨 이후의 문학 비평계에서 일어나고 있다. 20세기 초의 학자들은 저자의 개인적 경험과 저자가 살았던 시대의 역사를 강조했다. 하지만 1950년대에 이르러 신비평(New Critics)은 저자의 개인사에 대해 별 관심을 기울이지 않은 채 텍스트의 완전한 의미를 끌어내는 것을 고집했다. 그들은 "예술 작품은 한 줄 한 줄마다 자신의 정당성을 지녀야 한다."라는 조셉 콘래드(Joseph Conrad)의 유명한 언명에 동의했다. 그러나 1980년대에 신비평은 정반대의 접근법을 주장하던 포스트모더니스트들에 의해 갑작스럽게 무너지고 만다. 포스트모더니스트들은 텍스트가 통제하지 못하는 것을 찾고 저자의 사회적 구성물로 텍스트의 전모를 설명하라고 요구했다. 그들의 입장은 시인이자 비평가인 프레더릭 터너(Frederick Turner)의 다음과 같은 지적으로 요약된다. "예술가와 시인은 환경 위기의 시대에도 자연의 구속력을 간과하고 과학을 무시하며 예술의 형식과 규율, 즉 그들 자신의 문화가 지닌 무속적 전통을 포기해야만 한다. 또한 보편적 인간 본성이라는 이념을 단념하고 숨막힐 듯한 구속에서 자신을 해방시키며 희망을 비롯하여 우리를 고양시키는 감정들에 대해 격노해야 한다." 하지만 터너는 이런 문학 사조에 대한 전복이 이미 시작되고 있다고 말했다. "호메로스, 단테, 레오나르도 다빈치, 셰익스피어, 베토벤, 괴테의 전통은 아직 죽지 않았다. 이 전통은 포스트모던 콘크리트의 균열 한가운데에서 자라나고 있다."

에드먼드 윌슨은 이와 같은 예술의 영원한 진동의 진폭이 줄어들기를 희망했다. 이것이 바로 그가 생각했던 근대 정신의 기이한 고민거리이다. 그는 종합 원리를 강조하면서 버트런드 러셀(Bertrand Russell)과 앨프리드 노스 화이트헤드(Alfred North Whitehead)라는 20세기 초반의 두 걸출한 문화적 통합자에게 존경을 표했다. 우리가 고전을 부러워하는 이유 중 하나는 그것이 성취한 듯 보이는 그 평형 상태(equilibrium) 때문이다. "소포클레스(Sophocles)와 베르길리우스(Vergilius)의 작품에 나타나는 규칙성과 논리는 섬세함이나 격렬함 모두를 배제하지 않는다. 또한 플로베르가 할 수 있던 것과 똑같은 종류의 것, 즉 사물을 정확하고 객관적으로 재현하는 것은 워즈워스나 셸리가 잘 묘사하던, 신비롭고 유동적이고 감상적이며 모호한 것을 배제하지 않는다." 나는 에드먼드 윌슨이 나의 통섭 개념에 대해 우호적이었을 것이라 생각하고 싶다.

예술과 비평의 분위기를 반전시키는 힘인 아폴론적 충동과 디오니소스적 충동의 대립, 즉 차가운 이성과 열정적 방종의 대립이 과연 화해의 실로 나아갈 수 있을까? 이것은 경험적 문제일 것이고 그 대답

은 선천적 인간 본성의 존재 유무에 달려 있다. 지금까지 축적되어
온 증거로 보아 의심의 여지는 거의 없다. 인간 본성은 존재하며 그
것은 매우 심층적이고 구조적이다.

만일 이 정도만이라도 인정한다면 과학과 예술의 해석 간의 관계
는 다음과 같이 더 명확해질 수 있을 것이다. 즉 해석은 다중의 차원
들, 즉 역사, 전기, 언어, 미적 판단 등의 여러 차원들에서 진행되며
인간 정신의 물질적 과정은 그 차원들의 기저에 놓여 있다. 이론적으
로 편향된 과거의 비평가들은 많은 큰 길들로 한 번 가 보다가 정신
분석학과 포스트모더니즘적 유아론 같은 명패가 붙은 밀실로 들어가
버렸다. 뇌가 작동하는 방식을 이해하는 데 있어 별다른 과학적 도움
없이 직관에만 의존했던 이들의 접근법은 결국 실패하고 말았다. 건
전한 과학 지식에 기반을 둔 나침반을 갖지 못한 채 그들은 정처 없
이 헤매다가 결국 막다른 골목에 이르렀다. 만일 뇌과학, 심리학, 진
화생물학의 통섭적 연구를 통해 뇌의 기능들이 도표로 정리되면 그
부산물로서 예술에 대한 영속적 이론을 얻게 될 것이다. 그리고 이와
같은 과정을 통해 창조적 정신을 이해하려면 과학자와 인문학자 간
의 공동 연구가 필요할 것이다.

지금과 같이 공동 연구의 초기 단계에서는 예술의 혁신(innovation)
을 복잡한 신경 회로와 신경 전달 물질의 방출에 기반한 구체적인 생
물학적 과정이라고 결론내리기 쉽다. 그것은 만능 발생자(all-purpose
generator)에 의한 상징의 유출도 아니고 천상의 행위자에 의한 마법
도 아니다. 예술에서 혁신의 기원을 통찰하는 것은 우리가 그 창조물
을 해석하는 방식과 커다란 차이가 있기 마련이다. 자연과학은 창조
적 과정 자체의 몇몇 요소들을 포함하여 마음에 대한 그림을 하나 그
려 내기 시작했다. 비록 자연과학이 아직은 그 궁극적 목표에서 상당

히 멀리 떨어져 있기는 하지만 종국에는 예술에 대한 해석을 강화시켜 줄 수밖에 없을 것이다.

찰스 럼스든과 나는 앞서 기술했던 유전자·문화 공진화 이론을 충분히 발전시켜 가고 있었던 1980년대 초반에 그러한 결론에 도달했다. 비록 방향은 다르지만 우리의 결론과 매우 유사한 입장에 도달한 몇몇 예술가와 예술 이론가도 있었다. 예컨대 조셉 캐럴(Joseph Carroll), 브렛 쿡(Brett Cooke), 엘런 디새너예이크(Ellen Dissanayake), 월터 코흐(Walter Koch), 로버트 스토리(Robert Storey), 프레더릭 터너 등이 그들이다. 이 학자들 중 몇몇은 자신의 접근법을 생물시학(biopoetics) 내지는 생물미학(bioaesthetics)이라고 명명했다. 한편 이런 분석은 독일의 동물행동학자인 이레네우스 아이블아이베스펠트의 인간 본능에 대한 포괄적인 연구와 미국인 인류학자인 로빈 폭스(Robin Fox)와 라이어넬 타이거(Lionel Tiger)의 의례(儀禮)와 민속에 대한 설명, 그리고 인공 지능의 수많은 연구들──예술적 혁신에 관해서는 마거릿 보든(Margaret Boden)의 『창조적 마음(*The Creative Mind*)』이 가장 간명하게 보여 주고 있다.──에 의해 독립적으로 지지되고 보강되어 왔다.

현재까지의 이런 연구들은 유전자와 문화가 공진화한다는 다음의 내러티브에 잘 들어맞는다.

• 인류가 진화하는 동안 자연선택은 혁신 과정들을 창조하기에 충분한 시간을 갖고 있었다. 수천 세대라는 시간은 유전적 변화가 뇌와 감각계, 내분비계에서 충분히 일어날 수 있을 정도의 시간이다. 그동안에 생긴 생각과 행동의 개인차가 생존과 번식 성공의 개인차를 야기했다.

• 변이는 어느 정도는 유전적이었다. 즉 당시의 개인들은 오늘날과 마찬가지로 문화로부터 무엇을 배우는가뿐만 아니라 어떻게 배우고 반응하는지, 즉 학습의 유전적 성향도 각기 달랐다. 이 성향은 통계적으로 특별한 방식을 통해 드러난다.

• 그 결과로서 유전적 진화가 일어날 수밖에 없다. 특정 유전자 집합을 선택적으로 선호하는 자연선택은 후성 규칙들을 만들어 낸다. 그런데 이 규칙들은 인간 본성을 구성하는 정신 발달의 유전 규칙들이다. 내가 지금까지 기술했던 가장 오래된 후성 규칙으로는 근친상간을 억제하는 웨스터마크 효과와 뱀에 대한 자연스러운 혐오가 있다. 한편 10만 년 남짓의 역사를 가진 더 최근의 후성 규칙으로는 아이들의 언어 습득 프로그램이 있으며 아마도 예술의 창조적 과정들 일부도 포함될 것이다.

• 보편적이거나 준보편적인 것들이 문화가 진화하는 동안에 출현한다. 기본적인 후성 규칙들 사이에 강도의 차이가 있기 때문에 특정 생각과 행동은 그것이 야기하는 감정적 반응에 있어서 그리고 그것이 몽상이나 창조적 사고를 방해하는 빈도에 있어서 다른 생각과 행동에 비해 더 효과적이다. 그것은 예술의 지배적 테마를 이루는 핵심 내러티브이자 반복되는 개념인 원형을 창안하는 방향으로 문화의 진화를 편향시킨다. 앞서 언급했듯이 이 원형의 사례로는 웨스터마크 효과를 위반했던 오이디푸스의 비극과 신화 및 종교에 등장하는 뱀의 이미지들을 들 수 있다.

• 예술은 원래 특정 형식과 주제에 초점이 맞춰져 있기는 하지만 다른 점에서

는 자유롭게 구축된다. 원형들은 예술뿐만 아니라 평범한 의사소통을 구성하기도 하는 수많은 은유를 생산한다. 뇌가 학습하는 동안 뇌의 여러 영역이 폭넓게 활성화되어 나타난 결과로 볼 수 있는 은유는 창조적 사고를 구축하는 벽돌 역할을 한다. 은유는 서로 다른 영역의 기억들을 연관시키고 함께 강화시킨다.

유전자·문화의 공진화는 뇌의 진화와 예술의 기원의 기저에서 진행되고 있는 과정이라고 나는 믿는다. 이 공진화는 뇌과학, 심리학 그리고 진화생물학 연구를 통해 밝혀진 사실들에 가장 잘 부합하는 과정이다. 물론 예술과 관련된 **직접적 증거는** 여전히 빈약하다. 그러나 뇌와 진화에 대한 새로운 발견들은 예술에 관한 조망을 근본적으로 변화시킬 것이다. 이런 것이 바로 과학의 본성이다. 이 불확실성 덕분에 과학과 인문학 간의 동맹이 훨씬 더 흥미로운 기획이 되었다.

그러나 이것만큼은 자신 있게 말할 수 있다. 즉 총체적으로 구조화되어 있고 강력한 힘을 가진 인간 본성에 대한 점증하는 증거들—주로 마음의 발달에 집중되고 있는 증거들—은 예술에 대한 보다 전통적인 견해에 호의적이다. 예술은 역사적 정황 속에 등장하는 엉뚱한 천재나 특이한 개인적 경험을 통해서만 만들어지는 것이 아니다. 예술적 영감의 뿌리는 인간 뇌의 유전적 기원까지 심층적으로 거슬러 올라갈 수 있고 또 그렇기에 항구적일 수 있는 것이다.

생물학적 이해가 예술에 대한 학문적 해석에서 중요한 역할을 담당하는 것은 사실이다. 하지만 그 어떤 과학도 결코 창조적 예술을 가둘 수는 없다. 왜냐하면 심미적이고 정서적인 반응을 절묘하게 강화함으로써 인간 경험의 복잡한 세부 사실들을 전달하는 행위가 바로 예술의 독점적인 역할이기 때문이다. 예술 작품은 왜 그런지에 대해 설명하려는 의도 없이 마음에서 마음으로 느낌을 직접 전달한다. 예술을 정의하는 이 같은 속성 탓에 예술은 과학과 대조를 이룬다.

과학이 인간의 행동에 관해 언급할 때 얼기설기 뭉뚱그려 말하는 데 비해 예술은 반대로 조심스럽고 섬세하게 말한다. 다시 말해 과학은 원리를 창출한 다음 그것을 사용해 인간이라는 생물 종 특유의 속성을 정의하지만, 예술은 그 속성을 섬세하게 구체화하고 인상적인 방식으로 명시한다. 항구적인 것으로 증명된 예술 작품들은 하나같이 강한 인본주의적 냄새를 풍긴다. 개인의 상상력 속에서 태어났음에도 불구하고 그것들은 인간의 진화가 부여한 보편적인 것을 건드린다. 판타지의 세계를 상상할 때조차 예술 작품들은 인간성의 기원에 그 닻을 내린다. 판타지의 거장인 커트 보니것 주니어(Kurt Vonnegut, Jr., 1922년~. 미국의 유명한 작가로 과학 소설로 분류될 수 있는 작품을 다수 썼다.—옮긴이)가 지적했듯이 예술은 우리가 거기에 속해 있든 아니든 간에 인간을 우주의 중심에 둔다.

뇌의 유전적 진화는 몇몇 특별한 능력을 예술에 부여했다. 첫 번째는 은유를 쉽게 만들어 내 그것을 맥락들 사이에서 유동적으로 움직이도록 하는 능력이다. 예술의 전문 용어 자체에 대해 생각해 보자. 플롯(plot)이라는 처음에는 물리적인 자리이자 건물 설계도를 의미했는데, 나중에는 무대 감독의 플롯 내지 대체적 윤곽이 되고, 결국은 연기나 스토리의 윤곽이라는 의미로 변했다. 16세기에 프런티스피스(frontispiece)라는 말은 건물의 정면 장식이었는데, 곧 건물을 상징하는 그림으로 장식되어 있는 책의 표지를 뜻하는 것으로 바뀌었고, 최종적으로는 책의 속표지 앞에 나오는 그림을 일컫게 되었다. 스탠자(Stanza)는 이탈리아 어에서 공용의 방이나 휴식 공간을 의미하는 말인데 영어에 와서는 보통 4행 이상의 각운이 있는 시구로서 다른 시구와 구별되는 연(聯)의 의미로 전용되었다.

프로그램화된 뇌는 예술과 과학에서 모두 우아함을 추구한다. 여기서 우아함은 뒤죽박죽 뒤섞여 있는 세부 사실들로부터 군더더기 없이 어떤 패턴을 끄집어내 기술하는 것을 뜻한다. 수학과 음악을 다 잘 아는 비평가 에드워드 로드스타인(Edward Rothstein)은 이 두 영역(수학과 음악)에서 일어나는 창조적 과정을 다음과 같이 비교한다.

우리는 외견상 서로 달라 보이는 대상들을 가지고 시작한다. 서로 비교하여 우리가 이미 알고 있는 것과 유비(類比)해 봄으로써 어떤 패턴을 찾는다. 우리는 스스로를 멀찍이 떼어 놓고 변형, 사상(寫象), 은유를 이용하여 추상적 개념과 법칙 그리고 체계 등을 창조해 낸다. 이렇게 하여 수학은 더욱 추상적이고 강력해진다. 이것은 또한 음악이 작은 부분들을 통해 거대한 하나의 구조를 이루면서 힘을 얻어 가는 방식이다. 이런 식의 이해 방법은 대부분의 서구적 사고의 바탕에 놓여 있다. 우리는 보편적 지식을 추구하지만 그것의 힘은 개별적인 것에 뿌리를 두고 있다. 우리는 공통 원리들을 사용하지만 뚜렷하게 구별되는 세부 사실들을 드러낸다.

그렇다면 이제 이런 통찰을 물리학의 창조성에 대한 다음의 독립적 설명과 비교해 보자. 원자핵의 결합력에 관해 평생을 연구하여 일본인 최초로 노벨 물리학상을 수상한 유카와 히데키(湯川秀樹)는 다음과 같이 말했다.

누군가에게 이해할 수 없는 어떤 것이 있다고 하자. 그는 잘 숙지하고 있는 다른 어떤 것과 이것이 매우 유사하다는 사실을 우연히 주목하게 된다. 그는 그것들을 서로 비교함으로써 그 전까지 이해할 수 없었던 것에 대해 이해하게 될 수도 있을 것이다. 만일 그의 이해가 적절한 것으로 판명되고, 다른 어떤 사람도 그 전에는 그와 같은 이해에 도달하지 못했음이 밝혀진다면, 그는 자신의 사유가 진정으로 창조적이었음을 주장할 수 있을 것이다.

예술도 과학과 마찬가지로 실재 세계에서 출발한다. 그 다음에 예술은 가능한 모든 세계들(possible worlds)에 다다른다. 그리고 최종적으로는 생각할 수 있는 모든 세계들(conceivable worlds)에 도달한다. 이런 과정을 통해 예술은 인간의 현존을 우주 속의 만물 위에 투사한다. 은유의 힘을 생각한다면 아마도 예술은 우리가 '피카소 효과'라고 부를 만한 것에서 시작하게 될 것이다. 1943년 사진가이자 연대기 작가인 줄러 헐러스 브러서이(Gyula Halasz Brassaï)는 예술가에 대해 다음과 같이 말했다. "만약 인간이 자신의 이미지들을 어쩌다 창조하게 되었다면, 이것은 그가 그 이미지를 그의 주변에서 모두 발견했기 때문이다. 그는 뼈, 동굴 벽의 불규칙한 표면 그리고 한 그루 나무에서 그 이미지들을 보았다. 어떤 형태는 여자를 암시하고, 다른 것은 들소를 연상시켰으며, 또 어떤 것은 악마의 머리와 비슷했다." 대개 이런 경로를 통해 예술이 등장했을 것이다. 예술은 그레고리 베이트슨(Gregory Bateson)과 타일러 볼크(Tyler Volk)가 메타패턴(metapatterns)이라고 부른 것들, 즉 자연 속에서 반복적으로 나타나 복잡한 사물들을 식별하는 데 좋은 단서가 되었던 원, 구, 테두리, 중심점, 두 개의 선, 층, 고리, 꺾임점 등의 기하학적 형상들을 지각함으로써 나타났다.

이미지를 보는 것에 그치지 않고 목탄으로 암벽에 선을 그리거나 돌, 뼈, 나무 등에 새김으로써 그것을 재창조하는 데에는 그리 많은 시간이 걸리지 않았다. 태동기에는 외부 자연을 자극하여 그것을 결국 인간화하려는 시도를 했다. 예술사가인 빈센트 스컬리(Vincent Scully)는 선사 시대의 사람들이 산과 강 그리고 동물을 닮은 신성한 건물을 지었다는 사실을 알아냈다. 그들은 그런 방식으로 환경의 힘에 의지하고자 했던 것이다. 스컬리의 견해에 따르면 신대륙 발견 이전의 아메리카 대륙에서 가장 기념비적인 장소는 중앙멕시코의 테오티후아칸(Teotihuacan)이다. "거기서 '죽은 자의 거리'는 '달의 신전'에까지 바로 연결되고 이 신전 뒤에는 테난(돌의 여신)이라고 불리는 산이 솟아 있다. 몇 개의 홈이 있는 이 산은 기본적으로 피라미드 형태를 하고 있으며, 그 중심은 계단 모양으로 되어 있다. 그리고 신전은 산 모양을 본떴는데, 그 모양을 강렬하고 명확하고 기하학적인 모양으로 만듦으로써 마치 산에서 아래 평지로 물을 끌어내리는 것처럼 보이게 했다."

모방하라. 기하학적으로 만들어라. 그리고 강렬하게 만들어라. 이 세 가지는 예술 속에 고동치는 맥박을 뭉뚱그리기에 적합한 공식이다. 혁신가는 이것들을 어떻게 다뤄야 할지 잘 알고 있다. 그들은 감정적·심미적으로 강한 힘을 가진 이미지들을 자연에서 골라낸다. 온갖 기법들이 고도로 발전하면서 예술가들은 이번에는 자신의 느낌들을 자연에 투사하기 시작했다. 건축이나 시각 예술 쪽의 사람들은 이상화된 신체 형상과 이것을 모델로 한 신의 이미지에 기반을 두고 갖가지 디자인을 창조했다. 기원(祈願), 경외, 사랑, 슬픔, 승리, 위엄 등을 비롯한 인간 정신의 정서적 구축물들이 추상적 이미지들로 포착되었으며 생물적·무생물적 풍경에 그것들이 부착되었다.

예술가는 자신들이 선택한 자세한 부분에는 자유분방하지만 선천적인 심미적 보편자에는 대개 순응하는 편이다. 젊은 피터 몬드리안

(Pieter Mondrian)은 1905년과 1908년 사이에 「뒤벤드레크트의 벨테브레덴 농장(The Farm Weltevreden at Duivendrecht)」이라는 제목으로 여러 판본의 그림을 그렸다. 그 그림에는 어슴푸레하게 보이는 집 앞에 호리호리한 나무들이 줄지어 그려져 있다. 그 나무들 사이의 간격은 직관적으로도 똑바르게 보인다. 현대의 뇌파 분석에 따르면 인간의 뇌는 나무 수관부의 반복적인 그물 구조 같은 형태에 가장 활발하게 반응한다. 또한 나무와 집 주변의 텅 빈 공간과 물은 최근 심리학에 따르면 가능한 모든 배치들 중에서 선천적으로 가장 큰 매력을 느끼는 것이다. 이러한 신경생물학적 연관성을 알지 못했던──설사 알았다 하더라도 별 신경 안 썼을──몬드리안은 '줄지어 선 나무'라는 테마를 10여 년 동안 반복해서 여러 차례 그렸다. 그는 그때 자신이 새로운 표현 양식을 만들어 내고 있는 중이라고 생각했다. 얀 베르메르(Jan Vermeer)와 빈센트 반 고흐(Vincent van Gogh)의 영향을 뒤로한 채, 몬드리안은 입체파(cubism)을 발견하고 실험했다. 「나무 연구 II(Study of Trees II)」(1913년)에서는 여러 나무들의 수관부들이 전면에 당겨져 구획선과 골격만 남아 있는 다른 산만한 구조들을 지배하고 있다. 그러면서도 균형 잡힌 구도는 여전히 유지되고 있다. 이런 광경은 뇌 각성의 측면에서 최적의 복합성이 구현될 때와 유사하다. 같은 시기의 다른 그림들을 보면 전체를 추상하여 그물 모양의 선들을 미로처럼 배치하는 경향이 점점 더 짙어짐을 알 수 있다. 여백에서는 한 구획에서 다른 구획으로 변하는 빛과 색채의 패턴들이 포착된다. 그래서 전체적으로는 숲의 윗부분을 아래에서 위로 올려다볼 때 보이는 얼룩덜룩한 하늘과 별반 다르지 않은 심미적 효과를 준다. 건물, 모래 언덕, 방파제, 바다를 비롯한 다른 주제들도 이와 유사한 방식으로 변형되고 있다. 결국 몬드리안은 순수한 추상 디자인의 경지에 다

다랐으며 이 때문에 사람들은 그를 추앙한다. 그는 순수 추상을 일컬어 "인간적인 것도, 특수한 것도 아닌 무엇"이라고 표현했다. 이런 의미에서 그는 자신의 예술을 해방시켰다. 그러나 그는 진정한 자유를 만끽하지는 못했다. 사실 그 자신도 그런 자유를 원하지는 않았을 것이다. 그의 예술은 인간의 미적 감각이 조상 대대로 이어져 내려온 기본 규칙들에 따라 정의된다는 사실을 역설하고 있다.

우리가 몬드리안 예술의 진화에서 본 것은 단지 서구 문화의 국지적인 산물이 아니다. 흥미롭게도 이와 동일한 과정이 아시아의 예술과 문학의 합류점에서도 작동하고 있었다. 중국의 한자(漢字)는 그것이 표상하고 있는 대상들을 닮은 상형 문자로서 3,000여 년 전에 창안되었다. 고대 중국 문헌에 쓰인 해와 달, 산과 강, 인간과 동물, 집과 기구 같은 상형 문자들은 오늘날에도 바로 알아볼 수 있다. 그것들은 또한 뇌파 기준에서 본 최적 수준의 복잡성에 근접해 있다. 수세기를 걸쳐 중국 문자는 표준 서체의 우아한 카라요 서법(일본어로 かいらよう(唐樣)라고 하며 (1) 중국풍. 중국 양식, (2) 중국식 서체. 특히, 에도(江戶) 시대 중기에 유행한 명조체(明朝體)의 서체를 일컫는다. 아마 윌슨은 일본인이 쓴 중국 관련서를 참조한 듯하다.—옮긴이)으로 진화해 갔다. 이 서법의 초기 형태는 일본에 도입된 이후 새로운 형태로 발전했는데 거기에는 일본 특유의 흐르는 듯한 서체인 와요 서법(わよう(和樣). 일본 고유의 습관이나 양식. 한마디로 일본식을 일컫는다.—옮긴이)이 포함된다. 서구 서체와 중세의 원고에서 흔히 보이는 장식적인 머리글자에서처럼 예술은 자신의 심미적 기준들을 문자 자체에도 부과했다.

예술가와 작가는 오직 직관만으로 또는 공식에 쉽사리 따르지 않는 감수성으로 정서적·심미적 반응을 환기시키는 방법을 알고 있다.

그들은 예술적 기교를 조금씩 축적해 가며 "예술임을 숨기는 것이 예술이다.(*ars est celare artem.*)"라는 격률에 충실함으로써 자신의 창조물을 설명해 보라는 우리의 요구에서 멀찍이 떨어져 있을 수 있다. 루이 암스트롱이 재즈에 대해 다음처럼 말했던 것도 같은 맥락이다. "질문을 꼭 해야 하는 일이라면 절대로 알 수 있는 일이 아니지요." 하지만 이와는 대조적으로 과학자들은 뭔가를 알아내려고 한다. 그들은 우리에게 모든 것을 명확하게 말해 주고 싶어 고군분투하는 사람들이다. 그러나 그들은 무대의 커튼이 내려지고 책장이 완전히 덮힐 때까지 겸손히 기다려야만 한다.

예술은 언제나 수많은 주제들을 다룬다. 그것은 새 이미지를 통해 최대의 효과를 보고자 한다. 그리고 기억 속으로 녹아 들어간 이미지는 다시 회상될 때 그 원래의 충격을 일부 지니게 된다. 내가 특별히 높이 평가하는 사례는 블라디미르 블라디미로비치 나보코프(Vladimir Vladimrovich Navokov, 1899~1977년. 「롤리타(*Lolita*)」(1955년)로 유명한 러시아 출신 망명 작가로. 이 작품으로부터 소아 성애를 나타내는 '롤리타 콤플렉스'라는 조어가 생겼다.—옮긴이)의 소아 성애(pedophilia)적 소설의 완벽한 도입부이다. "Lo-lee-ta: the tip of the tongue taking a trip of three steps down the palate to tap, at three, on the teeth. Lo. Lee Ta.(로-리-타. 세 번 입천장에서 이빨을 톡톡 치며 세 단계의 여행을 하는 혀끝. 로. 리. 타.)" 그러니까 나보코프는 정확한 해부학적 지식과 두운인 t 음, 그리고 시적 운율로 주인공의 이름과 책제목 그리고 플롯을 관능으로 흠뻑 적시고 있는 것이다.

놀라움과 재치 그리고 독창성 뒤에는 언제나 은유가 숨어 있다. 시인 엘리자베스 스파이어스(Elizabeth Spires, 미국 시인, 1952년~.—옮긴이)는 시가 아닌 다른 장르에서, 눈 내리는 어느 겨울날 아침 오하이오 서클빌에 있는 성 요셉 초등학교의 한 수녀의 입을 통해 한 가지

신학적 교훈을 우리에게 말해 준다. 주제는 초심자를 위한 종말론이었다.

저 길 잃은 영혼들은 얼마나 오랫동안 그들의 죄에 대한 벌을 받아야 할까? 영원히, 아주 영원히란다. 그렇다면 열한 살 난 너희들이(그녀는 잠시 생각한다.) 도대체 영원이라는 세월이 얼마나 긴지를 어떻게 알 수 있겠니? 자, 단단한 암벽으로 된 세계에 있는 가장 커다란 산을 상상해 보렴. 100년에 한 번씩 한 마리 새가 지나가면서 그 날개의 끄트머리로 산꼭대기를 가볍게 스치고 간다고 해 보자. 영원이란 그 새가 계속해서 스치고 날아가 마침내 산이 완전히 닳아 없어지게 될 때까지 걸릴 만한 시간이란다. 이제 나는 지옥과 영원을 불길이나 화염하고 연결하지 않는단다. 대신 뭔가 춥고 불변하는 것, 가령 풍경 위로 음침한 장막을 치는 거대한 화강암산 그늘 아래 있는, 눈 덮인 툰드라와 연결지을 거야.

인간 정신의 창조적 능력에 대해 우리는 진정 무엇을 알 수 있을까? 그것의 물리적 기초에 대한 설명은 과학과 인문학의 접점에서 발견될 것이다. 과학의 편에서 제시할 수 있는 한 가지 전제는 우선, 호모 사피엔스가 생명과 관련 있는 풍부한 환경 속에서 자연선택을 통해 탄생한 하나의 생물학적 종이라는 사실이다. 이런 전제로부터 나오는 결론은 인간 뇌에 영향을 주는 후성 규칙들이 인류 진화사에서 구석기인의 필요에 따라 형성되었다는 사실이다.

이런 사실들로부터 다음의 결론이 뒤따른다. 문화는 수많은 세대가 바뀌는 동안 서로 연관되어 있고 서로를 강화해 주던 무수한 인간 정신들의 산물로서 마치 성장하는 유기체처럼 무한한 가능성을 가지고 우주 속으로 뻗어 나가는 듯 보인다. 그러나 문화는 모든 방향으로 똑같이 성장하지는 않는다. 과학 혁명 전에는 모든 문화들이 원초적 상태에 있는 자기 문화 특유의 경험적 지식에 따라 명확하게 구분되었다. 물론 문화는 풍토, 수자원 그리고 식량 자원 등의 지역적 영향 아래 진화했다. 하지만 이보다 덜 분명한 사실이기는 하지만 문화는 근본적으로 인간 본성의 영향을 받으며 성장한다.

이 점이 예술에 우리의 눈을 다시 돌리게 만드는 대목이다. 인간 본성의 후성 규칙들이 혁신과 학습 그리고 선택을 편향시킨다. 이 규칙들은 마음의 발달을 특정한 방향으로 인도하는 중력 중심이다. 바로 이 중심에 도달한 예술가, 작곡가, 그리고 작가들은 수세기 동안 원형, 즉 독창적인 예술 작품 속에 가장 예측 가능하게 표현되는 테마들을 창조해 냈다.

비록 원형들이 반복적으로 나타나 식별 가능하다 하더라도 일반적 특징들을 나열함으로써 그것들을 정의하는 일은 쉽지 않다. 오히려 원형은 사례를 떠올릴 때 더 쉽게 이해할 수 있다. 특수화를 통한 정의라고 불리는 이 방법은 기초적인 생물학 분류 작업에서 잘 쓰인다. 심지어는 한 범주로서의 종이 본질적 속성을 갖고 있는지 없는지가 논쟁거리일 때도 마찬가지이다. 신화나 소설에서는 한 스무 개 정도의 매우 주관적인 범주로 대부분의 원형들을 포괄한다. 가장 자주 인용되는 것들은 다음과 같다.

태초에 인간은 신들이 창조하거나 거인들의 짝짓기를 통해 탄생되거나 타이탄들의 충돌로 만들어졌다. 어느 경우든 그들은 세계의 중심에서 특별한 존재로서 삶을 시작했다.

부족은 아르카디아든, 비밀의 계곡이든, 아니면 신세계든 상관없이 약속의 땅으로 이주한다.

부족은 생존을 위한 필사적인 전투에서 악의 세력들과 마주친다. 그리고 강적들과 싸워 이긴다.

영웅이 지옥으로 내려가거나 광야로 추방되거나 머나먼 땅에서 고난을 겪는다. 그는 온갖 풍파를 헤치며 기나긴 모험을 하다가 결국 돌아와 자신의 운명을 완성한다.

세계가 종말을 맞는다. 홍수, 불, 외계의 정복자 또는 파괴신들에 의해 전면적으로 파괴되지만 영웅적인 일군의 생존자들에 의해 다시 복구된다.

위대한 힘의 원천이 생명의 나무, 생명의 강, 철학자의 돌, 신성한 주문, 금지된 의식, 비밀스러운 공식 등에서 발견된다.

보살피는 여성이 위대한 여신, 위대한 어머니, 신성한 여성, 신성한 여왕, 어머니 대지, 그리고 가이아 등으로 신격화된다.

예지자는 특별한 지식과 마음의 능력을 소유할 자격이 있는 사람이다. 예지자는 현명한 남자 노인 혹은 여자 노인이며 성인, 마술사, 위대한 샤먼일 수도 있다.

처녀는 순수의 능력을 가지며 신성한 힘의 통로이며 어떤 상황이 와도 무조건 보호받아야 하는데 신이나 악마와 같은 존재를 달래기 위해 바쳐야 할 때도 있다.

여성의 성적 자각은 유니콘, 온화한 괴물, 힘센 이방인 또는 마법의 키스를 통해 일어난다.

트릭스터(Trickster, 원시 민족의 신화에 나와 주술 장난 등으로 질서를 문란하게 만드는 초자연적 존재.—옮긴이)가 나타나 기존의 질서를 교란시키고 술의 신, 광란의 왕, 회춘의 신, 익살의 왕, 광대의 신, 영리한 바보 등을 해방시킨다.

괴물이 인류를 위협한다. 괴물은 뱀 악마(지옥 바닥에서 발버둥치는 사탄), 용, 고르곤, 골렘, 뱀파이어 등으로 나타난다.

만약 예술이 정신적 발달의 선천성 규칙들의 조종을 받는 것이라면 그것은 전통적 역사뿐 아니라 유전적 진화의 최종 산물이기도 하다. 그러나 여전히 한 가지 문제가 남는다. 즉 유전적 지침(genetic guide)이 단순히 부산물(부수 현상)이었을까, 아니면 생존과 번식을 직접적으로 향상시켰던 적응(adaptation)이었을까? 그런데 만일 그것이 적응이었다면 정확히 어떤 측면에서 어떤 이득이 되었단 말인가? 몇몇 학자들은 이 질문에 대한 대답이 예술의 여명기로부터 보존되어 온 문화적 산물들 속에서 발견될 수 있다고 믿는다. 이런 대답은 현재에도 존재하는 수렵·채집인의 물건들과 관례들을 살펴봄으로써 심도 있게 검토될 수 있다.

다음은 예술의 기원에 관해 최근에 등장한 견해이다. 인간이라는 종이 가지는 가장 특징적인 속성들로는 고도의 지성, 언어, 문화 그리고 장기적인 사회 계약에 대한 의존성 등이 있다. 이런 속성 집합들로 인해 초기의 호모 사피엔스는 경쟁하던 다른 모든 동물 종들보다 결정적으로 유리한 고지를 점할 수 있었다. 하지만 우리는 그런 속성을 얻게 되면서 대가를 치러야 했다. 예를 들어 자아 인식의 충격, 개인적 존재의 유한성 그리고 환경의 혼돈 등이 그것이다.

인류가 낙원에서 추방된 것은 단지 신에 대한 불복종 때문이 아니라 이런 것들이 드러났기 때문이다. 호모 사피엔스는 심리적 추방감으로 인해 고생하는 유일한 종이다. 사실 동물들도 어느 정도는 특수화된 학습 능력을 가지고 있다. 하지만 그들은 모두 본능의 지배를 받으며 환경이 주는 단순한 자극에서 촉발된 복잡한 행동 패턴들을 보인다. 대형 유인원은 자기 인식(self-recognition) 능력을 가지고 있지만 그들이 자기 자신의 탄생과 죽음 또는 현존의 의미에 대해 반성할 수 있다는 증거는 어디에도 없다. 우주의 복잡성 따위는 그들에게 어떤 의미도 없다. 유인원을 비롯한 다른 동물들은 자신의 생명이 의존하고 있는 환경에는 효과적으로 적응하지만 나머지 부분에는 거의 신경 쓰지 않는다.

예술은 지성이 야기한 혼돈에 질서를 부과할 필요성 때문에 탄생했다. 정신이 급속히 발전하기 전에 살았던 인류 이전의 조상들은 다른 동물들과 마찬가지 방식으로 진화했다. 그들은 생존과 번식 성공을 뒷받침하는 본능적 반응에 따라 살아갔다. 호모 속 수준의 지성이 획득되었을 때 그 지성은 해발인(releaser cues, 동물에 특정 행동을 유발시키는 소리, 냄새, 몸짓, 색채 등의 자극을 일컫는다.—옮긴이) 이상으로 정보를 잘 가공해 냄으로써 본능적 반응을 확장시켰다. 지성은 융통성 있는 반응들을 이끌어 냈으며 현재의 자리에서 멀리 떨어진 장소나 먼 미래를 상상할 수 있는 정신을 만들어 냈다. 그럼에도 불구하고 진화하는 뇌는 일반 지성(general intelligence)만으로 전환될 수는 없었다. 뇌는 만능 컴퓨터가 될 수 없었던 것이다. 진화가 진행되는 동안 생존과 번식의 동물적 본능은 인간 본성의 후성적 알고리듬(epigenetic algorithm)으로 전환되어 갔다. 그리고 언어와 성적 행동을 비롯한 정신적 발달 과정들이 빠르게 획득되기 위해서는 이 선천성 프로그램들이 제자리를 잡을 필요가 있었다. 만일 그 알고리듬들이 제거되었다면 그 종은 멸종에 직면했을 것이다. 왜냐하면 모든 방향으로 열려 있는 일반화된 학습에 의해 경험을 추려내기에 한 개체의 삶은 너무 짧기 때문이다. 그러나 그 알고리듬들이 날림으로 형성된 것은 아니었다. 정확히 말하자면 그것들은 적절하게 작동했지만 아주 뛰어나게 잘 작동하지는 못했다. 자연선택의 느린 속도 때문에—새로운 유전자들이 낡을 것들을 대체하는 데에는 수만 세대가 걸린다.—인간의 유선은 고노의 지성이 열어 보인 새롭고 우연한 수많은 가능성들에 대처할 만한 시간적 여유가 없었다. 알고리듬이 형성될 수는 있었으나 모든 가능한 사건들에 대해 자동적·최적으로 반응하기에 충분할 만큼 정교하지도 수적으로 많지도 않았다.

이런 간극을 메운 것이 예술이다. 초창기 인간들은 마술을 통해 환경의 풍요로움과 연대의 힘 그리고 생존과 번식에 가장 중요했던 여타 힘들을 표현하고 통제하고자 예술을 창안했다. 이런 힘들은 새롭게 모사된(simulated) 실재 속에서 의례화되고 표현될 수 있는데 예술은 이를 위한 수단이었다. 예술은 인간의 본성 중에서 감정의 안내를 받는 정신 발달의 후성 규칙들에 충실함으로써 일관성을 끌어냈다. 그것은 가장 호소력 있는 언어, 이미지, 리듬 등을 선택함으로써 그 규칙들을 따랐다. 예술은 이러한 원시적 기능을 여전히 수행하고 있으며 그 옛날과 똑같은 방식으로 진행되고 있다. 예술의 질은 그것의 인간다움(humanness), 즉 그것이 인간 본성을 얼마나 정확하게 고수하고 있는가에 따라 평가된다. 이것은 예술의 참됨과 아름다움에 관해 논할 때 거의 압도적으로 의미하는 바이다.

약 3만여 년 전 호모 사피엔스는 커다란 짐승들의 표상을 은신처 속으로 가져오기 위해 시각 예술을 이용했다. 그런 작업들 중 가장 오래되고 섬세한 것들로는 빙하기 남부 유럽의 동굴들에서 발견된 벽화와 조각이다. 19세기에 이탈리아, 프랑스, 스위스, 스페인 등지에서 수천 개의 이미지가 표현되어 있는 그런 동굴들이 200개 이상 발견되었다. 가장 최근에 발견된 것 중 가장 오래된 것으로는 론(Rhone) 강 지류인 아르데슈(Ardeche) 강 계곡에 있는 쇼베(Chauvet) 동굴에 그려진 엄청난 그림들이다. 화학 검증 결과 이들은 약 32,410±720년 전의 것으로 추정되었다. 가장 최근의 동굴 갤러리는 마들

렌 기(期)의 회화, 에칭 그리고 조각 등으로서 신석기 시대가 시작될 즈음인 약 1만여 년 전에 만들어졌다.

동물 그림들 중 가장 훌륭한 것은 현대의 기준으로 보아도 매우 정확하고 아름답다. 그것들은 깨끗하고 날렵한 선으로 표현되었고 그 선들 중 일부는 마치 3차원을 묘사하듯 한쪽 면이 음양 처리까지 되어 있다. 그래서 그것들은 그 지역에 살았던 가장 큰 포유동물, 즉 사자, 매머드, 곰, 말, 코뿔소, 들소 등 지금은 대부분 사라진 동물들의 사파리로 안내해 준다. 거기에 그려진 형상들은 추상적 이미지 그 이상의 것이다. 왜냐하면 암수가 명확하게 구분되어 있고 어린 짐승과 나이 든 짐승이 뚜렷하게 구별되어 있는 이미지들이 있기 때문이다. 심지어 새끼를 밴 암컷 모습도 있고 짐승의 털가죽이 여름 것인지 겨울 것인지 구별되기도 한다. 두 마리의 사나운 수컷 코뿔소가 서로 뿔을 맞대고 싸우는 모습도 보인다.

쇼베 동굴의 것보다 더 오래된 표현 예술이 거의 없는 현실 때문에 사람들은 흔히 동굴 예술가들의 솜씨가 아마 몇 세대 만에 매우 급격히 출현했다는 결론을 내리고 싶어 한다. 그러나 이것은 성급한 판단이기 쉽다. 유전적 증거와 화석 증거에 따르면 해부학적으로 현생 호모 사피엔스는 지금으로부터 약 20만 년 전에 진화했으며 유럽에는 약 5만 년 전에 발을 들여 놓았다. 그때부터 쇼베의 그림들이 그려진 시대까지 그들은 몇몇 인류학자들이 별개의 인간 종으로 분류하고 있는 네안데르탈인을 대체해 갔다. 따라서 오늘날 가장 오래된 작품들이 소장되어 있는 것으로 알려진 동굴을 차지하기 전에도, 우리 조상 예술가들은 틀림없이 지금은 사라져 버린 벽면에 자신들의 솜씨와 기교를 발휘했을 것이다. 초기 그림들 중 다수는 아마도 동굴 바깥 암벽에 그려졌을 것이다. ──이런 관습은 지금도 오스트레일리아나 남부 아프리카의 수렵·채집인들이 행하고 있는 것이다.——그리고 그 예술 작품들은 빙하기 유럽의 거친 기후 때문에 온전히 남아 있을 수가 없었을 것이다.

유럽의 동굴 예술은 만개 상태에서 갑자기 튀어나온 것일까, 아니면 수천 년에 걸쳐 작은 단계들이 시나브로 진행되어 완성된 것일까? 확실한 것은 알 수 없으나 적어도 그것이 '왜' 창조되었는지에 관해서는 강력한 단서가 있다. 예를 들어 마르세유 근처에 있는 코스크(Cosques) 동굴 벽화의 28퍼센트 정도가 동물의 몸 주변을 날아가는 화살과 창을 그린 그림들이다. 라스코 동굴의 들소는 창이 항문으로 들어가 생식기를 뚫고 나가는 바람에 내장이 밖으로 빠져 나와 있다. 꾸밈과 장식에 관해 가장 단순하고도 설득력 있는 설명을 제공한 사람은 유럽의 구석기 시대 예술에 대한 선구적 탐험가이자 해석가였던 아베 브레이유(Abbe Breuil)이다. 1900년대 초반에 그는 수렵인들이 동굴 벽면에 동물을 그려 놓은 다음 그것을 죽이는 이미지를 만들어 내면 사냥에 더 쉽게 성공할 것이라는 주술적 믿음을 가졌기 때문에 이런 그림들을 그렸다고 해석했다.

예술은 마술이다. 이 말은 근대적 울림을 갖는다. 왜냐하면 우리가 종종 듣고 있는 바 예술의 목적은 매혹이기 때문이다. 브레이유의 가정은 흥미를 자아내는 다른 부가적 증거, 즉 동일한 동물들이 같은 암벽 표면에 반복적으로 그려져 있다는 사실로 지지된다. 그중 어떤 인물화는 수세기 후에나 그려졌다는 사실이 화학 시험을 통해 밝혀지기도 했다. 동굴의 예술가들은 그림을 따라 그리기를 즐겼고 또 어떤 경우에는 그것을 뼛조각 위에 새기기도 했다. 코뿔소의 뿔은 똑같은 것을 여러 개 그렸고 매머드의 머리 위에 있는 둥근 혹 부분도 여러 개 그렸으며 사자의 온전한 머리도 몇 개나 그렸다. 우리가 결코 그 예술가의 마음속을 훤히 들여다볼 수는 없겠지만, 그들은 새로운 의식(儀式)들의 목적에 맞춰 그림들을 복제함으로써 그 이미지들을 거듭나게 하려 했으리라. 그 의식들은 초기 형태의 음악과 춤을 동반한 본격적인 공식 의례(ceremony)의 일부분이었을지도 모른다. 뼈로 만든 피리들이 닦아서 연주하면 될 만큼 훌륭한 상태로 동굴 속에서 발견되었고 그림들도 음향 효과가 뛰어남 직한 공간들 속에 있었다.

사냥에 대한 이런저런 형태의 주술은 오늘날의 수렵·채집인 사회에도 남아 있다. 이것은 일종의 공감 주술로서 과학 이전 시대의 사람들이 가진 준보편적 믿음, 즉 상징과 이미지를 조작하면 자신들이 표상하고 있는 대상에게 영향을 미칠 수 있다는 생각을 표현하는 것이다. 예를 들어 인형에다 바늘을 꽂는 행위를 필두로 하여 사악한 부두교도들이 행하는 다른 여러 의례들은 그중 가장 낯익은 사례일 것이다. 대부분의 종교 의식도 공감적 주술의 요소들을 갖고 있다. 가령, 아스텍 족의 비와 번개의 신 틀랄록의 희생 제물로 간택된 어린이들은 멕시코 계곡에 비가 내리게 하기 위해 우선 눈물을 흘려야만 했다. 또한 기독교의 세례 의식은 속세에서 지은 모든 죄들을 사해 준다. 그런데 죄를 씻고 거듭나기 위해서는 반드시 어린양(예수)의 피로 씻겨져야 한다.

점성술이나 초감각적 지각, 특히 염력에 대한 믿음은 주술사가 이용하던 도구 상자 속의 유사한 성분들로부터 형성된다. 이런저런 형태의 공감 주술에 대한 준보편적 믿음은 쉽게 설명할 수 있다. 불안과 위협으로 가득 찬 세계에서 사람들은 그들이 무슨 수를 써서라도 강력한 힘에 다다르려고 한다. 예술과 공감 주술을 연결시키는 것은 이런 시도를 위한 지극히 자연스러운 방식 중의 하나다.

예술이 사냥의 성공을 기원하기 위한 일종의 주술 행위로 출발했다는 견해와는 달리, 동굴 예술이 젊은이들을 가르치기 위한 일종의 교육 행위였다는 반론도 있다. 동굴 예술은 실제로『홍적세 유럽의 큰 포유류에 대한 피터슨의 현장 가이드(*Peterson's Field Guide to the Large Mammals of Pleistocene Europe*)』(미국에서 인기있는 청소년용 현장 가이드 북.—옮긴이)의 선사 시대판 정도에 지나지 않을지도 모른다. 그러나 이런 반론은 왜 기껏해야 10여 종의 동물만이 그려져 있으며 인물 그림들이 벽 표면 위에 반복적으로 그려졌는지를 잘 설명하지 못한다. 또한 사냥 기술은 젊은 초심자들이 연장자와 함께 현장에 나갈 때 더 잘 배울 수 있는 것은 아니었을까? 마치 오늘날의 수렵·채집인들이 흔히 그러하듯 말이다.

동물 예술의 주술성에 대한 가설은 지금도 현존하는 석기 시대 사람들이 보여 주는 다른 형태의 행동에 의해서 더욱 힘을 얻는다. 그 수렵인들은 그들 주변의 큰 동물들, 특히 추적하거나 잠복하고 기다려야만 잡아 죽일 수 있는 포유동물들의 삶에 큰 관심을 갖는다. 그들은 토끼나 돼지처럼 덫을 치거나 구덩이를 파서 잡을 수 있는 비교적 작은 종들에는 별 관심이 없다. 그들은 때로 큰 사냥감들이 사람의 마음을 홀리는 어떤 특별한 능력을 가진다고 생각하여 자신들의 맹렬한 욕망들을 거기에 투사하기도 한다. 또한 자신들이 죽여 버린 동물들의 영혼을 공식적 의례를 통해 달래기도 한다. 많은 문화권에서 수렵인들은 자신들의 용맹무쌍함을 기념하기 위해 해골이나 발톱, 짐승 가죽 등을 전리품으로 챙기고 모으는 경향이 있다. 한편 토템 신앙에 등장하는 동물들에게는 초자연적인 성질이 부여되며 존경의 대상이 되면서 그 부족의 성원들을 결속시키는 상징으로 쓰인다. 토템의 영혼들은 승리했을 때에는 축하 의식을 집전하고 실패했을 때에는 사람들을 보살핀다. 그들은 개개인에게 더 위대한 어떤 존재,

즉 자신이 떠받들고 있는 어떤 미지의 존재를 상기시킨다. 토템들은 분쟁을 중재하고 때로는 부족 간의 의견 충돌을 무마한다. 그들은 진정한 힘의 원천이다. 빙하기 예술 속에 흔히 등장하는 몇 안 되는 존재가 바로 수사슴의 뿔과 사자(혹은 새)의 머리로 자신의 머리를 장식한 샤먼들이라는 사실은 그리 놀라운 일이 아니다. 동물 모습을 한 신들이 비옥한 초승달 지역(고대에는 비옥했으나 지금은 일부가 사막으로 변한 중·근동 지역으로 인간이 처음으로 농경을 시작했다는 팔레스티나 지방에서 페르시아 만에 이르는 반달형 지대.—옮긴이)과 중앙아메리카에 있었던 고대 문명들을 지배했다는 사실은 필연적인 것으로 보인다. 공감 주술의 이와 같은 효과가 그 당시에만 국한된 것은 아니다. 즉 자신들이 가장 가치 있다고 여기는 성질들을 반영하는 토템으로서 특정 종의 동물을 채택하는 일은 수렵·채집 사회뿐만 아니라 고도의 문명을 가진 사회와 국가에서도 흔한 일이다. 가령, 미국의 미식 축구 팬들은 자신들이 속해 있던 구석기 부족을 이제야 발견한 듯이 디트로이트 '라이온스'와 마이애미 '돌핀스' 그리고 시카고 '베어스'에 열광한다.

예술의 생물학적 기원 가설은 후성 규칙들이 실재하는지, 그리고 그 규칙들이 만들어 내는 원형들이 어떤 것인지에 의존한 하나의 작업가설(working hypothesis)이다. 이것은 자연과학의 정신 속에서 구성되어 왔다. 즉 이 가설은 입증이나 반증이 가능하며 생물학의 다른 부분들과 통섭적이다.

그렇다면 이 가설은 어떤 식으로 검증되어야 할까? 한 가지 방법은 예술 속에서 가장 자주 등장하는 주제들과 그 밑바탕에 놓인 후성 규칙들을 진화론적 입장에서 예측하는 것이다. 우리는 그와 같은 준보편적 주제들이 진실로 존재하며 대부분의 소설과 시각 예술의 발판이 되고 있음을 안다. 이 주제와 규칙의 일반성 때문에 할리우드 영화가 싱가포르에서도 흥행하고 노벨 문학상이 유럽 인뿐 아니라 아시아 인이나 아프리카 인에게도 수여될 수 있는 것이다. 우리가 잘 이해하지 못하고 있는 것은 왜 이런 현상이 존재하는지, 그리고 왜 정신 발달 과정이 특정 이미지와 내러티브에 그토록 한결같이 집착하는지에 관한 물음들이다. 진화론은 기저의 후성 규칙들을 예측하고 유전 역사 속에서 그 기원을 이해하기 위한 강력한 수단이 될 수 있다.

앞에서 나는 근친상간의 회피와 금기에 대한 진화론적 접근법의 중요한 사례 하나를 기술한 바 있다. 기록된 역사를 살펴보면 이와 같은 현상들을 일으키는 선천적 억제 반응들이 신화와 예술 속에서 끊임없이 메아리쳐 왔음을 알 수 있다. 생물학 이론을 예술에 연관시킬 수 있는 또 다른 반응들은 부모와 자식 간의 결속, 가족의 협력과 갈등 그리고 세력권 다툼과 방어 등이다.

예술에 영향을 미치는 후성 규칙들을 발견해 내는 또 다른 방법은 신경과학과 인지심리학적 기법을 통해 그 규칙들을 직접 검사해 보는 방법이다. 벨기에 심리학자인 게르다 스메츠(Gerda Smets)는 다양한 수준의 복잡성을 지닌 추상적 디자인들을 피실험자에게 보여 주면서 그들의 뇌파 패턴이 어떻게 변하는지를 기록했다. 이 실험에 대해서는 1973년에 출간된 『생물미학(Bioaesthetics)』이라는 선도적 연구물에 잘 나와 있는데, 그녀는 뇌의 각성을 기록하기 위해 표준적인 신경생물학 측정 중 하나인 알파파의 탈동기화(desynchronization, 알파파는 눈을 떴을 때나 다른 감각 기관을 자극했을 때 또는 정신 활동이 이루어질 때에는 소실된다. 이와 같은 소실을 알파파 차단(alpha-blocking)이라고 한다. 알파파 차단 때에는 14~30헤르츠의 높은 주파수(평균 20헤르츠)의 작은 진폭을 가진 파(베타

파)가 출현한다. 이 경우 뇌파의 파형은 불규칙하고 기록 부위에 따라 진폭, 주파수, 위상이 크게 다르다. 이것을 뇌파의 탈동기화라고 한다.—옮긴이)를 이용했다. 대개 알파파의 탈동기화가 심하면 심할수록 피실험자가 주관적으로 보고하는 심리적 각성이 더 컸다. 스메츠는 놀라운 사실을 발견했다. 그녀는 디자인에서 요소들이 중복(redundancy)된 부분이 약 20퍼센트 정도였을 때 뇌 반응이 가파른 절정에 이른다는 사실을 알아냈다. 이 정도는 간단한 미로, 두 바퀴를 완전히 도는 대수적 나선 또는 비대 칭적 가지들의 교차된 모습 등에서 다양하게 발견되는 것에 상응하는 양이다. 20퍼센트의 중복이 주는 효과는 선천적인 것으로 보인다. 신생아들도 이와 동일한 양의 질서로 이루어진 선들을 가장 오랫동안 응시한다.

이러한 후성 규칙들이 미학이나 예술과 어떤 관계가 있을까? 그 관련성은 생각보다 훨씬 더 밀접하다. 스메츠가 발견한, 고도의 각성을 일으키는 그림들은 그것이 설사 컴퓨터가 만든 형상이라 해도, 건물 벽에 있는 띠 모양, 격자 모양, 표어, 책표지 구석의 장식, 깃발 디자인 등 전 세계적으로 애용되는 추상 디자인들과 놀랍도록 닮아 있다. 이것은 또한 고대 이집트와 마야 문명의 문자들뿐 아니라 중국, 일본, 타이, 타밀, 벵갈을 위시한 다양한 기원의 아시아 민족들의 상형 문자들과도 복잡성과 질서 측면에서 매우 유사하다. 게다가 몬드리안의 작품들처럼 최고의 근대 추상 예술 작품으로 평가받는 것들도 이와 거의 유사한 최적 수준의 질서를 가지고 있다. 비록 예술과 신경생물학의 이와 같은 관련성이 보잘것없는 것이라 해도 이것은 심미적 본능을 밝히는 데 좋은 단서가 된다. 내가 아는 한 이 관련성은 과학자나 미학자 들이 아직 체계적으로 탐구한 바가 없는 참신한 주제이다.

젊은 여성 얼굴의 아름다움을 분석하는 것은 미학과 관련된 후성 규칙들을 직접 검사해 보는 또 하나의 방법이다. 개개의 얼굴들을 따로 볼 때보다 함께 섞어서 합성해 놓을 때 더 매력적으로 보인다는 사실은 알려진 지 벌써 100년이 넘었다. 이런 현상은 이상형 얼굴의 아름다움이 곧 개체군 전체의 평균값이라는 믿음을 낳았다. 하지만 이렇게 온당해 보이는 결론은 단지 절반만 참이다. 왜냐하면 1994년에 발표된 새로운 연구 결과에 따르면 애초에 매력적으로 생각되던 개별 얼굴들의 합성이 마구잡이로 선택된 모든 얼굴들의 합성보다 선호도가 더 높게 나타났기 때문이다. 다시 말해 평균적인 얼굴이 매력적이기는 하지만 가장 매력적인 것은 아니라는 것이다. 얼굴의 특정 치수들은 다른 치수들보다 확실히 더 선호된다. 이 같은 분석은 진정 놀라운 결과를 낳았다. 예를 들어 결정적으로 중요한 치수를 확인한 후 그 값을 과장하여 인공 합성 사진에 반영하면 피험자들은 오히려 그 사진에 더 큰 매력을 느낀다. 백인 여성과 일본 여성의 얼굴이 양성의 젊은 영국인과 일본인에게 이런 효과를 나타냈다. 가장 매력적으로 여겨진 특징들로는 상대적으로 높은 광대뼈, 여윈 턱, 커다란 눈, 상대적으로 작은 얼굴, 입과 턱 끝 및 코와 턱 끝 사이의 거리가 상대적으로 짧은 경우 등이 열거되었다.

젊은 여성들 중 평균이거나 평균에 가까운 사람은 극히 소수였다. 이런 현상은 유전적으로 다양한 종에서 예상된다. 그런 종에서는 올바른 특성들의 조합이 각 세대의 가족들 내부에서 또는 가족들 사이에서 새롭게 창조되기 때문이다. 우리를 더욱 당혹스럽게 만드는 것은 최적 상태가 평균에서 멀리 떨어져 있는 경우이다. 이런 경우에는 최적 상태에 근접한 여성은 실질적으로 거의 없다. 만일 얼굴의 아름다움을 지각하는 인간의 능력이 얼굴이 아름다운 사람의 생존과 번식을 더 성공적이게 만들었다면 가장 아름다운 사람들은 개체군 내에서 평균이거나 평균에 가까워야 한다. 이런 것은 안정화 자연선택 (stabilizing natural selection)으로부터 예상되는 결과이다. 안정화 자연선택이 일어나면 최적값에서 이탈한 경우들은 점점 제거되고 그 최적값이 진화 기간 동안 규준(norm)으로서 유지된다.

빼어난 미(美)의 희귀성은 초정상 자극(supernormal stimulus)으로 알려진 현상으로 설명될 수도 있다. 사실 나는 그 가능성에 대해 계속 생각해 보고 있다. 이 현상은 동물들에게는 흔한 편인데 그들은 의사 소통을 할 때 규준을 과장하는 신호들을 선호한다. 비록 그런 신호들이 자연 속에서 아주 드물게 나타날지라도 말이다. 한 예로 서부 유럽에서 일본에까지 이르는 삼림 벌목 지대에서 발견되는 은빛 얼룩 무늬와 오렌지색 몸빛을 가진 큰흰줄표범나비(*Argynnis paphia*) 암컷의 매력도를 들 수 있다. 번식기의 수컷들은 독특한 색깔과 날아가는 모습을 보고 동종의 암컷을 본능적으로 알아본다. 수컷은 암컷을 쫓아가기는 하지만 그들이 진정 선호하는 것은 암컷이 아니다. 연구자들은 날개를 퍼덕거릴 수 있게 만든 플라스틱 복제물로도 수컷을 유인할 수 있음을 발견했기 때문이다. 더욱 놀라운 현상은 수컷들이 진짜 암컷들은 외면한 채 가장 크고 빛나고 빠르게 움직이는 날개를 가진 모형 나비를 쫓아간다는 사실이었다. 하지만 실제 자연 환경에서 이런 식의 슈퍼 암컷 표범나비는 존재하지 않는다.

수컷 큰흰줄표범나비들은 자신들이 마주치는 특정 자극의 표현들 중 가장 강력한 것을 무제한적으로 선호하도록 진화해 온 듯하다. 이런 현상은 동물계에서 널리 퍼져 있다. 수년 전 서부 인도의 어놀리 도마뱀(anole lizard)으로 실험하고 있었을 때 나는 그 수컷들이 동종의 다른 도마뱀 사진들을 열광적으로 좋아한다는 사실을 발견했다.

심지어 그들은 작은 자동차만 한 이미지들도 좋아했다. 또한 연구자들은 재갈매기(herring gull)에게 색칠이 잘 된 덩치 큰 나무 갈매기 모형을 보여 주면 자기 알도 내팽개친다는 사실도 알아냈다.

그렇다면 실제 세계에서 초정상 반응들이 왜 일어나는가? 그 이유는 실험자가 만든 거대하고 기괴한 형태들이 실제로는 존재하지 않지만, 동물들이 다음과 같이 표현될 수 있는 하나의 후성 규칙을 무난히 따를 수 있기 때문이다. "가장 큰(또는 가장 밝은, 또는 가장 잘 보이게 이동하는) 개체를 잡아라." 모터 소리를 내며 펄럭이는 밝은 색의 날개를 가진 거대한 곤충이 암컷 표범나비일 리 없다. 그런 것은 유충기를 통과하기도 전에 굶어죽을 것이며 더군다나 유라시아 삼림 속에서 살아남기 힘들 것이다. 큰 눈과 가냘픈 용모를 지닌 여성들도 마찬가지이다. 그들은 혹독한 출산 과정을 견디는 데 있어서 평균적인 여성보다는 체력 면에서 덜 강인할 것이다. 하지만 동시에 그들은 젊음과 처녀성의 물리적 단서와 긴 번식기 전망을 널리 드러내고 있다. 바로 이 점이 그 특성들의 적응적 중요성이기도 하다.

여성의 매력에 있어서 이렇게 탈중심적인 최적 상태가 있다는 사실은 다른 인간의 다른 사회적 행동과 비교하면 그렇게 색다른 것도 아니다. 사실 아름다움과 연관된 산업 전체가 정상을 벗어난 자극들을 만들어 내는 것이라고 해석할 수 있다. 예컨대 아이섀도와 마스카라는 눈을 크게 보이게 해 주고 립스틱은 입술을 빛나게 해 주며 연지는 뺨의 홍조를 유지해 준다. 또한 적절한 색깔의 파운데이션은 얼굴 윤곽을 선천적 이상형에 맞도록 부드럽게 재조정해 주고 매니큐어는 혈액 순환이 손끝까지 이르고 있음을 상기시키며 머리 염색은 머리카락을 풍부하고 젊어 보이게 만들어 준다. 이런 모든 것들은 젊음과 생식 능력이라는 자연적인 생리 신호들을 모방하는 것 이상의 일을 하고 있다.

이와 동일한 원리가 남성과 여성의 신체 장식에도 적용된다. 의상과 상징적 문양은 정력을 과시하고 지위를 선전한다. 고대 예술가들이 유럽의 동굴 벽에 동물 그림이나 잘 차려 입은 주술사들을 그리기 수천 년 전부터 사람들은 옷에다 구슬을 매달고 벨트에는 구멍을 뚫고 동물의 송곳니로 머리띠를 장식해 왔다. 이런 증거들은 시각 예술의 캔버스가 본래 인간의 신체 그 자체였음을 보여 준다.

미국의 미학사가인 엘런 디새너예이크는 예술의 일차적 역할이 인간과 동물 그리고 무생물 환경의 특수한 특징들을 "특별하게 만들어 주는" 것이고 또 항상 그래 왔다고 말한다. 여성의 아름다움에 관한 사례에서 볼 수 있듯이 인간은 그러한 특징들에 선천적으로 민감하다. 그 특성들은 정신 발달의 후성 규칙들을 탐색해 나가기 위한 가장 좋은 출발점들이다.

예술은 일상적 존재의 외양적 혼돈 상태로부터 질서와 의미를 이끌어 내기도 하지만, 동시에 신비한 것을 향한 우리의 갈망에 자양분을 준다. 우리는 잠재의식을 넘나들며 표류하고 있는 어슴푸레한 형상들에 마음이 끌린다. 우리는 불가해한 것, 즉 닿을 수 없이 멀리 있는 시공간을 꿈꾼다. 왜 우리는 그토록 미지의 것을 사랑해야만 하는가? 아마도 그 이유는 뇌가 진화했던 구석기 시대의 환경 때문일 것이다. 우리의 감정이라는 측면에서 나는 우리가 여전히 거기에 머물러 있다고 믿는다. 나는 자연주의자로서 이 형성기 세계의 공상들에 대해 명확한 지리적 이미지를 사용한다.

우리 세계의 중심은 우리의 보금자리이다. 그 중심의 중심에는 뒤로 암벽이 둘러쳐진 은신처가 있다. 그 은신처로부터 늘 다니는 길이 사방으로 뻗어 있다. 그리고 그 길에는 낯익은 나무와 바위가 있다. 그 길을 지나면 번영과 부를 위한 기회들이 존재한다. 아래쪽에는 숲으로 둘러싸인 강이 흐르고 사냥감과 여러 작물들이 철마다 넘치는 풀밭 야영지도 있다. 그곳엔 기회와 위험이 공존한다. 너무 멀리 나가다가는 길을 잃을 수도 있다. 폭풍우가 우리를 덮칠 수도 있다. 그리고 이웃들──독을 지닌 존재, 인육을 먹는 존재, 완전한 인간이 아닌 존재──이 거래를 하거나 공격을 할 터인데 그들의 의향은 짐작할 수밖에 없다. 어떤 경우에도 그들은 넘어설 수 없는 장벽이다. 한편 세계에는 끝이 있다. 저 멀리 어렴풋이 보이는 산과 바다 너머에는 절벽이 있다. 그 바깥쪽에는 용, 악마, 신, 낙원, 영생 등 온갖 것들이 다 있을 수 있다. 우리의 조상들은 바로 그곳에서 왔다. 우리가 아는 정령들이 가까이 살고 있고 밤이 되면 움직이기 시작한다. 세계는 그만큼 파악하기 힘들고 기이한 곳이다! 우리는 생존에 겨우 필요한 만큼만 알 뿐이고 세계의 나머지 부분은 모두 신비의 세계이다.

이런 신비에서 무엇이 그토록 매혹적인 것일까? 이 신비는 풀리기만을 기다리고 있는 단순한 수수께끼가 아니다. 오히려 형체도 불분명하고 이해도 잘 안 되기 때문에 수수께끼로 분류하기조차 어려운 것이다. 우리의 마음은 너무도 쉽고 열렬하게 아주 친숙한 영역에서 신비의 영역으로 나아간다. 오늘날은 지구 전체가 우리의 본거지이다. 전 지구적 정보망은 온 사방으로 뻗어 있다. 그런데도 신비한 영역은 없어지지 않았다. 단지 그 영역이 우리 앞마당에서 후퇴했고 어렴풋이 보이던 산 너머로 후퇴했을 뿐이다. 이제 우리는 신비의 영역을 별들에서, 알 수 없는 미래에서, 그리고 여전히 우리를 설레게 하는 초자연적인 것의 가능성에서 찾는다. 우리 조상들은 두 세계──알려진 세계와 미지의 세계──를 통해 인간의 영혼에 자양분을 공급했다. 이 두 세계의 뮤즈, 즉 과학과 예술이 다음과 같이 속삭인다. 우리를 따라와 탐구하고 발견하라.

우리 선조들의 이런 독특한 마음 상태를 이해하고자 할 때 우리는 전적으로 내성(introspection)이나 판타지에만 의존하지 않는다. 인류학자들은 우리의 구석기 시대 선조들과 비슷한 삶의 양식대로 살아가는 몇몇 현대 수렵·채집인 사회를 주의 깊게 연구했다. 연구자들은 그들의 언어와 일상 활동 그리고 수많은 대화를 기록하면서 그 피험자들의 사유 과정들에 관한 합당한 추론들을 이끌어 냈다.

예를 들어 루이스 리벤버그(Louis Liebenberg)는 중앙 칼라하리 사막에 사는 수렵·채집인이자 산(San) 언어를 쓰고 있는 부시먼, 좀 더 정확하게는 보츠와나와 나미비아의 주/와시 족(Ju/wasi)(또는 쿵 족), 그위(/Gwi) 족 그리고 쏘(!Xo) 족을 연구했다. 그는 주목할 가치가 있는 이 종족들의 사라져 가는 문화를 기록하기 위해 자신뿐만 다른 인류학자들, 특히 리처드 리(Richard B. Lee)와 조지 실버바우어(George B. Silberbauer)의 연구도 참고했다.

칼라하리 사막의 부족들은 사막의 빈약한 자원들 속에서 살아가기 위해서 계획을 세워야 하고 세심하게 행동해야 한다. 지형과 계절마다 변하는 생태계에 대한 지식은 특히 중요하다. 부족들은 자신의 세력권 내에서 수자원의 분배가 무엇보다 중요한 사안임을 알고 있다. 리벤버그의 말을 들어보자.

우기 동안에 그들은 열매 나무 숲 가운데에 일시적으로 생긴 연못에서 생활한다. 그리고 그 연못에서 가장 가까이 있는 맛있고 풍부한 식량만을 모은다. 시간이 지나면 그들은 식량을 구하기 위해 점점 더 멀리 나가야 한다. 그들은 일반적으로 몇 주 또는 몇 달 동안 야영을 하면서 식량을 구한다. 하지만 건기 동안에는 영구적인 물웅덩이에 터를 잡는다. 그들은 먹을 만한 식량의 범위를 점점 넓혀 나가지만, 식량과 물 사이의 거리가 점점 멀어짐에 따라 생존의 노력도 증대된다.

칼라하리 사막의 부족들은 그 지역의 지형이나 식용 동식물에 대해서는 전문가다. 식물 채집은 주로 여성들이 담당하지만 남성들도 별 소득 없이 사냥을 마치고 집으로 돌아오는 길에 하기도 한다. 그들은 식용 가능한 식물 종을 정확히 집어내기 위해 식물군에 대한 지식을 사용한다. 그들은 먹고살아야 하기 때문에 어쩔 수 없이 보전주의자일 수밖에 없다. 리벤버그는 말은 계속된다.

그들은 한 지역에서 하나의 종을 완전히 없애 버리는 일은 하지 않는다. 언젠가 다시 회복될 수 있도록 조금은 남겨 둔다. 다른 식물을 채집하는 중에 개체수가 많지 않은 어떤 식물을 찾으면 그냥 지나친다.

한편 수렵인들은 동물에 관한 한 전문가들이다. 큰 짐승들을 잘 추적해서 사냥에 성공하기 위해서는 그런 지식에 의존할 수밖에 없다.

방금 지나간 짐승의 자취가 발견되면 사냥꾼들은 그 짐승의 나이와 이동 속도를 헤아려 추적해 볼 만한 가치가 있는지를 결정한다. 만일 무성한 덤불처럼 뚜렷한 발자국을 찾을 수 없는 곳이거나 단단한 땅처럼 발을 질질 끌던 자국만이 눈에 띄는 곳이라면 추적자들은 동물의 흔적을 식별할 수 없을지도 모른다. 이때 그들은 뚜렷한 발자국이 발견될 때까지 헤쳐진 덤불이나 발을 질질 끌던 자국 같은 신호들을 찾으며 동물의 흔적을 쫓아야 한다. 그들은 동물들이 뭘 하고 있었는지를 재구성할 것이고 어디로 가고 있었는지도 예측할 것이다.

수만 년 동안 계속된 칼라하리 사막의 수렵·채집기 내내 사냥은 부족의 사회 생활에서 중심적 위치를 점하고 있다.

사내들은 밤에 야영지 주변에 둘러앉아 지난 몇 달 동안의 사냥 활동을 생생하게 묘사하며 무용담을 이야기한다. 동물들을 찾기 위해서는 동물들이 이동하면서 남기고 가는 신호들에 대한 사냥꾼 자신의 해석뿐만 아니라 다른 이들의 관찰 보고도 주의 깊게 들어야 한다. 실제로 사냥꾼들은 동물의 습성과 이동에 관해 오랜 시간 동안 의견을 교환한다.

칼라하리 사막의 부족은 대략 50명에서 70명 정도로 구성되어 있는데 이들은 공동생활을 하며 매우 협동적이다. 집단이 1년에도 몇 번씩 모든 소유물을 등에 짊어진 채 움직여야 하기 때문에 개인은 생존에 별 필요가 없는 물자들을 축적하는 법이 거의 없다.

소유권은 개인의 의복과 남자의 무기 그리고 각종 도구들과 여성의 가재도구들로 제한된다. 부족의 영토와 그 모든 자산들은 개인이 아닌 부족 전체가 공유하는 것이다.

집단을 하나로 결속하기 위해서는 예절과 호혜주의가 엄격하게 준수되어야 한다.

사냥이 수렵·채집인의 생존에 있어 중요한 활동이기는 하지만 출중한 사냥꾼이라 해도 다른 이에게 겸손과 온화함을 보여 줘야 한다. 예를 들어 주/와시 족의 경우 누군가 사냥감을 죽인 사실을 떠벌리고 다니면 거만한 사람이라고 손가락질 받는다. 수많은 훌륭한 사냥꾼들이 몇 주나

몇 달 동안 허탕을 치고 오기도 한다. 누군가 사냥에 한번 성공하면 그는 다른 이들도 공헌할 수 있도록 한동안 사냥을 멈춘다.

칼라하리 사막의 수렵인들은 동물을 철저히 의인화함으로써 동물 행동에 대한 이해를 높인다. 그들은 자신들이 추적하고 있는 동물들의 마음속으로 들어가 보기 위해 상상도 하고 주변의 세계에 직접 자기 생각을 투사하기도 하며 유추하기도 한다.

수렵 · 채집인들은 동물의 행동을 합리적이라고 생각하며 자신들이나 자신들이 알고 있는 사람들이 지닌 가치들에 기반을 둔 동기들을 통해 동물들의 행동을 감독한다. 예컨대 그위 족 사람들은 동물 행동이 나디마(N!adima) 신의 자연 질서에 묶여 있다고 본다. 그래서 각 종이 특징적 행동들을 한다고 인식한다. 가령, 각 종은 고유한 행동 습관(kxodzi)의 지배를 받고 자신만의 언어(kxwisa)를 지닌다. 또한 그들은 동물이 합리적 사고를 통해 특별한 능력을 획득한다고 믿는다.

실제로 문자 사용 이전의 사람들은 물질세계와 비물질 세계의 등가성을 믿고 합리적 설명과 비합리적 설명이 동등하다고 믿었다. 이런 사실을 알게 되면 그들이 각종 신화와 토템으로 가득 찬 이야기들을 어떻게 창안했는지 쉽게 이해할 수 있다. 신비를 받아들이는 일은 그들 삶의 중요한 부분이다.

그위 족 사람들은 몇몇 동물 종들이 인간을 능가하는 지식을 소유했다고 믿는다. 가령, 그들은 바텔리어(Bateleur) 독수리가 사냥꾼의 성공 시점을 알고서 그 위를 맴돈다고 믿는다. 즉 이 독수리는 확실한 성공의 징조인 셈이다. 그리고 그들은 스틴복(Steenbok)이라 불리는 몇몇 영양들이 사냥꾼의 화살을 피하는 마술적인 힘을 가졌다고 믿으며, 뒤커(duiker)라고 불리는 영양이 다른 적들뿐만 아니라 동종의 경쟁자들에게까지 요술을 부린다고 알고 있다. 그리고 속임수와 괴롭힘에 능하기로 소문난 원숭이 비비(baboon)가 사냥꾼의 말을 엿듣고는 사냥꾼의 표적이 될 동물에게 이 사실을 전달해 준다고 믿고 있다.

문자 사용 이전의 사람들이 실제로 지각하는 세계는 완전한 자연 세계의 작은 단편에 지나지 않는다. 따라서 원시인들의 마음은 끊임없이 신비한 것을 향할 수밖에 없다. 칼라하리 사막의 부족을 비롯한 현대 수렵·채집 부족들의 일상 경험은 아주 자연스럽게 그들 주변의 신비한 환경으로 뻗어 나간다. 나무나 바위에도 영혼이 깃들어 있고 동물도 생각할 줄 알며 인간의 생각은 몸에서 밖으로 투사되어 물리적 힘을 가진다.

우리 모두는 기대와 달리 여전히 원시적인 상태에 머물러 있다. 생태계를 유지하는 수천 종의 생물들(동식물과 미생물) 중 겨우 하나 정도나 알까 말까 한다는 점에서 수렵·채집인들과 대학 교육을 받은 도시 사람들은 모두 똑같다. 우리는 공기와 물과 흙을 만들어 내는 진정한 생물·물리적 힘들에 대해 아는 바가 거의 없다. 심지어 가장 유능한 자연학자의 평생 연구를 집대성해 놓아도 생태계의 희미한 윤곽 이상을 추적하기란 불가능하다.

하지만 지식의 거대 간격들이 메워지기 시작하고 있다. 이것은 문자를 쓰는 세계에서 누적적으로 발달한 과학의 힘 덕분이다. 사람들은 배우고는 곧 잊어버리고 죽는다. 그들이 만든 가장 강력한 제도들도 언젠가는 소멸되고 만다. 그러나 지식은 한 세대에서 다음 세대로 넘어가면서 전 지구적으로 계속해서 팽창한다. 훈련을 받은 사람이면 누구나 그 지식의 일부분을 검출하고 증대시킬 수 있다. 이런 방법들을 통해서 칼라하리 사막과 같은 생태계 속의 모든 생물들이 결국 알려지게 될 것이다. 그들에게는 과학적 학명들이 붙여질 것이다. 먹이사슬 속에서 그들이 어떤 위치를 점하는지도 발견될 것이고 그들에 대한 해부학적 구조와 생리가 세포와 분자 수준에 이르기까지 낱낱이 밝혀질 것이며 동물의 본능 행동이 신경 회로와 신경 전달 물질 그리고 이온 교환 수준으로 환원될 것이다. 만일 생물학의 역사가 하나의 지침이라면 이 모든 사실들은 통섭적인 것으로 판명될 것이다. 이 설명들은 공간적으로는 분자로부터 생태계에 이르기까지, 시간적으로는 100만분의 1초 단위에서 1,000년에 이르기까지 유기적으로 연결될 수 있다.

통섭적으로 설명하면 생물 조직의 상이한 수준에 있는 단위들이 재조립될 수 있다. 그 단위들 중에는 우리가 보통 보는 동식물들이 있을 것이다. 그런데 이것들은 너무나 작고 빠르게 변해서 맨눈으로는 볼 수 없는 생화학 시간 속의 분자 집합이 아니다. 그렇다고 생태학적 시간 속에서 서서히 변해 가는 전체 개체군도 아니다. 대신, 단편적인 유기체 시간에 한정된 개별적인 동식물들이다. 물론 인간 의식도 유기체의 시공간에 한정되어 존재할 수밖에 없다.

과학이 인도하는 시공간 대탐험을 한 후에 유기체의 시공간으로 되돌아온 우리는 이제 뇌의 진화가 우리에게 열어 준 세계에 당도한다. 과학과 예술을 결합시켰으니 이제 우리는 유리한 고지에 서 있는 셈이다.

내 가슴 속의 시인이 나와 함께 신비의 땅을 가로질러 걸어간다. 우리는 여전히 천년의 꿈을 꾸는 사냥꾼일 수 있다. 우리의 마음은 계산과 감정으로 가득 차 있다. 우리는 근심하는 탐미주의자들이다. 바텔리어 독수리는 다시 한 번 우리 머리 위를 맴돌며 우리가 간과했고 잊었던 어떤 것을 말해 주려 애쓴다. 우리가 어떻게 독수리가 말할 줄 모른다고, 이 땅에 관한 모든 것이 알려질 수 있는 것이라고 확신할 수 있겠는가? 우리를 덤불 속으로 유혹하는 뒤커 영양의 발자국이 가까이에 있다. 한번 따라가 볼까? 마술은 마치 혈관을 타고 흐르는 마약처럼 우리의 마음을 유혹하고 있다. 그 정서적 힘을 받아들임으로써 우리는 인간 본성에 관한 중요한 사실을 알게 된다. 그것은 지적으로도 중요하다. 그것은 확장된 시공간 속에서 과학과 예술이 뜨겁게 양손을 맞잡을 수 있다는 사실이다.

큰 척도에서 보면 신화와 열정이 가득했던 고대 세계도 오늘날처럼 전 범위의 원인과 결과들로 인식될 수 있다. 모든 지형과 그 속에 사는 모든 동식물, 그리고 이 모든 것을 지배하는 인간의 지성도 결국 물리적 실체들로서 이해될 수 있다. 하지만 그렇게 하면서도 우리는 조상들의 본능적 세계를 포기하지 않았다. 만일 우리가 인간의 독특한 니치에 초점을 맞추게 되면 처음에 우리를 사로잡았던 미감과 신비감을 간직한 채 수많은 예술품들을 즐길 수 있다. 과학의 물질세계와 수렵인과 시인의 감수성 사이에는 그 어떤 장벽도 없다.

11장

윤리와 종교

윤리의 기원에 대한 수세기 동안의 논쟁은 다음과 같은 쟁점들로 귀착된다. 정의나 인간의 권리와 같은 윤리적 격률들이 인간의 경험과 무관하게 독립적인 것인가, 아니면 인간이 만들어 낸 창안물인가? 상아탑 속의 철학자들만이 이런 구분을 하고 있는 것은 아니다. 이런 입장들 중에서 어느 것을 선택하느냐에 따라 우리가 스스로를 하나의 종으로서 어떻게 바라보느냐가 완전히 달라진다. 또한 이 선택은 종교의 권위를 평가하고 도덕 논증(moral reasoning)의 방식을 결정한다.

윤리의 기원을 설명하기 위해 경합하는 이 두 가지 가정들은 마치 혼돈의 바다 위에 정지한 채로 떠 있는 섬들과 같아 삶과 죽음, 물질과 진공만큼이나 서로 다르다. 어느 가정이 옳은가 하는 것은 순수 논리만으로 알 수 있는 것이 아니다. 왜냐하면 현재로서는 오직 신념의 노약반이 하나에서 다른 것으로 이동하게 할 수 있기 때문이다.

그러나 올바른 해답에 궁극적으로 도달하는 것은 객관적인 증거의 축적을 통해서일 것이다. 나는 도덕 논증이 모든 수준에서 자연과학과 본질적으로 통섭적임을 믿는다.

생각 있는 사람이라면 올바른 전제들을 가진 의견 한 가지씩은 갖기 마련이다. 그러나 흔히 생각하듯 종교적 신앙인과 세속인 사이에 균열이 있는 것은 아니다. 그 균열은 인간 정신 외부에 도덕적 지침들이 존재한다고 생각하는 초월론자(transcendentalist)와 그것들이 단지 인간 정신의 고안물이라고 생각하는 경험론자 사이에 있다. 종교적 확신과 비종교적 확신 중에서 하나를 선택하는 것과 윤리적 초월론자의 확신과 경험론자의 확신 중에서 하나를 선택하는 것은 형이상학적 사유 속에서 서로 가로질러 교차되는 결정이다. 즉 윤리가 독립적인 것임을 믿는 윤리적 초월론자는 무신론자일 수도 있고 신의 존재를 가정할 수도 있다. 이와 유사하게 윤리가 인간의 창안물에 불과하다고 생각하는 윤리적 경험론자 또한 무신론자이거나 창조자로서의 신을 믿을 수 있다.(물론 전통적인 유태 · 기독교적 의미에서의 입법자로서의 신을 믿는 것은 아니다.) 윤리적 근거의 선택지들을 가장 단순하게 표현하자면 다음과 같다.

나는 도덕적 가치들(신으로부터 나온 것이건 아니건 간에)의 독립성을 믿는다.

vs.

나는 도덕적 가치들이 오직 인간으로부터 나온 것일 뿐임을 믿는다. 신은 별도의 문제이다.

대부분의 신학자들과 철학자들은 윤리를 정당화하는 수단으로서 초월론에 항상 초점을 맞추어 왔다. 그들은 의혹과 타협의 영향을 받지 않는 도덕적 행위의 독립적 원리들로 이루어진 자연법(natural law)이라는 성배를 찾는다. 성 토마스 아퀴나스의 『신학대전(*Summa Thologiae*)』에 나오는 논증을 추종하는 기독교 신학자들은 대체로 자연법을 신의 의지의 표현으로 간주한다. 이 관점에 따르면, 인간은 부지런히 논증을 개발함으로써 이 자연법을 발견하고 그 일상적 삶의 과정들 속에 엮어 넣을 의무를 가진 존재이다. 초월론적 성향을 가진 세속 철학자들은 겉보기에는 신학자들과 근본적으로 다른 입장에 선 것처럼 보일지 모르나, 적어도 도덕 논증에 있어서는 실제로 매우 유사하다. 그들은 그 궁극적 기원이 무엇이건 간에 자연법을 너무도 강력하여 이성적 인간에게는 자명한 원리들의 집합이라고 보는 경향이 있다. 간단히 말해 초월론은 신에 호소하든 하지 않든 간에 그 본질에 있어서는 동일하다고 할 수 있다.

예를 들어 토머스 제퍼슨은 존 로크를 좇아서 자연법으로부터 자연권(natural rights) 학설을 이끌어 낼 즈음 그 기원이 신적인 것이냐 세속적인 것이냐에 대한 관심보다는 초월론적 명제들이 가진 힘에 더 관심이 많았다. 「독립선언문」에서 그는 하나의 초월론적 문장 안에 세속적 가정과 종교적 가정을 함께 섞어서 모든 가능성들을 교묘하게 다 포함시켰다. "우리는 모든 인간들이 평등하게 창조되었고, 창조주로부터 양도할 수 없는 권리를 부여받았으며, 이 권리들 중에는 생명과 자유와 행복 추구의 권리가 있음을 자명한 진리라고 주장한다." 이와 같은 주장은 미국의 민간 종교의 주요한 전제이자 에이브러햄 링컨(Abraham Lincoln)과 마틴 루서 킹(Martin Luther King) 목사가 휘둘렀던 정의의 검이었으며, 여전히 미합중국의 다양한 국민들을 한데 결속하는 중심 윤리로서 살아남아 있다.

그러나 자연법 이론의 이와 같은 설실이 신성과 함께 호소될 때에는 너무도 강력했기 때문에 초월론적 가정이 문제시되지 않는 것처럼 보일지도 모른다. 그러나 그 고상한 성공의 이야기 뒤에는 무시무시한 실패의 이야기가 덧붙여져야 한다. 이 사상은 과거에 악용된 적이 많았다. 예컨대 식민지 정복, 노예 제도, 대량 학살 등을 열정적으로 옹호하는 데 쓰이기도 했다. 또 저 엄청난 전쟁들이 일어났던 것도 양쪽 편에서 자신들의 명분을 어떤 방식으로든 초월론적으로 신성한 것이라고 생각했기 때문이었다. "오, 우리는 신의 사랑이라는 명분으로 얼마나 서로를 증오하고 있는가!" 뉴먼 추기경(John Henry Cardinal Newman)의 탄식이다.

따라서 우리는 경험론을 더 진지하게 취하는 것이 더 나을지도 모른다. 경험론적 관점에서 본다면 윤리는 사회 전체를 통해 한 가지 코드의 원리들로 표현되기에 충분할 만큼 일관적으로 선호되는 행위를 일컫는다. 이것은 정신 발달의 유전적 성향——계몽사상가들의 "도덕 감정(moral sentiments)"——에 의해 추동되는 것으로서 다양한 문화들을 가로질러 폭넓게 수렴되지만 역사적 상황에 따라 각각의 문화 속에서 명확한 형태를 갖추게 되는 것이다. 이 코드들은 외부인들이 그 선악을 어떻게 판단하든지에 상관없이 어떤 문화가 번성하고 어떤 문화가 쇠퇴하는지를 규정하는 데 있어 중요한 역할을 한다.

경험론적 관점의 중요성은 그것이 객관적 지식을 강조한다는 점에 있다. 윤리적 코드의 성공 여부는 그것이 도덕 감정을 얼마나 현명하게 해석하는지에 달려 있기 때문에 그 코드의 틀을 만드는 사람들은 뇌가 어떻게 작동하는지, 또 정신이 어떻게 발달하는지에 대해 알아야만 한다. 윤리의 성공은 또한 다른 행동들과 반대되는 특정한 행동들의 결과를 정확하게 예측할 수 있는지의 여부에 달려 있다. 이것은 특히 도덕적으로 모호한 행동일 경우에 더욱 그러하다. 이를 위해서는 또한 자연과학이나 사회과학과 통섭을 이루는 많은 지식들이 필요하게 된다.

경험론의 주장은 도덕적 행동의 생물학적 근원을 탐색하고 그 물질적 기원이나 편향을 설명함으로써 이미 없어져 버린 과거의 윤리적 기준보다 더 현명하고 더 지속성 있는 윤리적 합의를 이끌어 내야 한다는 것이다. 더 심층적인 인간의 사유 과정들에 대한 과학적 연구가 근래에 매우 활발하기 때문에 이와 같은 경험론의 모험은 한층 더 그럴듯해지고 있다.

초월론과 경험론 중에 하나를 선택하는 것은 인간 영혼의 존재 유무를 두고 벌어졌던 투쟁의 21세기 버전이 될 것이다. 그 투쟁의 결과는 도덕 논증이 오늘날처럼 신학과 철학의 관용구 속에만 남아 있게 되거나 아니면 과학에 기반을 둔 분석으로 바뀌게 되는 것 중 하나가 될 것이다. 어떻게 될지는 어떤 세계관이 올바른 것으로 판명되는가, 혹은 적어도 어떤 것이 올바르다고 널리 인정되는가에 달려 있을 것이다.

❦

카드를 뒤집어 볼 시점이 왔다. 도덕 논증의 전문가인 윤리학자들은 윤리학의 근거를 스스로가 천명하거나 그것의 오류 가능성을 인정하려 들지 않는다. 예컨대 "이것이 나의 출발점이고 이것은 틀릴 수도 있다."라고 하면서 시작하는 논증을 본 적은 거의 없을 것이다. 그 대신, 윤리학자는 특수한 것으로부터 모호한 것으로, 혹은 이와는 반대로 모호한 것으로부터 구체적인 경우로 슬쩍 넘어가 버리는 것을 은근히 장려한다. 나는 거의 모든 윤리학자들이 마음속으로는 다 초월론자라고 생각한다. 그러나 그들이 스스로 그렇다고 천명하는 것은 거의 보지 못했다. 하지만 그들을 비난할 수는 없다. 왜냐하면 말로 표현할 수 없는 것을 설명하기는 어려운 일이고 윤리학자들 또한 자신의 사적인 믿음이 만천하에 공개되는 수치를 겪는 것은 분명 바라지 않을 것이기 때문이다. 따라서 대체로 그들은 근거 문제만 나오면 이리저리 화제를 돌리고는 한다.

이렇게 말했으니 이제 내 입장을 명백히 밝히고자 한다. 나는 경험론자다. 종교에 관한 한 나는 이신론 쪽으로 기울어져 있다. 물론 그것을 입증하는 일은 주로 천체물리학의 문제라고 생각한다. 이신론의 주장처럼 우주를 창조한 우주론적 신의 존재가 지금은 상상할 수 없는 물리적 증거들로 입증될 수도 있을 것이다. 아니면 이 문제는 영원히 인간이 해결할 수 없는 성격의 것일 수도 있다. 이와는 대조적으로 생물학적 신, 즉 유기적 진화를 이끌며 유신론의 주장처럼 인간사에 개입하는 신의 존재는 현대 생물학 및 뇌과학과 점점 더 큰 불화를 일으키고 있다.

이와 동일한 증거는 윤리의 순수한 물질적 기원을 지지하며 다음과 같은 통섭의 기준을 만족시킨다. 뇌의 활동과 진화에 대한 인과적 설명은 이미 그것이 아직 불완전하기는 해도 도덕적 행동에 관해 알려진 대부분의 사실들을 최소한의 독립적 가정들만 가지고도 매우 정확하게 다루고 있다. 이런 생각은 개인적 견해이기 때문에 상대적일 수 있다. 하지만 그렇다고 무책임하다고 간주할 필요는 없다. 만약 이런 사유가 조심스럽게 진화한다면, 그 역시 궁극적으로 상대적이라고 할 수 있는 초월론보다 더 직접적이고 견실한 도덕 코드들에 이를 수 있을 것이다.

물론 나도 틀릴 수 있다는 것을 잊지 않는다.

초월론과 경험론을 명확하게 구분하기 위해 나는 이 두 가지 세계관의 옹호자들 사이에서 벌어지는 논쟁을 구성해 보았다. 설득력을 배가하기 위해 여기서 나는 초월론자를 유신론자로, 그리고 경험론자를 회의론자로 만들었다. 그리고 가능한 한 공정을 기하기 위해 내가 알고 있는 신학과 철학 중 가장 엄밀하게 추론된 자료들을 바탕으로 그들의 논증들을 이끌어 내었다. 자, 먼저 초월론자의 입장을 살펴보자.

초월론자의 입장

윤리학을 들여다보기 전에 유신론의 논리를 먼저 확인해야 한다. 왜냐하면 만일 입법자로서의 신이 인정되면 윤리의 기원은 곧바로 해결되기 때문이다. 그러니 유신론을 옹호하는 다음의 논증을 주의 깊게 생각해 보기를 바란다.

나는 당신이 자신의 경험론적 근거들을 바탕으로 유신론을 거부하는 것에 이의를 제기한다. 어떻게 당신은 인격신의 존재가 그릇됨을 증명하고 싶어 할 수 있는가? 유대교, 기독교, 이슬람교의 추종자들이 지난 3,000여 년간 고백해 왔던 영적 간증에 대해 당신은 어떤 식으로 설명할 것인가? 산업화된 나라들의 교육받은 다수의 시민들을 포함한 수억 명의 사람들은 자신의 삶을 인도하는 보이지 않는 의식적인 힘이 존재한다는 것을 이미 알고 있다. 이것에 대한 증언은 넘쳐난다. 최근의 조사에 따르면, 미국인 10명 중 9명이 기도에 응답하고 기적을 행하는 인격신의 존재를 믿는다고 한다. 5명 중 1명은 최근 1년 동안 적어도 한 번은 신의 현전과 인도를 경험했다고 한다. 윤리적 경험론을 보증해 줄 과학이 어떻게 이처럼 광범위하게 퍼져 있는 증언을 무시해 버린단 말인가?

우리가 늘 상기하듯 과학적 방법의 핵심은 사실에 기반을 둔 논리를 엄격히 따름으로써 다른 입장에 서 있는 특정 명제들을 거부하는 데 있다. 인격신을 거부하는 데 필요한 사실들이 어디에 있는가? 인격신의 관념이 적어도 과학자들이 이해하는 바와 같은 물리적 세계를 설명하는 데 불필요하다고 말하는 것만으로는 충분하지 않다. 유신론을 손 한 번 가볍게 뒤집듯 기각해 버리는 것은 너무도 경솔한 짓이다. 증거의 부담은 당신에게 있지 신의 현전을 믿는 사람들에게 있지 않다.

제대로 보면 신은 과학을 포섭하지만 과학은 신을 포섭하지 않는다. 과학자들은 특정 주제에 대한 자료들을 모아서 그것들을 설명하기 위해 가설을 세운다. 그들은 객관적 지식의 범위를 가능한 한 확장하기 위해 잠정적으로 어떤 가설은 받아들이고 다른 가설들은 기각한다. 그러나 이와 같은 지식은 단지 실재의 일부분만을 다룰 수 있을 뿐이다. 특히 과학적 연구는 놀랄 만큼 다양한 인간의 정신적 경험 전체를 탐구할 수 있도록 구성되어 있지 않다. 이와는 대조적으로 신이라는 관념은 모든 것, 즉 단지 측정 가능한 현상뿐 아니라 개인이 느끼고 잠재의식적으로 감각하는 현상들까지 설명할 수 있는 역량을 가진다. 여기에는 영적인 통로를 통해서만 소통될 수 있는 계시 현상도 포함된다. 왜 모든 정신 경험이 양전자 방사 단층 촬영을 통해 눈에 보여야만 하는가? 과학과는 달리, 신의 관념은 우리가 탐색할 수 있는 물질세계 이상의 것에 관계된다. 그것은 우리의 마음을 열어 물질세계 바깥에 놓여 있는 것으로 향하도록 한다. 신앙을 통해서만 이해할 수 있는 신비에 다다르도록 우리를 이끌어 준다.

원한다면 사유를 물질세계에 국한해 보라. 다른 이들은 신이 창조의 궁극적 원인들을 포괄한다는 사실을 알고 있다. 만약 자연법칙들보다 더 상위의 힘이 없다면 그 법칙들이 도대체 어디에서 나왔겠는가? 과학은 이러한 신학적 질문에 해답을 제시해 주지 못한다. 다른 방식으로 말해 보자. 왜 무(無)가 아니라 무언가가 존재하는가? 존재의 궁극적 의미는 인간의 이성적 이해를 넘어서 있고, 따라서 과학의 영역 바깥에 있다.

당신은 또한 실용주의자인가? 그렇다면, 최상의 존재가 명한 윤리적 격률들의 존재를 믿어야 할 절박한 실용적인 이유가 여기에 있다. 이와 같은 기원을 부정하고 도덕적 코드들이 전적으로 인간에 의해 만들어진 것이라고 가정하는 것은 위험한 신조이다. 도스토예프스키의 대심문관이 관찰했던 대로 신의 지배적 손길이 없으면 모든 것이 허용되고 자유는 불행으로 치닫는다. 이 경고를 받아들인다면 우리는 원래 계몽사상가들이 가졌던 권위와 다름없는 권위를 갖게 된다. 사실 그들은 모두 우주를 창조한 신의 존재를 믿었으며, 게다가 그들 중 많은 이들이 독실한 기독교인이었다. 윤리학을 세속적인 물질주의에 내맡기는 것을 좋아했던 이들은 거의 없었다. 로크는 다음과 같이 말했다. "신성의 존재를 부정하는 사람을 너그럽게 봐 줘서는 안 된다. 인간 사회를 결속시키는 약속, 계약, 맹세 등은 무신론자들에게는 그 어떤 지배력이나 존엄성도 가질 수 없다. 왜냐하면 신이 사유 속에서조차 없어져 버리면 모든 것이 해체되기 때문이다." 17세기의 위대한 물리학자 중 한 명인 로버트 후크(Robert Hooke)는 새로 창립된 왕립 학회(Royal Society)에 대한 짧은 보고서를 작성하면서 다음과 같이 일갈했다. "왕립 학회라는 본질적으로 계몽적인 조직의 목적은 신학, 형이상학, 도덕, 정치, 문법, 수사학, 논리학 등을 배제한 상태에서 자연물과 인공물(유용한 기술, 제조, 정비, 엔진, 실험을 통한 발명 등)을 개선하는 것이어야만 한다."

이런 정서는 적지 않은 현역 과학자들뿐만 아니라 근대의 주도적 사상가들 사이에서도 우세한 것이었다. 그들의 불쾌감은 다윈이 제창한 진화 개념에 의해 더욱 강화된다. 경험론의 극치인 다윈 진화론은 대담하게도 창조를 무작위적 변이와 주변 환경의 산물로 환원시켜 버린다. 공공연히 무신론자임을 자처했던 조지 버나드 쇼(George Bernard Shaw)조차도 다윈주의에는 절망했다. 그는 다윈주의의 숙명론을 비난했으며 다윈주의가 아름다움과 지성, 명예, 열망 등을 맹목적으로 조합된 물질이라는 한갓 추상적 개념으로 강등시킨다고 힐난했다. 생명에 대한 이처럼 메마른 관점, 즉 인간이라는 존재를 뛰어난 지능을 가진 동물쯤으로 환원시키는 이 같은 견해야말로 나치즘이나 공산주의가 저지른 대량 학살적 참사를 정당화해 줬다고 생각한 저자들이 한둘이 아니었던 것도 이해할 만하다.

그러니까 지금 널리 유행하고 있는 진화론에 뭔가 틀린 점이 있는 것이 확실하다. 비록 어떤 형태의 유전적 변화는 신다윈주의가 단언하는 방식으로 종 내에서 일어난다고 할지라도 근래에 등장한 엄청나게 복잡한 유기체들이 단지 맹목적 우연을 통해서만 만들어질 수는 없었을 것이다. 시간이 지나고 또한 과학의 역사가 진행되면 새로운 증거가 지배적이던 이론을 뒤집어 왔다. 왜 과학자들은 자율적 진화(autonomous evolution)만을 읊조리려 하는가? 왜 지적 설계(intelligent design)의 가능성을 전혀 고려하지 않는 것인가? 정말로 의혹이 생긴다. 지적 설계 개념을 도입하면 수많은 종의 유기체들이 무작위적으로 자기 조합된 것이라고 설명하는 것보다 더 간단하게 설명할 수 있을 텐데 말이다.

마지막으로 유신론은 인간의 정신, 즉 감히 말하건대 불멸의 영혼을 설명할 때 강력한 힘을 가지는 이론이다. 전체 인구의 4분의 1 혹은 그 이상의 미국인이 인간의 진화에 대한 모든 개념, 심지어는 해부학이나 생리학마저도 전반적으로 거부하고 있다는 것은 별로 놀라운 일이 아니다. 과학이 너무 과도한 주장을 하게 되면 오만해지기 마련이다. 신의 물리적 영역을 이해할 수 있는 것도 신이 과학자에게 부여한 능력 덕분이다. 과학이 제자리를 찾아야 할 것이다.

경험론자의 입장

나는 종교가 인류의 정신에 엄청난 흡인력을 갖고 있고 종교적 확신이 대체로 유익하다는 점을 거리낌 없이 인정하면서 논의를 시작하고자 한다. 종교는 인간 영혼의 가장 깊은 곳에 있는 번뇌들로부터 유래한 것이다. 그것은 사랑과 헌신 그리고 무엇보다도 희망의 자양분이다. 사람들은 종교가 제공하는 확실성을 갈망한다. 신이 모든 인간의 삶—심지어 노예의 삶마저도—의 성스러움을 증언하면서 인간의 육체를 입고 이 땅에 왔다가 모든 이에게 영생을 약속하며 죽었다가 부활했다는 기독교 교리보다 정서적으로 더 강력한 것은 없다고 생각한다.

그러나 종교적 신앙은 물질주의의 최악의 극단과 마찬가지로 파괴적 측면을 가진다. 역사상 약 10만여 개의 신앙 체계가 존재해 왔다고 추정되며 이중 많은 것들이 민족 간 혹은 종족 간 전쟁을 일으켰다. 특히 서구의 3대 종교들은 수차례에 걸친 군사적 침략과 함께 팽창해 왔다. 종교의 이름이 '복종'을 뜻하는 이슬람은 무력의 힘으로 중동 지방과 지중해 주변, 남아시아의 상당 부분을 지배했다. 기독교는 영적인 은총 못지않게 식민지 팽창을 통하여 신세계를 지배했다. 기독교는 우발적인 역사적 사건, 즉 아랍의 이슬람 국가들로 인해 동방 진출에 실패한 유럽이 아메리카 대륙을 차지하기 위해 서쪽으로 방향을 틀게 되었던 사건으로부터 이득을 얻었다. 이때 십자가는 노예 사냥과 대량 학살을 위한 거듭된 출정에 검을 동반했다.

기독교 지배자들은 초기 유대교의 역사에서 하나의 교훈을 얻었다. 그것은 이스라엘 사람들이 약속의 땅에서 이교도들을 깨끗이 몰아내도록 신의 명령을 받았다는 믿음이었다. "너희 하느님 야훼께 유산으로 받은 이 민족들의 성읍들에서는 숨쉬는 것을 하나도 살려두지 말라. 그러니 헷 족, 아모리 족, 가나안 족, 브리즈 족, 히위 족, 여부스 족은 너희 하느님 야훼께서 명령하신 대로 전멸시켜야 한다." (「신명기」 20장 16~17절. 공동 번역에서 옮김—옮긴이) 100여 개 이상의 도시들이 화염과 죽음에 휩싸였던 이 전쟁은 여호수아의 정벌에서 시작하여 여부스 족속의 예루살렘 성에 대한 다윗의 급습으로 끝났다.

내가 이와 같은 역사적 사실을 들추는 이유는 현재의 신앙들에 대해 비난을 퍼붓기 위해서가 아니라 오히려 그 신앙들의 물질적 기원과 또 그것들이 지지하는 윤리적 체계의 물질적 기원을 새롭게 조명하기 위해서이다. 모든 위대한 문명들은 정복을 통해 확장되었으며, 이 과정에서 문명들을 정당화하는 종교는 중요한 수혜자가 되었다. 국가가 후원하는 종교의 성원이 된다는 것은 분명 여러 심리학적 차원에서 늘 대단히 만족스러운 일이었으며, 영적인 지혜는 정복의 시대에 준수되던 야만적인 교의들을 좀 더 완화하는 방향으로 진화해 왔다. 그러나 오늘날의 모든 주요 종교들은 여러 문화들 사이에서 벌어진 다윈주의적 투쟁에서 이긴 승자이며, 그 어떤 종교도 자신의 경쟁자를 용인하면서 번성하지는 않았다. 성공으로 가는 가장 빠른 길은 항상 정복 국가의 후원을 받아야 가능했다.

공정을 기하기 위해 이제 원인과 결과의 문제를 제대로 다뤄 보자. 종교적 배타성과 편협성은 부족주의(tribalism), 즉 자기 부족의 선천적 우월성과 특권적 지위에 대한 신념에서 기인하는 것이다. 부족주의를 종교에 근거하여 비난할 수는 없다. 이와 동일한 인과적 귀결이 전체주의적 이념을 낳았다. 나치즘의 이교도적 신비체(*corpus mysticum*)와 마르크스·레닌주의의 계급 투쟁론은 모두 본질적으로는 무신론 종교의 도그마로서 부족주의에 이바지했으면 했지 그 반대는 아니었다. 만일 그 신봉자들이 스스로를 임무에 충실하고 사악한 적들에게 둘러싸여 있는 선민(選民)이자 피와 운명의 권리에 따른 정복자라고 생각하지 않았더라면, 마르크스·레닌주의와 나치즘은 그토록 열렬하게 받아들여지지 않았을 것이다. 메리 월스톤크래프트(Mary Wollstoncraft)는 남성 우위에 대해 다음과 같은 말로 정곡을 찔렀다. "어떤 남자도 악을 악하기 때문에 선택하지는 않는다. 그는 그것을 행복이라고 잘못 생각한다. 그리고 그에게 있어 그 행복은 그가 추구하는 선이다." 이것은 비단 남성에게만 해당하는 것이 아니라 모든 인간의 행위에 적용될 수 있다.

어느 부족이 남을 정복하기 위해서는, 특히 경쟁하는 다른 부족들과 갈등할 때에는 자기 집단의 이익을 위해 구성원들을 희생시킬 수 있어야 한다. 이것은 동물계 전반에서 볼 수 있는 사회 생활의 제1규칙을 표현한 것에 지나지 않는다. 이것은 집단의 요구에 복종함으로써 생기는 개체 이득의 감소가 뒤따르는 집단의 성공을 통해 생기는 개체 이득의 증가로 상쇄되고도 남을 때 일어난다. 인간의 경우로 치환해 보면 몰락하는 종교와 이데올로기에 속한 이기적이고 부유한 사람들이 흥왕하고 있는 종교와 이데올로기를 가진 사심 없고 가난한 사람들로 대체되는 과정이다. 지상낙원이건 천국에서의 부활이건 간에 미래의 더 나은 삶이라는 것은 사회적 실존에 있어서의 예속적 명령을 정당화하기 위해 사회가 창안해 낸 약속된 보상이다. 집단에 대한 복종과 그 도덕적 코드들은 한 세대를 넘어 다음 세대에서도 반복되며 공식적인 신조와 개인적 신념으로 고착된다. 그러나 이것은 신이 규정한 것도 아니고 자명한 진리로서 하늘에서 떨어진 것도 아니다. 이것은 사회적 유기체들의 생존에 필요한 하나의 장치로서 진화한 것이다.

내가 볼 때 헌신의 유형 중 가장 위험한 것은 기독교 특유의 신앙심이다. 즉 나는 이 세계에 속하려고 태어난 것이 아니라는 믿음이다. 이것은 제2의 삶을 기다리며 고통——특히 타인들의 고통——쯤은 감내할 수 있게 해 주고, 자연환경은 다 써 버려도 된다는 망상을 심어 주며, 신앙의 적들은 잔인하게 다뤄도 좋다고 도닥여 주고, 자살에 가까운 순교를 칭송하게 만든다.

이것은 모두 한갓 환상일까? 글쎄, 그것을 환상이라고 해야 할지 아니면 회의론자들이 종종 써먹은 지독한 말로 해서 고상한 거짓말이라고 불러야 할지 짐짓 망설이게 된다. 그러나 우리는 이 기독교적 헌신을 뒷받침하는 객관적 증거가 그리 강력한 것이 아니라는 사실을 인정해야만 한다. 기도가 질병과 사망률을 줄인다는 통계적 증거는 어디에도 없다. 어쩌면 정신 작용에 따른 면역 기능의 향상은 가능할지 모른다. 만일 그런 증거들이 있다면 전 세계는 끊임없이 기도만 하고 있어야 할 것이다. 사제가 축복을 빌어 준 두 군대가 충돌하면 한 편은 지기 마련이다. 그리고 순교자의 정의로운 전뇌(前腦)가 사형 집행인의 총알로 파열되어 그의 마음이 흩어진 다음에는 어떻게 될까? 과연 수백만의 신경 회로 전부가 어떤 비물질적 상태로 재구성되어 의식적인 마음(정신)이 계속해서 작동한다고 말할 수 있을까?

종말론에서 판돈은 '파스칼의 내기'에 거는 것이다. 즉 잘 살려거든 신앙을 받아들이라는 것. 17세기 프랑스 철학자 파스칼이 논증하기를 만일 영생이 있다면 믿는 자는 낙원으로 가는 티켓을 가지게 되고 두 세계(현세와 내세)에서 최선의 것을 얻게 된다. "만일 내가 진다고 해도 나는 별로 잃을 것이 없지만 이긴다면 나는 영생을 얻게 될 것이다." 이제 잠깐 동안 경험론자처럼 생각해 보라. 이런 내기를 슬쩍 피하는 지혜를 다음과 같이 생각해 보자. 만일 두려움과 희망과 이성이 당신에게 신앙을 받아들여야만 한다고 지시한다면 그렇게 하라. 그러나 이 세계를 다룰 때에는 마치 다른 세계는 존재하지 않는 것처럼 다뤄야 한다.

나는 독실한 신앙인이라면 이런 종류의 논증에 대해 분개할 것임을 잘 알고 있다. 그들의 분노는 노골적인 이교도(이단자)들을 향해 퍼부어질 것이다. 하지만 이들은 기껏해야 말썽꾸러기거나 최악의 경우에는 사회적 질서에 반하는 반역자들에 불과하다. 더욱이 불신자가 동일한 사회 경제적 계급에 있는 신자보다 덜 준법적이고 덜 생산적인 시민이라거나 또는 죽음을 덜 용감하게 맞이한다는 그 어떤 증거도 아직은 없다. 미국 사회학자들이 행한 1996년의 조사를 살펴보면, 미국인의 46퍼센트가 무신론자이고 14퍼센트는 신의 존재를 의심하는 사람이거나 불가지론자였다. 단지 36퍼센트의 시민들만이 영생의 소망을 드러냈고 그들 중 대부분은 온건한 편이었다. 64퍼센트는 그런 소망을 아예 바라지도 않았다.

진정한 인격은 종교보다 더 깊은 원천에서 유래한다. 그것은 한 사회의 도덕적 원리들을 내면화한 것으로서 개인적으로 선택되고 고독과 역경의 시련에 충분히 견딜 만큼 강건한 신조들에 의해 확대된 것이다. 이런 원리들을 우리는 통합성이라고 부른다. 즉 문자 그대로 통합된 자아를 말한다. 이 자아 속에서 개인의 결단들은 선하고 참되게 느껴진다. 인격은 덕의 지속적 원천이기도 하다. 그것은 홀로 우뚝 서서 다른 이들의 존경심을 자극한다. 그것은 권위 앞에서 비굴해지지 않는다. 그러나 비록 그것이 종교적 신앙과 종종 모순되지 않고 또 그것에 의해 더 강화된다 해도 종교적 경건함이라고 말할 수는 없다.

과학도 적이 아니다. 그것은 인류의 조직화된 객관적 지식의 축적이며 서로 다른 곳에서 사는 사람들을 공통의 이해 속에서 통합시킬 수 있도록 고안된 최초의 매개물이다. 과학은 특정 부족이나 종교를 편들지 않는다. 즉 진정으로 민주적이며 전 지구적인 문화의 기반으로 작용한다.

당신은 과학이 영적인 현상을 설명할 수 없다고 말한다. 그런데 왜 설명하지 못한다고 생각하는가? 뇌과학은 정신의 복잡한 기능들을 분석하는 데 있어 중요한 진전을 보이고 있다. 영적 사유를 구성하는 감정들과 추론들에 대한 물질적인 설명을 뇌과학이 제공할 수 없을 것이라고 생각할 그 어떤 분명한 이유도 존재하지 않는다.

당신은 신적인 계시가 아니라면 윤리적 격률들이 어디로부터 오는가를 묻는다. 도덕적 격률들이나 종교적 신념들이 전적으로 정신의 물질적 산물이라고 주장하는 경험론자의 대안적 가정을 고려해 보라. 수천 세대 이상의 세월을 거치는 동안 그것들은 그 부족의 신앙에 순응하는 사람들의 생존과 번식 성공 가능성을 높여 왔다. 도덕적이고 종교적인 감정들을 낳았던 후성 규칙들—정신 발달의 유전적 편향들—이 진화하기에 충분한 시간이 있었다. '교의(doctrine)를 만드는 능력'이 하나의 본능이 된 것이다.

윤리적 코드들은 정신 발달의 선천적 규칙들의 안내를 받으며 이루어진 합의를 통해 만들어진 격률들이다. 종교는 한 민족의 근원과 그들의 운명 그리고 왜 그들이 특정한 제식들과 도덕적 코드들에 동의해야만 하는지를 설명해 주는 신화적인 이야기들의 앙상블이다. 윤리적이고 종교적인 믿음들은 아래로부터 위로, 즉 민족에서 그들의 문화로 나아가는 방향으로 창출된다. 위로부터, 즉 신이나 다른 비물질적 원천으로부터 문화를 거쳐 민족에 이르는 방향으로 진행되지는 않는다.

초월론과 경험론 중 어느 쪽의 가정이 객관적 증거에 더 잘 들어맞는가? 경험론 쪽이 훨씬 더 잘 들어맞는다. 이 관점이 받아들여지는 만큼 도덕 논증상의 강조점이 사회적 선택 쪽으로 더 이동할 것이고 종교나 이데올로기의 권위는 덜 강조될 것이다.

이와 같은 전환은 사실상 계몽기 이래로 서구 사회에서 계속해서 일어났다. 그러나 그 속도가 매우 느렸다. 그 이유 중의 일부는 우리의 도덕적 결정들, 특히 100년 또는 그 이상의 시간을 위한 도덕적 결정들이 가져올 모든 결과들을 판단하는 데 필요한 지식이 대체로 불충분하기 때문이다. 우리는 자신과 자신이 살고 있는 세계에 관해 엄청난 지식을 쌓아 오기는 했지만, 완벽하게 현명해지려면 아직도 멀었다. 큰 위기에 부딪칠 때마다 초월적 권위에 항복하고 싶은 유혹이 존재하며 아마도 이것은 당분간 더욱더 그럴 것이다. 여전히 교의를 만드는 능력을 지니며 또 여전히 쉽게 신에 매혹되기 때문이다.

경험론에 대해 반감을 품는 것은 순전히 그것이 조장하는 논증 형태의 정서적 결함 때문이기도 하다. 경험론은 냉혹하다. 하지만 사람들은 이성 이상의 것을 필요로 한다. 그들에게는 확신을 주는 시(詩)가 필요하며, 통과의례를 포함하여 매우 중요한 순간들에 직면하게 되면 자신보다 더 위대한 권위를 갈망하게 된다. 많은 사람들이 그런 의례가 보증하는 것처럼 보이는 불멸(不滅)을 필사적으로 바란다.

민족의 역사는 장엄한 기념식의 중요한 의례 속에 잘 드러난다. 이런 의례들은 성스러운 상징들을 드러내 보인다. 이것은 의례의 지속적인 가치로서 모든 고도의 문명들에서 대체로 종교적인 형태를 띤다. 성스러운 상징들은 문화의 뼈대 속에 스며드는 것이다. 이것들을 대체하려면 수세기가 걸릴 것이다.

그래서 내가 "우리가 숭배하던 신성한 전통들을 포기했다면 비참한 시절을 맞았을 것이다."라고 말한다면 당신은 다소 의아해할지도 모른다. 미국의 '국기에 대한 맹세'에서 "신의 가호 아래"를 빼 버리는 것은 역사에 대한 비극적 오독이다. 무신론자든 독실한 신자든 간에 누구나 성경 위에 손을 올려놓고 맹세를 하게 하고 "주여 저를 도와주소서."라는 소리가 계속 들리도록 하자. 민간 의례를 진행할 때마다 축복을 내려주십사고 사제, 목사, 랍비에게 기도를 청하고 반드시 머리를 숙여 사회적 존경심을 표하도록 하자. 성찬식 전에 부르는 성가와 청원의 기도가 폐부를 찌르듯 다가올 때, 개별 종파적 신앙들보다 오래 살아남을 부족(tribe)의 영혼 그리고 신 자체에 대한 믿음이 우리 앞에 있는 것이라는 사실을 인식하자.

그러나 이런 경외심을 갖는다고 해서 소중한 자아가 증발되거나 인류의 참된 본성이 흐려지는 것은 아니다. 우리는 우리가 누구인지를 잊어서는 안 된다. 우리의 힘은 그 어떤 표지든 간에 진리와 지식과 인격 속에 존재한다. 유대 · 기독교의 신자들은 성경에서 "교만이 사망을 부른다."라는 말을 들어 왔다. 그러나 나는 이것에 동의하지 않는다. 그것은 거꾸로 되어야 옳다. 즉 파멸이 자긍심을 부른다. 경험론은 이 공식으로 모든 것을 바꿔 놓았다. 경험론은 우리가 신의 영광을 증거하기 위해 신이 피조물의 정점으로서 우주의 중심에 놓은 특별한 존재라고 주장하는 현기증 나는 이론을 파괴했다. 우리가 하나의 종으로서 긍지를 가질 수 있는 것은 우리가 혼자라는 사실을 발견함으로써 신에게 진 빚을 거의 갚았기 때문이다. 이제 우리는 다른 동료 인간들에게나 우리의 모든 희망을 좌우하고 있는 지구상의 다른 모든 생물들에게 더 겸손해질 수 있게 되었다. 그리고 만일 어떤 신들이 있어 우리를 굽어보고 있다면 그들은 우리가 이런 발견을 해 내고 또 우리가 할 수 있는 최선의 것을 우리 힘만으로 성취해 내기 시작한 것에 대해 찬탄해 마지않을 것임이 분명하다.

이런 경험론 논증은 앞에서도 말했다시피 나 자신의 것이다. 하지만 그다지 새로울 것도 없다. 멀리는 아리스토텔레스의 『니코마코스 윤리학』과 근대 초기 데이비드 흄의 『인간 본성에 대한 논고(*A Treatise of Human Nature*)』(1739~1740년)에 그 뿌리를 두고 있다. 이것을 최초로 진화론적 관점에서 명료하게 드러낸 것이 찰스 다윈의 『인간의 유래(*The Descent of Man*)』(1871년)다.

다른 한편 종교적 초월론 논증은 내가 어릴 적에 기독교 신앙에서 처음 배웠던 것이다. 나는 그때부터 이것에 대해 계속해서 성찰해 왔고 지금도 지적으로 그리고 체질적으로 그 오래된 전통들을 존중하고 있다.

종교적 초월론이 그것과 근본적인 유사성을 가진 비종교적(세속적) 초월론을 통해 힘을 얻게 된 것도 마찬가지다. 역사상 가장 위대한 세속 철학자로 평가되는 이마누엘 칸트는 신학자와 아주 유사한 도덕 논증을 펼쳤다. 그는 인간이 도덕 법칙을 준수하거나 위반할 수 있는 전적으로 자유로운 의지를 가진 독립적인 도덕적 행위자라고 주장했다. "인간은 감각적 충동들의 강제로부터 독립된 자기 규정력을 지니고 있다." 그는 우리의 정신은 우리의 행위가 어떠해야 하는

지에 대한 정언 명령에 복종한다고 말했다. 정언 명령은 일체의 다른 고려와는 별개로 그 자체만으로도 선하며 다음과 같은 규칙을 통해 인식될 수 있는 것이다. "네 의지의 준칙이 보편적 법칙이 되는 동시에 네가 바라는 준칙이 되도록 행위하라." 가장 중요하고 또 초월론적인 당위는 자연에 존재하지 않는다. 칸트에 따르면 자연은 원인과 결과의 체계인 반면 도덕적 선택은 자유 의지의 문제인데 자유 의지에는 인과 관계가 없다. 도덕적 선택을 하거나 단순한 본능을 넘어설 때 비로소 인간은 자연의 영역을 초월하여 자유의 영역으로 진입하는 것이다. 자유의 영역은 유일한 이성적 존재인 인간에게만 허용된다.

이렇게 보면 좀 위안이 되는 것도 같지만, 이것은 물질적인 존재자의 견지에서 볼 때 또는 상상 가능한 존재자의 견지에서 볼 때 전혀 이치에 맞지 않는 이야기이다. 이 점이 바로 그의 지루하고 골치 아픈 문체를 별개로 치더라도 칸트를 이해하기가 그토록 힘든 이유이다. 하나의 개념이 이해되기 어려운 것은 때로 그것이 심오하기 때문이 아니라 틀렸기 때문이다. 그의 개념들은 우리가 이제 알게 된 뇌의 작동 기제와 관련된 증거들과 일치하지 않는다.

현대 윤리철학의 창시자인 조지 에드워드 무어(George Edward E. Moore)는 그의 『윤리학 원론(*Principia Ethica*)』(1903년)에서 칸트와 본질적으로 일치하는 주장을 펼쳤다. 그의 관점에 따르면 도덕 논증은 윤리적 원리들을 밝혀내기 위해 심리학이나 사회과학 등을 끌어들일 수 없다. 왜냐하면 이런 학문들은 단지 인과적 그림만을 그려 낼 뿐 도덕적 정당화의 근거를 밝혀 줄 수 없기 때문이다. 따라서 사실로부터 규범적 당위로 이행하는 것은 논리학의 기초적인 오류를 저지르는 것으로 무어는 이것을 자연주의적 오류(naturalistic fallacy)라고 칭했다. 존 롤스(John Rawls)는 그의 『정의론(*A Theory of Justice*)』(1971년)에서 다시 한 번 초월론자의 길을 걸었다. 그는 정의를 태생적 선으로 받아들여야 하는 공정함(fairness)으로 정의하는 매우 그럴듯한 전제를 제시했다. 이것은 삶에 있어 우리 스스로의 지위에 대한 아무런 정보도 갖지 못한 가운데 우리가 따라야만 하는 정언명령이다. 그러나 롤스는 그런 가정을 하면서 인간의 뇌가 어디서 유래했고 또 어떻게 작동하는지에 대해 전혀 고려하지 않았다. 그는 공정함으로서의 정의가 인간의 본성과 모순되지 않으며, 따라서 포괄적인 전제로서 실행 가능하다는 증거를 전혀 제시하지 못했다. 물론 그의 전제가 맞을지도 모른다. 하지만 맹목적인 시행착오가 아니고서 우리가 그 사실을 어떻게 알 수 있단 말인가?

나는 칸트나 무어나 롤스가 만일 현대 생물학과 실험심리학에 대해 알았더라면 그런 식으로 주장하지는 않았을 것이라고 생각한다. 20세기도 저물어 가지만 초월론은 종교적 신앙인들뿐 아니라 사회과학과 인문학의 수많은 학자들의 마음속에서 여전히 건재하다. 이들은 마치 이전의 무어나 롤스가 그랬듯이 자신들의 사유를 자연과학으로부터 차단시키는 길을 선택했다.

많은 철학자들은 다음과 같이 맞대응할 것이다. "이봐, 당신 무슨 말을 하고 있지? 윤리학자들은 그런 종류의 정보 따위는 필요로 하지 않아. 당신은 절대 존재로부터 당위로 나아갈 수 없어. 하나의 유전적 성향을 기술하고 그것이 인간 본성의 일부분이기 때문에 어떻게든 유전적 격률로 전환된다고 상정할 수는 없는 노릇이지. 우리는 도덕 논증을 특수한 범주 속에 넣고 필요할 때 초월론적 지침을 사용해야만 하네."

그렇지 않다. 도덕 논증을 특수한 범주 속에 집어넣고 초월론적 전제들을 사용할 필요는 전혀 없다. 왜냐하면 자연주의적 오류라고 지적하는 것 자체가 하나의 오류이기 때문이다. 당위가 사실(존재)이 아니라면 도대체 무엇이란 말인가? 우리가 윤리적 격률들의 객관적 의미에 주목한다면, 사실을 당위로 번역하는 것에는 아무런 문제가 없다. 윤리적 격률은 우리가 기다려야 하는 신의 계시나 인간 세계 바깥에서 오는 천상의 메시지와는 전혀 다르다. 또 그것은 정신의 비물질적 차원에서 울려 퍼지는 독립적인 진리와도 다르다. 그것은 오히려 뇌와 문화의 물리적 산물에 가깝다. 자연과학들에 대한 통섭적 관점에서 보면 윤리적 격률은 사회 계약의 원리들이 규칙들과 명령들로 굳어진 것에 지나지 않는다. 한 사회의 성원들이 다른 이들도 이에 따르기를 바라면서 기꺼이 공동선을 위해 받아들이는 행동 코드들인 것이다. 격률은 공적 감정에 대한 가벼운 찬성에서부터 법률을 거쳐 신성하고 불변의 것이라 간주되는 정전에 이르는 동의의 단계들 중 제일 극단에 있는 것이다. 이것이 간음(姦淫)에 적용되면 다음처럼 읽힐 수 있다.

더 나아가지 말도록 하자. 이것은 올바른 것으로 느껴지지 않으며 문제를 일으키게 될 것이다.(우리는 아마도 간음을 하지 말아야 할 것이다.)

간음은 죄를 지었다는 느낌을 야기할 뿐 아니라 사회로부터 일반적으로 승인되지 않는 것이다. 이것이 간음을 막아야 하는 다른 이유이다.(우리는 간음을 해서는 안 된다.)

간음은 단지 승인되지 않을 뿐 아니라 법에도 저촉된다.(거의 확실히 간음을 하지 말아야 한다.)

신은 우리에게 이와 같은 용서받지 못할 죄를 짓지 말도록 명령하셨다.(우리는 절대로 간음을 해서는 안 된다.)

초월론적 사유에서는 인과의 사슬이 위에서 아래로 내려간다. 즉 종교나 자연법칙에서 주어진 당위로부터 법률 체계를 거쳐 교육으로 내려가고 최종적으로는 개인의 선택으로 이어진다. 초월론의 논증은 다음과 같은 일반적 형태를 취한다. 신적 또는 자연적 질서에 내재하는 하나의 최고 원리가 존재하며, 우리는 그 원리를 알아내어 거기에 합치하는 수단을 발견할 만큼 현명하다. 따라서 존 롤스는 그가 변경할 수 없는 것으로 여겼던 하나의 명제로 자신의 『정의론』을 시작하고 있다. "정의로운 사회에서는 평등한 시민의 자유가 확립된 것으로 간주된다. 정의에 따라 보장된 권리들은 정치적 흥정이나 사회적 이해 타산에 좌우되지 않는다." 많은 비평가들이 분명히 지적한 것처럼 이러한 전제가 현실 세계에 적용되면 사회적 통제의 강화와 개인의 주도권 퇴보와 같은 수많은 불행한 결과들을 낳는다. 그래서 로버트 노직(Robert Nozick)은 그의 『무정부주의, 국가 그리고 유토피아 (Anarchy, State, and Utopia)』(1974년)에서 이와는 매우 다른 전제를 제시했다. "개인들이 권리를 가지며 어떤 개인이나 집단도 (그들의 권리를 침해하지 않고는) 그들에게 행할 수 없는 어떤 것들이 존재한다. 그리고 이 권리들은 너무도 강력하고 그 영향력이 광범위하기 때문에 국가와 공무원들이 할 수 있는 일이 과연 무엇이 있는가에 대해 의문을 제기한다." 롤스가 국가에 의해 규제되는 평등주의를 제시하고자 했다면 노직은 최소 국가 안에서의 자유주의를 옹호한 셈이다.

이들과는 대조적으로 경험론자의 관점은 객관적으로 고찰될 수 있는 윤리적 논증의 기원을 탐색하며 인과 사슬의 방향을 전도시킨다. 개인은 일정한 선택을 하게끔 만드는 생물학적 성향을 지닌 존재로 간주된다. 문화적 진화를 통해 어떤 선택들은 격률들로 정착되고, 그 다음에는 법률들로 굳어지며, 만일 그 성향 또는 강제력이 충분히 강력해지면 신의 명령이나 우주의 자연적 질서에 대한 믿음으로 고착된다. 일반적인 경험론의 원리는 다음과 같은 형태를 띤다. 강력한 선천적인 느낌과 역사적 경험이 일정한 행위들을 더 선호하도록 만든다. 우리는 그런 것들을 경험했고 그 귀결들을 중시했으며 그것들을 표출하는 코드들에 따르는 데 동의했다. 이 코드들에 맹세하고 우리의 개인적 존경심을 바치며 그것을 어겼을 경우 처벌을 감내하도록 하자. 경험론적 관점은 도덕적 코드들이 인간의 본성 중 어떤 성향들에는 잘 순응하고 다른 성향들은 억누르도록 고안되었다는 사실을 인정한다. 당위는 인간 본성의 번역이 아니라 공공 의지의 번역이다. 그리고 이 공공 의지는 인간 본성의 요구와 유혹을 이해함으로써 점점 더 현명해지고 안정적으로 될 수 있다. 경험론적 관점은 헌신의 힘이 새로운 지식과 경험이 유입되면서 약해질 수 있다는 점, 그 결과 어떤 규칙들은 신성을 잃고 낡은 법률은 폐지되며 한때는 금지되었던 행동들이 자유롭게 허용된다는 사실을 인식한다. 이와 동일한 이유 때문에 새로운 도덕적 코드들이 고안될 필요가 있으며 이 코드들 또한 때가 되면 신성화될 잠재력을 가지고 있다는 사실도 경험론자들은 인식하고 있다.

만일 경험론자의 세계관이 옳다면, 당위는 일종의 사실 명제에 대한 속기(速記)로서 사회가 하고자 선택한 것(혹은 할 수밖에 없는 것)을 코드화한 것이다. 이렇게 되면 자연주의적 오류는 자연주의적 딜레마로 환원된다. 이 딜레마를 해소하는 것은 어려운 일이 아니다. 이렇게 하면 된다. 당위를 어떤 물질적 과정의 산물이라고 보면 된다. 이런 해결책은 윤리의 기원을 객관적으로 파악하는 방법을 알려준다.

몇몇 연구자들이 이제야 바로 그와 같은 근본적인 탐구를 착수하기 시작했다. 그들 중 대부분은 윤리적 코드들이 생물학과 문화의 상호 작용을 통한 진화의 산물이라는 점에 동의한다. 어떤 의미에서 보면, 그들은 프랜시스 허치슨, 데이비드 흄, 애덤 스미스와 같은 18세기 영국 경험론자들이 발전시켰던 도덕 감정론을 부활시키고 있다고 할 수 있다.

도덕 감정은 현대 행동과학에서 정의되는 바의 도덕적 본능을 의미하는 것으로, 이 본능의 귀결에 따른 판단에 의존한다. 따라서 이런 감정은 후성 규칙들, 즉 정신 발달의 유전적 성향들로부터 유래되는 것으로, 보통 감정에 의해 조건지워지며 개념들과 그로부터 나오는 결정들에 영향을 미친다. 도덕적 본능의 기본적 기원은 협동과 배신 간의 역동적 관계이다. 어떤 종에서든 본능이 형성되는 진화 과정에서 중요한 요소는 이 같은 협동과 배신의 역동성에서 발생하는 긴장을 명확히 판단하고 충분히 조작할 수 있는 높은 지능이다. 이런 수준의 지능은 복잡한 정신 계획들을 미래로 확장할 수 있는 지능으로서 이미 1장에서 기술한 바 있다. 이런 능력은 지금까지 알려진 바로는 오직 인간만이 가질 수 있는데, 어쩌면 고등 영장류 중 인간과 가장 가까운 종도 가질지도 모른다.

도덕 진화의 처음 단계가 어떠했을지는 게임 이론을 통해, 특히 죄수의 딜레마(Prisoner's Dilemma)에 대한 해결책을 찾는 과정에서 더 분명해진다. 이 딜레마의 전형적인 시나리오를 다음과 같이 생각해 보자. 조직 폭력배 두 명이 살인죄로 체포되어 각각 다른 취조실에서 심문받고 있다고 하자. 심증은 있으나 물증이 확보되지 않은 상황이다. 한 명은 만일 그가 검사 앞에서 마음을 고쳐먹을 수 있으면 자신은 면책되고 자기 동료만 종신형을 선고받을 것이라고 생각한다. 그러나 그는 또한 자신의 동료에게도 같은 선택권이 주어져 있음을 안다. 이것이 바로 딜레마이다. 두 명 모두 각각 배신하여 둘 다 나락으로 떨어질 것인가? 그렇게는 안 될 것이다. 왜냐하면 그들은 잡힐 때에는 서로 침묵하자고 이미 약속했기 때문이다. 그렇게 함으로써 그들은 모두 가벼운 처벌을 받거나 혹은 아예 처벌을 면하게 될 것을 희망한다. 범죄 집단들은 이와 같은 계산의 원리를 하나의 윤리적 격률로 탈바꿈시킨다. 다른 일원을 절대로 배반(밀고)하지 마라. 언제나 당당한 사나이가 되라! 도둑들 사이에서도 명예는 존재한다. 만약 우리가 갱 집단을 일종의 사회라고 생각한다면, 이와 같은 코드는 전시에 오직 이름과 계급과 인식 번호 외에는 알릴 수 없는 전쟁 포로의 그것과 마찬가지이다.

협동함으로써 해결 가능한 이와 유사한 형태의 딜레마들은 일상 생활의 도처에서 늘 발생한다. 이때 생길 수 있는 이득은 돈, 지위, 섹스, 접근권, 안락, 건강 등으로 다양하다. 이러한 근접 보상들은 대개 다윈주의적인 유전적 적응도(genetic fitness)의 보편적 이득으로 전환된다. 즉 그런 보상으로 인해 더 장수하고 안전해지며 가족도 커진다.

이것은 아마도 언제나 그래 왔던 것 같다. 구석기 시대에 5명 정도로 구성된 수렵인 무리들을 상상해 보자. 한 사냥꾼이 자신이 독차지할 영양 한 마리를 잡기 위해 다른 사람들로부터 이탈하고자 한다. 만일 성공하면 그는 다른 사람들과 같이 사냥할 때보다 5배 정도나 많은 양의 고기와 가죽을 얻게 될 것이다. 그러나 그는 그 성공률이 5명이 함께할 때보다 매우 낮다는 것을 경험상으로 알고 있다. 게다가 혼자만 사냥에 성공하느냐 마느냐에 관계없이 그는 동료들의 성공 가망성을 낮추었다는 원한을 살 것이다. 관례상, 무리의 일원들은 사냥한 동물들을 똑같이 나누게 된다. 그 사냥꾼은 그냥 남는다. 그는 또한 그렇게 무리에 남을 경우, 특히 그가 사냥감을 잡은 장본인일 경우에는 예의를 지킨다. 왜냐하면 거만하게 자랑하는 태도는 호혜주의의 섬세한 그물망을 찢어 놓는다는 이유로 비난받기 때문이다.

이제 인간의 협동 성향과 배신 성향이 유전되는 것이라 상정해 보자. 즉 어떤 사람들은 선천적으로 더 협동적이고 다른 사람들은 그런 경향이 덜하다고 가정하자. 이런 관점에서 보면 도덕적 소질은 지금까지 연구되어 온 다른 모든 정신적 특성들과 별로 다를 바 없다. 유전성을 가진 형질 목록 중 도덕적 소질과 가장 가까운 것들은 타인의 고통에 대한 공감(감정 이입)과 어린이와 그를 돌보는 자 사이에서 생기는 애착이다. 도덕적 소질이 유전된다는 증거 외에 협동 성향을 지닌 개인들이 일반적으로 더 오래 살아남고 더 많은 후손을 남긴다는 풍부한 역사적 증거도 있다. 여기서 예측할 수 있는 것은 진화의 역사가 진행되는 동안 협동 행위를 하도록 만드는 유전자들이 전체 인류에서 우세하게 되었을 것이라는 점이다.

이러한 과정이 수천 세대를 내려오면서 반복되면 도덕 감정은 불가피하게 생기기 마련이다. 아주 정신병자가 아닌 이상, 이런 본능들은 양심, 자존심, 자책감, 공감, 수치심, 겸손, 도덕적 분노 등의 다양한 형태로 모든 개인들이 생생하게 경험한다. 이런 본능들은 명예심, 애국심, 이타성, 정의, 동정심, 자비, 구원 등의 보편적인 도덕적 코드들을 표현하는 관습들이 형성되는 방향으로 문화적 진화를 몰고 간다.

이 도덕적 행동에 대한 선천적 성향이 가지는 어두운 일면으로는 이방인 혐오증(xenophobia)이 있다. 개인적인 친밀함과 공통 이득이 사회적 거래에서 중요한 까닭에 도덕 감정은 선택적으로 진화했다. 이것은 언제나 그래 왔으며 앞으로도 항상 그럴 것이다. 따라서 이방인을 신뢰하게 되는 일에는 노력이 필요하고 진정한 동정심은 언제나 매우 드문 일이다. 부족들은 세심하게 정의된 각종 협정과 관습을 통해서만 서로 협동한다. 그들은 다른 경쟁 집단들이 꾸민 음모로 피해를 보고 있다고 쉽게 상상하며, 심각한 갈등의 시기에는 자신의 경쟁 집단들을 쉽게 말살하고 살해하는 경향이 있다. 그들은 성스러운 상징과 갖가지 의식을 통해 구성원들의 충성심을 견고히 한다. 그들이 받드는 신화는 위협적인 적들에 대한 승리의 서사들로 가득 차 있다.

도덕성과 부족주의를 보조하는 본능들은 쉽게 조작된다. 문명이 발달하면 이런 조작은 더욱 심화된다. 지질학적 시간 규모에서 보면 눈 깜짝할 사이에 불과한 1만 년 전에야 비로소 중동과 중국, 중남미에서 농업 혁명이 시작되었고, 이전의 수렵 · 채집 사회보다 그 인구 밀도가 10배 정도 증가했다. 가족들은 작게 나뉜 토지들에 정착했고 마을 수가 증가했으며 장인, 상인, 군인 등 전문화된 소수 집단들의 증가로 노동이 세분화되었다. 성장 중인 농경 사회는 처음에는 평등 사회였다가 점차 계급 사회로 변해 갔다. 잉여 농산물을 바탕으로 부족 사회에서 점차 국가로 발전해 나가면서 세습 군주와 성직자 계급이 권력을 획득했다. 낡은 윤리적 코드들은 점차 강제적 규율로 탈바꿈했으며 어김없이 지배 계급의 이익에 기여했다. 이 즈음에 입법자로서의 신이라는 개념이 등장했다. 신의 명령은 윤리적 코드들에 대해 강력한 권위를 부여했으며 이 또한 지배자의 편에 섰다는 것은 별로 놀라운 일은 아니다.

이와 같은 현상들을 객관적인 방식으로 분석하는 것은 기술적으로 쉽지 않다. 그리고 사람들은 대뇌 피질의 기능들을 생물학적으로 설명하는 방식을 좋아하지 않기 때문에 도덕 감정에 대한 생물학적 탐색은 별로 진전되지 못했다. 아무리 그렇다 할지라도, 윤리학 연구가 19세기 이래 거의 진척되지 못했다는 것은 놀라운 일이다. 그 결과 인간이라는 종에 있어 가장 두드러지고 중요한 속성들이 과학의 지도에서 암흑 상태로 남아 있게 되었다. 나는 뇌의 진화론적 기원이나 물리적 기능에 대해 한번도 생각해 보지 않은 오늘날의 철학자들이 아무것에도 의지하지 않는 독립적인 가정들을 중심으로 윤리학적 논의들을 전개하고 있는 것은 잘못된 일이라고 생각한다. 윤리학만큼 자연과학과의 결합이 절박하게 필요한 분야는 인문학의 다른 영역에 거의 없다고 해도 과언이 아니다.

인간 본성의 윤리적 차원들이 이런 방식으로 충분히 탐색되기 시작하면 도덕 논증의 선천적인 후성 규칙들이 결속, 협동성, 이타성과 같은 단순 본능들을 그저 한데 모아놓은 형태가 아님이 판명될 것이다. 오히려 이 규칙들은 미묘한 뉘앙스를 풍기는 여러 분위기들과 선택들에 직면하여 우리의 마음(정신)을 이끌며 복잡하게 얽힌 채 움직이는 수많은 알고리듬들의 앙상블임이 드러날 것이다.

이렇듯 미리 구조화된 정신세계는 얼핏 보면 너무도 복잡해서 자동적인 유전적 진화를 통해서만 형성되어 온 것일 수는 없다고 여겨질지 모른다. 그러나 생물학이 밝혀낸 모든 증거들은 이와 같은 과정만으로도 우리를 둘러싼 수많은 생물 종들이 생길 수 있다는 사실을 가르쳐 준다. 더 나아가 각각의 동물 종은 그 생활사를 통해 독특하고 때로는 정교한 일련의 본능적 알고리듬에 따라 움직이며, 이런 알고리듬 중 많은 것들이 이제 유전학적, 신경생물학적으로 분석되기 시작했다. 우리 앞에 놓인 이 모든 사례들로 볼 때, 인간의 행동도 동일한 방식으로 진화했다고 결론내리는 것은 전혀 불합리한 일이 아니다.

그런가 하면 근대 사회가 사용했던 도덕 논증의 혼합물들은 한마디로 엉망진창이다. 이것들은 기괴한 부분들이 결합된 키메라들이다. 구석기 시대의 평등주의적이고 부족주의적인 본능들은 여전히 확고하게 자리 잡고 있다. 이런 본능들은 인간 본성의 유전적 기초의 일부분이기 때문에 대체가 불가능하다. 이방인이나 경쟁 집단에 대한 성급한 적대감과 같은 경우에서 보듯이 이런 본능들은 일반적으로 잘못 적응되어 위험을 끊임없이 초래하고 있다. 이 근본적인 본능들 위로는 문화 진화에 따라 형성된 새로운 제도들을 조정하는 논증과 규칙의 상부 구조가 나타난다. 이런 조정들은 질서와 부족의 이해관계를 유지하고자 하는 시도를 반영하는 것으로서 너무 일시적인 것이라 유전적 진화를 통해 흔적이 남지 않았다. 그것들은 아직 유전자 속에 자리 잡지 못했다.

따라서 윤리학이 모든 철학적 작업 중 가장 공적으로 논쟁이 되고 있는 분야라는 점은 별로 놀라운 일이 아니다. 또는 그 기초가 기본적으로 응용윤리학적 연구의 일환인 정치학이 그토록 자주 문제가 되는 이유도 이해할 만하다. 윤리학이나 정치학 모두 자연과학에서 인증된 이론의 세례를 거의 받지 못하고 있다. 이들은 모두 인간 본성에 대한 검증 가능한 지식을 그 바탕에 두고 있지 않기 때문에 인과적 예측과 이것에 기반을 둔 건전한 판단을 산출하기에 충분하지 않다. 윤리적 행동의 심층적 근원들에 대해 더욱 세심하게 주의를 기울이는 것은 확실히 현명한 일일 것이다. 이와 같은 기획에 있어 지식의 가장 큰 공백은 도덕 감정의 생물학이다. 머지않아 다음과 같은 주제들에 주목함으로써 도덕 감정의 생물학이 이해될 수 있으리라 생각한다.

• 도덕 감정의 정의 우선 실험심리학에서 정확하게 기술한 다음 신경 반응과 내분비 반응들을 분석함으로써 정의한다.

• 도덕 감정의 유전학 윤리적 행동의 심리학적 · 생리학적 과정들의 유전성을 측정함으로써 가장 쉽게 접근할 수 있을 것이며, 좀 어렵더라도 마침내는 규정적 유전자(prescribing gene)를 확인함으로써 접근 가능할 것이다.

• 유전자와 환경의 상호 작용의 산물인 도덕 감정의 발달 이 연구는 다음의 두 가지 수준에서 수행될 때 가장 효과적이다. 서로 다른 문화들의 출현의 일부분으로서 윤리 체계들의 역사. 그리고 다양한 문화들 속에서 살아가는 개인들의 인지 발달. 이와 같은 탐구들은 이미 인류학과 심리학에서 잘 수행되고 있다. 앞으로는 생물학의 기여로 인해 더욱 발달할 분야들이다.

• 도덕 감정의 심층적 역사 왜 도덕 감정들이 애초부터 존재하게 되었는지에 대한 연구. 아마도 이것들이 유전적으로 진화해 온 기나긴 선사 시대 속에서 생존과 번식적 성공에 기여했기 때문이리라.

이 몇몇 접근 방법들이 수렴하게 되면 윤리적 행동의 진정한 기원과 의미에 초점이 맞추어질 것이다. 만일 그렇게 된다면 다양한 도덕 감정들을 구성하는 후성 규칙들의 힘과 유연성에 대해 더 확실한 측정이 이뤄질 수 있다. 그리고 고대의 도덕 감정들을 급변하는 근대적 삶의 조건들——부지불식간에 싫든 좋든 우리에게 던져진 조건들——에 더 현명하게 적응시킬 수 있게 된다.

그때야 비로소 도덕 논증의 진정으로 중요한 문제들에 대한 해답을 찾을 수 있을 것이다. 도덕 본능들의 서열은 어떻게 매겨질 수 있을까? 법률과 상징을 통해 정당화되는 것 중 어느 것이 가장 잘 억제된 것이며 또 어느 정도로 그러한가? 비상 상황에서 도덕적 격률들은 어떻게 호소력을 발휘하게 될까? 합의에 도달하는 가장 효과적 수단들은 이와 같은 새로운 이해 속에서 찾아질 수 있을 것이다. 이때 도달되는 의견일치의 형태가 어떤 것인지는 아무도 추측할 수 없다. 그러나 그 과정만큼은 확실하게 예측할 수 있다. 그것은 민주적일 것이며 경합하는 종교나 이데올로기 간의 충돌을 완화시킬 것이다. 역사는 분명히 그런 방향으로 나아가고 있으며, 사람들은 본성상 너무 똑똑하고 따지기를 좋아해서 그 어떤 것도 기다려 주지 않는다. 그 진행 속도도 자신 있게 예측할 수 있다. 변화는 수많은 세대에 걸쳐 천천히 올 것이다. 왜냐하면 낡은 신념들은 명백히 그릇된 것일 때조차도 사라지기 어려운 것이니까.

윤리철학을 과학과 손잡게 만드는 논리가 종교 연구에도 그대로 적용된다. 종교는 초유기체(superorganism)에 비유된다. 종교도 생활사를 가진다. 그것은 태어나서 자라고 완성되고 번식하며 충분히 시간이 흐르면 대부분 죽는다. 생활사의 각 단계에서 종교는 자신의 자양분이 되는 인간들을 반영한다. 종교는 인간 현존의 중요한 규칙을 표현하는데, 삶을 존속시키기 위해 필요한 것이 무엇이든지 이 규칙은 궁극적으로 생물학적이다.

　전형적으로 성공적인 종교는 예찬자 집단으로 시작하여 이교도들에 대해 관용을 보일 수 있게 될 때까지 힘과 포괄성을 증대시킨다. 각 종교의 핵심에는 창조 신화가 있다. 그것은 세계가 어떻게 시작되었으며 선민들(그 믿음 체계에 찬동하는 사람들)이 어떻게 그 중심에 다다르는지를 설명해 준다. 때로는 미스터리, 즉 고차원적인 깨달음의 상태로 힘써 나아간 사제들만이 접근할 수 있는 비밀스러운 지침들이나 공식들이 존재한다. 중세 유대교의 카발라(cabala), 프리메이슨주의(Freemasonry)의 삼등급(trigradal) 체계, 오스트레일리아 토착민의 영목(靈木)에 새겨진 조각들은 모두 이와 같은 비밀스러운 것의 예들이다. 힘은 개종자들을 모으고 추종자들을 집단적으로 결속시키면서 중심에서 사방으로 퍼져 나간다. 신들에게 말을 걸고 숭배 의식이 거행되며 기적이 목격되는 성지(聖地)가 지정된다.

종교의 신봉자들은 하나의 부족으로서 다른 종교를 가진 사람들과 경쟁한다. 그들은 경쟁자들이 자신의 믿음을 말살하고자 하면 거세게 저항한다. 그들은 자신의 종교를 방어하기 위해 스스로 희생하는 자를 숭배한다.

종교의 부족주의적 뿌리와 도덕 논증의 부족주의적 뿌리는 매우 유사하여 아마도 동일한 것일지도 모른다. 종교적 숭배 의식은 매장 의식에서 명백히 드러나듯이 매우 오래된 것이다. 매장 의식은 유럽과 중동의 후기 구석기 시대에 출현했는데, 죽은 자를 얕게 판 무덤에 넣고 그 위에 꽃잎이나 황토를 흩뿌렸다. 그 자리에서 영혼들과 신들을 불러내는 의식이 행해졌을 것이다. 그러나 이론적인 연역과 증거는 도덕적 행동의 원초적 요소는 구석기 시대의 의식보다 훨씬 더 오래되었다는 점을 시사한다. 종교는 윤리적 기초 위에 형성되었으며, 그것은 틀림없이 이런저런 방식으로 도덕적 코드들을 정당화하는 데 늘 사용되어 왔을 것이다.

종교적 충동의 막강한 영향력은 한갓 도덕의 정당화보다 훨씬 대단한 것에 바탕을 두고 있다. 그것은 마음 깊은 곳에 흐르는 큰 강줄기로서 폭넓게 퍼져 흐르는 감정의 지류들로부터 힘을 모아들인다. 이들 중 으뜸가는 것이 생존 본능이다. 로마의 시인 루크레티우스(Lucretius)가 읊었듯이, "두려움은 지구상에 신들을 만들어 낸 첫 번째 것이었다." 우리의 의식적인 정신은 영원한 존재를 갈망한다. 만일 우리가 육체의 영생을 누릴 수 없다면, 어떤 불멸의 전체에 흡수되는 것이 좋을 것이다. 개인에게 의미를 부여하고, 성 아우구스티누스가 짧은 나날이라며 한탄했던 정신과 영혼의 빠른 이행을 어떻게든 영원으로 이어지게 한다면, 그 어떤 것이라도 괜찮을 것이다.

삶을 이해하고 통제하는 것은 종교적 힘의 또 다른 원천이다. 교의는 과학이나 예술과 똑같은 창조적 근원에 의지하는데, 이때 그 목표는 물질세계의 신비로운 현상들로부터 질서를 추출하는 것이다. 삶의 의미를 설명하기 위해 종교는 부족의 역사에 대한 신화적 서사들을 장황하게 이야기하며 우주 속에 우주를 지켜 주는 신들과 영혼들을 거주하도록 한다. 초자연적인 것의 현존은, 물론 그것이 사실로 받아들여진다면, 사람들이 그토록 절박하게 바라는 다른 세계의 존재가 존재한다는 것의 증거가 된다.

종교는 또한 자신의 가장 중요한 동맹군인 부족주의를 통해 대단한 권능을 얻게 된다. 주술사들과 사제들은 음울한 운율 속에서 우리에게 다음과 같이 탄원한다. "신성한 제식들을 신뢰하라. 불멸하는 힘의 일부가 되라. 너는 우리 중의 하나이니라. 네 삶이 펼쳐지는 각 단계마다 너를 사랑하는 우리가 그것을 엄숙한 통과의례로서 표시할 것이고 신비로운 의미를 부여할 것이니, 마지막 단계가 완수되면 너는 고통과 두려움이 없는 제2의 세계로 들어갈 것이니라."

만일 종교적 뮈토스(신화 체계)가 문화 속에 존재하지 않는다 해도 그것은 신속히 창안될 것이다. 실제로 그런 신화 체계는 역사적으로 언제 어디서나 존재해 왔다. 어떤 종에게 있어서든 그와 같은 필연성은 본능적 행동의 표지이다. 즉 설사 학습된다고 하더라도 그 행동은 감정적 동인을 가지는 정신 발달의 규칙들을 통해 특정 상태들로 나아가게 된다. 종교가 본능적이라고 해서 그 뮈토스의 특정 부분이 허위라는 말은 아니다. 종교가 본능적이라는 말은 종교의 원천들이 일상적 습관보다 더 깊은 곳에서 흐르고 있다는 뜻이며 사실상 유전된다는 뜻이다. 좀 더 정확히 말하자면 종교가 유전자 속에 암호화된 정신 발달의 편향을 통해 탄생되었다는 말이다.

나는 앞 장들에서 그런 편향들이 뇌의 유전적 진화의 통상적 귀결로서 예측될 수 있음을 주장했다. 이 논리는 부족주의라는 항목을 첨가하면 종교적 행동에도 그대로 적용된다. 어떤 사람이 헌신적 믿음과 목적으로 통합된 어떤 강력한 집단 속의 구성원이 된다면, 그는 생존과 번식 차원에서 큰 이득을 볼 것이다. 개인들이 자발적으로 대의명분을 위해 목숨을 건다 하더라도 그들의 유전자는 이와 동등한 결의를 하지 못한 경쟁 집단 사람들의 유전자보다 다음 세대로 더 쉽게 전승된다.

집단유전학의 수학적 모형들은 이와 같은 이타성의 진화적 기원 속에 다음과 같은 규칙이 있음을 시사하고 있다. 즉 이타성 유전자로 인해 발생한 개체의 생존과 번식의 감소를 이타성 덕분에 증가한 집단의 생존 가능성으로 상쇄하고도 남는다면 이타성 유전자는 경쟁하는 집단들 전체에서 흔하게 생겨날 것이다. 가능한 한 간결하게 표현해 보자. 개체가 대가를 치르면 그 개체의 유전자와 부족이 이득을 얻고 결국 이타성은 확산된다.

이제 나는 윤리와 종교의 기원에 관한 경험론적 이론이 가지는 더 심층적인 의미를 제시하고자 한다. 만일 경험론이 논박되어 초월론이 어쩔 수 없이 지지된다면 이것은 어쩌면 인류 역사상 지극히 당연한 결과일 수 있다. 생물학이 인문학에 근접해 감에 따라 현재 승명의 부담은 생물학 쪽에 가 있다. 만약 생물학에서 축적된 객관적 증거가 경험론을 지지한다면 통섭은 인간 행동에 관해 가장 문제가 되는 영역들에서 성공한 것이며 이렇게 되면 이것을 어디에나 적용하기 쉬워진다. 그러나 만일 객관적 증거가 경험론과 모순되는 부분이 생긴다면 보편적 통섭은 실패할 것이며 그것으로 인해 과학과 인문학 간의 구분은 영속될 것이다.

이 문제가 해결되려면 아직 멀었다. 그러나 내가 지금껏 주장해 왔듯이 윤리학의 경우에 경험론은 잘 지지되어 왔다. 종교에서의 경험론은 그 객관적 증거가 상대적으로 빈약한 편이지만 적어도 생물학과 모순되지는 않는다. 예컨대, 종교적 황홀경에 동반되는 감정은 분명 신경생물학적 원천을 가진다. 적어도 한 가지 형태의 뇌기능 장애는 아주 사소한 일상을 비롯한 거의 모든 것들에 우주적 의미를 부여하는 광적 종교성(hyperreligiosity)과 연결되어 있다. 우리는 마음이 종교적 믿음들을 가지게끔 조성되어 있다고 가정해 볼 수 있다. 물론 이것만으로는 초월론을 기각하지 못하며 그 믿음 자체가 허위임을 밝히지는 못하겠지만 말이다.

모든 종교적 행동을 자연선택에 따른 진화로 설명할 수는 없다 하더라도 대체로 그렇다고 말할 수 있다. 적어도 신에 대한 믿음의 어떤 측면들은 종교적 행동에 포함된다. 종교적 관례에서 거의 보편적으로 나타나는 속죄와 희생은 지배적 존재자에게 복종하는 행위들이다. 이것들은 일종의 지배 위계로서 조직화된 포유동물 사회의 일반적 특징 중 하나이다. 인간과 마찬가지로 동물들도 자신의 서열을 과시하고 유지하는 정교한 신호들을 사용한다. 자세히 살펴보면 종마다 다양한 양태를 보이지만 넓게 보면 일관된 유사성들이 드러나는 것을 다음의 두 가지 예에서 볼 수 있을 것이다.

늘대의 무리에서 서열이 높은 동물은 머리, 꼬리, 귀를 세운 채 '거만하게' 다리를 빳빳이 세우고 유유히 걸으며 다른 늘대들을 아무런 거리낌 없이 바라본다. 경쟁자가 나타나면 그 우두머리 늘대는 털을 곤두세우고 이빨을 드러내며 으르렁거리며 먹이와 영역 사수를 위한 행동을 취한다. 반면 지위가 낮은 늘대들은 이와 정반대의 신호를 사용한다. 즉 높은 늘대들을 만나면 슬슬 피하며 꼬리와 귀를 내리고 머리를 숙이며 털도 곤두세우지 않고 이빨도 드러내지 않는다. 그들은 엎드려 살금살금 도망가며 상대가 달라고 하면 먹이나 영역을 내어 준다.

붉은털원숭이 무리의 으뜸 수컷은 우두머리 늘대의 행동 유형과 놀랄 만큼 유사하다. 으뜸 수컷은 머리와 꼬리를 쳐들고 마치 제왕처럼 유유히 걸어다니며 아랫것들을 무심히 바라본다. 그는 자신의 경쟁자들보다 더 좋은 위치를 점하기 위해 가까이에 있는 물체에 기어오른다. 도전이 들어오면 적을 향해 입을 크게 벌린 채——이것은 놀람이 아니라 공격의 표시이다.——험악하게 쳐다보면서 때때로 손바닥으로 땅을 치며 공격할 태세가 되었음을 알린다. 지위가 낮은 암컷이나 수컷은 이리저리 살피는 체하면서 머리와 꼬리를 내리고서 걸어가며 으뜸 수컷이나 자기보다 지위가 높은 놈들을 만나면 슬슬 피한다. 그들은 무서워서 얼굴을 찌푸릴 때를 제외하고는 입을 벌리지 않고, 도전을 받으면 굽실거리며 후퇴하며 먹이와 자리를 내어 준다. 수컷의 경우에는 발정 난 암컷까지도 내어 준다.

내가 지적하고자 하는 핵심은 다음과 같다. 만일 다른 행성에 사는 행동과학자들이 있다면 그들은 한편으로 동물의 복종 행동을, 그리고 다른 한편으로 종교와 권위에 대한 인간의 복종 행위를 관찰하고는 둘 사이의 기호론적 유사성을 곧바로 알아차릴 것이다. 게다가 그들은 눈에 보이지는 않으나 가장 유력한 인간 집단의 일원인 신에게 가장 정교한 형태의 순종 의례가 바쳐진다는 사실을 지적할 것이다. 그리고 그들은 호모 사피엔스 종이 해부학적인 구조에 있어서뿐만 아니라 기본적인 사회적 행동에 있어서도 인간 아닌 영장류 선조로부터 단지 최근에야 진화적으로 분기된 종이라고 결론지을 것이다.

집단에서 지위가 높은 일원이 되는 것은 생존과 번식에 유리하다. 이것은 문화적 복잡성에 물들지 않은 본능적 행동을 가진 동물들을 연구한 수많은 사례들에서 밝혀졌다. 이것은 비단 우세한 개체뿐 아니라 열등한 개체들에게도 해당된다. 어찌 되었든 간에 한 집단의 일원이 되면 홀로 생존하는 것보다 적들에 대한 더 나은 방어 수단이 생기며, 먹이, 서식지 그리고 짝에 대한 더 나은 접근 가능성이 제공된다. 이때 흥미로운 것은 집단 내의 예속 관계가 반드시 영속적인 것은 아니라는 사실이다. 우세한 개체가 약해지고 죽으면 부하 중 몇몇의 서열이 올라가고 그들이 더 많은 자원을 점유하게 된다.

현생 인류가 포유류의 오래된 유전 프로그램을 용케 지워 버리고 다른 권력 분배 수단을 고안했다는 사실을 혹시라도 발견하게 된다면 놀라운 사건이 될 것이다. 하지만 실제로 모든 증거들이 시사하는 바는 그렇지 않았다. 인간은 영장류의 후손답게 당당하고 카리스마 넘치는 지도자들, 특히 수컷 지도자들에게 쉽게 넘어간다. 이 같은 성향은 종교 조직에서 가장 강하다. 예찬자 집단은 바로 이와 같은 지도자들을 중심으로 형성된다. 게다가 만일 그들이 최고의 유력자, 즉 전형적으로 대부분 남성의 형상을 가진 신에게 접근할 수 있는 특권을 가졌다고 알려지면 그들의 권력은 증대될 수밖에 없다. 예찬자 집단이 종교 조직으로 진화하면서 최고의 존재자라는 이미지는 신화와 예배 의식을 통해 강화된다. 때가 되면 그 종교를 창시한 자들과 그 후계자들의 권위는 신성한 경전에 새겨진다. 그러면 모독자로 알려진 말 안 듣는 아랫사람들은 아무 말도 못하게 된다.

그러나 인간의 마음은 상징을 만들어 낼 수 있기 때문에 그 어떤 감정 영역에 있어서도 절대로 원숭이의 거친 느낌 정도에서 만족하지 않는다. 우리 마음은 모든 차원에서 최대한의 보상을 제공하는 문화를 형성하려고 한다. 종교에는 제식이 있고 최고의 존재자와 직접 접촉하는 기도가 있으며, 동료 신자들로부터 위안이 있어 그렇지 않았더라면 견뎌 낼 수 없었을 슬픔을 이겨 낸다. 또 종교는 설명할 수 없는 것을 설명해 주며 이해 범위를 넘어서는 더 큰 전체와 드넓은 교감을 느끼게 해 준다.

바로 이와 같은 교감이 핵심이며 이것으로부터 솟아나는 희망은 영원하다. 종교는 영혼의 암흑상태로부터 빛으로 나아가는 영적 여행이 가능하다는 전망을 보여 준다. 몇몇 특별한 사람들에게는 이런 영적 여행이 생전에 가능하다. 마음은 더 고차적인 깨달음의 수준에 도달하기 위해 일정한 방식으로 성찰을 거듭하여, 드디어 더 이상의 진전이 불가능한 시점에 이르면 전체와의 신비한 통합 상태에 진입하게 된다. 위대한 종교들 가운데 이와 같은 깨달음이 표출되고 있는 것으로는 힌두교의 사마디(samadhi, 선정(禪定), 삼매(三昧), 즉 명상의 최고 경지), 선불교의 득도(得道), 수피교(Sufi)의 파나(fana), 도교의 무위(無爲), 오순절 기독교도(Pentecostal Christian)의 부활 등이 있다. 이와 유사한 깨달음은 환각에 빠진 문자 이전 시기의 주술사들도 경험했다. 이 제식의 집전자들 모두가 명백하게 느끼는 것(나도 한때 거듭난 복음주의 교인으로서 약간은 느낀 바 있다.)을 말로 표현하기는 어려우나, 윌라 캐더(Willa Cather)는 이것을 단 한 문장으로 절묘하게 표현했다. 『나의 안토니아(*My Antonia*)』에서 그녀의 허구적 화자는 이렇게 말한다.

"그것은 완전하고 위대한 어떤 것 속으로 용해되어 들어가는 행복감이다."

물론 신성을 발견하고 자연의 전일함 속으로 들어가거나 말로 표현할 수 없는 아름답고 영원한 어떤 것을 파악하고 그것에 의지하는 경험은 행복감에 틀림없다. 수도 없이 많은 사람들이 이것을 찾아 헤맨다. 그들은 이것을 찾지 못하면 궁극적인 의미도 없이 삶 속에서 길을 잃고 정처 없이 떠돈다고 느낀다. 그들이 처한 곤경은 1997년에 나온 한 보험 회사의 광고에 간략하게 표현되어 있다. "1999년. 당신은 죽습니다. 당신은 지금 무엇을 하고 있습니까?" 그들은 기성 종교에 입문하여 각종 예배 의식에 압도당하며 뉴에이지 만병통치약들 속에서 뒹군다. 그들은 『천상의 예언(*The Celestian Prophecy*)』이나 깨달음의 시도들을 다룬 다른 허접스러운 책들을 베스트셀러 목록에 올려놓는다.

아마도 이 모든 것은 궁극적으로 뇌의 회로와 심층적인 유전자의 역사로 설명될 수 있을 것이다. 그러나 신비로운 합일(mystical union)이라는 개념은 가장 강경한 경험론자라 할지라도 하찮게 보아 넘길 수 없는 주제이다. 그것은 진정 인간 정신의 일부이고 수천 년 동안이나 인류의 마음을 채워 왔으며 초월론자뿐 아니라 과학자들도 가장 진지하게 생각하는 문제들을 제기해 왔다. 그렇다면 우리는 묻는다. 역사 속의 신비주의자들은 어떤 길을 걸어왔으며 어디에 이르렀는가?

이 문제에 관한 한, 스페인의 신비주의자인 아빌라의 성녀 테레사(St. Teresa of Avila)만큼 명확하게 그 진실된 여로를 묘사했던 사람은 없다. 그녀는 1563~1565년 회고록에서 기도를 통해 신비로운 합일에 도달하기 위해 밟아 나갔던 단계들을 기록했다. 그녀는 헌신과 간구의 평범한 기도를 넘어 두 번째 단계인 침묵의 기도로 나아갔다. 여기서 그녀는 "신의 종이 되겠다는 단순한 동의"를 스스로 이끌어 내기 위해 심력을 모았다. 주님이 "커다란 은총과 축복의 물"을 채워 주실 때 깊은 위안과 평화로움의 감각이 그녀를 엄습했다. 그때 그녀의 마음은 세속의 일에 관심 갖기를 멈췄다.

기도의 세 번째 상태에서는 성녀의 정신이 "사랑으로 취하여" 온 통 신에 대한 생각만으로 가득 찼다. 이런 생각에 생기를 불어넣고 통제하는 분은 다름 아닌 신이었다.

오, 나의 왕이시여, 제가 이 글을 쓰고 있는 동안 마력의 힘 아래 여전히 있다는 것을 보고 계시지요. 제가 당신께 간청하노니, 제가 교제해야만 하는 모든 사람들이 당신의 사랑에 취하도록, 그렇지 않으면 아무하고도 사귀지 않도록 허락하소서. 아니면, 제가 이 세상 속의 어떤 것과도 관계하지 않도록 명하소서. 아니, 저를 아예 이 세상에서 데려가소서.

기도의 네 번째 상태에서 아빌라의 성녀 테레사는 신비로운 합일 상태에 다다른다.

어떤 것도 느껴지지 않고 오직 실현되었다는 기쁨만이 느껴집니다. 모든 감각들이 바로 이 느낌에만 집중되는 까닭에 감각들 중 어떤 것도 자유롭지 않습니다. 영혼은 신을 열심히 찾아 헤매는 동안에도 의식을 갖고 있으며 달콤하고 흘러넘치는 기쁨으로 마치 거의 실신할 지경에 있습니다. 숨쉬기도 힘들고 몸의 힘이 모두 빠져나가는 듯합니다. 저의 영혼은 신의 영혼 속으로 용해되어 들어가며 그분과 결합되는 순간 마침내 그분께서 주신 은총을 이해하게 됩니다.

많은 사람들에게 있어 초월적 존재와 불멸에 대한 충동은 매우 강렬하다. 초월론은 특히 종교적인 믿음을 통해 강화될 때 심리적으로 충만하고 풍요로워진다. 그것은 어쨌거나 옳다는 느낌을 준다. 이와 비교하면 경험론은 메마르고 부적절해 보인다. 궁극적 의미를 모색하는 여행에서 초월론자의 길을 따르는 것이 훨씬 더 쉽다. 바로 이것이 경험론이 아무리 마음을 파헤친다 해도 초월론이 계속해서 인심을 얻고 있는 이유이다. 과학과 종교가 충돌할 때마다 과학은 늘 종교적 도그마들을 하나하나 제거해 왔다. 그러나 그것은 아무런 보람도 없는 일이었다. 미국만 해도 1500만 명의 침례교도들이 있고, 그들은 기독교의 성경을 문자 그대로 해석하기를 선호하는 최대 종파이다. 반면 세속적이고 이신론적인 인문주의를 표방하는 대표 기구인 미국 인문주의 협회의 회원은 단지 5,000명에 불과하다.

그러나 역사와 과학이 우리에게 가르쳐 온 바가 있다면, 그것은 열정과 욕망이 진리와 같은 것은 아니라는 점이다. 인간의 마음은 신을 믿는 방향으로 진화했다. 그것은 생물학을 믿는 방향으로 진화하지 않았다. 초자연적인 것을 받아들이는 것은 뇌가 진화하고 있던 선사 시대에 큰 이점을 제공했다. 따라서 이것은 근대의 산물로서 전개되었던, 그래서 유전 알고리듬의 보증을 받지 못하는 생물학과는 날카롭게 대립된다. 이 두 믿음 체계(종교와 생물학)가 실질적 차원에서 양립할 수 없다는 것은 불편하지만 진리이다. 그 결과 지적 진리와 종교적 진리를 동시에 열망하는 사람들은 결코 이 양자 모두를 완전하게 얻을 수 없을 것이다.

한편, 신학은 과학과 유사하게 추상을 향해 진화함으로써 이 딜레마를 해소하고자 한다. 우리 선조들이 섬겼던 신들은 신적인 인간이었다. 헤로도토스가 주목했듯이, 이집트 인은 자신의 신들을 이집트

인으로 그렸고(때로 몸의 부분들은 나일 강변의 동물들로 나타내기도 했다.), 그리스 인들은 그리스 인으로 표상했다. 히브리 인들의 큰 공헌은 모든 신들을 합쳐 단일 위격인 야훼——사막의 부족들에게 걸맞은 족장——로 만들고 그의 현존을 지적으로 다뤘다는 점이다. 조각된 성상은 어떤 것도 허용되지 않았다. 이 과정에서 히브리 인들은 신의 현전을 더욱더 만질 수 없는 것으로 만들었다. 그리하여 성경에서는 아무도, 심지어 불타는 덤불 속에서 야훼에 다가갔던 모세마저도 그의 얼굴을 쳐다볼 수 없는 것으로 묘사되어 있다. 시간이 흐른 뒤 유대인들에게는 야훼의 진짜 이름 전체를 발음하는 것조차 금지되었다. 그럼에도 불구하고 전지전능하고 인간 만사에 소소히 개입하는 유일신이라는 관념은 서구 문화에 지배적인 종교적 이미지로서 오늘날까지도 존속돼 왔다.

계몽시대에는 유신론을 보다 이성적인 관점과 화해시키기를 바라는 자유주의적 유대·기독교 신학자들이 증가하면서 인격신(God-as-person)의 개념이 후퇴했다. 17세기의 걸출한 유대인 철학자였던 스피노자는 신성을 우주의 도처에 현전하는 하나의 초월적 실체로서 그려 냈다. 그는 신이나 자연은 상호 교환될 수 있는 개념이라고 천명했다. 그 철학적 노고 때문에 그는 파문을 당한 채 암스테르담에서 추방되었고 그의 저작들에 대해서는 온갖 저주가 퍼부어졌다. 이단 심판이라는 위협에도 불구하고 신으로부터 인격을 박탈하는 작업은 근대를 통해 끊임없이 지속되었다. 20세기의 가장 유력한 개신교 신학자 중 한 명인 폴 틸리히(Paul Tillich)에게 있어 인격신의 존재를 단언하는 것은 틀린 것이 아니라 단지 무의미한 것이었다. 자유주의적인 현대 사상가들 중 다수는 구체적인 신성을 부정하면서 과정신학(process theology)의 형태를 취하고 있다. 존재론의 가장 극단이라 할 수 있는 이런 신학에서 모든 것은 한결같고 끊임없이 펼쳐지는 관계들의 복잡한 그물망의 일부가 된다. 신은 만물 어디에나 존재한다.

경험론 운동의 척후병인 과학자들 또한 신의 관념으로부터 면역되어 있지 않다. 경험론을 찬성하는 사람들도 때로는 일종의 과정신학에 기대기도 한다. 그들은 묻는다. 시간, 공간, 물질로 이루어진 실재 세계가 충분히 잘 드러나게 되는 때는 언제인가? 그런 지식이 창조자의 현존을 드러내 줄 것인가? 이런 소망은 궁극적 이론인 '만물 이론(Theory of Everything, T.O.E)'을 추구하는 이론물리학자들의 것이다. 이것은 물리적 우주의 여러 가지 힘들에 대해 알려질 수 있는 모든 것을 기술하는 서로 연결된 방정식들의 체계를 일컫는다. 스티븐 와인버그(Steven Weinberg)가 그의 중요한 에세이인 『최종 이론의 꿈(Dreams of a Final Theory)』에서 말했던 것처럼, 만물 이론은 "아름다운" 이론이다. 그것이 아름다운 이유는 최소한의 법칙으로 끝없는 복잡성의 가능성을 표현하는 우아한 이론이기 때문이며, 그것이 대칭적인 이유는 모든 시공에 걸쳐 불변하기 때문이다. 또한 만물 이론은 필연적이다. 일단 한번 진술되면 그 어떤 부분도 전체를 무효로 만들지 않고서는 변경될 수 없다. 살아남은 모든 하위 이론들은 아인슈타인이 자신의 일반 상대성 이론의 공헌에 대해 언급했던 것과 같이 궁극적 이론에 영원히 포섭된다. 아인슈타인은 "이론의 가장 큰 매력은 그 논리적 완전성에 있다. 만일 그 이론에서 도출된 결론들 중 어느 하나라도 틀렸음이 판명된다면 그 이론은 포기되어야 한다. 전체 구조를 파괴하지 않고 그것을 수정하는 것은 불가능한 것처럼 보인다."라고 말했다.

과학자들 중 가장 수학적인 사람들이 기대하는 최종 이론에 대한 전망은 마치 새로운 종교적 각성의 신호탄처럼 보인다. 『시간의 역사(*A Brief History of Time*)』(1988년)에서 이런 유혹에 무릎을 꿇은 바 있는 스티븐 호킹(Steven Hawking)은 이와 같은 과학적 성취가 인간 이성의 궁극적 승리가 될 것임을 천명했다. "왜냐하면 이때에야 비로소 우리는 신의 마음을 알게 될 것이기 때문이다."

글쎄, 그럴지도 모른다. 하지만 나는 그렇게 생각하지 않는다. 물리학자들은 이미 최종 이론의 많은 부분을 이룩했다. 우리는 행성의 궤도를 알고 있고 그것이 어디로 향하는지도 어림잡을 수 있다. 그러나 여기에는 아무런 종교적 통찰도 없다. 적어도 성경의 저자들이 볼 때 아무것도 없는 것 같다. 과학은 한때 서구 문명 전체를 주재하던 인격신으로부터 우리를 너무 멀리 떼어 놓았다. 과학은 시편 기자가 그토록 사무치게 표현해 놓았던 우리의 본능적 갈망을 만족시키지 못했다.

사람은 그림자와도 같은 나날을 살고, 헛되게도 교만한 환상으로 스스로를 불안하게 하는도다. 그는 그의 보물들을 누가 모았는지 알지 못하노라. 주여, 무엇이 저를 위로할 수 있겠나이까? 저의 희망은 오직 당신뿐입니다.

인류의 영적 딜레마의 본질은 우리가 하나의 진리를 받아들이게끔 유전적으로 진화했음에도 불구하고 또 하나의 진리를 발견하게 되었다는 것이다. 이런 딜레마를 없애 버리고 초월론적 세계관과 경험론적 세계관 사이의 모순을 해소하는 방식이 있을까?

불행하게도 그런 것은 존재하지 않는다. 하지만 더 밀고 나가다 보면 양자택일이 영원히 자의적일 것 같지는 않다. 두 세계관 속에 내재하는 가정들은 원자에서 뇌 그리고 은하계에 이르기까지 우주가 어떻게 움직이고 있는지에 대한 검증 가능한 지식이 축적됨으로써 점점 더 엄격하게 분석되고 있다. 게다가 역사가 가르쳐 준 혹독한 교훈은 윤리의 한 가지 코드가 다른 코드만큼 선한 것 — 적어도 그만큼 영속적인 것 — 은 아니라는 사실이다. 종교도 마찬가지다. 어떤 우주론은 다른 것들보다 사실적으로 덜 정확하고, 어떤 윤리적 격률은 다른 것들보다 덜 실천적이다.

생물학적 바탕을 지닌 인간 본성은 분명히 존재하며 윤리와 종교와 관련을 맺고 있다. 여러 증거들이 보여 주듯이 사람들이 단지 좁은 범위의 윤리적 격률들을 쉽게 배울 수 있는 것은 바로 이런 본성의 영향 때문이다. 이와 같은 윤리적 격률들은 특정한 신념 체계 내에서 꽃피우다가 다른 종교 체계에서는 시들게 된다. 우리는 이런 현상이 일어나는 이유를 정확히 알 필요가 있다.

끝으로 나는 세계관들 사이의 갈등이 어떻게 해소될 것인가에 대해 주제 넘는 제안을 해 보려 한다. 윤리적 · 종교적 믿음의 유전적 · 진화적 기원이라는 개념은 복잡한 인간 행동에 대한 지속적인 생물학적 연구들을 통해 검증될 것이다. 경험론적 해석은 감각계와 신경계가 자연선택 혹은 그 밖의 순수한 물질적 과정에 따라 진화해 온 것으로 판명되는 범위 내에서 지지될 것이다. 또한 앞서 기술된 바 있는 본질적 연결 과정인 유전자와 문화의 공진화가 검증되면 더 큰 뒷받침을 받게 될 것이다.

이제 다른 가능성을 생각해 보자. 윤리적 · 종교적 현상들이 생물학의 성과에 맞는 방식으로 진화해 온 것처럼 보이지 않는다면, 특히 그런 복잡한 행동들이 감각계와 신경계 속의 물리적 사건들과 연결될 수 없다면, 그만큼 경험론적 입장은 입지를 잃을 것이며 오히려 초월론적 설명이 받아들여지게 될 것이다.

수세기 동안 경험론적 입장은 과거에 초월론적 믿음이 강세를 보이던 영역에 처음에는 천천히 퍼져 나가다가 과학의 시대에 와서는 빠르게 전파되어 왔다. 우리 선조들이 친숙하게 알고 지내던 정령들이 처음에는 바위와 나무에서 빠져 나가더니 그 다음엔 멀리 보이는 산에서도 빠져 나갔다. 이제 정령들은 별들 속에 존재하고 있지만 거기서 그들은 완전히 소멸될 수도 있을 것이다. 그러나 우리는 정령들 없이는 살 수 없다. 사람들은 성스러운 이야기를 필요로 한다. 그들은 지적으로 합리화된 더 큰 목적을 어떤 형태로든 지녀야만 한다. 그들은 죽을 수밖에 없는 동물적 절망에 굴복하기를 거부할 것이다. 또 사람들은 시편의 기자와 함께 "무엇이 저를 위로할 수 있겠나이까?"라고 계속해서 탄원한다. 그들은 조상 대대로 내려오는 정령들을 되살리는 방법을 찾아낼 것이다.

만일 성스러운 이야기가 종교적 우주론의 형태를 띠지 못한다면 그것은 우주와 인간의 물리적 역사에서 제거될 것이다. 이 추세가 결코 타락을 의미하지는 않는다. 진정한 진화론적 서사시는 종교적 서사시만큼이나 본질적으로 고상한 기품을 지닌다. 과학이 발견한 물리적 실재는 이미 모든 종교적 우주론들을 합쳐 놓은 것보다 더 많은 내용과 장관을 드러냈다. 인류의 연속성은 서구의 종교들이 상정했던 것보다 1,000배는 더 오래된 심층적 역사 속에서 그 흔적이 추적되고 있다. 이에 대한 연구는 커다란 도덕적 중요성을 지닌 새로운 계시를 드러내 주었다. 이로 인해 우리는 호모 사피엔스가 부족과 인종의 집합 이상의 존재임을 깨닫게 되었다. 우리는 하나의 단일한 유전자군(gene pool)을 이룬다. 이 유전자군으로부터 각 세대마다 개인들이 태어나고 또 그 속으로 용해되어 다음 세대로 이어진다. 이렇게 하여 우리는 대대로 전해 내려오는 유산과 공통의 미래를 통해 하나의 종으로서 영원히 통합되어 있다. 사실에 기반을 둔 이 생각으로부터 우리는 불멸성에 대한 새로운 암시를 이끌어 낼 수 있으며 새로운 신화도 여기서 진화해 나올 수 있다.

종교적 초월론과 과학적 경험론 중 어떤 세계관이 우세한지는 인류가 미래를 어떤 식으로 규정하느냐에 따라 크게 달라질 것이다. 다음과 같은 결정적인 사실들을 깨닫게 된다면 모종의 화해에 이를 수도 있다. 즉 한편으로는 윤리와 종교가 여전히 너무 복잡하여 오늘날의 과학만으로는 깊이 있게 설명될 수 없다는 점과 다른 한편으로는 윤리와 종교는 대부분의 신학자들이 인정하는 것보다 훨씬 더 자율적인 진화의 산물이라는 사실이다. 과학은 윤리와 종교 속에서 가장 흥미롭고 아마도 자신을 겸허하게 만드는 도전에 직면할 것이며, 반면 종교는 자신의 신빙성을 계속 유지하기 위해 과학의 발견들을 한데 통합시키는 방법을 어떻게든 찾아내야만 할 것이다. 종교는 경험적 지식에 모순되지 않는 인류 최고의 가치들을 불후의 시적 형식 속에 집어넣을 수 있을 때 그만큼의 힘을 소유하게 될 것이다. 이것이 바로 강력한 도덕적 리더십을 제공할 수 있는 유일한 길이다. 맹목적 신앙은 제아무리 열정적으로 표출된다 할지라도 충분하지 못하다. 과학은 자신의 자리에서 인간의 조건에 대한 모든 가정들을 가차 없이 시험대 위에 올려놓아야 할 것이다. 그러다 때가 되면 도덕적이고 종교적인 감정들의 기반이 발견될 것이다.

두 가지 세계관의 경합이 가져다줄 최종 결과는 인간 서사시의 세속화와 종교 자체의 세속화가 될 것이다. 그 과정이 아무리 지난하더라도 그것을 위해서는 상호 존중의 분위기 속에서 공개 토론을 계속해야 하며 그 과정에서 흔들리지 않는 지적 엄격함을 견지해야 한다.

12장

우리는 어디로 가고 있는가

학자들은 행동과 문화를 다룰 때 개별 분과들에 적절한 여러 유형의 설명들, 예컨대 인류학적 설명, 심리학적 설명, 생물학적 설명 등을 언급하는 습관이 있다. 나는 본래 단 한 가지 부류의 설명만이 있다고 논증했다. 그 설명을 통해 우리는 다양한 수준의 시공간과 복잡성을 넘나들어 결국에 통섭이라는 방법으로 여러 분과들의 흩어진 사실들을 통일한다. 통섭은 봉합선이 없는 인과 관계의 망이다.

지난 몇 세기 동안 통섭은 자연과학의 모유였다. 현재는 뇌과학과 진화생물학이 이런 방법론을 전적으로 받아들이고 있으며 사실 이 두 분과는 사회과학과 인문학을 잇는 교량 역할을 가장 잘하고 있다. 통섭적 설명이 학문의 모든 갈래들에 똑같이 적용된다는 명제를 지지하는 증거들은 엄청나게 많다. 그리고 그 명제를 거부해야만 할 증거들은 어디에도 없다.

그렇다면 통섭 세계관의 핵심은 무엇일까? 그것은 모든 현상들—예컨대, 별의 탄생에서 사회 조직의 작동에 이르기까지—이 비록 길게 비비 꼬인 연쇄이기는 하지만 궁극적으로는 물리 법칙들로 환원될 수 있다는 생각이다. 인간이 공통 유래를 통해 모든 다른 생명들과 친척 관계에 있다는 생물학적 결론은 이런 생각을 뒷받침한다. 모든 생명은 본질적으로 동일한 DNA 유전 암호를 공유하는데 이 암호는 RNA로 전사되고 결국 동일한 아미노산을 지닌 단백질로 번역된다. 계통학적으로 보면 우리는 구대륙 원숭이와 유인원 사이에 위치한다. 화석 기록은 인간의 직접적인 조상이 호모 에르가스테르나 호모 에렉투스임을 보여 준다. 그것은 인류가 20만 년 전쯤에 아프리카에서 유래했음을 시사한다. 그 이전이나 이후의 몇십만 년 동안 진화해 온 우리의 유전적 인간 본성은 문화의 진화에 여전히 깊은 영향을 미치고 있다.

그렇다고 이런 생각이 역사에서 우연이 담당하는 결정적 역할을 깎아 내리는 것은 아니다. 작은 사건들도 큰 차이를 불러일으킬 수 있다. 한 지도자의 성격이 전쟁이냐 평화냐를 결정할 수도 있고 하나의 기술 혁신이 경제를 바꿀 수도 있다. 하지만 통섭 세계관의 요점은 인간 종의 고유한 특성인 문화가 자연과학과 인과적인 설명으로 연결될 때에만 온전한 의미를 갖는다는 점이다. 여러 과학 분과들 중에서 특히 생물학은 이런 연결의 최전선에 있다.

이러한 환원주의가 자연과학 바깥으로 나가면 별 인기가 없다는 점은 나도 안다. 많은 인문·사회과학자들에게 환원주의는 마치 성물(聖物) 안치소의 흡혈귀와도 같다. 우선 나는 이러한 반응을 야기한 불경스러운 이미지를 서둘러 없애겠다. 20세기를 마무리하며, 자연과학은 복잡계를 이해하기 위해서 새로운 근본 법칙을 찾는 일에서 새로운 종류의 종합——이것을 전일론이라 불러도 좋으리라——으로 그 초점을 옮겼다. 예컨대, 우주의 기원, 기후 변동의 역사, 세포의 기능, 생태계 조직 그리고 마음의 물리적 기초에 관한 연구 등은 복잡계를 이해하는 데 그 목표를 두고 있다. 이런 탐구들에서 가장 잘 통하는 전략은 조직의 여러 수준들을 가로지르는 정합적인 인과 관계를 설명하는 것이다. 그래서 세포생물학자들은 분자 집합체의 여러 수준을 넘나들며 연구하고 인지심리학자들은 집합적인 신경 세포들의 활동 양상에 관심을 기울인다. 어떤 사건이 벌어지면 우리는 그것을 이해할 수 있게 된다.

그렇다면 왜 이와 동일한 전략을 자연과학과 인문·사회과학을 통합하는 데 써서는 안 되는가? 안 될 이유가 전혀 없다. 두 영역 간의 차이는 단지 문제의 크기 차이일 뿐 문제의 해답을 찾는 데 필요한 원리들의 차이는 아니다. 인간의 조건은 자연과학의 가장 중요한 미답지이다. 역으로 자연과학에 의해 드러난 물질세계는 인문·사회과학의 가장 중요한 미답지이다. 그렇다면 통섭 논증은 다음과 같이 압축될 수 있다. 두 미답지는 동일하다고.

인간의 정신 활동을 포함한 물질세계의 지도는 어떤 형태를 보일까? 정합적인 학제 연구로는 아직 접근 불가능한 미답지들이 빈 공간으로 드문드문 보인다. 이 책의 앞부분에서 나는 이 빈 공간들의 위치에 대한 스케치(일명, '간격 분석')를 했고 그 빈 공간을 탐구하는 과학자들의 노력을 설명했다. 엄청난 잠재력을 가진 이런 간격들에는 물리학의 최종 통일, 살아 있는 세포의 재구성, 생태계 구성, 유전자와 환경의 공진화, 마음의 물리적 기초 그리고 윤리와 종교의 뿌리 깊은 기원 등이 있다.

통섭 세계관이 옳다면 그 간격을 횡단하는 것은 실재 전제를 일주하는 마젤란 항해가 될 것이다. 탐험은 끝없는 바다를 가로지르며 계속될 수도 있다. 현재의 항해 속도 정도면 향후 몇십 년 내에 두 이미지 중에서 어떤 것이 옳은가를 알아낼지도 모른다. 그러나 여행이 마젤란적이라 하더라도, 그리고 결국에는 용감한 여행이 줄어들면서 물질적 존재의 윤곽이 잘 정의된다 하더라도 우리는 내부의 세부 사항 중에 극히 일부만을 정복하게 될 뿐이다. 탐험은 다양한 학문 분과에서 계속될 것이다. 물리적으로 가능한 모든 세계뿐만 아니라 상상 가능한 모든 세계를 포괄하는 예술도 존재한다. 우리의 신경계는 이 상상 가능한 세계를 매우 흥미롭게 여기며, 그 세계는 인간의 고유한 감각 내에서는 참이다.

넓은 의미에서 자연과학의 야망——자연과학의 분과들은 하나의 설명 체계로 이해되기에 충분할 정도로 정합적이기는 하지만 아직은 탐구의 손길을 기다리는 부분들이 많다.——을 더 우호적으로 바라보는 사람은 어쩌면 비과학자들인지 모른다. 요즘 여론 조사에서 늘 드러나듯이 적어도 대부분의 미국인들은 과학을 소중히 여기기는 하지만 과학에 당혹감을 느낀다. 그들은 과학을 이해하지 못하고 공상 과학을 더 좋아하며 판타지와 사이비 과학을 대뇌의 쾌락 중추를 흥분시키는 자극물처럼 여긴다. 우리는 쥐라기보다는 「쥐라기 공원」(영화)을, 천체물리학보다는 UFO학을 더 좋아하는 구석기 시대적인 모험의 추구자이다.

과학의 산물은 대개 별 볼일 없는 것들이다. 의학적 혁신과 스릴 넘치는 우주 탐험은 드물게 일어날 뿐이다. 마음과 정신 면에서 다윈의 원리에 잘 적응한 영장류인 인류에게 정말로 중요한 것은 성, 가족, 일, 안전, 개인적 표현, 오락 그리고 영적인 충족 등이다. 대부분의 사람들은 우리가 그러한 것들에 몰두한다는 사실이 과학과는 별 관계가 없다고 오해하고 있다. 그들은 인문·사회과학이 자연과학과는 상관이 없으며 그런 것들과 더 관련이 깊은 탐구 활동이라고 전제한다. 전문가들 외에 염색체나 카오스 이론을 이해할 필요가 있는 사람이 누구인가?

하지만 과학 자체는 대단한 것이다. 예술과 마찬가지로 과학은 전 인류가 보편적으로 소유한 지식이며 우리 종이 가진 지식 창고의 핵심이었다. 과학은 우리가 물질세계에 대해 합당하게 아는 확실한 것들로 구성되어 있다.

만일 자연과학이 인문·사회과학과 성공적으로 통합될 수 있다면, 고등 교육에서 교양 과목은 새로운 활력을 얻을 것이다. 그 정도를 성취하기 위한 시도만이라도 추구할 만한 가치가 있는 목표이다. 전문가가 되려는 학생들은 단지 지식을 가진 것만으로는 21세기를 움직일 수 없다는 점을 이해하도록 교육받아야 한다. 과학 기술 덕택으로 모든 종류의 사실적 지식의 단가는 내려가고 그 지식에 대한 접근은 훨씬 더 쉬워졌다. 지식에의 접근은 결국 민주화와 전 지구화의 과정을 밟게 될 것이다. 우리는 곧 그 지식을 텔레비전과 컴퓨터 화면에서 이용할 수 있을 것이다. 그러면 그 다음은 무엇일까? 대답은 분명하다. 종합이다. 우리는 정보의 바다에 빠져 있기는 하지만 지혜의 빈곤 속에 허덕이고 있다. 따라서 세계는 적절한 정보를 적재적소에서 취합하고 비판적으로 생각하며 중요한 선택을 지혜롭게 할 수 있는 사람들에 의해 돌아갈 것이다.

지혜에 관하여 좀 더 이야기해 보자. 장기적으로는 문명화된 국가들이 인간성이라는 잣대로 다양한 문화들을 재단할 것이다. 그 국가들은 세계를 지구촌화하는 가운데 가장 고귀하고 영원한 목표들을 세우려고 노력할 것이다. 교양을 위한 이러한 시도에서 가장 중요한 질문은 우리의 특이한 열정적 활동의 의미와 목적에 관한 것이다. 우리는 무엇이고 어디에서 왔으며 어디로 갈 것인가? 왜 인간을 정의하는 것들은 고생, 열망, 정직, 칭찬, 사랑, 미움, 사기, 똑똑함, 오만, 겸손, 부끄러움 그리고 멍청함 등과 같이 서로 이질적인 것들일까? 이런 주제에 대해 스스로 오랫동안 무언가를 주장해 온 신학은 오히려 문제를 망쳐 놓았다. 아직도 석기 시대의 상식에 기반을 둔 규칙들에 저당 잡혀 있는 신학은 이제 탐구의 문이 활짝 열린 실재 세계에 대한 위대한 노력들을 흡수할 수 없다. 그렇다고 서양의 철학이 그런 기능을 해 줄 것 같지도 않다. 철학은 꼬여 있는 토론과 전문가적인 소심함 때문에 현대 문화의 의미를 파산시켰다.

그러므로 교양 과목의 미래는 당황함이나 두려움 없이 인간 존재의 근본 물음들을 묻는 데 있다. 그런 물음들을 위에서 아래로 끌어내려 더 쉬운 언어로 다루어야 한다. 그리고 각 조직 수준에서 과학과 인문학의 연합을 꾀해야 한다. 물론 그것은 매우 어려운 작업이다. 그러나 심장 수술과 우주선 건조도 마찬가지로 힘든 일이다. 그런 일이 필요하기 때문에 유능한 사람이 그 일에 매달리는 것이다. 그렇다면 교육을 맡고 있는 전문가들에게는 당연히 기대를 해야 한다. 교양 과목들은 각각의 내용에 있어서 탄탄하고 서로의 관계에 있어서 정합적인 만큼 성공할 것이다. 나는 학문의 커다란 가지들 간의 인과적 연결을 회피하는 '교양 과목'이 대학의 핵심 교과 과정으로 자리 잡아서는 안 된다고 생각한다. 이 인과적 연결은 단지 은유여서도 안 되고 개별 분과의 성과들을 나열하는 식이어서도 안 된다. 후세들을 위한 고귀한 모험이 우리 앞에 놓여 있다. 모험이 시원치 않을 때는 낙망하겠지만 어쨌든 우리 앞에는 위대한 기회가 펼쳐져 있다.

만일 통섭 세계관 안에서 유황 냄새가 나고 인간성의 핵심에 관련되는 것들에 파우스트의 흔적이 있다고 하자. 메피스토펠레스가 파우스트에게 제의한 것이 무엇인가? 그리고 야심만만하던 그 의사는 어떠한 대가를 치렀나? 크리스토퍼 말로(Christopher Marlowe)의 희곡과 괴테의 서사시에 이르기까지 거래는 본질적으로 같다. 그것은 이승의 능력과 쾌락을 영혼과 맞바꾸는 것이다. 물론 차이도 있었다. 말로의 파우스트는 잘못된 선택으로 되돌릴 수 없는 저주를 받았지만, 괴테의 파우스트는 물질적 이득을 통해 그에게 약속된 행복을 느낄 수 없었기 때문에 구원받았다. 말로는 개신교의 경건함을 받들었지만 괴테는 인본주의 이상을 숭상했다.

인간 조건에 대해 인식할 때 우리는 말로와 괴테를 넘어선다. 오늘날은 하나가 아니라 두 개의 메피스토펠레스적 거래로 구분될 수 있을 것이다. 그런 거래들에서는 말로와 괴테의 원래 거래만큼 선택이 매우 어려워야 한다. 두 가지의 거래는 왜 통섭적 비전을 고려해야 하는지를 잘 드러낸다.

파우스트적인 첫 번째 선택은 실제로 몇 세기 전에 일어났는데, 그때 인류는 진보의 레치트(톱니바퀴의 역회전을 막는 바퀴쐐기.—옮긴이)를 받아들였다. 즉 인간이 더 많은 지식을 획득하면 할수록 인구는 더 증가하고 환경도 더 많이 변화시킬 수 있을 것이라고 생각한 것이다. 그리고 환경에서 살아남기 위해서라도 새로운 지식이 더 많이 필요하다. 인간이 지배하는 세상에서는 자연 환경이 끊임없이 줄어들기 때문에 그에 따른 에너지와 자원의 양도 감소한다. 고등 기술은 궁극적인 인공 보철물이 되었다. 오스트레일리아 원주민 부족에게 공급되던 전기를 끊어 보라. 거의 아무런 일도 일어나지 않을 것이다. 반면 캘리포니아 주에서 전기를 차단하면 수백만이 죽을 것이다.

인간이 왜 환경과 이런 식의 관계를 맺게 되었는지를 이해하는 것은 수사적인 물음을 넘어선다. 탐욕에는 설명이 요구된다. 레치트는 계속 재고되어야 하며 새로운 선택이 고려되어야 한다.

파우스트적인 두 번째 약속은 처음에는 이상하게도 원래의 계몽을 되풀이하면서 시작되었으며 몇십 년 이내에 실현될 것이다. 그 약속에 따르면, 당신은 당신이 원하는 대로 인간 종의 생물학적 본성을 변화시킬 수도, 혹은 내버려 둘 수도 있다. 어떤 식이든 간에 유전적 진화는 의식적이고 의지적이 되기 시작했다. 생명 역사의 새로운 신기원을 예고하고 있다.

이제 이 두 가지 거래를 검토하자. 논리적 정합성을 위해 두 번째 거래를 먼저 살펴보고 그 두 거래가 함축하는 것처럼 보이는 서로 다른 운명들에 관해 생각해 보자.

미래를 내다보기 전에 우리가 현재 어디쯤에 있는지를 알 필요가 있다. 유전적 변화가 여전히 옛날 방식으로 발생하는가 아니면 문명화로 인해 그런 식의 변화가 멈췄는가? 좀 더 정확하게 질문해 보자. 자연선택이 여전히 작동하여 진화를 추동하는가? 자연선택이 생존과 번식에 발응하며 어떤 특정한 방향으로 우리의 해부적 구조와 행동을 몰아가는가?

이 물음에 대한 답은 엄청나게 복잡한 주제에 관한 답이 늘 그렇듯 맞으면서 틀렸다. 내가 알기로는 인간 유전체가 전체적으로 새로운 방향으로 변화하고 있다는 증거는 없다. 하지만 인구 과잉, 전쟁, 전염병 발생, 환경 오염 등과 같이 인류를 가장 괴롭히는 힘이 인간이라는 종을 어떤 방향으로 밀어붙이고 있지는 않는가? 그러나 이런 압력들은 수천 년 동안 전 세계에서 존재해 왔다. 그로 인해 인구는 주기적으로 감소했고 심지어 어떤 때에는 전 인구가 소멸하고 대체

되기도 했다. 발생할 것이라고 예측되는 많은 적응들이 틀림없이 이미 나타났을 것이다. 그러므로 현대 인간의 유전자는 이런 나쁜 힘들이 과거에 왜 존재할 수밖에 없었는지를 반영할 것이다.

예를 들어 우리는 더 작거나 큰 뇌를 위한 유전자, 더 효과적인 신장을 위한 유전자, 더 작은 이빨을 위한 유전자, 동정심을 더(덜) 느끼게 하는 유전자 등과 같이 몸과 마음의 중요한 변화를 초래하는 유전자를 획득하고 있는 종처럼 보이지는 않는다. 한 가지 의심의 여지가 없는 전체적 변화는 이보다 덜 중요한 것이다. 그것은 전 세계적으로 일어나고 있는 인종적 형질(피부색, 머리카락 유형, 림프구 단백질, 면역 글로불린)의 빈도 변동인데, 이 변동은 개발도상국의 빠른 인구 증가에 기인한다. 1950년에는 세계 인구의 68퍼센트가 개발도상국에 살았다. 2000년에는 78퍼센트가 될 것이다. 이런 변화량은 이전에 존재하던 유전자들의 빈도에 영향을 주지만, 우리가 아는 한 그로 인한 형질 변화들은 세계를 변화시킬 만한 것은 아니다.

물론 몇몇 국소적인 급변은 감지되어 왔다. 예컨대, 단두화(短頭化) 현상(brachycephalization)이 그것이다. 지난 수만 년 동안 유럽, 인도, 폴리네시아, 북아메리카와 같이 서로 멀리 떨어져 있는 개체군에서 인간의 머리가 점점 둥글게 변하고 있다. 인류학자들은 카르파티아 산맥과 발트 해 사이에 위치한 폴란드 전원에서 1300년경부터 20세기 초까지 약 30세대 동안 해골에 어떤 경향을 띤 변화가 나타났음을 보고했다. 왜 이러한 변화가 생겨났을까? 그 이유는 주로 둥근 머리를 가진 사람들의 생존율이 조금이라도 더 높았기 때문이지 폴란드 밖에서 단두화가 유입되었기 때문은 아니다. 그 형질은 부분적으로 유전적 기초를 가지고 있다. 그러나 왜 진화적 성공을 거두었는지는 아직도 수수께끼이다.

개체군에 따라서 유전적 다양성이 존재하는 사례들이 많이 발견되었다. 예컨대 혈액형, 질병에 대한 저항력, 호기성(aerobic) 능력, 우유를 비롯한 여러 음식들을 소화시키는 능력 등은 지역 개체군에 따라 유전적 차이가 존재한다. 그런 차이들은 대부분 지역적 환경 조건에서의 생존·번식 능력과 잠정적으로 연관되어 있다. 예를 들어 그중에서 가장 많이 논의된 우유 소화 능력에 관한 연구에 따르면 우유를 소화시킬 수 있는 어른의 빈도는 오랜 세월 동안 낙농업에 의존해 온 개체군에서 가장 높다. 1994년 러시아의 유전학자들은 적응적 특성의 지역적 경향의 또 다른 사례를 보고했다. 중앙아시아의 뜨거운 사막에서 온 터키 어 사용자들은 그 주변의 온화한 기후에서 여러 세대를 살아온 사람들에 비해 섬유아 세포(fibroblasts, 느슨한 연결 조직의 부분을 형성하고 있는 세포. ― 옮긴이) 속에 열충격 단백질(heat shock protein, 대부분의 생물은 정상적인 생장 온도보다 섭씨 10도 정도 높은 온도에 노출되면 단시간 내에 특정한 단백질군의 합성을 급격히 유도하고 정상 단백질의 합성은 억제되는 열충격 반응를 보인다. 이 충격으로 합성된 단백질군을 열충격 단백질, 혹은 스트레스 단백질이라고 한다.―옮긴이)을 더 많이 생산한다. 유전적인 기초를 가진 이 차이는 심각한 열 스트레스 조건에서 생존율을 높이는 기능을 한다.

하지만 이런 지역적인 경향들이 인간의 해부적 구조나 행동의 주요한 차이를 함축하는 것 같지는 않다. 예컨대 오늘날의 태국처럼 덜 선진적인 나라에서의 출생률이 북아메리카, 유럽, 일본 정도의 수준으로 떨어지면 차별적인 개체군 성장에 기인한 차이조차도 오래 지속되지 않을 것이다.

최근 인간 진화의 두드러진 특징은 방향성 변동도 자연선택도 아니다. 그것은 이주(immigration)와 이질 교배(interbreeding)를 통한 균질화(homogenization)이다. 역사의 흐름에 따라 개체군들은 서로 섞여왔다. 부족과 국가는 경쟁 부족과 국가와의 싸움에서 합병되기도 하고 가끔씩 완전히 멸망하기도 했다. 5,000년 동안의 유럽과 아시아의 역사를 책장마다 연대기적으로 표시해 보면 그것은 인종 경계의 변동사가 된다. 이 역사책의 한 쪽을 넘길 때마다 부족과 국가가 새롭게 생겨나고 배고픈 2차원 아메바처럼 팽창하다가 라이벌의 침입으로 소멸한다.

이런 혼합 과정은 유럽이 신대륙을 정복하고 아프리카 노예들을 해안으로 데려왔을 때 급격하게 빨라졌다. 그리고 유럽이 오스트레일리아와 아프리카를 식민지화했던 19세기에 이런 균질화가 그 다음으로 빨리 진행되었다. 최근에는 산업화와 민주화의 팽창을 통해 다시 균질화가 빨라지고 있다. 근대화의 중심적인 특징인 산업화와 민주화는 사람들을 바삐 움직이도록 만들고 세계의 국경들에는 구멍들이 생겼다. 대부분의 인간 개체군은 지리적 차이 때문에 서로 구분되어 있으며 몇몇 인종 고립지는 틀림없이 몇 세기 더 지속될 것이다. 하지만 반대 방향으로의 경향은 너무도 강력하다. 또한 비가역적이기도 하다.

균질화는 전 지구적인 규모에서는 별로 역동적이지 않다. 그것은 지역 개체군들을 신속히 변화시키기도 하지만 그것 자체가 인간 종 전체의 진화 방향을 추동할 수는 없다. 균질화는 이전의 인종 차이(전체 개체군들을 구별짓는 유전 형질의 통계적 차이)를 점진적으로 없애는 결과만을 낳는다. 또한 그것은 개체군 내부와 전체 종을 통틀어 존재하는 개체들의 변이 범위를 넓힌다. 유전자의 영향을 받는 피부색, 얼굴 특징 그리고 재능 등에서 과거보다 더 많은 조합들이 생겨나고 있다. 그러나 지구의 서로 다른 지역에서 살고 있는 사람들의 얼마 안

되던 평균적인 차이마저 점점 좁혀지고 있다.

유전적 균질화는 액체를 섞을 때 생기는 현상과 유사하다. 내용물은 극적으로 변하고 새로운 종류의 산물들이 개체 내의 유전자 조합 수준에서 창발한다. 변이량이 증가하고 극단은 확장되고 새로운 형태의 유전적 천재와 병리 상태가 더 쉽게 발생한다. 그러나 가장 기초적인 단위인 유전자는 교란되지 않은 상태로 남는다. 유전자의 종류와 양은 거의 동일하게 유지된다.

만일 이주와 상호 결혼이 현재의 속도대로 일어난다면 이론적으로는 수십 세대 혹은 수백 세대 후면 전 세계 개체군 간의 차이가 제거될 것이다. 베이징에 살고 있는 사람들이 암스테르담이나 라오스에 살고 있는 사람들과 통계적으로 똑같을지도 모른다. 그러나 이것은 미래의 유전적 경향의 핵심 쟁점이 아니다. 왜냐하면 진화를 발생시키는 규칙들은 극적으로 그리고 근본적으로 막 변하기 시작할 것이기 때문이다. 유전학과 분자생물학의 계속되는 진보 덕분에 유전적 변화는 이제 곧 자연선택보다는 오히려 사회적 선택에 더 의존하게 될 것이다. 만일 인류가 머지않아 자신의 유전자들에 관한 정확한 지식을 손에 넣는다면, 그들은 자신들이 원할 때 진화의 새로운 방향을 선택하고 그리로 곧장 달려갈 수 있다. 반면 만일 미래 세대가 과거에 존재했던 유전적 다양성의 자유시장을 선호한다면, 그 세대는 어떤 것도 하지 않기로 선택하고 그 결과 100만 년 동안 면면히 이어져 온 유산으로 살아갈 수 있다.

이런 '의지적인 진화' ─ 자신의 유전성을 결정하는 종 ─ 의 가망성 때문에 인류는 지금까지 직면해 온 선택들 중에서 가장 근본적인 지적 · 윤리적 선택을 하게 될 것이다. 핵심적 딜레마는 과학적 공상과는 거리가 멀다. 의학자들은 질병의 유전적 기초를 이해할 목

적으로 5만에서 10만 개의 유전자를 본격적으로 찾아 나섰다. 생식
생물학자들은 양을 복제했으며 추측컨대 절차가 허용되면 인간에 대
해서도 똑같은 일을 할 수 있을 것이다. 그리고 인간 유전체 사업 때
문에 유전학자들은 인간 DNA 문자들(총 36억 쌍의 염기)의 완벽한 서
열을 향후 20년 내에 읽어 낼 수 있을 것이다.(인간 유전체의 염기 서열은
2001년 2월에 완벽하게 밝혀졌다. ―옮긴이) 과학자들은 제한적 형태이기는
하지만 DNA의 단편을 교체함으로써 유전자를 원하는 방향으로 변
경시키는 분자 실험을 하고 있다. 게다가 개체가 유전자에서부터 단
백질 합성 그리고 최종 산물(해부적 구조, 생리 그리고 행동)에 이르기까
지 어떻게 발생하는가를 추적하는 탐구가 생물학 영역에서 매우 빠
르게 진행되고 있다. 15년 내에 우리는 자신의 유전성뿐만 아니라
유전자가 환경과 상호 작용하여 인간을 만들어 내는 방식에 대해 상
당히 많이 알게 될 것이다. 우리는 각 수준에서 산출된 산물들을 가
지고 땜장이 노릇을 할 수 있다. 예컨대, 유전성을 변화시키지 않은
채 잠정적으로 그 산물들을 변화시키거나 유전자와 염색체에 변이를
만들어 영구적으로 그 산물들에 변화를 줄 수 있다.

만일 이러한 지식의 진보가 부분적으로라도 달성되고 어디서든
가능하게 된다면 인류는 자신의 운명을 통제하는 신과 같은 위치에
오르게 될 것이다. 실제로 수많은 유전·의학 연구들이 갑자기 답보
상태에 빠지지 않는 한 그러한 진보는 피할 수 없는 것처럼 보인다.
인류는 원한다면 인간이라는 종의 해부학적 구조와 지능뿐만 아니라
인간 본성의 핵심을 구성하는 감정과 창조력도 변화시킬 수 있다.

유전체 공학은 인류 진화사의 마지막 세 번째 단계일 것이다. 호
모 사피엔스에서 정점을 이룬 200만 년간의 호모 속의 역사 속에서
사람들은 자신들을 모양짓는 유전 암호들을 관찰하거나 인식하지 못

했다. 그것들은 초미세현미경으로만 보이기 때문이다. 역사 시대인 지난 1만 년 동안 인간 개체군은 대개 지역적인 기후 조건에 의존하여 인종의 분화를 경험했다. 이것은 훨씬 더 이전의 역사와 동일한 경험이었다.

모든 다른 생물들과 함께한 오랜 진화의 역사 속에서 인간 개체군도 안정화 선택을 받았다. 즉 질병이나 불임을 야기하는 유전자 돌연변이들이 각 세대에서 제거되었다. 이런 결함 대립 인자(alleles)들은 열성으로만 존재하기 때문에 그들과 짝을 이루는 우성 유전자의 활동에 압도되어 발휘될 수 없었다. 하지만 만일 두 개의 열성 대립 인자가 짝을 이루면 낭포성 섬유증, 테이색스병(Tay-Sachs) 그리고 겸형 적혈구 빈혈증과 같은 유전병이 생겨나고 이 질병에 걸린 사람은 일찍 사망하고 만다. 결국 안정화 선택은 그런 유전자들을 개체군에서 지속적으로 몰아내어 다행스럽게도 희귀하게 만든다.

현대 의학의 발전으로 인류의 진화는 두 번째 시기로 진입했다. 유전적 결함들이 점점 더 상당히 완화되고 억제되었다. 유전자 자체가 열성 대립 인자의 형태로 남아 있을 때조차도 말이다. 예를 들어 페닐케톤 요증은 최근까지도 신생아 1만 명당 1명꼴로 발생하며 이 병에 걸린 아기들은 심한 정신 지체를 보인다. 연구자들은 특정한 열성 유전자가 짝을 이룬 형태로 존재하며 페닐알라닌(공통의 아미노산)의 정상적 신진대사를 방해하는 것이 페닐케톤 요증이라는 사실을 알게 되었다.

이렇게 페닐케톤 요증의 원인을 유전자 수준에서 해명하는 것 같은 사례들은 점점 일반적인 것이 되어 가고 있으며 앞으로 수 년 내에 몇 배로 불어날 것이다. 이런 식으로 사람들은 한 번에 유전자 하나씩 유전자 세계에 대한 이해의 폭을 넓혀 가고 있다. 이제 인류는 자신의 유전을 의식적으로 제어하기 위해 과학 지식을 사용하기 시작했다. 진화 효과가 안정화 선택을 점점 늦춰 인류 전체의 유전적 변이를 증가시킬 것이다. 이렇게 안정화 선택이 억제되는 두 번째 시기가 막 시작되고 있다. 많은 세대에 걸친 해로운 유전자 효과의 완화는 현 개체군 단계에서 인류의 유전에 상당한 변화를 가져올 수 있다. 물론 정밀하고 비싼 의학적 치료에 점점 더 의존하게 되면서 이로운 점도 생길 것이다. 유전자 공략의 시대는 의학적 인공 보철의 시대이기도 하다.

그러나 이러한 선택의 불안정화가 너무 심해지는 것은 아닌지 걱정할 필요는 없다. 인류 진화의 두 번째 시기는 그리 길지 않을 것이다. 그것은 종 전체의 유전에 중대한 영향을 미칠 만큼 충분히 많은 세대에 걸쳐 일어나지는 않을 것이다. 왜냐하면 그것을 가능하게 한 지식이 우리를 재빨리 세 번째 시기로 진입시킬 것이기 때문이다. 그것은 의지적인 진화의 시기이다. DNA 코드의 뉴클레오티드 암호까지 파고들어 유전자 내 특별한 결함의 원인이 무엇인지를 이해한다면 원칙적으로 그 결함은 영구적으로 치료될 수 있다. 유전학자들은 '유전자 치료(gene therapy)' 기술을 현실로 만들기 위해 애쓰고 있다. 그들은 최근의 첨단 프로젝트에서 보듯이 환자의 폐 조직에 손상되지 않은 유전자를 삽입하여 적어도 부분적으로는 낭포성 섬유증을 치료할 수 있다는 희망을 갖고 있다. 수 년 내에 영구적으로 치료될 것으로 보이는 질병에는 혈우병과 겸형 적혈구 빈혈증을 비롯한 혈액 유전병들이 포함된다.

유전자 치료는 매우 더디게 발전하고 있다. 그러나 그 속도는 점점 빨라질 것이다. 실패하기에는 사람들이 그것에 거는 기대가 너무 크며 너무 많은 벤처 자본이 투입되었다. 일단 실용적 시술로 확립되기만 하면 유전자 치료는 상업적으로 주도적인 것이 될 것이다. 수천의 유전적 결함이 이미 알려졌는데 그중 상당수는 치명적인 것들이다. 유전적 결함은 해마다 점점 더 많이 발견된다. 전 세계 수십억의 사람들은 그 결함을 가진 유전자를 하나나 둘씩(single or double dose) 지니고 있으며, 개인들은 평균적으로 적어도 몇 가지씩 다른 결함이 있는 유전자를 염색체 어딘가에 갖고 있다. 대부분의 경우 이 유전자들은 열성이거나 한쪽에만 있다. 그래서 이 때문에 보유자에게는 결함이 발현되지 않는다 하더라도 자녀의 경우에는 한 쌍 모두에 문제가 생겨 본격적인 증상으로 나타날 수 있다. 따라서 유전자 치료가 안전하고 사용할 만한 것이 되면 수요는 명백히 급증할 것이다.

다음 세기 언젠가에는 그러한 경향이 의지적인 진화의 시기를 이끌어 갈 것이다. 이러한 발전은 새로운 종류의 윤리 문제를 야기할 것이다. 이미 내가 말했듯이 그것은 파우스트적인 결정이 될 것이다. 즉 어느 정도까지 자신과 후손을 돌연변이시키는 일이 허용되어야 하는가? 유전자 수선을 받은 당신의 자손이 그렇지 않은 내 자손과 결혼하여 결국 내 후손이 될지도 모른다. 이런 상황을 염두에 둘 때 도대체 얼마만큼의 DNA 수선이 도덕적인지에 관하여 과연 우리가 합의를 이끌어 낼 수 있을까? 이러한 결정을 할 때에는 한 가지 중요한 구분을 염두에 두어야 한다. 그것은 DNA 수선을 명백한 유전 결함의 치료에 국한할 것인지 아니면 정상적이고 건강한 형질을 향상시키는 데까지 넓힐 것인지에 관한 것이다. 과학적 상상력을 동원하면, 이것은 심한 난독증(이것과 관련된 유전자 영역이 1994년에 6번 염색체에서 발견되었다.)에서 가벼운 난독증으로의 이행 그리고 손상되지 않은 학습 능력에서 뛰어난 학습 능력으로 이행과도 같다. 나는 시각 배열 장애라는 가벼운 형태의 난독증이 있어서 습관적으로 숫자를 거꾸로 읽으며(8652는 쉽게 8562가 된다.) 철자를 한 자씩 불러 줄 때 따라잡기 힘들다.(그래서 나는 미안해 하며 글자로 써 달라고 부탁한다.) 이렇게 가볍지만 불편한 장애는 겪지 않는 쪽이 나을 것이다. 이것이 유전적 기원을 갖고 있는 것이라면 내가 태아일 때 치료받았다면 더 좋았을 것이다. 나의 부모님이 그 사실을 알고 그럴 수만 있었다면 이 치료에 동의하고 문제를 해결하려 했을 것이다.

그렇다면 수학 능력과 언어 능력을 향상시키기 위해 유전자를 고치는 것은 어떠한가? 절대 음감을 획득하도록 하는 것이라면? 운동 소질은? 이성애적 특질은? 사이버스페이스 적응력은? 완전히 다른 차원에서 미국 시민들, 나아가 전 인류는 적합성을 증가시키기 위해 다양성을 감소시키는 방향으로 나아갈지도 모른다. 아니면 반대로, 사람들은 다양한 개인적 탁월성을 노리고 소질과 체질을 더 다양하게 만들지도 모른다. 고도의 생산성을 갖고 함께 일할 수 있는 전문가 집단이 생겨날 수 있도록 말이다. 사람들은 무엇보다 장수하기를 원할 것이다. 만일 긴 수명을 위한 어떤 기술이 단지 일부라도 성공적이라고 밝혀지면 그것은 엄청난 사회적·경제적 변동을 일으킬 것이다.

현대 과학의 발전은 미래 세대가 그러한 선택을 할 수 있는 기술적 능력을 획득할 것임을 보장한다. 우리는 아직 의지적인 진화의 시기에 들어서지 못했지만, 그러한 전망에 관해 생각해 볼 만큼 충분히 가까이 다가가 있다. 정말 자유로운 최초의 종인 호모 사피엔스는 우리를 만들어 낸 자연선택을 해제하려 하고 있다. 우리의 자유 의지 바깥에는 유전적 숙명도, 우리의 갈 길을 알려주는 길잡이별도 없다. 인간 본성과 인간 역량의 유전적 진보를 포함하는 진화는 이제부터 도덕적·정치적 결정으로 조절되는 과학 기술의 영역에 속할 것이다. 우리는 곧 우리 자신을 깊이 들여다보고 어떻게 되고 싶은지를 결정해야 할 것이다. 어린 시절은 끝났다. 이제 메피스토펠레스의 진짜 음성을 듣게 되리라.

또한 우리는 보수주의의 진정한 의미를 이해하게 될 것이다. 여기서 내가 염두에 두고 있는 보수주의는 최근의 미국 보수주의 운동이 빠져든, 경건한 체하며 이기적인 자유지상주의(libertarianism)가 아니다. 대신, 자원들을 소중히 여기고 유지하며 공동체에 최선이라고 판명된 그런 윤리관을 뜻한다. 다시 말해서 진정한 보수주의란 사회 제도뿐 아니라 인간 본성에도 적용될 수 있는 사상이다.

나는 미래 세대가 유전적으로 보수적일 것이라고 예상한다. 그들은 장애를 야기하는 결함을 치료하는 것 외의 유전적 변화를 거부할 것이다. 정신 발달의 후성 규칙과 감정을 보존하기 위해 그들은 그렇게 할 것이다. 왜냐하면 그 요소들이 종의 물리적 영혼(physical soul)을 구성하고 있기 때문이다. 이런 생각의 논리는 다음과 같다. 감정과 후성 규칙을 충분히 변화시켜라. 그러면 사람들은 어떤 의미에서는 더 나아질 수 있어도 더 이상 인간은 아닐 것이다. 순수한 합리성을 선호하도록 인간 본성의 요소들을 중화시켜라. 그러면 남는 것은 조악하게 구성된 단백질 컴퓨터일 뿐이다. 인간이라는 종이 수백만 년의 생물학적 시행착오를 통해 형성한, 자신의 존재를 규정하는 핵심을 포기할 이유가 어디 있겠는가.

이 질문이 단순한 미래주의를 넘어서도록 만드는 것은 그것이 무엇보다도 인류 존재의 의미에 대한 우리의 무지를 명백히 드러내기 때문이다. 그리고 우리가 다음과 같은 궁극적인 질문에 답하기 위해 얼마나 더 많이 알아야 하는지를 나타낸다. 인간 자신은 무슨 목표들(그런 게 있다면)을 향해 나아가야 하는가?

공동의 의미와 목적의 문제는 시급하면서도 당면한 문제이다. 다른 이유가 없다면 그것이 환경 윤리를 결정하기 때문이다. 인류가 전지구적 규모의 문제를 만들어 냈다는 것에 의심을 품을 사람은 거의 없다. 아무도 바라지 않았지만 우리는 지구 기후를 바꿀 만한 지구물리학적 힘을 갖게 된 최초의 종이다. 이전에는 판구조, 태양의 플레어(flares), 빙하 주기 등이 했던 역할을 하게 된 것이다. 또한 우리는 6500만 년 전 유카탄 반도 근처에 떨어져 파충류의 시대를 끝장낸 10킬로미터 크기의 운석 이래로 최대의 생명 파괴를 저지르고 있다. 그리고 인구 과잉으로 말미암아 우리 자신이 식량과 물 부족의 위험에 처해 있다. 따라서 또 하나의 파우스트적인 선택이 우리 앞에 놓여 있다. 인구 증가와 경제 성장의 어쩔 수 없는 대가로 우리를 좀먹는 위험한 행동을 계속할 것인가, 아니면 우리 자신을 평가하고 새로운 환경 윤리를 탐색할 것인가?

이것은 벌써부터 최근 환경 논쟁에 포함되어 온 딜레마이다. 이것은 인류의 두 가지 상반된 자아상의 충돌에서 비롯된다. 첫째는 자연주의적 자아상이다. 우리는 상상 가능한 수많은 지옥들에 둘러싸인 오직 하나의 낙원인 생물권에 국한되어 살고 있다. 그리고 이 지옥과 낙원은 종이 한 장 차이밖에 나지 않는다. 우리가 이상적이라고 생각하며 다시 되돌리기 바라는 자연은 인류를 품어 기른 독특한 물리적·생물적 환경이다. 시련과 위험에도 불구하고 인간의 몸과 마음은 완전히 이 세계에 적응되어 있으며, 그렇기 때문에 우리는 이 세계가 아름답다고 생각한다. 모든 종이 자신의 유전자가 조립된 환경에 자연히 끌리고 좋아한다는 점에서 호모 사피엔스 역시 유기체 진화의 기본 원리를 따른다. 이것을 '서식지 선택(habitat selection)'이라고 한다. 여기에 인류의 생존이 있으며 우리의 유전자가 규정한 성신적 평화가 있다. 따라서 우리는 다른 안식처를 찾아도 그곳이 우리가 변화시키기 이전의 이 푸른 행성만큼 아름답다고 생각하지 않을 것이다.

이와 경쟁하는 자아상은 서양 문명의 지침이기도 한 면제주의자 (exemptionalist)적 관점이다. 이 자아상에서 우리 종은 자연 세계와 떨어져서 존재하며 그에 대한 지배력을 갖는다. 우리는 다른 종을 규제하는 엄격한 생태학 법칙에서 면제된다. 인류가 성장하는 데 있어서 우리의 특별한 지위와 독창력으로 극복할 수 없는 한계는 거의 없다. 우리에게는 지구 표면을 개조하여 우리 조상이 알고 있던 것보다 더 나은 세계를 창조할 자유가 있다.

면제주의자로 자처한 이상 호모 사피엔스는 사실상 새로운 종이 되었다. 나는 이런 '변신자 인간(shapechanger man)'을 '호모 프로테우스(*Homo proteus*, 프로테우스(Proteus)는 그리스 신화에 나오는 바다의 신으로 자유자재로 변신하는 능력과 예언의 힘을 가졌다.—옮긴이)'라고 명명하려고 한다. 지구 생물의 분류법에 따르면 가상적인 호모 프로테우스는 다음과 같이 분류될 것이다.

문화적이다. 엄청난 잠재력을 가졌으며 어디로 튈지 모른다. 서로 얽혀 있으며 정보의 지시를 따른다. 거의 모든 곳으로 여행할 수 있으며 어떠한 환경에도 적응한다. 끊임없이 움직이며 쉽게 모인다. 우주 공간을 식민지화하려는 생각을 한다. 최근에 자연과 멸종된 종들을 잃은 것을 후회하지만 이것은 진보의 대가이며 어쨌든 우리의 미래와는 별 상관이 없다.

이제 우리가 잘 알고 있는 '슬기로운 사람'인 호모 사피엔스에 대한 자연주의적 분류를 살펴보자.

문화적이다. 무한한 지적 잠재력을 가졌지만 생물학적으로는 한계를 갖는다. 신체와 감정의 레퍼토리는 기본적으로 영장류 종이다.(영장목, 그중에서도 협비류

원숭이, 성성잇과에 속한다.) 다른 동물들에 비해 훨씬 크고, 두 발 동물, 작은 구멍들이 많고, 물렁하며 대부분이 물로 이루어져 있다. 수백만의 섬세한 생화학 반응의 공동 작용으로 작동한다. 미량의 독소나 콩알만 한 총알에도 쉽게 작동을 멈출 수 있다. 수명이 짧으며 감정적으로 허약하다. 신체적으로나 정신적으로 지구상의 다른 유기체들에게 의존한다. 대규모의 자원 공급이 없는 우주 식민지화는 불가능하다. 자연과 다른 종을 잃게 된 것을 깊이 후회하기 시작했다.

지구의 자연 환경에서 자유롭고자 한 인간의 꿈은 1990년대 초반에 한 실험을 통해 시험되었다. 애리조나 오라클의 사막 지역에 면적약 1만 3000제곱미터에 달하는 닫힌 생태계인 '제2생물권(Biosphere 2)'을 만든 것이다. 유리로 둘러싸고 흙, 공기, 물과 동식물을 채워 넣어서 모(母)행성으로부터 독립적인 지구의 축소 모형을 설계했다. 입안자들은 자연 서식 환경을 시뮬레이션하기 위해 우림, 대초원, 가시관목 지대(thornscrub, 대초원과 사막의 중간 기후를 보이는 지역.—옮긴이), 사막, 연못, 늪지, 산호초, 해양 부분들을 종합적으로 다루었다. 외부 세계와의 유일한 연결은 전력과 통신으로 둘 다 일차적인 생태 실험에 온당하게 용인되는 것들이다. 제2생물권을 설계하여 건축하는 데 2억 달러가 들었다. 여기에는 최첨단 과학 지식과 최신 기술이 동원되었다. 만일 이 실험이 성공한다면 열이나 강한 복사가 극심하지 않은 태양계 내 다른 행성이나 위성의 밀폐된 공간 안에서 인간 생명을 독립적으로 유지시킬 수 있음을 증명할 수 있을 터였다.

1991년 9월 26일 '생물권 입주자(biospherian)'를 자원한 8명이 밀폐 공간으로 들어가서 스스로를 외부와 차단했다. 한동안 모든 것이 잘 진행되었지만 곧 불쾌하고 놀라운 일들이 연속적으로 일어났다. 5개월 후, 제2생물권의 산소 농도가 떨어지기 시작하여 원래의 21퍼센트에서 14퍼센트까지 내려갔다. 이것은 고도 약 5,340미터에서나 볼 수 있는 산소 농도로 건강을 유지하기에는 너무 낮았다. 실험을 계속하기 위해서는 이 시점에서 외부로부터 산소를 공급해야 했다. 인위적 재순환 절차를 사용했음에도 불구하고 같은 기간 동안에 이산화탄소 농도는 급격히 높아졌다. 일산화질소의 농도는 뇌 조직에 위험할 수준까지 증가했다.

이것은 생태계 구축에 사용된 종들에게 극심한 영향을 끼쳤다. 놀랍게도 대다수의 생물이 멸종 위기에 처했다. 척추동물 25종 가운데 19종과 모든 꽃가루받이 동물(pollinator)들이 전멸했다. 동시에 바퀴벌레, 베짱이, 개미는 급격하게 증가했다. 탄소를 흡수하는 역할을 담당하기 위해 심어진 나팔꽃과 시계풀을 비롯한 덩굴식물들은 매우 울창하게 자랐다. 그것들이 곡물을 포함한 다른 식물 종들을 위협했기 때문에 사람들은 그것을 부지런히 솎아 주어야 했다.

생물권 입주자들은 이러한 시련에 영웅적으로 맞서 애초의 계획대로 2년을 밀폐 공간 속에서 보냈다. 실험의 측면에서 볼 때 제2생물권은 완전한 실패작은 아니었다. 그것은 우리에게 많은 것들을 가르쳐 주었다. 그중에서도 가장 중요한 것은 우리가 의존하는 살아 있는 환경과 인간이 취약하다는 사실이다. 각기 다른 팀에 속해 있던 두 고참 생물학자인 록펠러 대학교의 조엘 코언(Joel E. Cohen)과 미네소타 대학교의 데이비드 틸먼(David Tilman)은 자료를 살펴보고 다음과 같은 감상을 적었다. "자연 생태계가 거저 주는 생명 유지 서비스를 인위적으로 인간에게 제공하는 시스템을 어떻게 만들어야 하는가? 이것을 아는 사람은 아직 아무도 없다." 그리고 "미스터리와 위험 요소가 있기는 하지만, 우리가 아는 한 지구는 생명을 유지할 수 있는 유일한 서식지이다."

생명의 연약함을 무시한다는 점에서 면제주의는 반드시 실패한다. 과학적이고 기발한 천재가 나타나 계속되는 위기를 해결할 것을 기대하고 계속 밀어붙이는 것은 지구 생물계의 쇠퇴 위기 또한 유사하게 취급될 수 있다는 것을 의미한다. 앞으로 수십 년 후에는(아마도 수세기 후에는) 그것이 가능할지도 모르지만 아직은 그 방법이 보이지 않는다. 생물의 세계는 인공적인 우주 캡슐로 전환될 어느 행성의 정원처럼 유지되기에는 너무나 복잡하다. 인간이 만들어 낼 수 있는 생물학적 항상성은 알려져 있지 않다. 그런 것이 있다고 믿는다면 지구는 쓰레기장이 되어 버리고 인류가 멸종 위기에 처한 종이 되어 버릴 것이다.

위험은 얼마나 절박한가? 내 생각에는 인류가 자기 보존에 관한 생각을 근본적으로 바꿔야 할 만큼 충분히 절박하다. 현 상태의 환경은 다음과 같이 요약될 수 있다.

세계 인구는 위험할 정도로 많으며 앞으로 더욱 증가하여 2050년 이후 어느 시점에서는 정점에 이를 것이다. 인류 1인당 생산, 건강, 수명이 전반적으로 향상되고 있다. 그러나 이것은 수백만 년된 천연자원과 생물의 다양성을 포함하는 지구의 자원을 소모해야만 가능한 것이다. 호모 사피엔스는 식량과 물 공급의 한계에 다가서고 있다. 이전에 살았던 다른 종들과 달리 인류는 세계의 대기와 기후를 변화시키고 지하수면을 낮추며 오염시키고 숲을 줄어들게 하여 사막을 증가시키고 있다. 이러한 환경 스트레스의 대부분은 직·간접적으로 산업화된 몇몇 국가에서 비롯되었다. 나머지 국가들은 산업화된 국가들의 증명된 번영 방식을 열광적으로 답습하고 있다. 그러나 지금과 같은 소비와 낭비의 수준에서는 경쟁이 유지될 수 없다. 개발도상국의 산업화가 일부 성공한다 하더라도 환경 변화의 여파가 그에 선행될 인구 폭발을 위축시킬 것이다

물론 어떤 이들은 이러한 줄거리가 환경에 대한 기우라고 할 것이다. 솔직히 그러한 트집이 사실이라면 좋겠다. 불행히도 이것은 환경

을 연구하는 수준 있는 과학자들 대다수가 현실에 기반을 두고 낸 의견이다. 여기서 수준 있는 과학자란 데이터를 수집하여 분석하고 이론적 모형을 만들고 결과를 해석하여 전문 학술지에 논문을 발표하여 경쟁자를 포함한 다른 전문가들의 평가를 받는 과학자를 뜻한다. 언론인이나 토크쇼 진행자 그리고 환경 문제도 다루는 다른 두뇌 집단의 논객을 의미하는 것이 아니다. 아무리 그들의 의견이 더 많은 청중에게 전해지더라도 말이다. 이것은 나름대로 높은 기준을 가진 그들의 직업을 평가 절하해서가 아니라, 환경 관련 사실 정보로 참고할 더 적격의 출처가 있음을 나타내기 위해 언급한 것이다. 이러한 점에서 보면 환경은 대중 매체에서 정기적으로 다루는 것보다는 덜 논쟁적인 주제이다.

그렇다면 1990년대 중반의 수준 있는 과학자들의 평가를 살펴보자. 그들의 정량적 추정은 수학적 가정과 절차에 따라 다르다. 그러나 대부분은 신뢰할 정도의 예측값 구간 안에 들어 있다.

1997년에 전 세계의 인구는 58억이 되었고(1999년에는 드디어 60억을 돌파했다—옮긴이), 매해 9000만 명씩 증가하고 있다. 1600년에 지구상에는 약 5억 명밖에 없었다. 1940년에는 20억이 있었다. 1990년대에 증가한 인구만 해도 1600년의 지구 총 인구를 초과할 것이다. 1960년대에 정점에 달했던 전 세계의 증가율은 그 후에 계속 줄어들었다. 예를 들어 1963년에는 여성 한 사람이 평균 4.1명의 자녀를 낳았다. 1996년에 그 수치가 줄어들어 2.6명이 되었다. 세계 인구를 안정시키려면 그 수치는 여성 1명당 2.1명이 되어야 한다.(추가적인 0.1은 어린이 사망률을 고려한 것이다.) 다음 예측값에서 볼 수 있듯이 장기간에 걸친 인구 크기는 이 대체 수치에 대단히 민감하다. 그 수치가 2.1이면 2050년에 지구상 인구는 77억이 되고, 2150년에 85억으로 안정 상태가 된다.

만일 수치가 2.2라면, 2050년에는 125억, 2150년에는 208억이 된다. 2.2라는 수치가 기적적으로 이후에도 유지된다면 인류의 생물 중량은 결국 세계의 무게와 맞먹게 될 것이며 수백만 년 후에는 빛의 속도로 팽창하여 눈에 보이는 우주의 질량을 초과하게 될 것이다. 전 세계적으로 출생률이 신속하고 급격하게 감소하더라도, 예컨대 중국에서는 여성 한 명당 한 자녀가 목표일 정도이기는 하지만, 앞으로 한두 세대 안에는 인구가 절정에 이르지 않을 것이다. 왜냐하면 아직도 긴 생애를 앞에 둔 현존하는 젊은이들이 지나치게 많기 때문이다.

이 세계는 얼마나 많은 사람을 유지할 수 있는가? 전문가들의 의견이 일치하지는 않지만 40억과 160억 사이로 보는 사람들이 많다. 실제 수치는 미래 세대가 원하는 생활의 질에 달려 있다. 모두가 채식주의자가 되는 것에 동의하여 가축을 먹지 않는다면 현재 14억 헥타르(35억 에이커)에 달하는 경작 가능한 땅이 약 100억을 먹여 살릴 수 있을 것이다. 인류가 식물 광합성으로 합성된 에너지를 몽땅 식량으로 이용하면 40조 와트에 달하는데, 그러면 지구는 약 160억 명을 지탱할 수 있을 것이다. 물론 이러한 연약한 세계에서는 인류 말고 다른 형태의 생명은 모두 제외되어야 한다.

만일 인위적으로 인구가 21세기 중반까지 100억 이하로 안정되더라도 현재 북아메리카, 서유럽과 일본의 중산층이 누리는 상대적으로 사치스러운 생활 양식은 대부분의 나머지 세계에서는 그림의 떡일 것이다. 각 나라가 환경에 미치는 영향은 서로 곱해지기 때문이다. 이것은 다음과 같이 복잡한 방식으로 PAT라는 공식——인구 × 1인당 부(소비량) × 소비 유지에 사용되는 기술 의존 척도——에 의존한다. PAT의 크기는 현존 기술로 사회의 각 구성원을 지탱하는 데 필요한 비옥한 땅의 '생태적 발자국(ecological footprint)'으로 유용하게 시각화될 수 있다. 생태적 발자국은 유럽에서 3.5헥타르, 캐나다에서 4.3헥타르, 미국에서는 5헥타르이다. 대부분의 개발도상국에서는 0.5헥타르도 되지 않는다. 현존 기술을 이용하여 전 세계를 미국 수준으로 올리려 면 지구와 같은 행성 두 개가 더 필요하다.

이것은 노스다코타와 몽고의 태반이 빈 공간이라는 사실과는 거의 무관하다. 또 58억 명을 그랜드 캐니언 구석에 빈틈 없이 쌓으면 다 집어넣을 수 있다는 것과도 무관하다. 관심의 대상이 되는 자료는 비옥한 땅의 평균 발자국이며, 더 많은 사람이 품위 있는 생활을 영위하기 위해서는 더 낮아져야 한다.

현존 기술과 최근의 소비 및 낭비 수준을 유지하면서 나머지 세계의 생활 수준을 대부분의 선진국 수준으로 향상시킬 수 있다고 가정하는 것은 수학적 불가능에 도전하는 꿈일 뿐이다. 오늘날의 소득 불균형을 평준화하려면 선진국의 생태적 발자국을 줄여야 한다. 이것은 시장에 기반을 둔 세계 경제에서 문제가 될 수밖에 없다. 시장의 주역들은 군사적으로도 가장 강력하며 아무리 좋게 말한다고 해도 다른 이들의 고통에 대단히 무관심하다. 전 세계의 가난한 이들이 어느 정도로 비참한지 완전히 깨닫고 있는 사람들은 산업화된 국가에 거의 없다. 세계 인구의 5분의 1이 넘는 약 13억의 사람들이 하루 1달러 이하의 소득으로 산다. 그 다음 16억은 1~3달러를 번다. 미국이 절대 빈곤자로 규정한 10억이 넘는 사람들은 매일 그날의 식량을 구할 수 있을지 불확실한 상태이다. 매년 스웨덴 전체 인구보다 많은 1300만에서 1800만 명이 굶주림이나 영양 실조 부작용, 또는 빈곤과 관련된 다른 원인에 의해 죽어 간다. 그중 대부분은 어린이들이다. 스웨덴 또는 거기에 스코틀랜드와 웨일스를 더하거나 뉴잉글랜드를 더해서 그곳의 모든 사람들이 내년에 빈곤으로 사망할 것이라고 할 때 미국인이나 유럽 인들의 반응을 상상해 보라.

물론 면제주의자들은 신기술과 자유시장 경제의 물결이 문제를 해결할 것이라고 말할 것이다. 그들의 해법은 단순하다. 더 많은 땅과 비료와 생산성이 높은 작물을 사용하고, 분배 향상을 위해 더욱 노력하는 것이다. 게다가 교육과 기술 이전과 자유 무역을 장려하는 것이다. 아, 그리고 민족 분쟁과 정치 부패를 억제하는 것을 빠뜨리지 않을 것이다.

이 모든 것은 확실히 도움이 될 것이며 우선순위로 꼽혀야 할 것이다. 그러나 이것이 지구의 자원이 유한하다는 주요 문제를 해결하지는 못한다. 세계적으로 육지 표면의 11퍼센트만이 경작지로 이용되고 있다는 것은 사실이다. 그러나 여기에는 이미 경작 가능한 지역의 대부분이 들어 있다. 나머지 89퍼센트의 상당 부분은 사용되기 힘들거나 아예 소용없는 땅이다. 그린란드, 남극, 광활한 북부 침엽수림 지대의 대부분, 마찬가지로 광활한 사막은 사용할 수 없다. 그 나머지인 우림과 대초원을 개간하여 씨를 뿌릴 수는 있겠지만, 미미한 농업 이득을 위해 세계 대부분의 동식물 종을 희생시키는 일은 미련한 짓이다. 그 구역의 거의 절반은 자연적 생산성이 낮은 토양으로 덮여 있다. 예를 들어, 아프리카 사하라 주변 지역은 42퍼센트가, 라틴아메리카 지역은 46퍼센트가 미개발 지역이다. 경작되고 벌채된 땅은 지속 가능한 수준의 10배로 표토가 유실된다. 토양 전문가들에 따르면 1989년에 세계 경작지의 11퍼센트가 심각하게 저질화한 것으로 분류되었다. 1950년에서 1990년대 중반까지 1인당 경작지는 0.23헥타르에서 0.12헥타르로 절반이 줄어들었는데 이것은 축구 경기장 4분의 1보다도 좁다. 그렇지만 기아가 늘어나지는 않았다. 왜냐하면 같은 40년 동안 신종 쌀과 곡식, 더 나은 살충제 사용, 비료와 관개수로 사용의 증가 등에 의한 녹색 혁명이 단위 면적당 생산량을 극적으로 끌어올렸기 때문이다. 그러나 이러한 기술에도 한계가 있다. 1985년에는 생산량 증가가 둔화되었다. 이러한 경향이 가차 없는 인구 증가와 맞물리면 1인당 생산량이 감소하기 시작할 것이다. 식량 부족은 단연 개발도상국에서 먼저 시작될 것이다. 개발도상국의 곡물 자급도는 녹색 혁명의 절정기인 1969~1971년의 96퍼센트에서 1993~1995년의 88퍼센트로 떨어졌다. 1996년에 인류의 긴급 식량 공급원인 세계 곡물 잔여량은 1987년의 최대량보다 50퍼센트가 감소했다. 1990년대 초반에는 캐나다, 미국, 아르헨티나, 유럽연합, 오스트레일리아를 포함하는 몇몇 나라가 세계 곡물 자원의 4분의 3 이상을 차지했다.

이 모든 징조가 기적적으로 사라질지도 모른다. 그렇지 않다면 세계는 어떻게 대처할 것인가? 사막과 경작 불가능한 메마른 초원에 물을 대서 농업 생산량을 늘릴 수 있을지도 모른다. 그러나 그러한 해법에는 한계가 있다. 이미 대단히 많은 사람들이 부족한 물을 놓고 경쟁하고 있다. 건조 지역의 농업이 상당 부분 의존하는 세계의 지하수맥에서 지하수는 자연적인 강수와 유수(流水)의 투과로 채워지는 양보다 더 빨리 고갈되고 있다. 미국 중부의 주요 물 공급원인 오갈랄라 지하수맥은 1980년대에만 전체 영역의 5분의 1에서 3미터나 급감했다. 지금은 캔자스, 텍사스와 뉴멕시코의 수백만 헥타르 지하에서 절반이 고갈되었다. 물을 충당할 수 없는 다른 나라들의 물 부족은 더욱 심각하다. 베이징의 지하수면은 1965년에서 1990년까지 37미터가 내려갔다. 아라비아 반도의 지하수 저장량은 2050년이면 고갈될 것으로 예측된다. 바닷물을 탈염하여 부족분을 충당하고 있는 주요 산유국들은 조만간 귀중한 석유와 물을 교환하려 할 것이다. 지구 규모로 볼 때 인류는 증발과 식물 증산을 통해 대기 중으로 방출되는 수분의 4분의 1과 강물과 유수 운하에서 사용 가능한 양의 절반 이상을 소모하면서 한계에 다다랐다. 2025년에는 세계 인구의 40퍼센트가 만성 물 부족 국가에서 살게 될지도 모른다. 새로 댐을 건설하면 이후 30년 동안 흐르는 물의 10퍼센트를 더 얻을 수 있지만 그에 반대되는 작용도 끊임없이 일어나고 있다. 같은 기간 동안 인구는 3분의 1이 증가할 것으로 예측된다.

땅의 자원이 다 떨어지면 지구의 마지막 미개척지인 무한한 바다로 방향을 돌릴 수 있을까? 불행히도 그렇지 않다. 실제로 바다는 무한하지 않으며 이미 제공할 만한 것들의 대부분을 제공하고 있다. 세계 17개의 해양 어장이 잠재 생산량을 초과하여 포획되고 있다. 인도양 어장의 산출량이 증가하고 있지만 현재 어획량은 지속 가능하지 못하므로 그러한 경향도 곧 끝날 것이다. 가장 유명한 북서 대서양 어장과 북해를 포함하는 몇몇 어장은 상업적 붕괴를 겪고 있다. 세계 연간 어획량은 1950년에서 1990년까지 다섯 배가 증가했고 그후 약 9000만 톤으로 안정되었다.

해양 수산업의 역사는 효율적인 대량 획득의 증가와 현장 생산으로 비축량을 줄이며 산출량을 증가시켜 왔다. 1990년대에는 양식 산업이 번창하여 총 어획량에 2000만 톤이 추가됐다. 그러나 수산업 혁명인 양식에도 한계가 있다. 바닷물 양식장의 확장은 맹그로브 (mangrove, 열대 강, 어구, 해변에 생기는 교목, 관목의 특수한 숲.—옮긴이) 습지와 앞바다 미끼 고기들의 산란 장소인 해변 습지대 서식지를 점유한다. 민물 양식장에 성장 잠재력이 더 있기는 하지만 유수와 지하수맥의 물 공급을 축소한다는 점에서 농업과 대립적이다.

한편, 모든 거대 교란은 나쁘다는 일반적인 생명의 원리에 따르면, 탐욕스러운 인간 생물 중량을 지탱해 줄 지구의 능력은 기후 변화의 가속으로 인해 더욱 불확실해질 것이다. 과거 130년 동안 지구의 평균 기온은 섭씨 1도가 증가했다. 이 변화의 상당 부분이 이산화탄소 오염에 따른 것이라는 징표는 강력하다. 어떤 대기과학자들은 단호하게 말할 정도이다. 메탄을 비롯한 몇몇 다른 기체와 함께 이산화탄소는 비닐 하우스와 같은 온실 효과를 일으킨다. 이것들은 햇빛은 통과시키지만 온실 안에서 생성된 열은 가두어 버린다. 채굴된 얼음 기둥에 들어 있는 공기방울 시험 결과에서 볼 수 있듯이, 과거 16만 년 동안 대기 중 이산화탄소 농도와 지구의 평균 기온은 밀접한 상관관계를 갖는다. 화석 연료 연소와 열대 우림 파괴로 인해 현재의 이산화탄소 농도는 지난 16만 년 중 가장 높은 값인 360ppm에 달한다.

인류 활동에 따른 기후 온난화라는 생각은 몇몇 과학자들에 의해 타당한 근거와 함께 논의의 대상이 되었다. 대기 화학과 기후 변화는 둘 다 아주 복잡한 주제이다. 둘이 합쳐지면 정확한 예측이 거의 불가능해진다. 그럼에도 불구하고 변화 궤적과 속도는 넓은 범위 안에서 추정할 수 있다. 이것이 기후 변화에 관한 정부 간 패널(Intergovernmental Panel on Climate Change, IPCC)의 목표이다. 이를 위해 2,000명 이상의 전 세계 과학자 집단이 데이터를 평가하고 슈퍼컴퓨터의 도움으로 미래 변화에 관한 모델을 만들었다. 하지만 고려해야 할 더 어려운 변수들에는 산업체에서 방출하는 황산 에어로졸도 포함되어야 한다. 이때 황산 에어로졸은 대기 변화에 관한 계산 결과를 뒤엎어 버릴 수 있는 해양의 장기적 이산화탄소 흡수와 함께 이산화탄소의 온실 효과를 중화시킨다.

IPCC 과학자들은 전반적으로 다음과 같은 평가를 내렸다. 2100년까지 지구의 평균 기온은 섭씨 1.0~3.5도 더 오를 것이다. 복합적인 결과가 예상되는데 그다지 유쾌한 일은 없을 것으로 보인다. 바닷물의 열팽창과 더불어 북극과 그린란드의 빙붕 같은 일부 해빙이 녹아 해수면이 30센티미터 정도 올라갈 것이다. 서태평양에 위치한 두 개의 작은 산호섬 나라인 키리바시와 마셜 군도는 일부가 소멸될 위기에 처해 있다. 강수 패턴에도 변화가 있을 것이다. 그 변화는 다음과 같다. 북아메리카에서는 강수량이 많이 증가할 것이고 유라시아, 북아메리카, 동남아시아와 남아메리카의 태평양 연안에서는 기온이 상승할 것이다. 반면 오스트레일리아, 남아메리카의 대부분 지역과 아프리카 남부에서는 그에 상당하는 기온과 강수량 감소가 있을 것이다.

지역 기후는 혹서 기간(heat wave)이 잦아지며 더욱 변화무쌍해질 것이다. 평균 기온이 약간만 상승하더라도 극심한 고온을 보이는 곳이 더 많아질 것이다. 순전히 통계적 효과 때문에 그렇다. 통계적 정규 분포에서 한 방향으로 약간만 벗어나도 이전의 극단은 거의 0에서 더 큰 수로 비례적으로 변화한다.(다른 예를 하나 들자면 인간 종의 평균 수학 능력이 10퍼센트 증가할 경우, 대부분의 사람들에서는 그 차이가 나타나지 않는 반면에 아인슈타인들이 많아질 것이다.)

구름과 폭풍우는 섭씨 26도가 넘는 해상에서 발생하므로 열대성 저기압의 평균 발생 빈도는 증가할 것이다. 따라서 인구가 밀집된 지역 중 하나인 미국 동해안은 봄의 혹서 기간 증가와 여름의 허리케인 증가를 둘 다 겪게 될 것이다. 기온이 높은 기후대가 양극 방향으로 확장될 것이 예상되는데 이것은 특히 고위도에서 엄청난 변화를 가져올 것이다. 툰드라 생태계가 축소되어 한꺼번에 사라져 버릴 것이다. 농업에도 영향을 미쳐 덕을 보는 지역이 생기는 반면에 타격을 입는 곳도 생길 것이다. 전반적으로 산업화된 북부 지역 국가들보다 개발도상국들이 더 힘들어질 것으로 예상된다. 지역 조건의 변화에 적응하지 못하거나 재빨리 새로운 거주지로 이주하지 못한 수많은 자연 생태계와 그것을 구성하는 동식물과 미생물 종들이 멸종할 것이다.

자원과 기후의 미래는 인류가 광물 및 에너지 부족이 아니라 식량과 물 부족이라는 장벽으로 치닫고 있는 것으로 요약된다. 기후 변동이 우호적이지 않음에 따라 장벽에 다다르는 시기가 더 앞당겨지고 있다. 인류는 마치 자산을 경솔하게 처분해 버리는 집안과 같은 상황에 처해 있다. 따라서 면제주의자들의 다음과 같은 충고는 많은 위험을 내포한다. "생활은 점점 더 나아지고 있다. 여러분 주위를 둘러보라. 우리는 여전히 빠른 속도로 더 많이 소비하고 있다. 내년 걱정은 하지 마라. 우리는 영리하므로 뜻밖에 뭔가가 일어날 것이다. 항상 그래 왔듯이."

그들과 우리 대부분은 이제 수련 연못 산수 수수께끼의 교훈을 배워야 한다. 연못에 수련 잎이 하나 있다. 매일 수련은 두 배로 불어난다. 30일째 되는 날 연못은 완전히 수련으로 뒤덮여서 더 이상 자랄 수 없게 되었다. 연못이 반만 덮이고 반은 비어 있던 날은 몇 번째 날인가? 바로 29일째 되는 날이다.

도박을 할 것인가? 인류가 환경의 장벽을 모면할 승산이 반반이라고 해 보자. 인심을 더 써서 승산이 2 대 1이라고 하자. 장벽을 넘거나 부딪치거나 둘 중 하나이다. 안전한 경로에 내기를 거는 것은 끔찍한 선택이다. 왜냐하면 내기에 거의 모든 것을 거는 셈이기 때문이다. 그러한 선택을 하고 아무런 행동도 취하지 않으면 지금은 시간과 에너지를 아낄 수 있지만 만일 내기에 진다면 터무니없이 비싼 대가를 치르게 될 것이다. 의학과 마찬가지로 생태학에서도 양성(positive)으로 잘못 진단하는 것은 불편을 초래할 뿐이지만 음성(negative)으로 오진하는 것은 파멸을 초래한다. 그렇기 때문에 생태학자들과 의사들은 도박을 하려 하지 않으며 만일 도박을 해야 할 때에는 항상 경고를 한다. 생태학자나 의사의 염려를 기우로 치부해서는 안 된다.

환경의 병목 현상은 25년 후면 다가올 것이다. 그리하여 환경 변화가 야기하는 새로운 종류의 역사가 펼쳐질 것이다. 또는 전 지구 규모로 좀 더 구식의 역사, 예컨대 메소포타미아 북부 문명, 이집트 문명, 마야 문명 그리고 오스트레일리아를 제외한 그 밖의 다른 문명이 붕괴되던 그 초기의 역사가 되풀이 될 것이다. 수많은 사람들이 끔찍하게 죽어 갔다. 어떤 경우에는 그들이 이주하고 다른 사람들이 대신 끔찍하게 죽어 갔다.

고고학자들과 역사학자들은 문명 붕괴의 원인을 찾기 위해 애쓴다. 그들은 가뭄, 토양 고갈, 인구 과잉, 전쟁 등을 열거한다. 문명 붕괴의 원인은 그 가운데 하나일 수도 있고 몇 가지의 조합일 수도 있다. 그들의 분석은 설득력이 있다. 생태학자는 이러한 설명에 또 다른 원리를 추가한다. 그것은 인구가 지역적인 수용 한계에 도달했을 때 당대의 기술로는 더 이상의 성장을 지탱할 수 없게 된다는 것이다. 그럴 경우 대개 그 시점의 생활은 (특히 지배층에서는) 좋은 편이지만 붕괴되기 쉽다. 가뭄이나 지하수맥의 고갈, 또는 전쟁의 피해와 같은 변화는 수용 한계를 감소시킨다. 인구가 감소하여 지속 가능한 수준에 도달할 때까지 (영양 실조와 질병으로 인해) 사망률은 급상승하고 출생률은 떨어진다.

수용 한계의 원리는 르완다의 최근 역사에 잘 나타나 있다. 르완다는 작고 아름다운 산악 국가이며 한때는 중앙아프리카의 진주로서 우간다와 경쟁했다. 20세기까지 르완다의 인구는 적정 수준을 유지했다. 500년 동안 투치 족(Tutsi) 왕조가 다수의 후투 족(Hutu)을 통치했다. 1959년에 후투 족이 반란을 일으키자 대다수의 투치 족이 이웃 나라로 도망을 쳤다. 1994년 갈등이 심화되어 르완다 군대는 50만 명의 투치 족과 온건한 후투 족을 대량으로 학살했다. 그러자 르완다 애국 전선(Rwandan Patriotic Front)인 투치 족 군대가 반격을 시도하여 수도 키갈리를 장악했다. 투치 족이 수도 외곽으로 진군해 올 때 200만 명의 후투 족 피난민은 재빨리 달아나 자이르, 탄자니아, 부룬디 등으로 흩어졌다. 콩고공화국으로 국명을 개칭한 자이르는 1997년에 다수의 후투 족 피난민을 르완다로 돌려보냈다. 이러한 혼란 속에서 수천 명이 기아와 질병으로 죽어 갔다.

겉으로 보면, 그리고 언론에 보도된 바에 따르면 르완다 참사는 몹시 난폭해진 민족 갈등으로 보일지도 모른다. 그러나 부분적으로만 그렇다. 거기에는 심원한 환경적 원인과 인구통계학적 원인이 있었다. 향상된 의료 서비스와 일시적으로 풍족해진 식량 공급으로 인해, 1950년과 1994년 사이에 르완다의 인구는 250만에서 850만으로 세 배 이상 늘어났다. 1992년에는 여성 한 사람당 평균 8명의 자녀라는 세계에서 가장 높은 인구 성장률을 기록했다. 같은 기간 동안 식량 총 생산이 극적으로 증가했지만 인구 성장과 균형을 맞출 수 없었다. 한 세대에서 다음 세대로 넘어가면서 토지가 분할되었고 그에 따라 평균 농지 규모가 점차 감소했다. 1960년부터 1990년 초반까지 1인당 곡류 생산이 절반으로 감소했다. 물이 고갈되어 르완다는 수문학자들에 의해 세계 27개 물 부족 국가의 하나가 되었다. 후투 족과 투치 족의 10대 병사들은 인구 문제를 가장 직접적으로 해결한 것이었다.

르완다는 세계의 축소판이다. 전쟁과 내전에는 많은 원인이 있으며 대부분은 환경적 압박과 직접적인 관련을 갖지는 않는다. 그렇지만 일반적으로 인구 과잉과 그에 따른 자원 감소는 사람들 사이의 분란을 조장하는 원인이다. 불안과 결핍이 쌓이면 대립이 시작되고 대립은 공격으로 치닫는다. 때로는 다른 정치 집단이나 민족 집단에서, 때로는 이웃 종족에서 제물을 찾아낸다. 일단 불이 붙기 시작하면 암살, 테러, 잔혹한 행위 또는 다른 도발적인 사고들이 이어진다. 르완다는 아프리카에서 인구가 가장 밀집된 나라이다. 두 번째는 전쟁으로 파괴된 이웃 나라인 부룬디이다. 서쪽 반구에서 장기간에 걸쳐 가장 불안한 두 나라인 아이티와 엘살바도르 역시 인구가 가장 밀집된 나라에 속한다. 여기를 능가하는 곳은 카리브 해에 있는 다섯 개의 작은 섬나라들밖에 없다. 그곳 역시 논쟁의 여지없이 환경이 퇴화했다.

인구 성장은 육지의 괴물이라 불릴 만하다. 이것을 길들여야만 우리는 좁은 통로를 통과하기가 쉬워질 것이다. 번식과 관련된 마지막 금기가 점점 자취를 감추고 가족 계획이 보편화된다고 가정해 보자. 더 나아가 정부가 경제 정책이나 군사 정책에 노력을 기울이는 만큼 진지하게 인구 정책을 만든다고 가정해 보자. 결과적으로 세계 인구가 100억에서 절정을 이룬 후 감소하기 시작한다고 하자. 인구 감소를 이룰 수 있다면 희망의 근거가 있다. 이것을 달성할 수 없다면 인류가 최선을 다해 노력한다고 해도 모든 시도는 실패로 끝나고 좁은 통로는 단단한 벽으로 막히고 말 것이다.

인류가 취할 수 있는 최선의 노력 중에는 재주를 부려 정원 초과된 행성을 기술적으로 수리하는 것이 포함되어 있다. 장황한 비상 대책들은 이미 마련되어 있다. 질소 고정 효소 석유를 식량으로 변환하는 것은 한 가지 희박한 가능성이다. 다른 하나는 연해의 조류 농장이다. 물 부족 위기는 핵융합이나 연료 전지 기술을 통해 얻는 에너지로 바닷물을 탈염시킴으로써 완화될 수 있을지 모른다. 지구 온난화로 인해 극지방의 빙붕이 녹으면 연안으로 밀려오는 빙산에서 더 많은 담수를 얻게 될지도 모른다. 추가적인 에너지와 담수를 이용하여 불모지 개간이 가능해질 것이다. 그렇게 회복된 땅에서 성장이 빠른 질소 고정 나무 종으로 이루어진 '나무 밭(wood grass)'에서 펄프 생산을 증대시킬 수 있을 것이다. 그러한 나무들은 거대한 풀 베는 기계로 거둬들일 수 있으며 베인 그루터기에서는 곧바로 새로운 가지가 올라올 것이다. 그러한 것들이 필요해지면 많은 계획들이 시도될 것이고 일부는 성공을 거둘 것이다. 이러한 일은 세계 자유시장 경제에서 벤처 자본과 정부 보조금으로 이루어질 것이다. 이러한 발전은 단기적인 경제 참사의 위험을 줄일 수 있다.

그러나 주의하라! 모든 발전에는 인공 보철, 즉 발전된 전문 기술과 집중적인 지속적 관리에 의존하는 인위적 장치가 따른다. 이것은 지구 자연 환경의 일부를 대체하면서 또 다른 장기적인 위험을 더한다. 생태학의 눈으로 보면 인류 역사는 환경적 인공 보철을 축적해 온 역사로 파악될 수 있다. 이렇게 인간이 만든 절차들이 복잡하게 맞물리면서 지구의 수용 한계도 확장된다. 번식의 측면에서는 전형적인 생물인 인류 역시 증가된 수용 한계를 채우며 늘어난다. 이러한 소용돌이는 계속된다. 새로운 요구를 만나면 계속해서 장비를 다듬고 버팀목을 대면서 환경은 더욱 미묘하게 변해 간다. 정교한 기술의 발전은 환경에도 지속적인 관심을 기울여야 한다.

진보의 래치트는 비가역적인 것으로 보인다. 평온한 구석기의 자연 균형을 꿈꾸는 원시주의자(primitivist)에게 보내는 메시지는 "너무 늦었다."라는 것이다. 활과 화살을 치우고 산딸기를 따는 일은 잊어버려라. 미개척지는 위협받는 자연의 비축품이 되었다. 환경주의자와 면제주의자에게 보내는 메시지는 "함께하라."는 것이다. 우리는 염려스럽지만 성공에 대한 자신감을 갖고 뛰어들어 최선을 다해야 한다. 우리의 희망은 「헨리 4세」에 있는 핫스퍼(Hotspur)의 대사에 잘 나타나 있다. "친애하는 바보 경, 이 쐐기풀의 위험에서 벗어나 내가 말하노니, 우리는 안전이라는 꽃을 움켜쥐었다오."

인구 증가가 지구를 제압할수록 많은 사람들을 위해 자원을 늘리고 생활의 질을 높이는 것이 공동의 목표가 되어야 한다. 그리고 최소한의 인공 보철물에 의존하여 이 목표를 이루어야 한다. 본질적으로 그것이 지속 가능한 발전의 윤리이다. 그것은 1992년 6월에 리우데자네이루에서 열린 역사적인 지구 정상 회의인 유엔 환경과 개발에 관한 회의(United Nations Conference on Environment and Development)에서 유포된 꿈이다. 106명의 국가 정상을 포함한 172개국 대표가 만나 지속 가능한 세계 질서에 도달하기 위한 지침을 확립했다. 그들은 지구 변화와 생물 다양성 보존에 관한 의무 협약에 서명했다. 그들은 실질적으로 모든 일반적인 환경 문제를 처리하는 절차를 제공하는 아젠다 21(Agenda 21)의 40개 비의무 항목에도 동의했다. 하지만 그중 대부분은 국가 이기주의로 인한 정치적 승강이로 무뎌졌으며 이후의 공동 협력도 말뿐인 행사로 전락했다. 또한 아젠다 21이 효력을 발휘하도록 산업화된 국가에서 개발도상국에 1250억 달러를 기부하는 등 6000억 달러의 추가 비용 조달이 제시되었지만 곧 이루어질 것 같지 않다. 그렇지만 이전에는 소수 환경주의자들의 꿈에 지나지 않았던 지속 가능한 발전이라는 원칙이 이제는 일반적으로 받아들여지고 있다. 1996년에는 적어도 117개 정부가 아젠다 21 전략 발전 위원회에 참가했다.

결국 지구 정상 회의를 비롯한 전 세계적인 아젠다의 성공 척도는 생태적 발자국 총량의 감소이다. 인구가 2020년 무렵에 80억에 육박하면 개개인의 만족스러운 생활 수준에 필요한 비옥한 땅의 평균 면적은 전 세계적으로 중심 문제가 될 것이다. 그러므로 최우선 환경 목표는 지구의 허약한 환경이 지속할 수 있는 수준으로 생태적 발자국을 축소하는 것이다.

그러한 목표에 도달하기 위해 필요한 기술의 많은 부분은 두 가지 개념으로 요약될 수 있다. 첫 번째 개념인 탈(脫)탄소는 본질적으로 양이 제한된 석탄, 석유, 장작 연소를 연료 전지, 핵융합, 태양력과 풍력처럼 환경적으로 부담이 적은 에너지로 바꾸는 것이다. 두 번째 개념인 탈물질은 대량 하드웨어와 그것이 소모하는 에너지를 줄이는 것이다. 용기를 북돋을 수 있는 최근의 예를 하나 들자면, 전 세계의 모든 마이크로칩을 정보 혁명 여명기의 하버드 마크 1(Harvard Mark 1) 전자기 컴퓨터의 외장 내부에 전부 다 집어넣을 수 있다는 것이다.

환경과학에 있어 가장 커다란 지적인 장애물(실제적 어려움이 아니라)은 대부분의 전문 경제학자들의 근시안적 견해이다. 9장에서 나는 신고전주의 경제 이론의 편협한 특성을 기술한 바 있다. 그 이론의 모델은 응용수학의 격조 높은 진열장에 놓인 표본이기는 하지만 현대의 심리학과 생물학이 이해한 인간 행동을 완전히 무시한다. 사실적 토대의 무시로 인해 그 모델의 결론은 존재하지 않는 추상적 세계를 기술한다. 그 결점은 개별 소비자들의 선택 패턴을 다루는 미시경제학에서 특히 두드러진다.

그러나 가장 염려스러운 것은 경제학이 환경을 넣어 고려하는 데에 있어서 일반적으로 실패했다는 점이다. 지구 정상 회의 이후에도 그리고 과학자와 자원 전문가들이 집적한 정확한 백과사전 규모의 데이터가 인구 크기와 지구 건강의 위험한 관계를 명백히 보여 준 이후에도 가장 영향력 있는 경제학자들은 여전히 환경이 존재하지 않는 것처럼 이야기하고 충고한다. 그들의 평가는 성공적인 중개 상사의 연간 보고서처럼 읽힌다. 예를 들어, 다음은 세계 경제 포럼의 경쟁력 연구진의 의장인 프레더릭 후(Frederick Hu)가 포럼의 영향력 있는 『세계 경쟁력 보고서 1996(*Global Competitiveness Report 1996*)』에서 결론으로 설명한 부분이다.

군사적 정복이 거의 없는 상황에서 경제 성장은 한 나라가 국가의 부와 생활 수준의 증대를 획득할 수 있는 유일하게 실행 가능한 수단이다. …… 세 가지 일반 분야를 강력하게 운용하면 그 경제는 국제 경쟁력을 가진다. 자본, 노동력, 기반 시설, 기술과 같은 풍부한 생산 입력량, 낮은 세금, 적은 간섭, 자유 무역과 같은 적절한 경제 정책 그리고 법치주의, 재산권 보호와 같은 건전한 시장 제도이다.

경제학 학술지에나 나올 법한 완고한 실용주의에 동조하는 이 처방은 국가의 중간 성장기에는 맞는 말이다. 앞으로 20년 동안 러시아(경쟁력 지수 -2.36)와 브라질(-1.73)이 미국(+1.34)과 싱가포르(+2.19)를 따라잡으려면 위와 같은 정책이 최선일 것이다. 모든 사람의 더 질 높은 생활이 의심할 여지없이 인류의 보편적인 목표라는 것에 이의를 제기할 사람은 아무도 없을 것이다. 자유 무역, 법치주의 그리고 시장은 이것을 얻기 위한 확실한 수단이다. 그러나 향후 20년 동안 세계 인구가 60억에서 80억으로 증가할 것이며 그 대부분은 가난한 나라에서 이루어질 것이다. 그동안 물과 경작에 알맞은 토양은 고갈되고 삼림은 파괴되고 연안 서식지가 모두 사용되고 말 것이다. 지구는 이미 위험한 상태에 다다랐다. 거대한 중국(-0.68)이 작은 타이완(+0.96)을 비롯한 아시아의 호랑이들을 따라잡기 위해 노력한다면 무슨 일이 벌어질 것인가? 경제 기적은 내생적이 아니라는 사실을 우리는 쉽게 잊는다. 또한 경제학자들은 이것을 강조하지 않는다. 경제 발전은 국가들이 기름, 목재, 물, 농작물 등의 물질 자원을 자국 보유물뿐 아니라 다른 나라의 것들도 소비할 때 이룩된다. 그리고 지금은 기술과 서류의 유동성을 통해 가속화된 상업적 세계화가 물질 자산의 대량 교환을 용이하게 만들었다. 일본의 목공예품들은 열대 아시아에서 파괴된 삼림이며 유럽의 연료는 중동에 매장되어 있던 석유다.

국가 대차대조표에서 경제학자들은 총비용 회계에 좀처럼 천연자원 감소를 포함시키지 않는다. 어느 국가가 모든 나무를 베고 가장 유익한 광물을 파내고 어장을 고갈시키고 토양 대부분을 부식시키며 지하수를 퍼낼 수 있으며 이것을 모두 수입으로 계산할 수 있지만, 고갈된 어떤 것도 비용으로 계산하지 않는다. 또 환경을 오염시키고 도시 빈민가로 사람들을 몰아넣는 정책도 추진하지만 그 결과가 총비용에 포함되지 않는다.

그러나 총비용 회계는 경제학자와 자문 회의와 그들에게 자문을 구하는 재무장관들 사이에서 신빙성을 얻어 가고 있다. 새로운 분야인 생태경제학이 형성되어 경제학의 보이지 않는 손에 녹색 엄지손가락을 얹었다. 그러나 이것은 아직 주변적인 문제에만 영향을 미칠 뿐이다. 경쟁력 지수와 국내총생산은 아직도 가장 중요하고 매력적인 지수이다. 또 환경과 사회 비용의 복잡성을 첨가시킨 것만으로는 전통적인 경제 이론을 뒤엎지 못했다. 실물 세계의 주인으로 도도한 자부심을 갖고 있는 경제학자와 사업가가 이제는 진짜 실제 세계의 존재를 인정할 때가 되었다. 경제 상태를 확인하기 위해 경제 생산뿐 아니라 자연 세계와 인류 복지를 완전히 계산할 수 있는 새로운 발전

지표가 필요하다.

같은 맥락에서 나는 새로운 평가에 강력한 보전 윤리가 포함되는 것이 중요하다고 생각하며 그렇게 주장해야 할 필요를 느끼고 있다. 우리는 인류가 환경의 좁은 통로로 들어갈 때보다 더 나은 상태로 빠져나오기를 희망하며, 또 분명 우리는 그렇게 믿어야만 한다. 하지만 우리가 통과해 나가면서 맡아야 할 또 하나의 책임이 있다. 그것은 다른 생명들을 최대한 많이 우리와 함께 데려감으로써 이 세계를 보전하는 것이다.

생물 다양성—생태계에서부터 생태계 내의 종에 이르기까지 그리고 거기서 종 내의 유전자에 이르기까지의 총체—이 위기에 처해 있다. 대규모 멸종이 생물 다양성의 보고인 열대 지역에서 특히 흔하게 발생하고 있다. 최근에 발생한 예를 들자면 동남아시아 지역의 민물에서만 사는 어류의 절반 이상, 필리핀 세부 섬의 14종 새들의 절반, 그리고 에콰도르의 산봉우리 하나에서 자라는 90종 이상의 식물들이 멸종했다. 미국에서는 전체 종의 대략 1퍼센트가 멸종했으며 32퍼센트가 위험에 처해 있다.

지난 30년간 자연 보호 전문가들은 활동의 초점을 판다와 호랑이처럼 사람들의 시선을 잡아끄는 동물로부터 여러 종의 생존이 달려 있는 서식지를 포함하는 방향으로 확대시켜 왔다.

미국 내에 존재하는 이러한 종류의 '위기 지역(hot spot)'은 하와이의 산림, 남부 캘리포니아의 해안가, 플로리다 중부의 모래 고지들이다. 세계에서 가장 많은 위기 지역을 가지고 있는 국가는 거의 틀림없이 에콰도르, 마다가스카르, 필리핀일 것이다. 이 나라들은 생물학적으로 풍부한 우림의 3분의 2 이상을 잃었으며 남은 부분들도 계속해서 위협받고 있다. 이 문제를 다루는 보호전문가들의 논리는 간단하다. 보호 노력을 그러한 지역들에 집중시키면 가장 많은 양의 생물 다양성을 최소한의 경제적 비용으로 보존할 수 있다는 것이다. 또 그러한 노력이 지역 계획에서 정치적 절차의 일부가 된다면 생물 다양성을 살리는 일은 가장 폭넓은 대중적인 후원을 얻을 수 있을 것이다.

멸종의 전반적인 속도를 추산하는 일은 매우 어렵다. 하지만 생물학자들은 여러 가지 간접적인 분석법을 사용하여 적어도 육지에서는 호모 사피엔스가 출현하기 전보다 100배에서 1,000배가량 빠른 속도로 종들이 사라지고 있다는 데에 대체로 동의한다. 열대 우림은 알려진 피해의 대부분을 차지하는 지역이다. 열대 우림은 전체 육지 표면의 단 6퍼센트를 차지할 뿐이지만 전 세계 동식물 종의 절반 이상이 살고 있다. 남아 있는 우림을 제거하고 태우는 속도는 1980년대와 1990년대에 평균적으로 1년에 1퍼센트 정도씩이었다. 이것은 아일랜드의 전 국토와 맞먹는 크기의 지역이다. 서식지가 그러한 정도로 사라지고 있다는 사실은 매년 숲에 사는 생물 종의 0.25퍼센트 이상이 즉각적으로 혹은 가까운 장래에 멸종할 운명이라는 것을 뜻한다. 이러한 비율을 실제 숫자로 옮겨 보면 어떻게 될까? 일부 과학자들이 그 가능성을 인정하는 바와 같이, 만약 아직 개척되지 않은 삼림 지역에 1000만 종의 생물이 있다면 연간 손실은 수만 종에 이를 것이다. '단지' 100만 가지의 종만 있다고 할지라도 손실은 여전히 수천 종에 달할 것이다.

이러한 예측은 주어진 자연 서식지의 면적과 그 안에서 살 수 있는 종의 숫자 사이에 존재한다고 알려진 관계에 바탕을 둔 것이다. 그러한 예측은 사실 적게 잡은 것일 수 있다. 가장 측정하기 쉬운 요소인 서식지의 완전한 제거는 멸종의 으뜸가는 원인이다. 하지만 공격적인 외래종의 도입이나 그것들이 전파하는 질병들도 그 파괴력에 있어서 그 뒤를 바짝 좇고 있다. 그 다음 원인으로 토착종들의 과도한 사냥이나 수확을 들 수 있다.

이러한 모든 요인들은 복잡한 방식으로 함께 작용한다. 어떤 특정 종이 멸종한 요인들이 무엇이냐는 질문을 받는다면, 생물학자들은 『오리엔트 특급 살인사건』식의 대답을 하게 될 것이다. 즉 그들 모두가 요인이라는 것이다. 열대 국가들에서 보편적인 순서는 1970년대와 1980년대에 브라질 아마존 지역의 혼도니아 주를 가로질렀던 도로들처럼 미개척지에 도로를 뚫는 것으로 시작된다. 정착민들이 땅을 찾아 몰려들고, 길 양쪽의 숲을 벌목하고, 냇물을 오염시키고, 외래종의 동식물을 들여오고, 여분의 식량을 위해 야생동물을 사냥한다. 많은 토착종들이 희귀해지고 일부는 완전히 사라져 버린다. 토양은 수년 내로 황폐해지며 정착민들은 나무를 자르고 태우면서 숲 속 더 깊은 곳으로 들어간다.

현재 진행되는 생물 다양성의 손실은 6500만 년 전 중생대 말 이래로 최대 규모이다. 최근에 과학적으로 합의된 바에 따르면, 하나 이상의 거대한 운석이 지구에 떨어지고 그때 생긴 먼지가 대기를 혼탁하게 만들어서 지구 기후를 상당 부분 변화시키고 공룡을 멸종시켰다. 그리하여 진화의 다음 단계인 신생대 또는 포유류의 시대가 시작되었다. 현재 우리가 저지르고 있는 발작적인 멸종 행위는 우리의 선택에 따라 완화될 수 있다. 그렇지 않으면 21세기에는 신생대의 종말을 볼 것이며, 새로운 생명 형성이 아니라 생물학적 고갈의 새로운 시대가 시작될 것이다. 그것은 고독의 시대, 즉 "공생대(空生帶, Eremozoic Era, 그리스 어 'eremos(광야, 고독)'에서 유래한 말이다.—옮긴이)"라고 부르는 것이 적절할지도 모른다.

다년간 생물 다양성을 연구하면서 나는 사람들이 일반적으로 우리가 멸종할지도 모른다는 근거에 대해 3단계에 걸쳐 부인한다는 것을 발견했다. 첫 번째는 단순히 "걱정하지 마라."이다. 멸종은 자연적이라는 것이다. 종들은 생명의 30억 년 역사 동안 계속 죽어 갔지만 생물권에 영구적인 해를 가하지 않았다. 진화가 항상 멸종된 종을 새것으로 대체했기 때문이라는 것이다.

이러한 진술들은 모두 참이다. 그러나 상당히 비틀려 있다. 중생대 대멸종 이후에 그리고 이전에 3억 5000만 년마다 있었던 네 번의 대멸종 이후에 진화는 재앙 이전 수준의 다양성을 회복하는 데 약 1000만 년을 필요로 했다. 대기 시간이 그토록 길다는 점과 한 번의 일생 동안 그토록 많은 손실을 입는다는 것을 감안한다면, 우리의 후손은 약이 오를 것이다. 달리 뭐라 말할 수 있겠는가?

부인의 2단계에 들어서면 사람들을 보통 "하여튼 그렇게 많은 종은 필요하지 않다."라는 반응을 한다. 아무튼 대다수가 곤충, 잡초, 균류인데 무슨 상관이란 말인가? 100년도 안 된 옛날, 현대의 자연 보호 운동이 일어나기 전에는 세계 곳곳의 새와 포유동물도 무관심에 방치되었음을 망각한다면 세상의 기는 벌레들도 무시해 버리기 쉬울 것이다. 하지만 이제 자연 세계 미물들의 가치는 더할 수 없이 명백해지고 있다. 전체 생태계에 관한 최근의 실험 연구는 생태학자들이 오랫동안 의심해 온 바를 뒷받침한다. 생태계에 더 많은 종이 살수록 번식력은 더 높아지고 가뭄이나 다른 종류의 환경 압박을 견디는 능력도 더 강해진다. 물을 정화하고 토양을 비옥하게 하고 숨쉬는 공기를 생성하는 데 우리가 생태계의 작용에 의존한다는 점에서 생물 다양성은 아무렇게나 내동댕이쳐 버릴 무언가가 절대 아니다.

자신들이 살고 있는 환경에 철저하게 적응하고 있는 각 종들은 유용한 과학 지식의 방대한 원천을 제공해 주는 진화의 걸작품이다. 오늘날 살아 있는 종들은 수천 년에서 수백만 년 정도 된 것들이다. 그들의 유전자는 수많은 세대를 거치며 역경을 견뎌 왔기 때문에 그 유전자를 운반하는 유기체의 생존과 번식을 돕기 위해 극도로 복잡한 일련의 생화학적 장치들을 솜씨 있게 작동시킨다.

이것이 바로 야생종들이 인류가 살 만한 환경을 만들어 줄 뿐만 아니라 우리의 생명 유지를 도와주는 생성물들의 원천이 되는 이유이다. 이러한 산물들 중 적지 않은 부분이 약물에 관한 것들이다. 미국의 약국에서 구할 수 있는 약물의 40퍼센트 이상이 원래 식물, 동물, 곰팡이, 미생물 등에서 추출된 것이다. 예를 들어 세계에서 가장 널리 쓰이는 약인 아스피린은 살리실산에서 만들어 낸 것인데, 살리실산은 다시 톱니꼬리조팝나무의 한 종에서 발견된다. 하지만 약으로 쓰일 수 있는 자연 생성물이 들어 있는지 검사된 것은 그 종 중 극히 일부에 지나지 않는다.(아마도 1퍼센트도 안 될 것이다.) 새로운 항생물질과 항말라리아제 발견을 서둘러야 할 필요가 있다. 오늘날 가장 널리 쓰이는 물질들은 질병 유기체가 약에 대한 유전적 저항성을 획득함에 따라 그 효과가 점점 줄어들고 있다. 예를 들어 보편적인 포도상구균 박테리아는 잠재적으로 치명적인 병원체로서 다시 등장했고 폐렴을 일으키는 미생물은 점점 더 위험해지고 있다. 의학 연구자들은 앞으로 더욱 격렬해질 것이 분명한, 빠르게 진화하는 병원체들과의 군비 경쟁에 붙잡혀 있다. 21세기 의학의 새로운 무기를 얻기 위해서는 더 광범위한 야생종들로 관심을 돌려야 한다.

이런 모든 것들을 인정한다해도 부인의 3단계가 남아 있다. 왜 지금 당장 모든 종을 구하기 위해 서둘러야 하는가? 살아 있는 표본을 동물원과 식물원에 보호했다가 나중에 야생으로 돌려보내면 어떤

가? 오늘날 세계의 모든 동물원은 존재한다고 알려진 2만 4000종 가운데 포유류, 조류, 파충류, 양서류 2,000종만을 보유하고 있다. 이게 최대한이다. 세계의 식물원들은 25만의 식물 종에 압도당할 것이다. 이러한 피난처들은 몇몇 멸종 위기종을 구하는 데 도움이 된다는 점에서 매우 귀중하다. 액화 질소 안에 냉동된 배아들도 마찬가지다. 그러나 그러한 정도로는 문제 전체를 해결하는 데에는 턱없이 부족하다. 게다가 아직 아무도 곤충, 조류 및 다른 생태학적으로 중대한 작은 유기체들을 위한 안전한 은신처를 고안하지 못했다.

그 모든 것이 달성되고 과학자들이 종들을 독립시킬 준비가 되더라도, 많은 종들이 살던 생태계는 더 이상 존재하지 않을 것이다. 자연 그대로의 토양만으로는 충분하지 않다. 예를 들어, 판다와 호랑이는 버려진 논에서는 생존할 수 없다. 모든 종을 다시 복귀시킨다고 하여 자연 생태계가 복원될 수 있을까? 적어도 우림처럼 복잡한 군락의 경우에는 그러한 묘기가 현재로서는 불가능하다. 5장에서 서술했듯이 그 어려움의 정도는 분자에서 살아 있는 세포를 생성하거나 살아 있는 세포에서 유기체를 생성하는 것에 견줄 만하다.

문제의 범위를 더욱 구체적으로 시각화하기 위해 작은 열대 국가의 마지막 남은 우림이 수력 발전소를 짓기 위해 만든 호수 아래로 잠기게 되었다고 상상해 보자. 세계 어느 곳에서도 찾을 수 없고 얼마 정도 되는지도 모르는 동식물 종들이 물 아래로 사라질 것이다. 할 수 있는 일이 아무것도 없다. 전력은 필요하다. 지역 정치 지도자들의 생각은 확고하다. 사람이 우선이다! 마지막 몇 달 동안 생물학자 집단은 동식물군을 구하기 위해 필사적으로 몸부림친다. 그들의 과제는 다음과 같다. 댐이 완공되기 전에 모든 종의 표본을 신속하게 수집하라. 동물원, 식물원, 실험실에서 배양하거나 그것의 배(胚)를 액화 질소 안에 급속 냉동시켜 종을 지속시켜라. 그런 다음 종들이 새로운 땅에서 군락을 재조성하며 돌아올 수 있도록 하라.

수천 명의 생물학자들이 10억 달러 예산을 들고 오지 않는 한, 현 상황으로는 그러한 작업을 수행할 수 없다. 어떻게 해야 하는지 상상조차 못 할 것이다. 삼림 구역에는 수많은 형태의 생명이 산다. 아마도 300종의 새, 300종의 나비, 개미 200종, 딱정벌레 5만 종, 나무 1,000종, 균류 5,000종, 수만 종의 박테리아와 그 외의 것들이 주요 군락의 명부에 올라온다. 다수의 군락에서 수많은 소수 종들은 과학계에 처음 소개되는 것들로서 그 속성들은 전혀 알려져 있지 않다. 각 종들은 명확한 니치를 점유하고 있다. 즉 특정 장소와 정확한 미기상(微氣象), 특정 영양분, 그리고 생활사가 순차적으로 나타나도록 하는 온도·습도 주기를 필요로 한다. 많은 종들은 다른 종들과 공생 관계로 묶여 있어서 올바른 배치로 상대와 정렬되지 않으면 생존할 수 없다.

따라서 생물학자들이 분류학적 맨해튼 프로젝트, 즉 모든 종의 분류와 보존을 훌륭히 해 낸다 하더라도 그 군락을 다시 원상태로 되돌릴 수는 없다. 그러한 작업은 엎지른 물을 다시 담는 것과 같다. 수십 년 후에는 가능할지 모른다. 그러나 현재로서는 토양을 살아나게 하는 데 필요한 미생물의 생태학이 알려져 있지 않다. 꽃들 대부분의 수분 매개체와 그것들이 나타나는 정확한 시기는 오직 추측만 할 뿐이다. 또한 종들이 공생하기 위한 이주 순서인 '합성 규칙(assembly rules)'은 아직 이론 영역에 머물러 있을 뿐이다.

이 점에 관하여 생물학자와 보존론자 들은 실질적으로 의견이 같다. 현존 지식으로 이 세계를 보존할 유일한 방법은 자연 생태계를 유지하는 것뿐이다. 서식지의 급격한 축소를 고려하면 그러한 단순한 해결책조차 힘든 작업이 될 것이다. 어떻게든 인류는 다른 생명들이 의존하는 환경을 파괴하지 않고 좁은 통로를 빠져나오는 길을 찾아야만 한다.

⚉

계몽사상의 유산은 우리는 우리 자신의 힘으로 알 수 있고, 앎으로써 이해할 수 있으며, 이해함으로써 현명한 선택을 할 수 있다는 믿음이다. 이러한 자신감이 과학 지식의 기하급수적 성장을 가져왔으며 이 지식은 증가하는 완전한 인과적 설명의 망으로 짜여져 있다. 이 과업을 달성하는 과정에서 우리는 하나의 종으로서 자신에 관해 많은 것을 배웠다. 우리는 인류가 어디에서 왔으며 무엇인지를 이전보다 더 잘 이해하고 있다. 다른 생명과 마찬가지로 호모 사피엔스는 스스로 길을 개척해 왔다. 그래서 지금 우리는 이곳에 있다. 아무도 이러한 상황으로 우리를 이끌지 않았으며 아무도 우리를 지켜봐 주지 않았다. 우리의 미래는 순전히 우리에게 달려 있다. 이제 우리는 인간의 자율성을 인정해야 한다. 그리고 우리가 가고 싶은 곳을 밝혀야 한다.

이러한 시도에 대해 환원주의적 분석으로 다루기에는 너무 복잡한 과정이라고 말하는 것은 온당하지 않다. 그것은 일종의 비종교적 지식인의 항복이며 게으른 모더니스트의 '신의 뜻'이다. 또 한편, 완벽하게 녹지화된 도시나 가까운 항성으로의 로봇 원정 등과 같이 궁극적 목표에 대해 진지하게 이야기하는 것은 너무 이르다. 호모 사피엔스가 이 행성을 결단내기 전에 제대로 정착하여 행복해져야 한다. 진지한 고찰이 바로 앞에 닥친 수십 년을 나아가기 위해 필요하다. 우리는 정치경제학의 대안들 대부분이 파멸을 초래하는 것이라는 사실을 깨달을 만한 능력을 갖고 있다. 우리는 인간 본성의 토대를 탐구하여 사람들이 본질적으로 가장 필요로 하는 것이 무엇이며 그것이 왜 필요한지를 밝혀내기 시작했다. 우리는 새로운 실존주의 시대로 들어서고 있다. 개인에게 완전한 자율을 부여한 키르케고르와 사르트르의 낡은 부조리적 실존주의가 아니라, 보편적으로 공유되는 통합된 지식만이 정확한 예견과 현명한 선택을 가능하게 한다는 실존주의 말이다.

이 모든 과정에서 우리는 윤리가 모든 것이라는 근본 원리를 배우고 있다. 동물의 사회성과는 달리 인간의 사회성은 문화에 의해 도덕지침과 법률로 진화한 장기 계약을 형성하는 유전적 성향에 기초해 있다. 계약 형성 규칙들은 인류에게 위로부터 그냥 주어진 것은 아니었으며 두뇌 구조 안에서 무작위적으로 발생한 것도 아니었다. 그 규칙들은 수십억 년에 걸쳐 진화한 것이다. 왜냐하면 그것들은 생존과 미래 세대에 발현될 기회를 규정하는 유전자에 담겨 있기 때문이다. 우리는 우리 외부로부터의 교훈을 따르지 않아 때로 과실을 범하는 탈선한 아이들이 아니다. 우리는 계약이 생존에 필수적임을 발견한 어른들로서 신성한 맹세를 통해 그것을 확고히 할 필요성을 받아들였다.

통섭에 대한 탐색은 처음에는 창조성을 구속하는 것처럼 보일지도 모른다. 그러나 그 반대가 맞다. 통합된 지식 체계는 아직 탐구되지 못한 실재 영역을 확인하는 가장 확실한 수단이다. 이것은 이미 알려진 것에 관한 명확한 지도를 제공하며 미래 연구를 위한 가장 생산적인 질문을 창안한다. 과학사학자들은 올바른 답변을 하는 것보다 올바른 질문을 던지는 것이 더욱 중요하다는 점을 종종 관찰한다. 사소한 질문에 대한 옳은 대답은 별것 아니다. 그러나 옳은 질문은 그 정답을 알 수 없다 하더라도 주요한 발견의 지침이 된다. 미래 과학의 여정이나 상상력 풍부한 예술의 비행에 있어서도 그러할 것이다.

나는 창조적 사고의 새로운 길을 찾는 과정에서 우리가 실존적 보수주의에 도달할 것이라고 믿는다. 다음 질문은 반복될 가치가 있다. 우리의 가장 깊은 근원은 어디인가? 우리는 고유한 유전적 기원을 가진 구대륙 영장류이며 영특한 창발적 동물이다. 또한 새로 발견된 생물학적 성과의 축복을 받았기에, 원한다면 우리의 고향에서 안전하게 지낼 수 있도록 조치할 수도 있는 그런 존재이다. 이것이 다 무얼 의미하는가? 그 의미는 다음과 같다. 우리 자신과 생물권을 살아 있도록 유지하기 위해 인공 보철 장비에 의존하는 만큼 우리는 모든 것을 허약하게 만들 것이다. 또 우리가 나머지 생명을 추방해 버리는 만큼 우리는 영원히 인류를 피폐하게 만들 것이다. 그리고 잔머리를 굴려 우리의 유전적 본성을 포기하고 만다면, 그리고 마치 신이나 된 것처럼 착각하고 오래된 유산을 방기하며 진보라는 이름 아래 도덕, 예술, 가치를 내동댕이친다면 우리는 아무것도 아닌 존재가 될 것이다.

참고 문헌

1장 · 이오니아의 마법

31~37쪽 종교 경험을 통해 과학적 종합에 입문하게 된 내 자전적 이야기의 세부 사항은 내 자서전인 *Naturalist*(Washington, D.C: Island Press/Shearwater Books, 1994)에 나와 있다.(국내에서는 『자연주의자』(이병훈 옮김, 사이언스북스, 1996)으로 번역 출간되었다. ── 옮긴이)

34쪽 이오니아의 마법이라는 아이디어는 Gerald Holton, *Einstein, History, and Other Passions*(Woodbury, NY: American Institute of Physics Press, 1995)에 소개되어 있다. 그 용어를 아인슈타인이 어떻게 사용했는지도 이 책에 실려 있다.

38쪽 대담성과 위험을 감수하는 태도가 주요한 과학적 탐구의 요소들이라는 사실을 알리기 위해 아서 에딩턴은 1920년에 행한 영국 협회 연설에서 다이달로스와 이카루스의 이야기를 꺼냈다. 그 후로 이 은유는 Subrahmanyan Chandrasekhar, *Eddington: The Most Distinguished Astrophysicist of His Time*(NY: Cambridge University Press, 1983)에서 저자가 자기 친구의 연구 스타일을 규정하기 위해 사용했다.

2장 · 학문의 거대한 가지들

41~44쪽 과학철학의 본질에 대한 쟁점과 논란이 무엇인지는 Werner Callebaut, *Taking the Naturalistic Turn, or, How Real Philosophy of Science is Done*(Chicago: University of Chicago Press, 1993)에 실린 저자의 인터뷰와 대담 속

에 사실적으로 잘 드러나 있다.

44쪽 과학과 철학에 대한 알렉산더 로젠버그의 견해는 Alexander Rosenberg, *The Phiosophy of Social Science*, 1st ed.(Oxford: Oxford University Press, 1988)의 1쪽을 보면 확인할 수 있다.

45쪽 찰스 셰링턴 경은 요술에 걸린 베틀에 대해 다음과 같이 이야기한다. "갑자기 head-mass가 요술이 걸린 베틀이 되었는데 거기서 번쩍이는 수많은 북(직조기의)들이 디졸브 패턴을 짜고 있다. 이 패턴은 비록 영구적인 것은 아니나 늘 의미 있는 패턴이며 부패턴의 조화도 변한다."(Charles Scott Sherrington, *Man On His Nature*(the Gifford Lectures, Edinburgh, 1937~1938; NY: Macmillan, 1941), 225쪽.)

46쪽 나는 심층 역사(deep history)의 개념, 즉 태고 역사와 전통 역사 간의 이음매 없는 연속성을 "Deep history", *Chronicles*, 14: 16~18(1990)에서 처음으로 제시했다.

46~47쪽 미국에서의 과학 문맹에 관해서는 Morris H. Shamos, *The Myth of Scientific Literacy*(New Brunswick, NJ: Rutgers University Press, 1995)와 David L. Goodstein, "After the big crunch", *The Wilson Quarterly*, 19:53~60(1995)을 보라.

46~47쪽 미국의 일반 교육의 역사에 관한 자료는 Stephen H. Balch et al., *The Dissolution of General Education: 1914~1993*(Princeton, NJ: The National Association of Scholars, 1996)에 나와 있다.

3장 · 계몽사상

46쪽 이사야 벌린은 Isaiah Berlin, *The Age of Enlightenment: The Eighteenth-Century Philosophers*(New York: Oxford University Press, 1979)에서 계몽사상의 성취를 격찬했다.(이 책의 번역서는 『계몽시대의 철학』(정병훈 옮김, 서광사, 1992)이다.——옮긴이)

49~60쪽 콩도르세에 관하여 참고한 문헌들은 다음과 같다. Marie-Jean-Antoine-Nicolas Caritat, Marquis de Condorcet, *Sketch for a Historical picture of the Progress of the Human Mind*, Henry Ellis, *The Centenary of Condorcet*

(London: William Reeves, 1894), Keith Michael Baker, *Condorcet: From Natural Philosophy to Social Mathematics*(Chicago: University of Chicago Press, 1975), Edward Goodell, *The Noble Philosopher: Condorcet and the Enlightenment* (Buffalo, NY: Prometheus Books, 1994).

63~71쪽 이 책에 소개된 프랜시스 베이컨의 생애와 업적의 개요는 베이컨의 저서를 비롯한 수많은 2차 문헌을 참고하여 작성되었다. 그중 중요한 문헌들은 다음과 같다. James Stephens, *Francis Bacon and the Style of Science*(Chicago: University of Chicago Press, 1975), Benjamin Farrington, *Francis Bacon: Philosopher of Industrial Science*(New York: Octagon Books, 1979), Peter Urbach, *Francis Bacon's Philosophy of Science: An Account and a Reappraisal*(La Salle, Il: Open Court, 1987), Catherine Drinker Bowen, *Francis Bacon: The Temper of a Man*(New York: Fordham University Press, 1993). 피터 우바흐(Peter Urbach)는 뛰어난 분석을 통해 베이컨이 모든 연구 단계에서 가상의 가설을 옹호했으며 연구 첫 단계에서 날자료(raw data)를 수집하자고 한 것은 아니었다고 주장했다. 그의 분석이 옳다면 베이컨은 전통적 해석에서 당연시돼 왔던 것보다 훨씬 더 근대적인 사상가가 된다.

71쪽 계몽사상의 창시자들의 신화적 역할에 대한 나의 입장은 Joseph Campbell, *The Hero with a Thousand Faces*(New York: Pantheon Books, 1949), 대중문화적 표현에 관해서는 Christopher Vogler, *The Writer's Journey: Mythic Structures for Screenwriters and Storytellers*(Studio City, CA: Michael Wiese Productions, 1992)의 영향을 받았다.(조셉 캠벨의 책은 『천의 얼굴을 가진 영웅』(이윤기 옮김, 민음사, 1999)으로 번역되었다. ─옮긴이)

72~73쪽 Stephen Gaukroger, *Descartes: An Intellectual Biography*(New York: Oxford University Press, 1995)는 데카르트의 생애와 업적에 대한 최근의 훌륭한 설명이다.

75~76쪽 중국 과학에 대한 조셉 니덤의 해석은 Joseph Needam, Colin A. Ronan (ed.), *The Shorter Science and Civilisation in China: An Abridgement of Joseph Needham's Original Text*, vol. 1(New York: Cambridge University Press,

1978)에서 따왔다.(이 책은 『중국의 과학과 문명』(김영식, 김제란 옮김, 까치, 1998)으로 번역되었다. ─옮긴이)

78~79쪽 아인슈타인이 에른스트 슈트라우스에게 한 말은 Gerald Holton, *Thematic Origins of Scientific Thought*(Cambridge, MA: Harvard university Press, 1988)에서 인용하였다.

83~84쪽 괴테의 자연관 부분은 *Gesammte Werke, Goethe*, vol. XXX(Stuttgart: Cotta, 1858), 313쪽에서 인용했다. 이 책의 영역판은 찰스 셰링턴 경이 옮긴 *Goethe On Nature & On Science*, 2nd ed.(NY: Cambridge University Press, 1949)이다.

87쪽 조반니 피코 델라 미란돌라의 축도문 번역은 시적인 즐거움이 드러나는 번역 중 하나로서 Ernst Cassirer, Paul O. Kristeller, and John H. Randall, Jr.(eds.), *The Renaissance Philosophy of Man*(Chicago: University of Chicago Press, 1948), 226쪽에 나와 있다.

88쪽 1700년 이후의 과학의 성장은 David L. Goodstein, "After the big crunch", *The Wilson Quarterly*, 19:53~60(1995)에 논의되어 있다.

90쪽 모더니즘에 관해서는 Carl E. Schorske, *Fin-de-Siecle Vienna: Politics and Culture*(New York: Knopf, 1980)를 보라. Howard Gardner, *Creating Minds: An Anatomy of Creativity Seen Through the Lives of Freud, Einstein, Picasso, Stravinsky, Eliot, Graham, and Gandhi*(New York: BasicBooks, 1993), 397쪽에서 심리학자의 관점에서 살펴본 모더니즘을 확인할 수 있다.

91쪽 C. P. 스노는 1959년 강연을 바탕으로 한 기념비적 책자 C. P. Snow, *The Two Cultures and the Scientific Revolution*(New York: Cambridge University Press, 1959)에서 인문학적 문화와 과학적 문화 사이의 분리를 비판하였다. (이 책의 번역서는 『두 문화』(오영환 옮김, 사이언스북스, 2001)이다. ─옮긴이)

92~93쪽 내게 인상을 준 자크 데리다의 작품은 *Of Grammatology*(Gayatri Chakravorty Spivak(trans.), Baltimore: Johns Hopkins University Press, 1976), *Writing and Difference*(Alan Bass(trans.), Chicago: University of Chicago Press, 1978), *Dissemination*(Barbara Johnson(trans.), Chicago: University of Chicago Press,

1981)이다. 나는 그의 초현실적인 문체 때문에 상당 부분을 번역자의 주해에 의존

하였다.(국내 번역서로는 순서대로 『그라마톨로지에 대하여』(김웅권 옮김, 동문선, 2004),

『글쓰기와 차이』(남수인 옮김, 동문선, 2001)가 있다. ─ 옮긴이)

94쪽 심리학의 근원적 은유에 관해서는 Jenneth J. Gergen, "Correspondence versus

autonomy in the language of understanding human action", Donald W. Fiske

and Richard A. Shweder(eds.), *Metatheory in Social Science: Pluralisms and*

Subjectivities(Chicago: University of Chicago Press, 1986), 145~146쪽을 보라.

95~96쪽 조지 사이앨러버의 미셸 푸코에 관한 글은 *The Boston Sunday Globe*(3

January 1993), A12면에 실린 James Miller, *The Passion of Michel Foucault*, by

(New York: Simon & Schuster, 1993)의 서평인 "The tormented quest of Michel

Foucault"이다. 푸코의 "지식의 고고학"에 대한 해석은 Alan Sheridan, *Michel*

Foucault: The Will to Truth(London: Tavistock, 1980)을 참조했다.

4장 · 자연과학

100~103쪽 동물의 감각에 대한 여러 교과서와 개론서 중에서 가장 좋고 가장 많이

사용된 것은 John Alcock, *Animal Behavior: An Evolutionary Approach*, 5th

edition(Sunderland, MA: Sinauer Associates, 1993)이다.

105쪽 물리학의 자연어로서의 수학에 관한 유진 위그너의 이야기는 Eugene P.

Wigner, "The unreasonable effectiveness of mathematics in the natural

sciences," *Communications on Pure and Applied Mathematics*, 13:

1~14(1960)에서 확인할 수 있다.

105~107쪽 양자전자기학(Q.E.D.)과 전자의 속성의 측정에 대해서는 David J. Gross,

"Physics and mathematics at the frontier," *Proceedings of National Academy*

of Sciences, USA, 85: 8371~8375(1988)과 John R. Gribbin, *Schrodinger's*

Kittens and the Search for Reality: Solving the Quantum Mysteries(Boston:

Little Brown, 1995)에 나온 설명들을 참조했다.

107~109쪽 나노 기술, 주사 전자 현미경 그리고 원자력 현미경의 발전 과정은 여러 저자들이 함께 쓴 B. C. Crandall(ed.), *Nanotechnology: Molecular Speculations on Global Abundance*(Cambridge, MA: MIT Press, 1996)에 기술되어 있다. 고밀도 ROM의 생산은 *Science News*, 148: 58(1995)에 기술되어 있다. 화학 반응의 정확한 시간 측정에 대해서는 Robert F. Service, "Getting a reaction in close-up," *Science*, 268: 1847(1995)을 참조했다. 그리고 자신을 조립하는 단분자막에 대해서는 George M. Whitesides, "Self-assembling materials," *Scientific American*, 273: 146~157(1995)을 참조했다.

119쪽 플랑크에 대한 아인슈타인의 찬사는 종종 인용되어 왔지만 그 말의 정확한 출처는 알려져 있지 않다. 하지만 Walter Kaufmann, *The Future of the Humanities*(NY: reader's Digest Press, 1997) 등에서 이 찬사를 발견할 수 있다.(이 책은 『인문학의 미래』(이남재, 이홍순 옮김, 미리내, 1998)으로 번역·출판되었다.—옮긴이)

118~122쪽 과학자들의 개성, 연약함, 그리고 연구를 하나의 예술로 여기는 태도 등에 대해서는 Freeman Dyson, "The scientist as rebel," *The New York Review of Books*(25 May 1995), 31~33면에서 시험적으로 탐구되었다. 이 문제에 대한 그의 관점은 비록 나와는 독립적으로 물리학자로서 발전시킨 것이지만 많은 측면에서 내 견해와 유사하다.

123~124쪽 DNA 복제에 관한 최초의 보고는 Matthew S. Meselson, Franklin W. Stahl, *Proceedings of the National Academy of Sciences, USA*, 44: 671~682(1958)으로 출판되었다. 나는 이 실험에 대해 개인적으로 논의해 준 메셀슨에게 감사한다.

126~130쪽 논리실증주의의 역사와 내용에 관한 나의 개괄과 객관적 진리를 향한 물음은 많은 교과서에 기초되어 있으며 많은 과학자들 및 다른 학자들과의 비공식적 토론에 근거해 있다. 하지만 그중에서 Gerald Holton, *Science and Anti-Science*(Cambridge, MA: Harvard University Press, 1993)과 Alexander Rosenberg, *Economics: Mathematical Politics or Science of Diminishing Returns?*(Chicago: University of Chicago Press, 1992)이 최근에 가장 큰 영향을 주었다.

130쪽 허버트 사이먼은 Herbert A. Simon, "Discovery, invention, and development:

human creative thinking," *Proceedings of the National Academy of Sciences, USA* (Physical Sciences), 80 : 4569~4571(1983)에서 창조적 사고의 심리학에 관해 논의했다.

5장 · 아리아드네의 실타래

133~134쪽 크레타 섬의 미로와 아리아드네의 실타래에 대해서는 그동안 다양한 은유적 해석들이 시도되었다. 내 해석과 가장 가까운 것으로는, 비록 핵심 측면에서 같지는 않지만, Mary E. Clark, *Ariadne's Thread: The Search for New Modes of Thinking*(NY : St. Martin's Press, 1989)이 있다. 메리 클라크는 미로를 인간의 복잡한 환경적 · 사회적 문제로 인식했으며 실타래는 그 문제들을 풀기 위한 객관적 진리와 실재론적 사고라고 보았다.

137~141쪽 개미의 의사소통에 대해 좀 더 알고 싶다면 나와 베르트 횔도블러(Bert Hölldobler)가 공저한 *The Ants*(1990)과 *Journey to the Ants: A Story of Scientific Exploration*(1994)을 보라.(이 두 책 중 후자는 『개미 세계 여행』(이병훈 옮김, 범양사, 1996)으로 번역 · 출판되어 있다.──옮긴이)

142~144쪽 지바로 족의 조상 호출 의식은 Michael J. Harner, *The Jívaro: People of the Sacred Waterfalls*(Garden City, NY : Doubleday/Natural History Press, 1972)에 기술되어 있다. 파블로 아라밍고의 꿈과 예술은 Luis Eduardo Luna, Pablo Amaringo Ayahuasca, *Visions: The Religious Iconography of a Peruvian Shaman*(Berkeley, CA : North Atlantic Books, 1991)에 나와 있다.

149~152쪽 꿈의 생물학에 대한 현 단계의 이해는 J. Allan Hobson, *The Chemistry of Conscious States: How the Brain Changes Its Mind*(Boston : Little Brown, 1994)과 같은 저자의 *Sleep*(NY : Scientific American Library, 1995)에 설명되어 있다. 꿈의 구조와 생리에 대한 구체적인 기술적 이해는 *Consciousness and Cognition*, 3 : 1~128(1994)의 특집호에 게재된 "Dream consciousness : a neurocognitive approach"을 참조하라. 꿈의 적응적 기능에 대한 최근의 연구는 Avi Karni et al., "Dependence on REM sleep of overnight improvement of a perceptual skill," *Science*, 265: 679~682(1994)을 참조하라.

153~158쪽 꿈과 신화의 기원에서 독사와 몽사 간의 관계는 중요한 모노그래프인 Balaji Mundkur, *The Cult of the Serpent: An Interdisciplinary Survey of Its Manifestations and Origins*(Albany, NY: State University of New York Press, 1983)에 나와 있다. 그리고 나의 *Biophilia*(Cambridge, MA: Harvard University Press, 1984)에도 약간 수정 보완한 형태로 기술되어 있다.

159~161쪽 나는 시공간 척도를 변화시키면서 설명하는 방식을 마술적인 영화 촬영술에서 빌려왔다. 이 방식을 처음 사용한 것은 *Biophilia*(Cambridge, MA: Harvard University Press, 1984)이다.

162~163쪽 구성 원자들의 상호 작용으로부터 단백질 구조를 예측하는 데 발생하는 문제점들을 설명하기 위해 나는 S. J. 싱어(S. J. Singer)가 미국 예술 과학 아카데미에서 1993년 12월에 발표한 논문에서 큰 도움을 얻었다. 그는 친절하게도 내 설명을 검토해 주기까지 했다.

164~165쪽 우림에서의 고차 상호 작용은 나의 *The Diversity of Life*(Cambridge, MA: Belkanp Press of Harvard University Press, 1992)에 기술되어 있고 생태계에서의 고차 상호 작용에 대해서는 Peter Kareiva가 편집한 *Ecology*, 75: 1527~1559 (1994)의 특집호에서 논의되었다.(윌슨의 책은 『생명의 다양성』(황현숙 옮김, 까치, 1995)으로 출간된 바 있다. ― 옮긴이)

168~174쪽 복잡성 이론의 의미와 목표에 대해서는 해럴드 모로위츠(Harold Morowitz)가 편집하는 *Complex*, 1: 4~5(1995)과 같은 학술지에 매우 잘 소개되어 있다. 그리고 머리 겔만(Murray Gell-Mann)도 같은 호(16~19쪽)에서 비슷한 일을 했다. 1990년대에 이 주제에 대해 포괄적인 해설을 한 책들 중에 Stuart A. Kauffman, *The Origins of Order: Self-Organization and Selection in Evolution*(NY: Oxford University Press, 1993)과 Jack Cohen, Ian Stewart, *The Collapse of Chaos: Discovering Simplicity in a Complex World*(NY: Viking, 1994)이 발군이다.

176~177쪽 세포를 유전자 네트워크 시스템으로 보는 관점은 윌리엄 루미스와 폴 스턴버그가 *Science*, 269:649(1995)에 게재한 "Genetic networks"에 잘 드러나 있다.

그들의 설명은 같은 호 650~656쪽에서 할리 맥애덤스(Harley H. McAdams)와 루시 샤피로(Lucy Shapiro)가 쓴 더 긴 기술 보고서에 기반하고 있다.

177~178쪽 **컴퓨터의 성능의 지수 함수적 발전**은 Ivars Peterson, "Petacrunchers: setting a course toward ultrafast supercomputing", *Science News*, 147: 232~235(1995)과 David A. Patterson의 "Microprocessors in 2020" *Scienticif American*, 273: 62~67(1995)에 기술되어 있다. 페타(peta)는 10^{15}을 지칭한다.

178~179쪽 **세포와 유기체 발생의 가장 중요한 문제들**에 관한 세포생물학자의 견해들은 Marcia Barinaga, "Looking to development's future", *Science*(266: 561~564, 1994)에 정리되어 있다.

6장 · 마음

183~226쪽 **뛰어난 뇌과학자들**이 대중들을 위해 자신들의 연구 주제에 관한 글을 써 왔다. 다행스럽게도 전범위에 걸쳐 이런 작업이 수행되었다. 이런 맥락에서 뇌의 구조와 행동의 신경 및 생화학적 상호 작용에 관한 최고의 저작들로는 다음과 같은 것들이 있다. Paul M. Churchland, *The Engine of Reason, the Seat of the Soul: A Philosophical Journey into the Brain*(Cambridge, MA: MIT Press, 1995), Francis Crick, *The Astonishing Hypothesis: The Scientific Search for the Soul*(NY, Scribner, 1994), Antonio R. Damasio, *Descartes' Error: Emotion, Reason, and the Human Brain*(NY: G. P. Putnam, 1994), Gerald M. Edelman, *Bright Air, Brilliant Fire: On the Matter of the Mind*(NY: BasicBooks, 1992), J. Allan Hobson, *The Chemistry of Conscious States: How the Brain Changes Its Mind*(Boston: Little, Brown, 1994), Stephen M. Kosslyn, *Image and Brain: The Resolution of the Imagery Debate*(Cambridge, MA: MIT Press, 1994), Stephen M. Kosslyn, Olivier Koenig, *Wet Mind: The New Cognitive Neuroscience*(NY: Free Press, 1992), Steven Pinker, *How the Mind Works*(NY: W.W.Norton, 1997), Michael I. Posner, Marcus E. Raichle, *Images of Mind*(NY: Scientific American

Library, 1994). 감정에 관한 현 단계 연구의 포괄적 평가로는 폴 에크먼(Paul Ekman)과 리처드 데이비슨(Richard J. Davidson)이 편집하고 많은 저자들이 참여한 *The Nature of Emotion: Fundamental Questions*(NY: Oxford University Press, 1994)가 있다. 뇌가 심박, 심금, 냉철로 구분되어 있다는 식의 시적 은유는 Robert E. Pool, *Eve's Rib: The Biological Roots of Sex Differences*(NY: Crown, 1994)에 나와 있다.(프랜시스 크릭의 책은 『놀라운 가설』(과학세대 옮김, 한뜻, 1996), 안토니오 다마시오의 책은 『데카르트의 오류』(김린 옮김, 중앙문화사, 1999), 제럴드 에덜먼의 책은 『신경과학과 마음의 세계』(황희숙 옮김, 범양사, 1998)으로 번역 · 출판되었다. —옮긴이)

의식 경험에 대한 현재의 견해는 위의 작업들에서 다양한 방식으로 논의되었다. 신경생물학 연구에 의해 새롭게 부각되기 시작한 철학적 함의들은 다음과 같은 중요한 저작들의 주제이다. Patricia S. Churchland, *Neurophilosophy: Toward a Unified Science of the Mind-Brain*(Cambridge, MA: MIT Press, 1986), Daniel C. Dennett, *Consciousness Explained*(Boston: Little, Brown, 1991), 같은 저자의 *Darwin's Dangerous Idea: Evolution and the Meanings of Life*(NY: Simon & Schuster, 1995), John R. Searle, *The Rediscovery of the Mind*(Cambridge, MA: MIT Press, 1992).

로저 펜로스는 Roger Penrose, *Shadows of the Mind: A Search for the Missing Science of Consciousness*(NY: Oxford University Press, 1994)에서 기존의 과학이나 인공 계산 모두 마음의 문제를 해결하지 못할 것이라고 주장했다. 그는 양자역학과 세포생리학에서 부상하고 있는 새로운 급진적 접근을 시도했다. 하지만 지금까지 극적으로 진보를 이뤄 낸 현재의 탐구 방식을 버릴 만한 긴급한 이유가 있다고 믿는 뇌과학자들은 거의 없다.

의식 연구의 특별한 다른 측면들은 다음의 저작들에서 탐구되었다. Margaret A. Boden, *The Creative Mind: Myths & Mechanisms*(NY: Basic Books, 1991), Daniel Goleman, *Emotional Intelligence*(NY: Bantam Books, 1995), Jos A. J regui, *The Emotional Computer*(Cambridge, MA: Blackwell, 1995), Simon LeVay, *The Sexual Brain*(Cambridge, MA: MIT Press, 1993), Steven Pinker, *The Language Instinct: The New Science of Language and Mind*(NY: W. Morrow,

1994).(대니얼 골먼의 책은 『감성지능 EQ』(황태호 옮김, 비전코리아, 1996)으로, 스티븐 핑커의 책은 『언어 본능』(김한영 옮김, 소소, 2004)으로 번역되었다.──옮긴이)

마음의 물리적 기초에 대해 짧막한 설명을 하기 위해 나는 뇌과학 연구자의 작업들과 앞서 언급된 몇몇 저자들의 작업들을 참조했으며 그들과 상의했다. 또한《행동과학과 뇌과학(Behavioral and Brain Sciences)》과 같은 학술지에서 실린 탁월한 논평을 이용했다.

185쪽 인간 뇌 발달에 관여하는 유전자의 수는 《네이처(Nature)》에서 내는 The Genome Directory(28 September 1995, 8쪽, 표 8)에 보고되었다.

191~219쪽 이 장에 인용된 특정 사례들의 출처는 다음과 같다. 피니어스 게이지 사례와 전전두엽의 기능에 관해서는 Hanna Damasio et al., "The return of Phineas Gage: clue about the brain from the skull of a famous patient", Science, 264: 1102~1105(1994)과 Antonio R. Damasio, Descartes' Error: Emotion, Reason, and the Human Brain(NY: G. P. Putnam, 1994)을 참조하라. 캐런 앤 퀸랜과 시상의 손상에 관해서는 Kathy A. Fackelmann, "The conscious mind", Science News, 146: 10~11(1994)을 참조하라. 뇌세포에 대해서는 Santiago Ramon y Cajal, Reflections of My Life(Memoirs of the American Philosophical Society, v. 8, Philadelphia: American Philosophical Society, 1937)의 363쪽을 보라. 동물 뇌의 범주화 과정에 대해서는 Alex Martin et al., "Neural correlates of category-specific knowledge", Nature, 379: 649~652(1996)에 나와 있다. 심신 상호 작용에 대한 비유적 표현은 안토니오 다마시오의 책에서 빌려왔다. 뇌과학의 "어려운 문제"는 David Chalmers, "The puzzle of conscious experience", Scientific American, 273: 80~86(December 1995)에서 설명되었다. 대니얼 데닛은 이 문제를 자신의 Consciousness Explained(Boston: Little Brown, 1991)에서 광범위하게 탐구했고 독립적으로 해결했다. 중국 서예에 대한 사이먼 레이스의 해석은 Jean Francois Billeter, The Chinese Art of Writing(NY: Skira/Rizzoli, 1990)에 대한 그의 서평에서 인용한 것이다. 그의 서평은 The New York Review of Books, 43: 28~31(1996)에 실려 있다.

222~226쪽 본문에서 사용된 인공 지능(AI)의 정의는 Christopher Morris(eds.),

Academic Press Dictionary of Science and Technology(San Diego: Academic Press, 1992), 160쪽에 실려 있는 고돈 S. 노박 주니어(Gordon S. Novak, Jr.)의 논문에서 따왔다. 체스와 다른 승부 게임들(checker, go, bridge)에서 AI가 어떻게 사용되는지에 대한 탁월한 설명으로는 Fred Guterl, "Silicon Gambit", *Discover*, 17: 48∼56(June 1996)을 참조하라.

7장 · 유전자에서 문화까지

231∼234쪽 유전자 · 문화 공진화라는 용어와 그 개념은 찰스 럼스든(Charles J. Lumsden)과 내가 *Genes, Mind, and Culture: The Coevolutionary Process*(Cambridge, MA: Harvard University Press, 1981)과 *Promethean Fire*(Cambridge, MA: Harvard University Press, 1983)에서 소개했다. 유전과 문화의 상호 작용에 대한 핵심 모델은 1976년에 로버트 보이드(Robert Boyd)와 피터 리처슨(Peter J. Richerson)이, 같은 해에 마크 펠드먼(Mark W. Feldman)과 L. 루카 카발리스포르자(L. Luca Cavalli-Sforza)가, 1978년에 윌리엄 더럼(William H. Durham) 그리고 1978년에 나 자신이 만들어 낸 것이다. 유전자 · 문화 공진화에 대한 최근의 설명으로는 William H. Durham, *Coevolution: Genes, Culture, and Human Diversity*(Stanford, CA: Stanford University Press, 1991), Kevin N. Laland, "The mathematical modelling of human culture and its implications for psychology and the human sciences", *British Journal of Psychology*, 84: 145∼169(1993), 그리고 Fran is Nielsen, "Sociobiology and sociology", *Annual Review of Sociology*, 20: 267∼303(1994)이 있다. 이 저자들은 모두 중요한 독창적 기여를 했다. 각각은 공진화 주기 부분에서 서로 다른 강조점과 해석을 내놓는다. 물론 이들은 본문에서 내가 제시한 해석의 세부 사항에 대해서는 문제를 제기할 수 있을 것이다. 하지만 나는 그들이 내 논증의 핵심만큼은 대체로 동의해 줄 것이라고 믿는다.

234쪽 자크 모노는 그의 저서 *Chance and Necessity: An Essay on the Natural*

Philosophy of Modern Biology(NY: Knopf, 1971)의 책머리에 데모크리토스의 다음과 같은 언명을 적어 놓았다. "우주에 존재하는 모든 것은 우연과 필연의 결과이다."

237쪽 문화의 정의에 관해서는 다음의 문헌들을 참조하라. Alfred L. Kroeber, *Anthropology*(NY: Harcourt, Brace and World, 1933), Alfred L. Kroeber and Clyde K. M. Kluckhohn, "Culture: a critical review of concepts and definitions", *Papers of the Peabody Museum of American Archaeology and Ethnology*(Harvard University, v. 47, no. 12, 643~644, 656쪽)(Cambridge, MA: The Peabody Museum, 1952), Walter Goldschmidt, *The Human Career: The Self in the Symbolic World*(Cambridge, MA: B. Blackwell, 1990). 최근 대중 문학에서 "문화"라는 용어의 변조에 대해서는 Christopher Clausen, "Welcome to post-culturalism", *The American Scholar*, 65, 379~388쪽을 참조하라.

238~242쪽 보노보와 그 밖의 다른 대형 영장류의 지능 및 문화(혹은 문화의 부재)의 본성은 최근에 연구가 많이 된 분야이다. 내가 본문에서 언급한 논의 주제들은 다음과 같은 문헌들에 자세히 나와 있다. E. Sue Savage-Rumbaugh and Roger Lewin, *The Ape at the Brink of the Human Mind*(NY: Wiley, 1994), Richard W. Wrangham, W.C. McGrew, Frans de Waal, and Paul G. Heltne(eds.), *Chimpanzee Cultures*(Cambridge, MA: Harvard University Press, 1994), 그리고 프란스 데 발(Frans de Waal)의 *Peacemaking among Primates*(Cambridge, MA: Harvard University Press, 1989)과 *Good Natured: The Origins of Right and Wrong in Humans and Other Animals*(Cambridge, MA: Harvard University Press, 1996). Joshua Fischman, "New clues surface about the making of the mind", *Science*, 262: 1517(1993)을 참조할 만하다. 침팬지는 강박적 수다쟁이인 인간과 대조적으로 매우 조용한 편인데 이에 관해서는 John L. Locke, "Phases in the child's development of language", *American Scientist*, 82: 436~445(1994)에 잘 나와 있다. 말하기와 결속의 관계에 대해서는 다음의 논문을 참조하라. Anne Fernald, "Human maternal vocalizations to infants as biologically relevant signals: an evolutionary perspective," 이 논문은 Jerome

H. Barkow, Leda Cosmides, and John Tooby(eds.), *The Adapted Mind: Evolutionary Pscyology and the Generation of Culture*(NY: Oxford University Press, 1992), 391~428쪽에 실려 있다.

242쪽 아기들의 흉내 내기 행동이 상당히 일찍 발달하는 현상은 Andrew N. Meltzoff & Keith Moore, "Imitation of facial and manual gestures by human neonates," *Science*, 19: 75~78(1977)와 "Newborn infants imitate adult facial gestures," *Child Development*, 54: 702~709(1983)에 잘 기술되어 있다.

243쪽 최근의 고고학적 발견들을 통해 드러난 인류 문화의 초기 단계는 다음의 문헌들에 기록되어 있다. Ann Gibbons, "Old dates for modern behavior," *Science*, 268: 495~496(1995). Michael Balter, "Did Homo Erectus tame fire first?, *Science*, 268: 1570(1995). Elizabeth Culotta, "Dis Kenya tools root birth of modern thought in Africa?", *Science*, 270:1116-7(1995). Henry Petroski, "The evolution of artifacts," *American Scientist*, 80: 416~420(1992).

244쪽 엔델 털빙은 다음의 문헌에서 기억을 기본적으로 두 유형으로 나누었다. E. Tulving and Wayne Donaldson(eds.), *Organization of Memory*(NY: Academic Press, 1972), 383~403쪽.

245쪽 모방자 혹은 문화의 단위를 의미 기억 속의 연결점으로 정의하는 것은 Charles J. Lumsden and Edward O. Wilson, "The relation between biological and cultural evolution", *Journal of Social and Biological Structures*, 8: 343~359(1985)에서 제시되었다.

249~256쪽 반응 양태와 유전도의 측정은 일반 생물학뿐만 아니라 유전학의 기본 교재들에서 이제는 기본적으로 소개되고 있을 정도이다. 이에 대한 좀 더 자세한 설명과 응용 사례에 대해서는 Douglas S. Falconer & Trudy F. C. Mackay, *Introduction to Quantitative Genetics*, 4th ed.(Essex, England: Longman, 1996). Michael R. Cummings, *Human Heredity: Principles and Issues*, 4th ed.(NY: West Publishing Company, 1997). Robert Plomin et al., *Behavioral Genetics*, 3rd ed.(NY: E. H. freeman, 1997)을 참조하라. 인간 진화 형질의 유전성에 관한 최근의 중요한 연구들 중 몇몇은 Thomas J. Bouchard, Jr., et al., "Sources of human psychological differences: the Minnesota study of twins reared apart,"

Science, 250: 223~228(1990)에 잘 정리되어 있다.

258~261쪽 정신분열증의 생물학적 기초에 관한 최근 연구들은 Leena Peltonen, "All

out for chromosomes six," *Nature*, 378: 665~666(1995)과 B. Brower,

"Schizophrenia: fetal roots for GABA loss, *Science News*, 147: 247 (1995)에

요약되어 있다. 그리고 정신병이 발병할 때의 두뇌 활동은 D. A. Silberweig et

al., "A functional neuroanatomy of hallucinations in schizophrenia," *Nature*,

378: 176~179(1995)과 R. J. Dolan et al., "Dopaminergic modulation of

impaired cognitive activation in the anterior cingulate cortex in

schizophrenia," *Nature*, 378: 180~182(1995)에 정리되어 있다.

263쪽 사람의 피부색을 결정하는 다인자 수의 추정치는 Curt Stern, *Principles of

Human Genetics*, 3rd ed.(San Francisco: W. H. Freeman, 1973)에서 논의되었다.

264~265쪽 문화 보편자는 George P. Murdock, "The common denominator of

cultures", Ralph Linton(ed.), *The Science of Man in the World Crisis*(NY:

Columbia University Press, 1945)을 참조했다. 이 보편자들을 인류학과 사회생물학

원리들의 도움으로 평가하고 최신화한 탁월한 저작으로는 Donald E. Brown,

Human Universals(Philadelphia: Temple University Press, 1991)이 있다.

265~266쪽 흰개미 문명에 대한 나의 허구적 이야기는 인간 본성의 고유성을 강조하

기 위해 씌어졌다. 원래는 "Comparative social theory," *The Tanner Lectures

on Human Values*, v. I(Salt Lake City: University of Utah Press, 1980), 49~73쪽에

수록되어 있다.

266~268쪽 구대륙과 신대륙의 문명 사회에서 제도들이 수렴하는 현상은 Alfred V.

Kidder, "Looking backward," *Proceedings of the American Philosophical

Society*, 83: 527~537(1940)에 잘 기술되어 있다.

268쪽 준비된 학습 원리는 Martin E. P. Seligman and Joanne L. Hager(eds.),

Biological Boundaries of Learning(NY: Appleton-Century-Crofts, 1972)에서 셀리

그먼을 비롯한 여러 저자들에 의해 정식화되었다.

269~274쪽 인간 사회 행동의 후성 규칙들은 Charles J. Lumsden & Edward O.

Wilson, *Genes, Mind, and Culture*(Cambridge, MA: Harvard University Press, 1981)에 열거 및 분류되어 있다. 이 규칙들을 가장 포괄적으로 다룬 최근의 문헌들은 Irenäus Eibl-Eibesfeldt, *Human Ethology*(Hawthorne, NY: Aldine de Gruyter, 1989), William H. Durham, *Coevolution: Genes, Culture, and Human Diversity*(Stanford, CA: Stanford University Press, 1991), Jerome H. Barkow, Leda Cosmides, and John Tooby(eds.), *The Adapted Mind*(NY: Oxford University Press, 1992) 등이 있으며, 특히 『적응된 마음(*The Adapted Mind*)』에 수록된 Tooby & Cosmides, "The psychological foundations of culture," 19~136쪽이 유용하다.

271쪽 신생아의 모로 반사에서 평생 지속되는 놀람 반사로의 이행은 Luther Emmett Holt and John Howland, *Holt's Diseases of Infancy and Childhood*, 7th ed. and revised by L. E. Holt, Jr., and Rustin McIntoch(NY: D. Appleton-Century, 1940)에서 논의되었다. 감각 어휘의 보편적인 시청각 편향에 관해서는 C. J. Lumsden & E. O. Wilson, *Genes, Mind, and Culture*(Cambridge, MA: Harvard University Press, 1981)을 참조하라. 엄마의 표정에 신생아들이 빨리 고정되는 현상은 캐롤린 지라리(Carolyn G. Jirari)가 박사 학위 논문에서 처음으로 실험적으로 밝혔는데, 이 실험에 대해서는 Daniel G. Freedman, *Human Infancy: An Evolutionary Perspective*(Hillsdale, NJ: L. Erlbaum Associates, 1974)에 언급되어 있다. 그 결론들은 Mark Henry Johnson and John Morton, *Biology and Cognitive Development: The Case of Face Recognition*(Cambridge, MA: B. Blackwell, 1991)에서 입증되고 확장되었다.

273쪽 미소의 통문화적 패턴은 다음의 문헌들에서 잘 설명되어 있다. Melvin J. Konner, "Aspects of the developmental ethology of a foraging people", Nicholas G. Blurton Jones(ed.), *Ethological Studies of Child Behavior*(NY: Cambridge University Press, 1972), 77쪽, Irenäus Eibl-Eisbesfeldt, "Human ethology: concepts and implications for the sciences of man," *Behavioral and Brain Sciences*, 2: 1~57(1979), Irenäus Eibl-Eisbesfeldt, *Human Ethology*(Hawthorne, NY: Aldine de Gruyter, 1989). 본문에서는 C. J. Lumsden and E. O. Wilson, *Genes, Mind, and Culture*(Cambridge, MA: Harvard

University Press, 1981), 77~78쪽에 나오는 것을 약간 수정해서 설명했다.

273~274쪽 구상화와 양분 본성에 대한 설명은 C. J. Lumsden and E. O. Wilson, *Genes, Mind, and Culture*(Cambridge, MA: Harvard University Press, 1981), 93~95쪽에 기반을 두고 있는데 여기서 그들은 Thomas Rhys Williams, *Introduction to Socialization: Human Culture Transmitted*(St. Louis, MO: C. V. Mosby, 1972)에 나오는 보루네오 섬의 두순 족의 사례를 빌려왔다.

276~277쪽 난독증의 유전성은 Chris Frith and Uta Frith, "A biological marker for dyslexia," *Nature*, 382: 19~20(1996)에 논의되어 있다. 인간과 동물의 행동 유전학의 현 수준은 "변이의 행동유전학(Behavioral genetics in transition)"이라는 제하에 출간된 일련의 논문들(*Science*, 264: 1686~1739, 1994) 속에서 권위 있게 평가되었다.

277쪽 네덜란드의 "공격 유전자"는 H. G. Brunner et al. "X-linked borderline mental retardation with prominent behavioral disturbance: phenotype, genetic localization, and evidence for disturbed monoamine metabolism", *American Journal of Human Genetics*, 52: 1032-9(1993)에서 분석되었다. 새로움 추구와 연관된 유전자는 Richard P. Ebstein et al., "Dopamine D4 receptor(D4DR) exon III polymorphism associated with the human personality trait of Novelty Seeking", *Nature Genetics*, 12: 78~80(1996)에 보고되었다.

281~283쪽 준언어에 관한 설명은 Irenäus Eibl-Eibesteldt, *Human Ethology*(Hawthorne, NY: Aldine de Gruyter, 1989), 424~492쪽의 포괄적인 연구에 기반을 두고 있다.

283~289쪽 색깔 어휘의 기원에 관한 본문의 설명은 여러 연구들에서 빌려온 것인데 그 출처는 Trevor Lamb and Janine Bourriau(eds.), *Art & Science*(NY: Cambridge University Press, 1995)에 수록된 데니스 베일러(Denis Baylor), 존 게이지(John Gage), 존 라이온스(John Lyons) 그리고 존 멀론(John Mollon)의 중요한 논문들이다. 색깔 어휘의 통문화적 연구에 관한 기술은 C. J. Lumsden and E. O. Wilson, *Promethean Fire*(Cambridge, MA: Harvard University Press, 1983)에서 수

정되었다. 또한 나는 *Behavioral and Brain Science*, 20(2): 167~228(1997)에
게재된 동료 연구자들의 찬반 논평들을 통해 주류 심리생물학적 설명에 대한 유용
한 비판들을 숙고했다.(그리고 추천했다.) 나는 열한 가지 기본 색으로부터 얼마나
많은 색깔 어휘가 생성될 수 있는지를 계산하는 데 있어서 윌리엄 보서트(William
H. Bossert)와 조지 오스터(George F. Oster)의 연구에 감사한다.

8장 · 인간 본성의 적응도

291~296쪽 인간 본성과 후성 규칙의 역할에 관한 여러 아이디어는 Charles J.
Lumsden and Edward O. Wilson, *Genes, Mind, and Culture*(Cambridge, MA:
Harvard University Press, 1981)과 Charles J. Lumsden and Edward O. Wilson,
Promethean Fire(Cambridge, MA: Harvard University Press)에서 처음으로 발전되
었다. 후성 규칙들은 Jerome H. Barkow, Leda Cosmides, and John
Tooby(eds.), *The Adapted Mind*(NY: Oxford University Press, 1992)의 주제이기
도 하다.

297~303쪽 문화 진화에 관한 사회생물학의 '고전적' 접근은 Laura Betzig(ed.),
Human Nature: A Critical Reader(NY: Oxford University Press, 1997)에 실린 탁
월한 논문과 비평의 주제이다. 1980년대와 1990년대에 출판되고 종합된 많은 연
구들은 《행동학과 사회생물학(*Ethology and Sociobiology*)》, 《행동과 뇌과학
(*Behavioral and Brain Sciences*)》 그리고 《인간 본성(*Human Nature*)》 같은 학술지
에 실려 있다. 인간 행동에 대한 사회생물학과 그 밖의 다른 진화론적 접근들의 역
사는 Carl N. Degler, *In Search of Human Nature: The Decline & Revival of
Darwinism in American Social Thought*(NY: Oxford University Press, 1991)에 적
절히 분석되어 있다.

298~299쪽 혈연 선택 이론과 가족 이론의 기원은 윌리엄 해밀턴(William D.
Hamilton)과 로버트 트리버스(Robert L. Trivers)에게로 거슬러 올라가는데 이에 대
해서는 나의 책 *Sociobiology: The New Synthesis*(Cambridge, MA: Belknap Press

of Harvard University Press, 1975)에서 검토되었으며 이후의 많은 교과서와 서평, 예컨대 Laura L. Betzig(eds.), *Human Nature: A Critical Reader*(NY: Oxford University Press, 1997) 등에서도 기술되었다.

299~300쪽 성차와 짝짓기 전략에 대한 설명은 Laura L. Betzig, *Dospotism and Differential Reproduction: A Darwinian View of History*(NY: Aldine, 1986), David M. Buss, *The Evolution of Desire: Strategies of Human Mating*(NY: BasicBooks, 1994), 그리고 Robert E. Pool, *Eve's Rib*(NY: Crown Publishers, 1994)에 잘 나와 있다.

301~302쪽 개체군 조절의 밀도 의존적 요인 때문에 세력권 공격 행동이 일어난다는 개념은 E. O. Wilson, "Competitive and aggressive behavior", John F. Eisenberg and Wilton S. Dillon(eds.), *Man and Beast: Comparative Social Behavior*(Washington, DC: Smithsonian Institution Press, 1971), 183~217쪽에서 소개되었다. 부족 투쟁과 전쟁의 심층 뿌리에 대해서는 다음의 문헌에 잘 설명되어 있다. Laurence H. Keeley, *War Before Civilization*(NY: Oxford University Press, 1996), R. Paul Shaw and Yuwa Wong, *Genetic Seeds of Warfare: Evolution, Naturalism, and Patriotism*(Boston: Unwin Hyman, 1989), Daniel Patrick Moynihan, *Pandaemonium: Ethnicity in International Politics*(NY: Oxford University Press, 1993), Donald Kagan, *On the Origins of War and the Preservation of Peace*(NY: Doubleday, 1995).

303쪽 인간의 정신 발달에 있어서 속임수 탐지 능력이 특화되어 있다는 주장의 증거는 Leda Cosmides and John Tooby, "Cognitive adaptations for social exchange", Jerome H. Barkow et al.(ed.), *The Adaptive Mind*(NY: Oxford University Press, 1992), 163~228쪽에 실려 있다.

305~316쪽 다른 영장류와 인간의 근친상간 회피 행동에 대해서는 Arthur P. Wolf, *Sexual Attraction and Childhood Association: A Chinese Brief for Edward Westermarck*(Stanford, CA: Stanford University Press, 1995)에서 권위 있게 검토되었다. 전통 사회가 근친교배로 인한 기능 저하를 직접적으로 인식하고 있었고 이것이 근친상간 금기를 만드는 데 웨스터마크 효과를 강화하는 방식으로 기능했다

는 주장에 대해서는 William H. Durham, *Coevolution: Genes, Culture, and Human Diversity*(Stanford, CA: Stanford University Press, 1991)를 참조하라.

9장 · 사회과학

324~325쪽 인간 다양성의 원천을 향한 미국 인류학회의 양가적 견해는 학회장인 제임스 피콕(James Peacock)의 "Challenges Facing the Discipline", *Anthropology Newsletter*, v. 35, no. 9, 1, 3쪽에 다음과 같이 표현되었다. "1995년 5월 모임에서는 모든 세부 분과의 장들과 장기 계획 및 회계 위원회의 대표들이 참석했다. 여기서 소위원회들 각각 혹은 전체는 두 가지 문제를 제기했다. 이 분야(인류학)는 어디로 가야 하며 학회는 어디로 가야 하는가? 참석자들은 생물학적 다양성과 문화적 다양성을 계속해서 견지하는 것이 중요하며 그 다양성을 생물학화하거나 본질화하는 시도는 거부되어야 한다고 주장했다. 하지만 이와 동시에 그 집단은 이 분야가 다른 분야들과 관련을 맺어야 한다는 사실도 강조했다."

324~325쪽 인류학의 역사와 인류학에 대한 비판은 다음과 같은 문헌들에 나와 있는데 그 관점은 서로 상당히 다르다. Herbert Applebaum(ed.), *Perspectives in Cultural Anthropology*(Albany, NY: State University of New York, 1987), Donald E. Brown, *Human Universals*(Philadelphia: Temple University Press, 1991), Carl N. Degler, *In Search of Human Nature: The Decline & Revival of Darwinism in American Social Thought*(NY: Oxford University Press, 1991), Robin Fox, *The Search for Society: Quest for a Biosocial Science and Morality*(New Brunswick, NJ: Rutgers University Press, 1989), Clifford Geertz, *The Interpretation of Cultures: Selected Essays*(NY: BasicBooks, 1973), Walter R. Goldschmidt, *The Human Career: The Self in the Symbolic World*(Cambridge, MA: B. Blackwell, 1990), Marvin Harris, *The Rise of Anthropological Theory: A History of Theories of Culture*(NY: Thomas Y. Crowell, 1968), Jonathan Marks, *Human Biodiversity: Genes, Race, and History*(Hawthorne, NY: ALdine de

Gruyter, 1995), Alexander Rosenberg, *Philosophy of Social Science*, 2nd ed.(Boulder, CO: Westview Press, 1995).

325~328쪽 사회학계에서 사회학의 근본을 생물학과 심리학에서 찾는 이단은 다음과 같은 소수의 학자들에 의해 장려되었다. Joseph Lopreato, *Human Nature & Biocultural Evolution*(Boston: Allen & Unwin, 1984), Pierre L. van den Berghe, *The Ethnic Phenomenon*(NY: Elsevier, 1981), 그리고 Walter L. Wallace, *Principles of Scientific Sociology*(Hawthorne, NY: Aldine de Gruyter, 1983). 고전주의 시대 사회학의 전체 역사에 대해서는 Robert W. Friedrichs, *A Sociology of Sociology*(NY: Free Press, 1970)을 보라. 이후 모형 구성 시기의 사회학은 경제학이 하던 방식대로 개인의 행동을 사회 패턴에 연결시키는 작업을 부분적으로 수행했는데, 이에 대해서는 James S. Coleman, *Foundations of Social Theory*(Cambridge, MA: Belknap Press of Harvard University Press, 1990)에 요약되어 있다.

327쪽 로버트 니스벳은 사회학적 상상력의 뿌리를 Robert Nisbet, *Sociology as an Art Form*(NY: Oxford University Press, 1976)에서 탐구했다.(이 책은 『사회학과 예술의 만남』(이종수 옮김, 한벗, 1981)으로 번역·출간되었다.─옮긴이)

327~328쪽 사회과학 표준 모형(SSSM)이라는 용어는 매우 적당한 표현으로서 John Tooby and Leda Cosmides, "The Psychological Foundations of Culture", J. A. Barkow et al., *The Adapted Mind*(NY: Oxford University Press, 1992), 19~136쪽에서 처음으로 소개되었다. 이 모형이 사회과학에서 여전히 맹위를 떨치고 있다는 사실은 *Open the Social sciences: Report of the Gulbenkian Commission on the Restructuring of the Social Sciences*(Stanford, CA: Stanford University Press, 1996)에서 매우 긍정적인 논조로 설명되었다. 그 모형의 중심 개념은 이미 많은 초기 저자들에 의해서 잘 파악되었다. 예컨대 Donald E. Brown, *Human Universals* (Philadelphia: Temple University Press, 1991), Donald W. Fiske and Richard A. Shweder(eds.), *Metatheory in Social Sciences: Pluralisms and Subjectivities*(Chicago: University of Chicago Press, 1986) 속의 논문들을 참조하라. 가장 포괄적이고 설득력이 있는 평가는 존 투비(John Tooby)와

레다 코스미데스(Leda Cosmides)의 논의에서 잘 드러나는데 이들은 또한 심리학과 진화생물학을 문화 연구에 인과적으로 새롭게 연결시키는 통합적 인과 모형 (Integrated Causal Model, ICM)도 도입했다.

329~330쪽 해석학을 상이한 관점들로부터 빚어진 세밀 묘사로 보는 견해는 위에 언급된 Donald W. Fiske and Richard A. Shweder(eds.), *Metatheory in Social Sciences: Pluralisms and Subjectivities*(Chicago: University of Chicago Press, 1986)에 잘 표현되어 있다. 특히 이 책 19~41쪽의 Roy D'Andrade, "Three scientific world views and the covering law model"와 108~135쪽의 "Science's social system of validity-enhancing collective belief change and the problems of the social sciences"을 참조하라.

331쪽 해석학에 대한 리처드 로티의 해석은 Richard Rorty, *Philosophy and the Mirror of Nature*(Princeton, NJ: Princeton University Press, 1979)에 있다.(이 책은 『철학 그리고 자연의 거울』(박지수 옮김, 까치, 1998)으로 번역 · 출간되었다.—옮긴이)

331~333쪽 자연과학과 사회과학의 여러 분과 학문들을 특징짓는 내 방식은 "Comparative social theory", *The Tanner Lectures on Human Values*, v. I(Salt Lake City: University of Utah Press, 1980), 49~73쪽에 나오는 초창기의 내 설명에 대체로 기초해 있다.

337~339쪽 조류와 포유류에 있어서 부모자식 관계에 대한 종합은 Stephen T. Emlen, "An evolutionary theory of the family," *Proceedings of the National Academy of Sciences, USA*, 92: 8092~8099(1995)에서 논의되었다.

350~353쪽 게리 베커의 연구에 대한 내 해석은 그의 주요 작업들에 기반을 두고 있다. 그중 두 가지는 *Treatise on the Family*, enlarged ed.(Cambridge, MA: Harvard University Press, 1991), *Accounting for Tastes*(Cambridge, MA: Harvard University Press, 1996)이다. 나는 또한 통찰력 있는 Alexander Rosenberg, *Economics: Mathematical Politics or Science of Diminishing Return*(Chicago: University of Chicago Press, 1992)에서도 큰 도움을 받았다. 우리는 경제학 모형들을 심리학과 생물학에 연결시키려는 시도에 대해 실질적으로 상이한 평들을 듣는다. 예컨대 알렉산더 로젠버그는 본문에서 언급된 이유들 때문에 비관적인 입장을

견지하고 있다.

353~356쪽　합리적 선택 이론은 사회 과학에서 공공 선택, 사회 선택, 형식 이론과 같은 다른 이름들로 불리고는 한다. 이 이론의 약점, 특히 추상적이고 자료에 상관없는 모형에 과도하게 의존해 있는 문제점은 최근에 Donald P. Green and Ian Shapiro, *Pathologies of Rational Choice Theory: A Critique of Applications in Political Science*(New Haven: Yale University Press, 1994)에서 논의되었다.

357~358쪽　사람들이 직관적인 양적 추론을 할 때 사용하는 발견 기법의 사례들은 Amos Tversky and Daniel Kahneman, "Judgment under uncertainty: heuristics and biases," *Science*, 185: 1124~1131(1974)에서 가져왔다. 같은 저자들의 논문, "On the reality of cognitive illusion," *Psychological Review*, 103: 582~591(1996)에는 그 개념에 대한 최신의 설명뿐만 아니라 여러 다른 사례들도 포함되어 있다.

359쪽　선사 시대 사람들의 사고에 대해서는 Christopher Robert Hallpike, *The Foundations of Primitive Thought*(NY: Oxford University Press, 1979)을 참조하라.

360~361쪽　인간 사회 행동의 환원주의적 접근과 생물학과 사회과학을 묶으려는 계획에 대한 뛰어난 철학자들의 냉혹한 검토를 보려면 다음을 참조하라. Philip Kitcher, Vaulting *Ambition: Sociobiology and the Quest for Human Nature*(Cambridge, MA: MIT Press, 1985), 알렉산더 로젠버그의 삼부작인 Alexander Rosenberg, *Philosophy of Social Science*(Boulder, CO: Westview Press, 1988), Alexander Rosenberg, *Economics: Mathematical Politics or Science of Diminishing Returns?*(Chicago: University of Chicago Press, 1992), Alexander Rosenberg, *Instrumental Biology, or the Disunity of Science*(Chicago: University of Chicago Press, 1994). 일반적으로 좀 더 우호적인 입장은 예컨대 James H. Fetzer(ed.), *Sociobiology and Epistemology*에 실렸던 논문들과 Michael Ruse, *Taking Darwin Seriously: A Naturalistic Approach to Philosophy*(Cambridge, MA: B. Blackwell, 1986)에 전개되어 있다.

363쪽 1979~1980년도 인문학 위원회 보고서는 책의 형태로 출판되었다. Richard W. Lyman et al., *The Humanities in American Life*(Berkely: University of California Press, 1980)

364쪽 예술에 관한 조지 스타이너의 말은 케년 대학(Kenyon College)의 졸업식 연설에서 따온 것인데 그것은 George Steiner, *The Chronicle of Higher Education*(21 June 1996), B 6면에 수록되어 있다.

368쪽 음악적 재능이 있는 사람들의 뇌 발달에 대해서는 G. Schlaug et al., "Increased corpus callosum size in musicians," *Neuropsychologia*, 33: 1047~1055(1995)와 "In vivo evidence of structural brain asymmetry in musicians," *Science*, 267: 699-701(1995)에 보고되어 있다.

370쪽 포스트모더니즘에 관한 해럴드 블룸의 견해는 Harold Bloom, *The Western Canon: The Books and School of the Ages*(Orlando, FL: Hartcourt Brace, 1994)에서 인용했다.

371~373쪽 문학사의 분위기가 그네처럼 진동하는 현상은 Edmund Wilson, "Modern literature: between the whirlpool and the rock," *New Republic*(November 1926)에 기술되어 있는데 이는 Janet Groth and David Castronovo(eds.), *From the Uncollected Edmund Wilson*(Athens, OH: Ohio University Press, 1995)에 재수록되어 있다.

372쪽 프레더릭 터너는 Frederick Turner, "The birth of natural classicism," *Wilson Quarterly*(Winter 1996), 26~32쪽에서 문학적 포스트모더니즘을 진단하고 있다. 문학 이론에 준 포스트모더니즘의 충격은 M. H. Abrams, "The transformation of English studies," *Daedalus*, 126: 105~131(1997)에서 역사적으로 잘 서술되어 있다.

373~377쪽 예술 해석과 역사에 대한 생물학 이론에 기여했던 주요 논의들을 연대순으로 나열해 보면 다음과 같다. Charles, J. Lumsden and Edward O. Wilson, *Genes, Mind, and Culture*(Cambridge, MA: Harvard University Press, 1981), E. O.

Wilson, *Biophilia*(Cambridge, MA: Harvard University Press, 1984), Frederick

Turner, *Natural Classicism: Essays on Literature and Science*(NY: Paragon

House Publishers, 1985), Frederick Turner, *Beauty: The Values of*

Values(Charlottesville: University Press of Virginia, 1991), Frederick Turner, *The*

Culture of Hope: A New Birth of the Classical Spirit(NY: Free Press, 1995),

Ellen Dissanayake, *What Is Art For?*(Seattle, WA: University of Washington Press,

1988), Ellen Dissanayake, *Homo Asetheticus: Where Art comes From and*

Why(NY: Free Press, 1992), Irenäus Eible-Eibesfeldt, *Huamn Ethology*(NY:

Aldine de Gruyter, 1989), Margaret A. Boden, *The Creative Mind: Myths &*

Mechanisms(NY: Basic Books, 1991), Alexander J. Argyros, *A Blessed Rage for*

Order: Deconstruction, Evolution, and Chaos(Ann Arbor: University of Michigan

Press, 1991), Kathryn Coe, "Art: the replicable unit – an inquiry into the

possible origin of art as a social behavior", *Journal of Social and*

Evolutionary Systems, 15: 217~234 (1992), Walter A. Koch, *The Roots of*

Literature, and W. A. Koch, ed., *The Biology of Literature*(Bochum: N.

Brockmeyer, 1993). Robin Fox, *The Challenge of Anthropology: Old*

Encounters and New Excursions(New Brunswick, NJ: Transaction, 1994), Joseph

Carrol, *Evolution and Literary Theory*(Columbia, MO: University of Missouri

Press, 1995), Robert Storey, *Mimesis and the Human Animal: On the*

Biogenetic Foundations of Literary Representation(Evanston, IL: Northwestern

University Press, 1996), Brett Cooke, "Utopia and the art of the visceral

response", Gary Westfahl, George Slusser, and Eric S. Rabin(eds.), *Foods of*

the Gods: Eating and the Eaten in Fantasy and Science Fiction(Athens, GA:

University of Georgia Press, 1996), 188~199쪽. Brett Cooke and Frederick

Turner(eds.), *Biopoetics: Evolutionary Explorations in the Arts*(NY: Paragon

Press, in press).

378쪽 예술 및 문학의 은유들은 John Hollander, "The poetry of architecture,"

Bulletin of the American Academy of Arts and Sciences, 49: 17~35(1996)에

서 가져왔다.

379쪽 음악과 수학에 대한 에드워드 로드스타인의 비교는 그의 Edward Rothstein,
Emblems of Mind: The Inner Life of Music and Mathematics(NY: Times
Books, 1995)에 나와 있다.

379~380쪽 유카와 히데키는 Hideki Yukawa, *Creativity and Intuition: A
Physicist Looks East and West*(John Bester(trans.), Kodansha International, 1973)에
서 물리학에서의 창조성을 설명했다.

380쪽 예술의 기원에 대한 피카소의 견해는 Brassai, *Picasso & Co.*(London: Thames
and Hudson, 1967)에서 인용했다.

380쪽 메타패턴 개념은 Gregory Bateson, *Mind and Nature: A Necessary
Unity*(NY: Dutton, 1979)에서 처음 제기되었고 Tyler Volk, *Metapatterns across
Space, Time, and Mind*(NY: Columbia University Press, 1995)에 의해 생물학과 예
술로 확장되었다.

380쪽 건축의 진화에 관한 빈센트 스컬리의 개념은 Vincent Joseph Scully,
Architecture: The Natural and the Man-made(NY: St. Martin's Press, 1991)에
소개되어 있다.

381~383쪽 몬드리안 예술의 진화에 대한 탁월한 설명들 중에는 John Milner,
Mondrian (NY: Abbeville Press, 1992), Carel Blotkamp, Modrian: The Art of
Destruction (NY: H. N. Abrams, 1995)이 있다. 본문에서 내가 전개한 신경생물학
적 해석은 나의 것이다.

383쪽 중국어 및 일본어 활자의 역사는 Yujiro Nakata, *The Art of Japanese
Calligraphy*(NY: Weatherhill/Heibonsha, 1973)에 자세히 설명되어 있다.

384~385쪽 엘리자베스 스파이어스의 영원성 개념은 그녀의 Elizabeth Spires,
Annonciade(NY: Viking Penguin, 1989)에 나와 있으며 출판사의 허락을 받아 인
용했다.

386~388쪽 원형들의 목록은 대체로 내 자신이 고안해 낸 것이지만 그 요소들은 다
음과 같은 다양한 출처들에서 수집한 것이다. 특히, 조셉 캠벨(Joseph Cambell)의
여러 책, *The Hero with a Thousand Faces*(NY: Pantheon Books, 1949), *The*

Masks of God: Primitive Mythology(NY: Viking Press, 1959). Anthony Stevens,

Archetypes: A Natural History of the Self(NY: William Morrow, 1982).

Christopher Vogler, *The Writer's Journey: Mythic Structure for Storytellers &*

Screenwriters(Studio City, CA: Michael Wise Productions, 1992) 그리고 Robin Fox,

The Challenge of Anthropology: Old Encounters and New Excursions(New

Brunswick, NJ: Transaction, 1994)의 도움을 받았다.

390~395쪽 유럽의 동굴 예술뿐 아니라 다른 구석기 예술들에 대한 묘사와 해석은 다

음과 같은 문헌들에서 따 온 것이다. Ellen Dissanayake, *Homo Aestheticus:*

Where Art Comes From and Why(NY: Free Press, 1992). Jean-Marie Chauvet,

Eliette Brunel Deschamps, and Christian Hillaire, *Dawn of Art: The Chauvet*

Cave, the Oldest Known Paintings in the World(NY: H. N. Abrams, 1996),

Alexander Marshack, "Images of the Ice Age", *Archaeology*(July/August 1995),

29~39쪽. E. H. J. Gombrich, "The miracle at Chauvet", *New York Times*

Review of Books(14 November 1996), 8~12면.

396~397쪽 시각 각성에 대한 게르다 스메츠의 신경생물학적 연구는 Gerda Smets,

Aesthetic Judgment and Arousal: An Experimental Contribution to Psycho-

aestheics(Leuven, Belgium: Leuven University Press, 1973)에 소개되어 있다.

398~400쪽 여성 얼굴의 아름다움(facial beauty)의 최적성에 대한 실험 연구는 D. I.

Perrett, K. A. May, and S. Yoshikawa, "Facial shape and judgements of

female attractiveness," *Nature*, 368: 239~242(1994)에 보고되어 있다. 이상적

인 물리적 특질에 관한 또 다른 연구들은 David Buss, *The Evolution of*

Desire(NY: BasicBooks, 1994)에 실려 있다.

403~407쪽 칼라하리 수렵·채집인에 대한 본문의 설명은 Louis Liebenberg, *The Art*

of Tracking(Claremont, South Africa: D. Philip, 1990)에서 얻었다. 오스트레일리아

의 홍적세 토착민과 근대 원주민에 대한 비교는 Josephine Flood, *Archaeology*

of the Dreamtime: The Story of Prehistoric Australia and Its People, revised

ed.(NY: Angus & Robetson, 1995)의 정보를 참조했다.

408~409쪽 예술과 비평에 대한 이 장의 몇몇 주제들, 특히 신화적 원형과 과학과 예

술의 관계의 중요성은 Northrop Frye, *Anatomy of Criticism : Four Essays*

(Princeton, NJ: Princeton University Press, 1957)에서 탁월하게 예견되었다. 1950년

대의 뇌과학과 사회생물학은 현재 형태로 존재하지 않았지만, 어쨌든 노스럽 프라

이(Northrop Frye)는 그의 주제를 이런 과학들과 연결하지는 못했다.(노스럽 프라이

의 이 책은『비평의 해부』(임철규 옮김, 한길사, 2000)으로 번역 · 출간되었다.──옮긴이)

11장 · 윤리와 종교

411~417쪽 도덕 논증의 토대에 관한 참고 문헌들을 저자순으로 열거해 보면 다음과

같다. 특히 이 문헌들은 경험론적 세계관을 정의하는 데에서 자연과학의 역할을

강조한다. Richard D. Alexander, *The Biology of Moral Systems*(Hawthorne,

NY: Aldine de Gruyter, 1987), Larry Arnhart, "The new Darwinian naturalism in

political theory," *American Political Science Review*, 89: 389~400(1995),

Daniel Callahan and H. Tristram Engelhardt, Jr.(eds.), *The Roots of Ethics :

Science, Religion, and Values*(NY: Plenum Press, 1976), Abraham Edel, *In

Search of the Ethical : Moral Theory in Twentieth Century America*(New

Brunswick, NJ: Transaction, 1993), Paul L. Farber, *The Temptations of

Evolutionary Ethics*(Berkeley: University of California Press, 1994), Matthew H.

Nitecki and Doris V. Nitecki(eds.), *Evolutionary Ethics*(Albany: State University

of New York Press, 1993), James G. Parais and George C. Williams, *Evolution

and Ethics : T. H. Huxley's Evolution and Ethics with New Essays on Its

Victorian and Sociobiological Context*(Princeton, NJ: Princeton University Press,

1989), Van Rensselaer Poter, *Bioethics : Bridge to the Future*(Englewood Cliffs,

NJ: Prentice-Hall, 1971), Matt Ridley, *The Origins of Virtue : Human Instincts

and the Evolution of Cooperation*(NY: Viking, 1997), Edward O. Wilson,

Sociobiology : The New Synthesis(Cambridge, MA: Belknap Press of Harvard

University Press, 1975), *On Human Nature*(Cambridge, MA: Harvard University

Press, 1978), *Biophilia*(Cambridge, MA: Harvard University Press, 1984), Robert Wright, *The Moral Animal: Evolutionary Psychology and Everyday Life*(NY: Pantheon Books, 1994).

과학과 종교의 관계에 대해 영감과 정보를 제공받은 학술 자료들은 다음과 같다. Walter Burkert, *Creation of the Sacred: Tracks of Biology in Early Religion*(Cambridge, MA: Harvard University Press, 1996), James M. Gustafson, *Ethics from a Theocentric Perspective: Volume One, Theology and Ethics*(Chicago: University of Chicago Press, 1981), John F. Haught, *Science and Religion: From Conflict to Conversation*(NY: Paulist Press, 1995), Hans J. Mol, *Identity and the Sacred: A Sketch for a New Social Scientific Theory of Religion*(Oxford: Blackwell, 1976), Arthur R. Peacocke, *Intimations of Reality: Critical Realism in Science and Religion*(Notre Dame, IN: University of Notre Dame Press, 1984), Vernon Reynolds and Ralph E. S. Tanner, *The Biology of Religion*(Burnt MIll, Harlow, Essex, England: Longman, 1983), Conrad H. Waddington, *The Ethical Animal*(NY: Atheneum, 1961), Edward O. Wilson, *On Human Nature*(Cambridg, MA: Harvard University Press, 1978).

417~421쪽 종교적 초월론자의 논증은 남침례교 전통에서 자란 내 어린 시절의 경험에 기반을 두고 있다. 또한 다음과 같은 관련 문헌들로부터도 도움을 받았다. Karen Armstrong, *A History of God: The 4000 Years Quest of Judaism, Christianity, and Islam*(NY: Alfred A. Knopf/Random House, 1993), Paul Johnson, *The Quest for God: A Personal Pilgrimage*(NY: HarperCollins, 1996), Jack Miles, *God: A Biography*(NY: Alfred A. Knopf, 1995). 그리고 Richard Swinburne, *Is There a God?*(NY: Oxford University Press, 1996).

419쪽 무신론자에 대한 존 로크의 비난은 John Locke, Raymond Klibansky(ed.), *A Letter on Toleration*(라틴 어 판본)에 들어 있으며 이 책은 J. W. 거프(J. W. Gough)에 의해 번역 출간(Oxford: Clarendon Press, 1968)되었다.

419쪽 과학의 한계에 관한 로버트 후크의 견해는 Charles Richard Weld, *History of The Royal Society, with Memoirs of the Presidents*, vol. 1(London: John Parker, West

Strand, 1848), 146쪽에 인용되어 있다.

420~421쪽 인류의 역사(10만 년)를 통해 존재해 왔던 종교의 수를 추정하려면 Anthony F. C. Wallace, *Religion: An Anthropological View*(NY: Random House, 1966)을 참조하라.

423쪽 악에 대한 메리 월스톤크래프트의 견해는 Mary Wollstonecraft, *A Vindication of the Rights of Woman*(London: J. Johnson, 1972)에 나와 있다.

425~426쪽 과학자들의 종교적 믿음에 관한 조사는 Edward J. Larson, Larry Witham, *The Chronicle of Higher Education*, 11(April 1997), A 16면에 보고되어 있다.

434~436쪽 도덕 행동의 진화 모형은 그 주제에 대한 나의 첫 번째 저작인 *On Human Nature*(Cambridge, MA: Harvard University Press, 1978)에서와 같은 동일한 논리에 따라 전개되며, 이 책의 7~8장에서 자세히 언급된 유전자·문화 공진화 이론과 맥을 같이 한다.

436~437쪽 협동의 진화에 관한 기초 지식들(가령, 죄수의 딜레마)은 Robert M. Axelrod, *The Evolution of Cooperation*(NY: BasicBooks, 1984)와 Martin A. Nowack, Robert M. May, and Karl Sigmund, "The arithmetics of mutural help," *Scientific American*(June 1995), 76~81쪽을 보면 알 수 있다. 침팬지의 원시(proto) 윤리 행동, 즉 협동과 사기꾼에 대한 보복은 Frans de Waal, *Peacemaking Among Primates*(Cambridge, MA: Harvard University Press, 1989), *Good Natured: The Origins of Right and Wrong in Humans and Other Animals*(Cambridge, MA: Harvard University Press, 1996)에 잘 기술되어 있다.

437쪽 감정이입과, 어린이와 그 보호자 결속에 있어서 사람들 간에 유전적인 차이가 있다는 증거는 Robert Plomin et al. *Behavioral Genetics*, 3th ed.(NY: W. H. Freeman, 1997)에 나와 있다.

446~448쪽 포유동물들의 위계적 의사소통 행동은 동물행동학 관련 문헌들에 널리 소개되어 있다. 예컨대 내 Sociobiology: The New Synthesis(Cambridge, MA: Belknap Press of Harvard University Press, 1975)에도 자세히 언급되어 있다.

449~450쪽 기도자의 신비 체험에 관한 아빌라의 성녀 테레사(1515~1583년)의 설명

은 데이비드 루이스(David Lewis)가 스페인 어를 번역해 출간한 『성녀 테레사의 인생(*The Life of St. Teresa of Jesus of the Order of Our Lady of Carmel, Written by Herself*)』에 잘 나와 있다. 이 책은 원래 자필 원고와 베네딕트 짐머만(Benedict Zimmerman)이 서문 등을 첨가하고 재편집한 문헌(Westminster, MD: The Newman Press, 1948, 5th ed.)와도 비교할 만하다.

456~458쪽 과학과 종교의 관계에 대한 마지막 진술은 1991~1992년에 하버드 신학대학에서 행한 더들리언(Dudleian) 강연회 때 했던 말로, "The return to natural philosophy," *Harvard Divinity Bulletin*, 21: 12~15(1992)에 실렸다.

12장 · 우리는 어디로 가고 있는가

460쪽 지구상의 모든 유기체들이 공통의 계통에 의해 유전적으로 연결된 친족들이라는 생각은 J. Peter Gogarten, "The early evolution of cellular life," *Trends in Ecology and Evolution*, 10: 147~51(1995)에서 분자 수준에서 자세히 논의되었다.

460쪽 초기 호모 종에서 현생 인류까지의 계통 진화는 Goran Burenhult(ed.), *The First Humans: Human Origins and History to 10,000BC*(NY: HarperCollins, 1993)의 여러 저자들에 의해 권위 있게 검토되었다.

461쪽 간격 분석이라는 용어는 생물 다양성과 보존 연구에서 차용했다. 이것은 동식물 종들의 분포를 매핑(maping)하는 방법을 지칭한다. 그것은 그 종들을 생물 보유지 지도 위에 겹치게 올려놓고 정보를 이용하여 미래 보유지를 위한 최고의 위치를 선택하는 방식이다. 이 방법에 관해서는 J. Michael Scott and Blair Csuti, "Gap analysis for biodiversity survey and maintenance,", Marjorie L. Reaka-Kudla, Don E. Wilson, and Edward O. Wilson(eds.), *Biodiversity II: Understanding and Protecting Our Biological Resources*(Washington, DC: Joseph Henry Press, 1997), 321~340쪽을 참조하라.

466~475쪽 현재와 미래 인류의 유전적 진화에 관한 이 본문은 나의 "Quo Vadis, Homo Sapiens," *Geo Extra*, no. 1(1995), 176~179쪽을 수정한 것이다. 지난

1,000년 동안의 단두화 현상은 T. Bielicki and Z. Welon, "The operation of
natural selection in human head form in an East European population,", Carl
J. Bajema(ed.), *Natural Selection in Human Populations: The Measurement
of Ongoing Genetic Evolution in Contemporary Societies*(NY: Wiley, 1970)을
참조하라. 열충격 단백질의 최근 진화 증거는 V. M. Lyashko et. al.,
"Comparison of the heat shock response in ethnically and ecologically
different human populations," *Proceedings of the National Academy of
Sciences, USA*, 91: 12492~12495(1994)에 나와 있다.

479~481쪽 제2생물권 실험의 결과는 Joel E. Cohen and David Tilman,
"Biosphere 2 and Biodiversity: The Lessons So Far," *Science* 274:
1150~1151(1996)에서 논의되었다. 2년 동안의 모험에 대해서는 그 속에서 피험
자로 생활했던 사람들의 책인 Abigail Alling, Mark Nelson, *Life Under Glass:
The Inside Story of Biosphere 2*(Oracle, AZ: Biosphere Press, 1993)에 생생하게 묘
사되어 있다.

481~483쪽 인류의 인구 성장에 관한 대중서 중에 가장 포괄적이고 권위 있는 설명을
제공하는 것은 Joel E. Cohen, *How Many People Can the Earth Support?*(NY:
W.W.Norton, 1995)이다. 조엘 코언에 따르면, 지구에 지속 가능한 형태로 생존할
수 있는 인구의 총수가 얼마인지를 계산하는 일은 매우 어렵다. 왜냐하면 식량 생
산 기술이 어느 정도까지 발전할 수 있을지 잘 모르고 평균적으로 용인될 만한 삶
의 질이 어떤 정도일지를 확언할 수 없기 때문이다. 하지만 절대적 제한은 100억
을 넘지 않을 것이다. 광합성이 오로지 인간의 사용만을 위해 변환된다고 가정하
고 에너지 총량을 계산하는 식으로 한계 인구를 계산해 보면 대략 60억이 된다. 이
에 관해서는 John M. Gowdy and Carl N. McDaniel, "One world, one
experiment: addressing the biodiversity-economics conflict," *Ecological
Economics*, 15: 181~192(1995)을 참조하라.

483~484쪽 환경에 인구가 미치는 영향을 측정하기 위한 PAT 공식은 처음에 Paul
R. Ehrlich and John P. Holdre, "Impact of population growth," *Science*, 171:
1212-17(1971)에서 발전되었으며 그 이후로 많은 측면에서 논의되었다. "이것은

대충의 근삿값이다. 왜냐하면 곱해지는 세 요소들이 서로 독립적이지 않기 때문이다.……이것은 특히 전 지구적 충격을 평가할 때 쓸모 있다. 그때 우리는 통상적으로 AT(에너지 사용과 기술) 항에서 1인당 에너지 사용(A)에만 의존해야 한다." Paul Ehrlich, "The Scale of the human enterprise", Denis A. Saunders et al., *Nature Conservation 3: reconstruction of Fragmented Ecosystems*(Chipping Norton, NSW, Australia: Surrey Beauty & Sons, 1993), 3~8쪽을 참조하라.

484쪽 생태적 영향력에 대한 측정으로서 생태적 발자국 개념은 William E. Rees and Mathis Wackernagel, "Ecological footprints and appropriated carrying capacity: measuring the natural capital requirements of the human economy", AnnMari Jansson et al.(eds.), *Investing in Natural Capital: The Ecological Economics Approach to Sustainability*(Washington, DC: Island Press, 1994), 362~390쪽에 처음으로 소개되었다.

484~486쪽 인구와 환경에 관한 중요한 일반 진술은, 케네스 애로(Kenneth Arrow)를 포함하여 실제적으로 모든 관련 분야들을 포괄하는 11명의 선도 연구자들이 공저한 "Economic growth, carrying capacity, and the environment,"라는 논문(Science, 268: 520~521(1995)) 제목에 잘 나타나 있다.

486~491쪽 전 지구적 환경에 관한 엄청난 자료들 중 가장 포괄적이고 접근 가능하며 최신의 자료는 워싱턴에 본부를 둔 세계 환경 파수꾼(World Watch Institute)의 보고서에 나와 있다. 그 자료에는 뉴욕에 있는 W. W. 노턴 출판사(W. W. Norton)에서 출판하는 두 연보, 《세계의 상태(*State of the World*)》와 《생명의 신호(*Vital Signs: The Trends That Art Shaping Our Future*)》가 있다. 환경과학자들도 주어진 자료들을 가지고 독립적인 평가들을 수행하는데 본문에서 내가 언급한 경향에 일치하는 결과들을 내놓고 있다. 이에 관해서는 D. J. 그린랜드(D. J. Greenland) 등이 조직한 학회의 자료집인 "Land resources: On the edge of the Malthusian precipice?," *Philosophical Transactions of the Royal Society of London, Series B*, 352: 859~1033(1997)을 보라.

491쪽 문명의 흥망에 미치는 환경적 요인들에 관한 최근 연구들 중에 추천할 만한 것은 다음과 같다. H. Weiss et al., "The genesis and collapse of third

millennium North Mesopotamian civilization," *Science*, 261:
995~1004(1993), Tom Abate, "Climate and the collapse of civilization,"
BioScience, 44: 516~519(1994), 그리고 Jared Diamond, *Guns, Germs, and
Steel: The Fates of Human Societies*(NY: W. W. Norton, 1997). 제러드 다이아몬
드(Jared Diamond)의 책은 보기 드물게 폭이 넓고 생물학적으로도 많은 영감을 주
는 역작이다.(제러드 다이아몬드의 책은 『총, 균, 쇠』(김진준 옮김, 문학사상사, 1998)으로
번역·출간되었다.──옮긴이)

495쪽 1992년의 유엔 환경과 개달에 관한 회의(UNCED)는 Adam Roger, *The Earth
  Summit: A Planetary Reckoning*(Los Angeles: Global View Press, 1993)에 잘 설
  명되어 있다. 특히 이 회의의 역사를 비롯하여 강제 협약과 아젠다 21의 실질적 내
  용 등도 자세히 기술되어 있다.

496쪽 자연환경이 기술과 경제 성장을 어느 정도 수용할 수 있는지에 관해서는 미국 국립
  연구 위원회의 특별 보고서인 John F. Ahearne and H. Guyford Stever(co-
  chairs), *Linking Science and Technology to Society's Environmental
  Goals*(Washington, DC: National Academy Press, 1996)을 참조하라. 기술로 문제를
  해결하려는 방식에 대한 날카로운 비판은 Jesse H. Ausubel, "Can technology
  spare the earth?", *American Scientist*, 84: 166~178(1996)과 1996년 《다이달로
  스(*Daedalus*)》(미국 예술 과학 아카데미의 기관지)의 여름호에 여러 필자들이 기고한
  "Liberation of Environment"에 잘 나와 있다.

496~499쪽 경제와 환경의 관계 문제는 최근에 학술지와 책에서 상당히 많이 다뤄 온
  주제이다. 이 주제에 대한 뛰어난 개괄로는 다음과 같은 문헌들이 있다. James
  Eggert, *Meadowlark Economics: Work & Leisure in the Ecosystem*(Armonk,
  NY: M. E. Sharpe, 1992), R. Kerry Turner, David Pearce, and Ian Bateman,
  Environmental Economics: An Elementary Introduction(Baltimore, MD: Johns
  Hopkins University Press, 1993), Paul Hawken, *The Ecology of Commerce: A
  Declaration of Sustainability*(NY: HarperCollins, 1993), Thomas Michael
  Power, *Lost Landscapes and Failed Economies: The Search for a Value of
  Place*(Washington, DC: Island Press, 1996).

497쪽 국가의 경제 성장에 관한 프레더릭 후의 견해는 Frederick Hu, "What is competition?," *World Link*(July/August 1996), 14~17쪽에 나와 있다.

499~506쪽 생명 다양성과 멸종에 관한 설명은 다음의 내 두 글에서 가져와 수정한 것이다. "Is humanity suicidal?," *The New York Times Magazine*(30 May 1993), 24~29면. "Wildlife: legions of the doomed," *Time*(international)(30 October 1995), 57~59면.

502~505쪽 생명 다양성 보존을 위한 도덕 논증에 관해서는 다음을 참조하라. E. O. Wilson, *Biophilia*(Cambridge, MA: Harvard University Press, 1984), *The Diversity of Life*(Cambridge, MA: Belknap Press of Harvard University Press, 1992), Stephen R. Kellert, *The Value of Life: Biological Diversity and Human Society*(Washington, DC: Island Press/Shearwater Books, 1996), *Kinship to Mastery: Biophilia in Human Evolution and Development*(Washington, DC: Island Press, 1997).

507쪽 사회의 궁극적인 도덕적 기초에 관해서는 Amy Gutman and Dennis Thompson, *Democracy and Disagreement*(Cambridge, MA: Belknap Press of Harvard University Press, 1996)을 참조하라.

감사의 말

1997년에 은퇴하기 전까지 나는 하버드 대학교에서 41년 동안 기초 및 중급 생물학 대형 강의를 맡았었다. 그 기간의 후반부 20년 동안 내 강의는 예술 및 과학 학부의 위탁을 받아 학문의 거대한 가지들이 각각 어떤 '사고방식'과 기본 내용을 가지고 있는지를 가르치는 핵심 교육 과정의 일부였다. 내가 특별히 책임져야 했던 분야인 진화생물학은 자연과학과 사회과학의 경계 근방에 위치한 지적 이동 막사이다. 물물 교환을 원하는 다양한 분야의 학자들에게 그것은 논리적 만남의 광장이리라. 나의 주요 연구 주제가 사회 행동의 진화이기도 하다는 사실에서 짐작할 수 있듯이, 나는 학계의 여러 분야들을 넘나들며 통섭의 핵심 쟁점들을 전문가들과 함께 토론하는 데 편안함을 느꼈다.

이 책을 완성하는 데 걸린 3년 동안 나에게 조언을 아끼지 않은 분들을 모두 열거하는 일은 거의 불가능할 것이다. 그들은 슬라브 문학 전공자에서부터 미국 하원 의장에 이르기까지, 또한 노벨 물리학·경제학상 수상자에서부터 국제 보험 회사의 최고 경영자에 이르기까지 매우 다양하다. 하지만 여기서는 이 책의 원고를 읽어 준 분들께만 특별히 감사의 뜻을 표하려 한다. 그들의 귀중한 도움에 감사의 마음을 전하지만 나는 이 책이 출판되는 과정에서 남아 있게 될지도 모를 실수와 오해로부터 그들은 아무런 책임이 없음을 또한 밝힌다.

S. J. 싱어(S. J. Singer) 분자생물학

게리 베커(Gary S. Becker) 경제학

뉴트 깅그리치(Newt Gingrich) 일반

대니얼 데닛(Daniel C. Dennett) 과학철학 및 뇌과학

로드니 브룩스(Rodney A. Brooks) 인공 지능

로버트 플로민(Robert Plomin) 심리학

로얄 루(Loyal Rue) 일반

마이라 마이먼(Myra A. Mayman) 예술

마이클 루스(Michael Ruse) 일반

마이클 맥켈로이(Michael B. McElroy) 대기물리학

마틴 바이츠먼(Martin L. Weitzman) 경제학

매튜 메셀슨(Mattew S. Meselson) 분자생물학

바버라 르왈스키(Barbara K. Lewalski) 문학 비평

버나드 코언(I. Bernard Cohen) 과학사

브렛 쿠크(Brett Cooke) 문학 이론

수 새비지럼보(Sue Savage-Rumbaugh) 영장류학

아서 울프(Arthur P. Wolf) 인류학

안젤리카 루덴슈타인(Angelica Z. Rudenstine) 예술사

안토니오 다마시오(Antonio R. Damasio) 뇌생물학

앨런 홉슨(J. Allan Hobson) 심리학

엘런 디새너예이크(Ellen Dissanayake) 예술 이론

윌리엄 리스(William E. Rees) 생태학

윌리엄 크라우트(William R. Crout) 종교학

윌리엄 페이지(William R. Page) 일반

이레네 윌슨(Irene K. Wilson) 시와 신학

제임스 스톤(James M. Stone) 일반

조셉 캐럴(Joseph Carroll) 문학 이론

조슈아 레더버그(Joshua Lederberg) 일반

조엘 코언(Joel E. Cohen) 생태학

조지 필드(George B. Field) 물리과학

찰스 럼스든(Charles J. Lumsden) 일반

테런스 번햄(Terence C. Burnham) 경제학

폴 그로스(Paul R. Gross) 일반

프랭크 설로웨이(Frank J. Sulloway) 일반

피터 맥킨타이어(Peter J. McIntyre) 진화

해럴드 모로위츠(Harold J. Morowitz) 복잡성 이론

마지막으로, 1966년부터 지금까지 내가 책이나 글을 완성할 때 참
고 문헌 작업과 필사본 정리 작업을 매우 꼼꼼하게 해 준 캐틀린 호
턴(Kathleen M. Horton)에게 이번에도 감사의 마음을 전하고 싶다. 또한
내 에이전트이며 조언자인 존 윌리엄스(John Taylor Williams)에게도 고
마운 마음을 전한다. 그의 지혜로운 조언은 이 프로젝트가 실현되는

데 도움을 주었다. 크노프(Knopf) 출판사의 담당 편집자인 캐럴 브라운 제인웨이(Carol Brown Janeway)는 종합을 이루는 데 있어서 맞닥뜨릴 수밖에 없었던 위험한 암초들 중 적어도 몇 개를 피해 가도록 중요한 도덕적 지지와 도움을 주었다.

찾아보기

옮긴이 **최재천**

서울 대학교를 졸업하고 하버드 대학교 생물학과에서 박사 학위를 받았다. 하버드 대학교 전임 강사, 미시간 대학교 조교수, 서울 대학교 교수를 거쳐 현재는 이화 여자 대학교 에코 과학부 석좌 교수로 재직하고 있다. 2013년부터 2016년까지 국립 생태원 초대 원장을 역임했다. 미국 곤충학회 젊은 과학자상, 대한민국 과학 문화상, 한일 국제 환경상, 올해의 여성 운동상 등을 수상했고, 『개미제국의 발견』으로 한국 백상 출판 문화상을 수상했다. 저서로 『다윈 지능』, 『다윈의 사도들』, 『거품예찬』, 『생명이 있는 것은 다 아름답다』, 『최재천의 인간과 동물』, 『대담』(공저), 『호모 심비우스』 등이 있으며, 『공감의 시대』, 『인간의 그늘에서』, 『인간은 왜 병에 걸리는가』, 『인간은 왜 늙는가』, 『우리는 지금도 야생을 산다』(공역) 등을 번역했다.

옮긴이 **장대익**

한국 과학 기술원(KAIST) 정밀 공학과(현 기계 공학과)를 졸업하고 서울 대학교의 과학사 및 과학 철학 협동 과정에서 과학 철학으로 석사 및 박사 학위를 받았다. 런던 정경 대학(LSE)의 과학 철학 센터와 교토 대학교 영장류 연구소에서 생물 철학, 진화 심리학, 영장류학을 연구했으며, 박사 후 연구원으로 미국 터프츠 대학교 인지 연구소에서 인지 진화를 연구했다. 동덕 여자 대학교 교양 교직학부 교수와 서울 대학교 자유 전공학부 교수를 거쳐 현재는 가천 대학교 창업 대학 석좌 교수로 일하고 있다. 제11회 대한민국 과학 문화상을 수상했다. 저서로 『다윈의 식탁』, 『다윈의 서재』, 『다윈의 정원』, 『울트라 소셜』, 『공감의 반경』, 『종교전쟁』(공저), 『별먼지와 잔가지의 과학 인생 학교』(공저) 등이 있으며, 『종의 기원』, 『침팬지 폴리틱스』(공역) 등을 번역했다.

사이언스 클래식 5

통섭

1판 1쇄 펴냄 | 2005년 4월 27일
1판 43쇄 펴냄 | 2024년 5월 31일

지은이 | 에드워드 윌슨
옮긴이 | 최재천·장대익
펴낸이 | 박상준
펴낸곳 | (주)사이언스북스

출판등록 1997. 3. 24. (제16-1444호)
(06027) 서울특별시 강남구 도산대로1길 62
대표전화 515-2000 | 팩시밀리 515-2007
편집부 517-4263 | 팩시밀리 514-2329

www.sciencebooks.co.kr

한국어판 ⓒ (주)사이언스북스, 2005. Printed in Seoul, Korea.

ISBN 978-89-8371-160-1 03400